Christian Homburg / Dirk Totzek

Preismanagement auf Business-to-Business-Märkten

Christian Homburg
Dirk Totzek

Preismanagement auf Business-to-Business-Märkten

Preisstrategie – Preisbestimmung – Preisdurchsetzung

GABLER

Bibliografische Information der Deutschen Nationalbibliothek
Die Deutsche Nationalbibliothek verzeichnet diese Publikation in der
Deutschen Nationalbibliografie; detaillierte bibliografische Daten sind im Internet über
<http://dnb.d-nb.de> abrufbar.

Prof. Dr. Dr. h.c. mult. Christian Homburg ist Inhaber des Lehrstuhls für Allgemeine Betriebswirtschaftslehre und Marketing I an der Universität Mannheim, Direktor des Instituts für Marktorientierte Unternehmensführung (IMU) an der Universität Mannheim und Vorsitzender des wissenschaftlichen Beirats
von Homburg & Partner, Mannheim, München und Boston, einer international tätigen Unternehmensberatung.

Dr. Dirk Totzek ist Habilitand am Lehrstuhl für Allgemeine Betriebswirtschaftslehre und Marketing I an
der Universität Mannheim.

Lehrstuhl für ABWL und Marketing I
Schloss
68131 Mannheim
http://www.lehrstuhl-homburg.de

1. Auflage 2011

Alle Rechte vorbehalten
© Gabler Verlag | Springer Fachmedien Wiesbaden GmbH 2011

Lektorat: Barbara Roscher | Jutta Hinrichsen

Gabler Verlag ist eine Marke von Springer Fachmedien.
Springer Fachmedien ist Teil der Fachverlagsgruppe Springer Science+Business Media.
www.gabler.de

Umschlaggestaltung: KünkelLopka Medienentwicklung, Heidelberg
Druck und buchbinderische Verarbeitung: Ten Brink, Meppel
Gedruckt auf säurefreiem und chlorfrei gebleichtem Papier
Printed in the Netherlands

ISBN 978-3-8349-1559-7

Vorwort

Befasst man sich mit dem Preismanagement auf Business-to-Business-Märkten, so hört man häufig Schlagworte wie „großes Kopfzerbrechen", „hoher Problemdruck", „viel Bauchgefühl" oder „hoher Professionalisierungsbedarf", wenn es um die aktuelle Pricing-Praxis von Unternehmen geht. Demgegenüber ist bemerkenswert, wie wenig Aufmerksamkeit den Herausforderungen des Preismanagements auf B2B-Märkten bislang in der Marketing- und Vertriebsliteratur geschenkt wird. Erfolgsfaktoren und Maßnahmen, *wie* Unternehmen auf B2B-Märkten ihr Preismanagement professionalisieren können, sind bislang kaum systematisch betrachtet worden. Dies ist umso erstaunlicher, da sowohl Wissenschaftler als auch Praktiker in einer Professionalisierung des Preismanagements einen der größten Stellhebel zur Gewinnsteigerung für B2B-Unternehmen sehen.

Mit dem vorliegenden Buch möchten wir, die Herausgeber, diese Lücke kleiner machen. Die zentralen Herausforderungen, Entscheidungsfelder und Erfolgsfaktoren des Preismanagements auf B2B-Märkten sollen umfassend, systematisch und wissenschaftlich fundiert präsentiert werden. Hierzu konnten wir namhafte Autoren aus Wissenschaft und Praxis gewinnen.

Im ersten Teil dieses Buches geben wir einen Überblick über die zentralen Entscheidungsfelder und Erfolgsfaktoren des Preismanagements auf B2B-Märkten. Unser Beitrag hat einführenden Charakter und soll Zusammenhänge zwischen den einzelnen Entscheidungsfeldern verdeutlichen sowie grundlegende Handlungsempfehlungen geben.

Im zweiten Teil werden einzelne Entscheidungsfelder des Preismanagements auf B2B-Märkten ausführlich diskutiert. So stellen die Beiträge von Jensen und Henrich sowie von Miller und Krohmer zentrale Preisstrategien und Preisinstrumente im Überblick dar. Die Beiträge von Rese und von Klarmann, Miller und Hofstetter befassen sich mit grundlegenden und methodischen Aspekten der Preisfindung. Hake und Krafft befassen sich mit der Frage, wann und wie viel Preiskompetenz an den Außendienst delegiert werden soll. Voeth und Herbst stellen einen umfassenden Ansatz zum Management von Preisverhandlungen vor. Artz und Schröder befassen sich schließlich mit der besonderen Rolle der Transferpreissetzung im Rahmen der internationalen Preisdurchsetzung.

Im dritten Teil werden Besonderheiten des Preismanagements in ausgewählten Branchen anhand von Erfahrungen aus der Unternehmenspraxis diskutiert. Der Beitrag von Kunold und Antolin beschreibt die Entwicklung eines systematischen Preismanagement-Ansatzes für ein international tätiges Maschinenbauunternehmen. Schröder stellt einen umfassenden Ansatz zur wertorientierten Bepreisung kompletter Ersatzteilportfolios vor. Kühlborn und Lüring stellen in ihrem Beitrag die Notwendigkeit eines geschäftsmodellspezifischen Pricings in der chemischen Industrie heraus. Rupp und Scholl befassen sich mit der Preisfindung für neue Arzneimittel und diskutieren hierbei die Grenzen und Anwendungsgebiete alternativer Preisfindungsmethoden in einem B2B-Kontext. Lüers stellt in seinem Beitrag die Besonderheiten des Pricing für Commodities am Beispiel des Energiemarktes heraus. Der Beitrag von Klenk, Potthoff und Göpfert befasst sich mit dem Firmenkunden-geschäft von Banken und hierbei insbesondere mit dem Management von Sonderkonditionen. Staritz, Klarmann und Schäfer stellen schließlich die Ergebnisse einer Studie zu Erfolgsfaktoren des Software-Pricings vor.

Wir danken den Autoren der Beiträge für ihre Bereitschaft, ihr Wissen und ihre Erfahrungen mit einem weiten Leserkreis zu teilen. Ebenfalls danken wir Jutta Hinrichsen und Barbara Roscher vom Gabler Verlag für die stets angenehme und konstruktive Zusammenarbeit. Schließlich danken wir den studentischen Hilfskräften Jasmin Friedrich, Simone Prochnow und Thomas Walter für ihre Unterstützung bei der Erstellung und Durchsicht des Manuskripts.

Mannheim, im Januar 2011

Christian Homburg

Dirk Totzek

Inhaltsverzeichnis

Erster Teil: Grundlagen

Zweiter Teil: Zentrale Entscheidungsfelder

Dritter Teil: Erfahrungen aus ausgewählten Branchen

Abkürzungsverzeichnis

Abs.	Absatz
ACA	Adaptive Conjoint Analysis
Art.	Artikel
B2B	Business-to-Business
B2C	Business-to-Consumer
BATNA	Best Alternative to Negotiated Agreement
BI	Business Intelligence
bzgl.	bezüglich
bzw.	beziehungsweise
ca.	circa
CBC	Choice-Based Conjoint
CRM	Customer Relationship Management
DB	Deckungsbeitrag
d.h.	das heißt
EBIT	Earnings before Interest and Taxes
EBITDA	Earnings before Interest, Taxes, Depreciation and Amortization
EDI	Electronic Data Interchange
EDV	Elektronische Datenverarbeitung
EGV	EG-Vertrag
ERP	Enterprise Resource Planning
et al.	et alii (und andere)
EU	Europäische Union
EUV	EU-Vertrag
f.	und folgende Seite
ff.	und folgende Seiten
FK	Firmenkunde/n
F&E	Forschung & Entwicklung
ggf.	gegebenenfalls
Hrsg.	Herausgeber
i.d.R.	in der Regel
i.e.S.	im engeren Sinne
inkl.	inklusive
IT	Informationstechnologie
ITK	Informations- und Telekommunikationstechnologie
i.w.S.	im weiteren Sinne
max.	maximal/e
Mio.	Millionen
Mrd.	Milliarden
Nr.	Nummer
OEM	Original Equipment Manufacturer (Originalhersteller, Erstausrüster)
RP	Reservationspreis

S.	Seite
SAAS	Software-as-a-Service
SOA	Service-oriented Architecture
TCO	Total Costs of Ownership
TPO	Total Profit of Ownership
Tsd.	Tausend
u.a.	unter anderem
usw.	und so weiter
v.a.	vor allem
VAD	Verkaufsaußendienst
VADM	Verkaufsaußendienstmitarbeiter
vgl.	vergleiche
VIU	Value-in-Use
vs.	versus
z.B.	zum Beispiel
ZOPA	Zone of Possible Agreement
z.T.	zum Teil
zzgl.	zuzüglich

Erster Teil
Grundlagen

1 Preismanagement auf B2B-Märkten

Zentrale Entscheidungsfelder und Erfolgsfaktoren

Christian Homburg / Dirk Totzek

Prof. Dr. Dr. h.c. mult. Christian Homburg ist Inhaber des Lehrstuhls für Allgemeine Betriebswirtschaftslehre und Marketing I an der Universität Mannheim, Direktor des Instituts für Marktorientierte Unternehmensführung (IMU) an der Universität Mannheim und Vorsitzender des wissenschaftlichen Beirats von Homburg & Partner, Mannheim, München und Boston, einer international tätigen Unternehmensberatung.

Dr. Dirk Totzek ist Habilitand am Lehrstuhl für Allgemeine Betriebswirtschaftslehre und Marketing I an der Universität Mannheim.

1.1 Bedeutung des Preismanagements auf B2B-Märkten

Preisentscheidungen bereiten Unternehmen in der Praxis mit Abstand das größte Kopfzerbrechen. Dies gilt insbesondere für Business-to-Business-Märkte (B2B-Märkte). Bemerkenswert ist, dass sich an dieser Tatsache seit rund 20 Jahren kaum etwas geändert hat, was zahlreiche Studien und Berichte aus der Praxis zeigen (z.B. Rullkötter 2008; Scholl/Totzek 2010; Simon 1992). So zeigt eine aktuelle Befragung deutscher Unternehmen der Chemie- und Maschinenbaubranche, dass rund 62% der befragten Manager dem Preismanagement eine große bis sehr große Bedeutung zumessen. Demgegenüber sagen nur 27% von sich, dass sie einen hohen Professionalisierungsgrad im Preismanagement erreicht haben. Die große Mehrheit der Befragten (73%) schätzt die eigene Professionalisierung als eher mittelmäßig bis gering ein (Rullkötter 2008).

Warum zeigt sich im Preismanagement auf B2B-Märkten eine so große Diskrepanz zwischen dem Soll- und dem Ist-Zustand? Hierfür lassen sich zwei zentrale Gründe anführen:

■ Das Preismanagement ist auf B2B-Märkten komplexer, weniger professionalisiert und gleichzeitig weniger erforscht als das Preismanagement auf B2C-Märkten. Die Komplexität des Preismanagements resultiert aus den Besonderheiten von Geschäften auf B2B-Märkten. Diesen Besonderheiten wurde in Bezug auf das Preismanagement jedoch bislang kaum Beachtung geschenkt. So belegt das Preismanagement in Bezug auf wissenschaftliche Veröffentlichungen zum B2B-Marketing die hinteren Plätze (LaPlaca/Katrichis 2009, S. 12; Sheth/Sharma 2006, S. 423). Insbesondere sind die Erfolgsfaktoren und Maßnahmen, *wie* Unternehmen auf B2B-Märkten ihr Preismanagement professionalisieren können, bislang kaum systematisch betrachtet worden (Ingenbleek 2007; Totzek/Alavi 2010; Wiltinger 1998).

■ Die Auswirkungen von Preisentscheidungen sind enorm. Preisentscheidungen rufen, verglichen mit anderen Marketingentscheidungen, starke Reaktionen der Kunden und der Wettbewerber hervor (Diller 2008, S. 21). Somit gilt der Preis (zumindest kurzfristig) als der größte Stellhebel für Umsatz und Profitabilität von Unternehmen (Marn/Rosiello 1992). Dies bedeutet jedoch auch, dass *falsche* Preisentscheidungen große marktbezogene und finanzielle Auswirkungen haben.

Diese beiden Ursachen für die hohe Diskrepanz zwischen Anspruch und Wirklichkeit im Preismanagement auf B2B-Märkten werden im Folgenden näher erläutert. Wir verdeutlichen, was das B2B-Marketing auszeichnet und warum das Preismanagement auf B2B-Märkten eine so zentrale Herausforderung für die Unternehmenspraxis darstellt. Schließlich formulieren wir die zentralen Ziele dieses Beitrags (vgl. Abschnitt 1.1.3).

1.1.1 Besonderheiten von B2B-Märkten

Geschäfte zwischen Unternehmen machen den weit überwiegenden Teil unseres Wirtschaftslebens und unserer Wertschöpfung aus (z.B. Backhaus/Voeth 2010, S. 3; LaPlaca/Katrichis 2009). Schätzungen besagen, dass B2B-Märkte im Verhältnis zu B2C-Märkten *rund fünf Mal größer* sind (z.B. Statistisches Bundesamt 2009; Vittet-Philippe 2000).

Auf B2B-Märkten geht es um Geschäfte zwischen Unternehmen, die Produkte *oder* Dienstleistungen anbieten, und organisationalen Kunden (d.h. andere Unternehmen oder auch staatliche Einrichtungen). Die Kunden können die Leistung im Rahmen ihres eigenen Produktionsprozesses benutzen (z.B. Maschinen), weiterverarbeiten (z.B. Rohstoffe, Bauteile) oder die Leistung als Zwischenhändler an andere Unternehmen oder die Endverbraucher weitergeben (Homburg/Krohmer 2009, S. 1003). B2B-Märkte weisen einige wichtige Besonderheiten auf. Diese Besonderheiten stellen spezifische Herausforderungen an das Preismanagement, wie **Tabelle 1.1** im Überblick verdeutlicht (z.B. Backhaus/Voeth 2010; Homburg/Krohmer 2009, S. 1005ff.). Auf wesentliche Aspekte wird im Folgenden eingegangen.

So sind bei den Kunden zumeist mehrere Personen aus unterschiedlichen Funktionsbereichen (z.B. Einkauf und Produktion) an der Kaufentscheidung beteiligt (*Buying Center*; Webster/Wind 1972). Im Rahmen des Preismanagements ist es aus Anbietersicht daher zentral, eine umfassende Analyse des Buying Centers bzw. der Buying-Center-Mitglieder dahingehend vorzunehmen, welches Gewicht der Preis im Rahmen der Kaufentscheidung hat und welche Buying-Center-Mitglieder den größten Einfluss auf den Preis haben (hierzu ausführlich Homburg/Krohmer 2009, S. 1007f. sowie der Beitrag von Klarmann/Miller/Hofstetter in diesem Band).

Des Weiteren erschweren *produktbegleitende (industrielle) Dienstleistungen*, die in B2B-Geschäftsbeziehungen eine große Rolle spielen, die Preissetzung. Erstens wird die Komplexität der Preiskalkulation substanziell erhöht. Zweitens besteht die Gefahr, dass produktbegleitende Dienstleistungen auf Druck des Kunden verschenkt werden, damit Anbieter den Zuschlag für Aufträge erhalten. Werden produktbegleitende Dienstleistungen jedoch einmal kostenfrei abgegeben, ist es nur schwer möglich, bei diesen Kunden oder auch bei anderen Kunden für diese Leistungen Geld zu verlangen und produktbegleitende Dienstleistungen somit profitabel anzubieten (z.B. Homburg/Schäfer/Schneider 2010).

Schließlich hat insbesondere der *hohe Grad der persönlichen Interaktion* zwischen Anbieter und Kunden wesentliche Implikationen für das Preismanagement. So werden Preise häufig erst im Rahmen der persönlichen Interaktion gebildet, z.B. im Rahmen persönlicher Preisverhandlungen (Voeth/Rabe 2004 sowie der Beitrag von Voeth/Herbst in diesem Band). Für Anbieter bedeutet dies, dass den Außendienstmitarbeitern im Vertrieb eine zentrale Rolle im Rahmen der Preisdurchsetzung beim Kunden zufällt und dass die Steuerung und das Management des Vertriebs von zentraler Bedeutung für das Preismanagement auf B2B-Märkten ist (z.B. Frenzen et al. 2010; Homburg/Schäfer/Schneider 2010). So müssen Anbieter insbesondere sicherstellen, dass ihre Mitarbeiter im Vertrieb (bzw. Verkaufsaußendienst) in der Lage und incentiviert sind, die Leistungen bei ihren Kunden nutzenorientiert zu bepreisen und zu verkaufen, d.h. sogenanntes *Benefit* bzw. *Value Selling* zu betreiben (vgl. hierzu auch Abschnitt 1.5.3).

Tabelle 1.1   Besonderheiten von B2B-Märkten und ausgewählte preispolitische Konsequenzen

Besonderheit	Erklärung	Ausgewählte preispolitische Konsequenzen
Abgeleiteter Charakter der Nachfrage	• Die Nachfrage des Abnehmers ist abhängig vom Bedarf seiner eigenen Kunden.	• Die Zahlungsbereitschaft des Abnehmers ist abhängig von der Zahlungsbereitschaft und dem Bedarf seiner eigenen Kunden.
Multipersonalität von Kaufentscheidungen	• Mehrere Personen aus unterschiedlichen Abteilungen sind an der Kaufentscheidung beteiligt (Buying Center).	• Anbieter müssen systematische Buying-Center-Analysen durchführen (z.B. in Bezug auf die Verteilung der Preisentscheidungskompetenz).
Hoher Formalisierungsgrad von Kaufentscheidungen	• Kunden formulieren klare Anforderungen an die Leistung. • Kunden entscheiden nach internen und externen Vergaberichtlinien (z.B. bei Ausschreibungen).	• Die einzelnen Leistungsanforderungen sollten nutzenorientiert bepreist werden. • Anbieter benötigen Kenntnisse über die Mechanismen von Beschaffungsauktionen und Bietverfahren.
Hoher Individualisierungsgrad	• Leistungen werden häufig kundenindividuell erstellt und sind wenig standardisiert. • Produkte werden häufig in geringen Stückzahlen hergestellt.	• Kundenindividuelle Preiskalkulationen sind komplex. • Preisdifferenzierung sowie Rabatte und Boni für einzelne Kunden spielen eine zentrale Rolle.
Bedeutung industrieller Dienstleistungen	• Industrielle Dienstleistungen sind ein zentrales Element zur Differenzierung vom Wettbewerb.	• Es besteht die Gefahr, dass die Dienstleistungen auf Druck des Kunden gar nicht oder zu gering bepreist werden.
Langfristigkeit von Geschäftsbeziehungen	• Aufgrund der Langlebigkeit vieler Produkte bzw. Investitionen sind Geschäftsbeziehungen auf B2B-Märkten zumeist langfristig orientiert.	• Anbieter müssen bei der Preissetzung kurzfristige Gewinnmaximierung mit einer langfristigen, beziehungsorientierten Sichtweise in Einklang bringen.
Hoher Grad der persönlichen Interaktion	• Geschäftsbeziehungen beruhen in hohem Maß auf persönlichen Beziehungen und Interaktionen zwischen Anbietern und Kunden.	• Preisverhandlungen spielen eine zentrale Rolle. • Die Schulung, Steuerung und Unterstützung der Vertriebsmitarbeiter im Hinblick auf ein effektives Benefit Selling sind von hoher preispolitischer Bedeutung.
Existenz verschiedener Geschäftstypen	• Geschäfte unterscheiden sich insbesondere hinsichtlich der Individualität der Leistung und des Beziehungscharakters.	• Die Anforderungen an das Preismanagement und die optimalen Preismodelle sind je nach Geschäftstyp grundverschieden.

Das B2B-Marketing muss sich zudem *aktuellen Herausforderungen* stellen, die die Notwendigkeit eines professionellen Preismanagements noch verstärken (hierzu z.B. Diller 2004). Die Entwicklung der Wirtschaft vor, während und nach der globalen Wirtschafts- und Finanzkrise ab dem Jahr 2008 verdeutlicht zunächst, mit welchen großen *Nachfrageschwankungen* Anbieter auf B2B-Märkten konfrontiert sind. Diese Schwankungen beeinflussen insbesondere die Preisdurchsetzung und die Wettbewerbsintensität. Schließlich wird das Preismanagement von *schwankenden Rohstoffpreisen* sowie von *Wechselkursschwankungen* beeinflusst. So wird bei langwierigen Großprojekten oder Verträgen mit langen Laufzeiten eine verlässliche Preiskalkulation erschwert (Diller/Kossmann 2007). Trotz des aktuellen *Booms* in vielen Bereichen insbesondere der deutschen Industrie kann darüber hinaus grundsätzlich festgestellt werden, dass sich in vielen Branchen der *globale Wettbewerb* insgesamt deutlich *verschärft* hat. So bewirken die Globalisierung des Wettbewerbs und der damit verbundene grenzüberschreitende Markteintritt einer wachsenden Zahl ausländischer Anbieter (z.B. aus „Billiglohnländern") insgesamt einen wachsenden Preisdruck.

1.1.2   Bedeutung des Preismanagements

Allgemein umfasst das *Preismanagement* alle Entscheidungen im Hinblick auf das vom Kunden für ein Produkt zu entrichtende Entgelt (Homburg/Krohmer 2009, S. 641). Die Entscheidungen im Rahmen des Preismanagements sind vielfältig und komplex:

- ■ *Die Auswirkungen von Preisentscheidungen sind mehrdimensional.* Preisänderungen beeinflussen alle Treiber des Profits (Umsätze, Margen, Kosten) (Homburg/Jensen/Schuppar 2004, S. 2). Ebenso sind kurz- und langfristige Reaktionen des Marktes auf Preisentscheidungen zu unterscheiden, sowohl in Bezug auf Reaktionen der Kunden als auch in Bezug auf Reaktionen der Wettbewerber.

- ■ *Preisentscheidungen sind nicht unabhängig von anderen Marketingentscheidungen.* So besteht insbesondere eine große Verbundenheit mit dem Produktmanagement. Viele Leistungen sind individuell auf Kunden zugeschnitten oder sogar eigens für diese entwickelt.

- ■ *Preisentscheidungen umfassen eine Vielzahl von Entscheidungsparametern.* Neben den eigentlichen Grundpreisen (bzw. Listenpreisen) geht es um die Festlegung von Rabatten und Boni, die Differenzierung von Preisen, die Erstellung und Bepreisung unterschiedlicher Leistungsbündel, die Entwicklung von Preisstrukturen, Zahlungs- und Lieferbedingungen usw.

- ■ *Der Erfolg von Preisentscheidungen hängt maßgeblich von der tatsächlichen Preisdurchsetzung ab.* Neben der Festlegung der einzelnen preisbezogenen Entscheidungsparameter müssen Anbieter aktiv dafür Sorge tragen, dass diese anschließend vom Markt, d.h. von Kunden und Wettbewerbern, und unternehmensintern akzeptiert werden (Diller 2008; Homburg/Krohmer 2009, S. 647).

Vor dem Hintergrund dieser Komplexität sind folgende *Charakteristika* von Preisentscheidungen für die Unternehmenspraxis problematisch:

■ *Große Wirkungsstärke und hohe Wirkungsgeschwindigkeit*: Wie bereits erwähnt ist der Preis (zumindest kurzfristig) der stärkste Stellhebel für Umsatz und Profitabilität. Hinzu kommt, dass Reaktionen von Kunden und Wettbewerbern sehr schnell erfolgen können.

■ *Schnelle Umsetzbarkeit und schwere Revidierbarkeit*: Preisentscheidungen wirken nicht nur schnell, sondern sind i.d.R. auch relativ einfach zu implementieren (z.B. im Vergleich zu Änderungen an der Leistung selbst). Anbieter können preislich schnell auf Entscheidungen der Wettbewerber reagieren. Problematisch ist demgegenüber, dass einmal getroffene Preisentscheidungen nur schwer umkehrbar sind, da sich insbesondere die Kunden in kurzer Zeit an neue und vor allem an reduzierte Preise gewöhnen.

Diese Besonderheiten von Preisentscheidungen gelten in ähnlicher Weise für B2C- und B2B-Märkte. Die Problematik einer optimalen, erfolgreichen Preissetzung wird jedoch auf B2B-Märkten zusätzlich durch folgende Faktoren erschwert (hierzu z.B. auch Marn/Roegner/Zawada 2004):

■ *Zunehmende Professionalisierung des Einkaufs bei Firmenkunden*: In diesem Zusammenhang sind die länderübergreifende Koordination des Einkaufs, elektronische Beschaffungsportale und eine bessere personelle Ausstattung der Einkaufsbereiche in vielen Unternehmen zu nennen. Damit einher geht eine steigende Preistransparenz auf Kundenseite (Diller/Kossmann 2007). Diese Entwicklungen setzen Anbieter auf B2B-Märkten unter zusätzlichen Preisdruck (Homburg/Jensen/Schuppar 2005).

■ *Informationsdefizite auf Anbieterseite*: Durch die höhere Relevanz individueller Auftragsvergaben sowie von Rabatten und Boni sind Listenpreise und die eigentlichen Nettopreise, die im Markt vorherrschen, häufig nicht transparent. Darüber hinaus werden in vielen Unternehmen preisbezogene Informationen nur unsystematisch erfasst und weitergegeben (Florissen 2008; Homburg/Daum 1997; Rullkötter 2008; Scholl/Totzek 2010). Aus diesem Informationsmangel auf Anbieterseite resultiert ein hohes Risiko von Fehleinschätzungen und -entscheidungen. So konnte in mehreren Untersuchungen übereinstimmend gezeigt werden, dass die Wahrnehmung der eigenen Preispositionierung in vielen Unternehmen systematisch nach oben verzerrt ist, d.h. Unternehmen sich systematisch preislich teurer im Vergleich zu ihren Wettbewerbern einschätzen, als sie tatsächlich sind (Atkin/Skinner 1976; Schuppar 2006; Totzek 2011 sowie **Abbildung 1.5**).

■ *Interne Schnittstellenprobleme*: Bei Preisentscheidungen auf B2B-Märkten ist das Schnittstellenmanagement zwischen den Funktionen eine zentrale Herausforderung. Häufig behindern sich Mitarbeiter unterschiedlicher Funktionsbereiche bei Preisentscheidungen gegenseitig (Lancioni/Schau/Smith 2005).

■ *Hohe Relevanz führungsbezogener Aspekte*: Das Preismanagement auf B2B-Märkten ist eine Führungsaufgabe und darüber hinaus eng mit dem Vertriebsmanagement verbunden (Diller 2008, S. 455; Homburg/Schäfer/Schneider 2010). So beeinflusst die Gestaltung der Anreizsysteme der Mitarbeiter im Vertrieb deren Preisentscheidungen (z.B. Totzek 2011). Des Weiteren sind die Versorgung der Vertriebsmitarbeiter mit preisbezogenen Informationen und die Schulung der Mitarbeiter im Hinblick auf die Preisdurchsetzung zentral. Schließlich wird auch die Notwendigkeit herausgestellt, eine preisbezogene Kultur im Unternehmen zu etablieren, die die preisbezogenen Ziele und Verhaltensweisen der Mitarbeiter lenkt (Diller 2008). So wird im B2B-Kontext insbesondere die Etablierung einer „Preisverteidigungskultur" im Vertrieb gefordert (Homburg/Jensen/Schuppar 2005, S. 33).

Vor diesem Hintergrund ist es nicht verwunderlich, dass den Anbietern auf B2B-Märkten insgesamt ein geringer Professionalisierungsgrad in Bezug auf ihr Preismanagement attestiert wird (Rullkötter 2008; Scholl/Totzek 2010). Preisentscheidungen werden in der Unternehmenspraxis häufig noch intuitiv und „aus dem Bauch heraus" gefällt. Dies wird insbesondere im Vergleich zu Preisentscheidungen auf B2C-Märkten deutlich, die durch einen deutlich höheren Professionalisierungsgrad gekennzeichnet sind. Zum Beispiel sei hier auf große Markenartikler (Ailawadi/Lehmann/Neslin 2001), die Telekommunikations- oder die Luftfahrtbranche hingewiesen.

Zudem führt das Preismanagement in der akademischen Managementausbildung ein Schattendasein. Dies gilt umso mehr für Themenbereiche, die über die konkrete Bestimmung der Abgabepreise auf Basis der traditionellen Modelle der klassischen Preistheorie hinausgehen (hierzu z.B. auch Diller 2008; Homburg/Krohmer 2009). Es wurde bereits deutlich, dass dies für B2B-Märkte in besonderem Maße gilt.

Die hohe Bedeutung von Informationsdefiziten und Schnittstellenproblemen verdeutlicht, dass insbesondere auf B2B-Märkten neben der eigentlichen Preisentscheidung, d.h. der konkreten Preissetzung, der *gesamte Prozess* der Preisfindung und Preisdurchsetzung zu professionalisieren ist (Diller/Kossmann 2007; Simon 2004; Totzek/Alavi 2010; Wiltinger 1998). Die Professionalisierung des gesamten Preisentscheidungsprozesses im Unternehmen kann für Anbieter auf B2B-Märkten einen *strategischen Wettbewerbsvorteil* darstellen, der langfristig die Performance gegenüber den Wettbewerbern steigern kann (Dutta/Zbaracki/Bergen 2003).

Zusammenfassend stellt das Preismanagement auf B2B-Märkten ein zentrales Entscheidungsfeld dar, das von der Praxis als größtes Problemfeld in Marketing und Vertrieb angesehen wird und in dem viele Unternehmen aktuell die zentrale strategische Herausforderung sehen. Zudem bietet die Professionalisierung des gesamten Preisentscheidungsprozesses Möglichkeiten zum Aufbau strategischer Wettbewerbsvorteile und zur nachhaltigen Steigerung der Profitabilität.

1.1.3   Ziele des Beitrags

Vor diesem Hintergrund stellt dieser Beitrag die zentralen Entscheidungsfelder im Rahmen des Preismanagements auf B2B-Märkten vor. Im Rahmen der einzelnen Entscheidungsfelder werden Handlungsoptionen und Erfolgsfaktoren diskutiert. Folglich verfolgt dieser Beitrag zwei Ziele:

■ *Darstellung der zentralen Entscheidungsfelder im Preisentscheidungsprozess bei B2B-Unternehmen.* Hierbei stellen wir die einzelnen Entscheidungsfelder überblicksartig vor und geben Verweise auf weiterführende Literatur.

■ *Identifikation zentraler Erfolgsfaktoren, die Handlungsempfehlungen für die Preismanagement-Praxis auf B2B-Märkten bieten.* Hierbei greifen wir zum einen auf branchenübergreifende Studien zurück, die am Institut für Marktorientierte Unternehmensführung (IMU) an der Universität Mannheim zum Preismanagement auf B2B-Märkten durchgeführt wurden. Zum anderen stützen wir uns auf Erkenntnisse der Forschung.

In diesem Beitrag wird auf eine rein wissenschaftliche Diskussion verzichtet. Der Beitrag stützt sich ebenfalls auf Empfehlungen und Erfahrungen aus der Unternehmenspraxis. Im folgenden Abschnitt werden die zentralen Entscheidungsfelder entlang eines Preisentscheidungsprozesses diskutiert. Der vorliegende Beitrag schließt mit einem Fazit, in dem auch die weiteren Beiträge dieses Buches eingeordnet werden.

1.2   Zentrale Entscheidungsfelder im Überblick

Abbildung 1.1 stellt die grundlegenden Phasen eines Preisentscheidungsprozesses dar. Dieser Prozess bildet die Grundlage der folgenden Darstellungen und besteht aus den vier Phasen Preisanalyse, Preisstrategie und Preissystem, Preisbestimmung und Preisdurchsetzung (Preisimplementierung). Im Rahmen der ersten Phase geht es um die Sammlung, Bereitstellung und Analyse preisbezogener Entscheidungsinformationen. Im Rahmen der zweiten Phase (Preisstrategie und Preissystem) geht es um den Inhalt von Preisentscheidungen, d.h. *welche* Preise werden gesetzt. Die Phasen der Preisbestimmung und der Preisdurchsetzung befassen sich damit, *wie* Preisentscheidungen zustande kommen und implementiert werden (Homburg/Jensen/Schuppar 2004).

Abbildung 1.1   Entscheidungsfelder im Rahmen des Preisentscheidungsprozesses

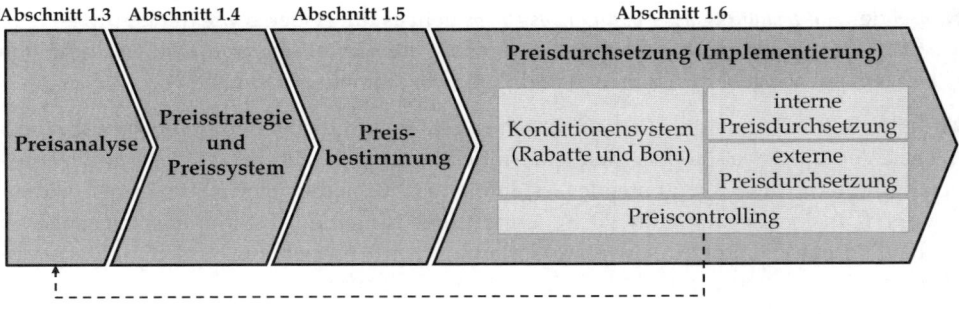

In der Literatur finden sich alternative Prozessdarstellungen. Diese unterscheiden sich insbesondere dahingehend, in wie viele Stufen der Entscheidungsprozess gegliedert wird und wo einzelne Entscheidungsfelder eingeordnet werden, und weniger hinsichtlich der Aktivitäten selbst (Diller 2003, 2004; Diller/Kossmann 2007; Homburg/Jensen/Schuppar 2004; Schuppar 2006; Simon 2004). Dies ist jedoch für die Unternehmenspraxis von untergeordneter Bedeutung.

Die *Preisanalyse* bildet die Entscheidungsgrundlage für die Festlegung der Preisstrategie und die konkrete Preisbestimmung. Hierbei geht es zunächst um die unternehmensinterne und -externe Sammlung von Preisinformationen. Hierauf aufbauend müssen die entscheidungsrelevanten Preisinformationen im Unternehmen aufbereitet und den Entscheidungsträgern zur Verfügung gestellt werden (Diller 2008; Wiltinger 1998). Zentrales Element der Preisanalyse sind alternative Preisfindungsmethoden.

Im Rahmen der Festlegung der *Preisstrategie* geht es um grundlegende strategische Preisentscheidungen wie die angestrebte Preis-Leistungspositionierung, das grundlegende Verhalten gegenüber dem Wettbewerb oder die Festlegung der dynamischen Preisstrategie. Darüber hinaus geht es um Entscheidungen hinsichtlich der grundlegenden Gestaltung des *Preissystems* bzw. der Preisstruktur (Schuppar 2006), insbesondere um das Ausmaß der Preisdifferenzierung und Preisbündelung als Elemente einer Preissegmentierung. Insgesamt gilt es, im Rahmen der Preisstrategie ein aufeinander abgestimmtes und ganzheitliches Ziel- und Handlungskonzept zu entwickeln, das *im Einklang mit den langfristigen Unternehmenszielen* steht (z.B. Diller 2004).

Im Bereich der konkreten *Preisbestimmung* (oder auch Preissetzung bzw. Preisfindung) geht es um die Bestimmung der Höhe der Preise. Zentral sind die Fragestellungen, ob Preise auf Basis von Kosten, Wettbewerbsaspekten oder auf Basis des Kundennutzens bzw. der Zahlungsbereitschaften der Kunden ermittelt werden und wie Preiskalkulation und Angebotsfestlegung konkret geschehen.

Die *Preisdurchsetzung* beinhaltet folgende vier Entscheidungsfelder (Homburg/Krohmer 2009; Homburg/Jensen/Schuppar 2004 sowie **Abbildung 1.1**):

■ Bei der *Ausgestaltung des Konditionensystems* geht es um Aspekte wie die leistungsorientierte Ausgestaltung von Preisstrukturen bzw. die Gestaltung und Überwachung von Regeln zur Vergabe von Rabatten und Boni (z.B. Homburg/Daum 1997).

■ Im Rahmen der *internen Preisdurchsetzung* geht es um die Steuerung der preisbezogenen Verhaltensweisen der Mitarbeiter im Unternehmen. Hierbei geht es um die abteilungsinterne und -übergreifende Gestaltung der Zuständigkeiten bei Preisentscheidungen (Lancioni/Schau/Smith 2005), unternehmensinterne Abstimmungsmechanismen bei Preisentscheidungen sowie die Gestaltung von Anreizen zur Erreichung der preisstrategischen Ziele für die Mitarbeiter, z.B. im Verkaufsaußendienst.

■ Die *externe Preisdurchsetzung* befasst sich insbesondere mit der Durchsetzung der preisbezogenen Ziele im Markt, d.h. gegenüber Kunden und Wettbewerbern. Dies beinhaltet z.B. Methoden zur Quantifizierung von Kundennutzen, die Preiskommunikation gegenüber Kunden und Wettbewerbern oder Empfehlungen für Preisverhandlungen mit Kunden (Homburg/Jensen/Schuppar 2005).

■ Beim *Preiscontrolling* geht es schließlich um die unternehmensinterne preisbezogene Entscheidungsunterstützung bzw. Rationalitätssicherung (Florissen 2008; Weber/Florissen 2005). So befasst sich das Preiscontrolling z.B. mit der Implementierung von Kennzahlen und Reporting-Tools zur Kontrolle und Steuerung der erzielten Nettopreise (Soll-Ist-Vergleiche) oder mit der auftrags- und kundenbezogenen Erfassung der tatsächlich gewährten Rabatte und Boni. Dies dient der Sicherstellung der Preisdurchsetzung und generiert gleichzeitig zentrale Informationen für die Preisanalyse (vgl. **Abbildung 1.1** sowie der folgende Abschnitt).

1.3 Preisanalyse

Wie im einführenden Abschnitt dargestellt wurde, sind Preisentscheidungen im B2B-Kontext in der Praxis durch einen Informationsmangel auf Anbieterseite, eine hohe Unsicherheit bei Preisentscheidungen und ein hohes Risiko von Fehlentscheidungen gekennzeichnet. Dies verdeutlicht die Notwendigkeit einer systematischen Preisanalyse im Vorfeld von Preisentscheidungen (hierzu auch Florissen 2008; Wiltinger 1998). Entsprechend konnte im Rahmen einer branchenübergreifenden Untersuchung gezeigt werden, dass die Generierung und Verbreitung marktbezogener Preisinformationen im Unternehmen die externe Preisdurchsetzung und schließlich die Profitabilität von B2B-Unternehmen substanziell erhöht (Totzek 2011; Totzek/Alavi 2010).

Entscheidungsrelevante Informationen können aus verschiedenen Quellen gewonnen werden. Auf diese wird in Abschnitt 1.3.1 eingegangen. Hierbei kann es sich zum einen um Primärdaten, d.h. eigens für die konkrete Preisentscheidung erhobene Daten, handeln. Hierzu stehen Unternehmen alternative Preisfindungsmethoden zur Verfügung, die in Abschnitt 1.3.2 vorgestellt werden. Zum anderen können Unternehmen auf Sekundärdaten zurückgreifen, die insbesondere aus dem internen Rechnungswesen und dem Vertrieb bzw. Außendienst kommen. Zudem können Sekundärdaten von der Konkurrenz, amtlichen Stellen, Marktforschungsinstituten oder auch durch den Handel bereitgestellt werden (Diller 2008, S. 172ff.).

1.3.1 Zentrale Informationsquellen für die Preisanalyse

Die Preisanalyse kann sich auf drei grundlegende Arten bzw. Quellen von Informationen stützen (Diller 2008; Reinecke/Hahn 2003; Wiltinger 1998):

■ Interne (Controlling-)Informationen,

■ Marktinformationen und

■ Zielinformationen.

Hierbei können die internen (Controlling-)Informationen insbesondere aus dem Preiscontrolling gewonnen werden (vgl. Abschnitt 1.6.4). Zentral sind hier Kosteninformationen sowie Informationen über die aktuellen Brutto- und Nettopreise. Zentraler Gegenstand der Marktinformationen sind preisbezogene Kunden- und Wettbewerbsinformationen, z.B. Zahlungsbereitschaften, Preiselastizitäten und Kreuzpreiselastizitäten. Grundsätzlich sollte hierauf der Schwerpunkt der Preisanalyse liegen (z.B. Sinkula 1994; Totzek/Alavi 2010). Hierbei können Unternehmen auf zahlreiche alternative Preisfindungsmethoden zurückgreifen, z.B. Kundenbefragungen (vgl. Abschnitt 1.3.2). Als Zielinformationen sind schließlich die unternehmensspezifischen Ziele relevant, die sich z.B. auf die Gewinn- oder Marktanteilsentwicklung beziehen (z.B. Diller 2008, S. 38ff.). **Abbildung 1.2** gibt einen Überblick über zentrale Informationsquellen für die Preisanalyse.

Abbildung 1.2   Überblick über zentrale Informationsquellen für die Preisanalyse
(Quelle: in Anlehnung an Wiltinger 1998, S. 54)

Interne (Controlling-)Informationen	Marktinformationen	Zielinformationen

▪ Ist-Preise/Absätze/Umsätze
▪ Rabatte und Boni
▪ Preise bei gewonnenen Aufträgen
▪ Preise bei verlorenen Aufträgen
▪ Gewinne
▪ Deckungsbeiträge
▪ Kundenprofitabilitäten
▪ fixe und variable Kosten (z.B. Produktionskosten, Vertriebskosten, Transportkosten, Finanzierungskosten)
▪ Komplexitätskosten
▪ Wechselkurse/Wechselkursschwankungen
▪ Inflation
▪ Zölle
▪ Steuern
▪ ...
	▪ Kundeninformationen, z.B.
	  - Zahlungsbereitschaft
	  - Preiselastizität der Nachfrage
	  - Referenzpreise
	  - Kundenzufriedenheit
	  - Kundenloyalität
	  - Wahrnehmung der Konkurrenzprodukte
	▪ Wettbewerbsinformationen, z.B.
	  - Preis-Leistungspositionierung der Konkurrenten
	  - Konkurrenzpreise
	  - Preisänderungen der Wettbewerber
	  - Kreuzpreiselastizitäten
	  - Rabatte und Rabattaktionen der Wettbewerber
	  - Marktkonzentration/-anteile
	▪ weitere Marktinformationen, z.B.
	  - Margen der Händler
	  - Machtverteilung in den Vertriebskanälen
	  - Marktwachstum
	  - Marktreife
		▪ Umsatz-/Marktanteilsziele
		▪ Gewinn-/Deckungsbeitragsziele
		▪ Liquiditätsziele
		▪ Abwehr von Markteintritten von Konkurrenten
		▪ Verhinderung von Preiskriegen
		▪ Erhöhung der Kundenzufriedenheit und -loyalität
		▪ Preisimage
		▪ ...

Die Bereitstellung und Aufbereitung der Informationen ist schließlich eine zentrale Herausforderung für die Informationssysteme von Unternehmen. Hierbei können Unternehmen auf Standardsoftware (z.B. SAP), CRM-Systeme oder auf spezielle Pricing-Softwaretools zurückgreifen.

1.3.2   Zentrale Preisfindungsmethoden

Wie in Abschnitt 1.3.1 dargestellt wurde, stellen Marktinformationen eine zentrale Informationsquelle für die Preisanalyse dar. Auf B2B-Märkten kommen insbesondere folgende Preisfindungsmethoden zum Einsatz (vgl. hierzu ausführlich den Beitrag von Klarmann/ Miller/Hofstetter in diesem Band sowie z.B. Anderson/Narus/Narayandas 2009):

■ Expertenbefragungen,

■ direkte und indirekte Methoden zur Messung der Zahlungsbereitschaften, insbesondere die Conjoint-Analyse, und

■ Börsen, Auktionen und Bietverfahren.

Im Rahmen von *Expertenbefragungen* werden eigene Mitarbeiter z.B. aus Marketing, Vertrieb oder dem Produktmanagement oder externe Verbandsmitglieder und Berater zur Einschätzung von Absätzen bzw. Absatzänderungen bei bestimmten Preisen oder Preisänderungen gebeten. Auf Basis dieser Informationen können Preis-Absatz-Funktionen oder Preissensitivitäten (Preiselastizitäten) von Kunden zumindest teilweise bestimmt werden. Derartige schnell verfügbare und sehr kostengünstige Schätzungen können insbesondere dann sinnvoll sein, wenn neue Produkte am Markt eingeführt oder Wettbewerbsreaktionen antizipiert werden sollen und somit keine entsprechenden Vergangenheits- bzw. Vergleichsdaten verfügbar sind. Problematisch an diesem Verfahren sind jedoch die hohe Subjektivität der Angaben und die Tatsache, dass die Kundenperspektive nicht berücksichtigt wird.

Direkte und indirekte Methoden zur Messung der Zahlungsbereitschaften greifen diese Einschränkung auf und beruhen auf Urteilen von Kunden (hierzu z.B. Homburg/Krohmer 2009, S. 666ff.; Völckner 2006). Bei direkten Befragungen werden Kunden direkt nach ihrer Zahlungsbereitschaft für eine bestimmte Leistung gefragt (z.B. „Bei welchem Preis würden Sie dieses Produkt gerade noch kaufen?"). Direkte Kundenbefragungen sind relativ schnell und kostengünstig umsetzbar. Sie sind jedoch problematisch, da die Aufmerksamkeit stark auf den Preis, und weniger auf den Nutzen der Leistung gelegt wird. Dies kann zu atypisch hohem Preisbewusstsein führen. Darüber hinaus können Kunden strategisch antworten (Völckner 2006): Wenn die Befragten glauben oder wissen, dass sie mit ihrer Antwort einen großen Einfluss auf den tatsächlichen Preis des Produktes haben, werden sie niedrige Zahlungsbereitschaften angeben, um den späteren Kaufpreis nach unten zu drücken. Schließlich sind direkte Fragen für komplexe Leistungen, z.B. im Anlagen- oder Systemgeschäft, grob vereinfachend und für Kunden kaum zu beantworten.

Aus diesem Grund hat auf B2B-Märkten die *Conjoint-Analyse* als indirekte Methode zur Messung der Zahlungsbereitschaften weite Verbreitung gefunden. Im Rahmen von Conjoint-Analysen bewerten Kunden den Nutzen von alternativen Leistungen, die sich aus verschiedenen Merkmalen zusammensetzen (z.B. Produktqualität, produktbegleitende Dienstleistungen, Lieferzeit). Der Preis ist dabei ein weiteres Merkmal der Leistung. Hierbei werden den Kunden alternative Spezifikationen der Leistung zur Bewertung oder Auswahl vorgelegt. Auf Basis der Bewertungen alternativer Spezifikationen bzw. Auswahlentscheidungen können dann statistisch die Nutzenbeiträge einzelner Leistungsmerkmale und alternativer Merkmalsausprägungen berechnet werden. Auf Basis der errechneten Nutzenbewertungen für alternative Ausprägungen des Merkmals Preis können dann Preis-Absatz-Funktionen berechnet werden oder Aussagen getroffen werden, wie viel Kunden für bestimmte Zusatzleistungen zu zahlen bereit sind (Homburg/Krohmer 2009, S. 669ff.).

Die Conjoint-Analyse hat gegenüber einer direkten Kundenbefragung einen entscheidenden Vorteil. In direkten Befragungen neigen Kunden dazu, ihre Angaben im Sinne einer Vorverhandlung von Preisen verzerrt abzugeben. Bei der Conjoint-Analyse besteht dieses Risiko nur in geringem Ausmaß. Durch den Vergleich alternativer Leistungsangebote wird die echte Kaufsituation besser simuliert und ein realitätsnäheres Antwortverhalten des Kunden unterstützt (Homburg/Jensen/Schuppar 2004).

Conjoint-Analysen sind für Leistungen sinnvoll, bei denen die Produktqualität eine wichtige Rolle spielt und bei denen alternative Spezifikationen entscheidungsrelevant sind. Dies gilt folglich weniger für sehr standardisierte Leistungen oder z.B. Rohstoffe (Homburg/Krohmer 2009, S. 674). Problematisch ist die Anwendung der Conjoint-Analyse bei Leistungen mit sehr hohem Innovationsgrad, z.B. radikalen Innovationen, die von Kunden nur begrenzt hinsichtlich ihrer Eigenschaften bewertet werden können (z.B. Voigt 2003).

Auf B2B-Märkten sind Börsen, Auktionen und Bietverfahren als *Preisbildungsmechanismen* von hoher Relevanz. *Börsen* dienen insbesondere dem Handel von Rohstoffen. Bei sehr homogenen Gütern können hierbei Nachfrage und Angebot auf einem Marktplatz zusammengeführt werden und es kann ein entsprechender Preis zum Ausgleich von Angebot und Nachfrage fixiert werden.

Ziele des Abnehmers bei der Durchführung von *Auktionen* und *Bietverfahren* sind der Bezug der Leistung zu einem möglichst geringen Preis. Hierbei kann der Abnehmer preislich dadurch profitieren, dass er Informationsasymmetrien zu seinen Gunsten nutzen und Anbieter gegeneinander ausspielen kann (Schrader/Schrader/Eller 2004).

Auktionen haben insbesondere durch das Internet auf B2B-Märkten an Bedeutung gewonnen (hierzu ausführlich Skiera/Spann 2003, 2004). Darüber hinaus gibt es Märkte, auf denen Auktionen traditionell eine große Rolle spielen (z.B. Blumen oder andere landwirtschaftliche Produkte). Im Rahmen von Auktionen sind insbesondere Einkaufsauktionen, sogenannte *Reverse Auctions*, für B2B-Märkte relevant, bei denen Anbieter auf den Zuschlag für einen Auftrag eines Kunden bieten, i.d.R. als eine Abfolge sinkender Preise (z.B. Daly/Nath 2005). Auktionen stellen eine für den Kunden einfache und kostengünstige Art der Auftragsvergabe dar, die im Vergleich zu Festpreisen oder Preisverhandlungen eine schnelle Anpassung von Nachfrage und Angebot ermöglicht. Zentrale Voraussetzung hierfür ist, dass auf dem Marktplatz eine ausreichende Zahl von Anbietern um Aufträge von Kunden konkurriert. Aus Sicht der Kunden oder auch der Betreiber elektronischer Marktplätze spielt das Auktionsdesign eine zentrale Rolle, da sich Änderungen an bestimmten Parametern, z.B. Auktionsgegenstand, Dauer der Auktion oder Mindestgebote, sehr stark auf das erzielte Ergebnis und die Geschäftsbeziehungen auswirken (z.B. Daly/Nath 2005; Skiera/Spann 2003, 2004). Zum Beispiel können Kunden im Rahmen von Reverse Auctions eine Nachverhandlung von Preisen nach Erteilung des Zuschlags ermöglichen. Hierdurch reduziert sich für die Anbieter und auch die Kunden die Unsicherheit im Bietprozess (hierzu z.B. Daly/Nath 2005, S. 161ff.).

Im Rahmen von *Bietverfahren* (Competitive Bidding oder auch Submissionen) formuliert der Abnehmer konkrete Anforderungen an eine Leistung im Rahmen einer Ausschreibung. Anbieter müssen dann für die konkrete Leistung ein Preisgebot abgeben. Im Gegensatz zu Auktionen kommt es hierbei i.d.R. zur Abgabe eines einzigen verbindlichen Angebotes, und nicht zu einer beliebigen Abfolge unterschiedlicher Gebote. Ausschreibungen sind insbesondere im Projektgeschäft und im öffentlichen Sektor von hoher Bedeutung (Pohl 2004).

Ziel des Anbieters bei Teilnahme an einer Ausschreibung ist, den Zuschlag zu erhalten und gleichzeitig den höchstmöglichen Preis zu verlangen. Im einfachsten Fall ist der Preis das einzige Entscheidungskriterium, sowohl für den Anbieter als auch für den Kunden. Anbieter können daher einfache Überlegungen anstellen, mit welchen Wahrscheinlichkeiten sie bei bestimmten Angebotspreisen den Zuschlag erhalten. Hierbei muss der Anbieter einen Zielkonflikt lösen: Je höher das Angebot, desto höher ist der Gewinn, sofern der Zuschlag erteilt wird. Je höher das Angebot jedoch ist, desto wahrscheinlicher ist es, dass ein anderer Anbieter ein günstigeres Angebot abgibt. In diesem Fall wird das Angebot diesem Wettbewerber zugeschlagen. Diesen Zielkonflikt kann ein Anbieter dadurch aufgreifen, indem er für alternative Angebote den erwarteten Gewinn berechnet und den Angebotspreis setzt, der den erwarteten Gewinn maximiert (z.B. Alznauer/Krafft 2004; Homburg/Krohmer 2009, S. 724f.).

Diese Vorgehensweise kann an einem Beispiel verdeutlicht werden, das in **Tabelle 1.2** dargestellt ist: Ein Bauunternehmen möchte sich an der Ausschreibung für den Bau eines neuen Kindergartens beteiligen (Homburg/Schäfer/Schneider 2010, S. 86f.). Ausgangspunkt der Überlegungen ist die Schätzung der Kosten für die Bauleistung, die bei ca. 900.000 € liegen. Es werden mögliche Gebote zwischen 800.000 € und 1.250.000 € betrachtet. Anschließend werden für die einzelnen Gebote Auftragswahrscheinlichkeiten auf Basis der Erfahrungen in vergangenen Ausschreibungen geschätzt. So wird angenommen, dass bei einem Preis von 900.000 € der Auftrag mit 90-prozentiger Wahrscheinlichkeit gewonnen wird, bei einem Preis von 1.100.000 € dagegen nur mit 20-prozentiger Wahrscheinlichkeit. Anschließend wird für jedes Gebot der erwartete Gewinn berechnet. Für einen Preis von 1.000.000 € ergibt sich dieser Erwartungswert z.B. zu 0,6 x 100.000 € + 0,4 x 0 € = 60.000 €. Der optimale Bietpreis liegt dort, wo der erwartete Gewinn maximal wird, bei 1.000.000 €.

Darüber hinaus spielen häufig zusätzliche Attribute des Angebotes (z.B. Lieferzeiten) bei der Auswahlentscheidung des Kunden eine Rolle. Dies ist insbesondere relevant, wenn über eine rein transaktionale Betrachtung hinaus auch langfristige Ziele, z.B. Stabilität und Zuverlässigkeit von Anbieter-Kundenbeziehungen, eine Rolle spielen. Hierdurch ergeben sich komplexere Überlegungen, sowohl für den Anbieter bei der Konzeption des Angebotes als auch für den Kunden bei der Bewertung alternativer Angebote (Daly/Nath 2005).

Tabelle 1.2   Competitive Bidding am Beispiel einer Ausschreibung
                   (Quelle: in Anlehnung an Homburg/Schäfer/Schneider 2010, S. 87)

Mögliches Gebot (in €)	Kosten (in €)	Geschätzte Auftragswahr-scheinlichkeit (in %)	Gewinn bei Auftrag (in €)	Erwarteter Gewinn (in €)
800.000	900.000	100	-100.000	-100.000
900.000	900.000	90	0	0
1.000.000	900.000	60	100.000	60.000
1.100.000	900.000	20	200.000	40.000
1.200.000	900.000	5	300.000	15.000
1.250.000	900.000	0	350.000	0

In der Unternehmenspraxis wird eine Dominanz der Intuition und mangelnde Faktenorientierung im Rahmen der methodischen Preisfindung attestiert (Rullkötter 2008 sowie Abschnitt 1.1). Darüber hinaus werden formale Marktforschungsmethoden bzw. quantitative Methoden zur Messung von Zahlungsbereitschaften oder zur Simulation von Preisentscheidungen kaum eingesetzt. Unternehmen, die dies tun, erzielen jedoch höhere Preise und setzen höhere Mengen ab (vgl. **Abbildung 1.3**).

Abbildung 1.3   Erfolgsauswirkung der systematischen Erhebung von Preiselastizitäten
                     und von Preissimulationen im Rahmen der methodischen Preisfindung
                     (Quelle: Homburg/Jensen/Schuppar 2005, S. 23)

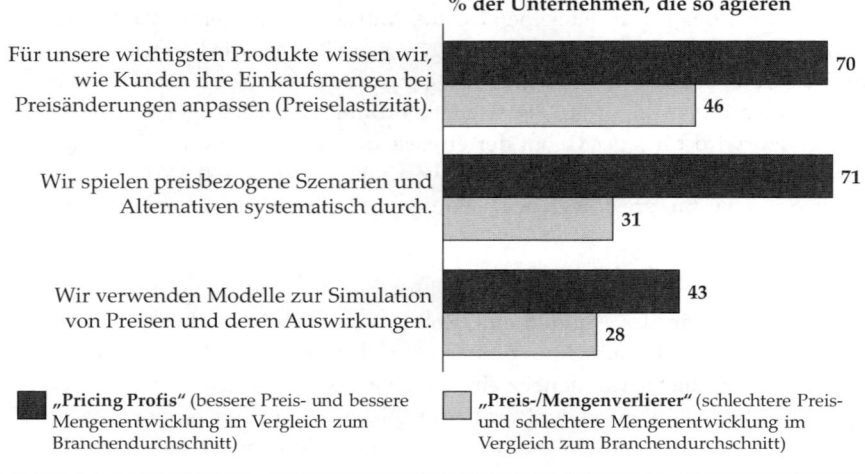

% der Unternehmen, die so agieren

Für unsere wichtigsten Produkte wissen wir, wie Kunden ihre Einkaufsmengen bei Preisänderungen anpassen (Preiselastizität). — 70 / 46

Wir spielen preisbezogene Szenarien und Alternativen systematisch durch. — 71 / 31

Wir verwenden Modelle zur Simulation von Preisen und deren Auswirkungen. — 43 / 28

■ „**Pricing Profis**" (bessere Preis- und bessere Mengenentwicklung im Vergleich zum Branchendurchschnitt)

□ „**Preis-/Mengenverlierer**" (schlechtere Preis- und schlechtere Mengenentwicklung im Vergleich zum Branchendurchschnitt)

1.4   Preisstrategie und Preissystem

In Bezug auf *Preisstrategie* und *Preissystem* sind die folgenden vier preisbezogenen Entscheidungsfelder relevant, die in den folgenden Abschnitten vorgestellt werden (Homburg/ Krohmer 2009; Homburg/Jensen/Schuppar 2004; Schuppar 2006; Tellis 1986 sowie ausführlich der Beitrag von Jensen/Henrich in diesem Band):

■ Preis-Leistungspositionierung (vgl. Abschnitt 1.4.1),

■ Preisdifferenzierung und Preisbündelung (vgl. Abschnitt 1.4.2),

■ Preissetzung für das Produktprogramm (vgl. Abschnitt 1.4.3) und

■ Festlegung der dynamischen Preisstrategie (vgl. Abschnitt 1.4.4).

Grundlegend ist es notwendig, im Rahmen der Ausgestaltung der Preisstrategie einen „Fit" in zweifacher Hinsicht herzustellen (Diller 2004, S. 951): Die Preisstrategie muss zunächst in Einklang mit der strategischen Ausrichtung sowie den Fähigkeiten und Ressourcen des Unternehmens stehen. Zudem muss sie sich an die aktuellen Marktgegebenheiten und -entwicklungen anpassen.

1.4.1   Preis-Leistungspositionierung

Grundsätzlich können Unternehmen ihre Leistungen preislich teurer, günstiger oder ähnlich zu den Angeboten des Wettbewerbs positionieren. Zentral ist bei der Preispositionierung, dass neben der relativen Preishöhe (Wertabschöpfung beim Kunden) auch die relative Leistungshöhe (Wertgenerierung beim Kunden) berücksichtigt wird (Homburg/Jensen/ Schuppar 2004). Ziel des Anbieters muss zunächst sein, ein Gleichgewicht zwischen Wertgenerierung und Wertabschöpfung herzustellen (vgl. hierzu den grauen Bereich in **Abbildung 1.4**). Drei grundlegende Positionierungen können unterschieden werden (vgl. **Abbildung 1.4** sowie Diller 2008, S. 254; Simon 1992):

■ *Premium-Positionierung*: Relativer Preis und relative Leistung bzw. relativer Kundennutzen sind überdurchschnittlich.

■ *Mittelklasse-Positionierung*: Relativer Preis und relative Leistung bzw. relativer Kundennutzen bewegen sich auf dem Marktniveau.

■ *Economy- bzw. Discount-Positionierung*: Relativer Preis und relative Leistung bzw. relativer Kundennutzen sind unterdurchschnittlich.

Im Rahmen der einzelnen Positionierungen können Anbieter immer dann einen Vorteil gegenüber dem Wettbewerb erlangen, wenn sie einen geringfügig höheren Preis bei relativ gleicher Leistung realisieren können. Problematisch ist jedoch, dass die Gefahr von Kundenverlusten und Volumeneinbußen immer dann besteht, wenn der relative Preis deutlich höher ist als die relative Leistung (vgl. **Abbildung 1.4**).

Abbildung 1.4   Preis-Leistungspositionierung im Vergleich zum Wettbewerb

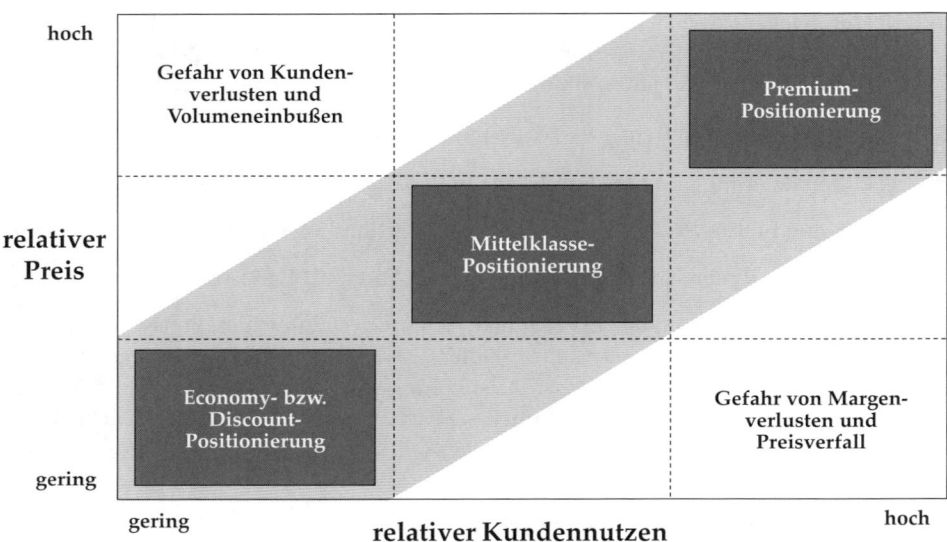

Kennzeichnend für viele deutsche B2B-Unternehmen ist, dass sie für sich eine Premium-Positionierung beanspruchen. Im Rahmen einer Studie am Institut für Marktorientierte Unternehmensführung (IMU) der Universität Mannheim wurden 230 Unternehmen aus diversen B2B-Branchen gebeten, ihre angestrebte relative Preis- und Leistungspositionierung anzugeben. Rund 61% der Unternehmen gaben hierbei an, in Bezug auf Preis *und* Leistung eine Premium-Positionierung anzustreben (Totzek 2011). Um eine Premium-Positionierung gegenüber der Konkurrenz halten zu können, bieten viele Unternehmen eine *Zweitmarke* an. Mit dieser Zweitmarke nehmen Anbieter dann eine Economy- oder Mittelklasse-Positionierung ein (hierzu auch Abschnitt 1.4.3 sowie **Abbildung 1.6**).

Darüber hinaus ist die Bewertung der eigenen Preis-Leistungspositionierung im Vergleich zu den Preis-Leistungspositionierungen der Wettbewerber wichtig, um zukünftige Preisdynamiken im Markt zu antizipieren und zu beeinflussen (Garda/Marn 1993; Marn/Roegner/Zawada 2004). So besteht bei einer Preis-Leistungspositionierung, die im Vergleich zum Wettbewerb deutlich mehr Leistung zum gleichen Preis anbietet (oder die gleiche Leistung deutlich günstiger) die Gefahr, dass ein Preisverfall im Markt ausgelöst wird (vgl. die unteren rechten Bereiche in **Abbildung 1.4**) (vgl. hierzu ausführlich den Beitrag von Jensen/Henrich in diesem Band).

Ein wesentlicher Auslöser einer derartigen Dynamik kann in systematischen Fehleinschätzungen der eigenen Preispositionierung im Vergleich zum Wettbewerb liegen. Zahlreiche Studien haben gezeigt, dass Unternehmen ihre eigene Preispositionierung im Vergleich zum Wettbewerb als deutlich zu hoch einstufen (Atkin/Skinner 1976; Schuppar 2006; Totzek 2011). So wurde im Rahmen der bereits erwähnten Befragung von 230 B2B-Unternehmen deutlich, dass rund 80% der befragten Unternehmen ihre aktuelle Preispositionierung im Vergleich zum Wettbewerb als (deutlich) höher einstufen. Zudem liegt die aktuell wahrgenommene Preispositionierung deutlich über der langfristig angestrebten Preispositionierung (vgl. **Abbildung 1.5**): Die Mehrheit der befragten Unternehmen (59%) schätzt sich aktuell als teurer ein, als sie langfristig anstrebt. Hierbei wurde beobachtet, dass relativ hohe Preispositionierungen von Unternehmen tendenziell überschätzt, relativ geringe Preispositionierungen tendenziell unterschätzt werden. Eine systematische Verzerrung entsteht also insbesondere bei den Unternehmen, die sich preislich über dem durchschnittlichen Marktpreis positionieren (Totzek 2011).

Abbildung 1.5   Verzerrungen in der langfristig angestrebten und der aktuell wahrgenommenen Preispositionierung im Vergleich zum Wettbewerb (Quelle: in Anlehnung an Totzek 2011, S. 100)

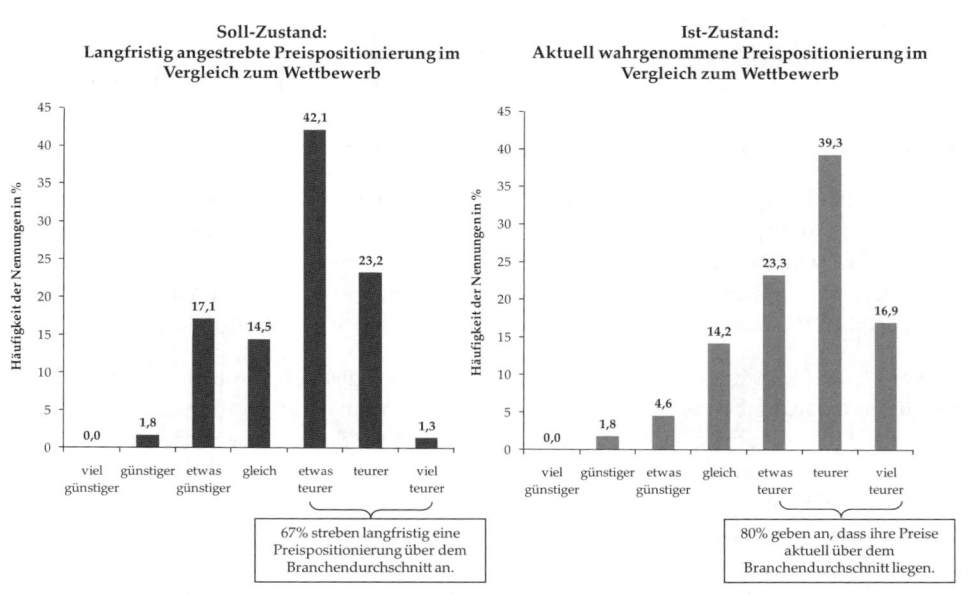

1.4.2   Preisdifferenzierung und Preisbündelung

Neben der Festlegung der generellen Preis-Leistungspositionierung ist auf B2B-Märkten die Ausgestaltung des Preissystems von hoher Bedeutung. Hierbei spielen insbesondere die Festlegung des Grades der Preisdifferenzierung und der Preisbündelung eine Rolle (hierzu z.B. auch Pechtl 2003) (vgl. hierzu ausführlich den Beitrag von Miller/Krohmer in diesem Band).

Preisdifferenzierung liegt vor, wenn ein Anbieter identische oder geringfügig unterschiedliche Produkte verschiedenen Kunden oder Kundensegmenten zu unterschiedlichen Preisen anbietet (Homburg/Krohmer 2009, S. 697). Es geht also um eine *Spreizung der Preise* für ähnliche oder identische Leistungen (Tellis 1986). Grundlegendes Ziel der Preisdifferenzierung ist die bessere Abschöpfung von Zahlungsbereitschaften durch kunden- oder segmentspezifische Preise im Vergleich zu einem einheitlichen Preis (Homburg/Krohmer 2009 sowie Abschnitt 1.4.3).

Neben einer grundsätzlichen Entscheidung, ob Preisdifferenzierung überhaupt sinnvoll ist, geht es um die konkrete Ausgestaltung der Preisdifferenzierung. Hierbei stehen Unternehmen verschiedene Kriterien zur Verfügung, anhand derer unterschiedliche Preise festgelegt werden, z.B. die abgesetzte Menge, die Wichtigkeit der Kunden, die Region oder das Land, unterschiedliche Vertriebswege oder saisonale Unterschiede (hierzu ausführlich Homburg/Krohmer 2009, S. 701ff. sowie die Beiträge von Jensen/Henrich und Miller/Krohmer in diesem Band).

Generell kann gezeigt werden, dass die Preisdifferenzierung einer einheitlichen Preissetzung immer dann überlegen ist, wenn diese keine Kosten verursacht und wenn Kunden unterschiedliche Zahlungsbereitschaften für eine Leistung haben (Homburg/Krohmer 2009, S. 697ff.). Jedoch verursacht eine größere Preisdifferenzierung tendenziell höhere (Komplexitäts-)Kosten auf Anbieterseite und kann darüber hinaus von Seiten der Kunden als intransparent und unfair empfunden werden (hierzu auch Homburg/Krämer 2009).

Grundsätzlich kann keine Empfehlung abgegeben werden, welche Form der Preisdifferenzierung aus Anbietersicht zu bevorzugen ist. Es konnte jedoch im B2B-Kontext gezeigt werden, dass Unternehmen dann erfolgreicher sind, wenn sie eher eine *kundenbezogene* Preisdifferenzierung praktizieren und weniger auf regionale und saisonale Preisdifferenzierung setzen (Homburg/Jensen/Schuppar 2005, S. 15 sowie Homburg/Droll/Totzek 2008).

Die Forschung zum internationalen Marketing hat sich gesondert mit der *internationalen* Preisdifferenzierung befasst. Der Grad, zu dem internationale Preisdifferenzierung betrieben wird, d.h. unterschiedliche internationale Preise oder Preisstrategien gewählt werden, hängt generell von zahlreichen unternehmensinternen und -externen Faktoren ab (z.B. Cavusgil/Chan/Zhang 2003; Forman/Hunt 2005). Das ideale Ausmaß der Standardisierung der Preisstrategie (in Bezug auf Preise, Margen und Zahlungsbedingungen) über Länder hinweg hängt z.B. davon ab, wie ähnlich sich beide Länder in Bezug auf Kundencharakteristika (z.B. Preissensitivität), Rechtsrahmen (z.B. Verbraucherschutz), ökonomische Rahmenbedingungen (z.B. Kaufkraft, Arbeitskosten) und den Stand im Produktlebenszyklus sind (Theodosiou/Katsikeas 2001). Eine Standardisierung der Marketingaktivitäten und somit auch der Preise, ist generell für große, multinationale Unternehmen von Vorteil, die zumeist verbunden mit einer Position als Kostenführer ein relativ standardisiertes Produkt anbieten (Forman/Lancioni 2002; Schilke/Reimann/Thomas 2009).

Die *Preisbündelung* stellt einen Sonderfall der Preisdifferenzierung dar und liegt vor, wenn ein Anbieter mehrere Leistungen zu einem Bündel (Paket) zusammenfasst und dieses zu einem Bündelpreis verkauft. Preisbündelung hat insbesondere dann einen hohen Stellenwert, wenn Anbieter in hohem Maß industrielle Dienstleistungen anbieten, d.h. Produkte und Dienstleistungen, die komplementär zueinander sind (z.B. Anlage + Betreibung und Wartung der Anlage; Homburg/Krohmer 2009, S. 1019; Tillmann/Simon 2004). Ziel der Preisbündelung ist, Zahlungsbereitschaften für einzelne Produkte oder Dienstleistungen auf das Bündel zu transferieren und so insgesamt mehr Zahlungsbereitschaft beim Kunden abzuschöpfen (Homburg/Krohmer 2009, S. 702).

Neben der besseren Abschöpfung von Zahlungsbereitschaften kann die Preisbündelung weitere Motive haben. Erstens kann durch die Vorgabe von Leistungskonfigurationen die Variantenvielfalt reduziert werden und die Nachfrage der Kunden auf bestimmte Leistungsbündel gelenkt werden. Im Resultat können so z.B. Logistik- und Komplexitätskosten reduziert werden (Tillmann/Simon 2004). Zweitens kann durch die Bündelung auch Zusatznutzen für den Kunden entstehen, indem er komplette Systeme oder Lösungen erwerben kann. Dies führt beim Kunden zu geringeren Such- und Transaktionskosten. Der Anbieter kann so ggf. ein Preispremium am Markt durchsetzen (hierzu auch Homburg/Stock/Kühlborn 2005). Drittens können Anbieter die Preisbündelung insbesondere dazu nutzen, die Vergleichbarkeit zu Wettbewerbsangeboten zu reduzieren, was z.B. die Intensität des Preiswettbewerbs reduzieren kann.

1.4.3 Preissetzung für das Produktprogramm

Bei der Preissetzung für das Produktprogramm geht es um die Abstimmung der Preis-Leistungspositionierungen für einzelne Produkte oder Dienstleistungen über das gesamte Produktprogramm oder für einzelne Produktlinien (Gierl 2003; Homburg/Jensen/Schuppar 2004). Dies ist z.B. im Systemgeschäft von großer Relevanz, da dort große Verbundeffekte zwischen den einzelnen Leistungen bestehen (vgl. hierzu auch die Beiträge von Jensen/Henrich und Miller/Krohmer in diesem Band). In diesem Kontext kommt es häufig zu einer Quersubventionierung oder zu Mischkalkulationen: Niedrigere Gewinne oder sogar Verluste bei einzelnen Leistungen werden in Kauf genommen, um bei anderen Leistungen höhere Gewinne zu erzielen (Diller 2008).

Im Rahmen der Preissetzung für das Produktprogramm geht es weiterhin darum, den preislichen Abstand zwischen unterschiedlichen Produkten innerhalb einer Produktlinie oder zwischen ganzen Produktlinien festzulegen. Darüber hinaus gilt es, die Preisspreizung innerhalb der Produktlinie festzulegen (Homburg/Krohmer 2009, S. 644). **Abbildung 1.6** zeigt das Beispiel eines Maschinenbauunternehmens. So kann z.B. im Rahmen einfacher Standardgeräte eine Positionierung eingenommen werden, die eine Standardleistung bei relativ niedrigem Preis bietet, und gleichzeitig im Rahmen einer hochpreisigen Linie ein Preispremium gegenüber dem Wettbewerb angestrebt werden (insbesondere Maschine D in **Abbildung 1.6**). Innerhalb dieser hochpreisigen Linie ist die Preisspreizung zudem deutlich höher als für die Linie der Standardleistungen.

Abbildung 1.6   Preis-Leistungspositionierung des Produktprogramms am Beispiel eines
Maschinenbauunternehmens

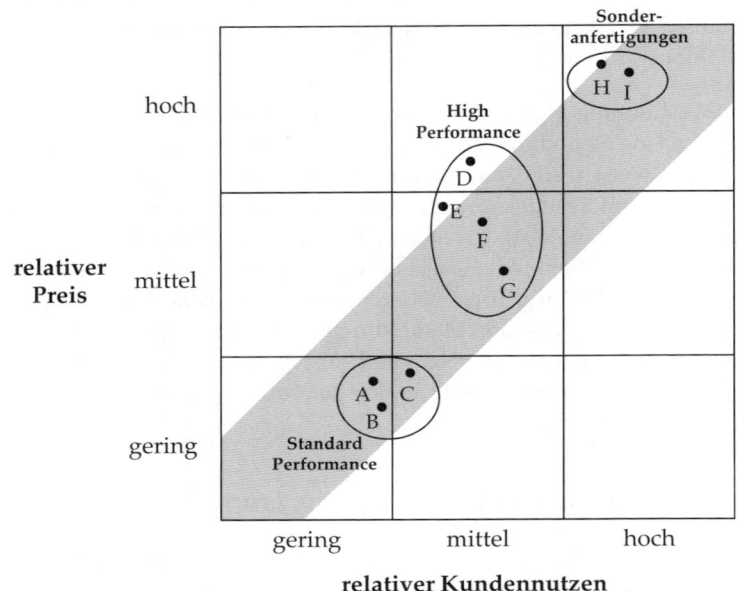

1.4.4   Festlegung der dynamischen Preisstrategie

Im Rahmen der Festlegung der dynamischen Preisstrategie geht es um die Gestaltung der
Preisentwicklung über den Lebenszyklus der Leistung. Hierunter fallen folgende Entscheidungsfelder:

- Festlegung der grundlegenden Preisdynamik im Rahmen der Markteinführung neuer
  Produkte und

- Durchführung permanenter oder vorübergehender Preisänderungen.

Zentral ist zunächst bei der *Markteinführung* die Frage, zu welchem Preis eine neue Leistung am Markt etabliert werden soll und wie sich deren Preis über den Lebenszyklus entwickeln soll. Hierbei gibt es zwei zentrale Strategieoptionen (Homburg/Krohmer 2009,
S. 642f.; Monroe 2003, S. 365ff.; Nagle/Hogan/Zale 2011, S. 125ff.; Voigt 2003 sowie ausführlich die Beiträge von Jensen/Henrich und Rese in diesem Band):

- Skimmingstrategie und

- Penetrationsstrategie.

Bei der *Skimmingstrategie* werden Leistungen bei Markteintritt zu relativ hohen Preisen angeboten. Im weiteren Verlauf des Produktlebenszyklus und bei wachsender Konkurrenz
wird der Preis sukzessiv gesenkt. Zentrales Ziel dieser Strategie ist, die Zahlungsbereitschaft derjenigen Kunden abzuschöpfen, die bereit sind, das Produkt sehr früh zu erwerben, z.B. die Zahlungsbereitschaft der sehr innovationsorientierten Abnehmer. Damit ist
häufig ein Verzicht auf schnell realisierte hohe Absatzmengen verbunden. Das Abschöpfen
der hohen Zahlungsbereitschaft in der Anfangsphase liefert einen wichtigen Beitrag zur
schnellen Amortisation der Neuproduktinvestitionen. Somit hat die Skimmingstrategie
risikobegrenzenden Charakter: Das Unternehmen ist in geringerem Ausmaß auf zukünftige Erträge angewiesen. Auch die Schaffung eines Preisspielraums nach unten (verbunden
mit der Möglichkeit, durch spätere Preissenkungen Absatzsteigerungen zu erzielen) sowie
die Schaffung eines positiven Qualitätsimages aufgrund der hohen Preispositionierung
sind hier zu nennen.

Die *Penetrationsstrategie* zielt hingegen darauf ab, mit vergleichsweise niedrigen Preisen
schnell hohe Marktanteile aufzubauen und Skaleneffekte (z.B. in der Produktion) zu realisieren. Diese sollen mittelfristig dazu führen, dass selbst bei dem vergleichsweise niedrigen Preis Gewinne erwirtschaftet werden, indem die Stückkosten mit zunehmendem
Marktanteil rasch sinken.

Gegen *Ende des Produktlebenszyklus* haben Anbieter die Möglichkeit, durch Preisänderungen zwei alternative Ziele zu verfolgen. Zum einen können Anbieter versuchen, Kunden
durch eine Preiserhöhung für die auslaufende Leistung auf ein alternatives Produkt oder
das Nachfolgeprodukt zu leiten, um dann das Produkt vom Markt zu nehmen (hierzu ähnlich Blömeke/Clement 2009). Preissenkungen können insbesondere dann notwendig sein,
wenn noch vorhandene Lagerkapazitäten abgebaut werden müssen und wenn ein Nachfolgeprodukt bereits angekündigt wurde, das leistungsstärker ist. Dies geht zumeist einher
mit einer Wettbewerbssituation, in der viele Substitute im Markt erhältlich sind und das
Produkt kaum Wettbewerbsvorteile hat (Monroe 2003, S. 388f.).

Hinsichtlich der Ausgestaltung der dynamischen Preisstrategie ist keine Strategieoption
grundsätzlich überlegen. Die Wahl einer Skimming- versus Penetrationsstrategie hängt
stark von Kontextfaktoren ab, insbesondere vom Innovationsgrad der Leistung im Vergleich zu bestehenden eigenen Leistungen oder denen der Konkurrenz (hierzu im Überblick z.B. Monroe 2003, S. 381f.; Nagle/Hogan/Zale 2011; Noble/Gruca 1999; Voigt 2003).

Die Wahl einer Skimmingstrategie ist insbesondere sinnvoll bei sehr innovativen Leistungen, die Marktnischen anvisieren oder die substanzielle Wettbewerbsvorteile gegenüber
der Konkurrenz haben. Differenziert sich das neue Produkt deutlich von den am Markt
etablierten Produkten, so kann der Anbieter von einer monopolähnlichen Situation profitieren (Hultink et al. 1997). Eine Skimmingstrategie setzt jedoch voraus, dass der Anbieter
für die Akzeptanz des hohen Preises im Absatzkanal sorgt und insbesondere das Timing
der Markteinführung in Bezug auf die Bedürfnisse der Kunden und des Absatzkanals
stimmt (Calantone/Di Benedetto 2007).

Eine Penetrationsstrategie ist insbesondere dann sinnvoll, wenn sich das neue Produkt nur geringfügig vom Wettbewerb differenziert und sich primär an den Massenmarkt richtet (Hultink et al. 1997). Häufig sind Kunden auf solchen Märkten sehr preissensitiv. Darüber hinaus wird eine Penetrationsstrategie insbesondere dann angewendet, wenn Anbieter die Möglichkeit haben, volumenbedingte Kostenvorteile gegenüber der Konkurrenz aufzubauen (Noble/Gruca 1999).

Preisänderungen können permanenter Natur oder vorübergehend sein (Gedenk 2002; Srinivasan/Popkowski Leszczyc/Bass 2000). Während auf B2C-Märkten vorübergehende Preisänderungen, insbesondere Preissenkungen in Form von Sonderpreisaktionen, ein zentrales Marketinginstrument darstellen, sind vorübergehende Preisänderungen auf B2B-Märkten eher von geringerer Relevanz (Homburg/Krohmer 2009, S. 1019).

Preisänderungen spielen auf B2B-Märkten insbesondere für Unternehmen eine Rolle, die in großem Ausmaß von Rohstoffen abhängen bzw. generell von Leistungen, deren Einkaufspreise und -kosten starken Schwankungen unterliegen. Darüber hinaus können Preisänderungen, insbesondere Preissenkungen, durch Markteintritte von Konkurrenten ausgelöst werden (z.B. Heil/Helsen 2001).

Generell bergen Preissenkungen das Risiko, dass sich die Kunden an die neuen niedrigeren Preise gewöhnen und diese als Referenzpreise für zukünftige Transaktionen heranziehen. Eine Rückkehr zum ursprünglichen Preis wird dann von den Kunden als Preiserhöhung bzw. als Verlust wahrgenommen (Homburg/Krohmer 2009, S. 712). Darüber hinaus konnte gezeigt werden, dass sich permanente Preissenkungen tendenziell negativ auf die Bewertung von Unternehmen durch die Kapitalmärkte auswirken. Dies tritt insbesondere dann auf, wenn Unternehmen eigentlich eine Differenzierungsstrategie (im Gegensatz zu einer Kostenführerschaftsstrategie) verfolgen und ihre kurzfristige Liquidität gering ist (Homburg/Artz/Stein 2009). In diesem Fall nehmen die Kapitalmärkte eine Preissenkung dergestalt wahr, dass Unternehmen diese aus finanziellen Gründen durchführen, d.h. um kurzfristig Liquidität zu generieren.

1.5   Preisbestimmung

Nach der grundsätzlichen Ausgestaltung der Preisstrategie stellt die Preisbestimmung die nächste Phase des Preisentscheidungsprozesses dar (vgl. **Abbildung 1.1**). Auf die *Preisbestimmung* wirken sich unmittelbar die Kosten des Produktes, das Preisverhalten des Wettbewerbs und die Nachfrage der Kunden aus. Je nachdem, welcher der drei Faktoren am stärksten ausgeprägt ist, können drei grundlegende Formen der Preisbestimmung unterschieden werden (Homburg/Krohmer 2009, S. 692ff.; Smith/Nagle 1994):

■ kostenorientierte Preisbestimmung,

■ wettbewerbsorientierte Preisbestimmung und

■ kundenorientierte Preisbestimmung.

Abbildung 1.7   Zusammenhang zwischen kosten-, wettbewerbs- und kundenorientierter Preisbestimmung (Quelle: in Anlehnung an Monroe 2003, S. 12)

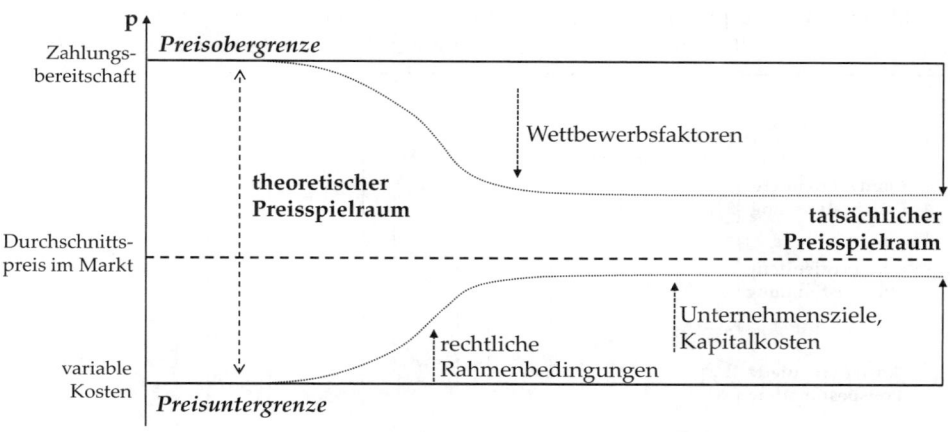

Diese drei Grundformen werden in den folgenden Abschnitten vorgestellt (vgl. hierzu auch den Beitrag von Rese in diesem Band). **Abbildung 1.7** verdeutlicht den Zusammenhang zwischen den drei Grundformen der Preisbestimmung und dem Entscheidungsspielraum von Unternehmen bei der Preisbestimmung. Im Rahmen der kundenorientierten Preisbestimmung stellt die Zahlungsbereitschaft der Kunden für eine Leistung eine natürliche Preisobergrenze dar. Die variablen Kosten der Leistung sind in einer kurzfristigen Perspektive (ohne Beachtung von Fixkosten) eine natürliche Preisuntergrenze im Rahmen einer rein kostenorientierten Preissetzung. In der Regel befindet sich der Durchschnittspreis im Markt zwischen diesen beiden Grenzen. Der tatsächliche Preisentscheidungsspielraum wird darüber hinaus durch rechtliche Rahmenbedingungen (z.B. Sicherheitsbestimmungen), die Unternehmensziele (z.B. Profitabilitätsziele) und weitere Wettbewerbsfaktoren eingegrenzt (z.B. Konkurrenz zu alternativen Produkten, aufgrund der Markenpräferenz der Kunden maximal realisierbarer Abstand zum Durchschnittspreis) (Monroe 2003).

Auf B2B-Märkten nimmt die kostenorientierte Preisbestimmung eine dominierende Rolle ein (Noble/Gruca 1999; Rao/Kartono 2009; Schuppar 2006). **Abbildung 1.8** zeigt die Ergebnisse einer branchenübergreifenden Studie (Schuppar 2006).

Hierbei wurden die teilnehmenden Unternehmen gebeten, 100 Punkte auf die drei grundlegenden Formen der Preisbestimmung zu verteilen, um deren Bedeutung bei der Preisfindung einzuschätzen. Hierbei zeigte sich generell, dass die kostenorientierte Preisbestimmung dominiert, während die kundenorientierte Preisbestimmung nur schwach ausgeprägt ist. Darüber hinaus zeigen die Ergebnisse, dass eine wettbewerbsorientierte Preisbestimmung dann stark ausgeprägt ist, wenn die Wettbewerbsintensität hoch ist. Schließlich zeigen die Ergebnisse auch, dass Unternehmen mit einem hohen Grad an Leistungsdifferenzierung am stärksten eine kundenorientierte Preisbestimmung einsetzen, jedoch auf niedrigem Niveau.

| **Abbildung 1.8** | Ausprägung unterschiedlicher Preisbestimmungsverfahren in deutschen B2B-Unternehmen (Quelle: in Anlehnung an Schuppar 2006, S. 112) |

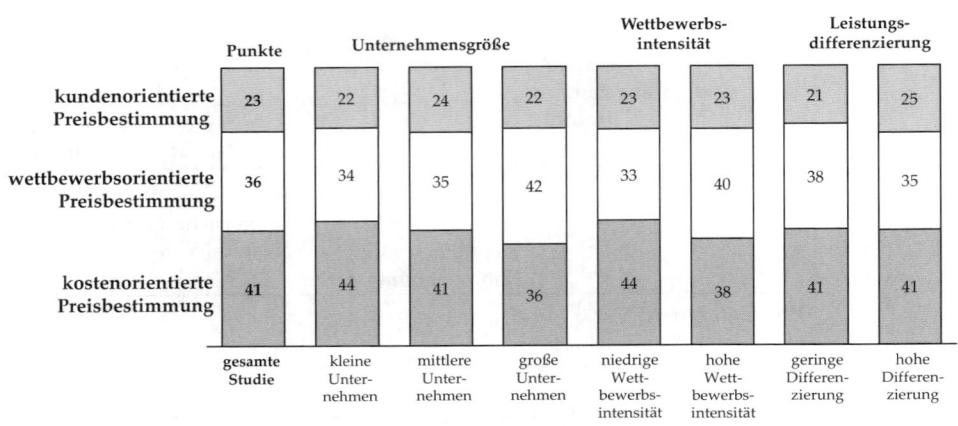

(n = 346 deutsche B2B-Unternehmen; Verteilung von 100 Punkten)

Grundlegend konnte im Rahmen einer branchenübergreifenden Studie gezeigt werden, dass ein höheres Maß an kundenorientierter Preisbestimmung und ein geringeres Maß an wettbewerbsorientierter Preisbestimmung tendenziell zu einem höheren Preiserfolg führt, d.h. zu einer höheren Preisdurchsetzung bei den Kunden (vgl. **Abbildung 1.9**). Diese geht einher mit einer höheren Umsatzrentabilität (Totzek 2011). So zeigt sich, dass das Gewicht der kundenorientierten Preisbestimmung in erfolgreichen Unternehmen um rund ein Drittel größer ist als in Unternehmen mit geringerem Preiserfolg.

1.5.1   Kostenorientierte Preisbestimmung

Kern der kostenorientierten Preisbestimmung ist die Bestimmung des Verkaufspreises auf Basis der Herstell- oder Selbstkosten. Im einfachsten Fall wird ein *Aufschlag* auf die Stückkosten kalkuliert, der sich an den Profitzielen des Unternehmens orientiert (Homburg/ Krohmer 2009, S. 717 sowie z.B. Pechtl 2005, S. 76ff.):

Preis = Stückkosten • (1 + Aufschlagsatz)

Theoretisch stellen die Kosten einer Leistung eine Preisuntergrenze dar (vgl. **Abbildung 1.7**). Kurzfristig ist es für ein Unternehmen nicht sinnvoll, eine Leistung unter ihren variablen Kosten anzubieten. Langfristig sollten die Vollkosten nicht unterschritten werden, um mit dem Verkauf der Leistung Gewinn zu erwirtschaften.

Abbildung 1.9   Erfolgswirkungen unterschiedlicher Preisbestimmungsverfahren in deutschen B2B-Unternehmen (Quelle: Totzek 2011, S. 111)

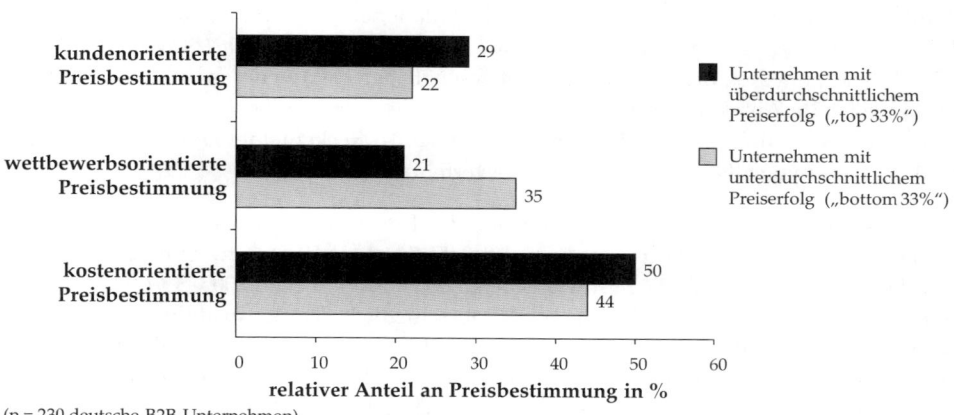

(n = 230 deutsche B2B-Unternehmen)

Eine rein kostenbasierte Preisbestimmung auf Basis von Vollkosten ist jedoch fundamental unlogisch: Die Stückkosten hängen von der verkauften Menge ab, die durch den Preis determiniert wird, der wiederum als Aufschlag auf die Stückkosten bestimmt wird. Es liegt also ein Zirkelschluss vor. Folglich muss der erwartete Absatz unabhängig vom Preis geschätzt werden, um die Stückkosten zu fixieren (Homburg/Krohmer 2009, S. 717f.).

Darüber hinaus wird bei der kostenbasierten Preisbestimmung Gewinn „verschenkt", wenn Kunden höhere Zahlungsbereitschaften haben (vgl. **Abbildung 1.7**). Im umgekehrten Fall kann eine rein kostenbasierte Preisbestimmung dazu führen, dass sich Anbieter „aus dem Markt herauspreisen" (z.B. Diller 2008; Scholl/Totzek 2010), z.B. wird bei nicht wettbewerbsfähiger Kostenstruktur oder zu umfangreichen Zusatzleistungen ein zu hoher Preis für die Leistung verlangt. Außerdem stehen Anbieter unter dem Druck, dass sie Kostensenkungen, z.B. durch geringere Rohstoffpreise, sehr schnell an die Kunden weitergeben müssen.

Trotz dieser sehr gewichtigen Schwächen ist die kostenbasierte Preisbestimmung auf B2B-Märkten am stärksten ausgeprägt (vgl. **Abbildung 1.8** sowie Noble/Gruca 1999; Rao/Kartono 2009). Dies liegt vor allem daran, dass eine kostenbasierte Preisbestimmung schnell umsetzbar und kostengünstig ist, da prinzipiell nur Informationen benötigt werden, die im Unternehmen vorliegen. Zudem sind kostenbasierte Kalkulationen unternehmensintern weit verbreitet und insbesondere im Finanz- und Rechnungswesen sehr akzeptiert (hierzu z.B. Ingenbleek 2007; Lucas 2003). Schließlich können Anbieter über ihre eigenen Kosten einen Preis am einfachsten gegenüber ihren Kunden plausibilisieren (unabhängig davon, ob die Kunden auch bereit wären, mehr für die Leistung zu bezahlen; vgl. **Abbildung 1.7**). Es zeigt sich in diesem Zusammenhang, dass Kunden das Preisgebaren von Anbietern auf

B2B-Märkten als fair empfinden, wenn transparent ist, wie der Preis zustande kommt, und wenn der Preis überwiegend durch Kosten für den Anbieter selbst motiviert ist (Dickson/ Kalapurakal 1994; Kahneman/Knetsch/Thaler 1986).

Darüber hinaus spielen kostenbasierte Preiskalkulationen insbesondere auf Märkten eine Rolle, auf denen es keinen Marktpreis für eine Leistung gibt. Dies ist im öffentlichen Sektor (z.B. Verteidigungssektor) oder im Anlagengeschäft der Fall, wenn es um einzelne, hoch individualisierte Angebote an Kunden geht, die nicht miteinander vergleichbar sind (z.B. Backhaus/Voeth 2010, S. 357ff.; Köhler 2003; Pohl 2004; Reckenfelderbäumer 2007). Insbesondere in diesem Fall kommen Kalkulationsverfahren zum Einsatz.

Zentrales Ziel von Kalkulationsverfahren ist, die Kosten möglichst genau und verursachungsgerecht einzelnen Aufträgen bzw. einer Einheit der Leistung zuzurechnen (Homburg/Jensen/Schuppar 2004, S. 28 sowie Diller 2008, S. 310ff.; Pechtl 2005, S. 76ff.). Auf B2B-Märkten liegen je nach Geschäftstyp sehr unterschiedliche Kostenstrukturen vor, für die unterschiedliche Kalkulationsverfahren vorgeschlagen werden, um möglichst verursachungsgerecht die auftragsspezifischen Kosten zu berechnen (Backhaus/Voeth 2010; Diller 2008, S. 310ff.). So ist das Anlagengeschäft dadurch gekennzeichnet, dass ein großer Teil der Kosten klar dem Projekt zugeordnet werden kann, die Gemeinkosten folglich relativ gering sind, während das Produktgeschäft durch einen hohen Anteil an Gemeinkosten gekennzeichnet ist (Rese/Herter 2004).

In diesem Kontext ist auf die Prozesskostenrechnung zu verweisen (hierzu z.B. Coenenberg/Fischer/Günther 2007). Ein zentrales Merkmal der Prozesskostenrechnung ist, Gemeinkosten verursachungsgerechter zuzuschlüsseln, als dies im Rahmen „klassischer" Zuschlagskalkulationen der Fall ist. So sollen Gemeinkosten auf Basis der tatsächlichen Inanspruchnahme von Ressourcen statt auf Basis eines starren prozentualen Zuschlagssatzes zugeschlüsselt werden (Homburg/Krohmer 2009, S. 1163ff.). Dies führt zum einen dazu, dass bei sehr komplexen bzw. kundenindividuellen Produkten höhere Gemeinkosten zugeschlüsselt werden als bei klassischen Kalkulationsverfahren. Darüber hinaus tritt bei der Prozesskostenrechnung ein Degressionseffekt ein, der große Aufträge bzw. große Kunden entlastet, da Kosten nicht automatisch mit steigender Menge bzw. steigendem Auftragswert zugeschlüsselt werden. Kleine Aufträge bzw. kleinere Kunden werden demgegenüber tendenziell stärker mit Gemeinkosten belastet, als dies bei klassischen Zuschlagskalkulationen der Fall ist (hierzu auch Homburg/Daum 1997, S. 87ff.).

Im Hinblick auf die Preisbestimmung bedeutet dies, dass die Prozesskostenrechnung bei größeren Aufträgen oder Kunden zu niedrigeren Preisuntergrenzen führt als bei einer klassischen Zuschlagskalkulation (vgl. **Abbildung 1.7**). Dies gilt umgekehrt für relativ kleine Aufträge bzw. Kunden. Bei sehr komplexen kundenindividuellen Leistungen ist die ermittelte Preisuntergrenze bei der Prozesskostenrechnung tendenziell höher als bei klassischen Kalkulationsverfahren.

Empirische Untersuchungen zeigen, dass ein hohes Maß an kostenorientierter Preisbestimmung für neue oder existierende Produkte nicht generell erfolgsfördernd oder erfolgsmindernd ist (Ingenbleek et al. 2003; Totzek 2011). Jedoch ist von einer Preisbestimmung ausschließlich auf Basis von Kosteninformationen klar abzuraten, da eine kundenorientierte Preisbestimmung theoretisch zu höheren Gewinnen führt und dies auch in der Unternehmenspraxis nachweisbar ist (vgl. **Abbildung 1.9**).

1.5.2   Wettbewerbsorientierte Preisbestimmung

Kennzeichen einer primär wettbewerbsorientierten Preisbestimmung ist, dass die Preise und das Preisverhalten der Wettbewerber einen starken Einfluss auf die Preisbestimmung haben (Homburg/Krohmer 2009, S. 718). In der Praxis orientieren sich Unternehmen auf B2B-Märkten bei ihrer Preisbestimmung in hohem Maß am Wettbewerb (vgl. **Abbildung 1.8** sowie Noble/Gruca 1999).

Die Wettbewerbsorientierung kann in Bezug auf Preisentscheidungen zwei grundlegende Formen annehmen (hierzu auch Griffith/Rust 1993, 1997; Marn/Roegner/Zawada 2004; Noble/Gruca 1999):

- Preisführerschaft und

- Preisfolgerschaft.

Preisführerschaft bedeutet, dass Unternehmen mit ihren Preisentscheidungen einen starken Einfluss auf ihre Wettbewerber ausüben und Reaktionen ihrer Wettbewerber auslösen. Anbieter prägen und verändern folglich mit ihren Preisentscheidungen das Preisgebaren im gesamten Markt. Preisführer sind häufig Unternehmen, die einen hohen Marktanteil und/oder ein überlegenes Produkt im Vergleich zum Wettbewerb haben.

Preisfolgerschaft bedeutet, dass Unternehmen den Preisen der Wettbewerber folgen, insbesondere den Preisen des Marktführers. In diesem Zusammenhang wird auch von *Leitpreisen* gesprochen, an denen sich Unternehmen orientieren. Diese Strategie wird insbesondere von Unternehmen mit relativ geringem Marktanteil, ohne Kostenvorteil und auf Märkten mit wenig differenzierten Leistungen, auf denen die Kunden relativ preissensibel sind, angewendet (Noble/Gruca 1999). Im Resultat kann sich auf einem Markt ein relativ homogenes Preisniveau einstellen, bei dem alle Akteure einen angemessenen Gewinn erwirtschaften. Dies ist insbesondere dann möglich, wenn der Preisführer im Markt kein aggressives Preisverhalten zeigt (Homburg/Krohmer 2009, S. 723f.).

Im konkreten Fall müssen Unternehmen entscheiden, ob sie *überhaupt* auf Preise und Preisänderungen der Wettbewerber reagieren und wenn ja wie (Nagle/Hogan/Zale 2011). Die grundlegende Entscheidung über eine preisliche Reaktion hängt insbesondere davon ab, ob z.B. die durch die Preisänderung erwartete ausgelöste Absatzänderung insgesamt zu mehr oder weniger Gewinn führt. Es geht folglich um die Abschätzung der finanziellen Konsequenzen einer eigenen Preisänderung als Reaktion auf eine Preisänderung des Wettbewerbs.

Entscheiden sich Unternehmen, auf eine Preisentscheidung, z.B. eine Preissenkung des Wettbewerbs, zu reagieren, können sie kooperative bzw. wettbewerbsfriedliche Entscheidungen oder aggressive Entscheidungen treffen, mit dem Ziel der Vergeltung bzw. Schädigung des Wettbewerbs. In diesem Zusammenhang folgen Unternehmen tendenziell in stärkerem Ausmaß Preiserhöhungen der Konkurrenz als Preissenkungen, d.h. sie bevorzugen wettbewerbsfriedliches Verhalten. Jedoch ist die typische Reaktion auf eine Preissenkung ebenfalls eine Preissenkung (Ramaswamy/Gatignon/Reibstein 1994).

Problematisch ist jedoch, dass eine *strategische Wettbewerbsorientierung*, d.h. eine Berücksichtigung möglicher weiterer Gegenreaktionen der Wettbewerber auf die eigene Preisentscheidung, in der Unternehmenspraxis nur schwach ausgeprägt ist: Manager agieren häufig kurzsichtig und berücksichtigen nur in geringem Ausmaß mögliche Gegenreaktionen der Konkurrenz (Montgomery/Moore/Urbany 2005; Ross 1984). Strategisches Denken ist jedoch notwendig, um eine Bewertung der langfristigen finanziellen Konsequenzen einer Preisreaktion vorzunehmen (Nagle/Hogan/Zale 2011).

Die Forschung zeigt, dass eine wettbewerbsorientierte Preisbestimmung ein „zweischneidiges Schwert" ist. Zum einen hat eine Wettbewerbsorientierung positive Folgen. Unternehmen, deren Unternehmenskultur am Wettbewerb ausgerichtet ist und die kunden- und wettbewerbsbezogene Preisinformationen systematisch sammeln und für Preisentscheidungen zur Verfügung stellen, können in stärkerem Maß höhere Preise bei ihren Kunden durchsetzen. Zum Beispiel werden ein schnelleres Reagieren auf Veränderungen im Markt und eine bessere Abschöpfung von Zahlungsbereitschaften ermöglicht (Homburg/Grozdanovic/Klarmann 2007; Totzek/Alavi 2010).

Darüber hinaus sind Unternehmen erfolgreicher, die eine systematische Wettbewerbsbeobachtung durchführen und Wettbewerbspreise durch *objektive* Quellen erheben (vgl. **Abbildung 1.10**). Hierbei können Unternehmen auf Partnerfirmen, neutrale Verbände oder externe Marktforschungsunternehmen zurückgreifen und so im Unternehmen vorherrschende Fehleinschätzungen der eigenen Preispositionierung abbauen. Auffallend ist jedoch, dass Unternehmen in der Praxis in noch sehr geringem Ausmaß objektive Quellen im Rahmen der Markt- und Wettbewerbsbeobachtung nutzen (Homburg/Totzek 2010; Homburg/Jensen/Schuppar 2005, S. 21 sowie **Abbildung 1.10**).

Zum anderen hat eine Wettbewerbsorientierung jedoch auch negative Folgen (vgl. hierzu auch **Abbildung 1.9**). So führt eine preisliche Fokussierung auf den Wettbewerb, insbesondere der Fokus auf die Marktanteile der Wettbewerber im Rahmen von Preisentscheidungen, zu niedrigeren Margen und einem höheren Preiswettbewerb (Armstrong/Collopy 1996; Griffith/Rust 1997). Eine hohe Wettbewerbsorientierung ist insbesondere auch dann schädlich, wenn gleichzeitig die Wettbewerbsintensität im Markt hoch ist und die Preisbestimmung insgesamt eher reaktiv ist, d.h. eine Preisfolgerschaft vorliegt (Totzek/Alavi 2010).

Abbildung 1.10   Erfolgswirkungen der systematischen und objektiven Wettbewerbsbeobachtung (Quelle: Homburg/Totzek 2010)

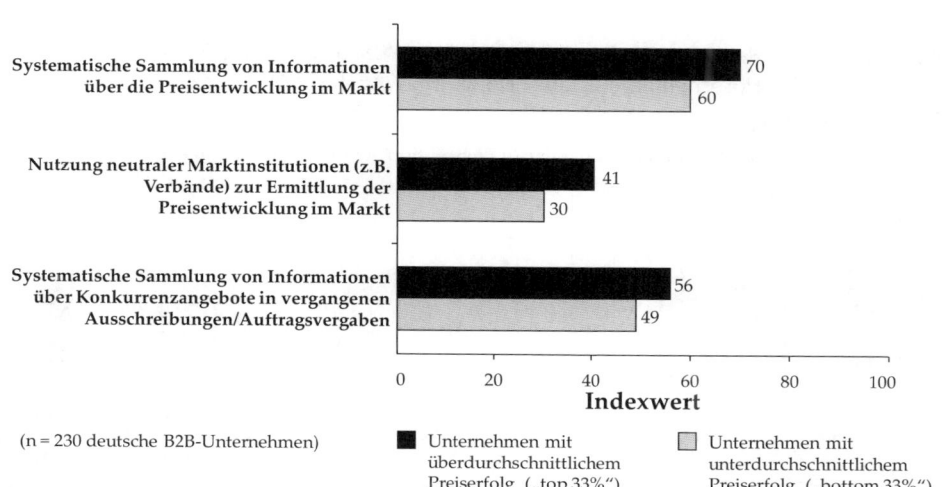

(n = 230 deutsche B2B-Unternehmen)

■ Unternehmen mit
überdurchschnittlichem
Preiserfolg („top 33%")

□ Unternehmen mit
unterdurchschnittlichem
Preiserfolg („bottom 33%")

1.5.3   Kundenorientierte Preisbestimmung

Grundlage der kundenorientierten Preisbestimmung ist die primäre Orientierung der
Preisbestimmung an den *Zahlungsbereitschaften* der Kunden für ein Produkt oder eine
Dienstleistung. Die Zahlungsbereitschaft für eine Leistung entspricht hierbei dem vom
Kunden wahrgenommenen Nutzen (Homburg/Krohmer 2009).

Das Ausmaß der kundenorientierten Preisbestimmung ist in deutschen B2B-Unternehmen
insgesamt als eher gering einzuschätzen (vgl. **Abbildung 1.8** und **Abbildung 1.11**). Dies
gilt nahezu für alle Branchen, mit Ausnahme von Software/IT-Unternehmen sowie von
Beratungsunternehmen, die ein höheres Maß an kundenorientierter Preisbestimmung
praktizieren (vgl. **Abbildung 1.11** sowie Pohl 2004).

Die Zahlungsbereitschaften der Kunden stellen die theoretische Preisobergrenze dar (vgl.
Abbildung 1.7). Folglich geht es aus Sicht des Anbieters um die bestmögliche Ausschöpfung der Zahlungsbereitschaften der Kunden. Sind die Zahlungsbereitschaften für alle
Kunden bekannt und werden die Verhaltensannahmen der klassischen Preistheorie getroffen (z.B. Anbieter und Kunde maximieren ihren Nutzen bzw. ihren Gewinn und verhalten
sich rational, alle Informationen sind allen Marktteilnehmern bekannt), so entspricht die
kundenorientierte Preisbestimmung der „klassischen" Gewinnmaximierung auf der Basis
von Preis-Absatz-Funktionen und entsprechenden Kosteninformationen (hierzu ausführlich z.B. Homburg/Krohmer 2009, S. 650ff.). Demnach ist der Preis so zu wählen, dass der
Ertrag einer zusätzlich bei diesem Preis verkauften Einheit der Leistung genau den Grenz-

kosten dieser Einheit entspricht. Die Durchführung einer „klassischen" Gewinnoptimierung scheitert jedoch in der Praxis zumeist an fehlenden Informationen, z.B. zu Preis-Absatz-Funktionen, und den strengen Verhaltensannahmen (hierzu auch Diller 2008, S. 72f.).

Abbildung 1.11 Relevanz der kundenorientierten Preisbestimmung in deutschen B2B-Unternehmen (Quelle: Homburg/Totzek 2010)

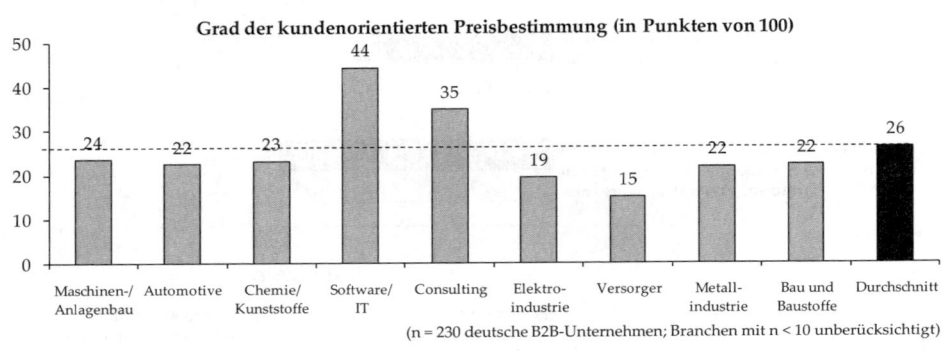

Auf B2B-Märkten geht es daher um die Quantifizierung des Nutzens durch Kosteneinsparungen und Erlössteigerungen, die beim Kunden durch die Nutzung der Leistung entstehen. Hierzu sind *Kundennutzenrechnungen* entwickelt worden (Anderson/Narus 1999; Diller 2008), bei denen der ökonomische Nutzen eines Produktes für den Kunden quantifiziert wird. Diese Quantifizierung ist im B2B-Kontext insbesondere auf Basis der Ergebnisse von *Conjoint-Analysen* möglich (vgl. hierzu Abschnitt 1.3.2).

Zum Beispiel kann der Nutzen einer Maschine für einen bestimmten Kunden im Rahmen einer Kostenvergleichsrechnung über den gesamten Lebenszyklus der Maschine (*Total Costs of Ownership*) durch Vergleich der Kosten vor und nach Einführung der Maschine ermittelt werden. Hierbei werden zumeist auch Vergleiche zu Wettbewerbsangeboten angestellt. **Abbildung 1.12** zeigt ein Beispiel für die Quantifizierung des Kundennutzens einer Maschine anhand der Total Costs of Ownership. Hierbei zeigt sich, dass die neue Maschine trotz eines deutlich höheren Anschaffungspreises insgesamt geringere Gesamtkosten der Nutzung verursacht.

Die Anwendung von Kundennutzenrechnungen im Rahmen der kundenorientierten Preisbestimmung ist in der Unternehmenspraxis jedoch nur dann sinnvoll, wenn

■ Differenzierungsmerkmale und Vorteile gegenüber dem Wettbewerb oder gegenüber der bislang beim Kunden eingesetzten Leistung bestehen,

■ substanzielles Wissen über die Nutzung der Leistung beim Kunden vorhanden ist und

■ Informationen über konkrete Eigenschaften und Performance der Wettbewerbsangebote oder über die bislang beim Kunden eingesetzte Leistung vorliegen.

Abbildung 1.12 Beispiel für die Quantifizierung des Kundennutzens anhand der Total
Costs of Ownership einer neuen Maschine
(Quelle: in Anlehnung an Homburg/Krohmer 2009, S. 713)

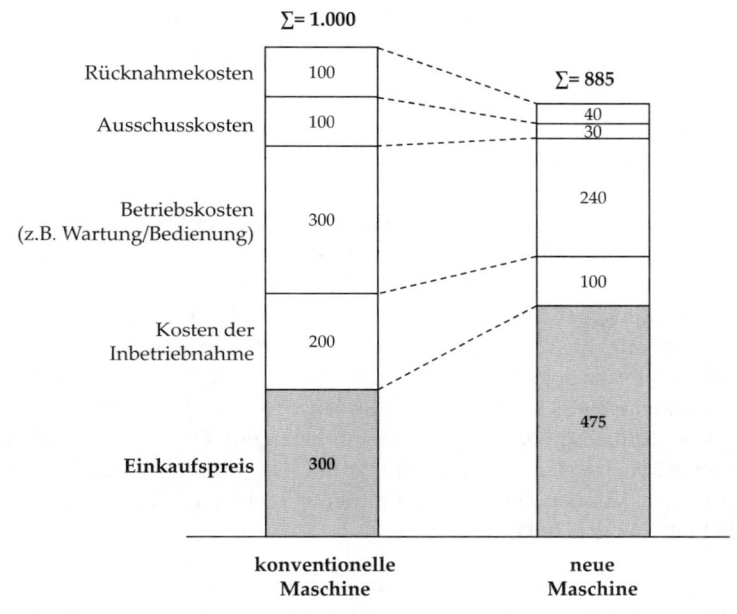

Im Kern sind Kundennutzenrechnungen folglich nur dann sinnvoll, wenn ein Anbieter davon ausgeht, im Vergleich zum Wettbewerb bzw. zu alternativen Angeboten ein Preispremium realisieren zu können. So kann die Überlegenheit der Leistung durch eine Kundennutzenrechnung unterstrichen und für den Kunden transparent dargestellt werden. Darüber hinaus führt der substanzielle Informationsbedarf dazu, dass Kundennutzenrechnungen nur bei höherwertigen Leistungen sinnvoll sind bzw. bei relativ großen Auftragsvolumina, die die Kosten der Informationsbeschaffung rechtfertigen.

Kundennutzenrechnungen sind eng mit der *externen Preisdurchsetzung* bei den Kunden verbunden (Anderson/Narus/Narayandas 2009 sowie Abschnitt 1.6.3). Nach der Berechnung von z.B. Total Costs of Ownership müssen diese kommuniziert und von den Mitarbeitern im Vertrieb in Verhandlungen mit Kunden als Verkaufsargument genützt werden (Homburg/Schäfer/Schneider 2010). Hierauf wird in Abschnitt 1.6.3 eingegangen.

1.6   Preisdurchsetzung

Wie bereits in Abschnitt 1.1.2 erläutert wurde, stellt die Preisdurchsetzung bzw. Preisimplementierung die größte Herausforderung im Rahmen des Preisentscheidungsprozesses

auf B2B-Märkten dar, da diese in der Praxis durch den höchsten Professionalisierungsbedarf gekennzeichnet ist (Simon 2004; Wiltinger 1998).

Im Folgenden werden die einzelnen Entscheidungsfelder und Erfolgsfaktoren im Rahmen
der Preisdurchsetzung diskutiert. Abschnitt 1.6.1 befasst sich mit der Vergabe von Rabatten und Boni, Abschnitt 1.6.2 behandelt die interne Preisdurchsetzung, Abschnitt 1.6.3 die
externe Preisdurchsetzung. In Abschnitt 1.6.4 werden zentrale Methoden des Preiscontrollings vorgestellt.

1.6.1   Rabatte und Boni

Im Rahmen der Preisdurchsetzung ist die Vergabe von Rabatten und Boni ein zentrales
Entscheidungsfeld (vgl. hierzu ausführlich den Beitrag von Miller/Krohmer in diesem
Band). Rabatte sind Preisnachlässe, die den Kunden im Vergleich zum Brutto- oder Listen-
preis mit der Rechnungsstellung gewährt werden (z.B. Mengenrabatte, aktionsbezogene
Sonderrabatte oder Einzelrabatte, die durch den Außendienst vergeben werden). Boni sind
Preisnachlässe, die erst nach Rechnungsstellung gewährt werden (z.B. Treuebonus bei Er-
reichung bestimmter Abnahmemengen durch den Kunden oder Bonus für Händler als
Gegenleistung für die Unterstützung bei Neuprodukteinführungen). Das Rabatt- und Bonussystem (auch als Konditionensystem bezeichnet) ist die Gesamtheit aller Regeln, nach
denen Rabatte bzw. Boni an Kunden bzw. Absatzmittler vergeben werden (Homburg/
Krohmer 2009, S. 646f.; Steffenhagen 2003).

Die Gestaltung des Rabatt- und Bonussystems hat zunächst eine strategische Dimension,
z.B. im Hinblick auf die Ausgestaltung der kunden- und mengenbezogenen Preisdifferenzierung (vgl. Abschnitt 1.4.2). Die *tatsächliche* Rabatt- und Bonusvergabe ist jedoch eng
verbunden mit der Preisdurchsetzung beim Kunden und ist in der Unternehmenspraxis
von hoher Relevanz, da insbesondere folgende Phänomene auftreten (Marn/Roegner/Za-
wada 2004 sowie ausführlich der Beitrag von Miller/Krohmer in diesem Band):

- Die Diskrepanz zwischen Listenpreisen und den tatsächlich erzielten Preisen ist häufig
  sehr hoch. Bisweilen werden Abweichungen von 80-90% zwischen Listenpreis und tat-
  sächlichem Nettopreis beobachtet.

- Die Rabatt- und Bonusvergabe erfolgt häufig unsystematisch und aus Gewohnheit.

- Es existiert häufig eine Flut an Rabatten und Boni. Diese verringert die Nachvollzieh-
  barkeit des Preissystems und führt zu unkontrollierten Erlösschmälerungen.

Diese Phänomene führen dazu, dass zwischen Brutto- und Nettopreis nicht nur eine hohe
Diskrepanz bestehen kann, sondern dass diese Diskrepanz eine hohe Zahl unterschiedlicher Ursachen (Rabatte und Boni) haben kann. Dies wird anhand sogenannter Preistreppen oder Preiswasserfälle deutlich (Homburg/Daum 1997; Marn/Rosiello 1992 sowie **Abbildung 3.6** im Beitrag von Miller/Krohmer in diesem Band). Eine systematische Darstellung der einzelnen Rabatte, die auf den Grundpreis gewährt werden und zum eigentlichen
Rechnungspreis führen, sowie der nach Rechnungsstellung gewährten Boni, die schließlich

zum tatsächlich erzielten Nettopreis („pocket price") führen, kann z.B. zeigen, welche Rabatte bzw. Boni besonders häufig vergeben werden. Im Anschluss können Unternehmen analysieren, ob diese für bestimmte Kunden oder Kundengruppen überhaupt gerechtfertigt waren bzw. sind (vgl. hierzu auch Abschnitt 1.6.4).

Es konnte gezeigt werden, dass eine unsystematische Rabattvergabe erlösschmälernd ist. B2B-Unternehmen, die ihre Rabatte und Boni an klare Gegenleistungen der Kunden knüpfen oder nur bei sehr großen Aufträgen bzw. hohen Auftragsvolumina Sonderrabatte vergeben, realisieren Preis- und Mengensteigerungen über dem Branchendurchschnitt (Homburg/Jensen/Schuppar 2005, S. 17).

1.6.2   Interne Preisdurchsetzung

Im Rahmen der internen Preisdurchsetzung geht es um die Steuerung der internen Preisprozesse (Diller 2008), insbesondere um die Steuerung der preisbezogenen Verhaltensweisen der Mitarbeiter und die unternehmensinterne Koordination der Preisentscheidungsprozesse. In diesem Abschnitt werden folgende Entscheidungsfelder vorgestellt:

■ die Verteilung der Preisverantwortung im Unternehmen,

■ die Gestaltung der preisbezogenen Anreize,

■ die Koordination preisbezogener Entscheidungsprozesse und

■ die länderübergreifende Preiskoordination.

Die *Verteilung der Preisverantwortung* befasst sich mit der Frage, *wo* bzw. *von wem* Preisentscheidungen im Unternehmen gefällt werden. Hierbei können zwei Dimensionen unterschieden werden:

■ Die Verteilung der Preiskompetenz zwischen unterschiedlichen Funktionsbereichen. In der Unternehmenspraxis zeigt sich traditionell eine hohe Bedeutung von *Vertrieb*, Marketing und Finanzen/Controlling im Rahmen der Preisbestimmung auf B2B-Märkten (z.B. Lancioni/Schau/Smith 2005). **Abbildung 1.13** zeigt den Einfluss dieser drei Funktionsbereiche auf unterschiedliche Entscheidungsfelder im Preismanagement für eine branchenübergreifende Stichprobe deutscher B2B-Unternehmen (Schuppar 2006). Hierbei zeigt sich, dass Preisverhandlungen mit Kunden nahezu ausschließlich im Vertrieb angesiedelt sind, während im Rahmen des Preiscontrollings (vgl. hierzu Abschnitt 1.6.4) alle drei Funktionen ähnlich starken Einfluss haben.

■ Die Verteilung der Preiskompetenz über verschiedene Hierarchiestufen. Konkret müssen Anbieter vor allem den Grad der Zentralisierung versus Dezentralisierung der Preiskompetenz im Vertrieb festlegen (vgl. hierzu ausführlich den Beitrag von Hake/Krafft in diesem Band). Hierbei geht es um die Frage, wie viel Preiskompetenz die Mitarbeiter im Außendienst erhalten sollen (Frenzen et al. 2010; Schmidt 2008).

Abbildung 1.13   Einfluss unterschiedlicher Funktionsbereiche auf Entscheidungsfelder
im Preismanagement (Quelle: Schuppar 2006, S. 114)

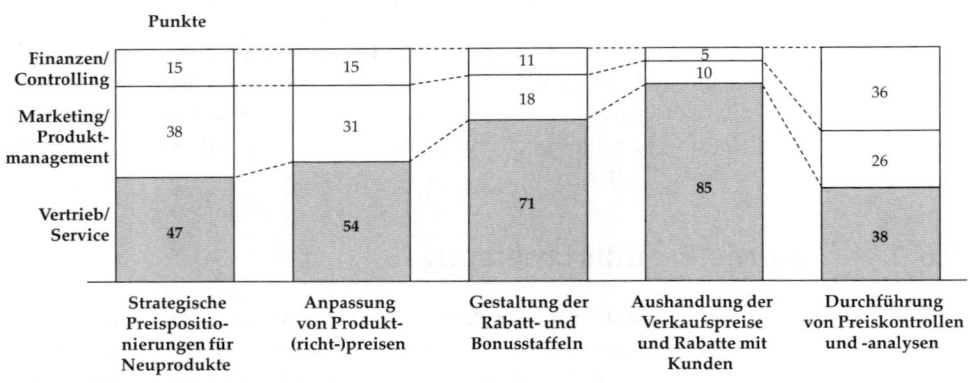

(n = 346 deutsche B2B-Unternehmen; Verteilung von 100 Punkten)

Damit wird deutlich, dass die interfunktionale Verteilung der Preisverantwortung die *hori-zontale* Verteilung von Einfluss auf Preisentscheidungen abbildet. Die Zentralisierung versus Dezentralisierung der Preiskompetenz beschreibt eine *vertikale* Verteilung im Unternehmen.

In der Unternehmenspraxis zeigt sich, dass das Ausmaß der Zentralisierung versus Delegation der Preiskompetenz schwankt (Hansen/Joseph/Krafft 2008). Für beide Handlungsoptionen hinsichtlich einer Zentralisierung versus Dezentralisierung der Preiskompetenz im Vertrieb lassen sich generelle Argumente anführen (z.B. Frenzen et al. 2010 sowie der Beitrag von Hake/Krafft in diesem Band). Zum Beispiel kennen die Vertriebsmitarbeiter vor Ort die Bedürfnisse und Zahlungsbereitschaften der Kunden besser und können flexibler auf deren Bedürfnisse eingehen. Grundsätzlich gilt, dass die Delegation der Preiskompetenz umso vorteilhafter ist, je mehr (kundenspezifisches) Wissen beim Außendienst liegt, d.h. je größer der Informationsvorsprung des Außendienstmitarbeiters gegenüber der Zentrale (z.B. der Vertriebsleitung) ist (z.B. Lal 1986). Demgegenüber steht die Sorge, dass die Vertriebsmitarbeiter zu schnell Rabatte vergeben, nur eine geringe Motivation haben, um die Marge zu kämpfen, und generell gegenüber hochprofessionalisierten Einkäufern im Nachteil sind. Dies führe letztlich dazu, dass die preisstrategischen Ziele im Vertrieb nicht mehr eingehalten werden.

Zusammenfassend gibt es zentrale Voraussetzungen, wann eine Delegation und wann eine Zentralisierung der Preiskompetenz zu favorisieren ist (vgl. hierzu **Abbildung 6.3** im Beitrag von Hake/Krafft in diesem Band). So ist eine Zentralisierung der Preiskompetenz insbesondere dann zu favorisieren, wenn

- der Außendienst keinen substanziellen Informationsvorsprung in Bezug auf die Kunden hat,

- Unternehmen nur sehr eingeschränkt den Außendienst überwachen können,

- Unternehmen den Außendienst nicht bzw. nur schwer auf Basis von Deckungsbeiträgen bzw. erzielten Margen entlohnen können,

- Unternehmen in einem statischen Markt bei geringer Wettbewerbsintensität operieren.

Eine Delegation der Preiskompetenz ist entsprechend zu favorisieren, wenn diese Rahmenbedingungen umgekehrt auftreten. Totzek/Alavi (2010) zeigen darüber hinaus, dass eine Delegation der Preiskompetenz dann zu bevorzugen ist, wenn sich Unternehmen marktorientiert aufstellen.

Ebenso gibt es hinsichtlich der interfunktionalen Verteilung von Preisverantwortung keine grundsätzlich gültige Handlungsempfehlung. Einige Autoren plädieren für eine abteilungsübergreifende Verteilung der Preiskompetenz, andere für die weitgehende Konzentration der Preiskompetenz innerhalb einer Abteilung, z.B. dem Marketing, mit dem Ziel der Reduktion von Schnittstellenproblemen (Diller 2008, S. 458f.; Schuppar 2006). Die Studie von Totzek und Alavi (2010) zeigt in diesem Zusammenhang, dass sich eine abteilungsübergreifende Verteilung der Preiskompetenz nur dann auszahlt, wenn B2B-Unternehmen gleichzeitig in hohem Maße marktorientiert aufgestellt sind.

Eine Untersuchung aus dem B2B-Bereich von Lancioni, Schau und Smith (2005) zeigt, dass aus Sicht von Managern die Abteilungen Finanzen und Controlling die Entwicklung von Preisstrategien im Unternehmen am stärksten behindern. Hierbei wird insbesondere angeführt, dass die Finanzabteilung für jedes Produkt Profite fordert, d.h. Preisbündelung, Quersubventionierungen und Produktlinienbetrachtungen behindert, und dass das Controlling auf Cost-Plus-Preissetzung und die Amortisation der Vollkosten beharrt. Dem Vertrieb werden zu hohe und vorschnelle Preiszugeständnisse sowie Abweichungen von den preisstrategischen Zielen vorgeworfen. Homburg/Jensen/Schuppar (2005) zeigen in diesem Zusammenhang, dass der Einfluss des Vertriebs auf Preisentscheidungen bei erfolgreichen Unternehmen geringer ist als bei weniger erfolgreichen Unternehmen und stattdessen das Marketing als Gegengewicht zum Vertrieb agiert. Jedoch wird dem Marketing in der Studie von Lancioni, Schau und Smith (2005) mangelnde Geschwindigkeit bei Preisentscheidungen vorgeworfen. Schließlich werden die größten Probleme bei Preisentscheidungen auf der Top-Management-Ebene, und weniger auf der zweiten oder dritten Managementebene gesehen.

Zur Reduktion von Schnittstellenproblemen zwischen den einzelnen Funktionen wird die Einführung von Preismanagementabteilungen oder interdisziplinären Pricing-Teams vorgeschlagen, die abteilungsübergreifend strategische Preisentscheidungen vorbereiten, fällen und koordinieren (Homburg/Jensen/Schuppar 2004). So können Spezialisierungsvorteile genutzt und insgesamt die Professionalität des Preismanagements erhöht werden (z.B. Diller 2008, S. 439).

Abbildung 1.14 zeigt zwei Beispiele, Preiskompetenz im Unternehmen zu bündeln und zu verorten. Eine spezialisierte Preismanagementabteilung kann z.B. dem Marketing (linke Seite) oder auch dem Controlling (rechte Seite) zugeschlagen werden. Darüber hinaus kann die Preiskompetenz hinsichtlich der Tragweite der Preisentscheidungen aufgeteilt werden. D.h. die Festlegung der grundlegenden Preisstrategie und -systeme kann zentral in einer Abteilung erfolgen, während die operativen Preisentscheidungen in einzelnen Vertriebsregionen oder Produktsparten getroffen oder angepasst werden.

Abbildung 1.14   Beispiele für die Verankerung der Preiskompetenz
(Quelle: in Anlehnung an Homburg/Jensen/Schuppar 2004, S. 48)

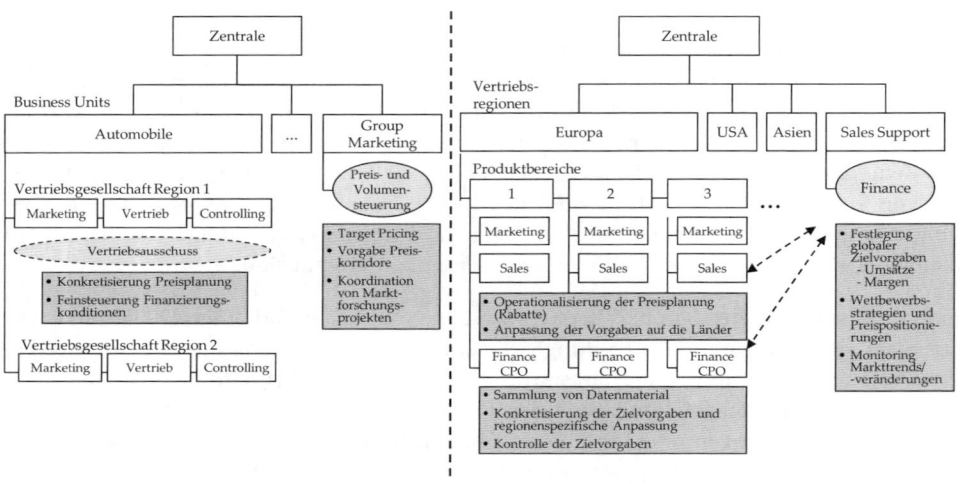

Die *Gestaltung der preisbezogenen Anreize* ist eng verknüpft mit der Entscheidung über die Verankerung der Preiskompetenz im Unternehmen. Hierbei geht es insbesondere um die Gestaltung der nicht-monetären und monetären Anreize und Ziele der Mitarbeiter im Vertrieb bzw. Verkaufsaußendienst. Im Rahmen der monetären Anreize ist die Frage zentral, in welchem Ausmaß die Vergütung der Mitarbeiter variable Komponenten enthält und ob sich die variablen Komponenten stärker am erzielten Umsatz oder am erzielten Deckungsbeitrag bzw. Gewinn orientieren (Homburg/Jensen/Schuppar 2004). Der Einsatz *gewinnorientierter Vergütungssysteme* ist hierbei von hoher Relevanz.

Es hat sich in der Unternehmenspraxis gezeigt, dass gewinnorientierte Vergütungssysteme weniger weit verbreitet sind im Verhältnis zur Delegation von Preiskompetenzen an den Außendienst, was im Hinblick auf die Preisdurchsetzung problematisch ist (Hansen/Joseph/Krafft 2008). Bei der Konzeption des Anreizsystems sind die preis- und mengenbezogenen Ziele des Unternehmens abzuwägen (z.B. Diller 2008).

Abbildung 1.15 zeigt beispielhaft zwei Alternativen, wie die Provision von Außendienstmitarbeitern gestaltet werden kann (hierzu auch Diller 2008, S. 461). Grundsätzlich kann zunächst ein Preisentscheidungsspielraum festgelegt werden, in dem Beispiel ein Preiskorridor in Abhängigkeit vom Listenpreis, in dessen Rahmen Rabatte vergeben und Aufträge eigenständig abgeschlossen werden können. Die Provision des Mitarbeiters bemisst sich generell am erzielten Umsatz (mengenbezogenes Ziel), wobei jedoch der Provisionssatz mit dem Ausmaß der Durchsetzung des Listenpreises steigt (preisbezogenes Ziel). Somit orientiert sich die Provision indirekt am Gewinn bzw. Deckungsbeitrag, der häufig nicht direkt und auftragsbezogen ermittelbar ist. Neben einem linearen Zusammenhang (Alternative a in **Abbildung 1.15**) ist auch ein überproportionaler Zusammenhang zwischen Nettopreis und Provision (Alternative b in **Abbildung 1.15**) denkbar. Dieser verstärkt den Anreiz zur Durchsetzung des Listenpreises beim Kunden und kompensiert dabei die in Kauf genommenen Mengenverluste des Mitarbeiters.

Abbildung 1.15   Beispiele für die Gestaltung gewinnorientierter Vergütungssysteme

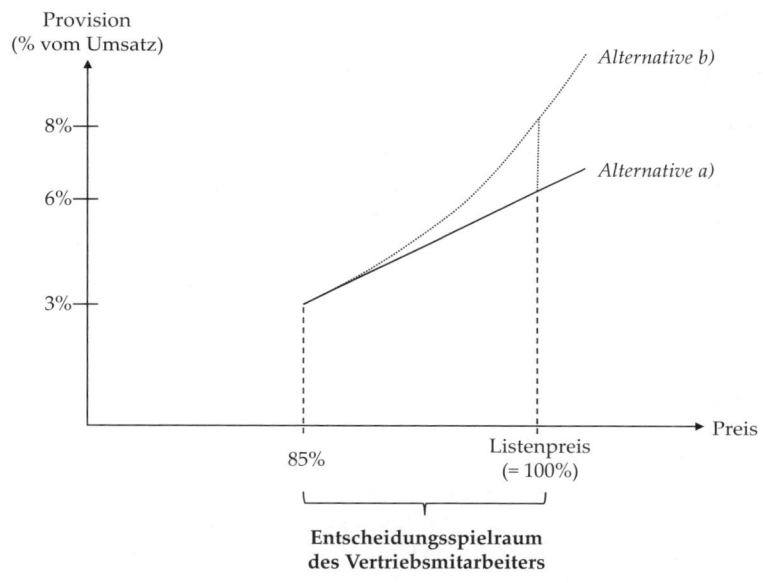

Im Rahmen der *Koordination preisbezogener Entscheidungsprozesse* geht es um die Festlegung unternehmensinterner Abstimmungsprozesse, Regeln und Steuerungsmechanismen (hierzu auch Anderson/Oliver 1987; Diller/Kossmann 2007). Hier sind z.B. konkrete Informationspflichten und -rechte einzelner Mitarbeiter oder Abteilungen, Vorgaben für Preiskalkulationen und interne Verrechnungspreise zu nennen (Diller 2008, S. 432f.).

Die Koordination preisbezogener Entscheidungsprozesse ist hierbei eng verbunden mit den Fragen, wo Preisentscheidungskompetenzen im Unternehmen angesiedelt (hierzu z.B.

auch Freiling/Wölting 2003) und wie die preisbezogenen Anreizsysteme ausgestaltet sind. In diesem Zusammenhang konnte gezeigt werden, dass eine Dezentralisierung von Preisentscheidungen auf untere Ebenen und eine Verteilung der Preiskompetenz über verschiedene Abteilungen hinweg nur dann sinnvoll sind, wenn *gleichzeitig* preisbezogene Koordinationsprozesse etabliert sind und systematisch preisbezogene Informationen gesammelt und den Preisentscheidern zur Verfügung gestellt werden (Totzek/Alavi 2010).

Im Rahmen der *länderübergreifenden Preiskoordination* geht es zunächst um die länderübergreifende Gestaltung der Verkaufspreise und hierbei insbesondere um die Frage, ob in unterschiedlichen Ländern unterschiedliche Preise verlangt werden können. Das grundsätzlich angestrebte Ausmaß der internationalen Preisdifferenzierung ist eine Entscheidung mit strategischer Dimension und wurde bereits in Abschnitt 1.4.2 angesprochen. Zentral unter dem Aspekt der Preisdurchsetzung ist, inwiefern Preisunterschiede zwischen Ländern aufrecht erhalten werden können (vgl. hierzu auch den Beitrag von Miller/Krohmer in diesem Band).

Aus der Unternehmenspraxis kommt die Empfehlung, dass ein proaktives Vorgehen bei einer Preisharmonisierung besser ist als die schiere Reaktion, wenn Kunden Preisunterschiede zu ihren Gunsten entdecken und Firmen Preisunterschiede zwischen Ländern nicht mehr aufrecht erhalten können (z.B. Mühlmeyer/Belz 2001).

Darüber hinaus spielen Währungsrisiken und Handelshemmnisse im Rahmen der internationalen Preiskoordination eine wesentliche Rolle. Diese beeinflussen die Erlössituation bei internationalen Transaktionen und führen zu substanziellen Kalkulationsrisiken (Ivens 2003). Als Maßnahmen zur Minimierung solcher Probleme kann z.B. die Produktion in den Auslandsmarkt verlegt werden oder es können Kurssicherungsgeschäfte abgeschlossen werden (hierzu ausführlich Homburg/Krohmer 2009, S. 1068f. sowie der Beitrag von Miller/Krohmer in diesem Band).

Schließlich geht es im Rahmen der internationalen Preiskoordination um die Festlegung und Anpassung der unternehmensinternen Transferpreise zwischen der Zentrale oder einzelnen Produktionsstandorten und Landesgesellschaften (z.B. Homburg/Jensen 2004; Ivens 2003). Transferpreise sind Preise, nach denen Leistungen zwischen den verschiedenen Gesellschaften eines internationalen Konzerns verrechnet werden. Sie beeinflussen in hohem Maße die Gewinnsituation in der Zentrale und den einzelnen Landesgesellschaften und haben darüber hinaus eine hohe steuerliche Bedeutung für international agierende Konzerne (vgl. hierzu ausführlich die Beiträge von Miller/Krohmer und Artz/Schröder in diesem Band).

1.6.3   Externe Preisdurchsetzung

Der externen Preisdurchsetzung kommt in der Unternehmenspraxis häufig eine noch größere Bedeutung als der internen Preisdurchsetzung zu. So untersuchten Zbaracki et al. (2004), welche *Kosten* die jährlichen Anpassungen der Listenpreise bei einem US-amerikanischen Industrieunternehmen verursachen. Das Produktportfolio des Unternehmens umfasste ca. 8.000 Artikel. Das Ergebnis zeigte, dass die Preisänderung kaum direkte Kosten verursachte (z.B. das Drucken von Preislisten), jedoch Kosten der internen (23% der Gesamtkosten) und im weit größten Ausmaß Kosten der externen (73% der Gesamtkosten) Preisdurchsetzung anfielen.

Im Rahmen der externen Preisdurchsetzung geht es um die Durchsetzung der Preise bzw. der Preisstrategie gegenüber Kunden, Wettbewerbern und Absatzmittlern (Homburg/ Krohmer 2009, S. 649). Hierbei sind für B2B-Unternehmen insbesondere die folgenden drei Aspekte relevant:

- Preisverhandlungen mit Kunden,

- Preisdurchsetzung im Absatzkanal und

- Kommunikation preispolitischer Maßnahmen im Markt.

Auf B2B-Märkten spielen *Preisverhandlungen mit Kunden* „in praktisch allen Geschäftstypen" eine zentrale Rolle (Voeth/Rabe 2004, S. 1017 sowie ausführlich der Beitrag von Voeth/Herbst in diesem Band). Grund für die hohe Bedeutung von Preisverhandlungen als Methode der Preisfindung ist die relativ geringe Anzahl von Anbietern und Nachfragern, die sich auf diesen Märkten gegenüberstehen (z.B. Voeth/Herbst 2009). Ein weiterer Grund liegt in der hohen Individualisierung und Spezifität der Industriegüter (Anderson/Narus/Narayandas 2009). Deren konkrete Ausgestaltung kann in vielen Fällen nicht vorab vom Anbieter festgelegt werden, sondern ist das Ergebnis eines Interaktionsprozesses zwischen Anbieter und Nachfrager. Im Rahmen dieser Interaktion wird auch der zu zahlende Preis festgelegt (Backhaus/Voeth 2010; Voeth/Rabe 2004).

Zur optimalen Gestaltung von *Preisverhandlungen* bzw. hinsichtlich deren Erfolgsfaktoren existieren bislang nur wenige Erkenntnisse. Generell konnte gezeigt werden, dass die Höhe des Erstgebotes die Höhe des Endpreises positiv beeinflusst (hierzu z.B. Diller 2008). Grundlegend hängt die Möglichkeit zur Durchsetzung hoher Preise jedoch davon ab, ob *integrative* oder *distributive* Verhandlungen stattfinden (d.h. mögliche Win-Win-Konstellationen oder reine Nullsummenspiele zu Lasten einer der beiden Verhandlungsparteien) (Diller 2008; Voeth/Herbst 2009). Integrative Verhandlungen sind hierbei Verhandlungen sowohl über den Preis als auch über die Leistung.

Dennoch ergeben sich für die Unternehmenspraxis einige zentrale Empfehlungen für die Durchführung von Preisverhandlungen (Homburg/Jensen/Schuppar 2004, 2005; Homburg/ Schäfer/Schneider 2010; Voeth/Rabe 2004 sowie der Beitrag von Voeth/Herbst in diesem Band) (vgl. **Abbildung 1.16**):

- *Kommunikation des Kundennutzens*: Hierbei geht es um die Durchsetzung einer nutzenorientierten Preisfindung im Rahmen von Preisverhandlungen (vgl. Abschnitt 1.5.3). So können Kosteneinsparungen oder Erlössteigerungen, die der Kunde durch den Einsatz der Leistung realisieren kann, als Argumente für einen hohen Preis angeführt werden. Hierzu sollte insbesondere auf Kundennutzenrechnungen zurückgegriffen werden (vgl. **Abbildung 1.12**).

■ *Verfolgen des Prinzips der Gerechtigkeit des Leistungsaustausches*: Auf Forderungen der Kunden nach Preisnachlässen kann der Verkäufer eingehen und gemeinsam mit dem Kunden nach Möglichkeiten für Leistungsreduktionen des Anbieters (z.B. 2-3 Werktage Lieferzeit statt 24h-Lieferung, einfache Verpackung, keine Beratung) oder Leistungssteigerungen des Kunden (z.B. Zusatzkäufe aus anderen Geschäftsbereichen, frühe Zahlung ohne Skonto) suchen. Voraussetzung für diese Taktik ist, dass das Konditionensystem leistungsorientiert gestaltet ist (vgl. Abschnitt 1.6.1 sowie der Beitrag von Miller/Krohmer in diesem Band).

■ *Umfangreiche Vorbereitung auf das Verkaufsgespräch*: Probleme des Kunden mit dem Preis für eine Leistung ergeben sich häufig aus mangelnder Überzeugung für die Leistung des Anbieters. Die genauen Gründe sind zu evaluieren, entsprechende Einwände des Kunden zu antizipieren und Gegenargumente vorzubereiten. Grundlage ist eine Bedürfnis- und Entscheideranalyse im Vorfeld der Verhandlung. Des Weiteren sollten im Vorfeld der Verhandlung Ausstiegsgrenzen festgelegt werden.

Diese Punkte verdeutlichen, dass die Preisdurchsetzung eine zentrale Herausforderung im Rahmen des *Vertriebsmanagements* und der *Schulung von Vertriebsmitarbeitern* darstellt (hierzu ausführlich Homburg/Müller 2009; Homburg/Schäfer/Schneider 2010). Insbesondere wird deutlich, dass Unternehmen die Kenntnisse und Fähigkeiten ihrer Vertriebsmitarbeiter zur Durchsetzung von Preisen erkennen und entwickeln müssen und dass Mitarbeiter in Vorbereitung auf Preisverhandlungen umfassend geschult werden müssen. **Abbildung 1.16** zeigt, dass diese beiden Punkte zentrale Erfolgsfaktoren der Preisdurchsetzung sind.

Abbildung 1.16 Erfolgswirkungen der Schulung der Mitarbeiter für Preisverhandlungen (Quelle: in Anlehnung an Homburg/Jensen/Schuppar 2005, S. 41)

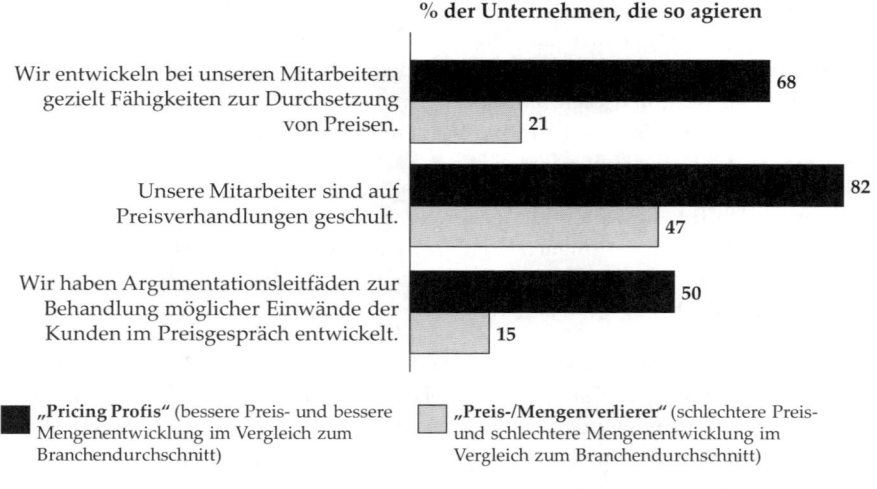

% der Unternehmen, die so agieren

Wir entwickeln bei unseren Mitarbeitern gezielt Fähigkeiten zur Durchsetzung von Preisen. — 68 / 21

Unsere Mitarbeiter sind auf Preisverhandlungen geschult. — 82 / 47

Wir haben Argumentationsleitfäden zur Behandlung möglicher Einwände der Kunden im Preisgespräch entwickelt. — 50 / 15

■ „Pricing Profis" (bessere Preis- und bessere Mengenentwicklung im Vergleich zum Branchendurchschnitt)

□ „Preis-/Mengenverlierer" (schlechtere Preis- und schlechtere Mengenentwicklung im Vergleich zum Branchendurchschnitt)

Zentrale *Fähigkeit* von Vertriebsmitarbeitern im Hinblick auf die Preisdurchsetzung ist die Fähigkeit, Leistungen beim Kunden nutzenorientiert zu verkaufen (*Benefit Selling*). Hierfür benötigen Vertriebsmitarbeiter insbesondere Einfühlungsvermögen, um die Perspektive des Kunden bei ihrem Handeln berücksichtigen zu können (Homburg/Schäfer/Schneider 2010): Sie hören Kunden besser zu und bauen ihre Argumentation auf dem Kundennutzen und nicht auf Leistungsmerkmalen auf (Character Selling) (vgl. **Tabelle 1.3**).

Tabelle 1.3 Beispiele für Argumente im Character Selling und im Benefit Selling (Quelle: in Anlehnung an Homburg/Schäfer/Schneider 2010, S. 254)

Character Selling	Benefit Selling
„Diese Maschine schafft 1.000 Verpackungen pro Stunde."	„Durch diese Maschine lassen sich Ihre Produktionszeiten um 20% verkürzen."
„Dieser Drucker druckt zehn Seiten pro Minute."	„Mit diesem Drucker können Sie viel Zeit sparen. Er druckt ihre Präsentationen doppelt so schnell aus wie Ihr alter Drucker."
„Dieser Schreibtischstuhl ist ergonomisch geformt."	„Dieser Schreibtischstuhl ist sehr bequem. Sie werden bestimmt abends keine Rückenschmerzen mehr haben."

Die *Preisdurchsetzung im Absatzkanal* befasst sich mit der Frage, in welchem Ausmaß Hersteller auf das Preisverhalten ihrer Kunden Einfluss nehmen können, insbesondere dann, wenn diese als Absatzmittler (z.B. Groß- und Zwischenhändler) die Leistung an weitere Firmen- oder schließlich an Endkunden veräußern. Hierbei ist die mögliche Einflussnahme des Herstellers über die Gestaltung von Verträgen und Kontrollmechanismen und über die Preissetzung abhängig von seiner Macht relativ zu der der Händler (z.B. Coughlan et al. 2006; Frazier 1999 sowie Homburg/Krohmer 2009, S. 846ff.).

Hersteller müssen bei der Gestaltung von Verträgen und Kontrollmechanismen jedoch zahlreiche rechtliche Aspekte berücksichtigen, die sich insbesondere aus dem EU-Vertrag (EUV) ergeben (Artikel 101 und 102 sowie EU-Kommission 2010a, b). Zum einen ist eine Preisbindung zweiter Hand, d.h. dass Anbieter ihren Händlern Verkaufspreise vorschreiben, generell verboten (wobei es zahlreiche Ausnahmen gibt, z.B. für Verlagserzeugnisse). Zudem ist eine Preisdifferenzierung zwischen unterschiedlichen Händlern hoch problematisch. Dies gilt auch für die Vergabe von Rabatten an einzelne Händler, sofern hierdurch andere Händler benachteiligt werden. Generell fordert das Wettbewerbsrecht, dass Anbieter eine mögliche marktbeherrschende Stellung nicht bei der Preisdurchsetzung im Absatzkanal missbrauchen und dass Anbieter keine Absprachen entlang des Absatzkanals treffen, die Dritte und insbesondere die Endverbraucher negativ beeinflussen (vgl. hierzu auch den Beitrag von Jensen/Henrich in diesem Band).

Theoretisch kann jedoch gezeigt werden, dass eine Koordination der Preise zwischen Hersteller und Händler, d.h. eine Abstimmung von Hersteller- und Händlerpreisen, tendenziell gewinnsteigernd ist im Vergleich zu einer Situation, in der Hersteller und Händler ihre Preise unabhängig voneinander setzen (Tirole 1988). Hierbei können durch den Hersteller unter bestimmten Voraussetzungen Mengenrabatte und zusätzliche Verträge (z.B. Rücknahmegarantien des Herstellers) eingesetzt werden, um den Gewinn von Hersteller und Händler zu steigern (z.B. Jeuland/Shugan 1983; Moorthy 1987; Spork 2006). Hinsichtlich der grundlegenden Ausrichtung von Herstellern und Händlern im B2B-Kontext konnte gezeigt werden, dass die Ähnlichkeit in der Preis- und der Leistungspositionierung, der strategischen Orientierungen von Marketing und Vertrieb sowie der Unternehmenskultur sich positiv auf das Ausmaß der Kooperation zwischen Hersteller und Händler und die Effektivität der Geschäftsbeziehung für den Hersteller auswirken (Homburg/Schneider/Fassnacht 2003).

Im Rahmen der *Kommunikation preispolitischer Maßnahmen im Markt* geht es insbesondere darum, *wann* und *wie* Unternehmen ihre Preisanpassungen Kunden und Wettbewerbern kommunizieren (Homburg/Jensen/Schuppar 2004). Zum einen ist der Preis selbst ein Signal an Kunden und Wettbewerber. Zum anderen können Unternehmen durch begleitende Kommunikationsmaßnahmen die Reaktion von Kunden und Wettbewerbern beeinflussen (z.B. Heil/Bungert 2005). Zentrales Ziel der Gestaltung der Kommunikation preispolitischer Maßnahmen im Markt ist die Reduktion negativer Reaktionen (seltener: die Steigerung positiver Reaktionen) von Kunden und Wettbewerbern auf Preisanpassungen.

So können zur Begründung von *Preiserhöhungen* gegenüber *Kunden* allgemeine Kostensteigerungen herangezogen werden (Dickson/Kalapurakal 1994). Dies entspricht dem Fairnessgedanken und wird von Kunden meist in gewissem Maße akzeptiert. Unternehmen können sich dabei an öffentlich zugänglichen Kostenentwicklungen orientieren. Häufig eingesetzt werden auch zeitlich befristete Materialkosten- oder Rohstoffkostenzuschläge bei unterjährigem Kostenanstieg (z.B. Stahl, Erdöl). Darüber hinaus sollten Preiserhöhungen zusätzlich mit positiven Nutzenbotschaften angereichert werden (z.B. eine Verbesserung des Lieferservice) (Homburg/Jensen/Schuppar 2004, S. 55).

Die Kommunikation von Preisanpassungen an Kunden hat zumeist auch eine Signalwirkung an *Wettbewerber*. Die Beeinflussung von Wettbewerbsreaktionen ist dabei verknüpft mit der Frage, wie sich Unternehmen generell im Preiswettbewerb verhalten und in welchem Ausmaß Wettbewerbsaspekte bei der Preisbestimmung berücksichtigt werden (vgl. Abschnitt 1.5.2). In preissensiblen Branchen kann bereits die Ankündigung von Preissenkungen zu preislichen Reaktionen des Wettbewerbs und schließlich zu Preiskriegen führen. Erfolgsfaktor ist hierbei die möglichst unmissverständliche Kommunikation im Vorfeld von Preisänderungen, um Fehlinterpretationen seitens der Wettbewerber zu verhindern (z.B. Ankündigung geplanter Preisänderungen und der Motive, etwa ein Lagerabbau oder die Weitergabe von Kosteneinsparungen an Kunden statt eine Aggression gegenüber den Wettbewerbern) (Homburg/Krohmer 2009, S. 721; Homburg/Jensen/Schuppar 2005, S. 37).

1.6.4 Preiscontrolling

Unter Preiscontrolling verstehen wir Maßnahmen, die die Wirksamkeit und die Wirtschaftlichkeit der preisbezogenen Entscheidungen sicherstellen (Reinecke/Janz 2007, S. 205). Ziel des Preiscontrollings ist die *Koordination der Informationsversorgung* bei Preisentscheidungen und somit die Entscheidungsunterstützung und Rationalitätssicherung entlang des Preisentscheidungsprozesses (vgl. **Abbildung 1.1** sowie Diller 2008; Reinecke/Janz 2007; Weber/Florissen 2005). Hierbei geht es grundlegend um die Aufdeckung von Abweichungen zwischen den getroffenen strategischen Preisentscheidungen (Soll) und der tatsächlichen Preisdurchsetzung (Ist), d.h. eine Preisüberwachung, und die Vermeidung von Fehlern im Vorfeld von Preisentscheidungen. Das Preiscontrolling leistet somit einen Beitrag sowohl zur *Preisanalyse* als auch zur *internen Preisdurchsetzung* (Köhler 2003; Weber/Florissen 2005).

Im Rahmen der internen Preisdurchsetzung stand die Verhaltenssteuerung im Vordergrund, z.B. die Verteilung der Preisverantwortung im Unternehmen oder die Gestaltung von Anreizen für Mitarbeiter, was in einem weiten Verständnis auch dem Preiscontrolling zugerechnet werden kann (Abschnitt 1.6.2 sowie Köhler 2003, S. 359ff.). Im vorliegenden Abschnitt steht die Entscheidungsunterstützung durch konkrete Preiscontrolling-Werkzeuge im Vordergrund. Hierzu sollen zentrale Analyseverfahren kurz vorgestellt werden, die Unternehmen zur Verfügung stehen (vgl. **Tabelle 1.4**).

Bei der Konzeption eines Preiscontrollings sind zwei zentrale Fragen zu beantworten (Homburg/Jensen/Schuppar 2004, S. 35):

■ Welche Erkenntnisse sollen gewonnen werden (Analyseziel)?

■ Was soll untersucht werden (Analyseobjekt)?

Bei den *Analysezielen* können in Anlehnung an die grundlegenden preisstrategischen Optionen (vgl. Abschnitt 1.4) zwischen dem Preisniveau, der Preisdifferenzierung bzw. Preisspreizung und der Preisentwicklung im Zeitablauf unterschieden werden. *Analyseobjekte* des Preiscontrollings können in die vier Dimensionen Leistungen (Produkte und Dienstleistungen), Vertriebseinheiten (Regionen, Teams, Verkäufer), Kunden (z.B. Segmente) und Aufträge gegliedert werden (vgl. **Tabelle 1.4**). Jedes Analyseobjekt kann dabei auf unterschiedlichen Aggregationsstufen bzw. Betrachtungsebenen untersucht werden. Preisentwicklungen können z.B. auf der Ebene des gesamten Produktprogramms, einzelner Produktlinien oder einzelner Produkte analysiert werden (Homburg/Jensen/Schuppar 2004).

Tabelle 1.4 zeigt ausgewählte Analyseverfahren, die im Rahmen der einzelnen Teilbereiche des Preiscontrollings zur Anwendung kommen können. Im Folgenden wird auf ausgewählte Analysen eingegangen. Hierbei stehen quantitative Analysen im Vordergrund. Zu erwähnen ist jedoch, dass im Rahmen des Preiscontrollings auch qualitative Größen wie die Preiszufriedenheit oder Imagewahrnehmungen relevant sind (Köhler 2003).

In Bezug auf die Leistungen sind insbesondere folgende Fragen relevant (Homburg/Jensen/Schuppar 2004):

- Wie profitabel sind bestimmte Leistungen?
- Wie gespreizt sind die erzielten Nettopreise für bestimmte Leistungen?
- Wie entwickeln sich Nettopreise für bestimmte Leistungen im Zeitablauf?

Um die *Profitabilität einzelner Leistungen* zu ermitteln, ist die Ermittlung der tatsächlichen Nettopreise zentral. Hierzu sind alle auf den Listenpreis vergebenen Rabatte sowie die nach der Rechnung an Kunden vergebenen Boni und Skonti zu verzeichnen. Herausforderung ist hierbei insbesondere die Zurechnung von kundenspezifischen Boni auf einzelne Produkte (vgl. Abschnitt 1.6.1). Die Darstellung der Diskrepanz zwischen Listenpreis und tatsächlichen Preisen für einzelne Produkte kann anhand von Preistreppen geschehen (Homburg/Daum 1997; Marn/Rosiello 1992). Dabei wird sowohl auf Produktebene als auch auf konsolidierter Ebene analysiert, mit welchen Konditionenarten welche Erlösschmälerungen verbunden sind.

Tabelle 1.4   Systematik für ein Preiscontrolling
(Quelle: in Anlehnung an Homburg/Jensen/Schuppar 2004, S. 36)

Analyse-objekt	Leistungen				Vertriebseinheiten			Kunden						Aufträge		
Analyse-ziel	Ventile		Zylinder		Nord	Mitte	Süd	Kunst-stoff			Auto-mobil		< 300 €	300 - 1.000 €	> 1.000 €
	V1	V2	Z1	Z2	B1	B2	B3	B4	B5	B6	A	B	C	A	B	C			
Preis-niveau	z.B. Preistreppe				z.B. Rabatthöhe			z.B. Rabatthöhe, Preishöhe pro Kundenseg-ment, Kunden-profitabilität						z.B. durchschnitt-licher Auftrags-wert, Margen pro Auftrag		
Preisdiffe-renzie-rung bzw. Preis-spreizung	z.B. Preisband pro Produkt				z.B. internationale Preisunterschiede (z.B. Preis-korridore)			z.B. Preisband pro Kunden-segment, Kun-denprofitabili-tät						z.B. Preis-/ Mengen-relationen		
Preisni-veauent-wicklung im Zeit-ablauf	z.B. Preis-/ Mengenindex pro Produkt				z.B. Preis-/ Mengenindex pro Vertriebseinheit			z.B. Preis-/ Mengenindex pro Kunden-segment						nicht sinnvoll		

Die *Spreizung der Nettopreise für bestimmte Leistungen* ermöglicht Rückschlüsse auf das Ausmaß der tatsächlich praktizierten Preisdifferenzierung im Vergleich mit der geplanten Preisdifferenzierung. Hierzu können Preisbänder verwendet werden (Marn/Rosiello 1992). Hierbei wird untersucht, wie viel Prozent des Umsatzes mit welchen Nettopreisen erzielt wurden. Preisbänder für Produkte können weiterhin nach Kundensegmenten oder Regionen differenziert werden (Homburg/Jensen/Schuppar 2004). **Abbildung 1.17** stellt ein Preisband für ein Industrieprodukt und für ein Baustoffprodukt dar.

Abbildung 1.17 Preisbänder zur Analyse des Ausmaßes der Preisdifferenzierung
(Quelle: in Anlehnung an Homburg/Jensen/Schuppar 2004, S. 38)

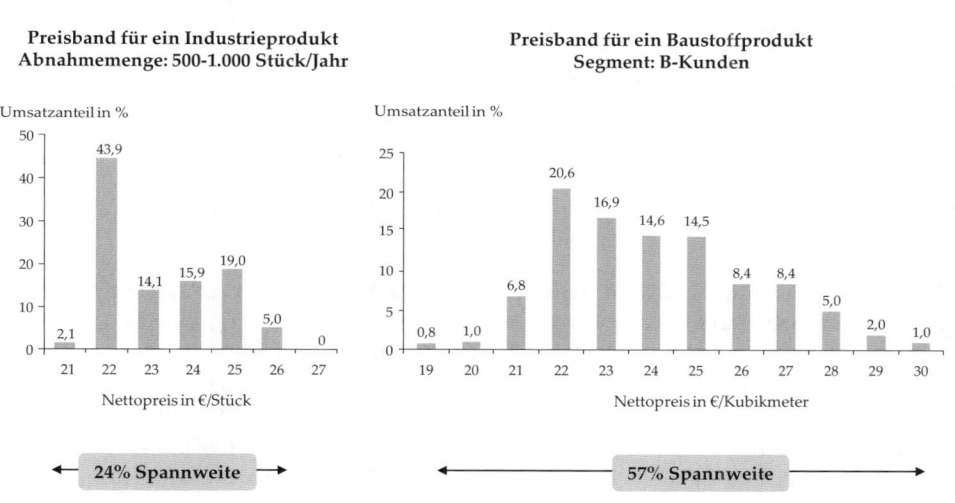

Auf der linken Seite in **Abbildung 1.17** ist ein Preisband für ein Industrieprodukt dargestellt. Die auf Selbstkosten plus Zielmarge basierte Preisuntergrenze liegt für das Produkt bei 22 €. Es lässt sich erkennen, dass die Preisdurchsetzung im Markt nicht erfolgreich ist. Fast die Hälfte des Umsatzes wird mit Preisen auf oder unterhalb der Preisuntergrenze erzielt. Aufschluss kann dann eine detaillierte Auswertung auf Kundenebene liefern. Auf der rechten Seite in **Abbildung 1.17** ist für ein Baustoffprodukt ein Preisband für ein bestimmtes Kundensegment (B-Kunden) dargestellt. Zunächst zeigt sich eine relativ starke Preisspreizung von 11 € (Abstand zwischen dem niedrigsten und höchsten Preis), bei einem Durchschnittspreis von 24 €. Ein breites Preisband ist ein Indikator für ein hohes Maß an Preisdifferenzierung zwischen Kunden in diesem Segment. Problematisch sind breite Preisbänder dann, wenn starke Preisunterschiede zwischen Kunden nicht mehr zu rechtfertigen sind (Homburg/Jensen/Schuppar 2004, S. 37).

Die Analyse der *Entwicklung der Nettopreise im Zeitablauf* ermöglicht zum einen die Kontrolle der verfolgten dynamischen Preisstrategie (vgl. Abschnitt 1.4.4). Zum anderen kann analysiert werden, ob es zu einer Erosion der Nettopreise im Zeitablauf kommt und wie sich Nettopreis- und Mengenentwicklungen zueinander verhalten, insbesondere ob als Resultat der beiden Entwicklungen insgesamt höhere oder niedrigere Umsätze und Gewinne erzielt werden.

Nettopreis- und Mengenentwicklungen für einzelne Leistungen sind relativ leicht zu ermitteln. Für eine Steuerung des Produktprogramms sind die Planung und Analyse der durchschnittlichen Entwicklung von Nettopreisen und Absatzmengen für Produktbereiche (z.B. eine Produktgruppe/-linie oder ein gesamter Geschäftsbereich) oder Kundensegmente (z.B. Branchen, Kundenklassen) relevant (Homburg/Jensen/Schuppar 2004 sowie Abschnitt 1.4.3). Einige Unternehmen arbeiten mit Preis- und Mengenindizes bzw. Preis- und Mengenänderungsraten. Diese stellen die Nettopreis- bzw. Mengenentwicklungen über die Zeit z.B. für eine Produktlinie dar.

Für einen Vergleich verschiedener *Produktlinien* hinsichtlich ihrer Preis- und Mengenentwicklungen bietet sich ein Preis-/Mengenentwicklungsportfolio an. Hierbei kann für unterschiedliche Produktlinien verglichen werden, wie sich die erzielten Deckungsbeiträge entwickeln. In Zusammenhang mit der Betrachtung des Umsatzes innerhalb der einzelnen Produktlinien sind Analysen und eine Priorisierung möglich, bei welchen Produktlinien Deckungsbeitragssteigerungen angestrebt werden sollten.

Ziel der Überwachung der Preisdurchsetzung innerhalb der *Vertriebseinheiten* (vgl. **Tabelle 1.4**) ist die Untersuchung von Unterschieden in der Preisdurchsetzung zwischen einzelnen Vertriebseinheiten (z.B. Regionalbüros, Branchenvertrieb, Verkäufer) (Homburg/Jensen/ Schuppar 2004). Ursachen für Unterschiede in der Preisdurchsetzung zwischen den Vertriebseinheiten können regionale Unterschiede in den Zahlungsbereitschaften der Kunden (z.B. Kunden aus Italien vs. England) (Homburg/Krohmer 2009, S. 1066), unterschiedliche Wachstumsraten, unterschiedliche Ausrichtungen der Vertriebseinheiten auf Kunden und Produkte (z.B. Großkunden vs. kleinere Kunden) und unterschiedliche Stärken der verschiedenen Vertriebseinheiten (z.B. Verhandlungsgeschick und Kundenkenntnis der Außendienstmitarbeiter) sein. Insbesondere im Fall unterschiedlicher Stärken der Vertriebseinheiten können Maßnahmen getroffen werden, um die vorhandenen Preisanhebungspotenziale zu nutzen (Homburg/Jensen/Schuppar 2004).

Unterschiede in der Preisdurchsetzung zwischen Vertriebseinheiten können dabei auf aggregierter Ebene (z.B. nach Ländern), auf regionaler Ebene (z.B. nach Vertriebsbüros bzw. Verkaufsregionen) oder auf Einzelprodukt- bzw. Einzelkundenebene analysiert werden. **Abbildung 1.18** zeigt ein Beispiel für einen Preiskorridor nach Ländern sowie ein Beispiel für eine Analyse von durchschnittlichen Preisniveaus der Vertriebsbüros einer Vertriebsgesellschaft.

Abbildung 1.18 Analyse der erzielten Preisniveaus von Vertriebseinheiten am Beispiel eines Bauzulieferers
(Quelle: in Anlehnung an Homburg/Jensen/Schuppar 2004, S. 41)

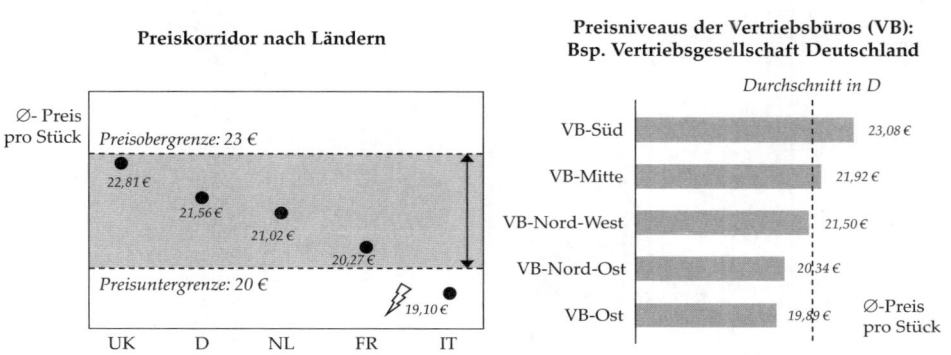

Das Preiscontrolling auf *Kundenebene* befasst sich mit der Ermittlung der Preisdurchsetzung im Rahmen einzelner Kundenbeziehungen. Die mit einem Kunden individuell vereinbarten Konditionen haben großen Einfluss auf die Profitabilität der Kundenbeziehung. Folglich geht es hierbei um die Ermittlung der „bottom line profitability" von einzelnen Kunden oder Kundensegmenten auf Basis gestufter Deckungsbeitragsrechnungen, die insbesondere alle kundenspezifischen Kosten berücksichtigen (hierzu auch Homburg/Daum 1997; Köhler 2003).

Daher sind die kundenspezifischen Konditionen innerhalb eines Preiscontrollings gesondert auszuwerten. Hierzu können die gewährten Rabatte und Boni in Abhängigkeit von der Bedeutung des Kunden, z.B. gemessen über den jährlichen Umsatz, bzw. der zugrunde gelegten Kundensegmentierung analysiert werden. In **Abbildung 1.19** ist anhand eines Beispiels dargestellt, wie eine Auswertung der realisierten Preise im Vergleich mit dem Listenpreis in Abhängigkeit von der Bedeutung des Kunden gestaltet werden kann. Hierbei zeigt sich häufig, dass die Höhe der Preisnachlässe und die Größe der Kunden nur begrenzt miteinander korrelieren: Kleine, weniger attraktive Kunden werden unter Umständen überversorgt, während Großkunden zu geringe Preisnachlässe erhalten. Aufbauend hierauf kann ein Preiskorridor definiert werden, in dem die Vergabe von Rabatten mit dem Jahresumsatz des Kunden in Einklang ist (Marn/Roegner/Zawada 2004, S. 34).

Ähnlich einer kundenbezogenen Betrachtung kann die Preisdurchsetzung auf der Ebene einzelner Aufträge untersucht werden. Die beispielhafte Analyse in **Abbildung 1.20** zeigt, dass bei gleich großen Aufträgen sehr unterschiedlich hohe Rabatte vergeben werden. Darüber hinaus werden bereits bei Kleinaufträgen hohe Rabatte vergeben, was insbesondere unter dem Gesichtspunkt fixer Handling- oder Logistikkosten problematisch ist. Schließlich zeigt sich kein Zusammenhang zwischen Rabatthöhe und Auftragsgröße. Dieser kann durch Festlegung eines Rabattkorridors hergestellt werden.

Abbildung 1.19   Vergleich von realisierten Preisen und Listenpreisen
(Quelle: in Anlehnung an Homburg/Schäfer/Schneider 2010, S. 78)

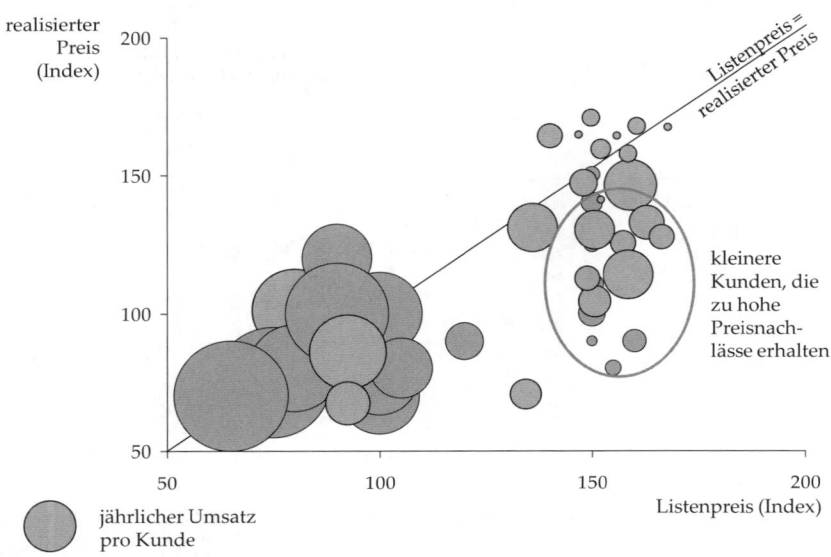

Abbildung 1.20   Analyse der auftragsbezogenen Rabattvergabe in Abhängigkeit von der
Auftragsgröße

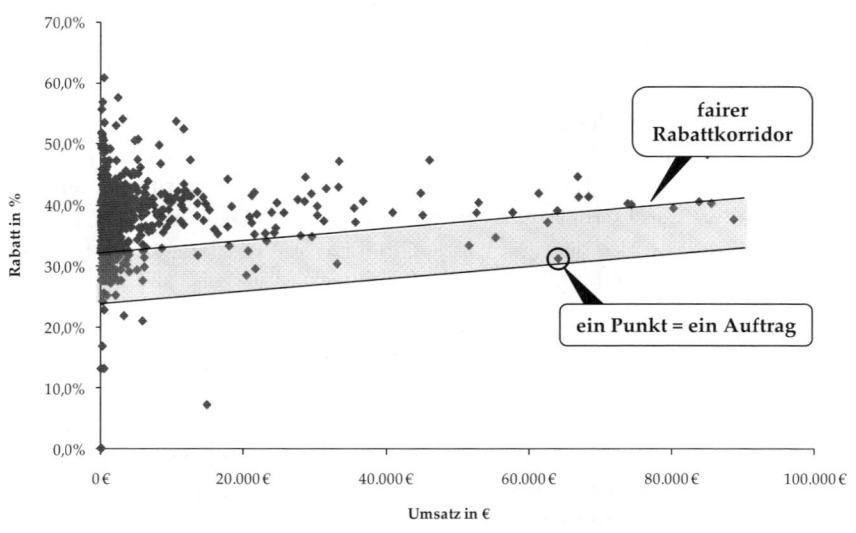

Es ist keine Überraschung, dass ein systematisches Preiscontrolling den Erfolg der Preisdurchsetzung steigert (z.B. Homburg/Jensen/Schuppar 2005; Rullkötter 2008). Auf die aktuell bestehenden Defizite in vielen B2B-Unternehmen wurde bereits mehrfach im Rahmen
dieses Beitrags hingewiesen. Insofern kann festgehalten werden, dass für die Professionalisierung des Preismanagements auf B2B-Märkten ein systematisches Controlling entlang
des Preisentscheidungsprozesses (vgl. **Abbildung 1.1**) förderlich ist. Die gestiegene Leistungsfähigkeit IT-basierter Datenbanken und Entscheidungsunterstützungssysteme erleichtert diese Professionalisierung jedoch (hierzu auch Diller/Kossmann 2007 sowie Diller
2008, S. 446ff.).

1.7 Fazit und Aufbau des Buches

Ziel dieses Beitrags war es, einen Überblick über die zentralen Entscheidungsfelder und
Erfolgsfaktoren im Preismanagement auf B2B-Märkten zu geben. Ausgangspunkt unserer
Betrachtungen war die Feststellung, dass das Preismanagement auf B2B-Märkten von be-
sonderer Komplexität ist, was die Unternehmenspraxis kontinuierlich betont. Demgegen-
über wird in Wissenschaft und Praxis ein enormer Professionalisierungsbedarf für das
Preismanagement auf B2B-Märkten attestiert.

In diesem Beitrag haben wir einen Preisentscheidungsprozess vorgestellt, der die vier
Phasen Preisanalyse, Preisstrategie und Preissystem, Preisbestimmung und Preisdurchsetzung umfasst. Im Rahmen dieser vier Phasen wurden zentrale Entscheidungsfelder diskutiert und Handlungsempfehlungen auf Basis bestehender Erkenntnisse aus Wissenschaft
und Unternehmenspraxis formuliert. Hierbei wurde deutlich, dass es zahlreiche konkrete
Handlungsempfehlungen gibt. Jedoch herrscht insgesamt noch ein hoher Klärungsbedarf,
wie Unternehmen auf B2B-Märkten ihr Preismanagement professionalisieren können.

Über diesen einführenden Beitrag hinaus hat der vorliegende Herausgeberband daher
zum Ziel, einen Beitrag zur Professionalisierung des Preismanagements auf B2B-Märkten
zu leisten. In den sich dieser Einführung anschließenden Beiträgen im *zweiten Teil* des
Buches werden daher wichtige Entscheidungsfelder im Rahmen des Preismanagements
auf B2B-Märkten vertiefend aufgegriffen. Hierbei sind die Darstellungen primär *wissenschaftlicher* Natur. Im *dritten Teil* des Buches werden Erfahrungen aus ausgewählten Branchen vorgestellt. Ziel der Beiträge in diesem dritten Teil ist, *Best Practices* zu veranschaulichen und branchenspezifische Empfehlungen abzugeben.

Abbildung 1.21 stellt abschließend den Aufbau des Buches und die weiteren Beiträge im
Überblick dar. Hierbei wird auf die diesem Beitrag zugrunde gelegte Prozessdarstellung
zurückgegriffen.

Abbildung 1.21   Überblick über Aufbau und Inhalt des Buches

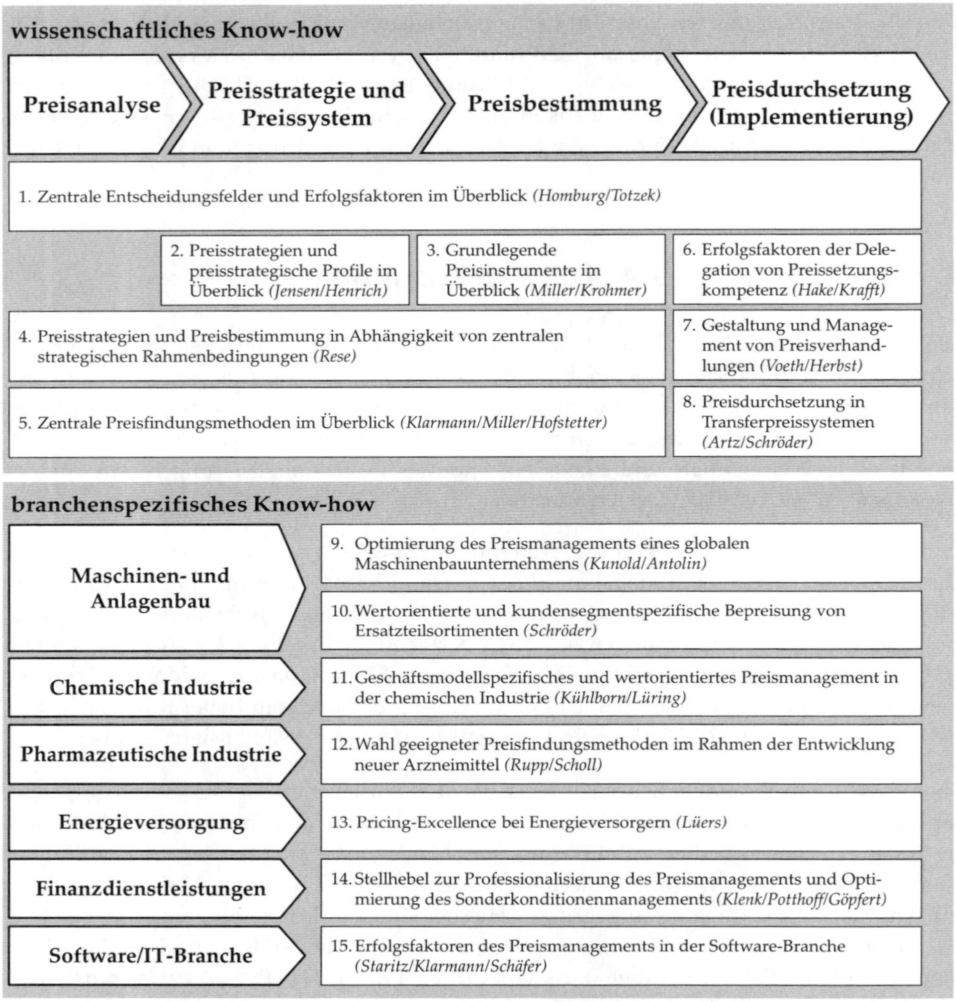

wissenschaftliches Know-how

Preisanalyse 〉 Preisstrategie und Preissystem 〉 Preisbestimmung 〉 Preisdurchsetzung (Implementierung) 〉

1. Zentrale Entscheidungsfelder und Erfolgsfaktoren im Überblick *(Homburg/Totzek)*

2. Preisstrategien und preisstrategische Profile im Überblick *(Jensen/Henrich)*	3. Grundlegende Preisinstrumente im Überblick *(Miller/Krohmer)*	6. Erfolgsfaktoren der Delegation von Preissetzungskompetenz *(Hake/Krafft)*
4. Preisstrategien und Preisbestimmung in Abhängigkeit von zentralen strategischen Rahmenbedingungen *(Rese)*		7. Gestaltung und Management von Preisverhandlungen *(Voeth/Herbst)*
5. Zentrale Preisfindungsmethoden im Überblick *(Klarmann/Miller/Hofstetter)*		8. Preisdurchsetzung in Transferpreissystemen *(Artz/Schröder)*

branchenspezifisches Know-how

Maschinen- und Anlagenbau 〉	9. Optimierung des Preismanagements eines globalen Maschinenbauunternehmens *(Kunold/Antolin)*
	10. Wertorientierte und kundensegmentspezifische Bepreisung von Ersatzteilsortimenten *(Schröder)*
Chemische Industrie 〉	11. Geschäftsmodellspezifisches und wertorientiertes Preismanagement in der chemischen Industrie *(Kühlborn/Lüring)*
Pharmazeutische Industrie 〉	12. Wahl geeigneter Preisfindungsmethoden im Rahmen der Entwicklung neuer Arzneimittel *(Rupp/Scholl)*
Energieversorgung 〉	13. Pricing-Excellence bei Energieversorgern *(Lüers)*
Finanzdienstleistungen 〉	14. Stellhebel zur Professionalisierung des Preismanagements und Optimierung des Sonderkonditionenmanagements *(Klenk/Potthoff/Göpfert)*
Software/IT-Branche 〉	15. Erfolgsfaktoren des Preismanagements in der Software-Branche *(Staritz/Klarmann/Schäfer)*

Literatur

Ailawadi, K. L., Lehmann, D. R., Neslin, S. A. (2001), Market Response to a Major Policy Change in the Marketing Mix: Learning from Procter & Gamble's Value Pricing Strategy, Journal of Marketing, 65, 1, 44-61.

Alznauer, T., Krafft, M. (2004), Submissionen, in: Backhaus, K., Voeth, M. (Hrsg.), Handbuch Industriegütermarketing, Wiesbaden, 1057-1078.

Anderson, J. C., Narus, J. A. (1999), Welchen Wert hat Ihr Angebot für den Kunden?, Harvard Business Manager, 4/1999, 97-107.

Anderson, E., Oliver, R. L. (1987), Perspectives on Behavior-Based versus Outcome-Based Salesforce Control Systems, Journal of Marketing, 51, 4, 76-88.

Anderson, J. C., Narus, J. A., Narayandas, D. (2009), Business Market Management: Understanding, Creating, and Delivering Value, 3. Aufl., Upper Saddle River.

Armstrong, J. S., Collopy, F. (1996), Competitor Orientation: Effects of Objectives and Information on Managerial Decisions and Profitability, Journal of Marketing Research, 33, 2, 188-199.

Atkin, B., Skinner, R. (1976), How British Industry Prices, London.

Backhaus, K., Voeth, M. (2010), Industriegütermarketing, 9. Aufl., München.

Blömeke, E., Clement, M. (2009), Selektives Demarketing – Management von unprofitablen Kunden, zfbf, 61, 11, 804-835.

Calantone, R. J., Di Benedetto, C. A. (2007), Clustering Product Launches by Price and Launch Strategy, Journal of Business & Industrial Marketing, 22, 1, 4-19.

Cavusgil, S. T., Chan, K., Zhang, C. (2003), Strategic Orientations in Export Pricing: A Clustering Approach to Create Firm Taxonomies, Journal of International Marketing, 11, 1, 47-72.

Coenenberg, A., Fischer, T., Günther, T. (2007), Kostenrechnung und Kostenanalyse, 6. Aufl., Stuttgart.

Coughlan, A. T., Anderson, E., Stern, L. W., El-Ansary, A. I. (2006), Marketing Channels, 7. Aufl., Upper Saddle River.

Daly, S., Nath, P. (2005), Reverse Auctions for Relationship Marketers, Industrial Marketing Management, 34, 2, 157-166.

Dickson, P. R., Kalapurakal, R. (1994), The Use and Perceived Fairness of Price-Setting Rules in The Bulk Electricity Market, Journal of Economic Psychology, 15, 427-448.

Diller, H. (2003), Aufgabenfelder, Ziele und Entwicklungstrends der Preispolitik, in: Diller, H., Herrmann, A. (Hrsg.), Handbuch Preispolitik, Wiesbaden, 3-32.

Diller, H. (2004), Preisstrategien im Industriegütermarketing, in: Backhaus, K., Voeth, M. (Hrsg.), Handbuch Industriegütermarketing, Wiesbaden, 947-968.

Diller, H. (2008), Preispolitik, 4. Aufl., Stuttgart.

Diller, H., Kossmann, J. (2007), Prozessorientiertes Preismanagement im Business-to-Business-Geschäft, in: Diller, H. (Hrsg.), Innovatives Industriegütermarketing, Nürnberg, 67-91.

Dutta, S., Zbaracki, M. J., Bergen, M. (2003), Pricing Process as a Capability: A Resource-Based Perspective, Strategic Management Journal, 24, 7, 615-630.

EU-Kommission (2010a), Verordnung (EU) NR. 330/2010 der Kommission vom 20. April 2010 (2010/L 102/01), Amtsblatt der Europäischen Union, 23.4.2010.

EU-Kommission (2010b), Leitlinien für vertikale Beschränkungen (2010/C 130/01), Amtsblatt der Europäischen Union, 19.5.2010.

Florissen, A. (2008), Preiscontrolling – Rationalitätssicherung im Preismanagement, Zeitschrift für Controlling Management, 52, 2, 85-90.

Forman, H., Hunt, J. M. (2005), Managing the Influence of Internal and External Determinants on International Industrial Pricing Strategies, Industrial Marketing Management, 34, 2, 133-146.

Forman, H., Lancioni, R. (2002), The Determinants of Pricing Strategies for Industrial Products in International Markets, Journal of Business-to-Business Marketing, 9, 2, 29-64.

Frazier, G. L. (1999), Organizing and Managing Channels of Distribution, Journal of the Academy of Marketing Science, 27, 2, 226-240.

Freiling, J., Wölting, H. (2003), Organisation des Preismanagements, in: Diller, H., Herrmann, A. (Hrsg.), Handbuch Preispolitik, Wiesbaden, 419-436.

Frenzen, H., Hansen, A.-K., Krafft, M., Mantrala, M. K., Schmidt, S. (2010), Delegation of Pricing Authority to the Sales Force: An Agency-Theoretic Perspective of Its Determinants and Impact on Performance, International Journal of Research in Marketing, 27, 1, 58-68.

Garda, R. A., Marn, M. V. (1993), Price Wars, McKinsey Quarterly, 1993, 3, 87-100.

Gedenk, K. (2002), Verkaufsförderung, München.

Gierl, H. (2003), Preislagenpolitik, in: Diller, H., Herrmann, A. (Hrsg.), Handbuch Preispolitik, Wiesbaden, 115-136.

Griffith, D. E., Rust, R. T. (1993), Effectiveness of Some Simple Pricing Strategies under Varying Expectations of Competitor Behavior, Marketing Letters, 4, 2, 113-126.

Griffith, D. E., Rust, R. T. (1997), The Price of Competitiveness in Competitive Pricing, Journal of the Academy of Marketing Science, 25, 2, 109-116.

Hansen, A.-K., Joseph, K., Krafft, M. (2008), Price Delegation in Sales Organizations: An Empirical Investigation, BuR – Business Research, 1, 1, 94-104.

Heil, O. P., Bungert, M. (2005), Competitive Market Signaling: A Behavioral Approach to Manage Competitive Interaction, Marketing – JRM, 2005, 2, 91-99.

Heil, O. P., Helsen, K. (2001), Toward an Understanding of Price Wars: Their Nature and How They Erupt, International Journal of Research in Marketing, 18, 1/2, 83-98.

Homburg, Ch., Daum, D. (1997), Marktorientiertes Kostenmanagement: Kosteneffizienz und Kundennähe verbinden, Frankfurt am Main.

Homburg, Ch., Jensen, O. (2004), Internationale Marktbearbeitung und internationale Unternehmensführung: Zwölf Thesen, Arbeitspapier Nr. M91, Reihe Management Know-how, Institut für Marktorientierte Unternehmensführung, Universität Mannheim.

Homburg, Ch., Krämer, M. (2009), Erfolgreiches Management von Preissystemen: Zahlt sich Einfachheit in der Preissetzung aus?, Arbeitspapier Nr. M117, Reihe Management Know-how, Institut für Marktorientierte Unternehmensführung, Universität Mannheim.

Homburg, Ch., Krohmer, H. (2009), Marketingmanagement: Strategie – Instrumente – Umsetzung – Unternehmensführung, 3. Aufl., Wiesbaden.

Homburg, Ch., Müller, M. (2009), Effektives Verhalten von Verkäufern im Kundenkontakt – Status Quo und Erfolgsfaktoren, Arbeitspapier Nr. M118, Reihe Management Know-how, Institut für Marktorientierte Unternehmensführung, Universität Mannheim.

Homburg, Ch., Totzek, D. (2010), Erfolgreiches Verhalten im Preiswettbewerb, unveröffentlichtes Arbeitspapier, Universität Mannheim.

Homburg, Ch., Artz, M., Stein, T. (2009), Are Price Reductions Beneficial for the Firm? Empirical Evidence from Stock Market Reactions to Permanent Price Reductions, unveröffentlichtes Arbeitspapier, Universität Mannheim.

Homburg, Ch., Droll, M., Totzek, D. (2008), Customer Prioritization: Does It Pay Off, and How Should It Be Implemented?, Journal of Marketing, 72, 5, 110-130.

Homburg, Ch., Grozdanovic, M., Klarmann, M. (2007), Responsiveness to Customers and Competitors: The Role of Affective and Cognitive Organizational Systems, Journal of Marketing, 71, 3, 18-38.

Homburg, Ch., Jensen, O., Schuppar, B. (2004), Pricing Excellence: Wegweiser für ein professionelles Preismanagement, Arbeitspapier Nr. M90, Reihe Management Know-how, Institut für Marktorientierte Unternehmensführung, Universität Mannheim.

Homburg, Ch., Jensen, O., Schuppar, B. (2005), Preismanagement im B2B-Bereich: Was Pricing Profis anders machen, Arbeitspapier Nr. M97, Reihe Management Know-how, Institut für Marktorientierte Unternehmensführung, Universität Mannheim.

Homburg, Ch., Schäfer, H., Schneider, J. (2010), Sales Excellence: Vertriebsmanagement mit System, 6. Aufl., Wiesbaden.

Homburg, Ch., Schneider, J., Fassnacht, M. (2003), Opposites Attract, but Similarity Works: A Study of Interorganizational Similarity in Marketing Channels, Journal of Business-to-Business Marketing, 10, 1, 31-54.

Homburg, Ch., Stock, R., Kühlborn, S. (2005), Die Vermarktung von Systemen im Industriegütermarketing, Die Betriebswirtschaft, 65, 6, 537-562.

Hultink, E. J., Griffin, A., Hart, S., Robben, H. S. J. (1997), Industrial New Product Launch Strategies and Product Development Performance, Journal of Product Innovation Management, 14, 4, 243-257.

Ingenbleek, P. (2007), Value-Informed Pricing in its Organizational Context: Literature Review, Conceptual Framework, and Directions for Future Research, Journal of Product & Brand Management, 16, 7, 441-458.

Ingenbleek, P., Debruyne, M., Frambach, R. T., Verhallen, T. M. M. (2003), Successful New Product Pricing Practices: A Contingency Approach, Marketing Letters, 14, 4, 289-305.

Ivens, B. (2003), Internationales Preismanagement, in: Diller, H., Herrmann, A. (Hrsg.), Handbuch Preispolitik, Wiesbaden, 155-176.

Jeuland, A., Shugan, S. (1983), Managing Channel Profits, Marketing Science, 2, 3, 239-272.

Kahneman, D., Knetsch, J., Thaler, R. H. (1986), Fairness as a Constraint on Profit Seeking: Entitlements in the Market, American Economic Review, 76, 4, 728-741.

Köhler, R. (2003), Preis-Controlling, in: Diller, H., Herrmann, A. (Hrsg.), Handbuch Preispolitik, Wiesbaden, 357-386.

Lal, R. (1986), Delegating Pricing Responsibility to the Salesforce, Marketing Science, 5, 2, 159-168.

Lancioni, R., Schau, H. J., Smith, M. F. (2005), Intraorganizational Influences on Business-to-Business Pricing Strategies: A Political Economy Perspective, Industrial Marketing Management, 34, 2, 123-131.

LaPlaca, P. J., Katrichis, J. M. (2009), Relative Presence of Business-to-Business Research in the Marketing Literature, Journal of Business-to-Business Marketing, 16, 1/2, 1-22.

Lucas, M. R. (2003), Pricing Decisions and the Neoclassical Theory of the Firm, Management Accounting Research, 14, 3, 201-217.

Marn, M. V., Rosiello, R. L. (1992), Managing Price, Gaining Profit, Harvard Business Review, 70, 5, 84-99.

Marn, M. V., Roegner, E. V., Zawada, C. C. (2004), The Price Advantage, Hoboken.

Monroe, K. B. (2003), Pricing – Making Profitable Decisions, 3. Aufl., New York.

Montgomery, D. B., Moore, M. C., Urbany, J. E. (2005), Reasoning About Competitive Reactions: Evidence from Executives, Marketing Science, 24, 1, 138-149.

Moorthy, K. S. (1987), Managing Channel Profits: Comment, Marketing Science, 6, 4, 375-379.

Mühlmeyer, J., Belz, C. (2001), Internationale Märkte: Wie sich die Preise harmonisieren lassen, Harvard Business Manager, 4/2001, 74-84.

Nagle, T. T., Hogan, J. E., Zale, J. (2011), The Strategy and Tactics of Pricing, 5. Aufl., Upper Saddle River.

Noble, P. M., Gruca, T. S. (1999), Industrial Pricing: Theory and Managerial Practice, Marketing Science, 18, 3, 435-454.

Pechtl, H. (2003), Logik von Preissystemen, in: Diller, H., Herrmann, A. (Hrsg.), Handbuch Preispolitik, Wiesbaden, 69-92.

Pechtl, H. (2005), Preispolitik, Stuttgart.

Pohl, A. (2004), Preisbildung im Projekt- und Anlagengeschäft, in: Backhaus, K., Voeth, M. (Hrsg.), Handbuch Industriegütermarketing, Wiesbaden, 1079-1099.

Ramaswamy, V., Gatignon, H., Reibstein, D. J. (1994), Competitive Marketing Behavior in Industrial Markets, Journal of Marketing, 58, 2, 45-55.

Rao, V. R., Kartono, B. (2009), Pricing Objectives and Strategies: A Cross-Country Survey, in: Rao, V. R. (Hrsg.), Handbook of Pricing Research in Marketing, Cheltenham, 9-36.

Reckenfelderbäumer, M. (2007), Kostenbasierte Preisfindung im Anlagengeschäft, in: Büschken, J., Voeth, M., Weiber, R. (Hrsg.), Innovationen für das Industriegütermarketing, Stuttgart, 425-441.

Reinecke, S., Hahn, S. (2003), Preisplanung, in: Diller, H., Herrmann, A. (Hrsg.), Handbuch Preispolitik, Wiesbaden, 333-355.

Reinecke, S., Janz, S. (2007), Marketingcontrolling, Stuttgart.

Rese, M., Herter, V. (2004), Preise und Kosten – Preisbeurteilung im Industriegüterbereich, in: Backhaus, K., Voeth, M. (Hrsg.), Handbuch Industriegütermarketing, Wiesbaden, 969-988.

Ross, E. B. (1984), Making Money with Proactive Pricing, Harvard Business Review, 62, 6, 145-155.

Rullkötter, L. (2008), Preismanagement – Ein Sorgenkind? Die wichtigsten Problemfelder und Ursachen im Industriegüterbereich, Zeitschrift für Controlling Management, 52, 2, 92-98.

Schilke, O., Reimann, M., Thomas, J. S. (2009), When Does International Marketing Standardization Matter to Firm Performance?, Journal of International Marketing, 17, 4, 24-46.

Schmidt, S. (2008), Delegation von Preiskompetenz an den Verkaufsaußendienst, Wiesbaden.

Scholl, M., Totzek, D. (2010), Die Preispolitik professionalisieren, Harvard Business Manager, 4/2010, 43-50.

Schrader, R. W., Schrader, J. T., Eller, E. P. (2004), Strategic Implications of Reverse Auctions, Journal of Business-to-Business Marketing, 11, 1/2, 61-80.

Schuppar, B. (2006), Preismanagement: Konzeption, Umsetzung und Erfolgsauswirkungen im Business-to-Business-Bereich, Wiesbaden.

Sheth, J. N., Sharma, A. (2006), The Surpluses and Shortages in Business-to-Business Marketing Theory and Research, Journal of Business & Industrial Marketing, 21, 7, 422-427.

Simon, H., (1992), Preismanagement, 2. Aufl., Wiesbaden.

Simon, H. (2004), Ertragssteigerung durch effektivere Pricing-Prozesse, Zeitschrift für Betriebswirtschaft, 74, 11, 1083-1102.

Sinkula, J. M. (1994), Market Information Processing and Organizational Learning, Journal of Marketing, 58, 1, 35-45.

Skiera, B., Spann, M. (2003), Auktionen, in: Diller, H., Herrmann, A. (Hrsg.), Handbuch Preispolitik, Wiesbaden, 623-642.

Skiera, B., Spann, M. (2004), Gestaltung von Auktionen, in: Backhaus, K., Voeth, M. (Hrsg.), Handbuch Industriegütermarketing, Wiesbaden, 1039-1056.

Smith, G. E., Nagle, T. T. (1994), Financial Analysis for Profit-Driven Pricing, Sloan Management Review, 35, 3, 71-84.

Spork, S. (2006), Konditionen in Hersteller-Händler-Beziehungen, Schriften zur Handelsforschung, Band 99, Stuttgart.

Srinivasan, S., Popkowski Leszczyc, P. T. L., Bass, F. M. (2000), Market Share Response and Competitive Interaction: The Impact of Temporary, Evolving and Structural Changes in Prices, International Journal of Research in Marketing, 17, 4, 281-305.

Statistisches Bundesamt (2009), Beschäftigung und Umsatz der Betriebe des Verarbeitenden Gewerbes, Fachserie 4, Reihe 4.1.1, Wiesbaden.

Steffenhagen, H. (2003), Konditionensysteme, in: Diller, H., Herrmann, A. (Hrsg.), Handbuch Preispolitik, Wiesbaden, 575-596.

Tellis, G. J. (1986), Beyond the Many Faces of Price: An Integration of Pricing Strategies, Journal of Marketing, 50, 4, 146-160.

Theodosiou, M., Katsikeas, C. S. (2001), Factors Influencing the Degree of International Pricing Strategy Standardization of Multinational Corporations, Journal of International Marketing, 9, 3, 1-18.

Tillmann, D., Simon, H. (2004), Preisbündelung bei Investitionsgütern, in: Backhaus, K., Voeth, M. (Hrsg.), Handbuch Industriegütermarketing, Wiesbaden, 989-1014.

Tirole, J. (1988), The Theory of Industrial Organization, Cambridge.

Totzek, D. (2011), Preisverhalten im Wettbewerb: Eine empirische Untersuchung von Einflussfaktoren und Auswirkungen im Business-to-Business-Kontext, Wiesbaden.

Totzek, D., Alavi, S. (2010), Professionalisierung des Preismanagements auf Business-to-Business-Märkten: Die Rolle der Marktorientierung und der Unternehmenskultur, zfbf, 62, 8, 533-562.

Vittet-Philippe, P. (2000), B2B E-Commerce: Impact on EU Enterprise Policy – A First Assessment, European Commission, Brüssel.

Völckner, F. (2006), Methoden zur Messung individueller Zahlungsbereitschaften: Ein Überblick zum State of the Art, Journal für Betriebswirtschaft, 56, 1, 33-60.

Voeth, M., Herbst, U. (2009), Verhandlungsmanagement – Planung, Steuerung und Analyse, Stuttgart.

Voeth, M., Rabe, C. (2004), Preisverhandlungen, in: Backhaus, K., Voeth, M. (Hrsg.), Handbuch Industriegütermarketing, Wiesbaden, 1015-1038.

Voigt, K.-I. (2003), Preisbildung für neue Produkte und Dienstleistungen, in: Diller, H., Herrmann, A. (Hrsg.), Handbuch Preispolitik, Wiesbaden, 691-718.

Weber, J., Florissen, A. (2005), Preiscontrolling: Der Weg zu einem besseren Preismanagement, Advanced Controlling, Band 45, Weinheim.

Webster, F., Wind, Y. (1972), A General Model for Understanding Organizational Buying Behavior, Journal of Marketing, 36, 2, 12-19.

Wiltinger, K. (1998), Preismanagement in der unternehmerischen Praxis, Wiesbaden.

Zbaracki, M. J., Ritson, M., Levy, D., Dutta, S., Bergen, M. (2004), Managerial and Customer Costs of Price Adjustment: Direct Evidence from Industrial Markets, The Review of Economics and Statistics, 86, 2, 514-533.

Zweiter Teil

Zentrale Entscheidungsfelder

2 Grundlegende preisstrategische Optionen auf B2B-Märkten

Ove Jensen / Michael Henrich

Univ.-Prof. Dr. Ove Jensen ist Inhaber des Lehrstuhls für Business-to-Business Marketing der WHU – Otto Beisheim School of Management in Vallendar.

Dipl.-Kfm. Michael Henrich ist Doktorand am Lehrstuhl für Business-to-Business Marketing der WHU – Otto Beisheim School of Management in Vallendar.

2.1   Zielsetzung und Eingrenzung

Das Ziel dieses Beitrags ist, einige grundlegende preispolitische Weichenstellungen auf B2B-Märkten darzustellen. Wir arbeiten Fragen heraus, mit denen man in groben Zügen das preisstrategische Profil eines B2B-Unternehmens beschreiben kann. Anhand dieser Fragen lassen sich dann die zentralen Unterschiede zwischen den preisstrategischen Profilen verschiedener Unternehmen identifizieren: Die Kombinationsmöglichkeiten der grundlegenden Dimensionen erlauben es, die Vielfalt an preisstrategischen Profilen, die in der Unternehmenspraxis anzutreffen sind, zu strukturieren und einzuordnen.

Für Preisentscheider soll dieser Beitrag eine Orientierungshilfe bieten: Er soll helfen, die Grundmuster der eigenen Preisstrategie „freizulegen" und Ideen für alternative Vorgehensweisen zu entwickeln. Die Abstraktion von Branchenspezifika und die Betonung von Grundzügen sind nach unserer Erfahrung wichtig, um preisstrategische Parallelen außerhalb der eigenen Branche zu erkennen. Dieses Verständnis von strategischen Parallelen kann zu unvermuteten Möglichkeiten des Erfahrungsaustausches und Benchmarkings mit anderen Unternehmen führen, die nicht zu den eigenen Wettbewerbern gehören.

Unser Beitrag ist wie folgt aufgebaut. Am Anfang dieses Kapitels steht ein Abschnitt, der sich mit den industrieökonomischen und wettbewerbsrechtlichen Grundlagen des preisstrategischen Spielraums von dominanten und dominierten Marktteilnehmern beschäftigt. Denn das Ausmaß der preisstrategischen Freiheitsgrade und Handlungsoptionen ist untrennbar mit der Wettbewerbsstruktur im jeweiligen Markt verbunden. Im Anschluss an den Grundlagenteil identifiziert der Beitrag die preisstrategischen Optionen sowohl konzeptionell als auch empirisch. Der konzeptionelle Teil diskutiert die zentralen Unterscheidungsmerkmale eines preisstrategischen Profils im B2B-Bereich. Der empirische Teil berichtet die Ergebnisse einer Clusteranalyse, welche die preisstrategischen Profile von über 300 B2B-Unternehmen klassifiziert (zu dieser Studie Jensen/Homburg 2008).

Bevor wir in die Diskussion einsteigen, sind mit Blick auf das formulierte Ziel dieses Kapitels drei eingrenzende Kommentare angebracht. Wir betonen erstens, dass auf wenigen Buchseiten allenfalls eine grobe Strukturierung und ein grober Überblick der preisstrategischen Optionen möglich sind. Wir können nicht die gesamte Bandbreite von Optionen und Märkten aufarbeiten, die sich in der Praxis darbietet. Dies wird schon daran deutlich, dass andere preisstrategische Werke (Simon/Fassnacht 2009) ganze Kapitel für die Diskussion einer einzigen strategischen Option aufwenden und der dritte Teil dieses Bandes ganze Kapitel der Diskussion spezifischer Märkte widmet.

Wir heben zweitens hervor, dass es nicht *das* B2B-Geschäft gibt, sondern viele unterschiedliche „B2B-Welten" (vgl. hierzu ausführlich die Beiträge von Rese und Miller/Krohmer in diesem Band). Backhaus/Voeth (2010) unterscheiden z.B. die vier „Welten" der Anlagengeschäfte, Produktgeschäfte, Zuliefergeschäfte und Systemgeschäfte. Unsere Ausführungen gelten schwerpunktmäßig dem industriellen Produktgeschäft, mit geringen Einschränkungen auch dem Systemgeschäft und dem Zuliefergeschäft, aber nur mit größeren Einschränkungen dem Anlagengeschäft. Rechtfertigen lässt sich unsere Schwerpunktsetzung durch die Überlegung, dass sich eine preispolitische Stoßrichtung erst dann „herausschält" und charakterisieren lässt, wenn eine gewisse Mindestzahl an Verkaufstransaktionen vorliegt und die verkaufte Leistung über Kunden hinweg eine gewisse Vergleichbarkeit aufweist. Dies ist im Anlagengeschäft mit seinen wenigen, hochgradig individualisierten Projekten weniger der Fall als z.B. im Massengeschäft mit Verbrauchsmaterial.

Drittens weisen wir darauf hin, dass wir diesen Beitrag primär mit Blick auf Anbieter schreiben, die sich durch einen Nutzenvorteil vom Wettbewerb abheben. Damit einher geht i.d.R. die Herausforderung, den eigenen Premiumpreis gegen Offshore-Wettbewerber mit niedrigerem Nutzen, aber auch niedrigeren Preisen, zu verteidigen. Diese Konstellation entspricht der Situation zahlreicher deutscher und westlicher Unternehmen, welche die Hauptzielgruppe dieses Handbuchs sind. Aus industrieökonomischer Sicht beschäftigen wir uns somit primär mit *differenzierten* Anbietern in einer sogenannten monopolistischen Wettbewerbssituation, die zwar Markteintritte von Wettbewerbern fürchten müssen, aber ein gewisses Maß an Marktmacht und damit Autonomie bei der Preissetzung haben. Dies impliziert, dass Strategien der Preis-Leistungspositionierung und der Preisdifferenzierung in diesem Beitrag die zentrale Rolle einnehmen. Weniger ausführlich behandeln können wir aus Platzgründen dagegen einige der preisstrategischen Optionen, die die spieltheoretische Literatur für das Preisverhalten in Oligopolsituationen (ohne oder mit Differenzierung) entwickelt hat. Hierzu zählen z.B. Fragen rund um das sogenannte preisstrategische „Gefangenendilemma" (z.B. Dolan/Simon 1996; Pindyck/Rubinfeld 2009) und das „kooperative Konkurrenzverhalten" („co-opetition"; z.B. Besanko et al. 2007; Brandenburger/Nalebuff 1996), wie Nash-Gleichgewicht, Preisführer-Signale, Drohungen, Verpflichtungen, Glaubwürdigkeit, Abschreckung und Gegenschläge („tit-for-tat", „grim trigger"). Wir heben jedoch nachdrücklich die Relevanz der spieltheoretischen Strategieoptionen für das Preismanagement hervor – schließlich weisen zahlreiche B2B-Märkte eine oligopolistische Wettbewerbsstruktur auf.

Zusammenfassend lässt sich die Zielsetzung dieses Beitrags durch drei Fragen ausdrücken. Die drei Hauptabschnitte dieses Kapitels spiegeln diese Fragen wider:

■ Wodurch wird der preisstrategische Spielraum von dominanten und dominierten Marktteilnehmern bestimmt (vgl. Abschnitt 2.2)?

■ Was sind die wichtigsten Unterscheidungsmerkmale des preisstrategischen Profils eines Unternehmens (vgl. Abschnitt 2.3)?

■ Welche preisstrategischen Profile sind in der Unternehmenspraxis anzutreffen (vgl. Abschnitt 2.4)?

2.2   Einflussfaktoren und Grenzen des preisstrategischen Spielraums

Zur Einführung in die Grenzen des preisstrategischen Spielraums seien zwei Fallbeispiele skizziert, welche die Relevanz der in diesem Abschnitt behandelten Aspekte illustrieren:

■ Unternehmen A bietet ein genormtes Standardprodukt im Bereich der Baustoffindustrie an, das als „austauschbare Commodity" empfunden wird. Nach einem Einbruch der Baukonjunktur bestehen im Markt massive Überkapazitäten. Es herrscht ein aggressiver Verdrängungswettbewerb, der „nur über den Preis läuft". Das Unternehmen würde gerne Preisanpassungen durchführen, empfindet sich jedoch weniger als aktiver Preissetzer denn als passiver Preisnehmer, der den Marktpreis akzeptieren muss. Im Wettbewerb sieht man sich Familienunternehmen gegenüber, die „jeden Preis mitmachen und nicht auf die Rendite gucken". Dagegen gehört das Unternehmen zu einer am Kapitalmarkt notierten Gesellschaft und steht intern unter enormem Renditedruck. Das Management fragt sich, welche strategischen Optionen bestehen, um in diesem Markt „überhaupt wieder auskömmliche Preise zu erzielen".

■ Unternehmen B hat durch konsequente Investitionen, Forschung und Entwicklung einen technologischen Vorsprung mit seinen Produkten erreicht. In einigen Leistungsbereichen ist das Unternehmen Quasi-Monopolist, weil Kunden ohne die Lösungen des Unternehmens kaum existieren können. Deshalb gelingt es dem Unternehmen, Premiumpreise auch für Standardprodukte durchzusetzen. Die Wettbewerber sehen das Unternehmen als Preisführer und folgen seinen preispolitischen Signalen. Jedoch fragt sich das Management, sensibilisiert durch hohe Kartellstrafen, die in den letzten Jahren in anderen Branchen verhängt wurden, wie weit es die preisstrategischen Möglichkeiten seiner marktbeherrschenden Stellung ausreizen darf und wo die wettbewerbsrechtlichen Grenzen liegen.

Beide Fallbeispiele zeigen, dass das Verständnis der Wettbewerbsstruktur der Schlüssel zum Verständnis des preisstrategischen Spielraums und der Möglichkeit einer langfristigen Gewinnerzielung ist. Daher skizziert Abschnitt 2.2.1 Grundlagen der Wettbewerbsstruktur. Fallbeispiel B verdeutlicht zusätzlich, dass es für Unternehmen mit einer dominanten Marktstellung nicht nur die Frage ist, ob sie ihre preislichen Vorstellungen durchsetzen *können*, sondern ob sie diese aus wettbewerbsrechtlicher Sicht durchsetzen *dürfen*. Deshalb weist Abschnitt 2.2.2 auf Grundlagen des Wettbewerbsrechts hin.

2.2.1   Wettbewerbsstruktur und preisstrategischer Spielraum

Preisverhalten und Gewinnerzielung im Wettbewerb sind zentrale Untersuchungsgegenstände der Industrieökonomik. Die traditionelle industrieökonomische Perspektive fragt, ob die Gewinne in einer Branche höher sind als bei funktionierendem Wettbewerb zu erwarten wäre, um davon auf die Notwendigkeit regulierender Eingriffe zu schließen (Carlton/Perloff 2005). Seit den 1970er Jahren werden industrieökonomische Erkenntnisse von der Branchenebene auf die Wettbewerbsstrategien einzelner Unternehmen übertragen, um Möglichkeiten zum Aufbau von Marktmacht und damit zur Gewinnerzielung und Preisverteidigung zu finden. Ein Beispiel hierfür sind die Arbeiten von Porter (1980, 1985), in deren Mittelpunkt die generischen Wettbewerbsstrategien der Differenzierung und der Kostenführerschaft stehen.

Seit den 1980er Jahren wiederum wird die „Outside-in" Perspektive dieser wettbewerbs-strategischen Arbeiten mit der „Inside-out" Perspektive des ressourcenbasierten Ansatzes verknüpft, um die Existenz nachhaltiger Wettbewerbsvorteile und dauerhafter Gewinner-zielung (bzw. dauerhafter Preisdurchsetzung) zu erklären (Conner 1991; Lockett/Thompson 2001; Rumelt 1984; Spanos/Lioukas 2001). Der ressourcenbasierte Ansatz erklärt dauerhaf-te Gewinne und Preisvorteile durch drei Arten von Ressourcen:

- ■ pfadabhängige, wertvolle, seltene, nicht-übertragbare (immobile), nicht-imitierbare und nicht-substituierbare Assets (z.B. Patente, Marken, Technologien; Amit/Schoemaker 1993; Barney 1991),

- ■ die Kompetenz zu deren Anwendung und Ausbeutung (z.B. Produktionsprozesse, Vertriebsprozesse, Preismanagement-Prozesse) sowie

- ■ die dynamische Fähigkeit der Unternehmen zur Entwicklung und Erneuerung von Assets und Kompetenzen (z.B. Strategie-Prozesse, Innovationsprozesse; Teece/Pisano/ Shuen 1997).

In **Tabelle 2.1** stellen wir vier Konstellationen der Wettbewerbsstruktur dar, um daraus die Grundlagen preisstrategischer Optionen abzuleiten. Die in der B2B-Praxis häufigsten Marktformen sind die monopolistische Konkurrenz und das Oligopol mit homogenen Pro-dukten. Die „extremen" Marktformen der vollständigen Konkurrenz und des Monopols sind allerdings hilfreich, um einige wichtige preisstrategische Implikationen herzuleiten.

Die *vollständige Konkurrenz* (z.B. Mankiw/Taylor 2008; Pindyck/Rubinfeld 2009) ist ein Mo-dell, in dem die Leistungsangebote in Art und Qualität homogen und in dem die Anbieter Preisnehmer sind. Dies sind somit die Märkte, die landläufig als „Commodity-Märkte" be-zeichnet werden. Im Marktgleichgewicht bieten alle Anbieter zum selben (Markt-)Preis an, der den Grenzkosten entspricht. Bei geringsten Abweichungen vom Marktpreis wandern alle Kunden zur Konkurrenz ab, d.h. jeder einzelne Anbieter sieht sich einer vollständig elastischen Nachfrage gegenüber. Da der Marktzugang unbeschränkt ist, treten so lange neue Anbieter in den Markt ein, bis kein ökonomischer Gewinn mehr erzielt werden kann. Der ökonomische Gewinn ist nicht zu verwechseln mit dem Jahresüberschuss oder dem Betriebsergebnis: Vielmehr ist er der Residualgewinn (oft auch: Economic Value Added), der verbleibt, wenn vom operativen Gewinn (Earnings Before Interest and Taxes, EBIT) die (Opportunitäts-)Kosten des eingesetzten Kapitals abgezogen werden.

Die vollständige Konkurrenz lässt dem Unternehmen somit keinerlei langfristige Gewinn-möglichkeit und preisliche Freiheitsgrade: Als einzige Option bleibt der Kostensenkungs-wettlauf. Bevor man seufzend dem Marktpreis folgt und sich dem Kostensenkungswett-lauf hingibt, sollte man sich jedoch noch einmal zwei Annahmen des Modells der voll-ständigen Konkurrenz vor Augen führen: (1) Die Leistungsangebote sind homogen, und dies nicht nur im Hinblick auf die Produkte, sondern auch im Hinblick auf Dienstleistun-gen und Beratung, Logistik, menschliche Interaktion, Markenname und so weiter. (2) Der Anbieterwechsel ist für die Kunden nicht mit Wechselkosten verbunden. Wir betonen dies aus folgendem Grund: In unseren Unternehmenskontakten haben wir den Eindruck, dass viele Unternehmen im Wettbewerbsvergleich nur auf die Homogenität der Produkte blicken und dabei die Heterogenität der übrigen Leistungsbestandteile sowie die Wechsel-kosten der Kunden unterschätzen. Die Folge ist, dass sich viele Unternehmen nach unserem Eindruck vorschnell in der „Commoditisierungs-Falle" (D'Aveni 2010) wähnen.

Tabelle 2.1 Wettbewerbsstruktur und Implikationen für Preissetzung und Gewinn-erzielung

	Vollständige Konkurrenz	Monopol	Mono-polistische Konkurrenz	Oligopol mit homogenen Produkten
Charakteristika				
Markteintritts- und Markt-austrittsbarrieren	niedrig	hoch	niedrig oder hoch (bei Ressour-cenbarrieren)	hoch
Anzahl der Anbieter	viele	einer	wenige oder viele	wenige
Wahrgenommene Art und Qualität des Angebots (d.h. der Produkte)	homogen		heterogen/differenziert	homogen
Mobilität und Imitierbar-keit von Ressourcen und Fähigkeiten	ja	ja	ja oder nein	ja
Kooperatives Konkurrenz-verhalten (Co-opetition)	nein		nein	ja oder nein
Preissetzung				
Preisnehmer	ja	nein	nein	nein
Preishöhe	Preis = Grenzkosten	Preis > Grenzkosten	Preis > Grenzkosten	Preis > Grenzkosten
Gewinnerzielung				
Möglichkeit der kurzfristi-gen Erzielung ökonomi-scher Gewinne	ja	ja	ja	ja
Möglichkeit der langfristi-gen Erzielung ökonomi-scher Gewinne	nein	ja	ja (bei Ressour-cenvorteilen)	ja (bei koope-rativem Kon-kurrenz-verhalten)

Im *Monopol* (z.B. Mankiw/Taylor 2008; Pindyck/Rubinfeld 2009) hat der Monopolist die gesamte Nachfrage des Marktes für sich, seine individuelle Preis-Absatz-Funktion entspricht somit der Marktnachfragekurve. Wenn der Monopolist nicht von jedem Kunde dessen maximale Zahlungsbereitschaft fordern kann, sondern einen einheitlichen Preis setzen muss, ergibt sich folgendes Preis-Mengen-Kalkül: Wenn der Monopolist durch einen niedrigeren Einheitspreis solche Kunden, die über eine geringere Zahlungsbereitschaft verfügen, gewinnen und damit zusätzliche Nachfragemenge „erschließen" will, wird er für die zusätzlich abgesetzte Einheit einen Grenzerlös erhalten, der niedriger ist als der Preis dieser verkauften Einheit (weil er im Vergleich zu einer niedrigeren Menge für die gesamte Menge einen niedrigeren Preis erhält). Dabei hat der Monopolist so lange den Anreiz, seine Produktion auszuweiten, bis der für die letzte abgesetzte Einheit erzielbare Grenzerlös seinen Grenzkosten entspricht und somit keine Gewinnsteigerung mehr möglich ist. Der zur optimalen Produktionsmenge gehörige Preis auf der Nachfragekurve ist höher als die Grenzkosten. Da der Marktzugang beschränkt ist, kann der Monopolist langfristig Gewinne erzielen. Um seine Gewinne zu steigern und zusätzliche Zahlungsbereitschaft abzuschöpfen, empfiehlt es sich für den Monopolisten, nicht einen einheitlichen Preis, sondern unterschiedliche Preise für gleiche oder ähnliche Leistungen zu setzen (vgl. **Abbildung 2.1** sowie Simon/Fassnacht 2009, S. 262ff.). Preisdifferenzierung ist somit der preisstrategische Imperativ für alle Anbieter, die über Monopolmacht verfügen.

Abbildung 2.1   Ausschöpfung von Gewinnpotenzial durch Preisdifferenzierung

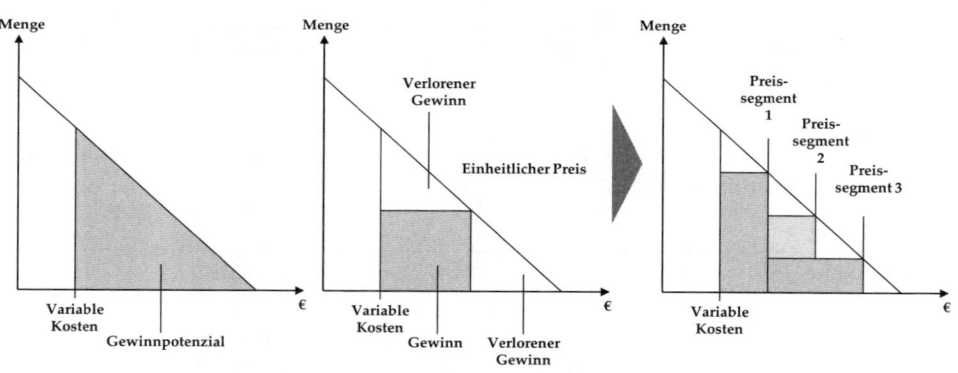

Die *monopolistische Konkurrenz* beschreibt eine Situation, in welcher die Präferenzen der Kunden sowie die Art und Qualität der angebotenen Leistungen differieren (Chamberlin 1933, 1962; Hotelling 1929; Salop 1979; Sutton 1986; Tirole 1988). Beispiele hierfür sind Märkte, in denen Anbieter neben Standardprodukten auch Produkte mit einem hohen Zusatznutzen bis hin zu kundenindividuellen Produkten und Beratungsleistungen anbieten. Ein Anbieter, dessen Leistungsangebot den Präferenzen eines bestimmten Kundensegments sehr nahe kommt, verfügt diesem Kundensegment gegenüber über ein gewisses Ausmaß an Marktmacht, mithin eine „kleine Monopolstellung" in einer Marktnische oder einer Region. Sein Preis sollte damit über den Grenzkosten liegen. Kann der Anbieter somit auf langfristige Premiumpreise und langfristige ökonomische Gewinne hoffen? In ökonomischen Lehrbüchern (z.B. Carlton/Perloff 2005; Mankiw/Taylor 2008; Pindyck/Rubinfeld 2009) findet sich typischerweise eine Darstellung der monopolistischen Konkurrenz, in der keine Marktzugangsbeschränkungen herrschen. Dies ist also der Aspekt, in dem sich die monopolistische Konkurrenz vom Monopol unterscheidet und der vollständigen Konkurrenz gleicht. Die Folge der Markteintritte wäre dann, wie oben erläutert, dass langfristig keine ökonomischen Gewinne erzielbar wären. Erweitert man die ökonomische Perspektive jedoch um die Erkenntnisse des ressourcenbasierten Strategieansatzes, so erscheinen langfristige Preisvorteile und Gewinne sehr wohl möglich: Wenn Unternehmen wertvolle, schwer-imitierbare Ressourcen besitzen oder kontrollieren (z.B. Marken, Kundenvertrauen, Prozess-Exzellenz, innovative Technologien, Marktzugang und Vertriebskanäle), können sie Markteintrittsbarrieren schaffen und sich nachhaltig differenzieren. In diesem Fall entspricht die monopolistische Konkurrenz einem Oligopol mit differenzierten Anbietern.

Am Modell der monopolistischen Konkurrenz lassen sich weitere preisstrategische Implikationen verdeutlichen:

■ Dem „kleinen Monopolisten" stellt sich ebenfalls die oben beschriebene strategische Frage, ob er durch eine Feinsegmentierung seiner Nische und durch Preisdifferenzierung zusätzliches Gewinnpotenzial heben kann.

■ Vor allem aber verdeutlicht das Modell, dass Kundennutzen und Innovation die wichtigsten preispolitischen Voraussetzungen sind: ohne Nutzenvorteil kein Preisvorteil (vgl. **Abbildung 2.2**). Nach unserer Erfahrung mit zahlreichen Unternehmen verbergen sich hinter vermeintlichen Preisproblemen oft unterschätzte Qualitätsprobleme. Wie im Rahmen der vollständigen Konkurrenz ausgeführt, kommt es dabei auf das gesamte Leistungsangebot an, d.h. nicht nur auf exzellente Produkte, sondern auch auf exzellente Prozesse, Freundlichkeit und Dienstleistungen. In Kundenzufriedenheitsmessungen haben wir häufig festgestellt, dass gerade Unternehmen mit technologisch führenden Produkten massive Qualitäts- und Komplexitätsprobleme mit ihrer Supply Chain und der Produktverfügbarkeit haben. Qualitätsprobleme machen es jedem professionellen Einkäufer jedoch einfach, die Forderung nach höheren Preisen oder nach der Honorierung von technischen Beratungsleistungen vom Tisch zu wischen: „Bringen Sie Ihre Qualitätsprobleme in Ordnung, bevor Sie mit Preisen kommen." – Dieser Satz, der jedem Verkäufer fast täglich um die Ohren schallt, ist einer der wichtigen strategischen Imperative für Preisoptimierungen.

■ Anhand von **Abbildung 2.2** lassen sich zwei wichtige Prozess-Fähigkeiten verdeutlichen, die Unternehmen aufbauen sollten: Die Achsen der drei Grafiken zeigen, dass es nicht darauf ankommt, ob ein Unternehmen einen Qualitätsvorteil hat, sondern dass dieser auch vom Kunden *wahrgenommen* wird. Und wenn ein wahrgenommener Nutzen besteht, bedeutet dies noch nicht automatisch die Erzielung von Premium-Preisen: Das *Potenzial* für Premium-Preise muss in harten Verhandlungen erstritten werden. Was wie eine Binsenweisheit erscheint, wird zur strategischen Herausforderung, wenn man sich vor Augen führt, dass auf der Kundenseite die Funktion, die den Nutzen wahrnimmt (die Produktion), oft geradezu systematisch von der Funktion getrennt wird, die den Preis verhandelt (dem Einkauf). Die beiden Funktionen sprechen unterschiedliche Sprachen: Während die Produktion in technischen Größen denkt (Parts-per-Million, UV-Beständigkeit, Geschwindigkeit), denkt der Einkauf in monetären Größen. Nach unserer Erfahrung sind diejenigen Unternehmen an der Preisfront am erfolgreichsten, die die Sprache der Produktion in die Sprache des Einkaufs übersetzen können. „Qualität in Euro" übersetzen zu können, wird zur strategischen Überlebensfrage. Nutzenrechner sind in den letzten Jahren zu einem immer wichtigeren Instrument der Preisdurchsetzung geworden (vgl. hierzu auch den Beitrag von Homburg/Totzek in diesem Band). Die Übersetzung von „Qualität in Euro" setzt eine Fähigkeit voraus, über die viele Vertriebsmannschaften heute nicht verfügen: die Kenntnis der Kostenstruktur des Kunden sowie die Sicherheit im Umgang mit finanziellen Begriffen (z.B. Working Capital, Kapitalkosten). Ferner klafft nach unseren Beobachtungen häufig eine erschreckende (Schulungs-)Lücke zwischen den Verhandlungstechniken der Einkäufer und der Verkäufer. Fazit: Im Vertrieb finanzielles Know-how und Verhandlungsfähigkeiten aufzubauen, sehen wir mit Blick auf den ressourcenbasierten Ansatz als einen Imperativ von strategischer Dimension.

Abbildung 2.2   Der Zusammenhang zwischen Nutzenunterschieden und Preisunterschieden in einem Markt

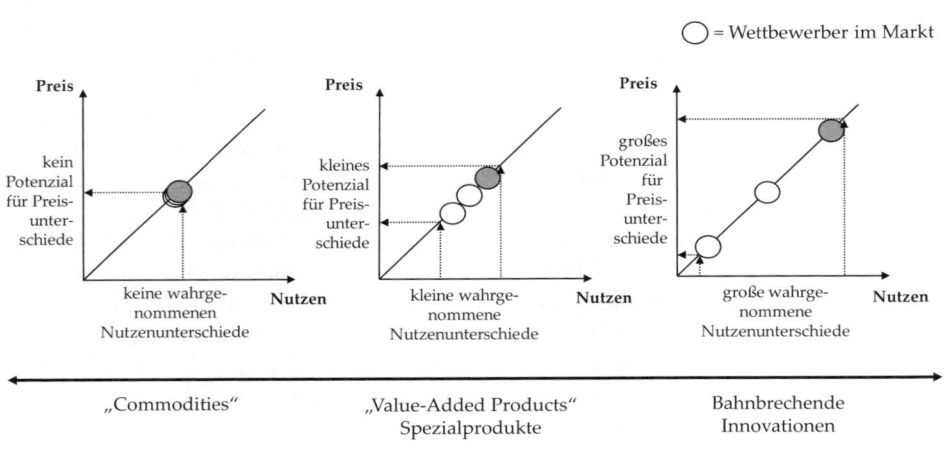

Kennzeichen für *Oligopole* sind hohe Markteintritts- und Marktaustrittsbarrieren. Hierunter fallen somit viele Geschäfte mit hohen Fixkosten in der Forschung und/oder der Produktion. Wir konzentrieren uns hier auf Oligopole mit homogenen Produkten, wie sie in Prozess-Industrien für Chemikalien, Stahl, Glas usw. anzutreffen sind, weil an ihnen weitere wichtige Implikationen für Commodity-Situationen erläutert werden können. Die Markteintrittsbarrieren und die Homogenität der Produkte führen dazu, dass die Anzahl der Anbieter begrenzt ist. Dies wiederum hat zur Konsequenz, dass der Erfolg der Preis- und Kapazitätsentscheidungen jedes Anbieters von den Preis- und Kapazitätsentscheidungen der anderen Anbieter abhängt. **Tabelle 2.2** illustriert dies anhand von zwei Beispielen:

■ Der abrupte Konjunktureinbruch im Jahr 2008 führte zu massiven Überkapazitäten bei zwei konkurrierenden Produzenten chemischer Erzeugnisse (Unternehmen A und Unternehmen B). Wenn beide ihre Produktion um jeden Preis in den Markt drücken würden, wäre ein massiver Preisverfall die Folge. Für den Gewinn beider Unternehmen wäre es am besten, wenn beide Unternehmen vorübergehend Kapazitäten stilllegten. Legt jedoch nur ein Unternehmen Kapazitäten still und das andere nicht, wären hohe Verluste für das stilllegende Unternehmen die Folge.

■ Wenn die Konjunktur wieder anzieht, können Unternehmen A und B erstmals wieder daran denken, die Preise zu erhöhen. Wenn beide Unternehmen gleichzeitig die Preise erhöhten, würden beide gleichermaßen stark profitieren. Wenn jedoch nur ein Unternehmen die Preise erhöhte und das andere nicht, würde es massiv Marktanteile verlieren und hohe Verluste einfahren.

Tabelle 2.2   Preisbezogenes Gefangenendilemma im Oligopol

	Unternehmen B hält Preis bzw. Kapazität konstant	Unternehmen B steigert Preis bzw. legt Kapazität still
Unternehmen A hält Preis bzw. Kapazität konstant	A: niedriger Gewinn B: niedriger Gewinn	A: hoher Gewinn B: hoher Verlust
Unternehmen A steigert Preis bzw. legt Kapazität still	A: hoher Verlust B: hoher Gewinn	A: mittlerer Gewinn B: mittlerer Gewinn

Die Interdependenz der Anbieter stellt einen Kontrast zur vollständigen Konkurrenz dar, wo die Entscheidungen einzelner Unternehmen für den Marktpreis nicht ins Gewicht fallen, sowie zur monopolistischen Konkurrenz, wo die Anbieter in ihren Nischen Monopolisten sind. Im Oligopol muss jeder Anbieter bei seinen Preis- und Kapazitätsentscheidungen die möglichen Reaktionen des Wettbewerbs berücksichtigen. Dieses Kalkül von interdependenten Entscheidungen, Reaktionen und Ergebnissen ist das Gebiet der Spieltheorie (Axelrod 1987; Nash 1950a, b; Von Neumann/Morgenstern 1944). Die Spieltheorie kann man mit großer Berechtigung als *die* Theorie des strategischen Handelns bezeichnen. Eine spieltheoretische Analyse fragt zum Beispiel, welche Entscheidung die bestmögliche Option unabhängig von den Entscheidungen der anderen Spieler ist (dies wird als dominante Strategie bezeichnet) und welche Strategie die bestmögliche bei gegebenen Entscheidungen der anderen Spieler ist (dies wird als Nash-Gleichgewicht bezeichnet).

Dies sei anhand unseres Beispiels in **Tabelle 2.2** veranschaulicht: Auf den ersten Blick scheint es klar zu sein, wie sich Unternehmen A und B verhalten sollten: Beide sollten Kapazitäten stilllegen bzw. den Preis erhöhen. Bei näherem Hinsehen zeigt sich jedoch, dass Unternehmen A, egal was Unternehmen B tut, immer besser fährt, wenn es die Kapazität bzw. den Preis konstant hält. Dies gilt umgekehrt auch für Unternehmen B. Konstante Kapazität und konstante Preise sind also im Beispiel für beide Spieler die dominante Strategie, obwohl das daraus resultierende Ergebnis schlechter ist als das Ergebnis bei gemeinsamer Kapazitätssenkung bzw. Preissteigerung. Probleme wie das in diesem Beispiel angeführte werden als Gefangenendilemma bezeichnet. Es wird unmittelbar deutlich, welche Implikationen sich für die Preisstrategie im Oligopol ergeben:

- In Oligopolmärkten sind sowohl Preise, die weit über den Grenzkosten liegen (hohe Gewinne) als auch Preiskriege (hohe Verluste) möglich. Dies hängt davon ab, ob sich die beteiligten Spieler kooperativ verhalten. Generell sind Oligopolmärkte stark durch Preiskriege gefährdet, weil Preissenkungen für jedes Unternehmen die dominante Strategie sind (Gefangenendilemma). Die erste Lösung, die für das Gefangenendilemma in den Sinn kommt, sind explizite Preis- und Kapazitätsabsprachen. Eine derartige Kollusion ist jedoch illegal (vgl. unsere Ausführungen im nächsten Abschnitt). Der preisstrategische Imperativ im Oligopol ist somit, legale Wege zu finden, um alle beteiligten Spieler von einem destruktiven Konkurrenzverhalten zu einem sogenannten kooperativen Konkurrenzverhalten („Co-opetition"; Brandenburger/Nalebuff 1996) zu bewegen.

- Ein klassischer legaler Mechanismus der Preiskoordination ist die Preisführerschaft. Stigler (1947) hält die Preisführerschaft für die beste Lösung des Gefangenendilemmas im Oligopol. In Märkten, in denen es ein dominantes Unternehmen gibt, warten die anderen Spieler häufig auf die Preissignale des dominanten Unternehmens und passen sich daran an. Ein anderer kooperativer Mechanismus ist der Aufbau von Vertrauen. Vertrauen beginnt mit dem Vermeiden missverständlicher Signale. Da Missverständnisse schnell zu Preiskriegen eskalieren können, sollten im Oligopol häufige und kurzfristige Preisanpassungen möglichst vermieden werden. Allerdings können auch mit einer nicht-expliziten Kollusion erhebliche rechtliche Risiken verbunden sein. So sind laut § 1 des GWB (Gesetz gegen Wettbewerbsbeschränkungen) nicht nur „Vereinbarungen zwischen Unternehmen", sondern auch „aufeinander abgestimmte Verhaltensweisen, die eine Verhinderung, Einschränkung oder Verfälschung des Wettbewerbs bezwecken oder bewirken" verboten. Dies wird in Abschnitt 2.2.2 näher diskutiert. Aufgrund des hohen Preiskriegrisikos wie auch juristischen Risikos hat die Frage, ob Instrumente zur Erreichung einer „friedlichen co-opetition" eingesetzt werden, für Unternehmen strategischen Rang.

Generell sollten Preisentscheider im Oligopol sehr gut im Wettbewerbsrecht geschult sein. Der nächste Abschnitt bietet einen Überblick der zentralen Bestimmungen.

2.2.2   Wettbewerbsrecht und preisstrategischer Spielraum

Für das gewinnorientierte Unternehmen ergibt sich aus der industrieökonomischen Analyse, wie in Abschnitt 2.2.1 diskutiert, geradezu eine Notwendigkeit, ein Mindestmaß an Marktmacht aufzubauen oder aber ein Mindestmaß an Kooperation in der Industrie zu schaffen, um bedrohliche Preiskriege zu vermeiden. Die negativen Auswirkungen von monopolistischem Verhalten auf die Gesamtwohlfahrt sowie auf die langfristige Wettbewerbsfähigkeit einzelner Unternehmen sind jedoch hinlänglich bekannt (z.B. Cabral 2000; Pindyck/Rubinfeld 2009; Saloner/Shepard/Podolny 2001). Daher setzt das Wettbewerbsrecht die wesentlichen Rahmenbedingungen für das Wettbewerbsverhalten der Unternehmen.

Zentrale Regelungen des Wettbewerbsrechts finden sich im Gesetz gegen den Unlauteren Wettbewerb (UWG) und im Gesetz gegen Wettbewerbsbeschränkungen (GWB). Auf europäischer Ebene sind die Artikel 81 und 82 des EG-Vertrages (EGV) sowie die Fusionskontrollverordnung (FKVO) zu nennen. Das UWG verfolgt den Zweck, das Wettbewerbsverhalten zu regulieren, z.B. über die sogenannte „schwarze Liste", die Handlungsweisen wie „Lockvogelangebote" verbietet. Das GWB sowie die Artikel des EGV und die FKVO sollen hingegen eine funktionierende Wettbewerbsstruktur sichern und umfassen insbesondere ein Kartellverbot (§§ 1-3 GWB; Art. 81 EGV), das Verbot des Missbrauchs einer marktbeherrschenden Stellung (§§ 19-21 GWB; Art. 82 EGV) sowie Bestimmungen zur Fusionskontrolle (§§ 35-45 GWB; FKVO). Dabei wurde das deutsche Gesetz über die 7. GWB Novelle weitgehend den europäischen Regelungen angeglichen (Emmerich 2008).

Die höchste Relevanz bezüglich des strategischen Preissetzungsspielraums haben die Regelungen zu horizontalen Absprachen, wie Kartellen, Oligopolen und Kooperationen, sowie die Regelungen zum Missbrauch einer marktbeherrschenden Stellung. Im Folgenden soll daher auf die einschlägigen Regelungen aus Art. 81 und Art. 82 EGV kurz eingegangen werden. Für eine tiefergehende Abhandlung sei an dieser Stelle auf die weiterführende Literatur, z.B. Emmerich (2008), Jones/Sufrin (2008), Van den Bergh/Camesasca (2006), Whish (2005), verwiesen.

Horizontale Absprachen

Nach Art. 81 Abs. 1 des EGV sind „alle Vereinbarungen zwischen Unternehmen, Beschlüsse von Unternehmensvereinigungen und aufeinander abgestimmte Verhaltensweisen, welche den Handel zwischen Mitgliedstaaten zu beeinträchtigen geeignet sind und eine Verhinderung, Einschränkung oder Verfälschung des Wettbewerbs innerhalb des Gemeinsamen Marktes bezwecken oder bewirken" verboten.

Darunter fallen auch sogenannte „horizontale Absprachen", worunter Absprachen zwischen eigentlichen Wettbewerbern verstanden werden. Dabei ist festzuhalten, dass hierbei nicht nur explizite Vereinbarungen bzw. Koordination (sogenannte „hard core cartels") sondern auch aufeinander abgestimmte Verhaltensweisen, die den Wettbewerb beeinträchtigen, verboten werden. Ziel ist es, sowohl tatsächlichen als auch potenziellen Beeinträchtigungen vorzubeugen (Van den Bergh/Camesasca 2006, S. 153).

Der Europäische Gerichtshof (EuGH) konkretisiert explizite Koordination dahingehend, dass „die betreffenden Unternehmen ihren gemeinsamen Willen zum Ausdruck gebracht haben, sich auf dem Markt in einer bestimmten Weise zu verhalten" (Rs. T-7/98, SA Hercules Chemicals NV gegen Kommission der Europäischen Gemeinschaften, Abs. 2). In der Praxis wird dies durch Dokumente, handschriftliche Notizen, vertrauliche Informationen eines Unternehmens, die bei dem anderen Unternehmen gefunden wurden, oder Gesprächsnotizen nachgewiesen (Van den Bergh/Camesasca 2006, S. 190).

Im Vergleich zu expliziter Koordination wird implizite Koordination (synonym verwandt werden „aufeinander abgestimmte Verhaltensweisen", „implicit collusion" oder „concerted practices") i.d.R. weitaus schwieriger nachzuweisen sein. Fraglich ist z.B., ob die alleinige Feststellung von parallelem Marktverhalten (z.B. parallele Preiserhöhungen) als Nachweis einer impliziten Koordination genügen kann. Sowohl die EU-Kommission als auch die Europäischen Gerichte erkennen an, dass der Preiswettbewerb in einem Oligopol gedämpft werden kann, so dass paralleles Verhalten an sich nicht als aufeinander abgestimmtes Verhalten nach Art. 81 EGV betrachtet wird. Allerdings wird paralleles Verhalten als starkes Indiz für implizite Koordination betrachtet:

> *„Although parallel behaviour may not itself be identified with a concerted practice, it may however amount to strong evidence of such a practice if it leads to conditions of competition which do not respond to the normal conditions of the market" (Rs. C-48/49, Imperial Chemical Industries Ltd. gegen Kommission der Europäischen Gemeinschaften).*

Weiter konkretisiert der EuGH implizite Koordination dahingehend, dass die Unternehmen „bewusst das Wettbewerbsrisiko durch praktische Kooperation ersetzen" (Rs. C-48/49, Imperial Chemical Industries Ltd. gegen Kommission der Europäischen Gemeinschaften), das heißt, dass (1) ein Kontakt zwischen den Unternehmen, (2) ein darauf folgendes Verhalten auf dem Markt und (3) eine Kausalität zwischen Kontakt und Verhalten existieren muss (Rs. C-49/92, Kommission der Europäischen Gemeinschaften gegen Anic Partecipazioni SpA).

Anhand zweier Fälle soll im Folgenden noch einmal verdeutlicht werden, dass Unternehmen in Bezug auf implizite horizontale Koordination höchste Sensibilität benötigen:

■ 1985 klagte die EU-Kommission, dass die Produzenten von Holzzellstoff sich der impliziten Preiskoordination bedienen würden. Es hatte ein Parallelverhalten von 1975 bis 1981 gegeben, allerdings ohne Beweise über explizite Preisabsprachen. Die Kommission stützte ihre Argumentation auf zwei Argumente: Zum einen verkündeten die Produzenten ihre Preiserhöhungen quartalsweise an die Kunden, zum anderen stützte sie sich auf Analysen, die ergaben, dass der Holzzellstoffmarkt kein enges Monopol sei, in dem Preisparallelität erwartet werden könne. Im Wesentlichen hob der EuGH diese Ergebnisse wieder auf: Zum einen würden die Preisankündigungen die Unsicherheit der Produzenten bezüglich der tatsächlich zu erwartenden Handlung der Konkurrenz nicht eliminieren. Zudem könne es andere Erklärungen für die Preisparallelität geben, z.B. gut informierte Kunden, Makler oder Presse. Zum anderen habe die schwierige ökonomische Situation der Produzenten gegen Preissenkungen gesprochen. Auch variierende Marktanteile sprachen nach Ansicht des EuGH gegen implizite Koordination (Whish 2005, S. 692f.).

■ In einem anderen Fall urteilte ein englisches Gericht, dass die Weitergabe von Preisinformationen auch an Dritte (z.B. Kunden) einen Verstoß gegen das Wettbewerbsgesetz darstellt, wenn das Unternehmen Grund zur Annahme haben muss, dass diese Informationen von diesem Dritten an Wettbewerber weitergegeben werden (Albors-Llorens 2006, S. 874).

Im Ergebnis lässt sich festhalten, dass Informationsaustausch und -weitergabe zwar nicht zwingend als implizite Koordination betrachtet werden müssen, jedoch als sehr kritisch einzustufen sind:

„Undertakings will be well advised neither to communicate to competitors (or to third parties that might act as intermediaries [...]) nor accept (tacitly or expressly) information regarding competition-sensitive measures [...] possible escape routes will be few and narrow [...] proper legal advice will always be crucial in this area." (Albors-Llorens 2006, S. 874).

Der Missbrauch einer marktbeherrschenden Stellung

Unternehmen, die durch ihre Größe bzw. ihre finanzielle Stärke in der Lage sind, den Markt zu beeinflussen, müssen durch das deutsche wie das europäische Recht Einschränkungen hinnehmen. Die Regelungen finden sich in den §§ 19-21 GWB und Art. 82 EGV. In der deutschen Gesetzgebung wird davon ausgegangen, dass ein Unternehmen bei einem Marktanteil von einem Drittel bereits marktbeherrschend ist (§ 19 Abs. 3 GWB). Die wesentlichen preisbezogenen Einschränkungen sind das Verbot des Missbrauchs einer marktbeherrschenden Stellung durch unangemessene Preissetzung, das Verbot von Preissetzungstaktiken die zur Koppelung oder Exklusivität verschiedener Angebote führen, das Verbot der Kampfpreisunterbietung und das Verbot der Preisdiskriminierung (Whish 2005, S. 685).

Art. 82 Abs. 2a EGV verbietet den Missbrauch der marktbeherrschenden Stellung durch unangemessene Preissetzung, d.h. „die unmittelbare oder mittelbare Erzwingung von unangemessenen Einkaufs- oder Verkaufspreisen oder sonstigen Geschäftsbedingungen". Durch unangemessene Preissetzung kann das Unternehmen mit der marktbeherrschenden Stellung unterschiedliche Ziele verfolgen. So kann es z.B. versuchen, potenzielle Wettbewerber vom Markteintritt abzuhalten, indem es die Preise in dem gefährdeten Teilmarkt so niedrig setzt, dass sich ein Eintritt nicht lohnen würde. Ein weiteres prominentes Beispiel für den Missbrauch einer marktbeherrschenden Stellung ist die Setzung unangemessener Preise für den Zugang zu Telekommunikationsnetzen. Hier kann der Netzbetreiber durch hohe Zugangsentgelte die Wettbewerbsposition der Wettbewerber, die auf die Infrastruktur des Unternehmens angewiesen sind, erheblich verschlechtern. Eine weitere Möglichkeit des Missbrauchs ist das Ausnutzen der Abhängigkeit von Kunden, die auf Originalteile des Herstellers angewiesen sind, z.B. im Servicebereich der Automobilbranche (Whish 2005, S. 692f.).

Wann Preise unangemessen sind, hat der EuGH durch eine Reihe von Urteilen konkretisiert: Nämlich dann, wenn sie „in keinem angemessenen Verhältnis zu dem wirtschaftlichen Wert der erbrachten Leistung" stehen (Rs. C-27/76, United Brands Company und United Brands Continentaal BV gegen Kommission der Europäischen Gemeinschaften, Abs. 9). Dies macht der EuGH insbesondere am Unterschied zu den tatsächlichen Kosten fest. Zur Untersuchung, ob dieser Unterschied zu groß ist, zieht die EU-Kommission komplexe Kostenanalysen, aber auch einfache Produkt- oder Wettbewerbsbenchmarks heran. So wurde z.B. der Auslandsbrieftarif der deutschen Post als zu hoch eingeschätzt, basierend auf einem Vergleich mit dem Inlandstarif (Entscheidung der Kommission vom 25. Juli 2001 – Deutsche Post AG — Aufhaltung grenzüberschreitender Postsendungen). Auch Vergleiche mit den Preisniveaus in anderen EU-Ländern können als Begründung herangezogen werden (Rs. C-110/88, Francois Lucazeau und andere gegen Société des Auteurs Compositeurs et Editeurs de Musique). Weiterführend verweisen wir an dieser Stelle auf Emmerich (2008, 2. Teil, 2. Kapitel) sowie Whish (2005, S. 688ff.).

Auch eine Preissetzung, die durch Koppelung oder Exklusivität verschiedener Angebote zu einem Ausschluss des Wettbewerbs führt, kann gegen Art. 82 EGV verstoßen. In vielen Fällen wurden Praktiken wie Treue-Boni („loyalty rebates"), Bonusziele („target rebates"), produktübergreifende Rabatte („across-the-board-rebates") oder Bundling-Angebote als Missbrauch einer marktbeherrschenden Stellung gedeutet (Whish 2005, S. 649). Bei der Verwendung dieser Kernelemente der Preispolitik gelten für Unternehmen mit marktbeherrschender Stellung also rechtliche Einschränkungen. Problematisch wird es dann, wenn das marktbeherrschende Unternehmen die Lieferung oder gewisse Konditionen im Zusammenhang mit der Lieferung eines Kernprodukts an den gleichzeitigen Bezug anderer Leistungen knüpft. Rechtmäßig kann dies ausnahmsweise sein, wenn die Kopplung sachlich gerechtfertigt ist oder Handelsbrauch ist. Kritisch wird es dann, wenn es sich bei den übrigen Leistungen um die Hauptleistungen eines anderen Marktes handelt, der dadurch gestört wird. Für eine weiterführende Diskussion zur Preissetzung, die zum Ausschluss des Wettbewerbs führt, verweisen wir an dieser Stelle auf Emmerich (2008, 2. Teil, 2. Kapitel) sowie Whish (2005, S. 695ff.).

Neben dem künstlichen Hochtreiben von Preisen können auch aggressive Preissenkungen („Kampfpreisunterbietung" oder „predatory pricing") gegen geltendes Recht verstoßen. Dies ist dann der Fall, wenn die Preissenkung die Behinderung oder gar Vernichtung anderer Marktteilnehmer zum Ziel hat und wenn unterhalb der eigenen Kosten gepreist wird: „Predatory pricing, [...] is a reduction of the price below cost to induce exit by the competitors in order to compensate for the initial losses with further monopolistic profits." (Etro 2007, S. 175). Die herangezogenen Kosten sind hierbei die durchschnittlichen variablen sowie die durchschnittlichen Vollkosten. Werden die durchschnittlichen variablen Kosten unterschritten, so wird zunächst automatisch davon ausgegangen, dass ein Missbrauch vorliegt. Werden die durchschnittlichen Vollkosten unterschritten, so liegt ein Missbrauch vor, wenn es in der Absicht geschah, einen Wettbewerber zu eliminieren. Es kann aber auch bereits eine Preissetzung oberhalb der eigenen Kosten als „predatory pricing" ausgelegt werden. Dies ist insbesondere dann der Fall, wenn eine selektive Preissenkung bei abwanderungswilligen Kunden vorgenommen wird. Für eine weiterführende Diskussion zum „predatory pricing" verweisen wir an dieser Stelle auf Whish (2005, S. 703ff.).

Die letzte Form des Missbrauchs einer marktbeherrschenden Stellung durch Preissetzung, die hier beschrieben werden soll, ist die Preisdiskriminierung. Art. 82 Abs. 2c EGV verbietet die „Anwendung unterschiedlicher Bedingungen bei gleichwertigen Leistungen gegenüber Handelspartnern, wodurch diese im Wettbewerb benachteiligt werden." Das heißt, dass ein marktbeherrschendes Unternehmen nicht von jedem seiner Kunden willkürlich unterschiedliche Preise verlangen kann. Lediglich in begründeten Fällen können unterschiedliche Preise erlaubt sein. So kann es z.B. möglich sein, auf Basis der Marktlage neuen Kunden günstigere Angebote zu machen, ohne diese älteren Kunden zugänglich zu machen. Erlaubt sein kann auch, bei Existenz nachvollziehbarer Gründe (wie z.B. unterschiedlichen Kosten zur Bereitstellung der Waren) ungleiche Preise zu verlangen. Zum zweiten fordert Art. 82 Abs. 2c EGV explizit die Begründung eines Wettbewerbsnachteils beim Kunden. Allerdings wurde dies in der bisherigen Rechtsprechung bisweilen nicht als notwendige Bedingung gesehen (z.B. Rs. C-18/93, Corsica Ferries Italia Srl gegen Corpo dei piloti del porto di Genova). Weiterführende Ausführungen und Fallbeispiele finden sich bei Whish (2005, S. 716ff.).

2.3 Leitfragen eines preisstrategischen Profils

Der vorige Abschnitt hat aufgezeigt, wie wettbewerbsstrukturelle und wettbewerbsrechtliche Grundlagen die preisstrategischen Optionen determinieren. In diesem Abschnitt geht es nun darum, Leitfragen abzuleiten, mit denen sich die groben Züge eines preisstrategischen Profils erarbeiten lassen. **Tabelle 2.3** schlägt ein Fragenraster vor.

Im Folgenden gehen wir auf ausgewählte Optionen und Leitfragen ein. Wir greifen dabei auf die Ausführungen in Homburg/Jensen/Schuppar (2004, 2005) zurück.

2.3.1 Optionen bezüglich des Erlösmodells

Für ein Unternehmen ist es entscheidend zu wissen, mit welchen Leistungen bei welchen Kunden und in welchen Geschäftssituationen hohe Preise bzw. Margen erzielt werden können. Hohe Margenchancen bestehen generell dort, wo die Preissensibilität der Kunden eher gering ist. Bei Unternehmen, die miteinander verbundene Leistungen anbieten (z.B. Maschine – Ersatzteile – Wartungsservice oder Drucker – Tinte), können verschiedene Erlösmodelle angewendet werden. Die Erlösmodelle, die wir im Folgenden vorstellen, unterscheiden sich im Wesentlichen darin, dass verschiedene Leistungen unterschiedlich stark bepreist bzw. subventioniert werden, um Margenpotenziale zu nutzen (vgl. **Abbildung 2.3**).

Tabelle 2.3   Leitfragen eines preisstrategischen Profils

Preisstrategische Optionen	Strategische Fragen
Optionen bezüglich der Rolle der Preisstrategie im Kontext der Wettbewerbsstrategie	Welches Ziel verfolgen wir mit dem Preis? Wollen wir kurzfristig Gewinne erzielen oder stellen wir den Gewinn vorübergehend hintenan? Wollen wir kurzfristig Marktanteile verteidigen oder hinzugewinnen?
	Wie stark ist der Gewinnhebel des Preises für unser Unternehmen im Vergleich zur Menge? Ist die Preisstrategie überhaupt die Wurzel unseres Problems? Sollten wir eher an der Qualitätsschraube, der Kapazitätsschraube oder der Wahrnehmungsschraube drehen, bevor wir unsere Preise verändern?
Optionen bezüglich des Erlösmodells	Womit wollen wir unser Geld verdienen? Wollen wir an Erstausrüstung und Installationen verdienen? Wollen wir am Folgegeschäft verdienen, d.h. an Dienstleistungen und an Verbrauchsmaterial?
	Wie weisen wir unsere Preise aus? Bündeln wir Produkt- und Servicepreise in einem Paketangebot? Bieten wir die Leistungen auch einzeln an? Weisen wir die Preise einzeln aus, auch wenn wir sie nicht einzeln anbieten?
Optionen bezüglich der Preis-Leistungs-positionierung	Welche relative Preis-Nutzenpositionierung streben wir an? Wie aggressiv wollen wir uns im Preis-Leistungs-Wettbewerb verhalten? Wie sollen sich Preise über den Produktlebenszyklus entwickeln?
Optionen bezüglich des wettbewerbsrechtlichen Risikos	Wie stark können wir unsere Marktmacht ausspielen? Wo ist die Grenze zwischen aggressivem Preisverhalten und „predatory pricing"?
	Wie stark reizen wir legale Möglichkeiten zum Erreichen von „co-opetition" aus? Streben wir die Rolle des Preisführers und Signalgebers in unserer Branche an? Wie kündigen wir Preiserhöhungen an?
Optionen bezüglich der Preisdifferenzierung	Wie stark wollen wir Preise für unsere Leistungen nach Kundensegmenten differenzieren? Wie viel dürfen wir große Kunden besser als kleine Kunden stellen? Wie hoch dürfen unsere internationalen Preisunterschiede sein?

Abbildung 2.3 Erlösmodelle im Verbundgeschäft

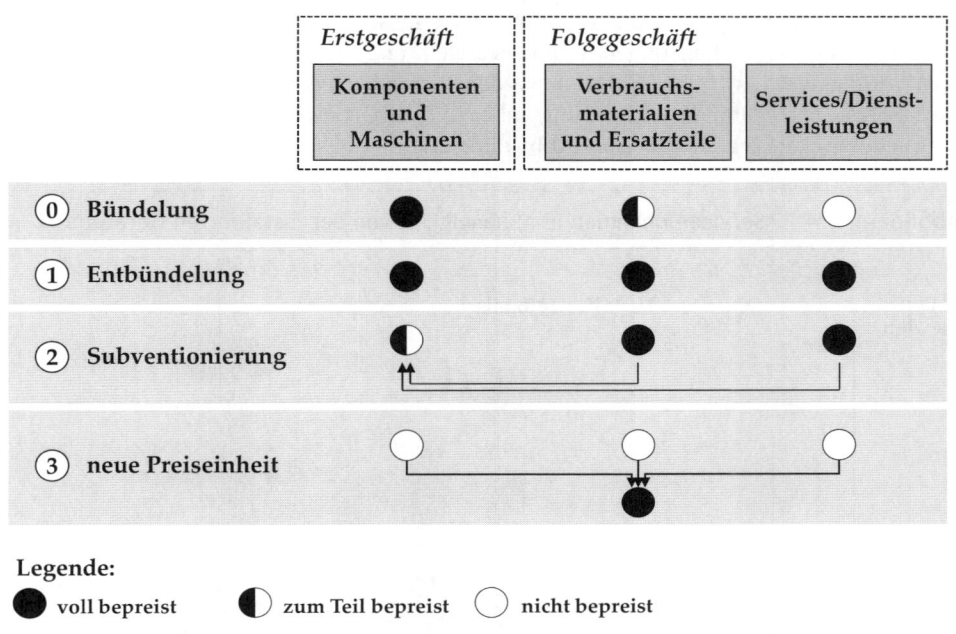

Wir differenzieren hierbei zwischen Erstgeschäft/Erstausrüstung und Folgegeschäft (z.B. Verbrauchsmaterialien, Ersatzteile, After-Sales-Service). Dabei können vier Erlösmodelle unterschieden werden:

- Bündelung,

- Entbündelung,

- Subventionierung und

- neue Preiseinheit.

Bei der Bündelung wird im Wesentlichen nur das physische (Kern-)Produkt bepreist. Die begleitenden Dienstleistungen sind im Produktpreis enthalten.

Bei der Entbündelung werden sowohl die Leistungen im Erstgeschäft (z.B. Maschine) als auch die Leistungen im Folgegeschäft (z.B. Ersatzteile, Wartungsservice) zu Preisen angeboten, die eine angemessene Marge sicherstellen. Viele Anbieter von technischen Produkten entbündeln derzeit ihre Services von den Produkten und bilden eigene Service Business Units. Diese stellen dem Kunden die Services und Dienstleistungen extra in Rechnung. Hintergrund ist der Wunsch vieler Unternehmen, im Servicebereich hohe Wachstumsraten zu erzielen. Eine konsequente Entbündelung der Leistungen soll dies begünstigen, weil Services zunehmend auch unabhängig vom Erstgeschäft im Markt angeboten werden (z.B. Wartung von Wettbewerbsmaschinen) und dadurch eigenständige Dienstleistungen einfacher entwickelt werden können.

Bei der Subventionierung wird ein Produkt im Erstgeschäft (z.B. Gerät) relativ günstig angeboten, während die Leistungen im Folgegeschäft (z.B. Verbrauchsmaterialien, Ersatzteile, Wartungsservices) höher bepreist werden. Erfunden wurde dieses Preismodell von Rockefeller, der Öllampen sehr günstig anbot und hohe Gewinne durch den Verkauf von Petroleum erzielte (vgl. hierzu auch **Abbildung 2.4**).

Abbildung 2.4   Serviceeinnahmen in Abhängigkeit von der installierten Gerätebasis

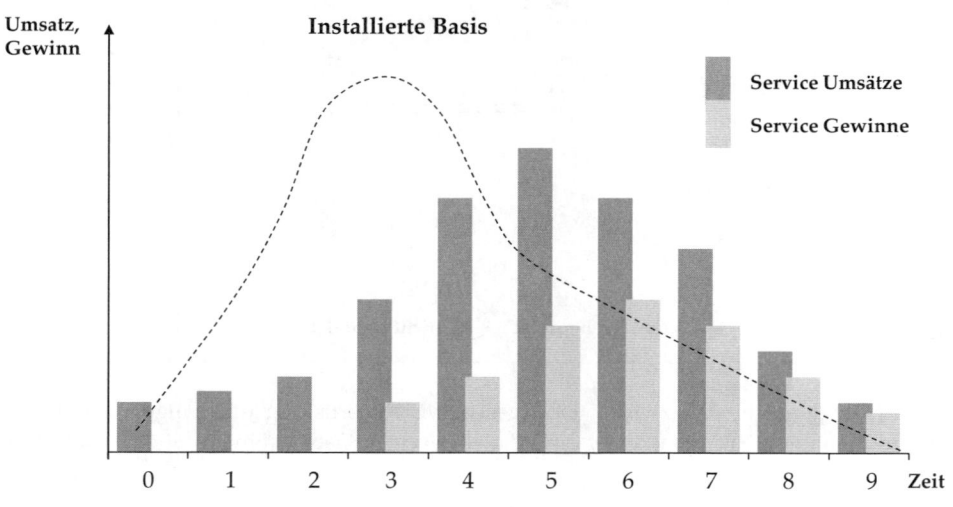

Bei diesem Preismodell sind allerdings zwei Dinge zu beachten. Erstens muss bei einer Subventionierung des Erstgeschäftes durch Folgeleistungen vermieden werden, dass der Kunde letztere bei Wettbewerbern bezieht und die geplanten Deckungsbeiträge im Folgegeschäft ausbleiben. Beispiele sind im Internet bestellbare Kits zur Druckerpatronenauffüllung oder Komponenten von sogenannten „Ersatzteilpiraten". Die Firma HP versucht im Drucker- und Patronengeschäft durch schnelle Produktlebenszyklen, Patentschutz oder Haftungsausschluss zu verhindern, dass Wettbewerbsprodukte auf den eigenen, im Markt installierten Geräten verwendet werden. Maschinenbauer stellen teilweise durch Serviceverträge sicher, dass spätere Umsätze mit Verbrauchsmaterialien, Ersatzteilen oder Wartung und Reparaturen auch bei ihnen und nicht bei der Konkurrenz anfallen. Zweitens müssen Verluste und Gewinne aus dem Erstgeschäft und Folgegeschäft fair auf die an dem Projekt beteiligten Organisationseinheiten verteilt werden (z.B. Landesgesellschaft und Geschäftsbereich). Hierzu bedarf es klarer interner Verrechnungsregeln (z.B. Transferpreise; vgl. hierzu auch den Beitrag von Artz/Schröder in diesem Band).

In bestimmten Märkten können Unternehmen durch die Einführung aus Kundensicht neuer Preismodelle oder Preiseinheiten einen Wettbewerbsvorteil erlangen. Dabei wird dem Kunden ein Preis pro Nutzung über mehrere Leistungseinheiten angeboten. So führte die Firma Kärcher vor mehreren Jahren ein neues Preismodell ein, bei dem nicht mehr die Kompressoren verkauft wurden, sondern die mit den Kompressoren erzeugte Druckluft beim Kunden abgerechnet wurde. Im Markt für diagnostische Tests (Geräte, Reagenzien, Service) wurde vor einigen Jahren ein auf Preisen pro Patientenergebnis basiertes Preismodell eingeführt. Die Geräte- und Servicepreise wurden dazu in die Preise für die Verbrauchsmaterialien (Reagenzien) mit eingerechnet. Auch im IT- und Internetbereich lassen sich viele nutzungsabhängige Preismodelle finden (z.B. pay per usage, pay per click, temporary instant capacity on demand, vgl. hierzu auch den Beitrag von Staritz/Klarmann/Schäfer in diesem Band), bei denen bewusst keine Einmalzahlungen ohne Leistung aus Kundensicht (z.B. Grundgebühr) gefordert werden.

Bei der Einführung neuer Preismodelle gibt es im Wesentlichen drei Vorteile. Erstens wird die Vergleichbarkeit mit den Wettbewerbern bis zu einer Imitation des Preismodells reduziert, was die Erzielung höherer Preise begünstigt. Zweitens ist die Preiseinheit unter Umständen näher am Kundennutzen orientiert. So bezahlt der Kunde von Kärcher direkt für den generierten Nutzen (Druckluft), was die Kommunikation von Preisen erleichtert. Drittens können Kundenbudgetstrukturen besser ausgeschöpft werden. So fallen in Krankenhäusern bei Preisen pro Patientenergebnis keine Investitionen, sondern nur operative Kosten an. Für letztere bestehen beim Kunden i.d.R. geringere Budgetrestriktionen und Anforderungen an die Formalität des Kaufentscheidungsprozesses (z.B. Ausschreibungen).

Wichtig ist allerdings, dass Anbieter die anfallenden Umsätze trotz kundenorientierter Preiseinheiten intern richtig auf die einzelnen Produkte/Services zuschlüsseln, um Produkt- und Serviceprofitabilitäten korrekt berechnen zu können.

2.3.2 Optionen bezüglich der Preis-Leistungspositionierung

Für Anbieter mit einem breiten Produktprogramm stellt sich die Frage, wie die verschiedenen Produkte und Services innerhalb eines Produktprogramms im Hinblick auf ihre Preis-Leistungs-Relationen aufeinander abgestimmt werden sollen. So haben viele Unternehmen z.B. gleichzeitig Commodities, bei denen Produktionsauslastung im Vordergrund steht, und margenträchtige Spezialitäten oder High-Tech-Produkte im Programm. Die verschiedenen Produkte sind dabei in preisstrategische Gruppen einzuordnen. Je nachdem, welchen Nutzen und welchen Preis die Kunden für die eigenen Leistungen im Vergleich zum Wettbewerb wahrnehmen, kann eine Marktanteilsausweitung oder Margenfokussierung im Vordergrund stehen. **Abbildung 2.5** zeigt die Preisstrategie für das Produktprogramm eines Komponentenherstellers. Dabei wird für die Spezialitätenprodukte eine Premiumpreisstrategie angewendet und für die reinen Commodities eine Volumenstrategie mit günstigen Preisen. Weiterhin werden einige Produkte mit mittlerem Kundennutzen in das Segment Marktpreisstrategie eingeordnet.

Abbildung 2.5   Preis-Nutzenpositionierungen für ein Produktprogramm am Beispiel
                       eines Komponentenherstellers

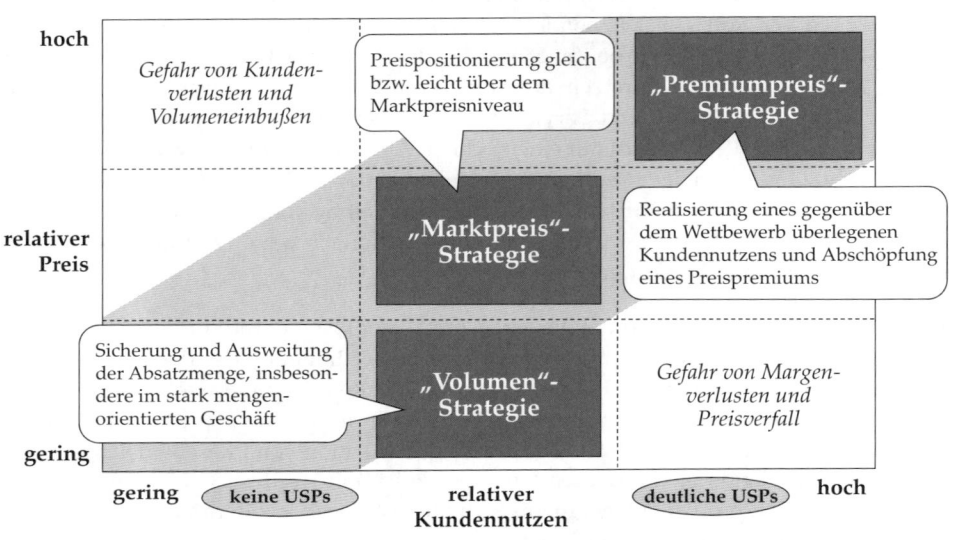

Jeder Anbieter sollte sich ferner die Frage stellen, ob er im Preiswettbewerb eher offensiv oder eher marktberuhigend auftreten möchte. Die Vorteile von offensiven Preisaktionen liegen sicherlich in der Förderung von Neukundengewinnung und Absatzsteigerung. Da der Wettbewerb Preisaktionen schnell imitieren kann und sich die Zahlungsbereitschaften der Kunden durch Preisaktionen tendenziell verringern, ergeben sich aber auch zahlreiche negative Effekte von Preisaktionen. Aus unserer Erfahrung überwiegen langfristig oftmals die negativen Effekte von offensivem Verhalten im Preiswettbewerb.

Das Verhalten im Preiswettbewerb hat in Marktsegmenten, die durch gefestigte Preis-Nutzen-Gleichgewichte gekennzeichnet sind, eine besonders hohe Bedeutung. Anbieter, die diese Gleichgewichte durch Preisaktionen oder sogar Preiskämpfe stören, gehen das Risiko ein, die Profitabilität in dem gesamten Segment zu verringern, ohne Marktanteile zu gewinnen.

Ein Anbieter aus der Medizintechnikbranche hatte z.B. ein neues Gerät (B) eingeführt, welches besser als das bestehende Gerät (A) war (vgl. **Abbildung 2.6**). Das bestehende Gerät war im Markt, der durch ein relativ gefestigtes Preis-Leistungsgefüge gekennzeichnet war, gut etabliert. Obwohl das neue Gerät mit einem Preisaufschlag zum alten Gerät eingeführt wurde (B'), kam es in dem Markt zu einem Preiskrieg. Ursache dafür war, dass die Preissteigerung für das neue Gerät stark unterproportional zur wesentlich höheren Kundennutzensteigerung war. Dadurch verbesserte der Anbieter sein Preis-Leistungsverhältnis aus Kundensicht und setzte die Wettbewerber (W1, W2) so unter Druck, dass diese die Preise für ihre Produkte absenkten. Ein höherer Preis (B'') wäre optimal gewesen, da so höhere Margen für den Anbieter möglich gewesen wären und es nicht zu einem generellen Preisverfall in dem Segment gekommen wäre.

Abbildung 2.6   Preis-Nutzenpositionierungen im Wettbewerb
(Quelle: in Anlehnung an Leszinski/Marn 1997)

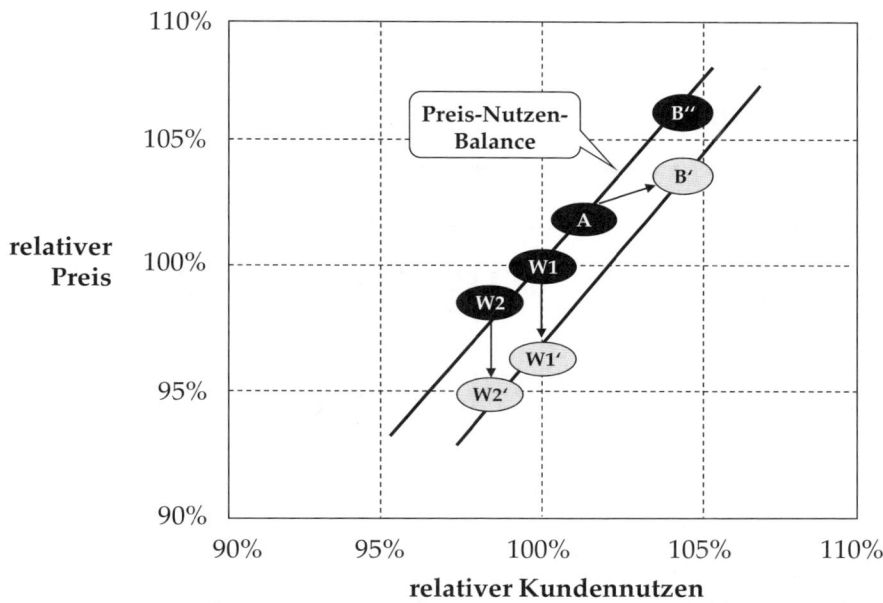

Die einmal gesetzten Preise für Produkte bestimmen den Spielraum für künftige Preisanpassungen. Preisentwicklungen sollten daher soweit wie möglich über den gesamten Lebenszyklus von Produkten und Services hinweg geplant werden. Um eine langfristige Preisplanung zu erstellen, müssen heutige und künftige Zahlungsbereitschaften der Kunden, die voraussichtliche Entwicklung von Absatzmengen und Marktanteilen, das erwartete Verhalten der Wettbewerber sowie die Entwicklung der Kosten in Abhängigkeit von den produzierten Stückzahlen in Betracht gezogen werden. Besonders wichtig sind dabei die Preisstrategie zu Beginn des Produktlebenszyklus (Markteinführung) und die Preisstrategie gegen Ende des Produktlebenszyklus (Abkündigung).

Bei den Preisstrategien zu Beginn des Produktlebenszyklus können zwei verschiedene Formen unterschieden werden (vgl. hierzu auch den Beitrag von Rese in diesem Band):

■ *Abschöpfungsstrategie* (Skimming): Hierbei wird ein Produkt bei der Markteinführung relativ hoch bepreist. Im Laufe der Zeit wird der Preis dann sukzessive abgesenkt. Ziel dieser Strategie ist es, eine möglichst gute Abschöpfung der verschieden hohen Zahlungsbereitschaften der Kunden zu erreichen. Diese Preisstrategie wird häufig zur raschen Amortisation von F&E-Aufwendungen in der Markteinführungsphase verwendet.

■ *Durchdringungsstrategie* (Penetration): Diese Form der Preisstrategie liegt vor, wenn ein Produkt zu vergleichsweise günstigen Preisen in den Markt eingeführt wird. Ziel ist es, durch ein besonders gutes Preis-Leistungsverhältnis möglichst viele Produkte in kurzer Zeit an Kunden zu verkaufen. Unternehmen, die eine Ausweitung des mengenbezogenen Marktanteils anstreben, wählen oft diese Form der Preisstrategie.

In **Abbildung 2.7** werden die beiden Preisstrategien dargestellt und deren Vorteile und Nachteile diskutiert. Die Wahl der optimalen Preisstrategie ist ein zentraler Punkt bei der Einführung neuer Produkte.

Abbildung 2.7   Formen von dynamischen Preisstrategien zu Beginn des Produktlebenszyklus

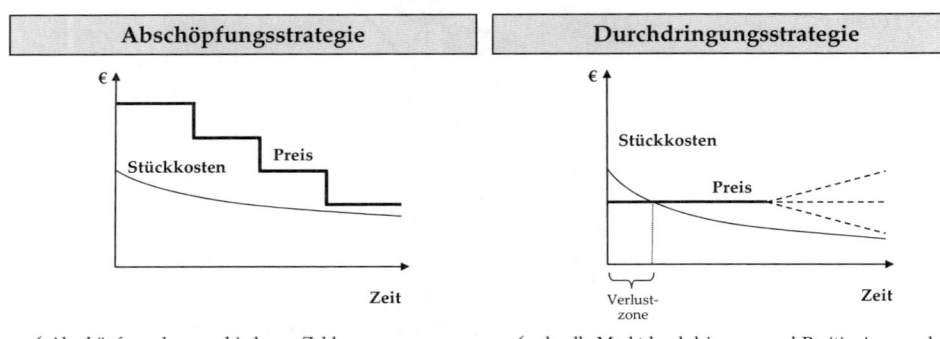

Bei Anbietern mit einem breiten Produktprogramm stellt sich wieder die Frage nach der Abstimmung der verschiedenen dynamischen Preisstrategien. Sinnvoll kann z.B. eine Aufteilung der Produkte in Kernprodukte und Ergänzungsprodukte sein. Kernprodukte mit hohen Stückzahlen werden aktiv über günstige Preise vermarktet (Durchdringung), während bei den Ergänzungsprodukten mit kleineren Stückzahlen die beim Anbieter entstehenden Komplexitätskosten über relativ hohe Preise gedeckt werden (Abschöpfung).

Bei den Preisstrategien gegen Ende des Produktlebenszyklus sind neben der Preiskonstanz zwei verschiedene Alternativen denkbar: Preisanhebung oder Preissenkung:

■ *Preisanhebung*: Die Anzahl der Produktvarianten eines Anbieters hat einen direkten Einfluss auf die Komplexitätskosten und damit auch auf die Profitabilität. Vor dem Hintergrund einer anzustrebenden Reduktion der Variantenanzahl bereinigen zahlreiche Anbieter daher ihr Produktprogramm („Outphasing"). Auslaufprodukte können dann durch eine deutliche Preisanhebung nach der Produktabkündigung schneller aus dem Markt genommen und der Verkauf der neuen Produkte gefördert werden. Durch die Preisanhebung können zudem höhere Deckungsbeiträge erzielt und mögliche Verluste aus der Markteinführungsphase kompensiert werden. Diese Preisstrategie wenden z.B. einige Hersteller von Komponenten an, die in regelmäßigen Abständen Produktmodifikationen auf den Markt bringen.

■ *Preissenkung*: Ein anderer Fall liegt vor, wenn ein altes Produkt durch ein neues, deutlich besseres sowie teureres Produkt abgelöst wird. Das innovative Produkt wird zuerst nur von besonders preisbereiten „Pionierkunden" gekauft, die einen hohen Nutzen in den neuen Eigenschaften des innovativen Produktes sehen. Es kann dann vorteilhaft sein, das abzulösende Produkt im Preis abzusenken. So wird zum einen ein deutliches Preissignal gesetzt, welches die hohe Qualität des neuen Produktes unterstreicht. Zum anderen können mit dem günstigen alten Produkt nochmals viele Kunden mit besonders geringer Zahlungsbereitschaft, die keinen großen Wert auf neuartige Produkte legen, angesprochen werden und Lagerbestände geräumt werden. Viele Hersteller aus der Elektronikbranche (z.B. Computer oder Mobiltelefone) wenden diese Form des dynamischen Pricings an.

2.3.3   Optionen bezüglich der Preisdifferenzierung

Preisdifferenzierung heißt, dass Leistungen gleicher oder sehr ähnlicher Art an verschiedene Kunden zu unterschiedlichen Preisen verkauft werden. Eine ausgeprägte Differenzierung von Preisen ist grundsätzlich gut, da unterschiedliche Zahlungsbereitschaften durch differenzierte Preise bestmöglich vom Anbieter genutzt werden können. Eine Preisstandardisierung (Einheitspreis) würde Zusatzgewinne bei preisbereiten Kunden und Aufträge bei preissensiblen Kunden verschenken. Preise können nach verschiedenen Kriterien differenziert werden, wobei spezifische Implementierungsprobleme zu beachten sind (vgl. **Tabelle 2.4**) (vgl. hierzu auch den Beitrag von Miller/Krohmer in diesem Band).

Dem Ausmaß der Preisdifferenzierung sind allerdings auch Grenzen gesetzt. Kunden tauschen untereinander zunehmend Einkaufspreise aus und die Preistransparenz wird in vielen Märkten größer. Deshalb gilt es heute, Preisunterschiede zwischen Kunden mit guten Argumenten zu rechtfertigen. Möglichkeiten dazu sind z.B. eine Kopplung von Preisen an Abnahmemengen (Mengenstaffel) oder logistische Aspekte (z.B. 3% Rabatt für einen kompletten LKW-Zug).

Mit der Checkliste dargestellt in **Abbildung 2.8** lässt sich überprüfen, wie hoch der Handlungsdruck zur Begründung von Preisunterschieden ist. Für das Ausmaß der Preisdifferenzierung gilt: So viel Preisharmonisierung wie notwendig und so viel Preisdifferenzierung zwischen Kunden wie möglich.

Tabelle 2.4   Arten der Preisdifferenzierung

Differenzierung nach...	Ziele	Implementierungsprobleme
Kunden	• Abschöpfung kundenspezifischer Zahlungsbereitschaften • wettbewerbsfähige Preis-/ Leistungsangebote	• Verärgerung der Kunden • Rabattforderungen bei Kundenfusionen
Regionen	• Abschöpfung regional unterschiedlicher Zahlungsbereitschaften • Anpassung an regionale Wettbewerbssituation	• graue Reimporte/ Arbitrageprozesse • EU-Wettbewerbsrecht
Produkteigenschaften	• Abschöpfung segmentspezifischer Zahlungsbereitschaften durch Anpassung von Preisen an differenzierte Produktmerkmale	• abgrenzende Kriterien finden
Serviceeigenschaften	• Abschöpfung segmentspezifischer Zahlungsbereitschaften für verschiedene Servicelevels	• Kommunikation Servicequalität
Vertriebskanälen	• Preisabstimmung zwischen OEM, Händlern und Endkunden • Teilung Kosteneinsparungen mit Kunden (z.B. E-Commerce)	• Preissteuerung/-disziplin des Handels • Kannibalisierung zwischen Kanälen
Kaufzeitpunkt	• Reduktion von Logistik- und Lagerkosten • Kapazitätsauslastung	• komplexe Steuerung • Wahrung Preisfairness bei starken Preisschwankungen
Menge	• Anregen von Mehrabsatz • Kundenbindung und Cross-Selling	• Preisdisziplin/Einhaltung Mengenstaffel durch Außendienst

Abbildung 2.8   Ermittlung des Handlungsdrucks zur Begründung von Preisunterschieden

Kriterium/Treiber	schwach ausgeprägt					stark ausgeprägt
• Transparenz der Marktpreise aus Kundensicht	O	O	O	O	O	O
• Vergleichbarkeit und Austauschbarkeit der Produkte der verschiedenen Anbieter	O	O	O	O	O	O
• Kenntnis der genauen Preise im Markt durch die Kunden	O	O	O	O	O	O
• Internationale Vernetzung der Supply Chain	O	O	O	O	O	O
• Zentrale Organisation des Einkaufs der Kunden	O	O	O	O	O	O
• Zentrale Bündelung des Einkaufsvolumens der Kunden	O	O	O	O	O	O
• Internationale Vernetzung der Einkäufer, Austausch von Preisen	O	O	O	O	O	O
• Professionalität und Ausbildung der Einkäufer	O	O	O	O	O	O
• Darstellung von Produkten und Preisen in elektronischen Plattformen	O	O	O	O	O	O

Handlungsdruck zur Begründung von Preisunterschieden ⟹   gering   mittel   hoch

2.4   Empirische Studie zu preisstrategischen Profilen

Nachdem wir preisstrategische Optionen bisher konzeptionell betrachtet haben, berichtet dieser Abschnitt die Ergebnisse einer branchenübergreifenden empirischen Studie zu preisstrategischen Profilen. Die Studie basiert auf 346 Geschäftseinheiten von Industriegüterunternehmen. Für Details der Stichprobe verweisen wir auf Jensen/Homburg (2008) sowie Schuppar (2006). Die hier durchgeführte Analyse prüft eine Auswahl der im vorherigen Abschnitt vorgestellten strategischen Optionen und Leitfragen (vgl. **Tabelle 2.3**). Mittels einer Clusteranalyse gehen wir der Frage nach, welche Konfigurationen der strategischen Dimensionen in der Unternehmenspraxis auftreten. Vier strategische Archetypen wurden ermittelt (vgl. **Tabelle 2.5**).

Aggressive Preissetzer

Dieses Cluster weist die höchste Aggressivität im Pricing auf, kombiniert mit dem niedrigsten Preis gegenüber dem Wettbewerb. Dies deutet darauf hin, dass dieses Cluster eine offensive Strategie verfolgt, bis hin zum Verdrängungswettbewerb, was unsere Namensgebung für dieses Cluster begründet: Aggressive Preissetzer (Guiltinan/Gundlach 1996; Uslay/Malhotra/Allvine 2006). Unsere Interpretation wird durch die externen, deskriptiven Variablen gestützt: Das Marktumfeld dieses Clusters weist die höchste Wettbewerbsintensität und die höchste Preisdynamik aller Cluster auf. Eine Branche in der dieses Cluster überproportional häufig vorkommt, ist die Elektrotechnikbranche. Dies ist konsistent mit Beiträgen, die beschreiben, dass ein aggressives Preisverhalten und sogar Preiskriege in dieser Branche nicht selten sind (Heil/Helsen 2001; Rao/Bergen/Davis 2000).

Reaktive Preissetzer

Dieses Cluster zeigt den niedrigsten Grad an Proaktivität und Aggressivität im Pricing. Interessanterweise ist die Preisdynamik im Marktumfeld dieser Spieler genauso hoch wie im Marktumfeld des vorangegangenen Clusters. Das bedeutet, dass Unternehmen dieses Clusters genau entgegengesetzt auf Unsicherheiten des Umfeldes reagieren wie die Unternehmen des vorangegangenen Clusters. Zu dieser Gegensätzlichkeit von proaktivem und reaktivem Umgang mit externer Unsicherheit findet sich eine Parallele in der Strategieliteratur: Taxonomien strategischer Orientierungen kontrastieren die sogenannte „prospector orientation" und die „reactor orientation" (Hawes/Crittenden 1984; Miles/Snow 1978). In Anlehnung an diese Terminologie nennen wir dieses Cluster „reaktive Preissetzer". Ein weiteres Charakteristikum von reaktiven Preissetzern ist eine geringe Leistung relativ zum Wettbewerb, was auf einen überhöhten Fokus auf Effizienz und Cost-Cutting hinweisen könnte (Robinson/Pearce 1988). Reaktive Preissetzer tauchen in unseren Daten überproportional häufig unter Chemieunternehmen auf.

Preisverteidiger

Dieses Cluster steht für den höchsten Preis und recht hohe Leistung relativ zum Wettbewerb. Diese Unternehmen sind Premiumanbieter in ihren Märkten. Gleichzeitig weisen sie eine niedrige Preisaggressivität und eine niedrige Preisdifferenzierung auf. Die Proaktivität ist recht niedrig. Dies deutet darauf hin, dass diese Unternehmen sich sehr vorsichtig und konservativ verhalten. Wir nennen diese Kombination aus Premiumposition und konservativer Preispolitik „Preisverteidiger". Dieser Begriff lehnt sich an Ruekert/Walker (1987) und Slater/Olson/Hult (2006) an, die den Begriff „differentiated defenders" verwenden. Das Marktumfeld der Preisverteidiger weist den geringsten Preiswettbewerb und die geringste Preisdynamik aller Cluster auf.

Preisführer

Dieses Cluster weist die höchste Leistung, den höchsten Preis, die höchste Proaktivität sowie die höchste Preisdifferenzierung gegenüber dem Wettbewerb auf. Diese Unternehmen haben offensichtlich eine bedeutende Stellung bezüglich des Preisniveaus und der Preissysteme innerhalb ihrer Branchen inne und dienen anderen Unternehmen zur Orientierung (vgl. hierzu auch den Beitrag von Homburg/Totzek in diesem Band). Nach Heil/Helsen (2001) nennen wir diese Unternehmen „Preisführer". Hinzuweisen ist auf die Ähnlichkeit zu den „prospectors" in der „reactive-proactive" Typologie von Miles/Snow (1978). Wenig überraschend ist, dass Preisführer in unseren Daten bei den größeren Unternehmen überrepräsentiert sind. Heil/Helsen (2001) stellen die Hypothese auf, dass Preisführer die Wahrscheinlichkeit von Preiskriegen verringern. Damit konsistent zeigt sich in unserer Untersuchung, dass die Wettbewerbsintensität in den Märkten mit Preisführern niedrig ist und dass die Preisaggressivität von Preisführern eine mittlere Ausprägung aufweist.

Tabelle 2.5   Die Ergebnisse der Clusteranalyse

Strategische Orientierung	Aggressive Preissetzer (25%)	Reaktive Preissetzer (25%)	Preisverteidiger (22%)	Preisführer (28%)
Proaktivität in der Preissetzung	3,33 eher hoch	2,30 niedrig	2,90 eher niedrig	4,07 hoch
Aggressivität in der Preissetzung	4,10 hoch	2,40 niedrig	2,46 niedrig	2,67 mittel
Preisdifferenzierung	4,04 mittel	4,19 mittel-hoch	2,63 niedrig	4,35 hoch
Preis relativ zum Wettbewerb	4,31 niedrig	4,88 mittel	5,69 hoch	5,65 hoch
Leistung relativ zum Wettbewerb	4,98 eher niedrig	4,62 niedrig	5,46 eher hoch	5,65 hoch

Anmerkungen: Die verbalen Beschreibungen sind Übersetzungen der möglichen Ausprägungen eines „multiple comparison tests" (Waller/Duncan 1969). Dieselbe verbale Beschreibung wurde verwendet, sofern sich zwei Werte innerhalb einer Zeile nicht signifikant unterscheiden (p < 0,05). Die strategischen Orientierungen wurden gemessen auf Basis von Skalen mit 1 = sehr niedrig und 7 = sehr hoch. Die Prozentsätze geben den Anteil der Unternehmen an, die diesem Typ zuzuordnen sind.

In einer weiteren Analyse haben wir den finanziellen Erfolg der Profile geprüft. Preisführer und Preisverteidiger weisen einen signifikant höheren „Return on Sales" (ROS) auf als reaktive Preissetzer. Die Konsistenz dieses Ergebnisses mit Ergebnissen der strategischen Managementforschung ist hervorzuheben. Die Ergebnisse dieser Forschungsrichtung weisen darauf hin, dass es signifikante Leistungsunterschiede zwischen „prospectors" und „defenders" auf der einen und „reactors" auf der anderen Seite gibt. In der vorliegenden Untersuchung sind Preisführer zudem deutlich erfolgreicher als aggressive Preissetzer. Das heißt, dass Unternehmen, die eine Preis-Leistungsdifferenzierung aufweisen, den höchsten ROS erzielen. Ein weiteres Ergebnis ist, dass sich der ROS zwischen aggressiven Preissetzern und Preisverteidigern nicht signifikant unterscheidet. Wir stellen daher die Hypothese auf, dass eine proaktive Preispolitik, wie von Preisführern verwendet, vorteilhaft ist, wenn es darum geht, ein Preispremium gegen aggressive Preissetzer zu verteidigen.

Gerade der letzte Befund zu proaktiver Preispolitik ermuntert zu einer intensiven Auseinandersetzung mit preisstrategischen Optionen und zu einer intensiven Lektüre der
übrigen Kapitel dieses Buches – denn gar nichts zu tun, ist offensichtlich klar die schlech-
teste Alternative.

Literatur

Albors-Llorens, A. (2006), Horizontal Agreements and Concerted Practices in EC Competition Law:
     Unlawful and Legitimate Contacts Between Competitors, The Antitrust Bulletin, 51, 4, 837-876.
Amit, R., Schoemaker, P. J. H. (1993), Strategic Assets and Organizational Rent, Strategic Management
     Journal, 14, 1, 33-46.
Axelrod, R. (1987), The Evolution of Strategies in the Iterated Prisoner's Dilemma, in: Davis L. (Hrsg.),
     Genetic Algorithms and Simulated Annealing, London und Los Altos, 32-41.
Backhaus, K., Voeth, M. (2010), Industriegütermarketing, 9. Aufl., München.
Barney, J. (1991), Firm Resources and Sustained Competitive Advantage, Journal of Management, 17,
     1, 99-120.
Besanko, D., Dranove, D., Shanley, M., Schaefer, S. (2007), Economics of Strategy, 4. Aufl., New York.
Brandenburger, A. M., Nalebuff, B. J. (1996), Co-opetition, New York.
Cabral, L. M. B. (2000), Introduction to Industrial Organization, Cambridge.
Carlton, D. W., Perloff, J. M. (2005), Modern Industrial Organization, 4. Aufl., Boston.
Chamberlin, E. (1933), The Theory of Monopolistic Competition, Cambridge.
Chamberlin, E. (1962), The Theory of Monopolistic Competition, 8. Aufl., Cambridge.
Conner, K. R. (1991), A Historical Comparison of Resource-Based Theory and Five Schools of Thought
     Within Industrial Organization Economics: Do We Have a New Theory of the Firm?, Journal of
     Management, 17, 1, 121-154.
D'Aveni, R. (2010), Beating the Commodity Trap: Improving Your Competitive Position and Pricing
     Power, Harvard Business Press, Boston.
Dolan, R. J., Simon, H. (1996), Power Pricing, New York.
Emmerich, V. (2008), Kartellrecht, 11. Aufl., München.
Entscheidung der Kommission vom 25. Juli 2001 – Deutsche Post AG – Aufhaltung grenzüberschrei-
     tender Postsendungen.
Etro, F. (2007), Competition, Innovation, and Antitrust – A Theory of Market Leaders and Its Policy
     Implications, Heidelberg.
Guiltinan, J. P., Gundlach G. T. (1996), Aggressive and Predatory Pricing: A Framework for Analysis,
     Journal of Marketing, 60, 3, 87-102.
Hawes, J. M., Crittenden, W. F. (1984), A Taxonomy of Competitive Retailing Strategies, Strategic
     Management Journal, 5, 3, 275-287.
Heil, O. P., Helsen, K. (2001), Toward an Understanding of Price Wars: Their Nature and How They
     Erupt, International Journal of Research in Marketing, 18, 1-2, 83-98.
Homburg, Ch., Jensen, O., Schuppar, B. (2004), Pricing Excellence: Wegweiser für ein professionelles
     Preismanagement, Arbeitspapier Nr. M90, Reihe Management Know-how, Institut für Marktori-
     entierte Unternehmensführung, Universität Mannheim.
Homburg, Ch., Jensen, O., Schuppar, B. (2005), Preismanagement im B2B-Bereich: Was Pricing Profis
     anders machen, Arbeitspapier Nr. M97, Reihe Management Know-how, Institut für Marktorien-
     tierte Unternehmensführung, Universität Mannheim.
Hotelling, H. (1929), Stability in Competition, Economic Journal, 39, 153, 41-57.
Jensen, O., Homburg, Ch. (2008), The Horizontal and Vertical Structure of Price Authority: Market-
     ing's Important Role as a 'Price Guardian', American Marketing Association Summer Educators'
     Conference Proceedings, San Diego.
Jones, A., Sufrin, B. (2008), EC Competition Law: Text, Cases, and Materials, 4. Aufl., Oxford.

Leszinski, R., Marn, M. V. (1997), Setting Value, Not Price, The McKinsey Quarterly, 1997/1, 98-115.

Lockett, A., Thompson, S. (2001), The Resource-Based View and Economics, Journal of Management, 27, 6, 723-754.

Mankiw, N. G., Taylor, M. P. (2008), Macroeconomics, 6. Aufl., New York.

Miles, R. E., Snow, C. C. (1978), Organizational Strategy, Structure and Process, New York.

Nash, J. F. (1950a), Equilibrium Points in n-Person Games, Proceedings of the National Academy of Sciences of the United States of America, 36, 1, 48-49.

Nash, J. F. (1950b), The Bargaining Problem, Econometrica, 18, 2, 155-162.

Pindyck, R. S., Rubinfeld, D. L. (2009), Microeconomics, 7. Aufl., Upper Saddle River.

Porter, M.E. (1980), Competitive Strategy, New York.

Porter, M.E. (1985), Competitive Advantage, New York.

Rao, A. R., Bergen, M. E., Davis, S. (2000), How to Fight a Price War, Harvard Business Review, 78, 2, 107-116.

Robinson Jr., R. B., Pearce II, J. A. (1988), Planned Patterns of Strategic Behavior and Their Relationship to Business-Unit Performance, Strategic Management Journal, 9, 1, 43-60.

Rs. C-48/49, Slg. 1972 619, Imperial Chemical Industries Ltd. gegen Kommission der Europäischen Gemeinschaften.

Rs. C-27/76, Slg. 1978 207, United Brands Company und United Brands Continentaal BV gegen Kommission der Europäischen Gemeinschaften.

Rs. C-110/88, Slg. 1989 2811, Francois Lucazeau und andere gegen Société des Auteurs Compositeurs et Editeurs de Musique (SACEM).

Rs. T-7/98, Slg. 1991 II-1711, SA Hercules Chemicals NV gegen Kommission der Europäischen Gemeinschaften.

Rs. C-18/93, Slg. 1994 I-1783, Corsica Ferries Italia Srl gegen Corpo dei piloti del porto di Genova.

Rs. C-49/92, Slg. 1999 I-4125, Kommission der Europäischen Gemeinschaften gegen Anic Partecipazioni SpA.

Ruekert, R. W., Walker Jr., O. C. (1987), Marketing's Interaction with Other Functional Units: A Conceptual Framework and Empirical Evidence, Journal of Marketing, 51, 1, 1-19.

Rumelt, R. P. (1984), Toward a Strategic Theory of the Firm, in: Lamb, R. (Hrsg.), Competitive Strategic Management, Englewood Cliffs, 556-570.

Saloner, G., Shepard, A., Podolny, J. (2001), Strategic Management, New York.

Salop, S. (1979), Monopolistic Competition with Outside Goods, Bell Journal of Economics, 10, 1, 141-156.

Schuppar, B. (2006), Preismanagement: Konzeption, Umsetzung und Erfolgsauswirkungen im Business-to-Business-Bereich, Wiesbaden.

Simon, H., Fassnacht, M. (2009), Preismanagement, 3. Aufl., Wiesbaden.

Slater, S. F., Olson, E. M., Hult, G. T. M. (2006), The Moderating Influence of Strategic Orientation on the Strategy Formation Capability–Performance Relationship, Strategic Management Journal, 27, 12, 1221-1231.

Spanos, Y. E., Lioukas, S. (2001), An Examination into the Causal Logic of Rent Generation: Contrasting Porter's Competitive Strategy Framework and the Resource-based Perspective, Strategic Management Journal, 22, 10, 907-934.

Stigler, G. J. (1947), The Kinky Oligopoly Demand Curve and Rigid Prices, Journal of Political Economy, 55, 5, 432-449.

Sutton, J. (1986), Non-Cooperative Bargaining Theory: An Introduction, Review of Economic Studies, 53, 176, 709-724.

Teece, D. J., Pisano, G., Shuen, A. (1997), Dynamic Capabilities and Strategic Management, Strategic Management Journal, 18, 7, 509-533.

Tirole, J. (1988), The Theory of Industrial Organization, Cambridge.

Uslay, C., Malhotra, N. K., Allvine, F. C. (2006), Predatory Pricing and Marketing Theory: Applications in Business-to-Business Context and Beyond, Journal of Business-to-Business Marketing, 13, 3, 65-116.

Van den Bergh, R. J., Camesasca, P. D. (2006), European Competition Law and Economics: A Comparative Perspective, 2. Aufl., London.

Von Neumann, J., Morgenstern, O. (1944), Theory of Games and Economic Behavior, Princeton.

Waller, R. A., Duncan, D. B. (1969), A Bayes Rule for the Symmetric Multiple Comparisons Problem, Journal of the American Statistical Association, 64, 238, 1484-1503.

Whish, R. (2005), Competition Law, 5. Aufl., Oxford.

3 Ausgewählte Entscheidungsfelder des Preismanagements auf B2B-Märkten

Klaus Miller / Harley Krohmer

Dr. Klaus Miller ist wissenschaftlicher Oberassistent am Institut für Marketing und Unternehmensführung (IMU) an der Universität Bern.

Prof. Dr. Harley Krohmer ist Inhaber des Lehrstuhls für Marketing und Direktor des Instituts für Marketing und Unternehmensführung (IMU) an der Universität Bern.

3.1   Einleitung

Die Bedeutung des Preismanagements auf Business-to-Business-Märkten hat in den letzten Jahren stark zugenommen, was mehrere Ursachen hat (vgl. hierzu ausführlich den Beitrag von Homburg/Totzek in diesem Band). In vielen Branchen ist ein wachsender Preisdruck zu verzeichnen, der aus einer Internationalisierung des Wettbewerbs und dem damit verbundenen grenzüberschreitenden Markteintritt einer wachsenden Zahl internationaler Anbieter resultiert. Weiterhin können in vielen Märkten Sättigungstendenzen und Überkapazitäten beobachtet werden. Der damit verbundene Verdrängungswettbewerb wird oftmals über den Preis geführt. Gleichzeitig existieren aber auch Wachstumsmärkte (z.B. im IT-Systemgeschäft), auf denen ein ausgeprägter Preiswettbewerb im Kampf um Marktanteile herrscht. Darüber hinaus gleichen sich in vielen Märkten die Leistungen der Wettbewerber immer mehr an – vor allem im Produktgeschäft – so dass für den Nachfrager der Preis als Entscheidungskriterium an Bedeutung gewinnt. Ein weiterer Faktor für die höhere Bedeutung des Preises ist die Preistransparenz, die u.a. durch die zunehmende Verfügbarkeit von Preisinformationen über das Internet auf vielen Märkten zugenommen hat. Schließlich haben viele Firmenkunden in den letzten Jahren ihre Einkaufsaktivitäten deutlich professionalisiert. In diesem Zusammenhang sind die länderübergreifende Koordination des Einkaufs, elektronische Beschaffungsplattformen und eine bessere personelle Ausstattung der Einkaufsbereiche zu nennen.

Im vorliegenden Beitrag wird auf vier ausgewählte Entscheidungsfelder bzw. Instrumente des Preismanagements eingegangen, die für das B2B-Marketing von besonderer Bedeutung sind (vgl. **Abbildung 3.1** sowie den Beitrag von Homburg/Totzek in diesem Band). Bei der *Preisdifferenzierung* bieten Unternehmen gleiche oder ähnliche Produkte oder Dienstleistungen verschiedenen Kunden zu unterschiedlichen Preisen an. Grundlegende Zielsetzung ist hierbei, unterschiedliche Zahlungsbereitschaften bei verschiedenen Kunden abzuschöpfen. Auf B2B-Märkten kann die Preisdifferenzierung anhand verschiedener Kriterien erfolgen (z.B. mengen- oder leistungsbezogene Preisdifferenzierung).

Als einer Sonderform der Preisdifferenzierung kommt der *Preisbündelung* eine besondere Bedeutung zu. Deshalb stellen wir die Preisbündelung im Folgenden gesondert dar. Preisbündelung liegt vor, wenn ein Anbieter mehrere separate Produkte zu einem Leistungsbündel zusammenfasst und dieses zu einem Bündelpreis verkauft. Ein Beispiel für die Preisbündelung auf B2B-Märkten ist das gemeinsame Angebot von Motoren und den zugehörigen Steuerungsgeräten im Automobilzuliefergeschäft. Mit der Preisbündelung verfolgen Unternehmen das Ziel, den Absatz innerhalb einer Produktlinie zu steigern und unterschiedliche Zahlungsbereitschaften der Abnehmer abzuschöpfen. Unternehmen stehen mit der reinen und der gemischten Preisbündelung zwei verschiedene Implementationsformen der Preisbündelung zur Verfügung.

Bei der *internationalen Preissetzung* sind die länderübergreifende Preisdifferenzierung, der Umgang mit Wechselkursrisiken und die Bestimmung internationaler Transferpreise die wesentlichen Entscheidungsfelder. Wir gehen im Folgenden vertiefend auf die länderübergreifende Preisdifferenzierung als besondere Herausforderung im B2B-Marketing ein.

Abbildung 3.1   Ausgewählte Entscheidungsfelder des Preismanagements im B2B-
                     Marketing

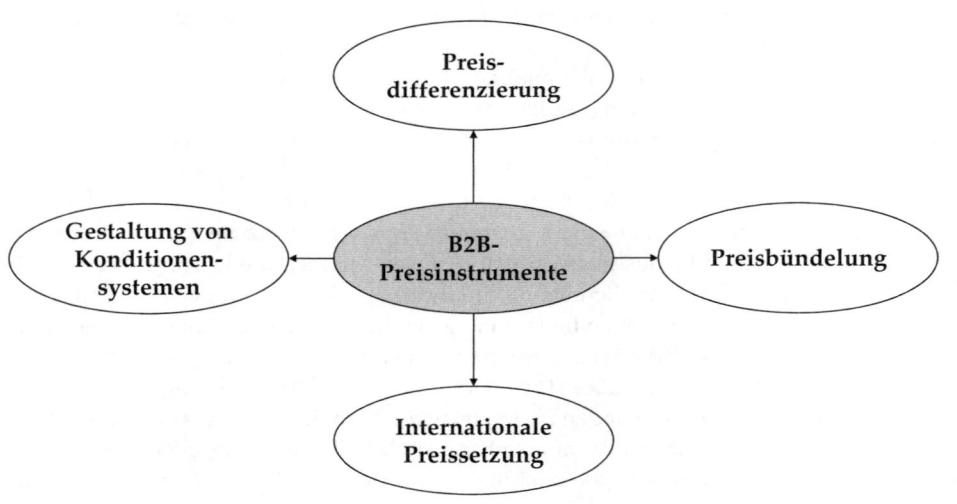

Bei der *Gestaltung von Konditionensystemen* (auch als Rabatt- und Bonussystem bezeichnet)
geht es um die Bestimmung der Gesamtheit aller Regeln eines Unternehmens, nach denen
Rabatte bzw. Boni an Kunden bzw. Absatzmittler vergeben werden. Je nach Ursache der
Gewährung lassen sich auf B2B-Märkten unterschiedliche Formen von Rabatten unterscheiden (z.B. Mengen- oder Treuerabatte).

In allgemeiner Hinsicht ergeben sich Besonderheiten für die Gestaltung des Preismanagements im B2B-Marketing aus den Besonderheiten des organisationalen Beschaffungsverhaltens (Backhaus/Büschken 1995; Backhaus/Voeth 2004 sowie die ausführliche Darstellung bei Homburg/Krohmer 2009 und im Beitrag von Homburg/Totzek in diesem Band).
Diese sind

■ der *abgeleitete Charakter der Nachfrage* (d.h. das Einkaufsverhalten der beschaffenden Organisation wird bestimmt vom Bedarf nachgelagerter Kunden),

■ die *Multipersonalität* (d.h. die Beteiligung mehrerer Mitglieder einer Organisation am
  Kaufentscheidungsprozess),

■ das *höhere Maß an Rationalität bei Kaufentscheidungen* (d.h. starker Fokus auf den Kundennutzen),

■ der *hohe Formalisierungsgrad* (z.B. im Rahmen öffentlicher Ausschreibungen),

■ der *hohe Individualisierungsgrad* (d.h. individuelle Anpassung der Leistungen an den
  Kunden),

■ die *besondere Bedeutung von Dienstleistungen* (z.B. sogenannte Value Added Services),

■ die *Multiorganisationalität* (d.h. Beteiligung weiterer Organisationen am Beschaffungsprozess neben dem eigentlichen Anbieter und Kunden, z.B. die Finanzierung der Transaktion durch Banken oder Leasinggesellschaften),

■ die *Langfristigkeit der Geschäftsbeziehung* (die sich z.B. aus der Langlebigkeit der Produkte und der Bedeutung eines kontinuierlichen Services ergibt) sowie

■ der *hohe Grad der Interaktion* (d.h. enge persönliche Beziehungen zwischen Anbieter- und Nachfragerorganisation).

Neben diesen Besonderheiten spielen die *Geschäftstypen*, die sich auf B2B-Märkten unterscheiden lassen, eine wichtige Rolle für die Preisgestaltung im B2B-Marketing. Das B2B-Marketing ist durch sehr heterogene Geschäfts- und Vermarktungsprozesse gekennzeichnet, wodurch sich jeweils ganz unterschiedliche Herausforderungen für das Preismanagement stellen. So ergeben sich z.B. bei der Vermarktung einer kundenindividuell entwickelten Zeitungsdruckanlage im Anlagengeschäft ganz andere Möglichkeiten der Preisgestaltung, als dies bei der Vermarktung von Commodities (z.B. Brennstoffen) der Fall ist. Die Geschäftstypen auf B2B-Märkten lassen sich anhand von zwei Dimensionen differenzieren, wobei sich eine Dimension auf die vermarktete Leistung und die andere auf die Beziehung zum Kunden bezieht (vgl. **Abbildung 3.2**).

Abbildung 3.2	Klassifizierung von Geschäftstypen im B2B-Marketing (Quelle: in Anlehnung an Backhaus/Voeth 2010, Kleinaltenkamp 1997, Plinke 2000)

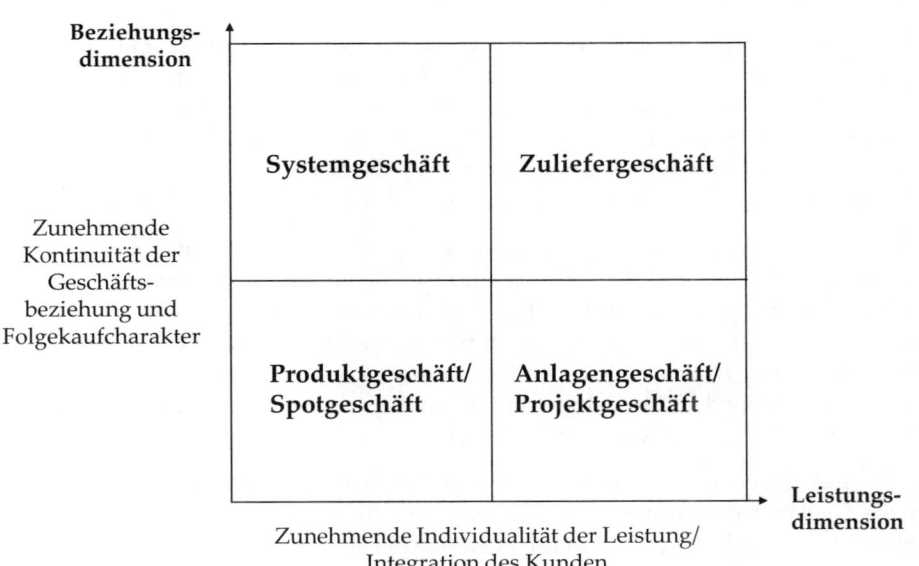

Die horizontale Achse stellt die Leistungsdimension dar, wobei die Individualität der erbrachten Leistung sowie die Integration des Kunden in den Prozess der Leistungsentwicklung bzw. -erstellung von links nach rechts zunehmen. Die vertikale Achse beschreibt die
Beziehungsdimension: Hier nehmen die Kontinuität der Geschäftsbeziehung sowie der
Folgekaufcharakter von unten nach oben zu (vgl. **Abbildung 3.2**). Durch die Kombination
dieser beiden Dimensionen lassen sich *vier Geschäftstypen* für das B2B-Marketing unterscheiden:

- Im *Produktgeschäft/Spotgeschäft* sind die Individualität der Leistung bzw. die Integration
  des Kunden sowie die Kontinuität der Geschäftsbeziehung bzw. der Folgekaufcharakter eher niedrig ausgeprägt. Hier werden also in der Regel vorgefertigte und in Mas-
  senfertigung erstellte (homogene bzw. austauschbare) Leistungen auf einem anonymen
  Markt vermarktet. Der organisationale Kunde fragt diese Leistungen zum isolierten
  Einsatz nach, so dass keine langfristigen (transaktionsübergreifenden) Geschäftsbeziehungen zwischen dem Anbieter und dem organisationalen Kunden etabliert werden
  müssen. Beispiele hierfür sind Schrauben, Motoren oder Lacke.

- Im *Anlagengeschäft/Projektgeschäft* sind die Individualität der Leistung bzw. die Integration des Kunden hoch, die Geschäftsbeziehungen weisen jedoch keinen transaktionsübergreifenden Folgekaufcharakter auf. Hier werden komplexe Produkte oder Systeme
  vermarktet, die bereits vor der kundenindividuellen Erstellung an den Kunden verkauft werden. Aufgrund der kundenindividuellen Fertigung weisen Leistungsangebote des Anlagengeschäfts einen im Gegensatz zum Produktgeschäft relativ hohen
  Spezifitätsgrad auf. Beispielsweise findet eine für einen bestimmten Kunden erstellte
  Anlage meist keinen anderen Käufer am Markt. Beispiele für Anlagen sind Getränke-
  abfüllanlagen, Walzwerke oder Kernkraftwerke.

- Das *Systemgeschäft* ist charakterisiert durch langfristige Geschäftsbeziehungen mit Folgekaufcharakter bei niedriger Individualität der Leistung/Kundenintegration. Dies bedeutet, dass der Kunde sich für die Systemtechnologie des Anbieters entscheidet und
  als Einstieg ein erstes Produkt des Anbieters erwirbt. In Folgekäufen ersteht er dann
  weitere Produkte der Systemtechnologie des Anbieters. Ein Beispiel hierfür ist ein Tele-
  kommunikationssystem, das aus aufeinander aufbauenden Einzelmodulen besteht.

- Das *Zuliefergeschäft* ist ähnlich wie das Systemgeschäft durch Kaufverbunde gekennzeichnet. Hier entwickelt der Anbieter für einen organisationalen Kunden im Rahmen
  einer längerfristigen Geschäftsbeziehung kundenindividuelle Leistungen, die der Kunde dann sukzessive in Anspruch nimmt. Wenn Zulieferer und Kunde gemeinsam neue
  Produkttechnologien entwickeln, sind sie meist für die Dauer des Produktlebenszyklus
  aneinander gebunden. Ein Beispiel hierfür sind die individualisierten Leistungsangebote von Zulieferern an Automobilhersteller.

Für das grundlegende Verständnis dieser vier Geschäftstypen ist folgende Überlegung
hilfreich: Gemäß dem Konzept der spezifischen Investitionen der Transaktionskostentheo-
rie unterscheiden sich die beiden Achsen des Geschäftstypenansatzes im Hinblick auf die
jeweils geschaffenen Abhängigkeiten (vgl. **Abbildung 3.2**): Mit zunehmender Individualität der Leistung/Integration des Kunden (horizontale Achse) begibt sich der Anbieter auf-

grund steigender spezifischer Investitionen (z.B. Vorleistungen des Anbieters) in eine Abhängigkeit vom Nachfrager (dies gilt also für das Anlagengeschäft/Projektgeschäft). Mit zunehmendem Folgekaufcharakter (vertikale Achse) begibt sich der Kunde in eine Abhängigkeit vom Anbieter (dies gilt also für das Systemgeschäft). Sind beide Dimensionen hoch ausgeprägt (im Zuliefergeschäft), liegt tendenziell eine wechselseitige Abhängigkeit vor.

Der wesentliche Nutzen der aufgezeigten Typologie sowie der zuvor dargelegten Besonderheiten des organisationalen Beschaffungsverhaltens liegt darin, dass sich je nach Geschäftstyp bzw. Ausprägung des Beschaffungsverhaltens der Kunden unterschiedliche preispolitische Herausforderungen ergeben. Um zu einem grundlegenden Verständnis dieser preispolitischen Herausforderungen zu gelangen, stellen wir im Folgenden die wesentlichen Grundlagen vier ausgewählter Entscheidungsfelder bzw. Instrumente des Preismanagements – dies sind die Preisdifferenzierung, die Preisbündelung, die internationale Preissetzung sowie die Gestaltung von Konditionensystemen – dar und gehen selektiv auf die wesentlichen Besonderheiten dieser Entscheidungsfelder im B2B-Marketing ein.

3.2 Preisdifferenzierung

Ein erstes ausgewähltes Instrument des Preismanagements im B2B-Marketing stellt die *Preisdifferenzierung* dar. Hiermit ist gemeint, dass Unternehmen gleiche oder sehr ähnliche Produkte oder Dienstleistungen verschiedenen Kunden (Segmenten) zu unterschiedlichen Preisen anbieten. Die grundlegende Logik dieses Ansatzes liegt darin, unterschiedlichen Zahlungsbereitschaften bei verschiedenen Kunden Rechnung zu tragen. Dabei müssen die Produkte nicht vollkommen identisch sein, da ein solches Verständnis von Preisdifferenzierung zu restriktiv wäre. So sprechen wir z.B. auch dann von Preisdifferenzierung, wenn die Produkte, die den verschiedenen Segmenten angeboten werden, sich hinsichtlich ihrer Leistungsfähigkeit geringfügig unterscheiden.

Das zentrale Ziel der Preisdifferenzierung liegt in der Gewinnsteigerung durch Abschöpfung der sogenannten „Konsumentenrente". Eine solche Konsumentenrente ergibt sich, wenn ein Anbieter einem Kunden ein Produkt zu einem Preis anbietet, der unter der maximalen Zahlungsbereitschaft des Kunden für das Produkt liegt. Der Kunde erzielt also einen Gewinn daraus, dass er für das Produkt weniger bezahlt, als er zu bezahlen bereit wäre. Die Konsumentenrente entspricht der Differenz zwischen der maximalen Zahlungsbereitschaft des Kunden und dem tatsächlich gezahlten Preis.

Eine wichtige konzeptionelle Grundlage der Preisdifferenzierung bezieht sich auf deren Grad. Man unterscheidet hier in Anlehnung an Pigou (1929) drei Grade:

■ Bei der *Preisdifferenzierung ersten Grades* wird von jedem Kunden der unternehmensspezifische Maximalpreis verlangt. Man spricht daher auch von „one-to-one pricing" (Shaffer/Zhang 1995). Zur Umsetzung dieser Form der Preisdifferenzierung ist es erforderlich, die individuelle Zahlungsbereitschaft eines jeden Kunden zu kennen (vgl. hierzu ausführlich den Beitrag von Klarmann/Miller/Hofstetter in diesem Band). Die Preis-

differenzierung ersten Grades wird begünstigt durch den hohen Individualisierungsgrad der Produkte im B2B-Marketing, insbesondere im Zuliefer- und Anlagengeschäft.
Eine individuelle Preisdifferenzierung ergibt sich auf B2B-Märkten oftmals auch automatisch. So verzichten Anbieter häufig auf das Erstellen einer festen Preisliste. Stattdessen wird der endgültige Preis im Zuge individueller Preisverhandlungen mit den
Einkäufern festgelegt (hierzu auch Voeth/Rabe 2004).

■ Die *Preisdifferenzierung zweiten Grades* ist dadurch gekennzeichnet, dass Kunden zu Segmenten zusammengefasst werden, für die jeweils unterschiedliche Preise festgelegt
werden. Der Kunde kann dabei seine Segmentzugehörigkeit frei wählen, so z.B. im Anlagengeschäft bei der Entscheidung für ein bestimmtes Servicelevel im Rahmen eines
Wartungsvertrages einer Industriemaschine. Zwei grundlegende Implementationsformen der Preisdifferenzierung zweiten Grades sind die leistungs- und die mengenbezogene Preisdifferenzierung.

■ Die *Preisdifferenzierung dritten Grades* basiert auf der Segmentierung anhand beobacht-
barer Kriterien. Im Unterschied zur Preisdifferenzierung zweiten Grades kann der
Kunde dabei seine Segmentzugehörigkeit im Allgemeinen nicht frei wählen bzw. einen
Wechsel zwischen Segmenten nur mit hohem Aufwand bzw. hohen Kosten realisieren.
Bei der Preisdifferenzierung dritten Grades lassen sich drei grundlegende Implementationsformen unterscheiden. Dies sind die unternehmensbezogene, die räumliche und
die zeitliche Preisdifferenzierung.

Auf B2B-Märkten kann die Preisdifferenzierung anhand unterschiedlicher Kriterien erfolgen. Auf dieser Basis gehen wir im Folgenden auf die *grundlegenden Implementationsformen
der Preisdifferenzierung* zweiten und dritten Grades ein:

■ leistungsbezogene Preisdifferenzierung

■ mengenbezogene Preisdifferenzierung

■ unternehmensbezogene Preisdifferenzierung

■ räumliche Preisdifferenzierung

■ zeitliche Preisdifferenzierung

Bei der *leistungsbezogenen Preisdifferenzierung* verändert der Anbieter leistungsbezogene
Produktmerkmale. Wir sprechen allerdings in diesem Fall nur dann von Preisdifferenzierung, wenn die Unterschiede zum Ausgangsprodukt nicht so groß sind, dass in den Augen des Kunden völlig neue Produkte entstehen. Ein typisches Merkmal der leistungsbezogenen Preisdifferenzierung ist, dass die Preisunterschiede größer sind als die Leistungsunterschiede zwischen den Produktvarianten. Beispielhaft für das B2B-Marketing sei hier
die Konstruktion von Beleuchtungsmodulen für Bürogebäude oder Einkaufscenter genannt (Simon/Fassnacht 2009). Die verwendeten Module verfügen über eine Vielzahl von
Funktionen, von denen zunächst nur eine bestimmte Auswahl von Basisfunktionen zu
einem bestimmten Preis aktiviert wird. Wünscht der Kunde weitere Beleuchtungsoptio-
nen, so können diese gegen Aufpreis zugeschaltet werden.

Abbildung 3.3   Intensität der Nutzung von Maßnahmen zur Preisdifferenzierung auf
B2B-Märkten (Quelle: in Anlehnung an Schuppar 2006, S. 108)

Inwieweit verlangen Sie für gleiche Leistungen unterschiedliche Preise für verschiedene ...

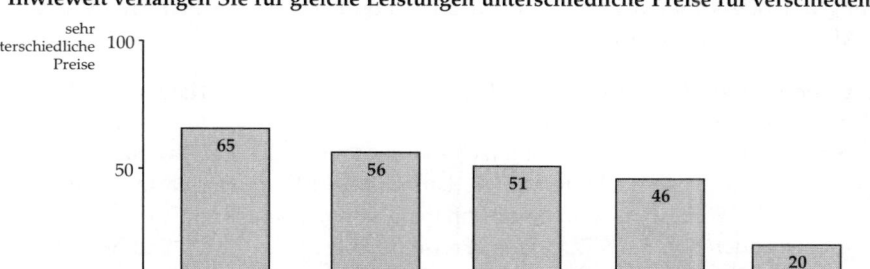

(n = 346 deutsche B2B-Unternehmen)

Bei der *mengenbezogenen Preisdifferenzierung* variiert der durchschnittliche Preis pro Einheit in Abhängigkeit von der abgenommenen Menge. Es werden dem Kunden also Mengenrabatte gewährt (hierzu auch Skiera 1999 und Abschnitt 3.5). Häufig wird die mengenbezogene Preisdifferenzierung auch als *nichtlineare Preisbestimmung* bezeichnet, da sich der Gesamtpreis nicht proportional, d.h. nichtlinear zur erworbenen Menge verhält. Diese Art der Preisdifferenzierung kann zur Steigerung der Kundenbindung eingesetzt werden (Tacke 1992). Je loyaler sich ein Kunde verhält, desto bessere Preise erhält er. Im B2B-Marketing ist die Preisdifferenzierung nach Abnahmemengen weit verbreitet (vgl. **Abbildung 3.3**). Hierbei werden Preisnachlässe systematisch mit einer Kundenklassifizierung (z.B. A-, B- und C-Kunden) verknüpft.

Bei der *unternehmensbezogenen Preisdifferenzierung* werden spezifische Merkmale der organisationalen Kunden als Abgrenzungskriterium herangezogen (Lilien/Rangaswamy 2004). Diese Kundenmerkmale können z.B. die Unternehmensgröße (z.B. kleinere, mittlere oder große Unternehmen), die Branche (z.B. private oder öffentliche Unternehmen) oder der Standort (z.B. Land oder Stadt) eines Unternehmens sein. Eine unternehmensbezogene Preisdifferenzierung auf Basis der Unternehmensgröße kann z.B. zur Anwendung kommen, wenn sich der Anbieter eine langfristige Kundenbeziehung verspricht, in deren Zeitablauf er eine deutlich wachsende Kaufkraft sowie Zahlungsbereitschaft erwartet (zur Preispolitik im Rahmen des Beziehungsmarketing Diller 1997). Dafür werden eventuell sogar nicht kostendeckende Preise im Anfangsstadium der Kundenbeziehung toleriert. Die Preiskalkulation kann dabei auf dem langfristigen Kundenwert basieren (Customer Lifetime Value). Das verbilligte Angebot von Softwarelösungen für kleinere Unternehmen inklusive langfristiger Wartungsverträge im IT-Systemgeschäft ist hierfür ein Beispiel (vgl. hierzu auch den Beitrag von Staritz/Klarmann/Schäfer in diesem Band).

Bei der *räumlichen Preisdifferenzierung* orientiert man sich an geografischen Teilmärkten, z.B. in Form von Ländern, Regionen oder Städten. Eine im B2B-Kontext besonders wichtige Anwendungsform der räumlichen Preisdifferenzierung ist die Preisdifferenzierung zwischen Ländern. Aufgrund der besonderen Bedeutung der internationalen Preisdifferenzierung auf B2B-Märkten gehen wir auf diese Form der räumlichen Preisdifferenzierung in Abschnitt 3.4 noch ausführlicher ein.

Bei der *zeitlichen Preisdifferenzierung* werden in Abhängigkeit vom Kaufzeitpunkt unterschiedliche Preise gesetzt. Als mögliche Umsetzungsformen dieser Art der Preisdifferenzierung auf B2B-Märkten bieten sich unterschiedliche Preise nach der Tageszeit, nach Wochentagen oder nach Saisonverläufen an. So kann z.B. ein Werbevermarktungsunternehmen die Preise für Werbespots zum einen abhängig von der Jahreszeit (im Sommer günstiger) und zum anderen von der Tageszeit (Preise für die „prime time" sind höher) gestalten (Simon/Fassnacht 2009). Im Allgemeinen lässt sich feststellen, dass im Gegensatz zum Konsumgütermarketing die Preisdifferenzierung nach Kaufzeitpunkten im B2B-Marketing seltener anzutreffen ist (vgl. **Abbildung 3.3**). Dies lässt sich dadurch erklären, dass industrielle Kunden Angebotspreise der verschiedenen Anbieter meist über einen längeren Zeitraum dokumentieren. Die Möglichkeiten zur Durchführung von zeitlich begrenzten Preisaktionen sind damit im B2B-Marketing eingeschränkt, weil die Gefahr hoch ist, dass sich industrielle Kunden an niedrige Preise gewöhnen. Die langfristigen Zahlungsbereitschaften der Kunden würden so untergraben und die Profite geschmälert.

Eine Sonderform der Preisdifferenzierung stellt die *Preisbündelung* dar (hierzu auch Herrmann/Bauer 1996; Johnson/Herrmann/Bauer 1999; Stremersch/Tellis 2002). Preisbündelung liegt vor, wenn ein Anbieter mehrere separate Produkte zu einem Bündel zusammenfasst und dieses zu einem Bündelpreis verkauft. Preisbündelung spielt auf B2B-Märkten eine wichtige Rolle. Im nachfolgenden Abschnitt 3.3 gehen wir deshalb ausführlich auf diese Form der Preisdifferenzierung ein.

Im Hinblick auf die *praktische Umsetzung der Preisdifferenzierung* im B2B-Marketing ist darauf hinzuweisen, dass aufgrund der Individualität der erbrachten Leistungen sowie der Integration des Kunden in den Prozess der Leistungsentwicklung bzw. -erstellung die Durchsetzung der Preisdifferenzierung generell erleichtert wird. Die Anwendung der Preisdifferenzierung bietet sich deshalb vor allem im Zuliefer- und Anlagengeschäft an, aber auch im System- und Produktgeschäft existieren Ansatzpunkte zur Preisdifferenzierung. Grundsätzlich ist die Entscheidung für eine Preisdifferenzierung situativ zu fällen. Im Folgenden gehen wir deshalb auf einige allgemeine Grundsätze zur Umsetzung der Preisdifferenzierung auf B2B-Märkten ein.

Ein erster wichtiger Aspekt, der bei der praktischen Umsetzung der Preisdifferenzierung von entscheidender Bedeutung ist, ist die Abgrenzung zwischen den Kundensegmenten. Sie sollte zum einen sehr trennscharf sein, zum anderen sollten die Möglichkeiten zum Informationsaustausch zwischen den Segmenten idealerweise nicht gegeben oder begrenzt sein. Gerade in dieser Hinsicht existiert aber auf vielen B2B-Märkten aufgrund der niedrigen Kundenzahlen eine große Hürde, die die Anwendung der Preisdifferenzierung bei identischen Leistungen erschwert bzw. vollkommen unmöglich macht. Aufgrund der hohen Markttransparenz werden Preisunterschiede zwischen einzelnen Kunden oftmals sofort aufgedeckt. Diese Problematik wird sich in Zukunft durch den zunehmenden Konsolidierungsdruck auf den Märkten und die Verbreitung elektronischer Einkaufsplattformen noch weiter verstärken. Damit geraten industrielle Anbieter zunehmend unter Rechtfertigungsdruck für zu große Preisunterschiede zwischen verschiedenen Kunden. Diese sind dann nur sehr schwierig aufrecht zu erhalten, ohne die Kunden zu verärgern und eine verstärkte Kundenabwanderung zu riskieren. Hinzu kommt, dass auf B2B-Märkten Kaufentscheidungen in der Regel rationaler getroffen werden als auf Konsumgütermärkten. Dies führt dazu, dass Produktalternativen verstärkt auf Basis des zu erwartenden Nutzens verglichen werden. Rationale Einkäufer werden deshalb bei gleicher Leistung die Alternative mit dem niedrigsten Preis bevorzugen. Um vor diesem Hintergrund Preisunterschiede zwischen dem eigenen Produkt und den Wettbewerbsprodukten besser zu rechtfertigen und so generell die Vergleichbarkeit zwischen den Produkten zu erschweren, ist es in Ausschreibungssituationen empfehlenswert, zusätzlich zur eigentlichen Leistung z.B. produktbegleitende Dienstleistungen anzubieten.

Im Hinblick auf die Umsetzung der Preisdifferenzierung ist schließlich noch auf einen weiteren wichtigen Aspekt hinzuweisen: Während die positiven Auswirkungen der Preisdifferenzierung (z.B. Absatzsteigerung oder Kapazitätsauslastung) zumeist kurzfristiger Art sind, ergeben sich als Resultat der Preisdifferenzierung möglicherweise Probleme längerfristiger Art. Arbitrageprozesse zwischen den Segmenten, Verärgerung und Abwanderung von Kunden aufgrund von Preisunterschieden zwischen den Segmenten sowie die generelle Forderung der Kunden nach dem niedrigsten Preisniveau und eine damit verbundene breite Preiserosion seien als Beispiele genannt. Marketingmanager müssen also auf B2B-Märkten den kurzfristigen Nutzen der Preisdifferenzierung gegen den möglichen langfristigen Schaden abwägen. Geschieht dies nicht mit entsprechender Sorgfalt, so besteht insbesondere bei kurzfristigem Erfolgsdruck die Gefahr, dass die langfristigen Folgen der Preisdifferenzierung ignoriert werden. Insgesamt lässt sich somit feststellen, dass von einem übermäßigen Einsatz der Preisdifferenzierung abzuraten ist und zu große Preisspreizungen vermieden werden sollten.

3.3   Preisbündelung

Ein zweites ausgewähltes Preisinstrument im B2B-Marketing ist die *Preisbündelung*. Diese wird relativ häufig im Maschinenbau und der Elektroindustrie eingesetzt, wesentlich seltener kommt sie in „rohstoffnahen" Branchen wie Chemie, Kunststoffe oder Bauzulieferer zur Anwendung (Schuppar 2006). Die Preisbündelung bzw. das sogenannte Bundling stellt eine Sonderform der Preisdifferenzierung dar (hierzu auch Herrmann/Bauer 1996; Johnson/Herrmann/Bauer 1999; Stremersch/Tellis 2002). Bundling liegt vor, wenn ein Anbieter mehrere separate Produkte zu einem Bündel zusammenfasst (z.B. Paketangebot eines Ventilaggregats und elektronischen Steuerungssystems im Automobilzuliefergeschäft). Zentrales preispolitisches Ziel des Bundling ist es, den Absatz innerhalb einer Produktlinie zu steigern (Monroe 2003).

Preisbündelung ist von besonderem Interesse im B2B-Marketing, wenn zwischen Produkten ein kauf- oder verwendungsbezogener Nachfrageverbund besteht, wie dies z.B. im Systemgeschäft der Fall ist. Hier ergibt sich eine Preisbündelung häufig automatisch dadurch, dass viele Anbieter von technischen Lösungen, bei denen Beratungs-, Trainings-, oder Wartungsservices anfallen, ihre Produkte zu Bündelpreisen anbieten. Aus Anbietersicht lassen sich durch Preisbündelung zudem Kosteneinsparungen in der Logistik realisieren, denn durch die mit der Bündelung verbundene Mengenausweitung entsteht eine Kostendegression. So können z.B. Anbieter von medizinischen Tests, die die dazugehörigen Verbrauchsmaterialien (z.B. Pipetten) im Paket liefern, die Prozesse in Produktion, Lagerhaltung und Warenausgang besser planen und abwickeln.

Grundsätzlich lassen sich zwei Formen der Preisbündelung unterscheiden. Bei der *reinen Preisbündelung* kann der Kunde von dem Anbieter das Bündel erwerben, nicht jedoch die einzelnen Produkte. Bei der *gemischten Preisbündelung* kann der Kunde wählen, ob er das Bündel oder die einzelnen Produkte kauft (Stremersch/Tellis 2002). Preisbündelung zielt darauf ab, vorhandene Zahlungsbereitschaften der Kunden besser auszunutzen, als dies bei Verwendung von Einzelpreisen möglich ist. So können mit Hilfe der Preisbündelung überschüssige Zahlungsbereitschaften für bestimmte Produkte auf andere Produkte übertragen werden, bei denen der Kunde eine niedrigere Zahlungsbereitschaft hat.

Abbildung 3.4   Abschöpfung von Zahlungsbereitschaften durch Preisbündelung
(Quelle: in Anlehnung an Homburg/Jensen/Schuppar 2004, S.17)

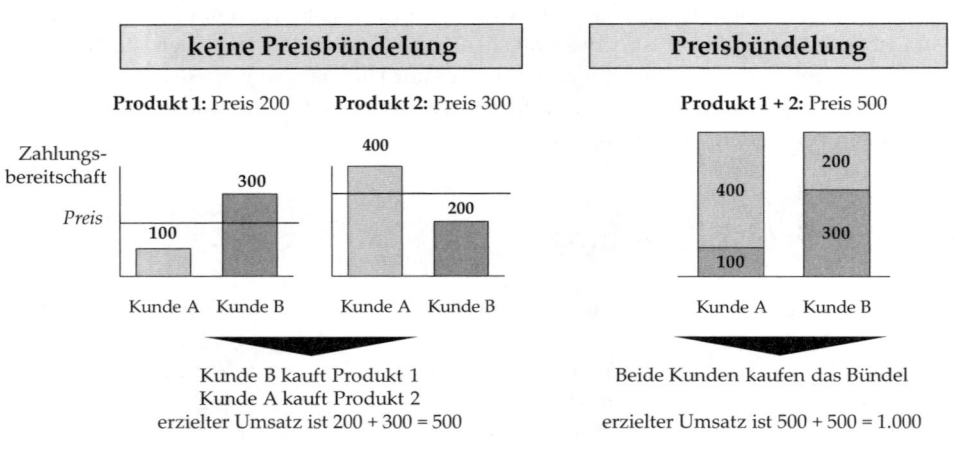

Zur Veranschaulichung der Abschöpfung unterschiedlicher Zahlungsbereitschaften mit Hilfe der Preisbündelung wollen wir das folgende, einfache Beispiel betrachten (vgl. **Abbildung 3.4**): Der Kunde A hat für ein bestimmtes Produkt 1 eine maximale Zahlungsbereitschaft von 100 €, während der Kunde B 300 € dafür ausgeben möchte. Umgekehrt verhält es sich bei Produkt 2. Hier ist Kunde A bereit 400 € zu bezahlen, während Kunde B lediglich 200 € entrichten möchte. Für den Fall ohne Preisbündelung wurden die Preise durch den Anbieter für Produkt 1 auf 200 € und für Produkt 2 auf 300 € festgelegt. Aufgrund der ungleichen Verteilung der individuellen Zahlungsbereitschaften für die beiden Produkte, würde in diesem Fall Produkt 1 nur von Kunde B und das Produkt 2 nur von Kunde A gekauft werden. Insgesamt könnte das Unternehmen also ohne Preisbündelung einen Umsatz von 500 € realisieren. Anders verhält es sich dagegen im Fall der Preisbündelung. Hier werden beide Produkte 1 und 2 zum Gesamtpreis von 500 € angeboten, was exakt der Summe der individuellen Zahlungsbereitschaften der Kunden für die beiden Produkte entspricht. Im Ergebnis würden somit sowohl Kunde A als auch Kunde B das Bündel aus beiden Produkten zum Preis von 500 € kaufen, was zu einem Gesamtumsatz von 1.000 € im Fall der Preisbündelung führt. In unserem Beispiel könnte das Unternehmen also durch die Preisbündelung zusätzliche Umsätze in Höhe von 500 € erzielen.

Mit der Frage, *unter welchen Bedingungen die Preisbündelung für den Anbieter gewinnoptimal* ist, haben sich mehrere Untersuchungen auseinandergesetzt (Adams/Yellen 1976; Guiltinan 1987; Jedidi/Jagpal/Manchanda 2003; Schmalensee 1984; Stremersch/Tellis 2002; Wübker 1998). Die Ergebnisse zeigen, dass die Optimalität der verschiedenen Strategien von der *Verteilung der Zahlungsbereitschaften* der Kunden für die einzelnen Produkte und das Bündel abhängt. Sind die Zahlungsbereitschaften der Kunden für die einzelnen Produkte *asymmetrisch* verteilt bzw. negativ korreliert, führt Preisbündelung (unabhängig davon, ob gemischt oder rein) zu höheren Gewinnen als die Einzelpreisbildung (Adams/Yellen 1976). Sind darüber hinaus die Zahlungsbereitschaften für das Bündel zwischen den Kunden ausreichend verschieden, führt die gemischte Preisbündelung zu höheren Gewinnen als die reine Preisbündelung (Stremersch/Tellis 2002). Erfüllen die Zahlungsbereitschaften der Kunden für die einzelnen Produkte und das Bündel die geschilderten Bedingungen (asymmetrisch verteilt für die einzelnen Produkte und ausreichend verschieden für das Bündel), ist folglich die gemischte Preisbündelung die für den Anbieter gewinnmaximale Strategie (z.B. Guiltinan 1987; Jedidi/Jagpal/Manchanda 2003; Schmalensee 1984; Wübker 1998).

In Bezug auf die *praktische Umsetzung der Preisbündelung* lässt sich konstatieren, dass diese im B2B-Marketing durch die höhere Rationalität im organisationalen Beschaffungsverhalten generell begünstigt wird. Aufgrund der starken Fokussierung der Kunden bei Kaufentscheidungen, die Alternative mit dem höchsten Nutzen auszuwählen, sind Bündelangebote im Vorteil gegenüber Einzelangeboten, da sie dem Käufer in der Regel einen Zusatznutzen bieten (Homburg/Kühlborn 2003). Dieser entsteht durch die Reduktion von Transaktionskosten beim Kauf (z.B. Prüfmaschine mit Monitor, Software und Drucker) oder durch die technische Abstimmung verschiedener Leistungskomponenten aufeinander (z.B. hydraulisches Steuerungssystem). Häufig gelingt es den Anbietern auf B2B-Märkten aber nicht, eine Preisprämie für den Zusatznutzen beim Kunden zu realisieren. Stattdessen werden die Leistungsbündel überwiegend mit einem leichten Preisabschlag angeboten. Ähnliche Bündelpreisrabatte von etwa 15-30% lassen sich aber auch im Konsumgüterbereich beobachten (Wübker 1998). Offenbar gelingt es vielen Anbietern nicht, den durch die Preisbündelung erzielten Zusatznutzen für den Kunden deutlich zu machen. In diesem Zusammenhang kommt einer verstärkten Nutzenargumentation bei den Verkaufsverhandlungen (dem sogenannten Benefit Selling) eine zentrale Bedeutung zu. Gleichzeitig ergibt sich hieraus für den Anbieter wiederum die Notwendigkeit, eine möglichst detaillierte Kenntnis der Nutzenüberlegungen wie auch der Wirtschaftlichkeitsrechnungen der Kunden bzw. der einzelnen Mitglieder des Buying Centers zu erlangen (Anderson/Narus 1998).

3.4   Internationale Preissetzung

Ein drittes ausgewähltes Entscheidungsfeld des Preismanagements im B2B-Marketing ist die *internationale Preissetzung*. Hier stellen die internationale Preisdifferenzierung, der Umgang mit Wechselkursrisiken und die Bestimmung internationaler Transferpreise die wesentlichen Besonderheiten dar.

Bei der *internationalen Preisdifferenzierung* im B2B-Marketing geht es im Wesentlichen um die Frage nach dem Grad der länderübergreifenden Standardisierung bzw. Differenzierung der Preise (hierzu auch Sander 1997a, b). Die Grundlagen der Preisdifferenzierung wurden in Abschnitt 3.2 ausführlich dargestellt. Im Folgenden konzentrieren wir uns auf die Besonderheiten der räumlichen Preisdifferenzierung im internationalen Kontext.

Die Preisdifferenzierung spielt im internationalen B2B-Marketing eine wichtige Rolle. Dies liegt zum einen daran, dass kundenbezogene Unterschiede (z.B. im Hinblick auf die Zahlungsbereitschaft) zwischen Ländern häufig größer sind als innerhalb von Ländern. Diese unterschiedlichen Zahlungsbereitschaften legen es Unternehmen prinzipiell nahe, Preisdifferenzierung anzuwenden. Zum anderen ist die Umsetzung der Preisdifferenzierung im internationalen Bereich häufig einfacher als im nationalen Bereich. Hierfür sind kommunikative Barrieren zwischen Ländern sowie Arbitragekosten (aufgrund von Transportkosten, Währungsunterschieden, Zöllen, Einfuhrquoten sowie anderen staatlichen Auflagen) verantwortlich. Vor diesem Hintergrund kann in vielen Unternehmen auf B2B-Märkten eine historisch gewachsene länderübergreifende Preisdifferenzierung konstatiert werden.

Die *Frage, inwieweit ein Unternehmen im B2B-Marketing länderübergreifende Preisdifferenzierung praktizieren sollte,* ist situativ zu beantworten. Als wesentliche Einflussfaktoren dieser Entscheidung sind der Individualisierungsgrad der Leistungen, das Ausmaß der länderübergreifenden Koordination des Beschaffungsverhaltens der organisationalen Kunden, die Kosten der länderübergreifenden Informationsbeschaffung sowie die Höhe der Arbitragekosten zu nennen.

Mit einem *zunehmenden Individualisierungsgrad der Leistungen* nimmt die Durchsetzbarkeit der länderübergreifenden Preisdifferenzierung generell zu. Dies gilt insbesondere dann, wenn Produkte für einzelne Länder jeweils spezifisch angepasst werden müssen. Hieraus ergeben sich Leistungsunterschiede, die dementsprechend Preisunterschiede zwischen den Ländermärkten rechtfertigen. Um die Vergleichbarkeit einzelner Produkte noch weiter zu erschweren, kann in diesem Zusammenhang auch das Angebot zusätzlicher produktbegleitender Dienstleistungen (sogenannter Value Added Services) hilfreich sein. Aufgrund des hohen Individualisierungsgrades der Leistungen bietet sich eine länderübergreifende Preisdifferenzierung vor allem im Zuliefer- sowie im Anlagen- und Projektgeschäft an.

Mit zunehmendem *Ausmaß der länderübergreifenden Koordination des Beschaffungsverhaltens der organisationalen Kunden* nehmen die Möglichkeiten zur länderübergreifenden Preisdifferenzierung tendenziell ab. Dies liegt daran, dass Kunden, die international einkaufen und Preise zwischen den Niederlassungen (z.B. einzelner Werke) vergleichen, dazu tendieren an dem Ort des günstigsten Preises einzukaufen (Kaufmann 2001). Fehlen zudem plausible Begründungen für von Kunden identifizierte Preisunterschiede, kann der Anbieter nur noch Schadensbegrenzung betreiben: Nicht selten erhalten dann alle Niederlassungen des Kunden einen Preis nahe dem untersten Niveau.

Die *Kosten der Informationsbeschaffung* werden durch die Preistransparenz sowie sprachliche Barrieren beeinflusst. Tendenziell nehmen diese Kosten als Folge der Möglichkeit zu Preisvergleichen im Internet und der besseren Vergleichbarkeit von Preisen nach Einführung der europäischen Währungsunion ab.

Die *Höhe der Arbitragekosten* resultiert insbesondere aus Handelsbarrieren wie Importzöllen und -abgaben sowie Transportkosten. Von Bedeutung ist hier nicht nur die absolute Höhe der Transportkosten, sondern auch die Höhe der Transportkosten in Relation zum Preis des Produktes. Offensichtlich steht die Höhe der Arbitragekosten in engem Zusammenhang mit dem Konzept der Interdependenz von Ländermärkten. Speziell im Hinblick auf den europäischen Binnenmarkt ist eine zunehmende Angleichung der Preise in den verschiedenen Ländermärkten festzustellen, wobei zwei grundsätzliche Verläufe denkbar sind: Setzen sich Unternehmen nicht proaktiv mit dieser Preisangleichung auseinander, so besteht die Gefahr, dass eine preisliche Konvergenz in Richtung des niedrigsten Länderpreisniveaus stattfindet (Szenario A in **Abbildung 3.5**). Eine aktive Einflussnahme eines Unternehmens auf diesen Prozess ermöglicht dagegen eine Entwicklung gemäß Szenario B in **Abbildung 3.5**. Diese Entwicklung ist insbesondere dadurch gekennzeichnet, dass die Preise in Ländern mit ursprünglich sehr niedrigem Preisniveau angehoben werden, was zu einem Absatzrückgang in diesen Ländern führt. Parallel dazu erfolgen Preisreduktionen in den Ländern mit einem ursprünglich hohen Preisniveau. So entsteht ein „europäischer Preiskorridor", der eine deutlich niedrigere Spannweite als die ursprüngliche Preisstruktur im europäischen Markt aufweist. Das Optimierungsproblem liegt darin, die Preisanpassungen in den verschiedenen Ländern derart zu gestalten, dass insgesamt eine gewinnoptimale Konstellation entstehen kann.

Eine weitere Fragestellung der internationalen Preissetzung auf B2B-Märkten bezieht sich darauf, *wie mit Wechselkursrisiken umgegangen* werden soll. Wechselkursschwankungen können erhebliche Auswirkungen auf die Erlös- und Kostensituation eines Unternehmens haben, so dass die Absicherung gegen das Wechselkursrisiko eine wichtige Managementaufgabe darstellt. Dieser Aufgabe kommt eine umso größere Bedeutung zu, je höher das Ausmaß der spezifischen Investitionen (z.B. Vorleistungen des Anbieters) ist. Die Absicherung von Wechselkursrisiken spielt deshalb insbesondere im Anlagen- und Projektgeschäft sowie im Zuliefergeschäft eine wichtige Rolle.

Abbildung 3.5   Szenarien im Rahmen der europäischen Preisangleichung
                     (Quelle: Homburg/Krohmer 2009, S. 1068)

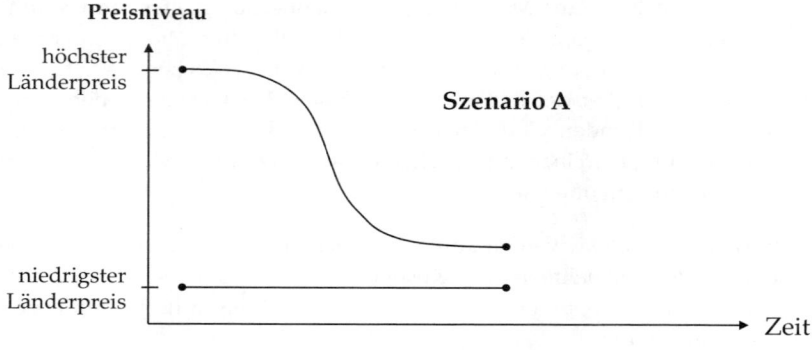

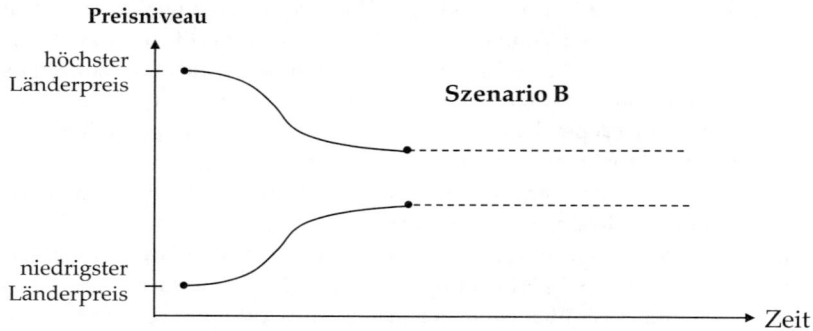

Zur Absicherung gegen Währungsrisiken können Anbieter auf verschiedene Optionen zurückgreifen. Insbesondere können die folgenden Aktivitäten durchgeführt werden:

- Produktion im Auslandsmarkt,

- Fakturierung in heimischer Währung,

- Vereinbarung von Kurssicherungsklauseln oder

- Abschluss von Kurssicherungsgeschäften (Devisentermin- und Optionsgeschäfte bzw.
  Hedging, Fremdwährungskredite, Kursrisikoversicherungen).

Falls keine vollständige Absicherung vorhanden ist, ist im Einzelfall zu prüfen, wie stark
auf Wechselkursschwankungen preispolitisch reagiert werden sollte (zur empirischen Beobachtung, wie Anbieter auf Wechselkursschwankungen reagieren, Gagnon/Knetter 1995).
Hier lassen sich zwei idealtypische Situationen unterscheiden:

■ Bei *Wechselkursveränderungen zu Gunsten des Anbieters* (bei Aufwertung der Auslandswährung bzw. Abwertung der Heimatwährung; sogenannte „windfall profits") besteht zunächst kein Handlungsdruck. Prinzipiell besteht in dieser Situation die Möglichkeit zur Senkung von Preisen auf ausländischen Märkten (hierzu auch Clark/Kotabe/Rajaratnam 1999). Auf die Gefahr der Gewöhnung der Auslandskunden an das niedrigere Preisniveau ist allerdings hinzuweisen.

■ *Wechselkursveränderungen zu Ungunsten des Anbieters* (Abwertung der Auslandswährung bzw. Aufwertung der Heimatwährung) sind problematischer. Wenn in der aufgewerteten Inlandswährung fakturiert wird, muss der Anbieter häufig Preissenkungen veranlassen, um die in Fremdwährung umgerechneten Preise konstant zu halten. Wird in der abgewerteten Auslandswährung fakturiert, so führt dies zu geringeren Erlösen in der Heimatwährung.

Eine weitere Besonderheit der internationalen Preissetzung im B2B-Marketing stellen *internationale Transferpreise* dar (Homburg/Jensen 2005 sowie der Beitrag von Artz/Schröder in diesem Band). Hierbei handelt es sich um die Preise, nach denen Leistungen zwischen den verschiedenen Gesellschaften eines internationalen Konzerns verrechnet werden. Ein typischer Fall ist hierbei der Verrechnungspreis zwischen einer Produkt(ions)einheit in einem Land und einer Vertriebsgesellschaft in einem anderen Land. Die Bestimmung der Transferpreise kann sich an zwei grundlegenden Modellen orientieren:

■ Beim *kostenbasierten Modell* wird der Transferpreis als prozentualer Aufschlag auf die Herstellkosten des Produktes ermittelt.

■ Beim *marktbasierten Modell* wird der Transferpreis nach den herrschenden Marktpreisen für das Produkt im jeweiligen Zielland bestimmt.

Die Ermittlung von Transferpreisen ist in der Praxis oft ein konfliktträchtiges Thema, da die Transferpreise maßgeblich die Gewinnsituation der internen Profit-Center (z.B. Produktionsstätten oder Vertriebsgesellschaften) und damit die variablen Gehaltsanteile der beteiligten Manager beeinflussen. Von zentraler Bedeutung ist die Frage, welche verhaltenssteuernden Effekte mit den verschiedenen Modellen verbunden sind. So führt eine ausschließliche Orientierung am kostenbasierten Modell möglicherweise dazu, dass Produktionsmanager weniger engagiert Kostensenkungspotenziale ausschöpfen, da sie ihre Kosten über die Transferpreise weitergeben können. Andererseits kann eine ausschließliche Orientierung am Marktpreismodell dazu führen, dass Vertriebsgesellschaften wenig Preisdisziplin praktizieren, da Preisrückgänge durch niedrigere Transferpreise aufgefangen werden können.

Vor diesem Hintergrund ist eine einseitige Orientierung an einem der beiden Prinzipien nicht zu empfehlen. Eine Möglichkeit, den skizzierten Konflikt aufzulösen, besteht darin, sowohl Produktionsgesellschaften als auch Vertriebsgesellschaften an sogenannten durchgerechneten Ergebnissen (über die gesamte Wertschöpfungskette hinweg) zu messen, um so die Energien beider Seiten auf die gemeinsame Erzielung hoher Marktpreise und interner Kosteneinsparungen zu lenken (Homburg/Jensen 2005).

Abschließend ist zu erwähnen, dass die Höhe der Preise, die den Kunden in den verschiedenen Ländermärkten in Rechnung gestellt werden, auch davon abhängt, welche Transportleistungen für das Produkt angeboten werden. Generell wird der vom Kunden verlangte Endpreis umso höher sein, je mehr Transportleistungen der Anbieter für den Kunden übernimmt. Verschiedene standardmäßige Vereinbarungen zur Aufteilung der Transportleistungen zwischen Anbieter und Kunden werden in den International Commercial Terms (Incoterms) geregelt.

3.5   Gestaltung von Konditionensystemen

Ein viertes ausgewähltes Entscheidungsfeld auf B2B-Märkten ist die *Gestaltung von Konditionensystemen*, die auch als Rabatt- und Bonussysteme bezeichnet werden. Das Konditionensystem ist die Gesamtheit aller Regeln, nach denen Rabatte bzw. Boni an Kunden vergeben werden. Rabatte sind Preisnachlässe, die den Kunden im Vergleich zum Normal- oder Listenpreis mit der Rechnungsstellung gewährt werden (z.B. Mengenrabatte, aktionsbezogene Sonderrabatte oder Einzelrabatte, die durch den Außendienst vergeben werden). Boni sind ebenfalls Preisnachlässe, die jedoch erst nach Rechnungsstellung gewährt werden (z.B. Treuebonus bei Erreichung bestimmter Abnahmemengen durch den Kunden oder Bonus für Händler als Gegenleistung für die Unterstützung bei Neuprodukteinführungen). Die Vergabe von Rabatten und Boni ist auf B2B-Märkten von besonderer Bedeutung. So wenden industrielle Anbieter in der Regel nicht nur eine einzige Rabattart an, sondern gebrauchen durchschnittlich eine Kombination von bis zu fünf verschiedenen Konditionenarten (Schuppar 2006). Den nach dem Kauf gewährten Konditionen kommt dabei im B2B-Marketing eine nahezu ebenso große Rolle zu wie den Konditionen beim Kauf. Je nach Ursache der Gewährung lassen sich unterschiedliche Formen von Rabatten und Boni unterscheiden (hierzu ausführlich Homburg/Daum 1997; Simon/Fassnacht 2009):

- Funktionsrabatt

- Barzahlungsrabatt

- Mengenrabatt

- Treuerabatt

- Zeitrabatt

Funktionsrabatte werden den Kunden, insbesondere im Handel, von den Herstellern für bestimmte Leistungen wie Lagerung, Präsentation oder Beratung gewährt. Je höher der Rabatt, desto eher wird das Handelsunternehmen das Produkt in sein Sortiment aufnehmen. Zu beachten ist aber in diesem Zusammenhang, dass sich gleichzeitig die Gewinnspanne des Herstellers verringert. Ein *Barzahlungsrabatt* (Skonto) stellt einen Preisnachlass dar, der Kunden bei Zahlung innerhalb einer bestimmten Frist eingeräumt wird.

In den Genuss eines *Mengenrabatts* kommt ein Kunde bei der Abnahme einer bestimmten Absatzmenge. Der Vorteil des Herstellers durch die erreichten „Economies of Scale" kann an den Kunden zu einem bestimmten Teil weitergegeben werden. Bei einem Mengenrabatt spricht man auch von einer nichtlinearen Preisbestimmung, da der tatsächlich zu zahlende Durchschnittspreis mit steigender Abnahmemenge sinkt (Simon/Tacke 1992). Verschiedene Mengenrabattformen haben sich weitgehend etabliert:

■ Bei einer *durchgerechneten Rabattstaffel* wird der Rabattsatz auf die gesamte Bezugsmenge angewendet. Zum Beispiel erhält ein Kunde beim Kauf von 10.000 Schrauben einen achtprozentigen Rabatt auf den Bruttolistenpreis. Nimmt der Kunde 15.000 Stück ab sind es 10% und beim Kauf von 20.000 Schrauben erhält der Kunde sogar 12% Rabatt.

■ Anders verhält es sich bei einem *angestoßenen Mengenrabatt*. Hier ist der Rabatt nur für das angegebene Mengenintervall gültig. Der Stückpreis für eine bestimmte Schraubenart beträgt bei einer Abnahmemenge von 300 Stück 0,99 €. Die nächsten 100 Stück innerhalb derselben Bestellung werden zu einem Preis von 0,92 € angeboten. Kauft der Kunde 500 Stück, so beträgt der Preis für die letzten 100 Stück nur noch 0,88 €.

■ Eine andere Form des Mengenrabatts sind *Bonusprogramme*. Hier reicht das Umsetzungsspektrum von der einfachen prozentualen Rückvergütung am Jahresende bis zum ausgefeilten Bonusprogramm.

■ *Blocktarife* sind eine weitere Sonderform des Mengenrabatts. Ein Blocktarif setzt sich aus einem Grundtarif und einem mengenabhängigen Tarif zusammen. Ein Beispiel für einen Blocktarif im B2B-Marketing findet sich im Baustoffhandel. Dort bieten Baustoffhändler ihren Kunden für eine Grundgebühr den Erwerb einer Kundenkarte mit vergünstigten Nettopreisen bei jedem Einkauf an.

Treuerabatte werden Kunden gewährt, die Produkte ausschließlich oder überwiegend von einem Hersteller bzw. Lieferanten beziehen. *Zeitrabatte* beziehen sich auf einen bestimmten Zeitpunkt der Bestellung oder Abnahme und werden als Vorausbestellungs-, Saison-, Einführungs-, oder Auslaufrabatte gewährt.

Die parallele Anwendung verschiedenster Rabatt- und Bonusformen im Rahmen des Rabatt- und Bonussystems des Unternehmens kann anhand einer sogenannten *Preistreppe* illustriert werden: Sie veranschaulicht das „Abbröckeln" des Grundpreises über die Zwischenstufe des Rechnungspreises (Berücksichtigung von Rabatten) hin zum tatsächlich erzielten Preis (Berücksichtigung von Rabatten und Boni). In **Abbildung 3.6** ist ein Anwendungsbeispiel einer solchen Preistreppe für einen Hersteller von technischen Gebrauchsgütern dargestellt, das die Vielfalt der im B2B-Marketing zur Anwendung kommenden Rabatte und Boni illustriert.

Im Hinblick auf die *praktische Umsetzung von Konditionensystemen* im B2B-Marketing wird eine systematische Begründung von Preisunterschieden zwischen Kunden immer wichtiger. Dies liegt vor allem an dem höheren Maß an Rationalität mit dem die Kaufentscheidungen auf B2B-Märkten getroffen werden. Von zentraler Bedeutung ist deshalb eine leistungsorientierte Vergabe von Rabatten und Boni (Homburg/Jensen/Schuppar 2004).

Abbildung 3.6   Preistreppe am Beispiel eines Herstellers von technischen Gebrauchsgütern (Quelle: Homburg/Daum 1997, S. 186)

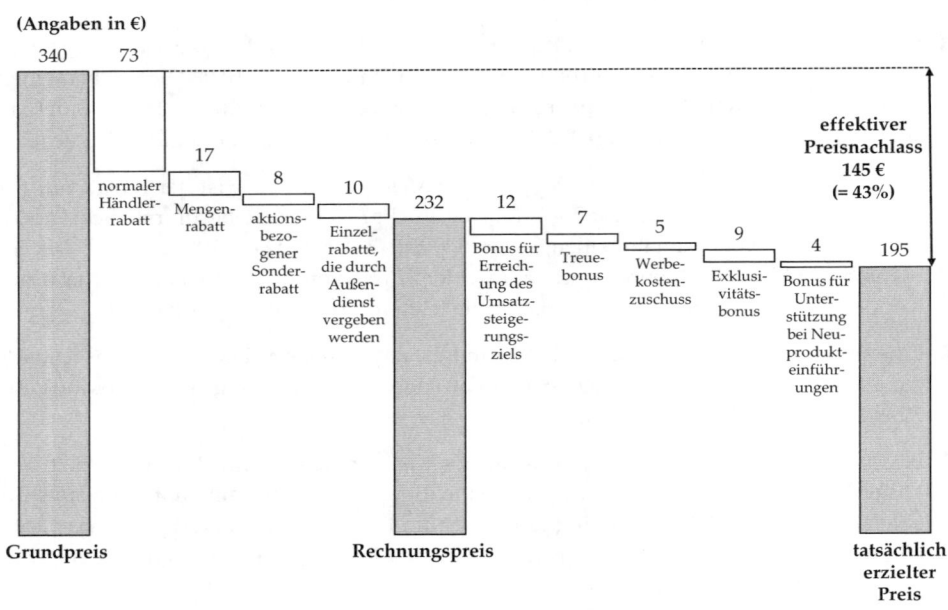

Ein erster Aspekt zur Umsetzung einer leistungsorientierten Konditionenpolitik betrifft die *konsequente Koppelung von Preisnachlässen an Gegenleistungen der Kunden*. Preisnachlässe sollten demnach nur dann gewährt werden, wenn diese auch mit einer entsprechenden Gegenleistung der Kunden einhergehen. Mögliche Gegenleistungen der Kunden umfassen z.B. die Abnahme großer Bestellmengen, die elektronische Auftragseingabe, eine frühe Zahlung der Rechnungsbeträge oder die Selbstabholung der bestellten Produkte. Wichtig ist, dass sich aus der Gegenleistung der Kunden ein direkter Nutzen für den Anbieter ergibt (z.B. Kosteneinsparungen bei der Logistik), der den Preisnachlass ganz oder teilweise kompensiert. Beispiele für Konditionen mit Leistungsorientierung sind Mengenrabatte, EDI-Discount, Skonto oder ein Lagerbeschickungsrabatt.

Ein zweiter Aspekt zur Umsetzung einer leistungsorientierten Konditionenpolitik im B2B-Marketing betrifft die *disziplinierte Vergabe von Sonderpreisen*. Die konsequente Anwendung der Konditionenregeln im Tagesgeschäft ist eine wichtige Grundlage, um die Kunden zur Gegenleistung zu motivieren. Problematisch ist in diesem Zusammenhang, dass gerade kleine Kunden häufig verlangen ähnlich gute Konditionen zu erhalten wie Großkunden. Um eine Preiserosion zu verhindern, sollten Sonderpreise deshalb auf keinen Fall schon bei kleinen Auftragswerten vergeben werden. Zudem sollten Anbieter bereits bei der Gestaltung von Preislisten beachten, dass die Einkäufer in den Kundenunternehmen möglicherweise anhand der von ihnen erzielten Rabatte und Boni beurteilt werden. Folglich sollte die Preisliste von vornherein einen gewissen Spielraum für Rabatte und Boni vorsehen. Zur Optimierung von Preissystemen ist ein ganzheitliches Management der verschiedenen Konditionenarten notwendig (Marn/Rosiello 1992). Dazu kann die bereits oben dargestellte Preistreppe verwendet werden, mit der sich nach Berücksichtigung aller verwendeten Konditionen die im Markt erzielten Nettopreise berechnen lassen (vgl. **Abbildung 3.6**).

Grundsätzlich ist in diesem Zusammenhang anzumerken, dass *die Umsetzbarkeit einer leistungsorientierten Konditionenpolitik je nach Geschäftstyp im B2B-Marketing variiert*. Sie wird im Wesentlichen von den geschaffenen Abhängigkeiten zwischen Anbieter und Nachfrager bestimmt. Im Systemgeschäft dominiert der Anbieter mit dem zunehmenden Folgekaufcharakter die Geschäftsbeziehung und befindet sich demzufolge in einer guten Verhandlungsposition, um für Preisnachlässe auch entsprechende Gegenleistungen beim Kunden zu realisieren. Umgekehrt verhält es sich im Anlagen- bzw. Projektgeschäft. Hier besteht aufgrund des hohen Individualisierungsgrades der Leistungen und der damit einhergehenden spezifischen Investitionen eine hohe Abhängigkeit des Anbieters von seinen Kunden. Im Anlagen- und Projektgeschäft bestehen somit für den Anbieter kaum Spielräume für die Umsetzung einer leistungsorientierten Konditionenpolitik, was die Gefahr einer Preiserosion verstärkt. Bei einer hohen wechselseitigen Abhängigkeit von Anbieter und Kunde, so wie dies im Zuliefergeschäft der Fall ist, hängt die Durchsetzbarkeit einer leistungsorientierten Konditionenpolitik im Wesentlichen vom Verhandlungsgeschick der beteiligten Akteure ab. Aufgrund der in etwa ausgeglichenen Machtverhältnisse besteht für den Anbieter aber zumindest die Möglichkeit gute Konditionen an Gegenleistungen des Kunden zu binden.

Literatur

Adams, W., Yellen, J. (1976), Commodity Bundling and the Burden of Monopoly, Quarterly Journal of Economics, 90, August, 475-498.

Anderson, J., Narus, J. (1998), Business Marketing: Understand What Customers Value, Harvard Business Review, 76, 6, 53-63.

Backhaus, K., Büschken, J. (1995), Organisationales Kaufverhalten, in: Tietz, B., Köhler, R., Zentes, J. (Hrsg.), Handwörterbuch des Marketing, 2. Aufl., Stuttgart, 1954-1966.

Backhaus, K., Voeth, M. (2004), Industriegütermarketing – eine vernachlässigte Disziplin?, in: Backhaus, K., Voeth, M. (Hrsg.), Handbuch Industriegütermarketing, Wiesbaden, 5-21.

Backhaus, K., Voeth, M. (2010), Industriegütermarketing, 9. Aufl., München.

Clark, T., Kotabe, M., Rajaratnam, D. (1999), Exchange Rate Pass-Through and International Pricing Strategy: A Conceptual Framework and Research Propositions, Journal of International Business Studies, 30, 2, 249-268.

Diller, H. (1997), Preis-Management im Zeichen des Beziehungsmarketing, Die Betriebswirtschaft, 57, 6, 749-763.

Gagnon, J., Knetter, M. (1995), Markup Adjustment and Exchange Rate Fluctuations: Evidence from Panel Data on Automobile Exports, Journal of International Money and Finance, 14, 2, 289-510.

Guiltinan, J. (1987), The Price Bundling of Services: A Normative Framework, Journal of Marketing, 51, 2, 74-85.

Herrmann, A., Bauer, H. (1996), Ein Ansatz zur Preisbündelung auf der Basis der "prospect"-Theorie, Zeitschrift für betriebswirtschaftliche Forschung, 48, 7/8, 675-694.

Homburg, Ch., Daum, D. (1997), Marktorientiertes Kostenmanagement: Kosteneffizienz und Kundennähe verbinden, Frankfurt am Main.

Homburg, Ch., Jensen, O. (2005), Internationale Marktbearbeitung und internationale Unternehmensführung: 12 Thesen, in: Brandt, W., Picot, A. (Hrsg.), Unternehmenserfolg im internationalen Wettbewerb: Strategien, Steuerung und Struktur, Stuttgart, 33-66.

Homburg, Ch., Krohmer, H. (2009), Marketingmanagement: Strategie – Instrumente – Umsetzung – Unternehmensführung, 3. Aufl., Wiesbaden.

Homburg, Ch., Kühlborn, S. (2003), Der erfolgreiche Weg zum Systemanbieter – Strategische Neuausrichtung von Industriegüterunternehmen, Arbeitspapier Nr. M81, Reihe Management Know-how, Institut für Marktorientierte Unternehmensführung, Universität Mannheim.

Homburg, Ch., Jensen, O., Schuppar, B. (2004), Pricing Excellence: Wegweiser für ein professionelles Preismanagement, Arbeitspapier Nr. M90, Reihe Management Know-how, Institut für Marktorientierte Unternehmensführung, Universität Mannheim.

Jedidi, K., Jagpal, S., Manchanda, P. (2003), Measuring Heterogeneous Reservation Prices for Product Bundles, Marketing Science, 22, 1, 107-130.

Johnson, M., Herrmann, A., Bauer, H. (1999), The Effects of Price Bundling on Consumer Evaluations of Product Offerings, International Journal of Research in Marketing, 16, 2, 129-142.

Kaufmann, L. (2001), Internationales Beschaffungsmanagement, Wiesbaden.

Kleinaltenkamp, M. (1997), Business-to-Business-Marketing, in: Gabler Wirtschafts-Lexikon, 14. Aufl., Band 1, A-E, Wiesbaden, 753-762.

Lilien, G. L., Rangaswamy, A. (2004), Marketing Engineering, 2. Aufl., Victoria.

Marn, M. V., Rosiello, R. L. (1992), Managing Price, Gaining Profit, Harvard Business Review, 70, 5, 84-99.

Monroe, K. (2003), Pricing – Making Profitable Decisions, 3. Aufl., New York.

Plinke, W. (2000), Grundkonzeptionen des industriellen Marketing-Managements, in: Kleinaltenkamp, M., Plinke, W. (Hrsg.), Technischer Vertrieb: Grundlagen des Business-to-Business Marketing, 2. Aufl., Berlin, 101-168.

Sander, M. (1997a), Internationales Preismanagement: Eine Analyse preispolitischer Handlungsalternativen im internationalen Marketing unter besonderer Berücksichtigung der Preisfindung bei Marktinterdependenzen, Heidelberg.

Sander, M. (1997b), Optimale Preissetzung auf verbundenen internationalen Märkten bei standardisierten und differenzierten Produkten, Zeitschrift für Betriebswirtschaft, 67, Ergänzungsheft 1, 135-155.

Schmalensee, R. (1984), Pricing of Product Bundles, Journal of Business, 57, 1, 211-230.

Schuppar, B. (2006), Preismanagement: Konzeption, Umsetzung und Erfolgsauswirkungen im Business-to-Business-Bereich, Wiesbaden.

Shaffer, G., Zhang, Z. J. (1995), Competitive Coupon Targeting, Marketing Science, 14, 4, 395-416.

Simon, H., Fassnacht, M. (2009), Preismanagement, 3. Aufl., Wiesbaden.

Simon, H., Kucher, E. (1992), The European Pricing Time Bomb: And How to Cope With It, European Management Journal, 10, 2, 136-145.

Simon, H., Tacke, G. (1992), Mit nichtlinearer Preisbildung zu höherem Gewinn, Harvard Manager, 4, 48-62.

Skiera, B. (1999), Mengenbezogene Preisdifferenzierung bei Dienstleistungen, Wiesbaden.

Stremersch, S., Tellis, G. J. (2002), Strategic Bundling of Products and Prices: A New Synthesis for Marketing, Journal of Marketing, 66, 1, 55-72.

Tacke, G. (1992), Nichtlineare Preisbildung: Höhere Gewinne durch Differenzierung, Wiesbaden.

Voeth, M., Rabe, C. (2004), Preisverhandlungen, in: Backhaus, K., Voeth, M. (Hrsg.), Handbuch Industriegütermarketing, Wiesbaden, 1015-1038.

Wübker, G. (1998), Preisbündelung – Formen, Theorie, Messung und Umsetzung, Wiesbaden.

4 Grundlegende Arten der Preisfindung auf B2B-Märkten

Mario Rese

Prof. Dr. Mario Rese ist Inhaber des Lehrstuhls für Betriebswirtschaftslehre, insbesondere Marketing an der Ruhr-Universität Bochum sowie Affiliate Professor an der esmt Berlin.

4.1   Einführung[1]

Preisfindung – also das Finden bzw. das Bestimmen des „richtigen" Preises (aus Anbieter-sicht) – ist wohl eine der interessantesten Fragestellungen im Bereich der Wirtschaftswis-senschaft und speziell des Marketing. Der Grund dürfte zum einen in der relativ betrachtet großen Hebelwirkung liegen, die der Preis auf die Profitabilität ausübt. So konnten Marn/ Roegner/Zawada (2004) zeigen, dass eine einprozentige Erhöhung des Preises im Durch-schnitt zu einer elfprozentigen Steigerung des Gewinns führt. Zum anderen gibt es kein Marketinginstrument, mit dem man einen vergleichbar direkten und sofortigen Einfluss auf Gewinn und Cash Flow hat (Simon/Fassnacht 2009). Daher ist für Unternehmen die Frage von größter Relevanz, ob denn tatsächlich eine genügende Höhe des Preises erreicht wurde, um die sogenannte Konsumentenrente so klein als wettbewerblich gerade noch möglich zu halten – bei gleichzeitig hinreichender Wahrscheinlichkeit, das Geschäft auch zu bekommen. Nimmt man noch die gesamte Psychologie hinzu, die sich um die Frage des richtigen Preises rankt – Stichworte sind hier Preisschwellen, Referenzpreise, aber auch das „Framing" im Rahmen der Preisfindung – wird deutlich, warum Preisfindung einen derart schillernden und spannenden Charakter hat.

Sprechen wir ganz generell über Preisfindung (oder Preisbestimmung; vgl. hierzu auch den Beitrag von Homburg/Totzek in diesem Band), lässt sich prinzipiell eine enge und eine weite Perspektive unterscheiden: Die weite Sichtweise zählt zur Preisfindung sowohl die Gestaltung des Preiszählers – Wie viel muss der Kunde geben? – als auch die Gestaltung des Preisnenners – Wofür soll er es geben? (Diller 2008, S. 31). Faktisch wird bei der weiten Sichtweise über die Dimension des Preisnenners eigentlich jeder Parameter des Marke-tingmix in die Preisfindungsfrage integriert: z.B. die Anpassung des Produktes aufgrund von Performance- oder Kostenüberlegungen, die Veränderung des Distributionsweges usw. Die enge Sichtweise fokussiert demgegenüber nur den Preiszähler bei gegebenem Preisnenner, also bei gegebener Leistungsgestaltung. Dieser Ansatz geht davon aus, dass die technischen Bedingungen der Leistung inklusive aller Zusatzleistungen bestimmt sind und nunmehr als einzige Variable die vom Kunden zu erbringende (i.d.R. monetäre) Ge-genleistung zu bestimmen ist.

Diese zweite Sichtweise ist gerade auf B2B-Märkten in den meisten Fällen unrealistisch. Er-fahrene Vertriebsmitarbeiter haben immer das Gesamtpaket im Auge, wenn sie mit dem Kunden verhandeln. Jedoch eröffnet uns die enge Sichtweise auf das Preisfindungsprob-lem hier die Möglichkeit, die Bestimmung des Preiszählers genauer zu betrachten. Inso-weit soll im Weiteren der engeren Perspektive gefolgt werden. Es wird sich zeigen, dass schon bei dieser fokussierten Sichtweise eine Vielzahl von Einflussfaktoren zu beachten sind bei der so einfach anmutenden Frage: Wie viel soll es denn nun für den Kunden kos-ten? Und wann muss er was bezahlen?

---

[1] Für die Hilfen bei der Erstellung dieses Beitrags danke ich Frau Dipl.-Oec. Kira Maiwald, Herrn Dipl.-Kfm. Sascha Alavi und Herrn Dipl.-Vw. Markus Karger.

Um sich der Frage nach den grundlegenden Arten der Preisfindung im B2B-Bereich zu
nähern, ist zunächst zu konstatieren, dass in der Praxis wie in der Literatur nicht wenige
Vorschläge zu Methoden der Preisfindung existieren: Börsen bzw. Auktionen, präferenz-
basierte, indirekt vorgehende Methoden wie z.B. die Limit Conjoint-Analyse, nutzenfokus-
sierte Methoden, wie der TPO (Total Profit of Ownership) oder der TCO (Total Costs of
Ownership) Ansatz. Wenig systematisch wird jedoch diskutiert, in welcher Geschäftssituation die verschiedenen Methoden geeignet sind. Welche Methoden helfen dem Anbieter,
tatsächlich das Beste für sich zu erreichen? Genau diese Frage soll hier im Fokus stehen.
Wir wollen nach den Einflussfaktoren fahnden, die dafür sorgen, dass sich die eine oder
andere Methode zur Preisfindung, wie sie in diesem Buch im Weiteren genauer vorgestellt
wird (vgl. hierzu insbesondere die Beiträge von Jensen/Henrich und Klarmann/Miller/Hof-
stetter in diesem Band), als mehr oder minder wertvoll erweist für die Frage, wie Preisfindung generell zu betreiben ist und welche „Tools" hier unterstützen können. Wir wollen
quasi das Rahmenwerk liefern für die Frage: Welche Methode wann? Und dies alles aus
Anbietersicht. Die genaue Erläuterung der einzelnen Methoden ist dabei nicht unser Ziel,
sondern eher die Schaffung eines Baukastens, der die Zuordnung der verschiedenen Methoden zulässt.

Die folgenden sechs Einflussdimensionen auf die Art der Preisfindung lassen sich unterscheiden (vgl. **Abbildung 4.1**):

1. *Grad der Individualisierung der Leistung*: Je individueller eine Leistung auf den Kunden
   zugeschnitten wird, desto eher wird die Leistungserstellung erst nach Vertragsabschluss erfolgen. Die Konsequenz ist, dass der Preisnenner parallel mit dem Preiszähler
   verhandelt wird bzw. zumindest prinzipiell verhandelt werden kann. Ist die Leistung
   eher standardisiert, ist die Beeinflussung des Preisnenners in vielen Dimensionen mit
   Blick auf eine einzelne Transaktion nicht so einfach möglich. Zudem liegt die Leistungserstellung oft zeitlich vor Vertragsabschluss. Das Gut wird autonom, ohne Integration des externen Faktors, d.h. ohne Beteiligung des jeweiligen Kunden, vorproduziert. Entsprechend findet auch die Preisfindung eher entindividualisiert zum Zeitpunkt der Leistungsentwicklung und mit Blick auf ein ganzes Käufersegment statt. Als
   Stichworte sind hier Target Pricing und Target Costing zu nennen.

2. *Art und Intensität des Wettbewerbs*: Je nach wettbewerblicher Situation macht sich die
   Preisfindung, speziell die Bestimmung der Preisobergrenze, eher an der Nutzenstif-
   tung der Leistung für den Kunden fest oder aber an den alternativen Angeboten im
   Markt.

3. *Verbundwirkungen zwischen Leistungen*: Als weitere Determinante bei der Preisfindung
   kommen mögliche Verbundwirkungen hinzu, die die Preise der im Fokus stehenden
   Leistungen beeinflussen. Entsteht zum Beispiel durch den Kauf eines bestimmten Produktes eine technische Bindung an den Anbieter, die den Kauf weiterer (Komplemen-
   tär-)Leistungen nach sich zieht, kann dies bei der Preisfindung für das Initialprodukt
   berücksichtigt werden. Ein Preis unter den Vollkosten kann ökonomisch sinnvoll sein.
   Anders ist dies im Fall unverbundener Leistungen. Hier ist auf längere Sicht ein Preis
   unter den Selbstkosten ökonomisch unsinnig.

Abbildung 4.1   Einflussfaktoren auf die Wahl der richtigen Methode zur Preisfindung
auf B2B-Märkten

---

4. *Zeitliche Dynamik der Marktentwicklung*: Offensichtlich wohnt der Preisfindung eine dynamische Komponente inne. Die Preisentwicklung über die Zeit muss berücksichtigt werden, mit allen ihren beeinflussenden Faktoren, wie die Konkurrenzpreis- und Konkurrenzleistungsentwicklung oder die Veränderung der Kundenmärkte mit einer sich ändernden Zahlungsbereitschaft über die Zeit usw.

5. *Machtverteilung zwischen Anbieter und Nachfrager*: Ein weiterer Aspekt zur Differenzierung der Preisfindungsaktivitäten ist die Frage nach der Machtverteilung in der Anbieter-Nachfrager Dyade. Die jeweils Mächtigeren versuchen den Handlungsspielraum im Pricing für sich zu nutzen. Letztlich geht es hierbei um die Frage, wer das Heft des Handelns in der Hand hält, wer die Regeln des Preispokers bestimmt (vgl. hierzu den Beitrag von Voeth/Herbst in diesem Band). Setzt der Kunde eine Auktion an, in der Anbieter offen um den Erhalt eines Auftrags konkurrieren, ist die Preisfindung reduziert auf ein Unterbieten des Wettbewerbers. Ist der Anbieter hingegen autonom in der Festlegung seines Angebotspreises, erweitert sich der Profitabilitätsspielraum erheblich.

6. *Risikoteilung zwischen Anbieter und Nachfrager*: Ein letzter Aspekt ist das Geschäftsmodell, das der Anbieter anstrebt. Es ist bei Weitem nicht mehr so, dass immer und in jeder Situation ein Preis für eine definierte Leistung vereinbart wird. Mit dem Aufkom-

men z.B. von Betreibermodellen, und insoweit des Performance Contracting, gibt es vermehrt auch Modelle, die die Preisbestimmung in Abhängigkeit von der Entwicklung bestimmter, vorher definierter Performancefaktoren festlegen. Hier wird deutlich, dass in der Preisfindung (in Bezug auf Art und Höhe) auch Risikoüberlegungen eine Rolle spielen.

Alles in allem ist damit ein ganzer Fächer an Einflussfaktoren beschrieben (vgl. **Abbildung 4.1**), der das Feld der Preisfindung im B2B-Bereich sehr heterogen werden lässt. Die Analyse der Wirkung dieser verschiedenen Einflüsse und die sich daraus ergebenden Notwendigkeiten, aber v.a. existierende Instrumente im Rahmen der Preisfindung sollen in diesem Beitrag im Fokus stehen. Bei der Analyse der Herausforderungen werden wir entlang der benannten Dimensionen vorgehen, um jeweils die besten Antworten zu systematisieren.

4.2   Grundlagen

Preisfindung findet nicht im luftleeren Raum statt. Vielmehr gibt es einen mal breiteren und mal schmaleren Korridor, in dem sich der Preis bewegen kann. Die begrenzenden Größen dieses Korridors sind die sogenannte Preisobergrenze und die Preisuntergrenze (Monroe 2003). Als Preisobergrenze wird der maximale Preis bezeichnet, den der Kunde bereit ist zu zahlen. Mit anderen Worten: Liegt der Preis genau auf Höhe der Preisobergrenze, sollte der Kunde indifferent sein, ein Angebot anzunehmen, oder die Alternative zu wählen (dies können ein Konkurrenzangebot oder auch der Nichtkauf sein). Die Preisuntergrenze wiederum bezeichnet den Punkt, an dem der Anbieter indifferent ist, das Geschäft mit dem Kunden zu realisieren oder aber von dem Geschäft zurückzutreten.

Tatsächlich ist ein Angebot nur sinnvoll, wenn die Preisobergrenze des Kunden oberhalb der Preisuntergrenze des Anbieters liegt. Dann und nur dann gibt es den Spielraum, in dem der Preisfindungsprozess stattfinden kann (Zone of Possible Agreements; Raiffa 1982). Dabei gilt wiederum: Je näher der Preis an der Preisobergrenze liegt, desto kleiner wird die Konsumentenrente und desto größer die Produzentenrente. Natürlich gilt dieser Zusammenhang auch umgekehrt in gleicher Art und Weise. **Abbildung 4.2** verdeutlicht diese Relationen.

Das Interessante hieran ist weniger der Zusammenhang zwischen Obergrenze, Untergrenze und der Preisfestlegung im gegebenen Spielraum an sich, als vielmehr die Implikationen für das Management (die grauen Pfeile in **Abbildung 4.2**). Es wird deutlich, dass der Anbieter prinzipiell drei Möglichkeiten der Beeinflussung in diesem Preisspiel hat:

1. Er kann versuchen, die Preisuntergrenze zu beeinflussen. Dies bedeutet i.d.R. deren Senkung, um den Preissetzungsspielraum zu erweitern. Häufig wird dieser Spielraum, in dem sich dann Preisverhandlungen bewegen können, durch Kostensenkungsmaßnahmen überhaupt erst erzeugt.

2. Er kann die Preisobergrenze des Kunden beeinflussen, indem er z.B. durch Produktvariationen oder auch durch geschickte Kommunikationsmaßnahmen die Wertigkeit der

Leistung in den Augen des Kunden positiv beeinflusst. Auch dies erzeugt letztlich einen größeren Spielraum zwischen Preisobergrenze und Preisuntergrenze.

3. Die Bestimmung der Preishöhe innerhalb des Spielraums ist die dritte vom Anbieter zu treffende Managemententscheidung, soweit er diese tatsächlich steuern kann. Hier geht es um die Frage der Verteilung des Vorteils auf Kunde und Anbieter.

Letztlich macht dieses einfache Bild die prinzipiellen Handlungsparameter eines Anbieters im Rahmen der Preisfindung deutlich.

Abbildung 4.2   Notwendiger Spielraum im Rahmen der Preissetzung und Managementherausforderungen für den Anbieter

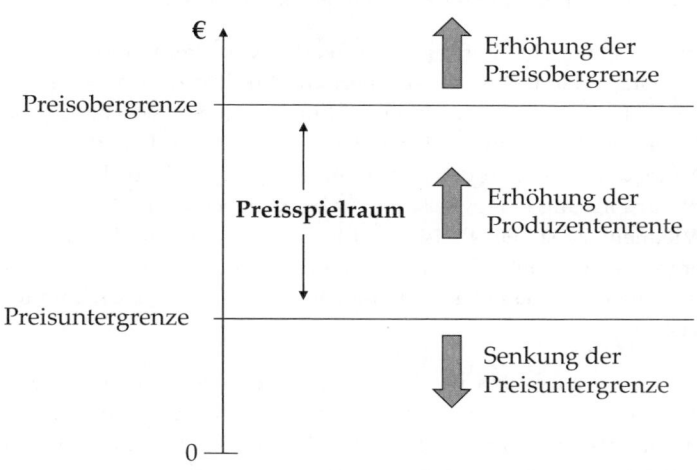

Betrachtet man die Methoden zur Preisfindung, lassen sich diese gemäß der drei genannten Angriffspunkte unterscheiden (vgl. hierzu den Beitrag von Klarmann/Miller/Hofstetter in diesem Band). Zunächst gibt es eine Gruppe von Methoden, die versuchen, die Preisobergrenze zu bestimmen. Hierzu zählen z.B. die sogenannte Limit Conjoint-Analyse oder die Identifikation des Kundennutzens über die Lebenszeit der Leistung mit Hilfe von Kapitalwertmethoden: Stichworte sind hier TCO- oder TPO-Ansätze. All diesen Verfahren ist gemein, dass sie nur Vorarbeit leisten für die Frage, welcher Preis tatsächlich angesetzt wird. Der Grund ist, dass der verlangte Preis nicht unbedingt mit der Preisobergrenze übereinstimmen muss/soll. Vielmehr erwartet der Kunde, dass er vom Anbieter nicht nur indifferent gestellt wird, sondern einen Teil des Vorteils zugestanden bekommt.

Diese Frage nach der Vorteilsverteilung macht insoweit die zweite Gruppe von Methoden aus. Hierzu zählen Börsen, Auktionen, Ausschreibungen, aber auch Preisverhandlungen. Existieren bei den drei erstgenannten bereits recht klare Erkenntnisse, zu welcher Vorteilsverteilung der Mechanismus jeweils führt, gibt es noch Nachholbedarf bei den Erkenntnissen zu Preisverhandlungen (vgl. hierzu den Beitrag von Voeth/Herbst in diesem Band). Bislang wurden v.a. die Einflüsse von Verhandlungsprozessen, Verhandlungsmacht oder Informationsverhalten auf die Vorteilsverteilung untersucht. Hier gibt es jedoch noch großen Handlungsbedarf. Hinweise hierfür liefern die Ergebnisse zu den sogenannten Ultimatumspielen aus der Spieltheorie. Hier „spielen" zwei Spieler um einen Geldbetrag, den es zu verteilen gilt. Während der erste Spieler zu entscheiden hat, wie viel jeder der Zwei von diesem Betrag bekommen soll, darf Spieler zwei dieses Angebot lediglich annehmen oder ablehnen. Es zeigt sich, dass die Verteilung wenigstens ein Drittel (für Spieler zwei) zu zwei Drittel (für Spieler eins) sein muss, damit der zweite Spieler zustimmt. Übertragen auf die Verteilung des (auch dem Kunden bekannten) Preisspielraums bedeutet dies, dass der Anbieter nicht gut beraten ist mit dem Versuch, die gesamte zur Verfügung stehende Rente für sich zu reservieren, die Konsumentenrente also gegen null zu drücken. Er geht damit das Risiko der Ablehnung des Angebotes durch den Kunden ein.

Die dritte Gruppe von Methoden zielt auf die Identifikation von Preisuntergrenzen bzw. deren Beeinflussung ab. Hier sind i.d.R. kostenrechnerische Ansätze zu nennen, die in Abhängigkeit von der Geschäftssituation dem Anbieter Hinweise geben, welches Preisangebot eines Kunden noch akzeptabel ist und welches abzulehnen ist. Der Unterschied dieser dritten Gruppe von Methoden zu denen der ersten beiden Gruppen liegt darin, dass die Preisuntergrenze nicht zur Findung eines Preises dient bzw. dienen darf (Homburg/Krohmer 2009, S. 716ff.). Vielmehr ist sie ein Preisbewertungsinstrument. Die Erkenntnis, die anhand der Preisuntergrenze zu erzielen ist, ist einzig, ob ein Preis für den Anbieter noch akzeptabel ist. Nur in geringerem Maße kann man auch erkennen, wie auskömmlich der Preis für den Kunden ist.

Im weiteren Verlauf des Beitrags wollen wir uns auf die Methoden für die ersten zwei Managementherausforderungen konzentrieren. Sie beeinflussen die Festlegung des Preises direkt und dienen nicht nur als Bewertungsmaßstab für die Attraktivität eines gefundenen Preises. Wer Genaueres zu Preisuntergrenzen und dem Management dieser lesen will, wird in dem Beitrag von Rese/Herter (2004) fündig.

4.3 Individualisierung vs. Standardisierung der Leistung

Der offensichtlichste Treiber für die Art der Preisfindung ist die Art der Leistung. Im Fall individueller Leistungen findet ein jeweils kundengerechter Zuschnitt der Problemlösung unter Einbeziehung des Kunden statt. Zur Absicherung des Anbieters wird der Vertrag über Leistung und Gegenleistung i.d.R. vor der eigentlichen Erstellung geschlossen. Beide Aspekte – Leistung und Gegenleistung – werden dabei parallel verhandelt. Für die Preisfindung bedeutet dies eine Situation mit einer relativ großen Intransparenz, vor allem für den Nachfrager. Weder kann er sich vollkommen sicher sein, dass die Leistungen verschiedener Anbieter wirklich vergleichbar sind, noch, dass der Anbieter nach Vertragsschluss auch die Leistung erbringt, die er vorab versprochen hat. Dies führt beim Kunden aus

Sicht der Preisfindung zu Unklarheit in dreierlei Hinsicht: Unklarheit über die eigene Preisobergrenze, Unklarheit über die Vergleichbarkeit der Wettbewerberpreise und implizit auch eine Unklarheit über die Preisuntergrenze des Anbieters zur Einschätzung des Verhandlungsspielraums. Zuletzt gibt es auch keinen Marktpreis als Referenz, an dem sich der Kunde orientieren kann. In diesen Situationen steht die Signalisierung von Preisober- und Preisuntergrenze an die jeweils andere Seite im Vordergrund. Der Anbieter versucht, seine Preisuntergrenze möglichst hoch darzustellen (jedoch unterhalb der Preisobergrenze des Nachfragers). Umgekehrt versucht der Nachfrager eine geringere Zahlungsbereitschaft zu suggerieren, als er tatsächlich hat. Die Preisfindung innerhalb des Preisspielraumes ist dann nur der letzte Schritt in diesem Spiel. Aber sie ist im Fall individualisierter Produkte immer kundenindividuell. Technisch betrachtet eignen sich zur Abschätzung der Preisobergrenze alle Methoden, die versuchen, den Kundennutzen zu quantifizieren, den der jeweilige Kunde von der angebotenen Problemlösung haben wird. Eine Möglichkeit ist die Berechnung des Kapitalwertes, wie sie von Oxenfeldt (1979) vorgeschlagen wurde. Andere Möglichkeiten sind Nutzwertanalysen. Entscheidend ist, dass für jeden Kunden individuell gerechnet werden muss. Methoden wie die Conjoint-Analyse sind dementsprechend weniger geeignet.

Für homogene Güter – Commodities – stellt sich die Situation völlig anders dar. Sie werden vom Anbieter mit Blick auf ein Marktsegment entwickelt und gestaltet. In der Regel sind sie bereits autonom vorproduziert. Dann gelangen sie über Vertriebskanäle zum Kunden. Hier muss der Anbieter schon vor der eigentlichen Vermarktung eine klare Vorstellung über erzielbare Preise und die zugehörigen Mengen im Zeitverlauf des Produktlebenszyklus haben. Diese – verglichen mit den Kosten, die durch das Produkt über die Lebenszeit anfallen – gibt das Signal, ob eine Leistung überhaupt in der Art und Weise angeboten werden sollte. Hier wird deutlich, dass die Frage der Preisfindung sich in zwei Aspekte aufspaltet:

1. Welcher Preispfad ist auf Basis der Marktforschungsdaten realistisch?

2. Welche Preisadjustierungen nimmt man im Laufe des Produktlebenszyklus vor, wenn die Planungen bzw. Erwartungen so nicht eintreffen?

Der erste Aspekt repräsentiert letztlich den Businessplan des Produktes. Hier findet das Target Pricing und für die Abschätzung (genauer: die aktive Steuerung) der Preisuntergrenzenentwicklung das Target Costing Anwendung. Es wird der Preis für ein ganzes Käufersegment identifiziert und die Kosten werden ebenfalls mit Blick auf die realisierbaren Mengen geschätzt. Als Methode im Rahmen der Preisobergrenzenbestimmung eignet sich das Conjoint Measurement bzw. die Conjoint-Analyse, z.B. in Form der Limit Conjoint-Analyse. Der zweite Aspekt zielt auf das operative Adjustieren des Preises im Verlauf des Produktlebenszyklus. Hier findet das „normale" Anpassen statt, das z.B. wegen unerwarteter Schritte des Wettbewerbs nötig wird. In der Regel findet hier eine wettbewerbsorientierte Preisfindung statt.

4.4 Art und Intensität des Wettbewerbs

Je stärker der wettbewerbliche Druck unter verschiedenen Anbietern, desto eher wird die Preisobergrenze des Kunden durch die Alternativangebote des Konkurrenten und weniger durch die prinzipiell beim Kunden gegebene Zahlungsbereitschaft – das Nutzenpotenzial für den Kunden – bestimmt (Ingenbleek et al. 2003). Ein Treiber dieses wettbewerblichen Drucks ist die zuvor diskutierte Unterscheidung in individuelle bzw. standardisierte Leistungen. Je individualisierter die Leistung ist, desto geringer ist die Leistungshomogenität und desto schwieriger ist der Leistungs- und damit am Ende auch der Preisvergleich. Umgekehrt ist bei standardisierten Leistungen in der Tendenz eine höhere Vergleichbarkeit zwischen den Konkurrenzangeboten gegeben, mit der Konsequenz eines *stärkeren* direkten Preiswettbewerbs. Beide Aussagen gelten jedoch nur, wenn auch tatsächlich mehrere Anbieter ein entsprechendes Angebot machen. Insofern ist der zweite Treiber einfach die Zahl der Anbieter in einem Markt, die der Kunde als Problemlöser in Betracht zieht. Das Bemerkenswerte hier ist weniger die Tatsache des Wettbewerbs an sich als vielmehr die Zwänge, die sich für den Anbieter ergeben. Kann er als Quasi-Monopolist agieren, ist sein Orientierungspunkt für die Preisfestsetzung die maximale Zahlungsbereitschaft des Kunden. Diese möglichst weitestgehend abzuschöpfen bei einer noch hinreichenden Chance, dass der Kunde das Geschäft auch tätigt (Stichwort: Verteilung des Preisspielraums; **Abbildung 4.2**), muss in dem Fall das Ziel der Preissetzung sein.

In wettbewerblichen Märkten ist dies grundlegend anders. Die Orientierungspunkte eines Anbieters müssen die Wettbewerberpreise sein, bzw. genauer deren Preis-Leistungs-Verhältnisse. Geht man davon aus, dass die Wettbewerberpreise unter der eigentlichen Zahlungsbereitschaft des Kunden liegen (ansonsten würde der Wettbewerb keine Gefahr darstellen, weil keine Transaktion zustande käme), hat der Kunde bereits eine marktgegebene Konsumentenrente. Diese besteht in der Differenz zwischen seiner Zahlungsbereitschaft (im Monopolfall) und den niedrigeren Wettbewerberpreisen. Um hier über die Preissetzung den Kunden zu gewinnen, dürfte ein marginales Unterschreiten der Wettbewerberpreise hinreichend sein. Zum einen hat der Kunde bereits seine Rente, zum anderen signalisiert ein Preisniveau, um das sich alle Anbieter im Markt bewegen, einen gerade noch auskömmlichen Preis mit Blick auf die Preisuntergrenze der Anbieter. Der Kunde kann zu Recht davon ausgehen, dass die Kräfte des Marktes die Übergewinne (weitgehend) wegkonkurriert haben.

Mit anderen Worten: Befindet sich ein Anbieter in einer quasi monopolistischen Situation, ist dem Kunden natürlich seine eigene Preisobergrenze klar. Der Unterschied zum Wettbewerbsfall ist, dass der Kunde aus dem Markt heraus keine validen Signale über die Preisuntergrenze des Anbieters erhält. Damit ist er nicht in der Lage, den Preisspielraum einzuschätzen. Insoweit fällt es ihm aber auch schwer, ein faires von einem unfairen Angebot zu unterscheiden. Die Erfahrung lehrt uns, dass Kosten der Marktgegenseite eher unter- denn überschätzt werden. Entsprechend kann man vermuten, dass der Nachfrager einen recht großen Preisspielraum sieht. Ganz konsequent erwartet er dann auch ein größeres Stück vom Kuchen. Die einzige Möglichkeit des Anbieters, dieses Problem zu lösen, liegt in der glaubwürdigen Signalisierung der eigenen Kosten.

Ist der Markt hingegen wettbewerblich, erhält der Nachfrager über den Marktpreis indirekt Signale zu den Preisuntergrenzen der Anbieter. Eine konkurrenzorientierte Preissetzung mit dem berühmten „Schnaps weniger" als der Konkurrent reicht insoweit oft aus, um Akzeptanz auf der Kundenseite zu gewinnen. Und als fair dürfte das Angebot vom Kunden auch wahrgenommen werden.

4.5 Verbundwirkungen zwischen Leistungen

Ein weiterer Faktor, der die Preissetzung in erheblichem Maß beeinflussen kann, ist die Verbundenheit der anstehenden Transaktion mit Folgetransaktionen. Verbundene Transaktionen entstehen, wenn der Nachfrager sich durch die Initialkaufentscheidung an einen Anbieter bindet. Erzeugt diese Bindung Wechselkosten für den Nachfrager, kann der Anbieter bei den Folgetransaktionen einen erhöhten Preis verlangen. Wir reden in solchen Fällen von „Lock-in-Situationen" (Backhaus/Mühlfeld 2004). Der Kunde hat in der ersten Transaktion spezifisch in einen bestimmten Anbieter investiert. Will er bei einem alternativen Anbieter die Folgeprodukte erwerben, muss er zunächst einen neuerlichen Initialkauf tätigen. Dieser Effekt ist z.B. bei Druckern oder auch bei Software bekannt. Hat man erst einmal den Drucker gekauft, ist man gezwungen, die Toner vom gleichen Hersteller zu erwerben.

Offensichtlich wird die Preisfindung beim Initialkauf, aber auch beim Folgekauf von der Bindung beeinflusst. Der Anbieter hat die Tendenz, den Kunden durch möglichst niedrige Preise z.B. für den Drucker zunächst zu binden, um ihm dann in der Folge für die Toner einen deutlich höheren Preis abzuverlangen. Dies kann dazu führen, dass die Preisuntergrenze, wie sie sich kostenrechnerisch allein für das Initialprodukt (z.B. den Drucker) ergibt, unterschritten werden kann. Aus Sicht der Initialtransaktion verlassen wir den Preisspielraum. Dies wird deutlich, wenn man sich das Verhalten eines Anbieters bei völlig unabhängigen Einzeltransaktionen vor Augen führt: In dem Fall muss ein Anbieter, sofern er keine Verluste machen möchte, den Preis derart hoch ansetzen, dass er mit jeder einzelnen Transaktion seinen Erfolg sicherstellt. Jede Transaktion muss sich „rechnen". Das Argument anfänglicher Preisnachlässe zum erfolgreichen Eintritt in eine Geschäftsbeziehung mit einem Kunden zählt im Fall der „unabhängigen Einzeltransaktion" nicht.

Grundsätzlich sind zwei Arten von möglichen Verbunden zwischen Transaktionen zu unterscheiden:

1. Kundenspezifische Verbunde, die mehrere Transaktionen mit einem Kunden betreffen, und

2. kundenübergreifende Verbunde, bei denen die Transaktion mit einem Kunden die Wahrscheinlichkeit verändert, dass ein anderer Kunde ebenfalls kauft.

Während sich hinter der ersten Verbundart i.d.R. Wechselkosten verbergen, kommt bei der zweiten Form noch die sogenannte (positive wie negative) Referenz als Bindungsargument hinzu. Beiden Fällen ist gleich, dass die Preisgestaltung bei mindestens zwei Transaktionen derart verbunden ist, dass die Preise, wie sie sich ergeben hätten, wenn die Transaktionen unabhängig wären, über- bzw. unterschritten werden können.

In der Praxis bewegen sich die meisten Fälle zwischen den zwei Extrempolen völliger Unverbundenheit auf der einen und einer totalen Verbundenheit auf der anderen Seite. Dabei meint totale Verbundenheit, dass der Kunde nach der Initialentscheidung keinerlei Chance mehr hat, zu einem anderen Anbieter zu wechseln. Des Weiteren mischen sich die beiden benannten Verbundenheitsformen häufig. Im Folgenden soll dem Grunde nach diskutiert werden, welche Konsequenzen Transaktionsverbunde auf den Preisspielraum haben. Dabei wird zwischen der Initialtransaktion und den Folgetransaktionen unterschieden.

Um zu verstehen, um wie viel sich der Preisspielraum erweitert, ist eine Betrachtung des Kundenwerts hilfreich. Hier ist zunächst entscheidend, sich die Preisuntergrenze des Anbieters für die einzelne Kundenbeziehung zu vergegenwärtigen: Mit allen erzielbaren Erlösen will er zumindest alle für seine Preisuntergrenze bedeutsamen Kosten abdecken. Anderenfalls ist dieser Kunde für den Anbieter wenig interessant. Wie weit er nun mit dem Preis bei der Initialtransaktion herunter gehen kann, hängt ganz entscheidend davon ab, wie viel zusätzliche Erlöse er in den Folgetransaktionen erzielen kann – in der Höhe wie auch in der Menge. Je mehr Folgetransaktionen es in der Zukunft gibt und je höher die Wechselbarrieren für den Kunden sind, desto größer ist der Spielraum (nach unten) für den Anbieter bei der Initialtransaktion. Dies kann durchaus dazu führen, dass der Anbieter es sich leisten könnte, das Initialprodukt zu verschenken oder sogar noch Geld hinzuzugeben, wenn der Kunde nur damit gebunden werden kann. Faktisch diskutieren wir hier die Preisuntergrenze des Anbieters im Fall verbundener Transaktionen. Sie beläuft sich tatsächlich auf die gesamten relevanten Kosten aller verbundenen Leistungen. Fallen diese über einen längeren Zeitraum an, ist zudem der zeitliche Anfall der Ausgaben über Abzinsungsrechnungen zu berücksichtigen.

Ganz generell gilt die folgende Formel für die Preisuntergrenze (PUG) aller verbundenen Transaktionen:

$$\text{PUG aller verbundenen Transaktionen} = AZ_{t=0}^{\text{Initialtransaktion}} + \sum_{t=1}^{n} (AZ_{t}^{\text{Folgetransaktion}}) \cdot (1+\text{wacc})^{-t}$$

AZ: Auszahlungen

wacc: durchschnittliche Kapitalkosten des Anbieters

Allerdings wird der Anbieter nur im äußersten Notfall das Initialprodukt verschenken oder sogar noch etwas hinzugeben. Vielmehr gilt es, auch schon in der ersten Transaktion einen möglichst hohen Preis zu erreichen, ohne gleichzeitig das Risiko einzugehen, den Kunden bereits in der Initialphase an den Wettbewerb zu verlieren. Es ist offensichtlich, dass hier die gleichen Methoden der Preisobergrenzenbestimmung greifen, wie in Abschnitt

4.4 beschrieben. Der Anbieter darf die Preisbereitschaft des Kunden nicht überschreiten und er darf auch nicht teurer sein, als andere vergleichbare Anbieter am Markt. Er kann jedoch bei der Vorteilsgewährung an den Kunden im Rahmen der Preisfestlegung etwas entgegenkommender sein, um die Wahrscheinlichkeit des Nichterfolgs zu reduzieren.

Dies ändert sich bei den Folgetransaktionen vollständig. Hier hat der Anbieter durch die Bindung des Kunden einen monopolistischen Spielraum. Diesen gilt es auszunutzen, jedoch ohne den Kunden zu verlieren. Die Frage lautet: Wie hoch kann der Preis für die Folgetransaktionen gesetzt werden, ohne den Kunden zum Anbieterwechsel zu bewegen? Der Schlüssel hierzu findet sich in den Wechselkosten des Kunden. Jeder Anbieterwechsel verursacht für den Kunden Kosten. Er muss neuerlich investieren, z.B. einen neuen Drucker kaufen und diesen dann in seine Abläufe, Netzwerke usw. integrieren. Der Preis ist im Extrem gerade so hoch zu setzen, dass sich der Anbieterwechsel nicht mehr für ihn lohnt, also knapp in Höhe der Wechselkosten (Backhaus/Voeth 2007, S. 407). Tatsächlich muss sich der Kunde überlegen, welche Kosten (bzw. genauer Ausgaben) insgesamt auf ihn zukommen, wenn er den Anbieterwechsel vollzieht. Dies sind die Kosten der Initialinvestition plus die beim Wettbewerber auftretenden Folgekosten für die Komplementärprodukte; im Beispiel des Druckers also die Toner des neuen Druckerherstellers über die gesamte Nutzungszeit des Druckers. Diese muss er vergleichen mit den noch anstehenden Ausgaben für den etablierten Anbieter – ebenfalls über die Lebenszeit des Druckers. Insoweit lassen sich drei Aussagen postulieren:

1. Je höher die Wechselkosten, desto größer der mögliche Preisaufschlag des In-Suppliers (d.h. des Anbieters, der durch den Verkauf des Druckers bereits Lieferantenstatus hat).

2. Je mehr Folgekäufe des Kunden zu erwarten sind, desto geringer der Preisaufschlag pro Folgetransaktion. Das ergibt sich ganz einfach aus der Tatsache, dass der Wechselkostenvorteil auf eine größere Zahl von Transaktionen verteilt werden muss.

3. Je mehr auch die Wettbewerber die Erlösverbindung zur Monopolisierung ihrer Kunden nutzen, desto unwahrscheinlicher wird es, dass der Kunde überhaupt wechselt. Das liegt daran, dass der Kunde dann erwarten würde, beim Wettbewerber in die gleiche „Falle" zu tappen, und insoweit entweder das Verhalten des Anbieters zähneknirschend akzeptiert (wenn für ihn noch ein Restvorteil aus dem Geschäft bleibt) oder ganz konsequent das Kaufen dieser verbundenen Leistungen einstellt.

Insgesamt wird deutlich, dass der Grundansatz zur Preisfindung, wie er in Abschnitt 4.2 vorgestellt wurde, vollständig erhalten bleibt. Der Unterschied bei verbundenen Transaktionen ist, dass sie gemeinsam betrachtet werden müssen. Die relevanten Kosten des Initialkaufs plus die der Folgekäufe gemeinsam repräsentieren die Preisuntergrenze des Anbieters. Der Nutzen aller Transaktionen gemeinsam über den Lebenszyklus der Initialleistung bestimmt zumindest prinzipiell die Preisobergrenze des Nachfragers. Die scheinbaren Unterschreitungsmöglichkeiten der Preisuntergrenze des Anbieters bei der Initialtransaktion und die Überschreitungsoptionen der Preisobergrenze des Kunden bei den Folgetransaktionen resultieren einzig aus der isolierten Sicht auf jeweils eine Transaktion.

Dass der Kunde sich tatsächlich derart „irrational" verhält und damit erst diesen Spielraum eröffnet, ergibt sich aus der durchaus realistischen Annahme einer gewissen Intransparenz und Kurzsichtigkeit. Die Überbetonung der Günstigkeit in der Initialtransaktion
und die Unterschätzung oder gar Nichtbeachtung der Belastung durch die Folgetransaktionen scheinen menschlich. Insoweit nutzt hier die Preissetzung wie so oft die kleinen
menschlichen Schwächen. Umgekehrt versuchen gerade Kunden auf B2B-Märkten durch
Ansätze wie TCO solche Fehler im Vorhinein zu unterbinden.

Ein letzter Gedanke soll noch den Gefahren dieser Art von Preissetzung gebühren. Tatsächlich setzen solche Geschäftsmodelle einen massiven Anreiz in den Markt, die Komplementärprodukte zu imitieren und günstiger anzubieten. Die Marge ist i.d.R. groß. Und zudem hat der Imitator den Vorteil, nicht die Verluste aus den Initialtransaktionen kompensieren zu müssen. Taucht ein solcher Imitator auf, wankt das gesamte Geschäftsmodell.
Um hier dem Profitabilitätsverlust des etablierten Anbieters entgegen zu steuern, müsste
der Preis des Initialproduktes steigen. Dies auf einem umkämpften Markt durchzusetzen,
scheint jedoch schwierig. Insoweit ist es zwingend notwendig, genügend hohe Barrieren
für eine Imitation aufzubauen, um das Gesamtmodell nicht in seiner Attraktivität zu be-
schädigen.

4.6   Zeitliche Dynamik der Marktentwicklung

Im Hinblick auf die zeitliche Dynamik sind bei der Preisfindung die verschiedenen Phasen
des Lebenszyklus der Leistung zu beachten. Zur Gewinnoptimierung bildet die Wahl einer
geeigneten Strategie in der Einführungs- und Wachstumsphase neuer Leistungen ein erstes Entscheidungsfeld der Preissetzung und ist von besonderer Bedeutung für die darauffolgende Preisentwicklung. In der Regel wird hier zwischen der Skimming- und der Penetrationsstrategie als grundlegende Orientierungen unterschieden (Dean 1951). **Abbildung
4.3** zeigt die beiden Strategien grafisch.

Kernelement der *Skimmingstrategie* ist, dass eine neue Leistung zu einem relativ hohen
Preis in den Markt eingeführt wird. Dieser wird im weiteren Zeitverlauf sukzessive abgesenkt (Simon/Fassnacht 2009, S. 328f.). Bei der *Penetrationsstrategie* dagegen wird die innovative Leistung in der Einführungsphase zu einem vergleichsweise niedrigen Preis angeboten. Keine weiteren Aussagen werden über die darauffolgende Entwicklung des Preises
gemacht. Als Orientierungspunkt für den Einführungspreis wird der kurzfristig gewinnmaximale Preis genannt, den es entsprechend der gewählten Strategie zu über- oder unterschreiten gilt.

Die *Skimmingstrategie* wird v.a. bei Leistungen mit hohem Innovationsgrad und bei niedriger kurzfristiger Preiselastizität empfohlen (Noble/Gruca 1999, S. 439). Dies entspricht
einer zumindest vorübergehenden Monopolstellung, die eine solche Preissetzung rechtfertigt. Zudem geht man davon aus, dass innovative Leistungen zunächst von Abnehmern
mit ausreichend finanziellen Mitteln und geringerem Preisinteresse nachgefragt werden.
Die hiermit erzielten hohen kurzfristigen Gewinne, die von der Diskontierung wenig be-

troffen werden, ermöglichen eine schnelle Amortisation der Forschungs- und Entwicklungskosten. Der Aufbau großer Kapazitäten wird zunächst vermieden, wodurch geringere Ansprüche an die eigenen finanziellen Ressourcen entstehen. Aufgrund des hohen Einführungspreises wird zudem das Marktwachstum verlangsamt und das Obsoleszenzrisiko verringert. Durch die Schaffung eines Preiskorridors nach unten können in späteren Phasen des Produktlebenszyklus positive Effekte einer Preissenkung genutzt werden. Die Notwendigkeit von Preiserhöhungen entfällt. Des Weiteren können durch Preissenkungen bzw. zeitliche Preisdifferenzierung die unterschiedlichen Zahlungsbereitschaften einzelner Kunden(-gruppen) abgeschöpft werden. Zudem vermittelt die hohe Preispositionierung den Kunden ein positives Qualitätsimage.

Abbildung 4.3   Idealtypische Darstellung der Skimming- und Penetrationsstrategie

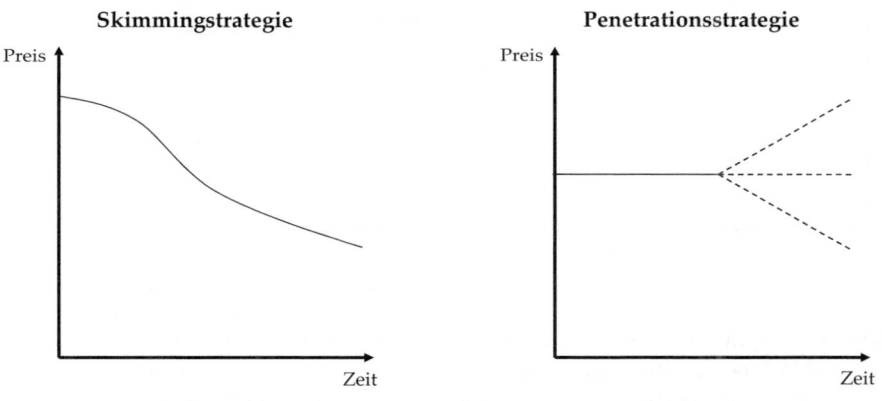

Die *Penetrationsstrategie* ist bei einer hohen kurzfristigen Preiselastizität geeignet, wenn leistungsbezogene Vorteile nicht ausreichen, um den in der Einführungsphase bestehenden Marktwiderstand zu brechen. Aufgrund des relativ niedrigen Einführungspreises kommt es zu einem schnellen Absatzwachstum, das trotz geringer Stückdeckungsbeiträge hohe Periodendeckungsbeiträge und eine langfristig starke Marktposition durch hohe Marktanteile verspricht. Der hierdurch verursachte rasche Aufbau von Kapazitäten führt zu Skaleneffekten („Economies of Scale") und somit zu Kostensenkungen. Durch die schnelle Erhöhung der kumulierten Produktionsmenge werden Erfahrungskurveneffekte realisiert. Es entsteht ein schwer einholbarer Kostenvorsprung. Dieser wirkt als Markteintrittsbarriere. Begünstigt wird die Penetrationsstrategie, wenn positive Carry-Over-Effekte zu erwarten sind, wenn also eine hohe Absatzmenge in der Vorperiode eine hohe/höhere Absatzmenge in der Folgeperiode bedingt (Diller 2008, S. 293). Darüber hinaus wird durch einen niedrigen Einführungspreis das Fehlschlagrisiko reduziert. Zu beachten ist, dass den Kunden ein niedriger Referenzpreis vermittelt wird. Dies bedeutet eine Akzeptanzbarriere für spätere Preiserhöhungen.

Aufgrund der Gegensätzlichkeit der beiden Strategien stellt jeder Vorteil der einen Strategie gleichzeitig einen Nachteil der anderen dar. Grundsätzlich geht es bei der zu treffenden Entscheidung um ein Abwägen zwischen (relativ sicheren) kurzfristigen Gewinnen im Falle der Skimmingstrategie oder (relativ unsicheren) langfristigen Gewinnen, die mit Hilfe der Penetrationsstrategie erlangt werden sollen. Diese gegenläufigen Gewinnverläufe sind in **Abbildung 4.4** dargestellt.

Abbildung 4.4   Gewinnverläufe bei Skimming- und Penetrationsstrategie

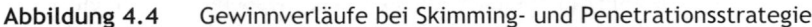
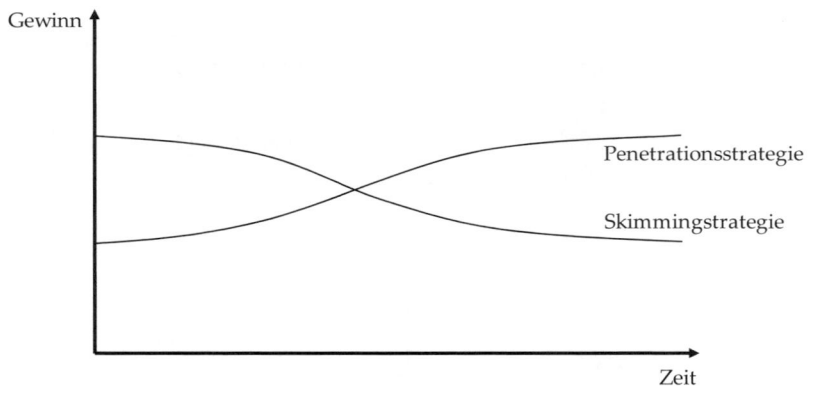

Unter Berücksichtigung der Gewinnverläufe wird deutlich, dass die Preisfindung zu Beginn des Produktlebenszyklus nicht nur von den Markt- und Produktgegebenheiten abhängt. Auch die spezifische Situation des Anbieters hat Bedeutung: Benötigt das Unternehmen kurzfristig Liquidität, ist die Skimmingstrategie vorteilhaft. Werden zukünftige Erlöse aus diesem Produkt aufgrund z.B. einer unklaren Wettbewerbsentwicklung als unsicher betrachtet, gilt dasselbe. Ist die Finanzdecke hingegen hinreichend und besteht der Glaube an die Verteidigungsfähigkeit des Marktes, kann eine Penetrationsstrategie die bessere Wahl sein.

In der Wachstums- und anschließenden Reifephase ist grundsätzlich damit zu rechnen, dass zunehmend Konkurrenten in den Markt eintreten und der Wettbewerb sich immer mehr zu einem Nullsummenspiel entwickelt. Wachstum ist nur möglich, indem anderen Marktteilnehmern Marktanteile abgenommen werden. Hat der Innovator eine Skimmingstrategie gewählt, wird dies früher eintreten; hat er eine Penetrationsstrategie gewählt, etwas später. Um hier zu reagieren, hat das Unternehmen zum einen die Möglichkeit, die Preise zu senken, bevor der Markteintritt anderer Unternehmen stattfindet. In diesem Fall spricht man von proaktiver Preissenkung. Sie soll potenzielle Konkurrenten am Markteintritt hindern (Entry Limit Pricing). Da viele Unternehmen jedoch ungern vorauseilend auf Gewinne verzichten, kommt es in der Praxis eher zu reaktiven Preissenkungen. Sie erfolgen erst, wenn Konkurrenten bereits in den Markt eingetreten sind und der eigene

Marktanteil bedroht wird. Gerade das reaktive Preisanpassen birgt die Gefahr einer abwärtsgerichteten Preisspirale. Der Newcomer im Markt hat bereits investiert und geht nun jede Preisrunde mit, um seine Startinvestition zumindest zum Teil zu amortisieren. Zur Vermeidung solcher Preiskriege könnte der etablierte Anbieter auch auf Preiskonstanz setzen. Hierbei werden Marktanteilsverluste hingenommen. Zudem nimmt die Zahlungsbereitschaft der Kunden in der Reifephase tendenziell ab. Beides bedeutet in der Summe geringere Erlöse.

In der Abschwungphase empfiehlt es sich, den Preis entsprechend der zunehmenden Preiselastizität zu reduzieren, wodurch sich der Abschwung nicht verhindern, aber zumindest abmildern lässt. Wird der Preis auch während der Abschwungphase hoch gehalten, muss mit einem starken Rückgang der Absatzmenge gerechnet werden, wobei jedoch weiterhin hohe Stückgewinne erzielt werden können. Ein solches Vorgehen macht insbesondere dann Sinn, wenn die Einführung eines Nachfolgeproduktes angedacht ist. Der Abschwung des alten Produktes wird beschleunigt und das Folgeprodukt erscheint den Kunden nicht überteuert, so dass sie aufgrund der relativen Preise aus eigener Initiative zum neuen Produkt wechseln.

4.7 Machtverteilung zwischen Anbieter und Nachfrager: Wer bestimmt die Regeln?

Die Einflüsse von Marktmacht auf den Preisfindungsprozess lassen sich in der Praxis eindrucksvoll beobachten: Sie reichen von „Preisdiktaten" in einer Zulieferer-OEM-Beziehung bis zu „großzügigen Geschenken" in Preisverhandlungen im Systemgeschäft. Macht gewinnt ein Marktteilnehmer über einen Anderen durch Abhängigkeit (Emerson 1962). Ganz häufig ist dies die Abhängigkeit von dessen finanziellen Mitteln. Macht kann jedoch auch aus der Abhängigkeit von bestimmten Ressourcen, Vertriebswegen oder Technologien resultieren (Jain/Laric 1979).

Prinzipiell wird ein Anbieter mit großer Marktmacht versuchen, im Preisspielraum einen Preis auf dem Niveau der maximalen Zahlungsbereitschaft des Nachfragers durchzusetzen, während ein mächtiger Nachfrager versucht, den Preis im Preiskorridor bis zur Preisuntergrenze des Anbieters zu drücken. Der Einfluss der Machtposition auf die Verteilung der Renten/Vorteile im Preisspielraum ist insoweit unzweifelhaft. Interessant ist die Frage, welcher Mechanismus zur Bestimmung des Preises bei unterschiedlichen Machtkonstellationen gewählt wird und wer den Mechanismus wählt: Setzt der Nachfrager beispielsweise eine Reverse Auction ein oder wählt er ein Submissionsverfahren? Verkauft ein Anbieter über eine Börse oder geht er den Weg der Preisverhandlung?

Die Beantwortung dieser Frage wird von zwei Faktoren gesteuert:

1. Welche Art von Leistung wird gehandelt?
2. Wer wählt den Mechanismus zur Preisfindung aus?

Die erste Frage ist eng verbunden mit dem Grad der Individualisierung bzw. Standardisierung der Leistung (vgl. Abschnitt 4.3). Insoweit widmen wir uns hier der zweiten Frage. Hierfür werden zunächst die im B2B-Bereich zentralen Preisfindungsmechanismen vorgestellt und anschließend vor dem Hintergrund unterschiedlicher Machtkonstellationen diskutiert.

Preisfindungsmechanismen im Industriegüterbereich sind Auktionen, Ausschreibungen, Börsen, Leitpreise und Preisverhandlungen (vgl. hierzu ausführlich den Beitrag von Klarmann/Miller/Hofstetter in diesem Band). Bei *Auktionen* wird der Preis eines Gutes durch Gebote des Anbieters bzw. des Nachfragers ermittelt. Der Auktionsmechanismus entscheidet darüber, welches Gebot den Zuschlag erhält, und über die Höhe der Zahlungsströme zwischen den Parteien. Anbieterseitig aufgesetzte Auktionen ermöglichen eine Preisbildung, die die Zahlungsbereitschaft der Nachfrager relativ genau erfasst, da diese in eine künstliche Wettbewerbssituation gezwungen werden (Diller 2008, S. 481). Durch das Internet und die dadurch geringeren Transaktionskosten nimmt die Bedeutung von Auktionen in der Praxis zu (Skiera/Spann 2004). Unterscheiden lassen sich Auktionen in Abhängigkeit davon, ob offene oder geschlossene Gebote vorliegen, ob die Gebote fallend oder steigend sind und ob ein einstufiger oder mehrstufiger Auktionsmechanismus vorliegt. Zwei wichtige Auktionsformen sind die englische und die holländische Auktion (Harstad/Rothkopf 2000). Bei der englischen Form werden die Gebote sukzessiv erhöht, bis nur ein Bieter verbleibt, während bei der holländischen Auktion der Preis schrittweise gesenkt wird, bis ein Bieter den Preis akzeptiert. Die Vickrey-Auktion unterscheidet sich von der holländischen und englischen Auktionsform dadurch, dass sie einstufig ist (d.h. Gebote können nicht nachgebessert werden) und die Gebote versiegelt sind. Der Höchstbietende erhält den Zuschlag zum Preis des zweithöchsten Gebotes. Damit liegt ein Anreizmechanismus vor, der jeden Bieter zur Offenlegung seiner tatsächlichen Zahlungsbereitschaft bringt (Vickrey 1961).

Ausschreibungen als spezielle Auktionsform haben ähnliche Eigenschaften wie Vickrey-Auktionen, da auch hier geschlossene Gebote und ein einstufiger Auktionsmechanismus vorliegen. Der Unterschied zur Vickrey-Auktion liegt darin, dass der Anbieter mit dem niedrigsten Gebot den Zuschlag erhält. Ausschreibungen, auch *Competitive Bidding* genannt, werden in aller Regel vom Nachfrager initiiert (Alznauer/Krafft 2004 sowie der Beitrag von Homburg/Totzek in diesem Band). Die Ausschreibung zwingt die Anbieter über ein Lastenheft zu einer Homogenisierung der Leistung und treibt sie so in der zweiten Stufe in einen reinen Preiswettbewerb. Für den Anbieter resultiert daraus ein Spannungsverhältnis zwischen der Entscheidung für einen möglichst hohen Preis zur Steigerung der Profitabilität und einem möglichst niedrigen Preis, um die Wahrscheinlichkeit für den Zuschlag zu erhöhen (Homburg/Krohmer 2009, S. 725). Die ursprüngliche „one-shot"-Variante findet jedoch in der Praxis nur noch selten Anwendung. Stattdessen werden Nachverhandlungen zugelassen (Daly/Nath 2005). Die sogenannten Reverse Auctions sind wiederum eine Sonderform des Competitive Bidding. Vom einstufigen Competitive Bidding unterscheiden sie sich dadurch, dass die Angebote iterativ nachgebessert werden können. Zumeist werden Reverse Auctions software- und internetgestützt durchgeführt.

Börsen sind organisierte Märkte, auf denen die Preisbildung durch Ausgleich zwischen Angebot und Nachfrage stattfindet. Im B2B-Kontext werden auf Börsen vornehmlich Rohstoffe gehandelt. Ziel dabei ist die Senkung der Transaktionskosten für die Marktpartner.

Auf gesättigten Märkten mit ausgereiften Produkttechnologien findet eine Preisbildung häufig anhand von *Leitpreisen* statt. Dabei orientieren sich die Unternehmen am Preisführer und übernehmen dessen Preissetzung, welche gegebenenfalls noch durch Margenzuschläge oder -abschläge variiert wird. Kosten- und Nachfrageaspekte werden dabei häufig nur unzureichend berücksichtigt. Der Vorteil einer Orientierung an Leitpreisen liegt in der Vermeidung von ruinösen Preiskriegen in einer Branche und der Vermeidung von Ausgaben zur preispolitischen Differenzierung (Homburg/Krohmer 2009, S. 723f.).

Wenn eine standardisierte Preisfestlegung nicht möglich ist, werden Preis und Leistung i.d.R. simultan verhandelt. Bei einer *Preisverhandlung* ist die Preisbildung das Ergebnis der Interaktion von mindestens zwei Parteien mit divergierenden, sich aber teilweise überschneidenden, wirtschaftlichen Interessen. Damit liegt eine dyadische Form der Preisfindung vor. Im Rahmen von Preisverhandlungen werden neben der Preisfindung auch zusätzliche Leistungen, Konditionen, Rabatte und Boni festgelegt (vgl. hierzu den Beitrag von Voeth/Herbst in diesem Band). Damit fördern Preisverhandlungen die preisliche Flexibilität des Anbieters, erhöhen aber gleichzeitig das Risiko der Preisnachgiebigkeit.

Alle vorgestellten Preisfindungsmechanismen unterscheiden sich in dem Ausmaß des Wettbewerbsdrucks, der auf Anbieter bzw. Nachfrager ausgeübt wird. Versteigert ein Anbieter beispielsweise ein einzigartiges Gut in einer Auktion, so zwingt er die Nachfrager in einen Preiswettbewerb. Hingegen findet bei einer Ausschreibung idealtypisch ein Preiswettbewerb zwischen den Anbietern der nachgefragten Leistung statt (Alznauer/Krafft 2004). Daher ist der Wettbewerbsdruck bei Auktionen für Nachfrager und bei Ausschreibungen für Anbieter als tendenziell hoch anzusehen. Bei Börsen ist aufgrund der mangelnden Möglichkeit zur preislichen Differenzierung von einem hohen Wettbewerbsdruck für alle Marktteilnehmer auszugehen. Bei Preisverhandlungen ist dagegen der Wettbewerbsdruck für die Verhandlungspartner tendenziell geringer, da eine individualisierte Leistung die preisliche Vergleichbarkeit zwischen Anbietern reduziert, was zu einer Wettbewerbsbarriere führt (Diller 2008, S. 466).

Anbieter wie Nachfrager versuchen, ihre Machtposition entweder dazu zu benutzen, die Preishöhe direkt zu beeinflussen, oder aber den für sie attraktivsten Preisfindungsmechanismus zu wählen (Jain/Laric 1979). Tatsächlich scheint der zweite Schritt besser geeignet zu sein, die eigenen Ziele zu verwirklichen. Der Grund liegt darin, dass der Mächtigere nur den Mechanismus zu wählen hat, die „Arbeit" – das Unter- bzw. Überbieten – jedoch von den schwächeren Akteuren der Marktgegenseite erledigt wird. Dies spart Transaktionskosten.

Sprechen die Machtverhältnisse für den Anbieter und handelt es sich um eine einzigartige Leistung, wird er eine (englische oder noch besser eine Vickrey-) Auktion wählen. Sie erzeugt die Wettbewerbssituation, in der sich die Nachfrager gegenseitig überbieten müssen und letztlich ihre Zahlungsbereitschaft offenlegen. Handelt es sich hingegen um homo-

gene Güter, könnte eine Börse der richtige Weg sein. Ist der Nachfrager einer individualisierten Leistung hingegen mächtiger als der Anbieter, kann der die nachgefragte Leistung
zunächst spezifizieren, um die Anbieter dann über den Weg der Ausschreibung zu einem
Preiswettbewerb zu bewegen. Beispielsweise liegen im Anlagengeschäft häufig „isolierte
betriebsindividuelle Nachfragermärkte" vor (Diller 2008, S. 466). Entsprechend hat der
Nachfrager temporär eine enorme Marktmacht. Die Ausschreibung mit Nachverhand-
lungsmöglichkeit ist hier häufig das Instrument, die Anbieter bis an ihre individuellen
Schmerzgrenzen heranzuführen. Sucht der mächtige Nachfrager nach standardisierten
Leistungen, dürfte eine Reverse Auction zu den für ihn besten Ergebnissen führen. Besteht
ein Machtgleichgewicht zwischen Anbieter und Nachfrager, sollte der Preis für individualisierte Leistungen tendenziell in einer Verhandlung bestimmt werden. Ziel ist hier eine
Win-Win-Situation, also die faire Aufteilung des Preisspielraums, die über eine Verhandlung am besten zu erreichen ist (Jain/Laric 1979). Sind die Güter homogen und die Macht
in etwa gleich verteilt, hat kein Akteur die Möglichkeit, den anderen in einen für ihn nach-
teiligen Mechanismus zu treiben. Die Lösung ist hier häufig die Koordination über den
ganz normalen Marktmechanismus. Die Preise des Anbieters werden dann anhand der
geschätzten Preis-Absatz-Funktion vor dem Hintergrund der eigenen Preisuntergrenze
optimiert.

4.8   Risikoteilung zwischen Anbieter und Nachfrager

Durch zunehmende Turbulenzen der Umwelt und des Absatzmarktes der Kunden steht
das Risiko beim Treffen von (v.a. investiven) Kaufentscheidungen immer mehr im Fokus.
Risiken ergeben sich aus der Tatsache, dass Prognosen über Nutzen und Kosten der Inves-
tition für den Kunden nur mit erheblicher Unsicherheit gestellt werden können. Nachfrageschwankungen, politische oder gesellschaftliche Veränderungen oder die Entwicklung
der Finanzmärkte sind einige Beispiele für mögliche Umweltunsicherheiten. Zudem können Unsicherheiten bezüglich der technischen Leistung und der Zuverlässigkeit der Inves-
tition selbst bestehen.

Für die Preisfindung des Anbieters hat das vom Kunden wahrgenommene Risiko eine
besondere Relevanz. Der vom Kunden zu zahlende Preis beeinflusst unmittelbar das Ver-
lustrisiko. Er steuert die Wahrscheinlichkeit, dass ein Verlust auftritt und zudem die maximale Höhe des möglichen Verlusts. Konsequenterweise führt ein höheres wahrgenommenes Risiko auf Kundenseite bei Risikoaversion zu einer geringeren Zahlungsbereitschaft.
Das bedeutet aber auch, dass ein Anbieter die Zahlungsbereitschaft des Kunden erhöhen
kann, indem er dem Kunden Möglichkeiten zur Verringerung des Risikos einräumt. Dies
kann auf zwei Wegen erfolgen: Zum einen kann das Risiko des Kunden durch Flexibilität
bzw. Wandlungsfähigkeit der Leistung verringert werden. Zum anderen kann das Risiko
zwischen Kunden und Anbieter aufgeteilt werden. Der Anbieter übernimmt einen Teil des
Risikos. In beiden Fällen eröffnet sich ein zusätzlicher preispolitischer Spielraum. (Natürlich wird sich auch die Preisuntergrenze des Anbieters verändern.)

Eine Verringerung des Risikos kann ganz grundsätzlich durch Wandlungsfähigkeit der Leistung erreicht werden (Nyhuis et al. 2009, S. 205ff.). Unter Wandlungsfähigkeit wird die Fähigkeit eines Systems verstanden, schnell und ohne großen Aufwand an vorhergesehene oder unvorhergesehene Veränderungen von Anforderungen angepasst werden zu können. Wandlungsfähigkeit im weiteren Sinne wird durch die folgenden fünf Dimensionen beschrieben:

1. *Adaptivität*: Das System passt sich selbständig ohne externe Einflussnahme an.

2. *Robustheit*: Das System ist gegenüber Änderungen von Umweltzuständen unsensibel.

3. *Agilität*: Das System kann innerhalb einer kurzen Zeit angepasst werden.

4. *Flexibilität*: Das System kann mit relativ geringem Aufwand im Rahmen vorgegebener Anpassungsoptionen angepasst werden.

5. *Wandlungsfähigkeit im engeren Sinne*: Das System kann mit relativ geringem Aufwand auch in Form von nicht vorgegebenen Anpassungsoptionen angepasst werden.

Durch eine hohe Wandlungsfähigkeit i.w.S. wird erreicht, dass die Konsequenzen negativer Veränderungen der Umweltzustände abgeschwächt werden und die Potenziale positiver Veränderungen besser genutzt werden können. Zwei Effekte sind hieraus zu erwarten:

■ Eine Verringerung der Volatilität des Investitionserfolges und

■ eine Erhöhung des Gesamterfolges, weil nur die negativen Konsequenzen begrenzt werden.

Da zunehmende Wandlungsfähigkeit i.d.R. mit zunehmenden (Produktions-)Kosten für den Anbieter verbunden ist, kann eine Maximierung der Wandlungsfähigkeit nicht das Ziel sein. Stattdessen sollte der Anbieter zusätzliche Wandlungsfähigkeit nur dann anbieten, wenn der erzielbare zusätzliche Preis höher ist als die zusätzlichen Kosten. Es gilt die alte ökonomische Regel „Grenzkosten der Wandlungsfähigkeit = Grenznutzen für die Wandlungsfähigkeit". Das setzt jedoch voraus, dass dem Anbieter die Ermittlung der entsprechenden Zahlungsbereitschaften für die verschiedenen Grade der Wandlungsfähigkeit gelingt (und er selbstverständlich seine jeweiligen zusätzlich anfallenden Kosten kennt).

Zur Preisobergrenzenbestimmung für wandlungsfähige Investitionsobjekte empfiehlt sich der Einsatz von Instrumenten zur Bewertung sequenzieller Investitionsentscheidungen (Kruschwitz 2005, S. 342ff.). Hierbei werden die Anpassungsoptionen in Form von Entscheidungsbäumen dargestellt, die sowohl die möglichen Anpassungen als auch die möglichen Umweltzustände abbilden. Anhand eines solchen Entscheidungsbaumes lässt sich eine im Zeitablauf optimale Folge von Anpassungsentscheidungen ermitteln und schließlich bewerten. Zur Bewertung der einzelnen Entscheidungen wird i.d.R. die Kapitalwertmethode auch unter Hinzuziehung des Realoptionsansatzes verwendet (Rese/Karger/ Strotmann 2009).

Zur Risikoteilung zwischen Anbieter und Kunde kann der Anbieter verschiedene Nutzungsmodelle (Value Propositions) anbieten. Sie repräsentieren unterschiedliche Ausmaße der Risikoübernahme durch den Anbieter, indem sie die Verantwortlichkeiten in der Beziehung unterschiedlich zuteilen. Nutzungsmodelle lassen sich einteilen in das funktionsorientierte Nutzungsmodell, das verfügbarkeitsorientierte Nutzungsmodell und das ergebnisorientierte Nutzungsmodell (Meier/Kortmann/Völker 2007, S. 511f.):

■ Bei dem *funktionsorientierten* Nutzungsmodell stellt der Anbieter dem Kunden nur eine Sachleistung zur Verfügung. Der Anbieter garantiert dem Kunden nicht mehr als die technische Funktionsfähigkeit der Sachleistung zum Verkaufszeitpunkt bzw. in eingeschränktem Maß im Gewährleistungszeitraum. Kommt es zu einem späteren Zeitpunkt zu Anpassungsnotwendigkeiten der Leistung (z.B. einer Anlage) aufgrund veränderter Marktanforderungen, muss der Kunde die Kosten hierfür selbst tragen. Die Anpassungen können zwar vom Anbieter durchgeführt werden, allerdings geschieht dies nur auf Anforderung des Kunden. Der Anbieter trägt somit lediglich das Risiko für technische Mängel der ausgelieferten Sachleistung, während der Kunde das Risiko für die Nutzung der Maschine (eigene Produktion) und der Prozesse zur Wahrung der Einsatzfähigkeit (z.B. Anpassung, Wartung, Reparaturen) allein tragen muss.

■ Im Rahmen eines *verfügbarkeitsorientierten* Nutzungsmodells garantiert der Anbieter eine bestimmte Einsatzfähigkeit der Sachleistung für den Kunden während der gesamten Nutzungsphase. Das kann beispielsweise in Form von maximal zulässigen Ausfallraten oder Ausfallzeiten der Sachleistung geschehen. Für die Wahrung der Verfügbarkeit ist der Anbieter verantwortlich. Somit müssen Wartungsarbeiten oder Reparaturen vom Anbieter auf eigene Veranlassung hin durchgeführt werden. Anpassungen zur Sicherstellung der Verfügbarkeit werden ebenfalls vom Anbieter getragen. Kann die garantierte Verfügbarkeit vom Anbieter nicht eingehalten werden, muss er für die hieraus resultierenden Produktionsausfälle Schadenersatz an den Kunden leisten. In einem verfügbarkeitsorientierten Nutzungsmodell trägt der Anbieter somit einen Teil des Produktionsrisikos des Kunden. Dem Kunden bleibt das Risiko für die generelle Nutzung der Anlage.

■ Wird ein *ergebnisorientiertes* Nutzungsmodell gewählt, garantiert der Anbieter dem Kunden ein bestimmtes Produktionsergebnis. Hierzu kann neben der Produktionsmenge auch die Qualität der gefertigten Produkte gehören. Dementsprechend führt der Anbieter die Produktion i.d.R. auch selbst durch, wobei diese jedoch nach wie vor beim Kunden vor Ort stattfinden kann. Bei diesem Geschäftsmodell geht die gesamte Verantwortung für die Produktion auf den Anbieter über. Zu der Verantwortung für die Verfügbarkeit der Anlage kommt auch noch (je nach vertraglicher Regelung) ein Teil des Marktrisikos in Form des Mengenrisikos.

Bei der Wahl des Nutzungsmodells sind die Kompetenzen von Anbieter und Nachfrager zu berücksichtigen. Wenn jeder Partner die Aufgaben übernimmt, die er besser beherrscht, können hierdurch zusätzlich Risiken verringert werden. Zudem können die Nutzungsmodelle selbst wandlungsfähig gestaltet werden, sodass auch hier Anpassungen während der Nutzungsphase möglich sind. Insoweit gilt grundsätzlich: Ein Anbieter sollte Risiken des Kunden nur übernehmen, sofern der zusätzlich erzielbare Preis höher ist als die mit der Risikoübernahme verbundenen Kosten des Anbieters. Das heißt aber auch, dass er das

Risiko günstiger „nehmen" kann als der Kunde. **Abbildung 4.5** verdeutlicht die aufgezeigten Zusammenhänge noch einmal grafisch.

Abbildung 4.5   Bestandteile der Strategien zur Risikovermeidung

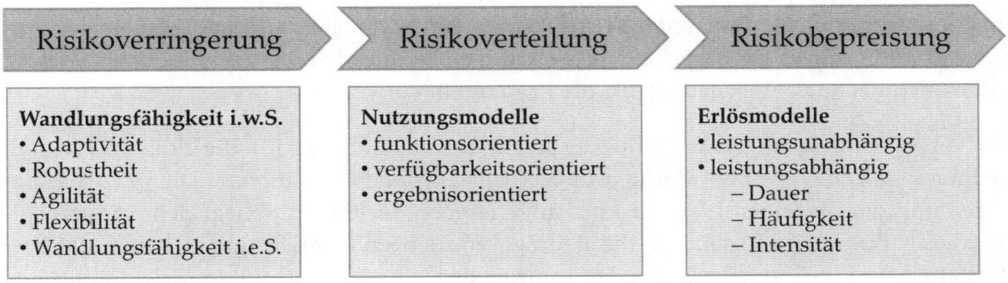

Risikoverringerung	Risikoverteilung	Risikobepreisung
Wandlungsfähigkeit i.w.S. • Adaptivität • Robustheit • Agilität • Flexibilität • Wandlungsfähigkeit i.e.S.	**Nutzungsmodelle** • funktionsorientiert • verfügbarkeitsorientiert • ergebnisorientiert	**Erlösmodelle** • leistungsunabhängig • leistungsabhängig – Dauer – Häufigkeit – Intensität

In der Diskussion ist deutlich geworden, dass für unterschiedliche Risikoverteilungen bzw. Bemühungen zur Senkung des Kundenrisikos durch den Anbieter natürlicherweise auch unterschiedliche Preise anzusetzen sind. Was jedoch auch zu berücksichtigen ist, ist der zeitliche Anfall der Erlöszahlungen. Beide Aspekte zusammen repräsentieren das Erlösmodell, das in Abhängigkeit von der Ausprägung der beiden Risikobehandlungsaktivitäten zu gestalten ist.

Generell können Erlösmodelle dahingehend unterschieden werden, ob der Preis abhängig oder unabhängig von der Anbieterleistung sein soll (vgl. **Abbildung 4.5**). Bei einem leistungsabhängigen Modell sind die Zahlungen, die der Kunde an den Anbieter zahlen muss, abhängig von Dauer, Häufigkeit oder Intensität der erbrachten bzw. erhaltenen Leistungen. Der Gesamterlös teilt sich auf in mehrere Teilerlöszahlungen z.B. für eine Maschine, für womöglich in Anspruch genommene Wartung oder für Ersatzteile. Bei einer leistungsunabhängigen Preisfestlegung muss der Kunde hingegen eine vorab festgelegte einmalige oder periodisierte Zahlung an den Anbieter leisten.

Bei Wahl eines funktionsorientierten Nutzungsmodells ist eine leistungsabhängige Preisfestlegung üblich. Der Kunde zahlt den Preis der Leistung (z.B. einer Anlage) nach Abnahme und muss jede vom Anbieter vorgenommene Wartung, Reparatur, Anpassung oder sonstige Unterstützung separat zusätzlich bezahlen. Bei einem verfügbarkeitsorientierten Nutzungsmodell kommt zumindest für Leistungen zum Erhalt der Verfügbarkeit eine leistungsunabhängige Preisfestlegung zum Einsatz. Hier bezahlt der Kunde einen festgelegten Preis für die vertraglich zugesicherte Verfügbarkeit, der unabhängig von den hierzu tatsächlich notwendigen Reparaturen, Wartungsleistungen oder Umbauarbeiten ist. Beim ergebnisorientierten Modell ist wieder eine leistungsabhängige Preisbestimmung gängig. Jedoch richtet sie sich nun i.d.R. nach der Anzahl der fehlerfrei produzierten Teile (sogenanntes Pay-Per-Production-Prinzip).

4.9   Fazit

Insgesamt zeigt sich eine große Wirkungsvielfalt der Einflüsse auf die Preissetzung im B2B-Bereich. Je nach Art der Leistung, Marktstruktur, zeitlicher Erwartung der Marktentwicklung und Risikostruktur für Anbieter und Nachfrager müssten die Entscheidungen zur Preissetzung immer unterschiedlich ausfallen. Vor dem Hintergrund dieser Heterogenität wundert es nicht, dass in der Praxis so manches Mal nicht der beste Weg für den Anbieter gewählt wird bzw. Aspekte außer Acht bleiben, die sich im Nachhinein als wichtig und manchmal auch als schädlich für die Profitabilität erweisen.

Der vorliegende Beitrag liefert einen Systematisierungsrahmen für die Frage nach dem „richtigen" Pricing auf B2B-Märkten in den verschiedenen Situationen. Die präzisere Beschreibung der einzelnen hier nur kurz angerissenen Techniken obliegt den Spezialkapiteln dieses Buches (insbesondere die Beiträge von Jensen/Henrich und Klarmann/Miller/Hofstetter) und im Zweifel anderen Literaturquellen.

Literatur

Alznauer, T., Krafft, M. (2004), Submissionen, in: Backhaus, K., Voeth, M. (Hrsg.), Handbuch Indus-
     triegütermarketing, Wiesbaden, 1057-1078.
Backhaus, K., Mühlfeld, K. (2004), Geschäftstypen im Industriegütermarketing, in: Backhaus, K.,
     Voeth, M. (Hrsg.), Handbuch Industriegütermarketing, Wiesbaden, 233-256.
Backhaus, K., Voeth, M. (2007), Industriegütermarketing, 8. Aufl., München.
Daly, S. P., Nath, P. (2005), Reverse Auctions for Relationship Marketers, Industrial Marketing Ma-
     nagement, 34, 2, 157-166.
Dean, J. (1951), Managerial Economics, Englewood Cliffs.
Diller, H. (2008), Preispolitik, 4. Aufl., München.
Emerson, M. R. (1962), Power-Dependence Relations, American Sociological Review, 27, 1, 31-41.
Harstad, R. M., Rothkopf, M. H. (2000), An „Alternating Recognition" Model of English Auctions,
     Management Science, 46, 1, 1-12.
Homburg, Ch., Krohmer, H. (2009), Marketingmanagement: Strategie – Instrumente – Umsetzung –
     Unternehmensführung, 3. Aufl., Wiesbaden.
Ingenbleek, P., Debruyne, M., Frambach, R. T., Verhallen, T. M. M. (2003), Successful New Product
     Pricing Practices: A Contingency Approach, Marketing Letters, 14, 4, 289-305.
Jain, S. C., Laric, M. V. (1979), A Framework for Strategic Industrial Pricing, Industrial Marketing
     Management, 8, 1, 75-80.
Kruschwitz, L. (2005), Investitionsrechnung, 10. Aufl., München.
Marn, M. V., Roegner, E. V., Zawada, C. C. (2004), The Price Advantage, Hoboken.
Meier, H., Kortmann, D., Völker, O. (2007), Gestaltung und Erbringung Hybrider Leistungsbündel, wt
     Werkstattstechnik online, 97, 7/8, 510-515.
Monroe, K. B. (2003), Pricing – Making Profitable Decisions, 3. Aufl., Boston.
Noble, P. M., Gruca, T. S. (1999), Industrial Pricing: Theory and Managerial Practice, Marketing
     Science, 18, 3, 435-454.
Nyhuis, P., Fronia, P., Pachow-Frauenhofer, J., Serjosha, W. (2009), Wandlungsfähige Produktions-
     systeme, wt Werkstattstechnik online, 99, 4, 205-210.
Oxenfeldt, A. R. (1979), The Differential Method of Pricing, European Journal of Marketing, 13, 4, 199-
     212.
Raiffa, H. (1982), The Art and Science of Negotiation, Cambridge.

Rese, M., Herter, V. (2004), Preise und Kosten – Preisbeurteilung im Industriegüterbereich, in: Backhaus, K., Voeth, M. (Hrsg.), Handbuch Industriegütermarketing, Wiesbaden, 969-988.

Rese, M., Karger, M., Strotmann, W.-C. (2009), The Dynamics of Industrial Product Service Systems (IPS²) – using the Net Present Value Approach and Real Options Approach to improve life cycle management, CIRP Journal of Manufacturing Science & Technology, 1, 4, 279-286.

Simon, H., Fassnacht, M. (2009), Preismanagement: Strategie – Analyse – Entscheidung – Umsetzung, 3. Aufl., Wiesbaden.

Skiera, B., Spann, M. (2004), Gestaltung von Auktionen, in: Backhaus, K., Voeth, M. (Hrsg.), Handbuch Industriegütermarketing, Wiesbaden, 1039-1056.

Vickrey, W. (1961), Counterspeculation, Auctions, and Competitive Sealed Tenders, Journal of Finance, 16, 1, 8-37.

5 Methoden der Preisfindung auf B2B-Märkten

Martin Klarmann / Klaus Miller / Reto Hofstetter

Prof. Dr. Martin Klarmann ist Inhaber des Lehrstuhls für Betriebswirtschaftslehre mit Schwerpunkt Marketing und Innovation an der Universität Passau.

Dr. Klaus Miller ist wissenschaftlicher Oberassistent am Institut für Marketing und Unternehmensführung (IMU) an der Universität Bern.

Prof. Dr. Reto Hofstetter ist Assistenzprofessor für Marketing an der Forschungsstelle für Customer Insight der Universität St. Gallen (FCI-HSG).

5.1 Einleitung

Kaum eine Marketingentscheidung ist von so großer Tragweite wie die Entscheidung über den Verkaufspreis eines Produkts oder einer Dienstleistung. So stellt der Preis laut Homburg/Jensen/Schuppar (2004, S. 2) die „am wenigsten ausgeschöpfte Ertragsquelle" in Unternehmen dar. Als eine zentrale Ursache für die mangelnde Nutzung dieser Potenziale machen Homburg/Jensen/Schuppar (2004, S. 28) die fehlende Nutzung von Kundeninformationen bei der Preisfindung aus. Statt die tatsächlichen Zahlungsbereitschaften ihrer Kunden zu ermitteln, orientieren sich die meisten Unternehmen an Kosten und Wettbewerbern. An dieser Situation hat sich in den letzten Jahren wenig geändert. In einer aktuellen Studie ermitteln Hofstetter/Miller (2009), dass nur etwa ein Drittel aller Unternehmen in nennenswerter Weise Kundeninformationen zur Preisbestimmung einsetzt.

Das Problem ist jedoch, dass Wettbewerbsanalyse und kostenbasierte Preisbestimmung Unternehmen regelmäßig dazu verleiten, zu niedrige Preise zu verlangen. Damit geraten sie in eine Falle. Denn ist erst einmal ein zu niedriger Preis am Markt etabliert, ist es sehr schwierig, noch Preiserhöhungen durchzusetzen (Homburg/Koschate/Totzek 2010). Eine zentrale Ursache hierfür ist das Phänomen der Verlustaversion (Tversky/Kahneman 1991). Kunden nehmen den Nutzen einer Preissenkung deutlich kleiner wahr als den Schaden, der durch eine Preiserhöhung in gleicher Höhe entstehen würde.

So erstaunlich die Zurückhaltung der Unternehmen bei der Erhebung und Nutzung von Kundeninformationen zur Preisbestimmung jedoch auf den ersten Blick erscheinen mag, gänzlich unbegründet ist sie nicht. Insbesondere ist fraglich, inwieweit überhaupt zuverlässige Daten zur Zahlungsbereitschaft von Kunden erhoben werden können. In der Literatur werden dabei regelmäßig zwei potenzielle Verzerrungen von Kundenantworten diskutiert. Als *hypothetischen Bias* (z.B. Völckner 2006) bezeichnet man das Problem, dass Preismarktforschung in den meisten Fällen eine artifizielle Umgebung schafft, in der Preisangaben losgelöst von tatsächlichen Ausgaben erfolgen. In der Folge schätzen Kunden ihre Zahlungsbereitschaft höher ein, als sie tatsächlich ist. Als *strategischen Bias* (Wang/Venkatesh/Chatterjee 2007) bezeichnet man das Phänomen, dass sich Kunden, die das Anliegen von Preismarktforschung durchschaut haben, strategisch verhalten können. Sie haben ein großes Interesse an niedrigen Preisen und könnten deshalb eine zu niedrige Zahlungsbereitschaft angeben. (Auch das Gegenteil ist denkbar: Kunden möchten die Markteinführung eines Produkts nicht verhindern und geben zu hohe Zahlungsbereitschaften an.) In der Praxis fällt dabei der hypothetische meistens deutlich stärker aus als der strategische Bias. Zahlungsbereitschaften werden also tendenziell eher überschätzt als unterschätzt.

Vor dem Hintergrund der großen Wichtigkeit einer Kenntnis von Zahlungsbereitschaften einerseits und der Probleme bei ihrer Erhebung andererseits, ist in den letzten Jahren eine nahezu unüberschaubare Vielfalt an methodischen Ansätzen zur Ermittlung von Zahlungsbereitschaften entwickelt worden. Es ist deshalb ein erstes Anliegen des vorliegenden Beitrags, einen systematischen Überblick über diese Verfahren zu geben.

Trotz der großen Kreativität, die Wissenschaft und Praxis bei der Messung von Zahlungsbereitschaften in den letzten Jahren bewiesen haben, unterliegen viele der entwickelten Verfahren einer wichtigen Einschränkung. Sie sind für Business-to-Consumer- (B2C-) Märkte entwickelt worden. Auch Tests dieser Verfahren wurden i.d.R. auf Grundlage von Konsumentendaten durchgeführt. Produkte, die hier in der Vergangenheit herangezogen wurden, sind z.B. digitale Kameras (Miller et al. 2011), Grapefruits (Silva et al. 2007), Möbel (Veisten 2007), Steaks (Lusk/Schroeder 2004) und Telefonkarten (Völckner 2006).

Vor diesem Hintergrund stellt sich die Frage, ob sich die auf Grundlage dieser Studien gewonnenen Erkenntnisse zu den verschiedenen Verfahren der Preismarktforschung auf Business-to-Business-(B2B-) Märkte übertragen lassen. Insbesondere weisen B2B-Märkte im Hinblick auf die Beschaffungsprozesse, die beschafften Leistungen sowie die Geschäftsbeziehungen zwischen Anbietern und Kunden substanzielle Unterschiede auf. Beispielsweise sind in vielen Organisationen mehrere Individuen an der Kaufentscheidung beteiligt, die sich im Hinblick auf ihre Zahlungsbereitschaften durchaus unterscheiden können. Zudem sind die beschafften Leistungen oftmals sehr stark individualisiert, weshalb in B2B-Märkten Zahlungsbereitschaften für individuelle Leistungskomponenten von wesentlich größerem Interesse sind als in B2C-Märkten.

Es ist deshalb ein zweites Anliegen des vorliegenden Beitrags, konkret auf Anwendungsmöglichkeiten der existierenden Verfahren zur Messung von Zahlungsbereitschaften im B2B-Umfeld einzugehen. Zu diesem Zweck werden im folgenden Abschnitt zunächst die Besonderheiten von B2B-Märkten im Hinblick auf die Preismarktforschung dargestellt. Auf dieser Grundlage werden später auch die bestehenden Verfahren zur Ermittlung von Zahlungsbereitschaften speziell auf ihre Anwendbarkeit in B2B-Umfeldern geprüft. Ein weiterer Abschnitt widmet sich dann ergänzend einsetzbaren Verfahren zum Umgang mit Besonderheiten in B2B-Märkten. Abschließend werden zentrale Empfehlungen zur Preismarktforschung in diesen Märkten gegeben.

5.2   Besonderheiten bei der Preisfindung im B2B-Kontext

Im Vergleich zu B2C-Märkten zeichnen sich B2B-Märkte durch eine Reihe von Besonderheiten aus (z.B. Backhaus/Voeth 2004; Homburg/Krohmer 2009 sowie ausführlich der Beitrag von Homburg/Totzek in diesem Band). Für die Preisfindung sind Besonderheiten im Hinblick auf drei Aspekte von Relevanz (vgl. hierzu im Überblick **Abbildung 5.1**):

■ Charakteristika der Beschaffungsprozesse

■ Charakteristika der beschafften Leistungen

■ Charakteristika der Geschäftsbeziehungen

Abbildung 5.1 Besonderheiten der Preisfindung auf B2B-Märkten

B2C-Märkte	B2B-Märkte	Implikationen für die Ermittlung von Preisbereitschaften im B2B-Kontext
Charakteristika der Beschaffungsprozesse		
meist 1	Anzahl der Entscheider ←→ meist > 1	• Erhebung bei mehreren Entscheidern pro Buying Center • Notwendigkeit der Modellierung der Entscheidungsfindung
informell	Formalisierung des Beschaffungsprozesses ←→ stark formalisiert	• keine Möglichkeit der Verwendung von zufallsbasierten Methoden • keine Verwendung von Methoden mit verbundenem Kaufzwang
oft sehr gering	Informationssuche ←→ oft sehr intensiv	• resultierende Preistransparenz im Markt verhindert Preisexperimente • Notwendigkeit der Bereitstellung umfangreicher Produktinformationen
eher hedonisch-intuitiv	Entscheidungskriterien ←→ eher ökonomisch-rational	• am Wert für den Kunden ansetzen • größere Neigung zu strategischen Antworten • Notwendigkeit der Bereitstellung umfangreicher Produktinformationen
Charakteristika der beschafften Leistungen		
standar-disiert	Grad der Individualisierung ←→ indivi-dualisiert	• Produkte als Leistungsbündel darstellen • Wichtigkeit der Ermittlung von Preisbereitschaften für einzelne Merkmale
eher gering	Bedeutung ergänzender Dienstleistungen (z.B. Logistik und Wartung) ←→ meist sehr hoch	• ausgeprägte regionale Preisdifferenzierung aufgrund unterschiedlicher Logistikkosten • Abbildung einer großen Zahl von Produktmerkmalen und -attributen
einfach	Rabattsysteme ←→ komplex	• Identifikation durch Entscheider tatsächlich wahrgenommener Preise im Vorfeld • Kommunikation klarer Annahmen bezüglich der Rabattsysteme
gering	Einkaufsvolumen ←→ hoch	• keine Möglichkeit der Verwendung von zufalls- und auktionsbasierten Methoden • keine Möglichkeit der Verwendung von Methoden mit verbundenem Kaufzwang
Charakteristika der Geschäftsbeziehungen		
eher kurzfristig-transaktional	Zeithorizont ←→ eher langfristig-relational	• Verständnis des Wertschöpfungsbeitrags der angebotenen Leistungen beim Kunden nötig • Ermittlung eines „fairen" Preises
direkt	Art der Nachfrage ←→ abgeleitet	• Notwendigkeit des Verständnisses der Zahlungsbereitschaft bei Kunden der Kunden • Modellierung der Effekte gewählter Preise auf die gesamte Wertschöpfungskette

Bezogen auf die *Charakteristika der Beschaffungsprozesse* ist zunächst einmal anzuführen, dass sehr viele Kaufentscheidungen im B2B-Umfeld von *mehreren Entscheidern* getroffen werden. Entsprechend der Rolle der einzelnen Entscheider im Unternehmen können sich dabei die Zahlungsbereitschaften deutlich unterscheiden. So sind Einkäufer oft sehr stark an niedrigen Preisen interessiert und messen dem Preis auch eine große Bedeutung bei der Kaufentscheidung zu. Gleichzeitig spielt der Preis z.B. bei den Nutzern der eingekauften Produkte (z.B. in der Produktion) nicht selten eine geringere Rolle. Zugleich sind auch die Zahlungsbereitschaften höher. So ist es für die Preisfindung in vielen B2B-Märkten wichtig, Informationen von mehreren Entscheidern zu sammeln. Zudem kommt auch der Kenntnis der Einflussstrukturen in den Buying Centern eine große Bedeutung zu. Entsprechende Techniken werden in Abschnitt 5.4.1 des vorliegenden Beitrags näher vorgestellt.

Eine zweite Besonderheit in B2B-Märkten ist die im Vergleich zu B2C-Märkten oft wesentlich höhere *Formalisierung der Beschaffungsprozesse*. Insbesondere unterliegen die Einkäufer in größeren Unternehmen nicht selten einer internen Revision, gerade bei größeren Einkäufen. Damit einher geht eine größere Bedeutung rational-ökonomischer Argumente in der Beschaffung. Ganz praktisch bedeutet dies aber auch, dass Methoden der Preismarktforschung, die mit einem Kaufzwang verbunden sind, praktisch nicht anwendbar sind. Noch stärker gilt dies für zufallsbasierte Verfahren, bei denen der zu zahlende Preis ausgelost wird. Wie im nächsten Abschnitt noch näher diskutiert wird, sind es aber gerade solche Verfahren, bei denen mit einiger Sicherheit erwartet werden kann, dass die Befragten ihre tatsächliche Zahlungsbereitschaft offenlegen.

Drittens sind B2B-Kaufentscheidungen sehr oft mit einer wesentlich *intensiveren Informationssuche* verbunden als B2C-Kaufentscheidungen (Bunn 1993; Schmitt 2011). Dies hat auch Konsequenzen für die Preismarktforschung. Zum einen führt die Informationssuche zu einer hohen Markttransparenz. Dies hat Konsequenzen für die Anwendbarkeit von Preisexperimenten zur Preisfindung. Solche Preisexperimente sind in vielen B2C-Märkten (z.B. im Zeitschriftenvertrieb) gängige Praxis. Ein Neuprodukt wird in unterschiedlichen – aber strukturell ähnlichen – Regionen testweise zu unterschiedlichen Preisen angeboten. Anschließend wird auf Grundlage der daraus resultierenden Daten eine Preis-Absatz-Funktion ermittelt. Die hohe Markttransparenz in B2B-Märkten macht solche Tests unmöglich, da schon eine relativ begrenzte Informationssuche potenzielle Kunden in die Lage versetzt, beim günstigsten Anbieter einzukaufen.

Darüber hinaus hat die intensive Informationssuche von Entscheidern in B2B-Kontexten auch direkte Konsequenzen für die Gestaltung von Preismarktforschungsstudien. Insbesondere ist es von zentraler Bedeutung, den Entscheidern ausreichend Informationen über das untersuchte Produkt zur Verfügung zu stellen. Andernfalls besteht ein großes Risiko, dass der zu untersuchende Preis selbst eine Informationsfunktion erhält und z.B. auf Grundlage eines genannten Preises auf die Qualität eines Produkts oder die Zuverlässigkeit eines Lieferanten geschlossen wird (Völckner/Sattler 2005). Daher empfiehlt es sich, Marktforschungsinstrumente vor ihrem Einsatz ausführlich dahingehend zu *testen*, ob die Entscheider über alle für die Beantwortung nötigen Informationen verfügen.

Schließlich unterscheiden sich Beschaffungsprozesse zwischen B2B- und B2C-Märkten auch dadurch, dass die Kunden zentrale Entscheidungskriterien unterschiedlich gewichten. So spielen bei vielen Kaufentscheidungen im B2C-Kontext hedonistische Aspekte und Intuition eine große Rolle (Sproles/Kendall 1986). Im Gegensatz hierzu dominieren bei B2B-Entscheidern i.d.R. ökonomisch-rationale Motive (Bunn 1993). Hierdurch ergeben sich auch Implikationen für die Preismarktforschung in B2B-Kontexten. Zum einen ergibt sich durch das zugrunde liegende ökonomische Kalkül der Kunden eine besondere Notwendigkeit, im Rahmen der Preisfindung den „Customer-added Value" zu ermitteln. Im Vordergrund sollten also Verfahren stehen, die am Wert bzw. Nutzen der Produkte für den Kunden ansetzen. Zum anderen ist zu vermuten, dass Entscheider in B2B-Märkten stärker dazu tendieren, im Rahmen der Preismarktforschung strategische Antworten zu geben. Empirische Evidenz hierzu liegt aber kaum vor.

Im Hinblick auf die *Charakteristika der beschafften Leistungen* ist zunächst einmal darauf hinzuweisen, dass in B2B-Kontexten der *Grad der Individualisierung* der Produkte häufig sehr viel höher ist als in B2C-Märkten. Daraus ergeben sich wichtige Konsequenzen für die Preisfindung. Insbesondere sollten die diesbezüglichen Anstrengungen nicht nur darauf ausgerichtet sein, Zahlungsbereitschaften für komplette Leistungsbündel zu ermitteln. Vielmehr ist es von vordringlichem Interesse, Zahlungsbereitschaften für einzelne Produktmerkmale und ihre Ausprägungen zu ermitteln. So lassen sich in der Folge auch für individuelle Anfragen adäquate Preise ermitteln.

Ähnliche Konsequenzen ergeben sich auch durch den Umstand, dass in vielen B2B-Märkten *leistungsergänzende Dienstleistungen* (z.B. die Logistik bei Just-in-Time-Beschaffungen oder die Wartung komplexer Maschinen) eine besondere Rolle spielen (Homburg/Garbe 1996). Es ist von großer Wichtigkeit, diese Leistungen bei der Preisfindung ebenfalls zu berücksichtigen. Zudem führt dieser Umstand dazu, dass im Rahmen von Projekten der Preismarktforschung oft eine sehr große Zahl von Produktmerkmalen und -attributen zu berücksichtigen ist. Infolgedessen muss sehr häufig auf mehrstufige Verfahren zurückgegriffen werden, bei denen zunächst die für den jeweiligen Kunden wichtigsten Produktmerkmale identifiziert werden.

Besondere Konsequenzen ergeben sich aus der hohen Bedeutung von leistungsergänzenden Dienstleistungen bei Produkten, die selbst mit eher geringen Herstellkosten verbunden sind (z.B. Rohstoffe). Insbesondere kann sich hier ergeben, dass der vom Kunden insgesamt gezahlte Preis häufig v.a. von der Länge und Komplexität des Transportwegs abhängt. Die Konsequenz ist, dass sich auch auf diesen preislich tendenziell eher transparenten B2B-Märkten eine starke regionale Preisdifferenzierung entwickeln kann. Auf diese Unterschiede muss bei Kundenbefragungen auf jeden Fall geachtet werden.

Komplexität ist auch im Hinblick auf die Preisgestaltung selbst ein großes Thema in B2B-Märkten. Hier ist insbesondere die Rabattpolitik zu nennen. In vielen Geschäftsbeziehungen haben sich *Rabattsysteme* historisch entwickelt, die weder für die Anbieter noch für die Kunden komplett transparent sind (Homburg/Jensen/Schuppar 2004). Dies hat natürlich auch für die Preismarktforschung wichtige Konsequenzen. Eine Rolle spielt dies v.a. für das Design und die Interpretation entsprechender Untersuchungen.

Konkret ist beim Design darauf zu achten, dass klar ersichtlich ist, ob es um Brutto- oder Nettopreise geht. Hier sollte sich die Marktforschung grundsätzlich an den gängigen Praktiken im jeweiligen Marktumfeld orientieren. Nach Möglichkeit sollten dabei jedoch Bruttopreise kommuniziert werden, da sich Rabattsysteme oft sehr kundenspezifisch entwickeln und deshalb andernfalls die Vergleichbarkeit der Ergebnisse ggf. eingeschränkt ist. Auf jeden Fall sollten die entsprechenden Annahmen über die Rabattsysteme klar formuliert werden, sodass diesbezüglich keine Missverständnisse aufkommen können. In bestimmten Kontexten (niedriges Preiswissen der Befragten oder bestehende Geschäftsbeziehung) kann es auch sinnvoll sein, dem Kunden im Rahmen der Befragung derzeit tatsächlich gezahlte Preise direkt zu kommunizieren. Schließlich sollte in der Pretest-Phase des Untersuchungsinstruments auch ein großes Augenmerk darauf liegen, ob die Kunden die in der Studie gegebenen Preisinformationen richtig einordnen.

Gleichfalls ist es wichtig, bei der Ergebnisinterpretation von kundenseitigen Preisurteilen auf die Bezugsbasis (netto versus brutto) der Kunden zu achten. Sobald dies nicht – wie gerade vorgeschlagen – im Rahmen der Befragung direkt kommuniziert worden ist, bietet es sich in diesem Kontext z.B. an, tatsächlich gezahlte Preise für bestimmte Leistungen des Unternehmens abzufragen. Anschließend kann auf dieser Grundlage ermittelt werden, ob der Kunde in Netto- versus Bruttopreisen „denkt".

Eine letzte Eigenschaft der in B2B-Kontexten beschafften Leistungen ist ihr Umfang. Insbesondere ist das pure *Einkaufsvolumen* in € oder US-$ deutlich höher als in B2C-Kontexten. In einer umfangreichen empirischen Studie über viele Produkte und Unternehmen ermittelt Bunn (1993) ein mittleres Einkaufsvolumen in Organisationen von 31.000 US-$. In heutigen Preisen entspricht dies etwa 46.000 US-$. Für die Preismarktforschung verursacht dieser Umstand erhebliche Komplikationen. Insbesondere wird es hierdurch in nahezu allen B2B-Einkaufskontexten unmöglich, Verfahren einzusetzen, die mit einer Kaufverpflichtung auf Grundlage der gemachten Angaben verbunden sind. Wie bereits zuvor erwähnt (und im nächsten Abschnitt ausgeführt), sind dies jedoch gerade die Verfahren, die zur Ermittlung unverzerrter Zahlungsbereitschaften führen. Auch Verfahren, die auf Basis von Lotterien und Auktionen funktionieren, sind in solchen Umfeldern schwer einsetzbar.

Schließlich haben auch *Charakteristika der Geschäftsbeziehungen* in B2B-Märkten Implikationen für den Einsatz von Verfahren zur Ermittlung von Zahlungsbereitschaften. Zunächst ist hier der *Zeithorizont* der Geschäftsbeziehungen zu nennen. Während viele Geschäftsbeziehungen in B2C-Märkten kurzfristig und vorwiegend transaktional angelegt sind, ist dies in B2B-Märkten grundlegend anders (Cannon/Perreault 1999). Hier bestehen viele Geschäftsbeziehungen über viele Jahre, wenn nicht Jahrzehnte. Entsprechend kann sich der langfristig optimale Preis für ein Produkt von der maximalen Zahlungsbereitschaft des Kunden durchaus unterscheiden. So kann es sich unter Umständen auszahlen, einem Kunden durch eine geschickte Preispolitik den Aufbau einer starken Marktposition zu erlauben – was wiederum für den eigenen Absatz förderlich ist.

Ein weiteres wichtiges Konzept im Zusammenhang mit der Langfristigkeit von B2B-Ge-schäftsbeziehungen ist die Preisfairness. Nur wenn Preise als ökonomisch „fair" angesehen werden, ermöglicht dies das für belastbare Geschäftsbeziehungen notwendige Commit-ment und Vertrauen (Xia/Monroe/Cox 2004). Entsprechend sollte im Rahmen von Projek-ten der Preismarktforschung auch Wert darauf gelegt werden, Fairnesswahrnehmungen der Kunden abzufragen.

Schließlich unterscheiden sich B2C- und B2B-Märkte auch im Hinblick auf die *Art der Nachfrage*. Insbesondere handelt es sich bei B2B-Transaktionen oft um eine abgeleitete Nachfrage. Die Einkaufsentscheidungen von Organisationen beruhen ihrerseits auf der Nachfrage von Kunden. Für die Preisbestimmung hat dies zur Folge, dass die Kenntnis der Zahlungsbereitschaften der Kunden der Kunden oft von großem Nutzen sein kann.

Dies ist ganz besonders der Fall, wenn die eigenen Produkte als spezifische Produktmerk-male direkt vom Endkunden wahrgenommen werden. Das prominenteste Beispiel sind hier sicherlich Intel-Prozessoren. Die entsprechend angelegte und sehr aufwändige „Intel inside"-Kampagne hat sie zu einer für Endkunden wahrnehmbaren Produktkomponente von Personal-Computern gemacht (Desai/Keller 2002). Ähnliches ist z.B. auch für Produkt-merkmale von Autos (z.B. Reifen oder die Hi-Fi-Ausstattung) gegeben. Auf den Vertrieb von Maschinen oder Beratungsdienstleistungen lässt sich dies aber weniger übertragen, weshalb die Kenntnis der Zahlungsbereitschaften der Endkunden in solchen Umfeldern auch nachrangig ist.

5.3 Verfahren zur Messung von Zahlungsbereitschaften

5.3.1 Beschreibung der Verfahren

5.3.1.1 Überblick

Es ist eine zentrale Implikation des vorliegenden Abschnitts (und anderer Beiträge dieses Herausgeberbandes), dass die Preisfindung in B2B-Märkten am ökonomischen Wert des angebotenen Leistungsbündels für den Kunden ansetzen sollte. Entsprechend werden in diesem Abschnitt verschiedene Verfahren vorgestellt, mit denen dieser „Kundenwert" des Produkts bestimmt werden kann. Dabei lassen sich, wie in **Abbildung 5.2** dargestellt wird, grundsätzlich drei Verfahrensarten unterscheiden.

Bei der *objektiven Messung* des Kundenwerts wird versucht, den wahren Wert eines Pro-dukts für den Kunden möglichst exakt zu bestimmen. Die zentrale Idee ist es, den „Value-in-Use" (VIU) für den Kunden zu ermitteln, d.h. den konkreten Beitrag, den das Produkt bei der Wertschöpfung des Kunden leistet. Formal kann der VIU als der Preis definiert werden, bei dem der Kunde aus ökonomischen Überlegungen heraus indifferent zwischen einem Produkt und einem geeigneten Alternativprodukt ist.

Abbildung 5.2   Überblick über Verfahren zur Messung von Zahlungsbereitschaften
(Quelle: in Anlehnung an Lilien/Rangaswamy/De Bruyn 2007)

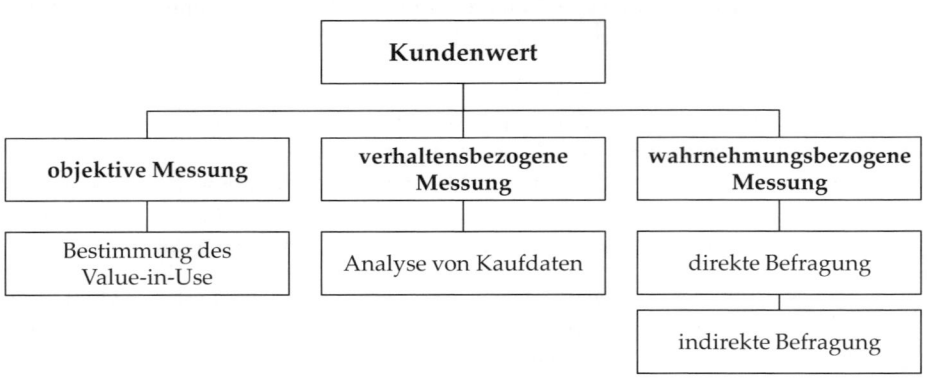

Zur Bestimmung dieses Value-in-Use bieten sich zwei Verfahren an (ähnlich Lilien/Rangaswamy/De Bruyn 2007). Einerseits kann eine *interne* Bestimmung vorgenommen werden, z.B. durch die Ingenieure des Anbieterunternehmens. Im Maschinenbau kann so z.B. der Wert einer Innovation durch einen Vergleich der zusätzlichen Kosten (z.B. erhöhter Energiebedarf bei der Maschinennutzung) mit dem zusätzlichen Nutzen (z.B. reduzierter Wartungsbedarf, geringere Ausschussquote und höhere Produktionsgeschwindigkeit) ermittelt werden. Wichtig ist, im Rahmen entsprechender Experimente die Produktionsbedingungen beim jeweiligen Kunden möglichst genau zu modellieren. Der Erfolg des VIU-Ansatzes hängt dabei von der korrekten Identifikation der verschiedenen Kostenträger ab. Je besser ein Unternehmen das Geschäftsmodell der eigenen Kunden kennt, desto besser lässt sich die interne Bestimmung durchführen.

Noch besser ist es deshalb, wenn die Bestimmung des VIU *extern* in Zusammenarbeit mit ausgewählten Referenzkunden erfolgt. So besteht eine wesentlich größere Sicherheit, alle relevanten Kosten- und Nutzenaspekte bei der Wertbestimmung zu erfassen. Vorausgesetzt, dass das Kundenunternehmen hierzu bereit ist, kann so eine gemeinsame Bewertung der Kosten- und Nutzenträger erfolgen. Solche gemeinsam entwickelten Business Cases stellen neben dem direkten Erkenntnisgewinn auch ein ideales Instrument zur Neukundenakquisition dar. Anderson/Narus (1998) geben weitere wichtige Hinweise zur Ermittlung des Value-in-Use.

Die Bestimmung des VIU kommt dem wahren Kundenwert am nächsten, da er ausdrückt, was ein Kunde bereit sein sollte, für ein neues Produkt zu bezahlen. Neben einer genauen Kenntnis der ökonomischen Logik des Produkteinsatzes beim Kunden setzt die VIU-Bestimmung jedoch eine gewisse Standardisierung der verkauften Produkte voraus. Für hochgradig individualisierte Produkte müsste andernfalls eine Preisbestimmung separat für jeden Kunden durchgeführt werden. In vielen Situationen wäre dies prohibitiv aufwändig.

Eine Alternative zur objektiven Messung des Kundenwerts stellt die *verhaltensbezogene* Messung dar. Bei der verhaltensbezogenen Messung des Kundenwerts wird der Wert eines Produkts nach dem Kauf auf Basis des tatsächlichen Kaufverhaltens der Kunden bestimmt. Eine verhaltensbezogene Bestimmung des Kundenwerts bietet sich an, wenn Daten über das Auswahl- und/oder Kaufverhalten der Kunden vorhanden sind. In B2C-Märkten ist dies oft gegeben. So können Verhaltensdaten (und entsprechende Preis-Absatz-Funktionen) z.B. auf Grundlage von Haushaltspanels (Günther/Vossebein/Wildner 2006), Scanner-Daten (Kamakura/Russell 1993), Testmärkten (Herrmann/Huber 2008) und Testmarktsimulationen (Erichson 2008) gewonnen werden.

In B2B-Märkten stehen solche Informationen jedoch viel seltener zur Verfügung. Experimentelle Studien bzw. Preisexperimente lassen sich aufgrund der großen Markttransparenz in B2B-Märkten meist nicht durchführen. Hinzu kommen erschwerend noch der hohe Individualisierungsgrad vieler Produkte sowie die allgemein eher hohen Preise, z.B. für Maschinen. Als Konsequenz ergibt sich, dass die verhaltensbezogene Messung des Kundenwerts in B2B-Märkten so gut wie nie möglich ist. Allenfalls ist ein solches Vorgehen in stark commoditisierten Märkten (Homburg/Staritz/Bingemer 2008) möglich, auf denen Produkte z.B. auf Warenbörsen oder großvolumigen Internet-Marktplätzen gehandelt werden. Gar nicht in Frage kommen solche Verfahren bei radikalen Produktinnovationen, zu denen noch keine Verhaltenserfahrungen vorliegen.

Vor diesem Hintergrund kommt der *wahrnehmungsbezogenen* Messung des Kundenwerts eine wesentlich größere Bedeutung in B2B-Märkten zu. Hier wird der Wert eines Produkts für die Kunden auf Basis von Befragungen bestimmt. Dabei wird der wahrnehmungsbezogene Kundenwert i.d.R. über die maximale Zahlungsbereitschaft der Kunden approximiert.

Zur Erhebung der Zahlungsbereitschaft steht eine Vielzahl von Methoden zur Verfügung. Dabei lassen sich zwei grundsätzliche Ansätze unterscheiden:

- ■ Direkte Methoden bitten den Kunden um eine unverschleierte Angabe seiner Zahlungsbereitschaft für die Leistung des Anbieters.

- ■ Indirekte Methoden bauen auf Fragen auf, aus deren Beantwortung sich mit Hilfe zusätzlicher Annahmen indirekt Schlussfolgerungen über die Zahlungsbereitschaften der Kunden ziehen lassen.

Innerhalb dieser Methoden lässt sich zudem noch eine weitere Unterscheidung treffen:

- ■ Anreizkompatible Methoden basieren auf Mechanismen, die die Offenbarung der wahren Zahlungsbereitschaft durch den Kunden zur rational besten Antwortstrategie werden lassen. In der Regel geschieht dies durch eine Verknüpfung der Befragungsteilnahme mit einer realen Kaufentscheidung.

- ■ Hypothetische Methoden stellen Fragen zur Zahlungsbereitschaft losgelöst von einer realen Kaufsituation. Sie sind deshalb weitaus anfälliger für die bereits in der Einleitung zu diesem Beitrag angesprochenen Verzerrungen.

Legt man diese beiden Unterscheidungen zugrunde, lassen sich die wahrnehmungsbezogenen Verfahren in vier Kategorien unterteilen. **Tabelle 5.1** gibt hier einen Überblick. In den folgenden Abschnitten sollen diese Verfahren einzeln kurz vorgestellt werden.

Tabelle 5.1   Verfahren zur Ermittlung der Zahlungsbereitschaften

	Direkt	Indirekt
Hypothetisch	■ offene Frageform ■ geschlossene Frageform ■ hybride Frageform	■ ratingbasierte Conjoint-Analyse ■ auswahlbasierte Conjoint-Analyse
Anreiz-kompatibel	■ BDM-Mechanismus ■ Vickrey Auktion	■ anreizkompatible Conjoint-Analyse ■ Upgrading-Methode

5.3.1.2   Direkte hypothetische Verfahren

Im Hinblick auf *direkte hypothetische Verfahren* ist zunächst die offene Befragung zu nennen. Nach einer Vorstellung des Produkts wird hier einfach und ohne Umschweife die Zahlungsbereitschaft der (potenziellen) Kunden erfragt. Eine typische Frage ist „Wie viel wären sie maximal bereit, hier und jetzt für diese Leistung zu bezahlen?".

Üblicher ist in der Praxis jedoch eine andere Form der offenen Abfrage. Insbesondere wird die Frage hier verknüpft mit Fairnessüberlegungen und der Rolle des Preises als Qualitätsindikator. Dies ist der Fall bei der sogenannten Van Westendorp-Methode, auch bekannt als Price-Sensitivity-Meter (PSM). Bei dieser Methode wird nicht die maximale Zahlungsbereitschaft erfragt, sondern lediglich ein akzeptabler Preisbereich (ausführlich Wildner 2003). Im Anschluss an die Vorstellung des Produkts/Angebots werden in Bezug auf dieses Produkt die folgenden vier Fragen gestellt:

1. Nennen Sie einen Preis, der angemessen, aber noch günstig ist.

2. Nennen Sie einen Preis, der hoch, aber noch vertretbar ist.

3. Nennen Sie einen Betrag, ab dem der Preis zu hoch wird.

4. Nennen Sie einen Betrag, ab dem der Preis so niedrig ist, dass Zweifel an der Qualität der Leistung aufkommen.

Wie in **Abbildung 5.3** dargestellt wird, werden im Anschluss an die Befragung alle Kundenantworten in einer Grafik kumuliert dargestellt. Die Fragen nach dem zu niedrigen Preis und nach dem noch günstigen (angemessenen) Preis führen zu fallenden Kurven: Der Anteil der Befragten, die einen bestimmten Preis als zu niedrig bzw. noch günstig (angemessen) empfinden, nimmt mit steigendem Preis ab. Die Fragen nach dem hohen (noch vertretbaren) und nach dem zu hohen Preis führen zu steigenden Kurven: Der Anteil der Befragten, die einen Preis als hoch (aber noch vertretbar) bzw. als zu hoch empfinden, nimmt mit steigendem Preis zu.

Abbildung 5.3   Beispielhafte Anwendung des Price-Sensitivity-Meters zur Bestimmung der Zahlungsbereitschaften für ein Inhouse-Trainingsprogramm

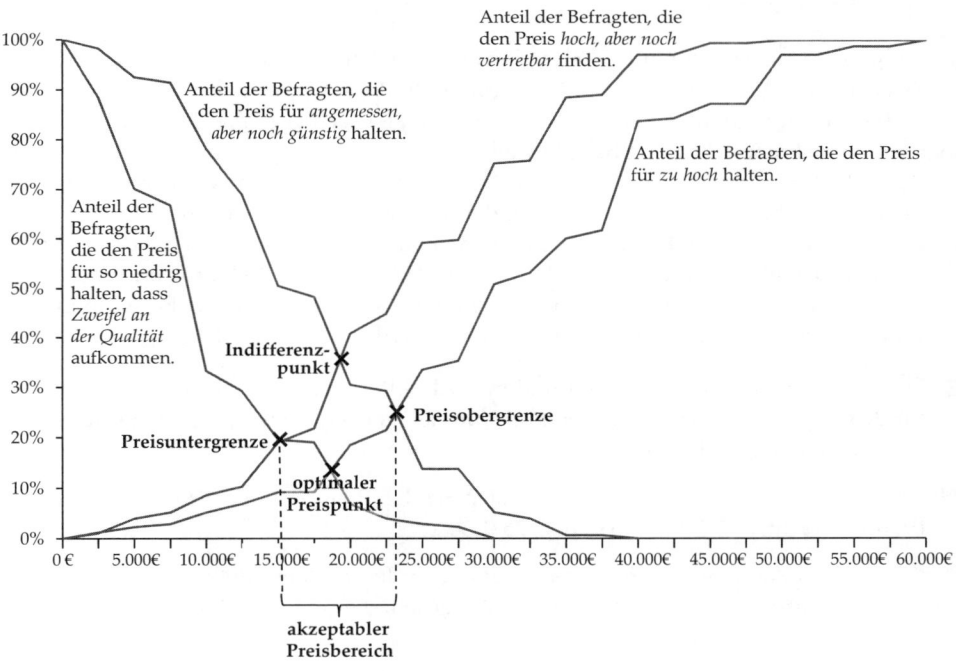

Auf dieser Grundlage lassen sich vier Schnittpunkte der Kurven bestimmen (Kupiec/Revell 2001):

■ *Preisuntergrenze*: Preis, bei dem der Anteil der Befragten, die den Preis als vertretbar hoch empfinden, genau gleich dem Anteil der Befragten ist, die den Preis zu niedrig finden.

■ *Preisobergrenze*: Preis, bei dem der Anteil der Befragten, die den Preis als zu hoch empfinden, genau gleich dem Anteil der Befragten ist, die den Preis als angemessen, aber noch günstig wahrnehmen.

■ *Optimaler Preispunkt*: Preis, bei dem der Anteil der Befragten, die den Preis als zu hoch wahrnehmen, genau gleich dem Anteil der Befragten ist, die den Preis für zu niedrig halten.

■ *Indifferenzpunkt*: Preis, bei dem der Anteil der Befragten, die den Preis als vertretbar hoch wahrnehmen, genau gleich dem Anteil der Befragten ist, die den Preis als angemessen, aber noch günstig wahrnehmen.

Üblicherweise wird der Preisbereich zwischen Preisuntergrenze und Preisobergrenze als „akzeptabler Preisbereich" bezeichnet. Er stellt i.d.R. das zentrale Ergebnis bei einer Anwendung dieser Methode dar. Zur endgültigen Preisfestsetzung sind also noch andere Informationen nötig. Hier kommen in der Praxis meist entweder andere Befragungsverfahren zum Einsatz (insbesondere die Conjoint-Analyse) oder auch kosten- und wettbewerbsbezogene Überlegungen.

Bei der geschlossenen Befragung werden dem Kunden bei der Frage nach seiner Zahlungsbereitschaft feste Antwortkategorien (z.B. bestimmte Preise) vorgegeben. Zur Bestimmung des Wertes für den Kunden dient vorwiegend die Frage nach der Preisakzeptanz über eine sogenannte dichotome Frage (z.B. „Würden Sie das Produkt bei einem Preis von x € kaufen?"). Falls dem Kunden eine Reihe von Preisen vorgelegt wird, aus denen er seine maximale Zahlungsbereitschaft wählen kann, dann spricht man vom sogenannten Payment-Card-Frageformat (z.B. „Bitte wählen Sie den maximalen Preis, bei dem Sie das Produkt/ Angebot noch kaufen würden: 5 €, 10 €, 15 €, 20 €, 25 €, 30 €"). Auch hier können neben der Zahlungsbereitschaft noch weitere, eher qualitative Aspekte, die für die Bestimmung des endgültigen Preises wichtig sein können, erhoben werden. Zum Beispiel:

■ Fragen zur allgemeinen Preisempfindung (z.B. „Wie beurteilen Sie den Preis von x € für dieses Produkt – halten Sie den Preis für viel zu hoch, etwas zu hoch, genau richtig, etwas zu niedrig, viel zu niedrig?").

■ Fragen zur Preisfairness (z.B. „Bitte wählen Sie den Preis aus, den Sie als fair für dieses Produkt erachten: 5 €, 10 €, 15 €, 20 €, 25 €, 30 €").

Zudem können Zahlungsbereitschaften im Rahmen der direkten Methoden mit Hilfe von sogenannten hybriden Frageformen ermittelt werden, die offene und geschlossene Frageformen miteinander kombinieren.

Ein großes Problem dieser direkten Verfahren ist, dass die Aufmerksamkeit der Befragungsteilnehmer auf den Preis fokussiert wird. Dies muss keinesfalls der realen Kaufsituation entsprechen. Zudem wird in diesen Verfahren nicht abgebildet, dass Zahlungsbereitschaften aus Trade-Off-Entscheidungen resultieren. Insbesondere können Kunden bei tatsächlichen Kaufentscheidungen niedrigere Preise dadurch erreichen, dass sie auf bestimmte Produktmerkmale verzichten.

5.3.1.3   Indirekte hypothetische Verfahren

Indirekte hypothetische Methoden sind als Reaktion auf die im vorherigen Abschnitt geschilderten Probleme entwickelt worden. Kennzeichnend für die indirekten Methoden ist die Erfragung preisbezogener Aspekte im Kontext von Leistungsmerkmalen des betrachteten Produkts. Der Preis ist also nicht mehr zentraler Gegenstand der Befragung, sondern eines von mehreren Merkmalen des Produkts.

Von besonderer Bedeutung ist in diesem Zusammenhang die *Conjoint-Analyse*. Diese Methode erfordert im Rahmen der Befragung explizit ein Abwägen zwischen Preis und wahrgenommenem Nutzen. So werden dem Befragungsteilnehmer i.d.R. mehrere Produktalternativen zu entsprechenden Preisen präsentiert. Anschließend wird der Befragungsteilnehmer dazu aufgefordert, seine Präferenz für eine der vorgelegten Alternativen zu äußern. Dabei lassen sich zwei verschiedene Formen der Conjoint-Analyse unterscheiden (vgl. **Abbildung 5.4**). Der zentrale Unterschied liegt darin, in welcher Form die Präferenzen angegeben werden:

- *Ratingbasierte Conjoint-Analyse*: Den Teilnehmern werden zwei Produktprofile präsentiert. Anschließend werden sie gebeten anzugeben, welches der beiden Produktprofile sie präferieren und wie stark ihre Präferenz ist. Hier kommt eine mehrstufige Bewertungsskala zum Einsatz. Der zentrale Vorteil dieses Verfahrens liegt in der Genauigkeit der Präferenzangabe. Damit eröffnen sich bei der Datenanalyse zusätzliche Auswertungsmöglichkeiten. Gleichzeitig ist es auch möglich, eine weitaus größere Zahl an Produktmerkmalen zu berücksichtigen. Demgegenüber steht die Tatsache, dass diese Form der Präferenzmessung reale Kaufentscheidungen nicht komplett reproduziert, da keine eindeutige Entscheidung getroffen werden muss. Es ist zu vermuten, dass dies das Risiko für hypothetische Verzerrungen erhöht. Gleichzeitig spiegelt es aber auch die für viele B2B-Märkte typische Situation wider, dass nicht zwischen Produkten entschieden werden muss, sondern lediglich ein Einkaufsbudget über mehrere Produkte verteilt wird.

- *Auswahlbasierte Conjoint-Analyse*: Den Teilnehmern werden gleichzeitig zwei oder mehr Produktprofile präsentiert. Anschließend werden die Teilnehmer gebeten, das Produkt auszuwählen, das sie kaufen würden. In der Regel haben sie auch die Option sich für keines der dargebotenen Produktprofile zu entscheiden. Somit greift die auswahlbasierte Conjoint-Analyse das zentrale Problem ratingbasierter Verfahren auf. Wie in realen Kaufsituationen müssen sich die Befragten für ein Produkt entscheiden. Diesem Vorteil steht als Nachteil gegenüber, dass die Daten mathematisch gesehen wesentlich weniger Informationen enthalten. So sind ohne komplexe Zusatzanalysen keine Auswertungen auf individueller Ebene zu erhalten (Gensler 2003). Zudem führt diese geringere Detailliertheit der Informationen dazu, dass i.d.R. nur sehr wenige Produktmerkmale im Design berücksichtigt werden können.

In der Regel muss der Teilnehmer eine Vielzahl solcher Entscheidungssituationen durchlaufen. (Die genaue Anzahl ergibt sich in jedem Projekt als Ergebnis einer Abwägungsentscheidung zwischen gewünschter Genauigkeit und Ermüdungseffekten bei den Teilnehmern.) Auf Basis der ausgewählten Produkte werden anschließend mittels statistischer Verfahren Zahlungsbereitschaften geschätzt – auf individueller oder aggregierter Ebene (Miller et al. 2011).

Abbildung 5.4   Beispielhafte Anwendung der ratingbasierten und auswahlbasierten
Conjoint-Analyse bei chemischen Grundstoffen

Ratingbasierte Conjoint-Analyse

Unter der Voraussetzung, dass sich die Lieferanten hinsichtlich aller übrigen
Leistungsmerkmale gleichen: **Welches Angebot bevorzugen Sie?**

Der Preis beträgt **99%** vom
durchschnittlichen Marktpreis.

Anbieter bietet **keine Produkttrainings** an.

Anbieter bietet **Option zur
Zwischenlagerung bei drittem
Unternehmen** an.

Anbieter bietet **Sicherheitsdienstleistungen, aber keine Beratungsdienstleistungen.**

Produktpalette des Anbieters umfasst
**mehrere Chemikalien, aber keine
Zusatzstoffe.**

Der Preis beträgt **102%** vom
durchschnittlichen Marktpreis.

Anbieter bietet **Produkttrainings** an.

Anbieter bietet **keine Option zur
Zwischenlagerung** an.

Anbieter bietet **Sicherheitsdienstleistungen
und Beratungsdienstleistungen.**

Produktpalette des Anbieters umfasst
mehrere **Chemikalien und Zusatzstoffe.**

starke Präferenz				unentschieden				starke Präferenz
O	O	O	O	O	O	O	O	O

Auswahlbasierte Conjoint-Analyse

Unter der Voraussetzung, dass sich die Lieferanten hinsichtlich aller übrigen
Leistungsmerkmale gleichen: **Für welchen Lieferanten würden Sie sich entscheiden?**

Anbieter A

Der Preis beträgt **99%** vom
durchschnittlichen
Marktpreis.

Anbieter bietet **keine
Produkttrainings** an.

Anbieter bietet **Option zur
Zwischenlagerung bei
drittem Unternehmen** an.

Anbieter bietet **Sicherheitsdienstleistungen, aber keine
Beratungsdienstleistungen.**

Produktpalette des Anbieters
umfasst **mehrere
Chemikalien und keine
Zusatzstoffe.**

Anbieter B

Der Preis beträgt **102%** vom
durchschnittlichen
Marktpreis.

Anbieter bietet
Produkttrainings an.

Anbieter bietet **keine Option
zur Zwischenlagerung** an.

Anbieter bietet **Sicherheitsdienstleistungen und
Beratungsdienstleistungen.**

Produktpalette des Anbieters
umfasst mehrere
**Chemikalien und
Zusatzstoffe.**

Anbieter C

Der Preis beträgt **100%** vom
durchschnittlichen
Marktpreis.

Anbieter bietet **keine
Produkttrainings** an.

Anbieter bietet **Option zur
Zwischenlagerung im
eigenen Lager** an.

Anbieter bietet **keine Sicherheitsdienstleistungen, aber
Beratungsdienstleistungen.**

Produktpalette des Anbieters
umfasst **eine Chemikalie
und keine Zusatzstoffe.**

Anbieter A	Anbieter B	Anbieter C	keinen der Anbieter
O	O	O	O

Trotz der im Vergleich zu direkten hypothetischen Verfahren realistischeren Befragungssituation können auch mittels der Conjoint-Analyse ermittelte Zahlungsbereitschaften verzerrt ausfallen. Konkret werden Zahlungsbereitschaften oft überschätzt, was darauf hindeutet, dass hypothetische Verzerrungen trotz der höheren Realitätsnähe der Befragung noch immer eine Rolle spielen. Dabei zeigen empirische Vergleichsstudien, dass ratingbasierte Verfahren tendenziell stärker betroffen sind als auswahlbasierte Verfahren (für dieses Fazit Völckner/Sattler/Teichert 2008, S. 691). Gänzlich frei von Verzerrungen sind unserer Erfahrung nach jedoch auch auswahlbasierte Verfahren nicht.

5.3.1.4 Direkte anreizkompatible Verfahren

Um hypothetische Verzerrungen zu umgehen, wird mit Hilfe der *anreizkompatiblen direkten* Methoden versucht, die tatsächliche Zahlungsbereitschaft zu messen, indem die Kunden mit einer echten Kaufsituation konfrontiert werden. Das heißt, dass die Kunden ggf. mit den von ihnen während der Befragung gemachten Angaben leben müssen und somit auch die ökonomischen Konsequenzen ihrer Antworten tragen.

In einer direkten anreizkompatiblen Befragung kombiniert der BDM-Mechanismus (z.B. Wertenbroch/Skiera 2002) die offene Frageform mit einem Lotteriemechanismus, der die Anreizkompatibilität sicherstellt. Vereinfacht dargestellt funktioniert der Mechanismus wie folgt: Im Rahmen der Befragung nennt der Kunde erst seine maximale Zahlungsbereitschaft, dann wird ein Zufallspreis gezogen. Ist dieser Zufallspreis kleiner (oder gleich) der vom Kunden genannten maximalen Zahlungsbereitschaft, dann muss der Kunde das Produkt zum Zufallspreis kaufen. Ist der Zufallspreis jedoch höher als die maximale Zahlungsbereitschaft, dann darf der Kunde das Produkt nicht kaufen. Der Kunde hat somit einen Anreiz, seine wahre maximale Zahlungsbereitschaft zu nennen.

Eine alternative direkte anreizkompatible Befragung ist die Vickrey-Auktion (Vickrey 1961). Hier gibt jeder an der Auktion beteiligte Bieter (d.h. die befragten Kunden) innerhalb eines festgelegten Zeitraums ein einziges, verbindliches und verdecktes („sealed bid") Kaufgebot gegenüber dem Verkäufer eines Auktionsobjektes ab. Nachbesserungen des Angebotes sind nicht möglich. Den Zuschlag erhält der Bieter mit dem höchsten Kaufgebot. Dieser zahlt jedoch lediglich einen Kaufpreis in Höhe des zweithöchsten Gebots. Beispielsweise sei angenommen, dass für ein Kamerahandy insgesamt vier Bieter Kaufgebote abgeben, die 70 €, 80 €, 85 € bzw. 95 € betragen. In einer Vickrey-Auktion erhält nun derjenige Bieter, dessen Kaufgebot 95 € beträgt, den Zuschlag, er zahlt aber einen Kaufpreis von 85 €. Durch diese Entkopplung von Kaufgebot und Kaufpreis besteht für einen Bieter kein Anreiz, ein Kaufgebot ober- oder unterhalb seiner tatsächlichen Zahlungsbereitschaft abzugeben.

5.3.1.5 Indirekte anreizkompatible Verfahren

Eine Form der *indirekten anreizkompatiblen Befragung* ist die anreizkompatible Choice-Based Conjoint-Analyse (CBC) (Ding 2007). Hier werden die Vorteile des BDM-Mechanismus und der hypothetischen Conjoint-Analyse kombiniert, um Anreizkompatibilität herzustellen. Dazu wird den Teilnehmern mitgeteilt, dass nach Abschluss der Studie das Produkt zum Kauf angeboten wird, das von den meisten Teilnehmern bevorzugt wird. Weiter werden die Teilnehmer informiert, dass ihre Antworten in der Conjoint-Analyse dazu verwendet werden, ihre Zahlungsbereitschaft für dieses Produkt zu berechnen. Der BDM-Mechanismus, wie oben beschrieben, stellt dann sicher, dass die Kunden ihre wahren Präferenzen in der Conjoint-Analyse offenbaren.

Ein weiterer indirekter anreizkompatibler Ansatz zur Messung der Zahlungsbereitschaft ist die sogenannte Upgrading-Methode (Park/Ding/Rao 2008). Hier erhält jeder Teilnehmer zunächst ein Basisprodukt und hat dann die Möglichkeit, für jedes einzelne Produktattribut Upgrades zu beziehen, um zur gewünschten Produktkonfiguration zu gelangen. Während dieses Prozesses nennen die Teilnehmer die Zahlungsbereitschaft für jedes potenziell für sie interessante Produktupgrade. Der BDM-Mechanismus stellt dann wiederum sicher, dass es im besten Interesse der Teilnehmer ist, ihre wahre Zahlungsbereitschaft für jedes Upgrade anzugeben.

5.3.2 Bewertung der Verfahren für den Einsatz in B2B-Kontexten

Nachdem im vorherigen Abschnitt einzelne Verfahren zur Preisbestimmung vorgestellt worden sind, soll in diesem Abschnitt ihre Eignung für den Einsatz in B2B-Kontexten geprüft werden. Hierzu wird in **Tabelle 5.2** zunächst das Risiko für bestimmte Verzerrungen beurteilt. Anschließend wird bewertet, inwieweit die Verfahren an die in Abschnitt 5.2 besprochenen Spezifika von B2B-Umfeldern angepasst sind.

Bei den *objektiven Verfahren* erweist sich die *externe Value-in-Use-Analyse* (also die Ermittlung des Kundenwerts beim Produkteinsatz beim Kunden) als die überlegene Methode. Der große Vorteil gegenüber der *internen Value-in-Use-Ermittlung* besteht darin, dass der Wertbeitrag einzelner Leistungsaspekte unter realen Bedingungen ermittelt werden kann. Anders als bei einer internen Analyse kann so gerade die Individualisierung und die Bedeutung leistungsergänzender Dienstleistungen optimal ermittelt werden. In gewisser Weise besteht in der großen Ausrichtung an tatsächlichen Kundeninteressen jedoch auch ein wichtiger Nachteil der externen Value-in-Use-Analyse. Gerade aufgrund der großen Individualisierung vieler Produkte ist eine Übertragung auf die Einsatzbedingungen in anderen Unternehmen oft nur sehr schwer möglich. Zudem ergibt sich auch ein besonderes Risiko strategischer Verzerrungen. Insbesondere kann es im Interesse des teilnehmenden Kundenunternehmens sein, bei den Einsatzkosten übertriebene Werte anzusetzen, um in der Zukunft Einkaufsvorteile zu erlangen.

Auf die Problematik, in B2B-Märkten auf *Verhaltensdaten* zurückzugreifen, wurde schon im vorherigen Abschnitt eingegangen. Vielmals stehen sie gar nicht zur Verfügung oder sind aufgrund der großen Angepasstheit der Leistungen auf die spezifische Situation der kaufenden Unternehmen nicht übertragbar. Auch die langfristigen Auswirkungen von Preisentscheidungen können auf Grundlage solcher Daten nicht nachvollzogen werden.

Tabelle 5.2 Eignung der Verfahren zur Bestimmung der Zahlungsbereitschaften im B2B-Kontext

	Verzerrungsrisiko		Angepasstheit an B2B-Spezifika			Eignung insgesamt
	strategisch	hypo-thetisch	Pro-zesse	Leis-tungen	Be-ziehungen	
Value-in-Use (intern)	niedrig	mittel	◔	◑	◔	◑
Value-in-Use (extern)	mittel	niedrig	◑	◔	◕	◕
Verhaltens-daten	niedrig	niedrig	◑	◔	◔	◔
Price-Sensitivity-Meter	sehr hoch	sehr hoch	◑	◔	◑	◑
Rating-basierte Con-joint-Analyse	mittel	hoch	◕	◕	◑	◕
Auswahl-basierte Con-joint-Analyse	mittel	mittel	◑	◑	◑	◑
Vickrey-Auktion	nicht vor-handen	nicht vor-handen	○	◔	○	○
BDM-Mechanismus	nicht vor-handen	nicht vor-handen	○	◔	○	○

Die Symbole verdeutlichen den Grad der Angepasstheit bzw. Eignung der Verfahren: ○: keine, ◔: geringe, ◑: mittlere, ◕: hohe, ●: perfekte Angepasstheit bzw. Eignung.

Von den *hypothetischen wahrnehmungsbezogenen Messverfahren* ist die *ratingbasierte Conjoint-Analyse* vermutlich die überlegene Methode. Sie erlaubt eine weitaus detailliertere Abbildung der angebotenen Leistungen als die *auswahlbasierte Conjoint-Analyse*. Damit erlaubt sie eine Modellierung von Entscheidungssituationen, die sowohl dem ökonomisch-rationalen Entscheidungsprozess als auch der großen Wichtigkeit individualisierter Produktgestaltung besonders gut Rechnung trägt. Lediglich das Risiko hypothetischer Verzerrungen ist größer, da bei der ratingbasierten Conjoint-Analyse nur Präferenzen angegeben werden müssen, während bei der auswahlbasierten Conjoint-Analyse konkret eine Auswahl getroffen werden muss. Wie im vorherigen Abschnitt bereits ausgeführt wurde, betrifft dieser Vorteil der auswahlbasierten Conjoint-Analyse eine Reihe von B2B-Märkten jedoch nicht. Insbesondere kommt es in vielen Märkten zu Multiple-Sourcing (Homburg 1995), sodass in Buying Centern mehrere Anbieter zum Tragen kommen. Folglich ist auch die eindeutige Entscheidung für ein Produkt, die in der auswahlbasierten Conjoint-Analyse unterstellt wird, eine reichlich hypothetische Situation.

Durch das den conjoint-analytischen Verfahren inhärente Verständnis von Produkten und Dienstleistungen als komplexe Leistungsbündel sind sie auch dem Price-Sensitivity-Meter überlegen, bei dem holistisch Preisurteile über gesamte Produkte abgefragt werden. Andererseits sprechen aber auch Argumente für den Einsatz des Price-Sensitivity-Meters. Während bei der Conjoint-Analyse auf jeden Fall Preisanker durch den Anbieter vorgegeben werden müssen, ist beim Price-Sensitivity-Meter eine vollständig explorative Abfrage möglich. Durch das explizite Abfragen eines „fairen" Preises beim Price-Sensitivity-Meter wird zudem auch der Langfristigkeit vieler B2B-Geschäftsbeziehungen auf eine Weise Rechnung getragen, die mit der Conjoint-Analyse nicht abgebildet werden kann. In der Praxis empfiehlt es sich deshalb, diese beiden Verfahren *kombiniert* einzusetzen. Dabei sollte das Price-Sensitivity-Meter aufgrund seines explorativen Charakters zeitlich vor der Conjoint-Analyse abgefragt werden.

Aufgrund der bereits im vorherigen Abschnitt angesprochenen Nachteile der *anreizkompatiblen wahrnehmungsbezogenen Verfahren* lassen sich diese in B2B-Märkten kaum einsetzen. Der Umstand, dass bei diesen Verfahren Verzerrungen vermieden werden können, kompensiert diese Nachteile nicht.

5.4 Ergänzende Ansätze zum Umgang mit B2B-Besonderheiten

Keine der im vorherigen Abschnitt vorgestellten Methoden zur Preisfindung in B2B-Märkten ist vollständig an die Besonderheiten von B2B-Märkten angepasst. In diesem Abschnitt sollen deshalb einige Techniken vorgestellt werden, die ergänzend eingesetzt werden sollten. Dabei geht es zunächst um die Berücksichtigung der Multipersonalität bei der Entscheidungsfindung (vgl. Abschnitt 5.4.1). Anschließend geht es um den Umgang mit besonders komplexen Leistungsbündeln (vgl. Abschnitt 5.4.2) und danach um die Preisbestimmung in logistik-intensiven Märkten (vgl. Abschnitt 5.4.3).

5.4.1 Ermittlung von Einflussstrukturen im Buying Center

Wie bereits in Abschnitt 5.2 dieses Beitrags vorgestellt wurde, handelt es sich um eine große Besonderheit der Entscheidungsfindung in B2B-Märkten, dass Entscheidungen i.d.R. von mehreren Personen gemeinsam getroffen werden (hierzu ausführlich Büschken 1994). Dabei können sich Produktwahrnehmungen deutlich unterscheiden. Während Einkäufer sehr stark preisgetrieben agieren, setzen Nutzer des Produkts oft auf die Handhabbarkeit und Werksleiter auf Aspekte wie Liefertermintreue und/oder Ausfallzeiten. Entsprechend können sich auch Zahlungsbereitschaften zwischen den einzelnen Mitgliedern eines Buying Centers deutlich unterscheiden.

Vor diesem Hintergrund ist es oft nötig, Zahlungsbereitschaften bei verschiedenen Entscheidern im Unternehmen zu erfragen. Dazu ist es zunächst nötig, die Zusammensetzung der Buying Center zu ermitteln. Dies kann entweder durch eine Voruntersuchung oder simultan zur Befragung erfolgen.

Im Rahmen einer Voruntersuchung wird versucht, vor Beginn der eigentlichen Befragung die Zusammensetzung des Buying Centers zu ermitteln. In Märkten mit einer starken Key-Account-Struktur bietet sich an, hierzu die eigenen Vertriebsmitarbeiter zu befragen. Bei einer simultanen Ermittlung der Zusammensetzung des Buying Centers wird meist nach dem Schneeballverfahren vorgegangen. Zunächst werden meist die Einkäufer in den Unternehmen angesprochen und gebeten, weitere Mitglieder des Buying Centers zu nennen.

Anschließend ist es notwendig, den Einfluss der einzelnen Buying-Center-Mitglieder auf die Kaufentscheidung selbst zu ermitteln. Hierzu stehen wieder direkte und indirekte Verfahren zur Verfügung. Einen Überblick über die direkten Verfahren gibt **Abbildung 5.5**. Bei kleineren Buying Centern mit maximal fünf bis sechs Mitgliedern ist hier die Abfrage über eine Konstantsummenskala i.d.R. das am besten geeignete Verfahren, da hier oft ein wesentlich klarerer Eindruck der Machtstrukturen entsteht als bei der einfachen Abfrage. Die Größenbeschränkung ergibt sich dadurch, dass Befragungsteilnehmer bei mehr als fünf Kategorien in Konstantsummenskalen oft mit Reaktanz reagieren (Ähnliches gilt auch für Rangreihungen). Bei substanziell größeren Buying Centern ist die einfache Abfrage des Einflusses das überlegene Verfahren.

Neben den in **Abbildung 5.5** dargestellten direkten Verfahren zur Einflussmessung in Buying Centern existieren auch hier wieder indirekte Verfahren. Insbesondere ist vorgeschlagen worden, die Conjoint-Analyse nicht nur zur Präferenzmessung, sondern auch zur Aufdeckung von Einflussstrukturen zu nutzen (z.B. für einen Überblick Brinkmann 2006). So hat Voeth (2004) vorgeschlagen, eine mehrstufige Conjoint-Analyse durchzuführen. Im ersten Schritt werden wie gewohnt für jeden Teilnehmer Präferenzen im Hinblick auf die betrachteten Produkte ermittelt, um so z.B. Zahlungsbereitschaften herzuleiten. Im zweiten Fall wird dann der Nutzen bestimmter Entscheidungskonstellationen für den Teilnehmer ermittelt. Ergibt sich durch die Zustimmung eines bestimmten anderen Mitglieds des Buying Centers zur Präferenz des Teilnehmers ein besonders hoher Nutzen, so wird diesem anderen Mitglied ein starker Einfluss zugeschrieben.

Abbildung 5.5 Verfahren zur direkten Einflussmessung im Buying Center

Verfahren	Beispiel		Bewertung
Einfache Abfrage (Silk/ Kalwani 1982, Dawes/Lee/ Dowling 1998)	Wie groß ist der Einfluss der folgenden Funktionen auf die Einkaufsentscheidung zu diesem Produkt? kein Einfluss sehr großer Einfluss 1 2 3 4 5 6 7 Einkauf O O O O O O O Controlling O O O O O O O Entwicklung/Konstruktion O O O O O O O Geschäftsleitung O O O O O O O Produktion O O O O O O O		**Vorteile:** - intuitives Verfahren - schnell durchzuführen - keine Beschränkung der Anzahl der Funktionen **Nachteile:** - „Einflussinflation", alle Funktionen können als wichtig identifiziert werden
Rangordnung (Kelly 1974, Thomas 1984)	Wie groß ist der Einfluss der folgenden Funktionen auf die Einkaufsentscheidung zu diesem Produkt in Ihrem Unternehmen? Bitte ordnen Sie die jeweiligen Funktionen nach ihrem Einfluss (der 1. Rang entspricht der wichtigsten Funktion). Funktion Rang Einkauf _____ Controlling _____ Entwicklung/Konstruktion _____ Geschäftsleitung _____ Produktion _____		**Vorteile:** - Einflussunterschiede werden sichtbar **Nachteile:** - bei großen Buying Centern schnell unüberschaubar - telefonisch schwierig zu administrieren - kein Quantifizieren der Einflussunterschiede
Konstantsummenmessung (Garrido-Samaniego/ Gutierrez-Cillan 2004, Jackson/ Keith/ Burdick 1984)	Wie groß ist der Einfluss der folgenden Funktionen auf die Einkaufsentscheidung zu diesem Produkt in Ihrem Unternehmen? Bitte verteilen Sie insgesamt 100 Punkte entsprechend des Einflusses der jeweiligen Funktion. Funktion Punkte Einkauf _____ Controlling _____ Entwicklung/Konstruktion _____ Geschäftsleitung _____ Produktion _____ Summe 100		**Vorteile:** - Einflussunterschiede werden sichtbar und lassen sich quantifizieren **Nachteile:** - bei großen Buying Centern schnell unüberschaubar (maximal 5-6 Mitglieder) - telefonisch nicht zu administrieren

Konstruktmessung
 	
(Kohli/ Zaltman 1988)
	Im Hinblick auf die Rolle des Einkäufers im Buying Center beim Einkauf dieses Produkts:
	
	    Sehr wenig Sehr viel
	    1 2 3 4 5
	Wie viel Gewicht geben die übrigen Mitglieder seiner Meinung? O O O O O
	Wie stark verändert er die Präferenzen anderer Mitglieder? O O O O O
	Wie viel Einfluss hat er auf die Bewertung der einzelnen Angebote? O O O O O
	... O O O O O
			Vorteile:
			- ermöglicht Modellierung zufälliger und systematischer Messfehler
			Nachteile:
			- mehrere Items pro Mitglied im Buying Center, bei großen Buying Centern prohibitiv lang
			- „Einflussinflation", alle Funktionen können als wichtig identifiziert werden

Wenngleich diese und ähnliche Verfahren konzeptionell sehr charmant sind, werden sie in der Praxis doch deutlich seltener eingesetzt als direkte Verfahren. Der Hauptgrund hierfür liegt darin, dass sie die Befragung substanziell verlängern. Gerade wenn bereits eine andere Conjoint-Analyse zur Bestimmung von Zahlungsbereitschaften durchgeführt wird, kann die zusätzliche Befragungsdauer Reaktanz erzeugen. Zudem sind die Entscheidungsszenarien einigermaßen abstrakt und setzen voraus, dass über verschiedene Unternehmen hinweg ähnliche Funktionen und Entscheider im Buying Center vertreten sind. Angesichts der großen Heterogenität von B2B-Märkten ist dies keinesfalls immer eine plausible Annahme.

Vor diesem Hintergrund werden in der Praxis eher direkte Verfahren eingesetzt. Dabei besteht jedoch ein besonderes Risiko, dass die befragten Individuen ihren eigenen Einfluss überschätzen. Daher sollten diese Verfahren nach Möglichkeit mit der Befragung von mehreren Buying-Center-Mitgliedern pro Unternehmen eingesetzt werden. Eine Option, um den Effekt der Überschätzung des eigenen Einflusses zu reduzieren, besteht dann darin, dass die Angaben immer um Aussagen zur eigenen Person bereinigt werden. Ist der Einfluss der Buying-Center-Mitglieder so ermittelt worden, lässt sich auch eine Zahlungsbereitschaft für das gesamte Buying Center ermitteln. Hierzu wird i.d.R. ein gewichteter Durchschnitt der individuellen Zahlungsbereitschaften berechnet.

5.4.2   Techniken zum Umgang mit besonders komplexen Leistungsbündeln

Wie bereits in Abschnitt 5.2 ausgeführt wurde, spielt in vielen B2B-Märkten die Individualisierung der angebotenen Produkte eine sehr große Rolle. Dabei unterscheiden sich die Kunden oft sehr stark im Hinblick auf die Frage, welche Merkmale eines Produktes für ihre Kaufentscheidung eine besondere Rolle spielen. Zudem kommt auch leistungsergänzenden Dienstleistungen eine besondere Rolle zu. Als Ergebnis bieten die Anbieter oft sehr viele Gestaltungsoptionen im Hinblick auf die Leistung und die dazugehörigen Dienstleistungen an. Bei der Ermittlung von Zahlungsbereitschaften ist es deshalb von zentraler Bedeutung, auch diese Komplexität der angebotenen Leistungsbündel abzubilden.

Eine Herausforderung entsteht dabei in der Konzeptionsphase der Befragung. Hier sind die relevanten Produktmerkmale mit möglichen Ausprägungen zu identifizieren. Dabei ist es von großer Wichtigkeit, eine Kundenperspektive einzunehmen (Herrmann/Huber/Regier 2009), sowohl im Hinblick auf die Auswahl der Merkmale als auch auf ihre verbale Beschreibung. Gerade in stark technikgetriebenen B2B-Unternehmen werden hier mitunter Fehler gemacht und technische Spezifikationen in den Vordergrund gerückt, die für viele Kunden kaum von Bedeutung sind. Gleichzeitig rücken Aspekte der Bestellabwicklung oder der Lieferung in den Hintergrund.

Im Anschluss daran ist es dann von großer Wichtigkeit, die Komplexität der so konzeptualisierten Leistungsbündel bei der Messung des Kundenwerts und damit der Zahlungsbereitschaft zu erfassen. Wie bereits in Abschnitt 5.3 dieses Beitrags angesprochen, ist hierfür die Conjoint-Analyse besonders gut geeignet. Jedoch kommt es hier trotz der prinzipiellen Eignung schnell zu wichtigen Einschränkungen. Je mehr Produktmerkmale und Ausprägungen dieser Merkmale berücksichtigt werden, desto mehr Informationen und deshalb auch Auswahlentscheidungen durch die Probanden werden benötigt. So führen mit traditionellen Verfahren Leistungsbündel mit mehr als fünf bis sechs Merkmalen oft schon zu prohibitiv aufwändigen Designs. Hier setzt eine spezielle Form der ratingbasierten Conjoint-Analyse an: die adaptive Conjoint-Analyse (ACA).

Letztlich stellt die ACA eine Verknüpfung aus direkten und indirekten Bewertungen von Produkteigenschaften dar (eine genaue Darstellung findet sich z.B. bei Herrmann/Huber/Regier 2009). Zunächst werden die Befragten gebeten, direkt die Wichtigkeit der einzelnen Merkmale zu bewerten. Anschließend werden die Probanden gebeten, Präferenzen für Produktprofile abzugeben, so wie dies in **Abbildung 5.4** oben dargestellt ist. Dabei werden diese Paarvergleiche von einem Computeralgorithmus so gesteuert, dass immer möglichst schwierige Entscheidungsszenarien präsentiert werden. So werden der Informationsgehalt der Präferenzabgabe weiter erhöht und die Anzahl der benötigten Entscheidungen reduziert.

Durch dieses Verfahren ist es theoretisch möglich, bis zu 30 Produktmerkmale in einem entsprechenden Design zu berücksichtigen. Praktisch scheitert dies jedoch auch oft an dem viel zu aufwändigen Design, das entsteht. Zwar können die Entscheidungsaufgaben so gestaltet werden, dass immer nur deutlich weniger Produktmerkmale berücksichtigt werden (man spricht auch von einer Teilprofilmethode). Letztlich führen solche Einschränkungen (ebenso wie auch die ebenfalls mögliche manuelle Reduktion der Paarvergleiche) aber dazu, dass die eigentliche Schätzung der Teilnutzenkurven (und damit auch der Zahlungsbereitschaft) v.a. aufgrund der direkten Abfrage zustande kommt. Deshalb sollten auch bei der ACA Designs mit zehn oder mehr Produktmerkmalen nur mit viel Bedacht eingesetzt werden. Dennoch stellt die ACA in den meisten B2B-Märkten das conjoint-analytische Verfahren der Wahl dar.

5.4.3   Preisbestimmung in logistik-intensiven Umfeldern

Neben Märkten für die im vorherigen Abschnitt angesprochenen komplexen Leistungsbündel gibt es auch eine Reihe von B2B-Märkten, auf denen stark commoditisierte Produkte angeboten werden (Homburg/Staritz/Bingemer 2008). Solche Märkte zeichnen sich oft dadurch aus, dass der Preis zu einem Großteil durch die Kosten für die Lieferung der Produkte bestimmt wird. Beispielhafte Produkte sind Zement, Düngemittel oder Plastikgrundstoffe. Als Konsequenz ergibt sich i.d.R. eine stark ausgeprägte regionale Preisdifferenzierung. In Märkten nahe der Produktions- und/oder natürlichen Lagerstätte sind die Preise niedriger als in weit entfernten Märkten. Gleichzeitig sind solche Märkte oft auch wesentlich stärkeren Preisschwankungen unterworfen.

Für die Preismarktforschung stellen solche Situationen eine besondere Herausforderung dar, da im Grunde im Rahmen von Befragungen keine sinnvollen Preisanker gesetzt werden können. Es bietet sich deshalb an, in solchen Märkten statt absoluten Zahlungsbereitschaften relative Zahlungsbereitschaften zu messen. Konkret wird in solchen Situationen die Bereitschaft erfragt, für ein bestimmtes Produkt prozentuale Abweichungen vom durchschnittlichen Marktpreis in Kauf zu nehmen. In **Abbildung 5.4** zu den verschiedenen Varianten der Conjoint-Analyse wird ein solches Vorgehen illustriert.

5.5   Abschließende Empfehlungen

In diesem Beitrag ging es darum, Methoden zur Preisfindung in B2B-Märkten vorzustellen. Dabei wurde auch eine Reihe von spezifischen Hinweisen auf die Gestaltung entsprechender Preismarktforschungsuntersuchungen gegeben. Diese sollen hier noch einmal in Form von fünf allgemeinen methodischen Empfehlungen zusammengefasst werden.

I. Bei der Preisbestimmung am Wert der Leistung für den Kunden ansetzen

Es empfiehlt sich gerade in B2B-Märkten, die Preisbestimmung für eine Leistung an ihrem ökonomischen Wert für den Kunden festzumachen. Ein solches Verfahren ist der kosten- und/oder der wettbewerbsbasierten Preisbestimmung überlegen. Gleichzeitig wird mit einem solchen Vorgehen auch eine argumentative Begründung der Preise für den Vertrieb vorbereitet.

II. Mehrere Verfahren miteinander kombinieren

Wie die Ausführungen in Abschnitt 5.3 dieses Beitrags gezeigt haben, existiert eine große Menge unterschiedlicher Verfahren zur Bestimmung des Kundenwerts. Keines der Verfahren wird jedoch allen Anforderungen von B2B-Märkten gerecht. Daher ist anzuraten, bei der Preisbestimmung in B2B-Kontexten mehrere Verfahren miteinander zu kombinieren. So können Entscheidungskorridore für die endgültige Preisentscheidung ermittelt werden. In vielen Situationen stellt eine Kombination des eher explorativen Price-Sensitivity-Meters mit der (adaptiven) Conjoint-Analyse eine sehr gute Lösung dar.

III. Produkte und Dienstleistungen in Teilkomponenten zerlegen

Die oft sehr heterogenen Anwendungen für viele der auf B2B-Märkten angebotenen Produkte und Dienstleistungen führen dazu, dass für unterschiedliche Kunden unterschiedliche Leistungskomponenten den zentralen Wertbeitrag leisten. Es ist deshalb von zentraler Bedeutung, Produkte und Dienstleistungen zur Preisbestimmung in adäquate Leistungskomponenten zu zerlegen. Um die Leistungskomplexität abzubilden, ist dabei die adaptive Conjoint-Analyse besonders geeignet. Sie erlaubt zudem die Preisbestimmung für einzelne Leistungskomponenten bis auf Ebene der einzelnen teilnehmenden Kunden.

IV. Das Produkt aus der Kundenperspektive darstellen

In vielen Projekten der Preismarktforschung ist die eigentliche Darstellung der Produkte auf ein paar knappe Worte beschränkt. Gerade dann ist es von besonderer Bedeutung, bei der Darstellung der Leistungskomponenten darauf zu achten, sie aus der Kundenperspektive darzustellen. Viele spezifische technische Ausdrücke sind z.B. für Einkäufer nicht so klar und eindeutig besetzt, wie dies im Anbieterunternehmen mitunter angenommen wird. Dies gilt in ganz besonderem Maße auch für die Informationen über den Preis selbst. Wie in Abschnitt 5.2 des Beitrags dargestellt wurde, existieren in vielen B2B-Geschäftsbeziehungen komplexe Rabattsysteme, sodass nicht selten weder Anbieter noch Kunden den genau gezahlten Stückpreis kennen. Zur Einschätzung von Preisinformationen in Marktforschungsprojekten ist ein solches Wissen aber wichtig. Zumindest sollten die Annahmen über die abgefragten Preise klar formuliert werden.

V. Buying-Center-Strukturen Rechnung tragen

Eine weitere wichtige Besonderheit von Einkaufsentscheidungen in B2B-Umfeldern liegt darin, dass solche Entscheidungen meist von mehreren Personen getroffen werden. Für die Preismarktforschung ist es deshalb wichtig, diese Entscheidungsstrukturen bei der Preisfestlegung mit zu berücksichtigen. In Abschnitt 5.4.1 dieses Beitrags wurden deshalb zusätzlich auch Verfahren zur Einflussmessung in Buying Centern vorgestellt. In Märkten mit komplexen Kaufentscheidungsprozessen auf Kundenseite sollte ein solches Verfahren zum Einsatz kommen.

In solchen Umfeldern sollte auch versucht werden, mehrere Mitglieder der Buying Center zu befragen. Kombiniert mit der Einflussmessung kann dann eine aggregierte Preisbereitschaft bestimmt werden. Dabei kann es ausreichen, wenn eine solche Erhebung bei mehreren Ansprechpartnern pro Kundenunternehmen für eine Teilstichprobe durchgeführt wird. Auf dieser Grundlage können dann Rollenprofile für typische Buying-Center-Mitglieder (z.B. Anwender und Einkäufer) erstellt werden, die dann auch auf andere Unternehmen in der Stichprobe angewendet werden.

In der Summe machen diese Empfehlungen deutlich: Die Preisbestimmung in B2B-Märkten bleibt weiter eine hochkomplexe Aufgabe. Dies gilt gerade auch im Vergleich zu vielen B2C-Märkten, in denen andere Verfahren zum Einsatz kommen können und auch der Entscheidungsfindungsprozess so gut wie immer weniger komplex ist. Wir hoffen, dass dieser Beitrag einen Beitrag dazu leistet, die Preismarktforschung in B2B-Märkten weiterzuentwickeln.

Literatur

Anderson, J. C., Narus, J. A. (1998), Business Marketing: Understand what Customers Value, Harvard Business Review, 76, 6, 53-65.

Backhaus, K., Voeth, M. (2004), Besonderheiten des Industriegütermarketing, in: Backhaus, K., Voeth, M (Hrsg.), Handbuch Industriegütermarketing, Wiesbaden, 3-21.

Brinkmann, J. (2006), Buying Center Analyse auf der Basis von Vertriebsinformationen, Wiesbaden.

Bunn, M. D. (1993), Taxonomy of Buying Decision Approaches, Journal of Marketing, 57, 1, 38-56.

Büschken, J. (1994), Multipersonale Kaufentscheidungen, Wiesbaden.

Cannon, J. P., Perreault, W. D. (1999), Buyer-Seller Relationships in Business Markets, Journal of Marketing Research, 36, 4, 439-460.

Dawes, P. L., Lee, D. Y., Dowling, G. R. (1998), Information Control and Influence in Emergent Buying Centers, Journal of Marketing, 62, 3, 55-68.

Desai, K. K., Keller, K. L. (2002), The Effects of Ingredient Branding Strategies on Host Brand Extendibility, Journal of Marketing, 66, 1, 73-93.

Ding, M. (2007), An Incentive-Aligned Mechanism for Conjoint Analysis, Journal of Marketing Research, 44, 2, 214-223.

Erichson, B. (2008), Testmarktsimulation, in: Herrmann, A., Homburg, Ch., Klarmann, M. (Hrsg.), Handbuch Marktforschung, 3. Aufl., Wiesbaden, 983-1002.

Garrido-Samaniego, M. J., Gutierrez-Cillan, J. (2004), Determinants of Influence and Participation in the Buying Center – An Analysis of Spanish Industrial Companies, Journal of Business & Industrial Marketing, 19, 5, 320-336.

Gensler, S. (2003), Heterogenität in der Präferenzanalyse, Wiesbaden.

Günther, M., Vossebein, U., Wildner, R. (2006), Marktforschung mit Panels: Arten – Erhebung – Analyse – Anwendung, 2. Aufl., Wiesbaden.

Herrmann, A., Huber, F. (2008), Produktmanagement: Grundlagen – Methoden – Beispiele, 2. Aufl., Wiesbaden.

Herrmann, A., Huber, F., Regier, S. (2009), Adaptive Conjointanalyse, in: Baier, D., Brusch, M. (Hrsg.), Conjointanalyse: Methoden – Anwendungen – Praxisbeispiele, Heidelberg, 113-128.

Hofstetter, R., Miller, K. (2009), Bessere Preisentscheidungen durch Messung der Zahlungsbereitschaft, Marketing Review St. Gallen, 26, 5, 12-19.

Homburg, Ch. (1995), Single Sourcing, Double Sourcing, Multiple Sourcing ...? – Ein ökonomischer Erklärungsansatz, Zeitschrift für Betriebswirtschaft, 65, 8, 813-834.

Homburg, Ch., Garbe, B. (1996), Industrielle Dienstleistungen – Bestandsaufnahme und Entwicklungsrichtungen, Zeitschrift für Betriebswirtschaft, 66, 3, 253-282.

Homburg, Ch., Krohmer, H. (2009), Marketingmanagement: Strategie – Instrumente – Umsetzung – Unternehmensführung, 3. Aufl., Wiesbaden.

Homburg, Ch., Jensen, O., Schuppar, B. (2004), Pricing Excellence: Wegweiser für ein professionelles Preismanagement, Arbeitspapier Nr. M90, Reihe Management Know-how, Institut für Marktorientierte Unternehmensführung, Universität Mannheim.

Homburg, Ch., Koschate, N., Totzek, D. (2010), How Price Increases Affect Future Purchases: The Role of Mental Budgeting, Income, and Framing, Psychology & Marketing, 27, 1, 36-53.

Homburg, Ch., Staritz, M., Bingemer, S. (2008), Was Produkte unverwechselbar macht, Harvard Business Manager, 12, 34-59.

Jackson Jr., D. W., Keith, J. E., Burdick, R. K. (1984), Purchasing Agents' Perceptions of Industrial Buying Center Influence: A Situational Approach, Journal of Marketing, 48, 4, 75-83.

Kamakura, W. A., Russell, G. J. (1993), Measuring Brand Value With Scanner Data, International Journal of Research in Marketing, 10, 1, 9-22.

Kelly, J. P. (1974), Functions Performed in Industrial Purchasing Decisions with Implications for Marketing Strategy, Journal of Business Research, 2, 4, 421-434.

Kohli, A. K., Zaltman, G. (1988), Measuring Multiple Buying Influences, Industrial Marketing Management, 17, 3, 197-204.

Kupiec, B., Revell, B. (2001), Measuring Consumer Quality Judgements, British Food Journal, 103, 1, 7-22.

Lilien, G. L., Rangaswamy, A., De Bruyn, A. (2007), Principles of Marketing Engineering, Vancouver.

Lusk, J. L., Schroeder, T. C. (2004), Are Choice Experiments Incentive Compatible? A Test with Quality Differentiated Beef Steaks, American Journal of Agricultural Economics, 86, 2, 467-482.

Miller, K., Hofstetter, R., Krohmer, H., Zhang, Z. J. (2011), How Should We Measure Consumers' Willingness to Pay? An Empirical Comparison of State-of-the-Art Approaches, Journal of Marketing Research, 48, 1, 172-184.

Park, Y.-H., Ding, M., Rao, V. R. (2008), Eliciting Preference for Complex Products: A Web-Based Upgrading Method, Journal of Marketing Research, 45, 5, 562-574.

Schmitt, J. (2011), Strategisches Markenmanagement im Business-to-Business-Umfeld, Wiesbaden.

Silk, A. J., Kalwani, M. U. (1982), Measuring Influence in Organizational Purchase Decisions, Journal of Marketing Research, 19, 2, 165-181.

Silva, A., Nayga, R. M., Campbell, B. L., Park, J. (2007), On the Use of Valuation Mechanisms to Measure Consumers' Willingness to Pay for Novel Products: A Comparison of Hypothetical and Non-Hypothetical Values, International Food and Agribusiness Management Review, 10, 2, 165-179.

Sproles, G. B., Kendall, E. L. (1986), A Methodology for Profiling Consumers' Decision-Making Styles, Journal of Consumer Affairs, 20, 2, 267-279.

Thomas, R. J. (1984), Bases of Power in Organizational Buying Decisions, Industrial Marketing Management, 13, 4, 209-217.

Tversky, A., Kahneman, D. (1991), Loss Aversion in Riskless Choice: A Reference-Dependent Model, The Quarterly Journal of Economics, 106, 4, 1039-1061.

Veisten, K. (2007), Willingness to Pay for Eco-labelled Wood Furniture: Choice-based Conjoint Analysis versus Open-ended Contingent Valuation, Journal of Forest Economics, 13, 1, 29-48.

Vickrey, W. (1961), Counterspeculation, Auctions, and Competitive Sealed Tenders, Journal of Finance, 16, 1, 8-37.

Voeth, M. (2004), Analyse multipersonaler Kaufentscheidungen mit mehrstufigen Limit Conjoint-Analysen, Zeitschrift für Betriebswirtschaft, 74, 7, 719-741.

Völckner, F. (2006), An Empirical Comparison of Methods for Measuring Consumers' Willingness to Pay, Marketing Letters, 17, 2, 137-149.

Völckner, F., Sattler H. (2005), Separating Negative and Positive Effects of Price with Choice-based Conjoint Analyses, Marketing – Journal of Research and Management, 1, 1, 5-13.

Völckner, F., Sattler, H., Teichert, T. (2008), Wahlbasierte Verfahren der Conjoint-Analyse, in: Herrmann, A., Homburg, Ch., Klarmann, M. (Hrsg.), Handbuch Marktforschung, 3. Aufl., Wiesbaden, 687-712.

Wang, T., Venkatesh, R., Chatterjee, R. (2007), Reservation Price as a Range: An Incentive-Compatible Measurement Approach, Journal of Marketing Research, 44, 2, 200-213.

Wertenbroch, K., Skiera, B. (2002), Measuring Consumers' Willingness to Pay at the Point of Purchase, Journal of Marketing Research, 39, 2, 228-241.

Wildner, R. (2003), Marktforschung für den Preis, Jahrbuch der Absatz- und Verbrauchsforschung, 49, 1, 4-26.

Xia, L., Monroe, K. B., Cox, J. L. (2004), The Price Is Unfair! A Conceptual Framework of Price Fairness Perceptions, Journal of Marketing, 68, 4, 1-15.

6 Delegation von Preissetzungskompetenz an den Verkaufsaußendienst

Sandra Hake / Manfred Krafft

Dipl.-Ök. Sandra Hake ist wissenschaftliche Mitarbeiterin am Institut für Marketing der Westfälischen Wilhelms-Universität Münster.

Prof. Dr. Manfred Krafft ist Direktor des Instituts für Marketing der Westfälischen Wilhelms-Universität Münster.

6.1 Einleitung

Unter den vier Elementen des Marketing-Mix – Produktpolitik, Distributionspolitik, Kommunikationspolitik und Preispolitik – kommt dem Preis eine besondere Rolle zu. So üben Entscheidungen im Rahmen der Preispolitik einen direkten Einfluss auf den Gewinn aus. Zudem ist die Wirkung einer Preisveränderung ambivalent: Eine Preissenkung kann die Nachfrage nach einem Produkt stimulieren und somit über den Mengeneffekt die Umsatzerlöse erhöhen. Da der Preiseffekt jedoch gegenläufig ist, kann dieser die Umsatzerlöse wiederum verringern. Eine Preisveränderung ist zudem von den Kunden direkt und unmissverständlich wahrnehmbar und führt nahezu ohne zeitliche Verzögerung zu einer Wirkung. Der Preis ist somit kurzfristig das wirksamste Instrument, um sich von der Konkurrenz zu differenzieren. Die steigende Preissensibilität auf Seiten der Kunden erhöht zusätzlich die Bedeutung des Preises. Eine unzulängliche Preissetzung kann somit das Ergebnis eines Unternehmens substanziell verschlechtern (Marn/Rosiello 1992).

Eine optimale Preissetzung stellt grundsätzlich ein komplexes Entscheidungsproblem dar. Insbesondere aber auf Business-to-Business-(B2B-)Märkten ist sie eine Herausforderung. Anders als im Endkonsumentenbereich können Leistungsbündel und deren Preise von Kunde zu Kunde variieren. Produkte sind oft nicht vergleichbar und der Absatzmarkt eines B2B-Unternehmens ist durch einen heterogenen Kundenstamm charakterisiert. Daher existieren für bestimmte Produkte oder Leistungsbündel keine Referenzpreise, die durch den Markt determiniert sind, sondern die Preise sind individuell und meist kundenspezifisch auszuhandeln (vgl. hierzu auch die Beiträge von Homburg/Totzek und Rese in diesem Band).

Die meisten B2B-Unternehmen bieten hoch spezialisierte und oft individualisierte Produkte oder Leistungsbündel an. Der Absatz dieser Industriegüter erfolgt häufig über einen Verkaufsaußendienst (VAD), der den industriellen Kunden im Sinne eines systematischen Kundenmanagements über alle Phasen des Kundenlebenszyklus betreut und berät. Dem Verkaufsaußendienstmitarbeiter (VADM) kommt dabei eine Sonderrolle innerhalb des Unternehmens zu. Er bildet die Schnittstelle zwischen dem Kunden und dem Unternehmen, ist Experte für die verkauften Produkte und kann die Marktbedingungen für diese Produkte am zuverlässigsten einschätzen (John/Weitz 1989). B2B-Unternehmen sind vor diesem Hintergrund in hohem Maße abhängig von ihrem VAD. Dies gilt sowohl für die Beurteilung der individuellen Bedürfnisse, Zahlungsbereitschaften und Kaufabsichten des Kunden, für den Verhandlungsprozess mit dem Kunden als auch für die Weitergabe der entsprechenden Informationen durch die VADM an die Unternehmensleitung.

In der Literatur wird häufig argumentiert, dass Entscheidungsrechte dort verankert sein sollen, wo das relevante Wissen für diese Entscheidungen angesiedelt ist und effizient genutzt werden kann. Schon 1945 bemerkte Hayek, dass zentrale Entscheidungsträger oft nicht in der Lage sind, Probleme effizient zu lösen, die in der Unternehmenshierarchie auf niedrigeren Ebenen anfallen (Hayek 1945). In Bezug auf das Preismanagement auf B2B-Märkten bedeutet dies, dass die Entscheidung über den Preis den Akteuren übertragen werden sollte, die über relevante und umfangreiche Informationen für diese Entscheidung verfügen. Die Unternehmen auf B2B-Märkten stehen demzufolge vor der Entscheidung, inwieweit die Preissetzungskompetenz an die VADM delegiert werden soll, also ob VADM Preise in Verkaufsverhandlungen eigenverantwortlich adjustieren können sollen. Zusätzlich kann sich diese Form der Delegation auf andere Bereiche der Konditionenpolitik erstrecken, z.B. auf die Festlegung von Zahlungsbedingungen oder die Anpassung von Zusatzleistungen (Hansen/Krafft/Joseph 2008).

Ziel dieses Beitrags ist es, ein Instrument zur organisationalen Preisdurchsetzung auf B2B-Märkten vorzustellen. Dazu werden die theoretischen Grundlagen der Delegation von Preissetzungskompetenz an den VAD erarbeitet sowie ihre Determinanten, Moderatoren und Konsequenzen betrachtet. Des Weiteren sollen konkrete Handlungsempfehlungen für die Gestaltung von Preissetzungskompetenzen abgeleitet und ein betrieblicher Leitfaden für Manager entwickelt werden.

Unser Beitrag gliedert sich wie folgt: Im Anschluss an den einleitenden Abschnitt wird in Abschnitt 6.2 die Relevanz des Preismanagements auf B2B-Märkten betrachtet. In Abschnitt 6.3 werden die theoretischen Grundlagen der Delegation von Preissetzungskompetenz an den VAD diskutiert und Vor- und Nachteile abgewogen. In Abschnitt 6.4 werden anhand der identifizierten Determinanten konkrete Implikationen für die Gestaltung des Preismanagements in Form der Delegation von Preissetzungskompetenz an den VAD abgeleitet. In Abschnitt 6.5 wird eine konkrete Praxislösung am Beispiel der *Dow Chemical Company* vorgestellt. Der Beitrag schließt mit einem Resümee und einem Ausblick auf weitere offene Fragen zur Delegation von Preissetzungskompetenz an den VAD.

Das folgende Beispiel des Unternehmens *Dow Chemical* zeigt exemplarisch die strategische Bedeutung von Entscheidungen über das Preismanagement auf B2B-Märkten.

Das Unternehmen *Dow Chemical* wurde 1887 in Midland, Michigan vom kanadischen Chemiker Herbert Henry Dow gegründet und wird noch heute von dieser Stadt aus geleitet. Heute ist *Dow Chemical* eines der größten Chemieunternehmen der Welt (vgl. hierzu auch **Tabelle 11.1** im Beitrag von Kühlborn/Lüring in diesem Band). Mit einem Jahresumsatz von 45 Mrd. US-$ und 52.000 Mitarbeitern weltweit ist *Dow Chemical* ein führendes Wissenschafts- und Technologieunternehmen, das ein breites Spektrum an innovativen chemischen, landwirtschaftlichen und Kunststoffprodukten sowie Dienstleistungen in mehr als 160 Ländern anbietet. *Dow Chemical* ist in sechs internationalen Geschäftsbereichen aktiv: in den drei Basis-Geschäftsbereichen Basic Plastics, Basic Chemicals und Hydrocarbons & Energy sowie den drei Performance-Geschäftsbereichen Performance Plastics, Performance Chemicals und Agricultural Sciences.

Dow's 28 Mrd. US-$ Performance-Geschäftsbereich bedient Kunden in weltweiten Märkten mit einer umfangreichen Bandbreite an differenzierten Kunststoff-, Chemie- und Landwirtschaftsprodukten. Diese innovativen Produkte helfen, die Lebensbedingungen in vielerlei Hinsicht zu verbessern – sie machen z.B. Autos sicherer, Gebäude energieeffizienter, Lebensmittel haltbarer, Wasser sauberer, Computer schneller oder Elektronik leistungsfähiger. Indem Innovationen und Wachstum beschleunigt werden und der Markt- und Konsumentenfokus betont wird, schafft der Performance-Geschäftsbereich Produkte und

Marken, die hohe Margen und eine konstante Profitabilität für das Unternehmen gewährleisten.

Dow Chemical's Basis-Geschäftsbereich mit führenden standardisierten Chemie- und Kunststoffprodukten generiert einen Jahresumsatz von 26 Mrd. US-$ und bedient über 6.000 Kunden weltweit. Das Basisportfolio ist zugleich eine integrierte Rohstoffquelle für den Performance-Geschäftsbereich. Es deckt den sich ständig verändernden Bedarf unzähliger Industrien: von Verpackungen, Körperpflegeprodukten, Spielzeug, Rohren und Werkzeugen, zu Klebern, Enteisungsanlagen, Arzneimitteln, Papier und Baubedarf. Der Basis-Geschäftsbereich wächst hauptsächlich durch Joint Ventures, die es *Dow Chemical* ermöglichen, die Kapitalintensität zu reduzieren, global zu expandieren und Zugang zu bevorzugten Rohstoffen und Energie zu erlangen. Nahezu jeder Mensch in der westlichen Welt nutzt *Dow's* Produkte, ohne sich dessen bewusst zu sein. Einige der bekanntesten Produkte von *Dow Chemical* sind die Folgenden:

- Polymer-Papier-Beschichtungen von *Dow Chemical* werden in der Papier- und Plattenindustrie genutzt, um Broschüren, Grafiken und Bücher stärker, heller, deckfähiger und lesbarer zu machen.

- Ionenaustauscherharz von *Dow Chemical* wird genutzt, um Wasser weltweit zu reinigen und Trinkwasserqualität zu erreichen, Kraftwerke zu beliefern, Abwasserverwertung zu realisieren und die Pharmaziebranche zu versorgen.

- Polyurethane ermöglichen der Automobilzuliefindustrie eine bessere Polsterung für Sitze, eine Lärm- und Vibrationsreduktion sowie weichere Innenraummaterialien.

- Thermoplastischer Kunststoff von *Dow Chemical* macht den Gebrauch von Farbstoffen bei Konsumentenprodukten, z.B. bei Haushaltselektronik, überflüssig, was Emissionen von flüchtigen organischen Verbindungen reduziert und die Recyclingfähigkeit der Gehäuse von Haushaltsgeräten erhöht.

Der Schlüssel des Erfolges von *Dow Chemical* liegt in der Verbindung von Technologie und Leistungsfähigkeit mit den Bedürfnissen der Kunden. Diese Verbindung wird zusätzlich untermauert durch einen umfangreichen Kundenservice. Deshalb entschied *Dow Chemical* zur Jahrtausendwende, seinen weltweiten Verkaufsaußendienst von einer produktzentrierten in eine kundenzentrierte Organisation umzuwandeln, um die Bedeutung von kundenspezifischen Informationen in der Organisationsstruktur zu verankern. Diese Umstrukturierung half, die Effektivität und Effizienz der weltweiten Verkaufsorganisation zu erhöhen.

Insbesondere die Mitarbeiter mit Verhandlungskompetenz, d.h. die Account Manager, standen plötzlich der Herausforderung gegenüber, über das gesamte diversifizierte Produktportfolio mit den Kunden von *Dow Chemical* zu verhandeln. In der bisherigen produktzentrierten Unternehmensphilosophie war jeder Account Manager ein Spezialist für eine kleine Anzahl an Produkten und stand in Interaktion mit mehreren Kunden. Die Neuorganisation von *Dow Chemical* verlangte es, fast das ganze Produktportfolio, außer den hochspezialisierten Produkten, in die Verhandlungen einzubeziehen und mit einigen wenigen Kunden intensiv zu interagieren.

Während das Produktwissen durch Schulungen und Training verbessert werden kann, bleibt immer noch die Preiskalkulation als große Herausforderung in der chemischen Industrie. Aufgrund der hohen Abhängigkeit von Rohstoffen wie Erdöl, Gas und Energie sind die Preise sehr volatil. Da diese Rohstoffe nicht ersetzbar sind, stellen sie knappe Ressourcen dar, deren Preise stark variieren können. Eine zentrale Herausforderung bei *Dow Chemical* besteht also darin, den Verkaufsaußendienst auf zukünftige Preisverhandlungen vorzubereiten, obwohl eine substanzielle Kosteninformation, der Preis der Rohstoffe, vorab kaum einzuschätzen ist. Insbesondere weil seit der strategischen Neuausrichtung von *Dow Chemical* über eine breite Produktpalette verhandelt wird, erfordern die Preisverhandlungen intensive Vorbereitungen. *Dow Chemical* steht vor allem vor dem Entscheidungsproblem, wie viel Freiheitsgrade den Account Managern bei Preisverhandlungen gewährt werden sollen. Ist es sinnvoll, ihnen volle Autorität über den Preis zuzugestehen? Oder sollte die Preissetzungskompetenz begrenzt werden, weil substanzielle Rabatte zu einer nachhaltigen Margenerosion führen würden? *Dow Chemical* implementierte für diese Problemstellung eine innovative Lösung, die am Ende dieses Beitrags in Abschnitt 6.5 vorgestellt wird.

6.2 Relevanz des Preismanagements auf Business-to-Business-Märkten

Transaktionsprozesse auf B2B-Märkten weisen im Vergleich zu B2C-Märkten einige Besonderheiten auf. Die abgeleitete, organisationale Nachfrage bildet dabei ein zentrales Unterscheidungskriterium (Backhaus/Voeth 2010). Die organisationale Nachfrage ist durch folgende Charakteristika determiniert (Homburg/Krohmer 2009 sowie der Beitrag von Homburg/Totzek in diesem Band):

- Multipersonalität,

- hoher Formalisierungsgrad,

- hoher Individualisierungsgrad (Produkt und Betreuung),

- Dienstleistungsintensität,

- Langfristigkeit und

- hohe Interaktion.

Typisch für Geschäftsbeziehungen auf B2B-Märkten ist die Beteiligung mehrerer Personen am Kaufprozess *(Multipersonalität)*. Verkaufsaußendienstmitarbeiter interagieren häufig nicht nur mit einer Person des Käuferunternehmens, sondern mit einer Gruppe von Personen, die mit dem Kauf des Gutes beauftragt wurden. Diese Gruppe wird als Buying Center bezeichnet. Durch diese Konstellation werden die Verhandlungen, die über ein einzelnes

Produkt oder Leistungsbündel geführt werden, potenziert. Ein weiteres wesentliches Merkmal in Geschäftsbeziehungen ist der hohe *Formalisierungsgrad*. In den Unternehmen existieren häufig festgesetzte Richtlinien und Prozesse, nach denen ein Angebot bewertet und ein Kauf abgewickelt wird. So werden z.B. verschiedene Scoring-Modelle verwendet, um Angebote zu beurteilen.

Hinzu kommt, dass die gehandelten Produkte maßgeschneidert werden müssen und daher einen hohen *Individualisierungsgrad* aufweisen. Auch die Betreuung der Kunden ist speziell auf diese Produkte und Bedürfnisse zugeschnitten. Aufgrund dieser Besonderheiten existiert am Markt kein Preis für diese hoch spezialisierten Güter. Eine extensive Nachkaufbetreuung gehört in den meisten Fällen zu dem Produkt- und Leistungsbündel, das auf einem B2B-Markt veräußert wird. Die hohe *Dienstleistungsintensität* und insbesondere die *Langfristigkeit* der Beziehung müssen in der Preissetzung ebenfalls mit berücksichtigt werden. Da sich der entsprechende VADM in ständiger *Interaktion* mit den industriellen Kunden befindet, kann er deren Zahlungsbereitschaft und Preissensitivität relativ gut einschätzen.

Die in der Literatur geforderte Verankerung der Entscheidungsrechte bei den Trägern des dafür relevanten Wissens spricht demnach für eine Delegation der Preissetzungskompetenz an die betreuenden VADM (Hayek 1945). Die Besonderheiten der B2B-Märkte verstärken die Rolle des VADM als zentrale Schnittstelle zum Markt und zum individuellen Kunden sowie als Informationslieferant.

In der Praxis hat die Delegation von Preissetzungskompetenz an den Verkaufsaußendienst eine langjährige Tradition (vgl. **Abbildung 6.1** und **Abbildung 6.2**). Eine US-Studie aus dem Jahr 1979 zeigte, dass von insgesamt 108 Unternehmen 29% niedrige bis gar keine Preissetzungskompetenz delegierten, 48% den VADM beschränkte Preissetzungskompetenzen zubilligten und 23% der untersuchten Unternehmen die Preissetzungskompetenz völlig an den VAD übertrugen (Stephenson/Cron/Frazier 1979). In einer aktuellen Studie von 2010, die 181 deutsche Unternehmen aus der Industriemaschinen- und Elektrotechnikbranche betrachtete, zeigte sich, dass nur 8% der Unternehmen niedrige bis gar keine Preissetzungskompetenz an den VAD delegieren, 23% eine begrenzte Preissetzungskompetenz zugestehen, während 58% der betrachteten Unternehmen bereits substanzielle und 11% unbegrenzte Preissetzungskompetenzen an den VAD übertragen (Frenzen et al. 2010).

Ein Vergleich dieser beiden Studien deutet darauf hin, dass die Delegation von Preissetzungskompetenz an den VAD in den letzten 30 Jahren zugenommen hat. Sowohl die grundsätzliche Entscheidung, Preissetzungskompetenz zu delegieren, als auch der Grad der tatsächlichen Delegation sind gestiegen. Diese Tendenz ist Ausdruck des intensivierten Wettbewerbs und der strategischen Neuausrichtung von Unternehmen auf B2B-Märkten, wie das Eingangsbeispiel von *Dow Chemical* verdeutlicht.

Abbildung 6.1   Preisdelegation von US-amerikanischen Medienelektronik-Anbietern
(Quelle: in Anlehnung an Stephenson/Cron/Frazier 1979, S. 23)

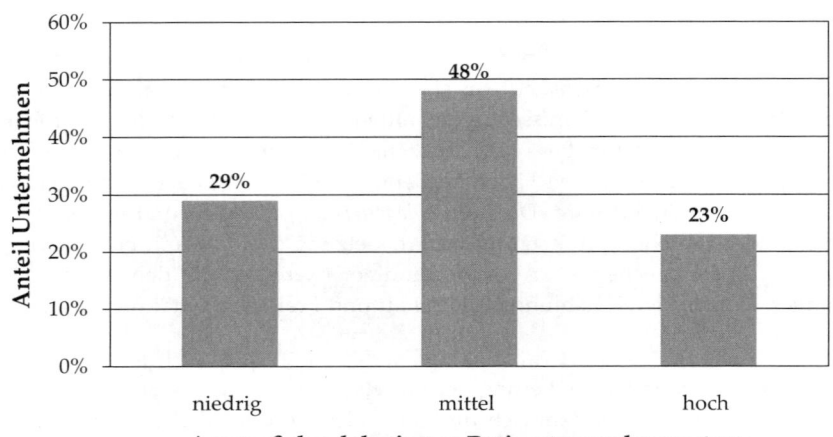

Abbildung 6.2   Preisdelegation im deutschen Industriegütersektor
(Quelle: Frenzen et al. 2010, S. 30)

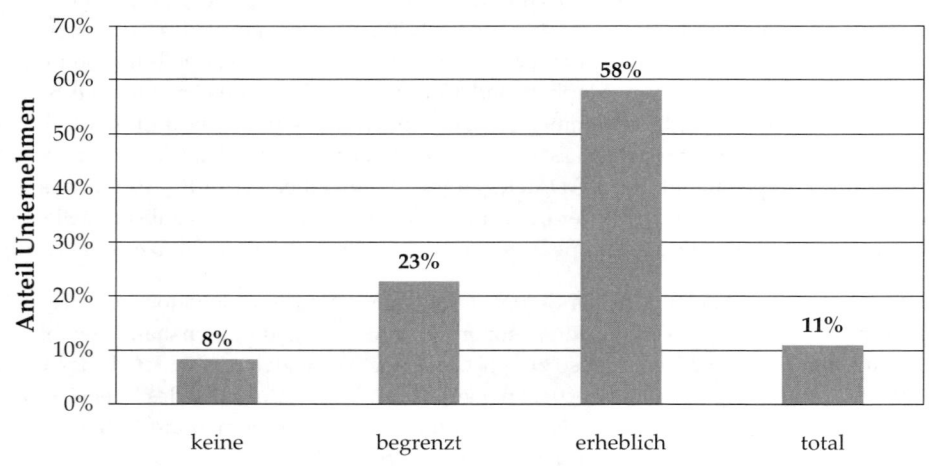

6.3 Chancen und Risiken der Delegation von Preissetzungskompetenz an Verkaufsaußendienstmitarbeiter: Theoretische Fundierung

Im folgenden Abschnitt werden die theoretischen Grundlagen der Delegation von Preissetzungskompetenz an den Verkaufsaußendienstmitarbeiter dargelegt. Dazu werden die zentralen Annahmen der Prinzipal-Agenten-Theorie beleuchtet und anschließend auf die Situation des VADM in einem B2B-Unternehmen übertragen.

6.3.1 Das Verhältnis von Unternehmen und Verkaufsaußendienstmitarbeitern aus Sicht der Prinzipal-Agenten-Theorie

Im Rahmen der Prinzipal-Agenten-Theorie werden die Kooperationen von Marktteilnehmern bei Unsicherheit, Informationsasymmetrie und Opportunismus betrachtet. Entscheidungskompetenzen werden vom Auftraggeber, der als Prinzipal bezeichnet wird, an den Auftragnehmer, den Agenten, delegiert. Aus dieser Delegation ergeben sich spezifische Probleme, die mit Hilfe der Prinzipal-Agenten-Theorie systematisiert und untersucht werden können. Des Weiteren liefert die Prinzipal-Agenten-Theorie Hinweise zur Lösung der spezifischen Probleme einer Prinzipal-Agenten-Beziehung (Krafft 2001).

In einer Prinzipal-Agenten-Beziehung vergibt ein risikoneutraler Prinzipal mangels Kenntnissen und Fähigkeiten Aufträge an einen risikoaversen Agenten. Der Agent wiederum hat hinsichtlich seiner eigenen Fähigkeiten, seiner Arbeitsmoral und hinsichtlich der Aufgabe selbst einen Informationsvorsprung vor dem Prinzipal. Dieser kann das Handlungsergebnis zwar beobachten, daraus aber keine sicheren Rückschlüsse auf die erbrachte Leistung des Agenten ziehen, da das Ergebnis nicht nur von dessen Leistung abhängig ist, sondern zusätzlich von Umwelteinflüssen. Da Informationen für den Prinzipal jedoch nicht kostenfrei zugänglich sind, ergibt sich aus seiner Perspektive ein Steuerungs- und Kontrollbedarf (Albers/Krafft 2010).

Im Licht der Prinzipal-Agenten-Theorie stellt die Entscheidung der Delegation von Preissetzungskompetenz an den Verkaufsaußendienst eine Prinzipal-Agenten-Beziehung dar. Die Rolle des Prinzipals wird dabei von der Unternehmensleitung oder der Verkaufsaußendienstleitung eingenommen, die Rolle des Agenten kommt dem einzelnen Vertriebsaußendienstmitarbeiter zu. Die dem Agenten übertragene Aufgabe ist die Festsetzung der Preise für die Produkte und Leistungsbündel, die er verkauft. Da die Unternehmensleitung den Umfang und die Qualität der Verkaufsanstrengungen des Agenten nicht beobachten kann, ist es ihr nur möglich, von der Anzahl der verkauften Produkte, den Umsätzen oder dem Gewinn auf den zugrunde liegenden Arbeitseinsatz zu schließen.

Die Vorteile einer Delegation der Preissetzungskompetenz an den VAD liegen im Informationsvorsprung des VADM gegenüber der Verkaufsleitung begründet (Albers/Krafft 2010).

Es wurde bereits in Abschnitt 6.1 deutlich, dass der VADM die zentrale Schnittstelle zwischen Unternehmen und Kunden bildet (hierzu auch Krafft 1999). Der VADM kann die Bedürfnisse und Zahlungsbereitschaften der einzelnen Kunden besser einschätzen als das Unternehmen und ist somit eher in der Lage, eine effiziente Preissetzung vorzunehmen.

Ein zentrales Risiko bei der Delegation von Preissetzungskompetenzen an den VAD besteht darin, dass der VADM seinen Arbeitseinsatz durch eine Reduktion des Preises substituiert (Stephenson/Cron/Frazier 1979). Dies ist in der individuellen Nutzenmaximierung des Agenten, also des VADM, begründet. Arbeitseinsatz bedeutet für den VADM Freizeitverlust, der negativ in seine Nutzenfunktion eingeht. Des Weiteren steht der VADM unter Druck, möglichst viele Produkte zu verkaufen. Daher hat er die Neigung, eine Preisreduktion vorzunehmen, um das Geschäft erfolgreich abzuschließen (Albers/Krafft 2010). Es wird somit deutlich, dass Unternehmensleitung und VADM bezüglich der Preissetzung divergierende Zielvorstellungen haben.

Zur Minimierung dieser Interessenkonflikte gibt es verschiedene Lösungsmöglichkeiten. Dem VADM können z.B. Anreize über ein Entlohnungssystem gegeben werden, damit er im Sinne des Unternehmens handelt. Das Unternehmen kann außerdem mit Hilfe geeigneter Steuerungssysteme die Handlungen des VADM überwachen. Adäquate Optionen zur Ausgestaltung von Anreizsystemen und zur Anwendung von verschiedenen Steuerungsmöglichkeiten, um den Erfolg der Delegation von Preissetzungskompetenz zu erhöhen, werden in Abschnitt 6.4 näher betrachtet.

6.3.2   Delegation von Preissetzungskompetenz an den Verkaufsaußendienst

Die Delegation von Preissetzungskompetenz an den Verkaufsaußendienst birgt sowohl Chancen als auch inhärente Risiken. Diese Risiken sind hauptsächlich in den divergierenden Interessen von Unternehmen und Verkaufsaußendienstmitarbeitern begründet. Zunächst muss ein Unternehmen allerdings die Grundentscheidung treffen, ob es überhaupt Preissetzungskompetenz an den VAD delegieren möchte oder nicht. Die folgende Aufzählung der wesentlichen Vor- und Nachteile soll zunächst ein Grundverständnis des vorliegenden Entscheidungsproblems ermöglichen (Frenzen et al. 2010; Hansen/Krafft/Joseph 2008).

Vorteile der Delegation von Preissetzungskompetenz an den VAD sind:

- *Erhöhte Flexibilität*: Das Unternehmen kann schneller auf veränderte Marktbedingungen, Aktionen der Konkurrenz und Kundenbedürfnisse reagieren.

- *Informationsasymmetrie*: Der VADM hat i.d.R. durch den persönlichen Kontakt einen Informationsvorsprung vor der Verkaufs- oder Unternehmensleitung in Bezug auf die individuellen Bedürfnisse und die Zahlungsbereitschaft des Kunden und kann seinen Wissensvorsprung nutzen.

■ *Motivation*: Der zusätzliche Grad an Autonomie und die zusätzlich übertragene Kompetenz können die intrinsische Motivation des VADM erhöhen.

■ *Kostensenkung*: Der Koordinationsaufwand einer zentralen Preissetzung entfällt.

■ *Reduktion der Arbeitsbelastung*: Die Unternehmens- bzw. die Verkaufsleitung werden zeitlich entlastet.

Nachteile der Delegation von Preissetzungskompetenz an den VAD können aus folgenden Effekten resultieren:

■ *Mangelnde Erfahrung des VADM*: Der VADM kann unter Umständen die Konsequenzen drastischer Preisreduktionen für das Unternehmen nicht abschätzen.

■ *Substitution*: Der VADM verringert seinen Arbeitseinsatz und kompensiert dies mit einer stärkeren Preisreduktion.

■ *Ungleichbehandlung*: Eine individuell angepasste Preissetzung führt dazu, dass Kunden ungleich behandelt werden und für gleiche oder ähnliche Leistungsbündel stark divergierende Preise zahlen. Wird dieser Sachverhalt bekannt, resultiert daraus i.d.R. Unzufriedenheit.

■ *Überforderung*: Hohe Verantwortung und Autonomie können zu einer Überbelastung und Überforderung des VADM führen.

■ *Höhere Personalkosten*: Um bei der Delegation von Preissetzungskompetenz die vom Unternehmen erwünschten Effekte zu erzielen, bedarf es hoch qualifizierter VADM. Diese verursachen wiederum höhere Kosten.

■ *Preiskämpfe/Preisspiralen*: Kunden, die Kenntnis von den Preisspielräumen eines VADM haben, nutzen dieses Wissen, um bei Konkurrenzanbietern den Preis neu zu verhandeln. Insbesondere bei risikoaversen VADM kann dies schnell zu einem ruinösen Preiswettbewerb führen.

Es wird deutlich, dass zahlreiche Gründe für die Delegation von Preissetzungskompetenz an den VAD sprechen. Jedoch gibt es auch gewichtige Gegenargumente. In der Literatur gibt es daher auch keinen Konsens, ob Preissetzungskompetenz delegiert werden sollte oder nicht. Weinberg (1975) zeigt, dass bei Entlohnung auf Basis des realisierten Deckungsbeitrags eine Interessenharmonisierung – im Sinne der Prinzipal-Agenten-Theorie – zwischen Unternehmen und VADM stattfindet. Er stellt fest, dass unter dieser Bedingung die Delegation von Preissetzungskompetenz an den VAD optimal ist.

Viele Autoren warnen allerdings vor der Delegation von Preissetzungskompetenz an den VAD. So führt Kern (1989, S. 44) an: *„Letting the sales force set prices is about the same as hiring a fox to guard the henhouse."* In einer empirischen Studie von Stephenson, Cron und Frazier (1979) verzeichneten Unternehmen mit dem höchsten Grad an delegierter Preissetzungskompetenz den stärksten Bruttogewinneinbruch. Das Umsatzwachstum, die durchschnittlichen Umsätze pro VADM, der Deckungsbeitrag und auch die Gesamtkapitalrendite korrelierten negativ mit dem Grad der delegierten Preissetzungskompetenz.

Dennoch kann es in einigen Marktsituationen notwendig sein, die Preissetzung flexibel zu gestalten und Kundenbedürfnissen und -erwartungen zu entsprechen (Schmidt 2008). Gerade die typischen Charakteristika von B2B-Märkten und der dort gehandelten Produkte machen es häufig notwendig, Preise anpassen zu können. So weisen Kunden mitunter substanzielle Unterschiede in ihrer Zahlungsbereitschaft für industrielle Güter auf (Hansen/ Krafft/Joseph 2008). Der folgende Abschnitt gibt einen Überblick darüber, unter welchen Bedingungen Preissetzungskompetenz an den VAD delegiert werden sollte und unter welchen Bedingungen Unternehmen vorzugsweise auf eine zentrale Preissetzung zurückgreifen sollten.

6.4   Determinanten des Erfolges der Delegation von Preissetzungskompetenz

Die Entscheidung, Preissetzungskompetenz an den Verkaufsaußendienst zu delegieren, kann nicht ohne Berücksichtigung der jeweiligen Rahmenbedingungen getroffen werden. Der Erfolg dezentraler Preisverhandlungen durch den Verkaufsaußendienstmitarbeiter ist von verschiedenen Faktoren abhängig. Daher existiert stets ein Trade-Off zwischen positiven und negativen Effekten der Delegation von Preissetzungskompetenz. Bei der Analyse der Vorteilhaftigkeit der Delegation von Preiskompetenz an den Verkaufsaußendienst können grundsätzlich zwei Kategorien unterschieden werden: unternehmensspezifische Determinanten sowie marktbezogene Determinanten. Diese werden in den folgenden Abschnitten vorgestellt und deren Effekte in Bezug auf die Vorteilhaftigkeit der Delegation von Preiskompetenz werden diskutiert. Darauf aufbauend werden Handlungsempfehlungen abgeleitet.

6.4.1   Unternehmensspezifische Determinanten

6.4.1.1   Informationsasymmetrie

In den Abschnitten 6.1 und 6.3 wurde bereits gezeigt, dass der Verkaufsaußendienstmitarbeiter i.d.R. besser über den Kunden informiert ist als das Unternehmen. Dieser Informationsvorsprung entsteht aus den intensiven Interaktionen mit Kunden, den langjährigen Vertragsbeziehungen und den spezifischen Marktkenntnissen. Aus dieser Informationsasymmetrie resultiert die Vorteilhaftigkeit der Delegation von Preissetzungskompetenz an den Verkaufsaußendienst (Lal 1986). Selbst wenn der VADM am Anfang eines Geschäftsjahres noch keine exakte Prognose über die Absatzchancen eines bestimmten Produktes machen kann, so kann er dennoch im Laufe des Jahres viele Informationen sammeln, die seine Einschätzung der Marktbedingungen sukzessive verbessern. Dies ist der Verkaufs- bzw. Unternehmensleitung oftmals nicht ohne substanziellen Kostenaufwand möglich.

Der Grad der Informationsasymmetrie und somit der Vorteilhaftigkeit der Delegation von Preissetzungskompetenz an den VAD hängt allerdings von verschiedenen Faktoren ab. So ist die Heterogenität in einem betreuten Kundenstamm eine maßgebliche Determinante. Je unterschiedlicher die Kunden sind, desto kostenintensiver ist die Generierung von Informationen für das Unternehmen. Der VADM kann insbesondere bei einem heterogenen Kundenstamm die Absatzfunktionen der einzelnen Kunden wesentlich besser einschätzen als die Verkaufsaußendienst- oder Geschäftsleitung. Weiterhin ist die Stabilität der Marktbedingungen ein Faktor, der den Grad der Informationsasymmetrie bestimmt. In Segmenten, in denen die Marktbedingungen sehr stark variieren, ist es dem Unternehmen nicht hinreichend gut möglich, die Marktsituation zu analysieren. Der VADM hat in diesem Fall also ebenfalls einen klaren Informationsvorsprung.

Zusammenfassend ist festzuhalten, dass die Delegation von Preissetzungskompetenz an den VAD mit steigender Informationsasymmetrie zwischen Unternehmen und VAD vorteilhafter wird. Jedoch birgt diese Informationsasymmetrie zahlreiche Risiken, die durch entsprechende Anreiz- und Entlohnungssysteme oder Steuerungssysteme beschränkt werden müssen.

6.4.1.2   Anreiz- und Entlohnungssysteme

Das Entlohnungssystem spielt eine wesentliche Rolle bei der Gestaltung von Anreizen für Verkaufsaußendienstmitarbeiter. Es besteht grundsätzlich ein gewisser Grad an Informationsasymmetrie zwischen Unternehmen und VADM. Da der VADM im Zuge seiner individuellen Nutzenmaximierung das Arbeitsleid zu minimieren versucht, das Unternehmen jedoch an einem möglichst hohen Arbeitseinsatz interessiert ist, gibt es stets divergierende Zielvorstellungen zwischen diesen beiden Akteuren. Es besteht also grundsätzlich ein Bedarf zur Sicherstellung der Anreizkompatibilität.

Im Idealfall sollte die Vergütung des VADM an seine Arbeitsleistung, also an den direkten Beitrag zur Erreichung der Unternehmensziele, geknüpft sein. Dies kann mit einem fixen Grundgehalt und variablen Vergütungskomponenten realisiert werden. Da die Arbeitsleistung jedoch nicht vollständig beobachtbar ist und damit auch nicht Vertragsgegenstand sein kann, muss die Entlohnung an andere Variablen geknüpft werden. Dies können z.B. Preise, Absatzmengen, Umsätze oder realisierte Deckungsbeiträge sein. Um die Substitution von Arbeitseinsatz durch Preisreduktionen zu vermeiden, sollte die Vergütung des VADM auf Basis von Deckungsbeiträgen erfolgen, anstatt z.B. auf Basis von Umsätzen (Weinberg 1978). Ein einfaches Beispiel verdeutlicht den Unterschied (vgl. **Tabelle 6.1**).

Der Zielpreis für eine Mengeneinheit eines Produktes beträgt 100 €, die Grenzkosten betragen 80 €. Wird nun die variable Vergütungskomponente eines VADM auf Basis von Umsätzen kalkuliert, so führt eine Senkung des Preises von 10 € pro Mengeneinheit nur zu einer Einkommensreduktion von 10% bei dem verantwortlichen VADM. Wird die variable Vergütung dagegen an den realisierten Deckungsbeiträgen bemessen, so führt dieselbe Preisreduktion von 10 € zu einem Rückgang des Provisionseinkommens von 50%. Der VADM erhält nur noch ein Provisionseinkommen von 2,50 €.

Tabelle 6.1   Variable Vergütung auf Basis von Umsätzen und Deckungsbeiträgen

	Zielpreis	Realisierter Preis	Grenz-kosten	Provisions-satz	Provisions-einkommen
Entlohnung auf Basis von Umsätzen	100 €	100 €	80 €	5%	5,00 €
	100 €	90 €	80 €	5%	4,50 €
Entlohnung auf Basis von Deckungsbeiträgen	100 €	100 €	80 €	25%	5,00 €
	100 €	90 €	80 €	25%	2,50 €

Durch die Entlohnung auf Basis von realisierten Deckungsbeiträgen wird also der persönliche Anreiz des VADM, den Arbeitseinsatz durch Preisreduktionen zu substituieren, gemindert. Vorsicht ist allerdings geboten, wenn ein VADM ein Produktportfolio betreut, das unterschiedliche realisierte Deckungsbeiträge aufweist. Ist dies der Fall, so wird er dem Produkt die meiste Zeit und Aufmerksamkeit widmen, das den höchsten Deckungsbeitrag aufweist. Dies kann mitunter dazu führen, dass er seinen Arbeitseinsatz aus Sicht des Unternehmens suboptimal auf einige Produkte konzentriert. Dies sollte bei der Gestaltung von Entlohnungs- und Anreizsystemen berücksichtigt werden.

6.4.1.3   Steuerungssysteme

Um die Effizienz der Delegation von Preissetzungskompetenz an den Verkaufsaußendienst zu erhöhen, gibt es neben den Anreizsystemen weitere Instrumente. Eine sinnvolle und notwendige Ergänzung zu Anreiz- und Entlohnungssystemen zur Interessenharmonisierung von Verkaufsaußendienstmitarbeitern und Unternehmen ist das Steuerungssystem. In der Literatur existieren zwei unterschiedliche Philosophien zur grundsätzlichen Ausgestaltung von Steuerungssystemen (Anderson/Oliver 1987): die des verhaltensbasierten Steuerungssystems und die des ergebnisbasierten Steuerungssystems.

Ein verhaltensbasiertes Steuerungssystem ist charakterisiert durch:

■ *Überwachung*: Ein intensives Monitoring von Mitarbeiteraktivitäten ist üblich.

■ *Zentralisierung*: Ein hohes Maß an Managementkontrolle und -intervention ist typisch.

■ *Subjektive Bewertung*: Kriterien wie Fähigkeiten und Produktwissen sowie aktivitätsbezogene Kriterien (z.B. Anzahl Kundenbesuche, Präsentationen, Informationssammlung) werden in die Leistungsbewertung einbezogen.

■ *Entlohnung*: Ein hoher Festgehaltanteil am Gesamteinkommen eines VADM ist üblich.

Ein ergebnisorientiertes Steuerungssystem ist dagegen charakterisiert durch:

- *Selbständigkeit der Mitarbeiter*: Das Monitoring der Aktivitäten der VADM ist gering.

- *Dezentralisierung*: Die Mitarbeiter treffen operative Entscheidungen weitestgehend unabhängig vom Management.

- *Objektive und Output-orientierte Bewertung*: Zur Bewertung der Mitarbeiter werden ergebnisbezogene Messgrößen wie Umsätze, Gewinne oder Deckungsbeiträge verwendet.

Der zentrale Unterschied dieser beiden Philosophien besteht in der Prozess- bzw. Ergebnisorientierung. Die Implementierung eines verhaltensbasierten Steuerungssystems ist aufgrund des Vorliegens einer ausgeprägten Prinzipal-Agenten-Beziehung sehr kostenintensiv. Zudem existieren auch psychologische Kosten der formalen Überwachung. Untersuchungen zeigen, dass Mitarbeiter eine formale Überwachung als Eingriff in ihre Privatsphäre wahrnehmen. Formale Steuerungssysteme können daher sinnvoll durch informelle Kontrolle substituiert werden. Zu den informellen Steuerungsinstrumenten gehören die Unternehmenskultur, gemeinsame Normen und zwischenmenschliches Vertrauen. Diese informellen Steuerungsinstrumente können die Effizienz der formalen Steuerung verbessern (Christ et al. 2008).

Abschließend lässt sich jedoch feststellen, dass – unabhängig von der Art des Steuerungssystems – ein höherer Überwachungsgrad mit einer besseren Nutzung der Vorteile der Delegation von Preissetzungskompetenz korreliert. Je intensiver die Kontrolle ist, desto geringer ist die Gefahr der Substitution von Arbeitseinsatz durch Preisnachlässe und desto effizienter ist die Delegation der Preissetzungskompetenz für das Unternehmen.

6.4.2   Marktbezogene Determinanten

Die Vorteilhaftigkeit einer Delegation von Preissetzungskompetenz an den Verkaufsaußendienst hängt nicht ausschließlich von unternehmensinternen Faktoren ab. Zusätzlich zu den in Abschnitt 6.4.1 vorgestellten, vom Unternehmen kontrollierbaren Entscheidungsvariablen beeinflussen auch Marktbedingungen die Optimalität der Kompetenzdelegation. Marktbedingungen können die Unternehmensstruktur nachhaltig beeinflussen. Dazu gehört auch die Notwendigkeit der Zentralisierung oder Dezentralisierung von Entscheidungskompetenzen, z.B. die organisationale Verankerung von Preissetzungskompetenzen. Bei dieser Entscheidung kommt zwei Marktbedingungen eine besondere Bedeutung zu: der Marktdynamik und der Wettbewerbsintensität.

Das Konstrukt der Marktdynamik bezeichnet die Geschwindigkeit, mit der sich der Kundenstamm eines Unternehmens und damit die Präferenzen der Kunden verändern (Jaworski/Kohli 1993). Unternehmen, die in Märkten mit hoher Dynamik agieren, sind gezwungen, sich den ständig verändernden Marktbedingungen anzupassen, um langfristig im Wettbewerb mit anderen Unternehmen bestehen zu können. Die Delegation von Preissetzungskompetenz an den VAD kann dabei ein Instrument sein, um der hohen Marktdynamik effizient zu begegnen. Der Verkaufsaußendienstmitarbeiter erkennt in einer Verhandlungssituation aufgrund seines Informationsvorsprungs besser, in welchem Maße sich die Präferenzen des industriellen Kunden verändert haben. In dieser Situation muss das Unternehmen schnell reagieren, um den Kunden langfristig zu behalten. Die Delegation von Preissetzungskompetenz an den VAD ermöglicht es dem Verkäufer, den Preis schnellstmöglich so zu variieren, dass eine Kundenabwanderung verhindert werden kann (Albers/Krafft 2010). Das Unternehmen kann damit den Absatz der aktuellen Produkte sicherstellen und hohe Lager- oder Entsorgungskosten vermeiden. Bei hoher Marktdynamik ist die Delegation von Preissetzungskompetenz an den VAD demzufolge vorteilhaft.

Ein Unternehmen, das auf stark umkämpften B2B-Märkten agiert, kann von der Delegation der Preissetzungskompetenz an den VAD profitieren. In monopolistischen Märkten, in denen Produkte nur begrenzt verfügbar sind, ist eine Anpassung an individuelle Kundenbedürfnisse nicht erforderlich, so dass die Notwendigkeit von kurzfristigen Preisanpassungen entfällt (Houston 1986). Die Zentralisierung der Preissetzungskompetenz ist daher die beste Lösung. In wettbewerbsintensiven Märkten steht dem Kunden jedoch eine Vielzahl an Alternativen zur Befriedigung seiner individuellen Bedürfnisse zur Verfügung. Das Unternehmen muss in derartigen Fällen in der Lage sein, den Preiserwartungen der Kunden kurzfristig zu entsprechen, um eine Abwanderung zur Konkurrenz zu vermeiden. Der Verkaufsaußendienstmitarbeiter, der die Schnittstelle zum Kunden bildet und die Geschäftsbeziehung pflegt, kann erkennen, wann es notwendig ist, den Preis eines Produktes oder Leistungsbündels zu reduzieren, um den Verkauf zu realisieren. In dieser Situation ist es kaum möglich, Preisreduktionen erst nach einem intensiven Kommunikationsprozess mit Vorgesetzten oder der Unternehmensleitung vorzunehmen. Die Delegation von Preissetzungskompetenz an den VAD ist demnach gerade in wettbewerbsintensiven Märkten erforderlich und kann dazu beitragen, den Unternehmenserfolg substanziell zu steigern.

In **Abbildung 6.3** werden die Determinanten einer erfolgreichen Delegation von Preissetzungskompetenz an den VAD zusammengefasst.

Abbildung 6.3 Richtlinien zur Delegation von Preissetzungskompetenz

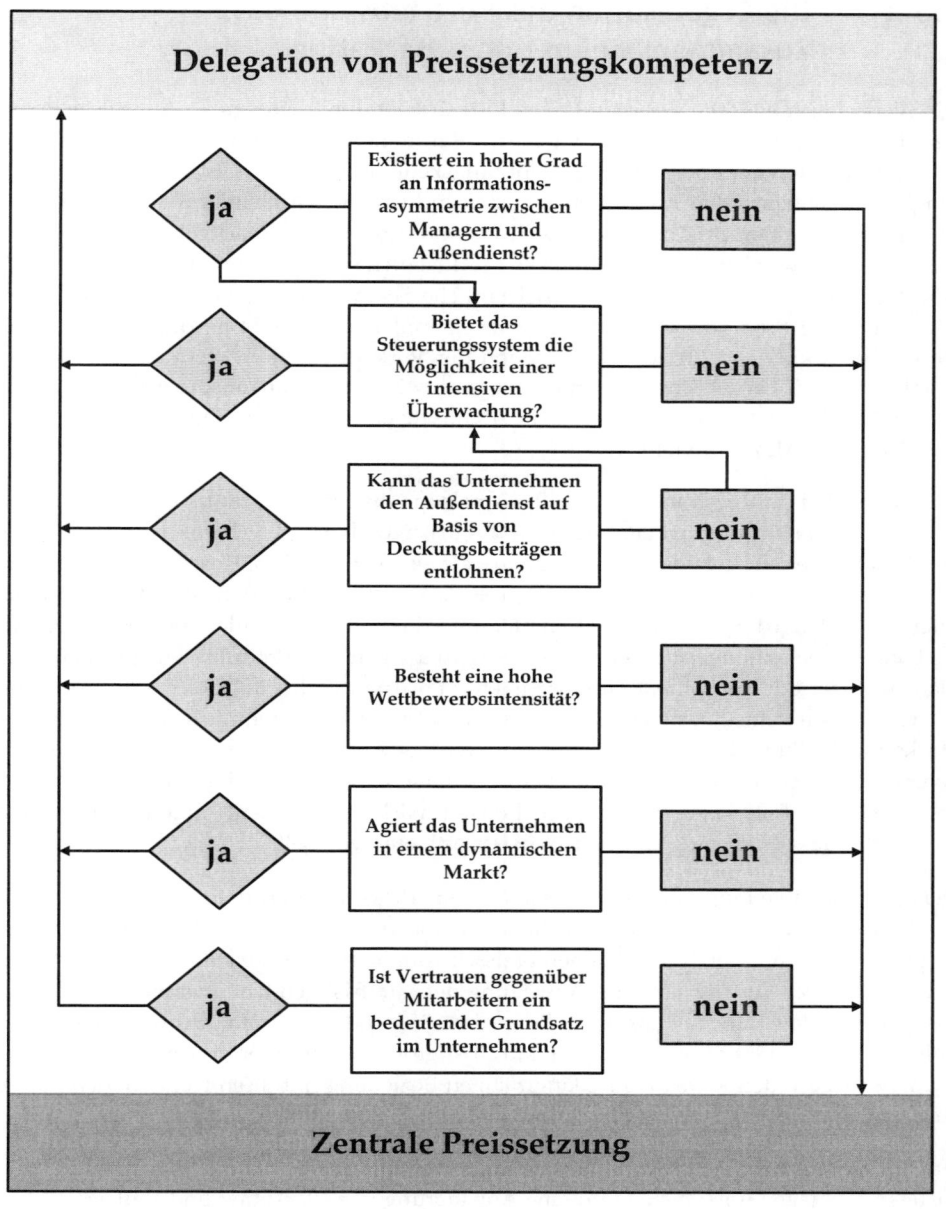

6.5   Problemlösung im Fall *Dow Chemical*

6.5.1   Die Organisation des Vertriebs und das Zusammenspiel mit dem Marketing

Die Wertschöpfungskette der chemischen Industrie ist durch eine große Anzahl mehrstufiger Elemente gekennzeichnet. Dazu gehören Raffinerien und Kraftwerke am Anfang und die Konsumenten am Ende der Wertschöpfungskette. *Dow Chemical* ist in der Wertschöpfungskette zwischen den Rohstoffen und den industriellen Abnehmern angesiedelt. Als Chemieunternehmen produziert *Dow* Zwischenprodukte, die an nachgelagerte Unternehmen veräußert werden. Dazu gehören z.B. Produzenten von Konsumgütern, pharmazeutische Hersteller oder auch der landwirtschaftliche Sektor. Diese Unternehmen verkaufen wiederum ihre Produkte an Groß- und Einzelhändler oder direkt an die Konsumenten. Durch *Dow's* kundenzentrierte Organisation der Verkaufsabteilung verhandelt jeder Account Manager über die Produkte mit einer ausgewählten Anzahl anspruchsvoller, industrieller Abnehmer. Im Durchschnitt liegt der Umsatz eines Account Managers zwischen 15 Mio. € und 100 Mio. € pro Jahr.

Wie bereits bei der Einführung des Fallbeispiels in Abschnitt 6.1. umrissen, ist der Markt von *Dow Chemical* durch wenig Raum für langfristige Planungen charakterisiert. Ursache hierfür sind die sehr volatilen Rohstoffpreise, die eine substanzielle Kostenkomponente für *Dow Chemical* darstellen. Dies stellt eine große Herausforderung dar, weil der Kunde ein Interesse an langfristig stabilen Preisen hat, um seine Produktkalkulationen besser planen zu können. Demzufolge müssen die Preiskalkulationen der Produkte entsprechend geplant werden, d.h. sie sollten auf einer intensiven Analyse des Rohstoffmarktes und des Wettbewerbsumfeldes basieren. Bei *Dow Chemical* ist dies vornehmlich die Aufgabe der Marketingabteilung. Dieses Vorgehen basiert auf der Annahme, dass die industriellen Abnehmer die aktuellen Rohstoffpreise ebenfalls kennen. *Dow* muss seine Produktpreise entsprechend den Entwicklungen auf den Rohstoffmärkten anpassen. Anderenfalls besteht die Gefahr, dass der Kunde zu einem anderen Anbieter wechselt.

Die Marketingabteilung von *Dow Chemical* ist aus diesem Grund besonders an kurzfristigen Preisbildungen interessiert, um Fehlkalkulationen zu vermeiden. Je kurzfristiger Preise gesetzt werden, desto besser können Preisschwankungen am Rohstoffmarkt berücksichtigt werden. Der Vertrieb ist unter Abwägung der kurzfristigen Unternehmens- und langfristigen Kundeninteressen um faire Preise bemüht, indem extreme Schwankungen der Rohstoffpreise geglättet werden. Diese kurzfristige Preisbildung erschwert somit den Account Managern den Aufbau einer langfristigen Beziehung mit ihren Kunden, denn diese bevorzugen langfristige Verträge mit über mehrere Perioden fixierten Preisen.

Um mit diesem Konflikt zwischen kurzfristiger Preisbildung aus Marketingsicht und langfristigen Verträgen umzugehen und eine Annäherung von Marketing und Vertrieb zu forcieren, implementierte *Dow Chemical* eine Matrixorganisation. Diese organisatorische Maßnahme fordert Marketing und Vertrieb heraus, Kompromisse zu finden, die für beide Abteilungen akzeptabel sind. Im Hinblick auf die Preiskalkulationen bedeutet dies, dass sich Marketing und Vertrieb auf eine gemeinsame Preisstrategie einigen müssen. Sobald die Marketingabteilung eine Preispolitik für ein bestimmtes Produkt entwickelt hat, muss ein Feedback der Account Manager eingeholt werden. Diese haben aufgrund ihrer Interaktionen mit den Kunden bessere Informationen über deren Zahlungsbereitschaften. Zudem müssen Marketing und Vertrieb eine Zeitspanne zur Preissetzung festlegen. Mit diesem verbindlichen Koordinationsprozess löst *Dow* das Problem der Inkompatibilität der alltäglichen Kundenrealität mit den Zielsetzungen des Marketing. Das Marketing verfolgt eine kurzfristige Planung, um Verluste als Folge unerwarteter Preissteigerungen am Rohstoffmarkt zu vermeiden. Der Vertrieb als Schnittstelle zum Kunden und Verteidiger der Kundenbedürfnisse verkörpert hingegen die Wichtigkeit einer langfristigen Betrachtung.

6.5.2 Die Gestaltung der Preissetzungskompetenz bei *Dow Chemical*

Im Vergleich zu anderen Chemieunternehmen gewährt *Dow Chemical* seinen Account Managern einen hohen Grad an Preissetzungskompetenz in den Verkaufsverhandlungen. Insbesondere im Basis-Geschäftsbereich ist der Preis ein entscheidender Parameter in der intensiven Wettbewerbssituation der standardisierten Chemieprodukte. In den Segmenten der Performance-Geschäftsbereiche, die chemische Spezialprodukte beinhalten, ist der Preis dagegen ein sekundärer Faktor, da der Kunde diese Produkte kurzfristig nicht von anderen Unternehmen beziehen kann. Deshalb unterscheidet sich die Preissetzungskompetenz in diesen beiden Geschäftsbereichen. Diese Vorgehensweise korrespondiert mit dem in Abschnitt 6.4.2 dargelegten Einfluss der Wettbewerbsintensität auf die Effizienz der Delegation von Preissetzungskompetenz an den Verkaufsaußendienst. Den Account Managern ist es in wettbewerbsintensiven Segmenten erlaubt, substanziell von der kurzfristigen Preissetzung der Marketingabteilung abzuweichen.

Der Preisspielraum ist in den hochspezialisierten Segmenten wesentlich geringer. Eine Vielzahl an organisatorischen Faktoren, z.B. die Übereinstimmung der Mitarbeiter mit den Grundwerten im Unternehmen, bestimmen den Erfolg des vergleichsweise hohen Grades der delegierten Preissetzungskompetenz an die Account Manager. *Dow Chemical* bringt allen Mitarbeitern ein hohes Maß an Vertrauen entgegen, was sich in dem Unternehmensgrundsatz „Freedom to act" widerspiegelt. Mit diesem Ansatz signalisiert das Management Vertrauen in die Entscheidungen der Mitarbeiter und den Glauben an ihre Fähigkeiten. In der Organisationsstruktur spiegelt sich dies zudem in flachen Hierarchien wider. Obwohl es Verkaufsleiter gibt, die bei Bedarf herangezogen werden können, stützt sich das Top-Management auf die Entscheidungskompetenz der Account Manager, da diese am meisten über die Wünsche ihrer Kunden wissen. *Dow's* Manager fürchten dabei nicht, dass die Account Manager den Informationsvorsprung missbrauchen, indem sie ihre Anstrengungen reduzieren und über den Preis verkaufen. Vielmehr baut das Management auf die Tatsache, dass das überlegene Wissen der Verkaufsaußendienstmitarbeiter die Delegation der Preissetzungskompetenz für das Unternehmen profitabel machen wird. Auf eine Kontrolle durch übergeordnete Instanzen wird dementsprechend weitestgehend verzichtet. Des Weiteren wird von einer intensiven formalen Berichterstattung abgesehen. Nach eigenen Aussagen sind die Account Manager motiviert, die Preise gewinnbringend für *Dow Chemical* festzulegen. Eine umfangreiche Leistungsprüfung am Ende des Jahres dient als einziges formales Kontrollinstrument.

Die Wichtigkeit des Vertrauens spiegelt sich auch in dem mit der Matrixorganisation zwangsläufig verbundenen Zusammenspiel von Marketing und Vertrieb wider. Wie bereits dargestellt, ist das Feedback der Account Manager von großer Bedeutung für die Entwicklung von Preisstrategien für die verschiedenen Produkte. Die Berücksichtigung der Perspektive des Vertriebs führt zu einer allgemeinen Akzeptanz der Preissetzung der Marketingabteilung beim Verkaufsaußendienst und fördert gegenseitiges Vertrauen in der Organisation. Die Account Manager nehmen die Delegation der Preissetzungskompetenz als Zeichen des Vertrauens in ihre Fähigkeiten und Integrität wahr. Nachdem die Listenpreise für das Produktportfolio festgelegt sind, ist es die Aufgabe der Account Manager, diese in Verkaufsverhandlungen mit den Kunden zu verteidigen. Ab diesem Zeitpunkt muss die Marketingabteilung den Account Managern vertrauen, dass sie nicht ohne Grund zu weit von den zuvor festgelegten Listenpreisen abweichen. Da die Account Manager das Vertrauen des Marketing in ihr Kundenwissen und folglich ihren Einfluss bei der Preiskalkulation nicht verlieren wollen, versuchen sie, die gewünschten Preise zu erreichen. Das gegenseitige Vertrauen in die Kompetenz der anderen Abteilung ist eine wesentliche Determinante für die erfolgreiche Delegation der Preissetzungskompetenz. Nur wenn die Account Manager die von der Marketingabteilung ausgearbeiteten Preissetzungsstrategien akzeptieren, werden sie alles versuchen, um diese Strategien durchzusetzen. Im Gegenzug muss das Marketing den Account Managern vertrauen, dass sie nur vernünftige Preisreduzierungen zulassen, die auf im Verlauf der Verhandlungen erhaltenen Informationen basieren.

Obwohl *Dow Chemical* seinen Account Managern einen vergleichsweise großen Handlungsspielraum bei der Preissetzung zubilligt, ist dieser jedoch immer auf einen klaren Bereich begrenzt. Wenn ein Kunde einen großen Preisnachlass fordert, müssen die Account Manager Rücksprache mit der Marketingabteilung halten. Durch diese Teamentscheidungen können die Marketing- und Vertriebsmitarbeiter die Argumente des Kunden besser bewerten und folglich ihre Entscheidung bezüglich potenzieller Preiskürzungen verbessern. Die Notwendigkeit, die Marketingabteilung im Falle drastischer Preisreduzierungen zu konsultieren, hilft, falsche Einschätzungen der Zahlungsbereitschaft des Käufers durch die Account Manager zu vermeiden. Innerhalb des vorgegebenen Rahmens wird Vertrauen als ein informelles Selbststeuerungsinstrument verwendet, um das Verhalten der Account Manager zu lenken.

Während viele Unternehmen die Verkaufsaußendienstmitarbeiter entsprechend ihrer realisierten Erträge oder Gewinne entlohnen, ist der Entlohnungsplan von *Dow Chemical* eher komplex. Dabei spielen zwar monetäre Ziele im Bewertungsprozess der Account Manager eine Rolle, noch wichtiger ist jedoch das Erreichen qualitativer Ziele und das 360°-Feedback von Mitarbeitern, Kollegen und Vorgesetzten. Auch Ziele wie die Einführung neuer Produkte oder der Abverkauf schwer verkäuflicher Ware werden mit einbezogen. Ein wesentlicher Teil der Leistungsbeurteilung ist zudem die Weitergabe von kundenspezifischem Wissen, das in Verkaufsgesprächen erlangt wurde. Die Bedeutung des Wissenstransfers im Leistungsbeurteilungsprozess dient als formelles Kontrollinstrument, das dabei hilft, den potenziellen Missbrauch des Informationsvorsprungs zu vermeiden. Dafür implementierte *Dow* folgenden Prozess: Die Preissetzungspartner der Account Manager aus der Marketingabteilung werden herangezogen, um zu beurteilen, ob die Account Manager alle Informationen weitergeben, die notwendig sind, um kundenspezifische Marketingprogramme und Preisstrategien auszuarbeiten.

Zusammenfassend lässt sich sagen, dass flache Hierarchien, Verlässlichkeit und Vertrauen als Unternehmensgrundsätze und das Mitspracherecht der Vertriebsmitarbeiter eine erfolgreiche Preissetzungsdelegation an die Account Manager bei *Dow Chemical* ermöglichen. Die organisatorischen und verhaltensbezogenen Determinanten werden durch einen formellen Leistungsbeurteilungsprozess ergänzt, den jeder Mitarbeiter einmal pro Jahr durchläuft. *Dow Chemical* nutzt ein informelles Kontrollsystem, in dem zentrale Unternehmenswerte, der Glaube an die individuelle Leistung und das Vertrauen in die Kompetenz des Mitarbeiters hervorgehoben werden. Dieses System wird durch einige formelle Kontrollinstrumente ergänzt, wie z.B. die jährliche Leistungsprüfung.

6.6   Schlussbetrachtung

Die Entscheidung der Delegation von Preissetzungskompetenz an den Verkaufsaußendienst hat große Bedeutung für ein Unternehmen. Preisveränderungen haben direkte und potenziell ambivalente Wirkungen auf den Unternehmenserfolg. Die Ausgestaltung der Delegation von Preissetzungskompetenz an den VAD muss daher sorgfältig analysiert und geplant werden. In diesem Beitrag wurden Rahmenbedingungen definiert, die es ermöglichen, die Delegation von Preissetzungskompetenz an den VAD erfolgreich umzusetzen. Die Prinzipal-Agenten-Theorie diente dabei als primäre theoretische Fundierung und wurde durch empirische Ergebnisse aus der Vertriebsforschung ergänzt. Zusammenfassend ist festzustellen, dass die Delegation von Preissetzungskompetenz an den VAD besonders erfolgversprechend ist, wenn

- das Unternehmen auf hoch dynamischen Märkten agiert,

- die betreffenden Produkte einem starken Wettbewerb unterliegen,

- Verkaufsaußendienstmitarbeiter auf Basis realisierter Deckungsbeiträge (nach Abzug von gewährten Rabatten) entlohnt werden können,

- der VADM gegenüber der Vertriebs- oder Unternehmensleitung über einen substanziellen Informationsvorsprung verfügt,

- das Steuerungs- und Kontrollsystem des Unternehmens eine extensive Beobachtung der Mitarbeiter zulässt und

■ gegenseitiges, interpersonelles Vertrauen ein bedeutender Grundsatz im Unternehmen ist.

Das Fallbeispiel des Unternehmens *Dow Chemical* zeigt, dass Marktbedingungen und unternehmensinterne Faktoren eine wichtige Rolle bei der konkreten Ausgestaltung der Kompetenzdelegation spielen. Nicht nur der Grad der Delegation der Preissetzungskompetenz, sondern ggf. auch der Verhandlungsrahmen und weitere Elemente der Konditionenpolitik müssen definiert werden. Am Beispiel von *Dow Chemical* wurde deutlich, dass aufgrund exogener Faktoren (Rohstoffpreise, Wettbewerbsintensität oder Marktdynamik) nicht auf eine flexible Preissetzung verzichtet werden kann und dass diese am effizientesten über den VAD durchzusetzen ist. Die Freiheit, eigenständig zu handeln, motiviert die Mitarbeiter und stärkt ihre Bindung an das Unternehmen. Das Beispiel von *Dow Chemical* zeigt, wie das Zusammenspiel von Marketing und Vertrieb die effektive Gestaltung der Delegation von Preissetzungskompetenz an den VAD fördert.

Die wesentliche Erkenntnis dieses Beitrags ist es, dass die Delegation von Preissetzungskompetenz an niedrigere Hierarchieebenen im Unternehmen nicht unabhängig von organisatorischen Faktoren betrachtet werden kann. Der Erfolg einer Kompetenzdelegation wird maßgeblich von Faktoren wie der Unternehmenskultur, dem Grad der vorhandenen Informationsasymmetrie, dem Entlohnungs- und Anreizsystem sowie den Unternehmensgrundwerten determiniert. Die vorliegende Diskussion von theoretischen und empirischen Erkenntnissen der Vertriebsforschung und das Praxisbeispiel von *Dow Chemical* bringen zusätzliche Transparenz in die komplexe Entscheidung der Delegation von Preissetzungskompetenz.

Literatur

Albers, S., Krafft, M. (2010), Vertriebsmanagement, Wiesbaden.

Anderson, E., Oliver, R. L. (1987), Perspectives on Behavior-Based versus Outcome-Based Salesforce Control Systems, Journal of Marketing, 51, 4, 76-88.

Backhaus, K., Voeth, M. (2010), Industriegütermarketing, 9. Aufl., München.

Christ, M. H., Sedatole, K. L., Towry, K. L., Thomas, M. A. (2008), When Formal Controls Undermine Trust and Cooperation, Strategic Finance, 89, 7, 39-44.

Frenzen, H., Hansen, A.-K., Krafft, M., Mantrala, M. K., Schmidt, S. (2010), Delegation of Pricing Authority to the Sales Force: An Agency-Theoretic Perspective of Its Determinants and Impact on Performance, International Journal of Research in Marketing, 27, 1, 58-68.

Hansen, A.-K., Krafft, M., Joseph, K. (2008), Price Delegation in Sales Organizations: An Empirical Investigation, Business Research, 1, 1, 94-104.

Hayek, F. A. (1945), The Use of Knowledge in Society, American Economic Review, 35, 4, 519-530.

Homburg, Ch., Krohmer, H. (2009), Marketingmanagement: Strategie – Instrumente – Umsetzung – Unternehmensführung, 3. Aufl., Wiesbaden.

Houston, F. S. (1986), The Marketing Concept: What It Is and What It Is Not, Journal of Marketing, 50, 2, 81-87.

Jaworski, B. J., Kohli, A. K. (1993), Market Orientation: Antecedents and Consequences, Journal of Marketing, 57, 3, 53-70.

John, G., Weitz, B. (1989), Salesforce Compensation: An Empirical Investigation of Factors Related to Use of Salary versus Incentive Compensation, Journal of Marketing Research, 26, 1, 1-14.

Kern, R. (1989), Letting Your Salespeople Set Prices, Sales and Marketing Management, 14, 9, 44-49.

Krafft, M. (1999), An Empirical Investigation of the Antecedents of Sales Force Control Systems, Journal of Marketing, 63, 3, 120-134.

Krafft, M. (2001), Marketing, in: Jost, P.-J. (Hrsg.), Die Prinzipal-Agenten-Theorie in der Betriebswirtschaftslehre, Stuttgart, 217-240.

Lal, R. (1986), Delegating Pricing Responsibility to the Salesforce, Marketing Science, 5, 2, 159-168.

Marn, M. V., Rosiello, R. L. (1992), Managing Price, Gaining Profit, Harvard Business Review, 70, 5, 84-94.

Schmidt, S. (2008), Delegation von Preiskompetenz an den Verkaufsaußendienst: Eine empirische Analyse ausgewählter Determinanten und Gestaltungsmöglichkeiten, Wiesbaden.

Stephenson, P. R., Cron, W. L., Frazier, G. L. (1979), Delegating Pricing Authority to the Sales Force: The Effects on Sales and Profit Performance, Journal of Marketing, 43, 2, 21-28.

Weinberg, C. B. (1975), An Optimal Commission Plan for Salesmen's Control over Price, Management Science, 21, 8, 937-943.

Weinberg, C. B. (1978), Jointly Optimal Sales Commissions for Nonincome Maximizing Sales Forces, Management Science, 24, 12, 1252-1258.

7 Preisverhandlungen

Markus Voeth / Uta Herbst

Prof. Dr. Markus Voeth ist Geschäftsführender Direktor des Instituts für Betriebswirtschaftslehre und Inhaber des Lehrstuhls für Marketing an der Universität Hohenheim.

Prof. Dr. Uta Herbst ist Juniorprofessorin am Lehrstuhl für Marketing der Eberhard-Karls-Universität Tübingen.

7.1 Bedeutung von Preisverhandlungen auf B2B-Märkten

Markttransaktionen auf B2B-Märkten sind im Vergleich zu B2C-Märkten dadurch gekennzeichnet, dass in der Regel eine geringe Anzahl von Marktteilnehmern auf der Anbieter- und der Nachfragerseite vorhanden sind, sehr spezifischer, kundenindividueller Bedarf besteht und die einzelne Transaktion ein relativ großes Wertvolumen aufweist (vgl. hierzu ausführlich den Beitrag von Homburg/Totzek in diesem Band). Daher sind kundenindividuelle Transaktionen für B2B-Märkte typisch. Die Leistungsbestandteile können zumeist im Vorfeld der Transaktion nicht einseitig durch den Anbieter festgelegt werden, sondern stellen das Ergebnis eines Interaktionsprozesses zwischen Anbieter und Nachfrager dar. Diese, für B2B-Transaktionen typischen Interaktionsprozesse, in deren Verlauf die Beteiligten versuchen, trotz vorhandener (partieller) Präferenzunterschiede eine Einigung zum gegenseitigen Vorteil herbeizuführen, können als Verhandlungssituationen aufgefasst werden, da sie die konstitutiven Merkmale von Verhandlungen erfüllen (z.B. Bazerman 2006; Thompson 2005). Verhandlungen spielen daher auf B2B-Märkten grundsätzlich eine zentrale Rolle (Backhaus/Voeth 2007).

Allerdings hängen Inhalt und Verlauf der Verhandlungen auf B2B-Märkten wesentlich von den Charakteristika der konkreten industriellen Vermarktungskonstellation und damit vom „Geschäftstyp" ab. Hierunter wird eine Gruppe von Transaktionsprozessen verstanden, die innerhalb der Gruppe relativ homogen und im Vergleich zu anderen Gruppen möglichst heterogen ausfallen (Backhaus/Voeth 2007, S. 181). Gerade die deutschsprachige Industriegütermarketing-Forschung ist dabei in besonderem Maße durch ein „Denken in Geschäftstypen" (Voeth 2007, S. 338) gekennzeichnet und hat daher verschiedene solcher Systematisierungen für industrielle Transaktionsprozesse entwickelt. Der vermutlich bekannteste Geschäftstypenansatz geht auf Backhaus zurück, den er in den 1980er Jahren entwickelt (Backhaus 1982), anschließend erweitert (Backhaus 1992) und unter Rückgriff auf die Transaktionsökonomie theoretisch begründet hat (Backhaus/Aufderheide/Späth 1994). In diesem Ansatz werden Vermarktungskonstellationen dahingehend differenziert, ob Anbieter und/oder Nachfrager eine ökonomische Bindung (Quasirente) an die jeweils andere Marktseite eingehen. Während sich Nachfrager an Anbieter binden können, indem sie durch den Kauf eine technische oder ökonomische Vorentscheidung im Hinblick auf zukünftige Transaktionen vornehmen, begeben sich Anbieter dann in eine Abhängigkeitsposition gegenüber Nachfragern, wenn sie kundenindividuelle Leistungen anbieten, die sie nicht für Transaktionen mit anderen Kunden nutzen können. Aus der Kombination dieser beiden im Extremfall dichotomen Merkmale (Nachfragerbindung: ja/nein; Anbieterbindung: ja/nein) bildet Backhaus die vier Geschäftstypen des Produkt-, System-, Zuliefer- und Anlagengeschäfts (vgl. **Abbildung 7.1**).

Bei allen diesen Geschäftstypen spielen Verhandlungen über den Preis eine zentrale, allerdings unterschiedlich dominierende Rolle: Im Produkt- und Systemgeschäft treten Preisverhandlungen in „Reinform" auf. Da in diesen Geschäftstypen keine kundenindividuelle Fertigung vorgenommen wird und stattdessen Produkte wie Werkzeugmaschinen, Büromöbel oder Software vom Anbieter für verschiedene Kunden, also ganze Märkte oder Marktsegmente entwickelt und angeboten werden, steht hier im Mittelpunkt der anschließenden Anbieter-Nachfrager-Interaktion vor allem der Preis (neben eventuellen Zahlungs- und Lieferkonditionen oder After-Sales-Leistungen wie Wartung oder zusätzliche Garantien). Im Gegensatz dazu ist bei der Vermarktung im Anlagen- oder Zuliefergeschäft neben dem Preis gleichberechtigt über die Ausgestaltung der eigentlichen Leistung zu verhandeln. Die Verhandlungen sind daher in diesen Geschäftstypen komplexer, da nicht allein über den Preis eine Einigung erzielt werden muss (Sandstede/Voeth 2008).

Abbildung 7.1   Geschäftstypen nach Backhaus (Quelle: Backhaus/Voeth 2007, S. 202)

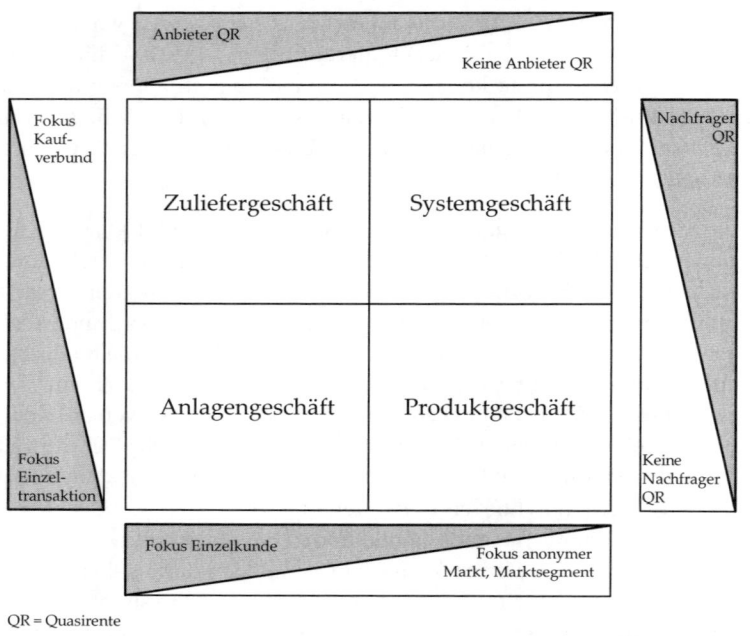

Obwohl Verhandlungen über den Preis damit auf nahezu allen Industriegütermärkten den Regelfall darstellen und zukünftig aufgrund von noch weiter zunehmendem Einkaufskostendruck, fortschreitender Internationalisierung und weiter zunehmender Commoditisierung industrieller Märkte (Enke/Reimann/Geigenmüller 2005) vermutlich einen noch größeren Stellenwert einnehmen werden (Backhaus et al. 2005), spielen sie in der (Industriegüter-)Marketing-Forschung bislang eine – wenn überhaupt – untergeordnete Rolle (Simon/Fassnacht 2009, S. 458; Voeth/Rabe 2004, S. 1018). Hierfür können u.a. folgende Gründe angeführt werden:

■ Das Marketing hat sich lange Zeit überwiegend mit Fragestellungen des Konsumgütermarketings beschäftigt, da sich die der Entstehung des Marketings zugrunde liegenden

Marktveränderungen (Wandel von Verkäufer- zu Käufermärkten) zunächst auf Konsumgütermärkten zeigten. Auf B2C-Märkten spiel(t)en Preisverhandlungen allerdings eine geringere Rolle, nicht zuletzt auch deshalb, weil sie etwa in Deutschland bis Anfang der 2000er Jahre rechtlich nur eingeschränkt zulässig waren (vgl. das damalige Rabattgesetz und die zugehörige Preisabgabeverordnung).

■ Innerhalb der gesamten Marketing-Disziplin wurden Pricing-Fragestellungen lange Zeit nicht mit gleicher Intensität wie andere Marketing-Fragestellungen bearbeitet, da sich das Marketing eher mit Effektivitätsfragen und weniger mit Effizienzaspekten innerhalb von Anbieter-Nachfrager-Transaktionen auseinandersetzte. Erst in jüngerer Vergangenheit ist eine stärkere Zuwendung zum Thema Pricing innerhalb der Marketing-Forschung erkennbar. Dies zeigt sich z.B. an der zunehmenden Bedeutung neuerer Preiskonzepte, z.B. des Behavioral Pricings, zu dem inzwischen bereits verschiedene interessante Forschungsergebnisse vorliegen (Homburg/Koschate 2005a, b).

■ In der Praxis wurden und werden Preisverhandlungen (wie Verhandlungen im Allgemeinen) nicht selten noch immer als „managementfreie" Zone eingestuft. So herrscht die Auffassung vor, dass sich dieses Feld einem steuernden, regelnden Eingriff durch das Management entziehe, da Preisverhandlungen in Interaktionsform zwischen den Verhandlungsparteien ablaufen würden, daher in hohem Maße situationsabhängig seien und in erster Linie, wenn nicht sogar ausschließlich, vom Verhandlungsgeschick der Verhandelnden abhingen.

Wissenschaftliche Erkenntnisse zu Verhandlungen im Allgemeinen und zu Preisverhandlungen im Speziellen liegen daher eher außerhalb des Marketing-Bereichs in der allgemeinen Verhandlungsforschung vor (Herbst 2007). Die dort vorgenommenen Einzelerkenntnisse lassen sich allerdings vielfach auf die mit Preisverhandlungen zusammenhängenden Fragestellungen übertragen. In Abschnitt 7.2 soll daher ein strukturierter Überblick über die vorliegenden wissenschaftlichen Erkenntnisse zu Preisverhandlungen gegeben werden. Dieser verdeutlicht jedoch, dass bislang insbesondere ein übergeordneter Management-Ansatz für Preisverhandlungen fehlt, der die zahlreichen Einzelerkenntnisse der Verhandlungsforschung aufgreift und diese für die Verhandlungspraxis entscheidungsorientiert nutzbar macht. Ein solcher Ansatz wird in Abschnitt 7.3 vorgestellt und in seinen Grundlinien diskutiert. Der Beitrag endet mit einem kurzen Fazit, in dem vor allem ein Ausblick auf zukünftige Herausforderungen im Zusammenhang mit Preisverhandlungen gegeben wird.

7.2 Erkenntnisse der Verhandlungsforschung zu Preisverhandlungen

Da (Preis-)Verhandlungen (vor allem) wirtschaftswissenschaftliche, psychologische und soziologische Forschungsfragen berühren, liegen vor allem in diesen Wissenschaftsfeldern Erkenntnisse vor, die sich auf Preisverhandlungen beziehen oder auf diese übertragen werden können. Diese lassen sich entsprechend ihrem Abstraktionsgrad, ihrem Aufbau und ihrer Praxisnähe in theoretische und managementbezogene Erkenntnisse unterteilen (Voeth/Rabe 2004). Während es den eher theoretischen Arbeiten um die Aufdeckung allgemeiner Zusammenhänge geht, stehen „praktische Empfehlungen" im Mittelpunkt der managementbezogenen Ansätze.

7.2.1   Theoretische Ansätze

Bei den theoretischen Ansätzen der preisrelevanten Verhandlungsforschung sind sehr unterschiedliche Ansätze und Herangehensweisen zu unterscheiden. Herbst (2007) differenziert zwischen

1. analytisch-präskriptiven Ansätzen,

2. verhaltenswissenschaftlichen Ansätzen und

3. der diese Ansätze zusammenführenden Negotiation Analysis.

7.2.1.1   Analytisch-präskriptive Ansätze

Analytisch-präskriptive Ansätze beziehen sich nicht ausschließlich auf Preisverhandlungen, sondern auf Verhandlungssituationen im Allgemeinen. Sie sehen in Verhandlungen ein in sich geschlossenes und zwischen mindestens zwei Parteien bestehendes interdependentes Entscheidungsproblem, das mit Hilfe mathematisch-formaler Modelle gelöst werden soll. Die axiomatisch-deduktive Sichtweise kommt darin zum Ausdruck, dass unter Annahme vollständiger Rationalität optimale Verhandlungsergebnisse logisch-stringent abgeleitet werden. „Optimalität" bedeutet dabei, dass die Ergebnisse für die beteiligten Parteien nutzenmaximal sein müssen. Zu diesem Forschungsansatz zählt vor allem die auf Von Neumann/Morgenstern (1944) zurückgehende „mathematische Theorie strategischer Spiele". Hierfür gingen die beiden Mathematiker Von Neumann und Morgenstern davon aus, dass Akteure in interdependenten Entscheidungssituationen über individuelle Nutzenfunktionen verfügen, die sie zu maximieren versuchen. Die Akteure müssen bei ihrem Entscheidungsverhalten allerdings berücksichtigen, dass sie simultan voneinander abhängig sind und daher in ihrem eigenen Entscheidungskalkül die Entscheidungen der anderen Akteure antizipieren müssen (Osborne/Rubinstein 1994).

Da die Spieltheorie das zentrale Theoriegebäude für die Analyse von Verhandlungen im Bereich der analytisch-präskriptiven Ansätze darstellt, überrascht es nicht, dass die verschiedenen, inzwischen vorliegenden spieltheoretischen Modellvarianten zumeist auch von der Verhandlungsforschung aufgegriffen worden sind. Da die Untersuchung kooperativer Spiele (Spiel = Verhandlung) bereits in den ersten Analysen von Verhandlungsproblemen im Mittelpunkt stand, ist diese Modellvariante dabei in der Literatur am weitesten entwickelt und vertreten (Koch 1987). Bei kooperativen Spielen geht es dabei um die Frage nach den Eigenschaften einer möglichen Verhandlungslösung, die als Axiome formuliert werden können. Dabei wird versucht, die Lösung zu identifizieren, die alle Axiome erfüllt. Die bekannteste Verhandlungslösung bei kooperativen Spielen stellt dabei die sogenannte *Nash-Lösung* dar. Mit ihr gibt Nash (1950) einen genauen Weg vor, wie sich die Verhand-

lungspartner auf eine Verteilung einer Verhandlungsmasse einigen sollen. Denn unter Annahme vollständiger Informationen und Rationalität erfüllt seinen Überlegungen nach nur
eine Lösung die von ihm zugrunde gelegten Axiome der Effizienz, der Invarianz, der Unab-
hängigkeit von irrelevanten Attributen und der Symmetrie. Diese Lösung wird als pareto-
optimal bezeichnet. Sie lässt keine gleichzeitige Besserstellung beider Parteien zu. Daher
wird diese Lösung auch von den Spielern als fair angesehen und akzeptiert.

Da die Nash-Lösung jedoch letztlich allein eine „Schiedsrichterlösung" darstellt, die auch
ein unbeteiligter Dritter formulieren könnte, wurden insbesondere seit Beginn der 1980er
Jahre zunehmend auch nicht-kooperative Verhandlungsspiele (Fudenberg/Tirole 1983;
Fudenberg/Levine/Tirole 1985; Rubinstein 1982) untersucht. Im Gegensatz zu kooperativen
Spielen werden Verhandlungssituationen hierbei als Abfolge von Angebot und Gegenangebot aufgefasst und somit eine Prozessbetrachtung in den Mittelpunkt der Überlegungen
gestellt. Hierfür werden die Spieler vor ihrem Verhandlungsbeginn gebeten, einen Plan
aufzustellen, in dem sie festlegen, welche Handlungsoptionen sie zu welchem Zeitpunkt
ergreifen (wollen). Ein verbreitetes Lösungskonzept nicht-kooperativer Spiele stellt dabei
das sogenannte „Rubinsteinspiel" dar: Hierbei wird ein unendliches Spiel betrachtet, bei
dem sich zwei Spieler durch die wechselseitige Abgabe von Angeboten auf die Verteilung
eines feststehenden Betrags einigen müssen. Es wird allerdings unterstellt, dass der Wert
des zu verteilenden Betrages mit jedem Zug abnimmt (Verhandlungskosten) und beide
Spieler vollständige Informationen über die Präferenzen und Angebote der anderen Partei
besitzen. Unter dieser Bedingung kann Rubinstein (1982) zeigen, dass nur eine Optimal-
lösung existiert und dass die Spieler diese mit ihrem ersten Angebotsaustausch erzielen
sollten, da jeder weitere Austausch den aufzuteilenden Gesamtbetrag schmälern würde.
Als strategische Handlungsempfehlung kann aus diesem Spiel der Vorteil des Erstbietenden abgeleitet werden, da er die Möglichkeit hat, das erste Angebot so zu setzen, dass der
Verhandlungspartner aus ökonomischen Gründen akzeptieren muss, obwohl der vom
Erstbietenden für sich in Anspruch genommene Anteil am aufzuteilenden Betrag größer
ist. Überdies zeigt das Rubinsteinspiel auf, dass Spieler ein Interesse an schnellen Einigun-
gen haben.

7.2.1.2   Verhaltenswissenschaftliche Ansätze

Die verhaltenswissenschaftlichen Ansätze der Verhandlungsforschung stellen quasi das
Gegenstück zu den analytisch-präskriptiven Ansätzen dar. Denn sie weichen von der strin-
genten Formal-Logik dieser Ansätze ab und versuchen eine „congruence with real decisions" (Gimpel 2006, S. 76) herzustellen. Hierfür geht die verhaltenswissenschaftliche Verhandlungsforschung der Frage nach, wie Verhandelnde tatsächlich agieren und welche
sozial-psychologischen Determinanten für ihr Verhandlungsverhalten verantwortlich sind.
Zu unterscheiden ist bei verhaltenswissenschaftlichen Ansätzen dabei nochmals zwischen
theoretisch-konzeptionellen und empirisch-induktiven Ansätzen.

In theoretisch-konzeptionellen Ansätzen wird durch die Übertragung soziologischer und
psychologischer Theorieelemente versucht, statische und dynamische Erklärungen des
Verhandelns aufzuzeigen. Studien wie die von Schelling (1960), Douglas (1962) und Wal-

ton/McKersie (1965) wenden sich z.B. der Entwicklung von Verhandlungsphasenmodellen zu. So kommt z.B. Douglas (1962) für Face-to-Face-Verhandlungen zu dem Ergebnis, dass Verhandlungen in der Regel in drei Phasen – der „Einstiegsphase", der „Dialogphase" und der „Einigungsphase" – ablaufen. Für diese Phasen, deren Vorhandensein auch in elektronischen Verhandlungen nachgewiesen werden konnte (Voeth/Herbst 2005), formuliert Douglas anschließend spezifische Empfehlungen im Hinblick auf den Einsatz von Verhandlungstaktiken.

Hingegen sind empirisch-induktive Ansätze dadurch gekennzeichnet, dass das tatsächliche Verhandlungsverhalten in empirischen Studien untersucht wird und dann Erfolgsfaktoren für Verhandlungen abgeleitet werden. Hierbei kommen insbesondere Laborexperimente zum Einsatz, um den Einfluss isolierbarer Größen auf Verhandlungsprozess und -ergebnis zu überprüfen. Aufgrund der relativ einfachen Möglichkeit der Datenerhebung in Laborexperimenten wurde bereits in den Anfängen der Verhandlungsforschung eine kaum noch überschaubare Vielfalt empirisch-induktiver Ansätze entwickelt. So dokumentierten die Psychologen Rubin/Brown (1975) bereits Mitte der 1970er Jahre mehr als 1.000 solcher Untersuchungen. Viele dieser Experimente beziehen sich dabei auf Preisverhandlungen.

Beispielsweise haben Huber/Neal (1986) die Bedeutung des Verhandlungsziels für das Verhandlungsergebnis untersucht. Hierzu haben sie Versuchspersonen unterschiedlich ambitionierte Verhandlungsziele für eine anschließende Preisverhandlung vorgegeben und anhand der Verhandlungsergebnisse zeigen können, dass Probanden mit ambitionierteren Vorgaben in den Verhandlungen zu besseren Verhandlungsergebnissen gelangen. In anderen Experimenten wurde die Bedeutung des ersten Angebotes in Preisverhandlungen belegt. Da das erste Angebot ein „kognitiver Anker" für die weitere Verhandlung ist, erzielt eine Partei, die frühzeitig ein Angebot unterbreitet, in der Regel ein besseres Ergebnis als Parteien, die auf eine solche Angebotsabgabe verzichten.

Um die Bedeutung „kognitiver Anker" zu belegen, haben Mussweiler, Strack und Pfeiffer (2000) 60 Autospezialisten (44 Mechaniker, 16 Händler mit jeweils mehr als fünf Jahren Berufserfahrung) ein zum Untersuchungszeitpunkt zehn Jahre altes Auto (Opel Kadett E) zum Kauf angeboten, wobei die Spezialisten die Möglichkeit hatten, den Wagen in Augenschein zu nehmen und alle wichtigen Daten wie Kilometerstand oder Baujahr einzusehen. Für den Wagen, den ein unabhängiger Experte auf einen Händler-Ankaufswert von 3.300 DM und einen Händler-Verkaufswert von 4.500 DM geschätzt hatte, wurde der Hälfte der Experten ein niedriger kognitiver Anker und der anderen Hälfte ein hoher kognitiver Anker präsentiert. Der ersten Hälfte der Experten wurde so im Rahmen des Interviews zu Beginn die Information gegeben, dass der potenzielle Verkäufer den Wert des Wagens auf 2.800 DM schätze. Hingegen wurde der anderen Hälfte der Experten die Information gegeben, dass der Verkäufer den Wert des Wagens bei 5.000 DM sehe. Alle Experten wurden anschließend gebeten, den Händler-Ankaufswert zu benennen. Während die Gruppe mit dem niedrigen kognitiven Anker den Händler-Ankaufswert auf durchschnittlich 2.520 DM schätzte, lag dieser Wert in der Gruppe mit dem hohen kognitiven Anker bei durchschnittlich 3.563 DM und damit signifikant darüber.

7.2.1.3 Negotiation Analysis

Die auf Raiffa (1982) zurückgehende *Negotiation Analysis* kann als eine Zusammenführung des Vorgehens analytisch-präskriptiver sowie verhaltenswissenschaftlicher Ansätze eingestuft werden. Zielsetzung von Raiffa ist es, Verhandlungsführern optimale Verhandlungsergebnisse vor dem Hintergrund eigener sowie gegnerischer Nutzenvorstellungen aufzuzeigen und ihnen zu erläutern, inwiefern reale Phänomene das Zustandekommen dieser Ergebnisse fördern oder ihnen entgegenstehen können. Hierfür löst auch Raiffa sich von der Annahme vollkommener Informationen, unterstellt den Verhandlungsführern jedoch ein rationales Agieren unter Unsicherheit. Die Beibehaltung des Rationalitätsaxioms fungiert somit als Brücke zwischen analytisch-präskriptiven und verhaltenswissenschaftlichen Ansätzen.

Studien, die die von Raiffa idealtypisch aufgezeigte Synthese aufgreifen, werden heute unter dem Dach der Negotiation Analysis zusammengefasst. Unabhängig von ihrem wissenschaftlichen Ursprung leitet die Negotiation Analysis optimale Verhandlungsstrategien und -taktiken nicht länger aus einer rein normativen Theorie ab. Vielmehr wird versucht, Implikationen auf Basis einer möglichst realistischen Einschätzung des zu erwartenden Verhaltens der Verhandlungsführer zu generieren. Dadurch gewinnt auch die Phase der Verhandlungsvorbereitung im Rahmen der Negotiation Analysis an Bedeutung. Nach Keeney/Raiffa (2001) sollte es sogar eines der Hauptanliegen sein, die Verhandlungsführer hierin bestmöglich zu unterstützen.

Als Teilbereiche der Verhandlungsvorbereitung nennt Raiffa (1982) die Strukturierung und Analyse der eigenen und der gegnerischen Verhandlungsposition sowie die Beschaffung von Informationen über die Verhandlungssituation. Im Hinblick auf die eigene Verhandlungsposition sollten sich Verhandlungsführer – neben ihren Präferenzen und Zielen – insbesondere auch ihrer Alternativen im Vorfeld der Verhandlung bewusst sein. Diese stellen die „Outside"-Optionen dar, falls die Verhandlung zu keinem Ergebnis führt. Darüber hinaus sollten Informationen über Präferenzen und Alternativen der Gegenpartei weitere unabdingbare Grundlage für einen nutzenmaximierenden Verhandlungsabschluss sein.

7.2.2 Managementbezogene Ansätze

Während das Thema Verhandlungen in der wissenschaftlichen Management-Literatur bislang kaum Beachtung gefunden hat (Macharzina/Wolff 2008, S. 603), widmet sich die praxisnahe Literatur dem Thema an verschiedenen Stellen. Besonders intensiv setzen sich mit dem Thema Teile

■ der Verkaufsliteratur und

■ der Kommunikationsliteratur

auseinander.

In der Verkaufsliteratur geht es dabei vor allem um die erfolgreiche Gestaltung des Verhandlungsprozesses (Voeth/Rabe 2004, S. 1030), etwa um die Ableitung spezieller Techniken der Preisargumentation, der Reaktion auf Preiseinwände des Kunden sowie um Empfehlungen für das Vorbereiten und Durchführen von Preisverhandlungen. Neben Managementratgebern (z.B. Detroy 2004; Detroy/Scheelen 2008) werden in Einzelbeiträgen immer wieder auch Best Practices aus einzelnen Unternehmen (z.B. Zarth 1981) oder Branchen (Capune/Crones 2003) vorgestellt. Allerdings beziehen sich diese „Tipps und Tricks" zumeist allein auf Teilaspekte von (Preis-)Verhandlungen oder sind aufgrund einer sehr speziellen Referenzsituation (Unternehmen, Branche, Verhandlung) kaum generalisierbar.

Wesentlich allgemeingültigere Erkenntnisse zu Verhandlungen stellt die Kommunikationsliteratur zur Verfügung. Sie geht davon aus, dass Verhandlungssituationen zwar individuell verschieden sind, sich zugleich jedoch Merkmale identifizieren lassen, so dass sich situationsübergreifende Verhaltensregeln formulieren lassen, wie optimale Verhandlungsziele erreicht werden können. Aus der großen Zahl von Ansätzen, die sich in diese Rubrik einsortieren lassen, kommt dem Harvard-Verhandlungskonzept in Literatur und Praxis eine besondere Bedeutung zu (Fisher/Ury/Patton 2004). Dieses Konzept basiert auf der Überlegung, dass ein für alle Beteiligten zufriedenstellendes Verhandlungsergebnis oftmals deshalb nicht erreicht werden kann, da sich die Parteien zu stark auf das Festhalten an ihren eigenen Positionen konzentrieren, anstelle die der Verhandlung zu Grunde liegenden (oftmals beidseitigen) Interessen in den Vordergrund zu stellen. Der Ansatz zielt daher darauf ab, einen Leitfaden für richtiges, weil „sachbezogenes Verhandeln", bereit zu stellen. Hierfür postulieren Fisher, Ury und Patton (2004) die in **Abbildung 7.2** dargestellten vier Handlungsempfehlungen:

1. Zunächst wird gefordert, dass Menschen und Probleme in Verhandlungen getrennt voneinander behandelt werden sollten, um die Lösung eines Entscheidungsproblems nicht durch das Aufkommen zwischenmenschlicher „Unsachlichkeiten" (z.B. personenbezogener Emotionen) zu gefährden.

2. Die zweite Verhaltensprämisse sieht vor, Interessen in den Vordergrund der Verhandlungsbemühungen zu stellen, damit nicht – etwa durch die Fixierung auf eine feststehende Lösung (d.h. durch die Formulierung von Positionen) – der Verhandlungsraum frühzeitig begrenzt und somit der Blickwinkel auf gemeinsame vorteilhafte Lösungen versperrt wird.

3. Um diese Prämisse erfüllen zu können, ist es nach Auffassung der Autoren notwendig, im Vorfeld der Verhandlungen alternative Problemlösungen zu entwickeln, die die unterschiedlichen Interessen abdecken können.

4. Diese Problemlösungen sollten abschließend anhand objektiver Kriterien bewertet und durch faire Verfahrensweisen umgesetzt werden. Als Beispiel für objektive Kriterien nennen Fisher, Ury und Patton (2004) dabei u.a. frühere Vergleichsfälle, Urteile von Sachverständigen oder aber branchen- oder unternehmenstypische Vereinbarungen. Als faire Verhaltensweise wird unter anderem das Aufsuchen eines neutralen Schiedsrichters erwähnt.

Abbildung 7.2   Handlungsempfehlungen des Harvard-Verhandlungskonzeptes
(Quelle: Fisher/Ury/Patton 2004)

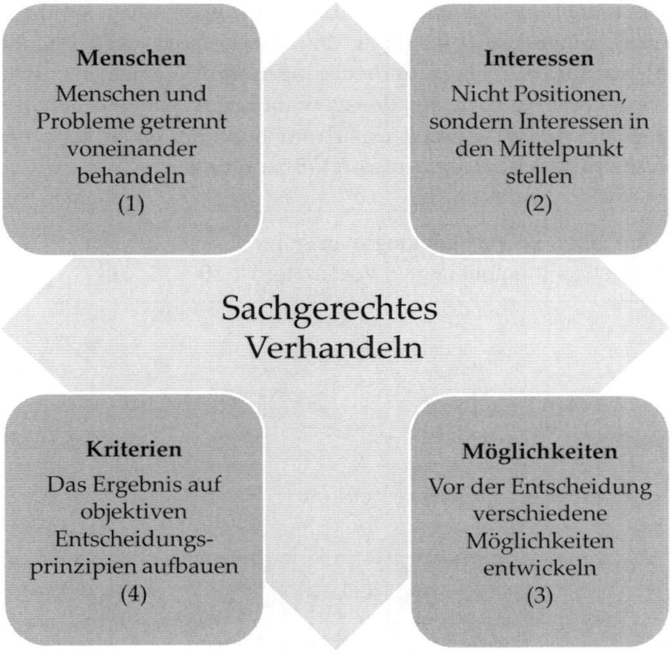

Wie die Beschreibung der vier grundsätzlichen Handlungsempfehlungen des Harvard-Verhandlungskonzeptes zu erkennen gibt, sind diese als übergeordneter Leitfaden zu verstehen, der den Verhandlungsakteuren sowohl im Vorfeld der Verhandlungen als auch während des eigentlichen Entscheidungsprozesses Unterstützung im Hinblick auf die Erzielung optimaler Ergebnisse liefern soll. Darüber hinausgehende Hilfestellung für die konkrete Gestaltung von (Preis-)Verhandlungen bietet das Konzept jedoch nicht.

Zusammenfassend verdeutlicht der Überblick über theoretische und managementbezogene Ansätze der Verhandlungsforschung, dass es sich bei diesem Gebiet um ein stark parzelliertes Forschungsgebiet handelt. So existiert zwar eine Vielzahl einzelner Forschungsergebnisse und -ansätze, diese beziehen sich jedoch entweder auf sehr spezifische Fragestellungen oder sind so allgemein ausgerichtet, dass sie der Praxis allein grundsätzliche, aber keine situationsbezogene Hilfestellung für konkrete Verhandlungssituationen bieten. Daher ist Diller (2008, S. 410) zuzustimmen, wenn er noch kürzlich im Hinblick auf die Preisverhandlungsforschung feststellt, dass ein schlüssiges Gesamtbild derzeit noch nicht erarbeitet worden sei.

7.3   Entwicklung eines umfassenden Management-Ansatzes für Preisverhandlungen

Einen ersten Ansatz für ein solches „Gesamtbild" haben inzwischen Voeth/Herbst (2009) vorgelegt. Bei diesem umfassenden Ansatz für das Management von Verhandlungen, den Voeth und Herbst zwar für betriebliche Verhandlungen im Allgemeinen entwickelt haben, der sich jedoch ohne Weiteres auch auf Preisverhandlungen als Spezialfall betrieblicher Verhandlungen anwenden lässt, handelt es sich im Kern um einen sehr differenzierten Strukturierungsansatz für das Management von Verhandlungen.

Abbildung 7.3   Aufgaben im Verhandlungsmanagement
(Quelle: in Anlehnung an Voeth/Herbst 2009, S. 207)

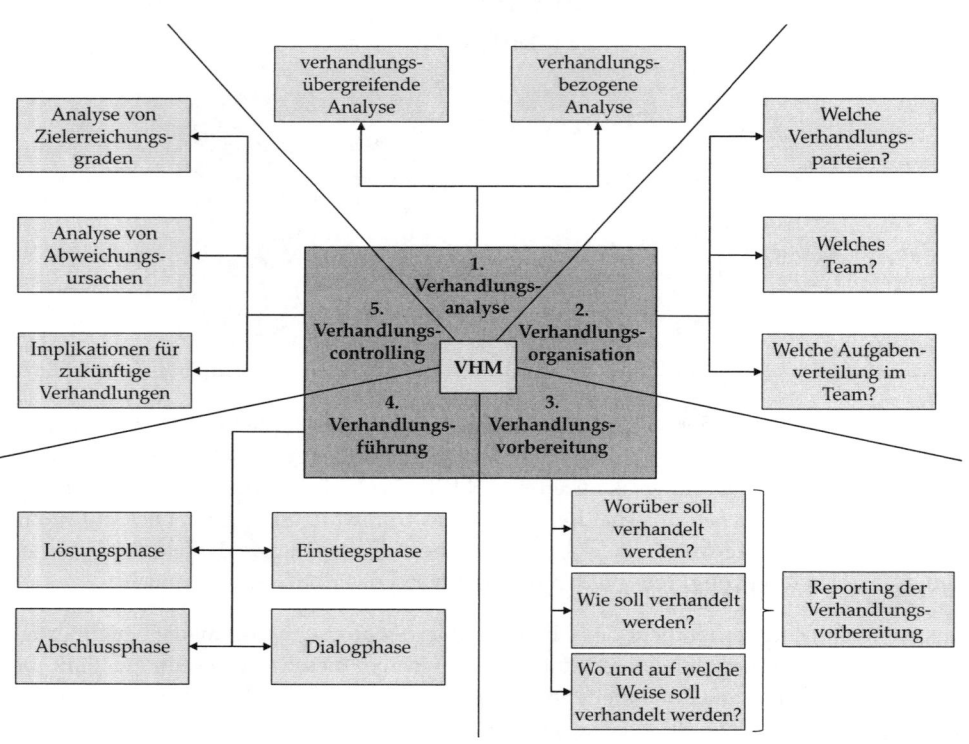

Angefangen von der vorgeschalteten Analyse der Verhandlungsausgangssituation (Analyse), über die Organisation von Verhandlung und Verhandlungsteam (Organisation) sowie die detaillierte Verhandlungsvorbereitung (Vorbereitung), bis zur eigentlichen Verhandlungsführung (Führung) und dem abschließenden Verhandlungscontrolling (Controlling), wird ein Regelprozess für das Management von Verhandlungen vorgeschlagen (vgl. **Ab-**

bildung 7.3), mit dessen Hilfe Unternehmen eine Systematisierung ihrer Aktivitäten im Bereich von (Preis-)Verhandlungen erreichen können. Die Besonderheit des Ansatzes, der im Weiteren für Preisverhandlungen im Detail diskutiert werden soll, ist dabei in der eingenommenen Führungsperspektive zu sehen. So wird bei diesem Ansatz weniger die Perspektive des Verhandelnden, sondern vielmehr die des ihn entsendenden Unternehmens eingenommen. Daher werden auch solche Steuerungs- und Planungsaspekte im Zusammenhang mit Verhandlungen aufgegriffen, die stärker an den übergeordneten Interessen des Unternehmens (Organisation des Verhandlungsteams, Controlling der Verhandlungsergebnisse) ansetzen.

7.3.1   Analyse

Den ersten Schritt des Preisverhandlungsmanagements sollte eine umfassende Analyse der Ausgangssituation bilden. Aus Effizienzgründen steht zunächst die Frage im Mittelpunkt, ob und ggf. wie intensiv anstehende Preisverhandlungen gemanagt werden sollen. Der Einsatz spezifischer Maßnahmen des Verhandlungsmanagements erscheint nur dann sinnvoll, wenn die Verhandlungen hinsichtlich des Ergebnisses (z.B. volumenmäßig) für das verhandelnde Unternehmen bedeutsam und/oder in Bezug auf den anstehenden Verhandlungsprozess als schwierig einzustufen sind. Nur in solchen Fällen lohnt es sich, eine detaillierte Planung vorzunehmen und eine spezifische Steuerung der Verhandlungen anzustreben. Da diese Frage jedoch nicht für jede anstehende Preisverhandlung separat geklärt werden kann, sind auf Bereichs- oder Produktebene übergreifende Felder zu identifizieren, in denen Verhandlungsmanagement sinnvoll und notwendig erscheint, bzw. generelle Bedingungen zu definieren, die für die Initiierung eines systematischen Managements von Preisverhandlungen erfüllt sein sollten. Hierbei kann etwa auf die Portfolio-Technik zurückgegriffen werden, um besonders relevante Fälle zu identifizieren. **Abbildung 7.4** zeigt zwei beispielhafte Anwendungen: Auf der linken Seite der Abbildung wurden auf Bereichsebene Produkte in einem Portfolio hinsichtlich der Bedeutung des Verhandlungsergebnisses und dem erwarteten Schwierigkeitsgrad des Verhandlungsprozesses eingeordnet. Eine vergleichbare Einschätzung wurde auf der rechten Seite auf Produktebene für Kunden vorgenommen. In beiden Fällen sollten Preisverhandlungen insbesondere dann systematisch gemanagt werden, wenn diese rechts und/oder oben im Portfolio eingestuft werden.

Im Hinblick auf das Unternehmen, mit dem auf der Kundenseite Preisverhandlungen zu führen sind, interessiert etwa die allgemeine wirtschaftliche Situation, das Mengenpotenzial, das bei dem Kunden zu erwarten ist, und vor allem dessen Verhandlungsmacht. Werden z.B. mit dem Kundenunternehmen an vielen weiteren Stellen (z.B. bei anderen Produkten des gleichen Geschäftsfeldes, in anderen Geschäftsfeldern) Umsätze getätigt, so ist zu vermuten, dass sich der Kunde seiner daraus erwachsenden Verhandlungsmacht bewusst ist und diese in der anstehenden Preisverhandlung einsetzen wird.

Abbildung 7.4   Aufgaben im Verhandlungsmanagement
(Quelle: in Anlehnung an Voeth/Herbst 2009, S. 45)

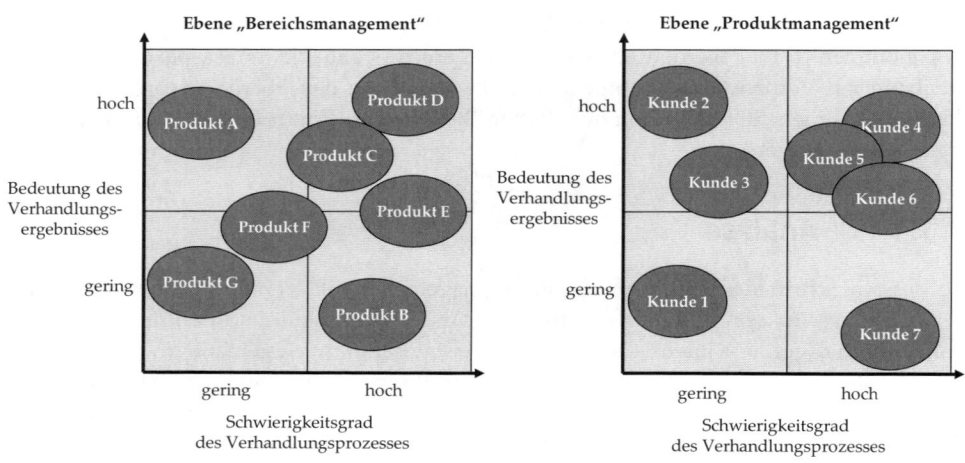

Daneben sind im Vorfeld aber auch Informationen über das eigentliche Verhandlungsob-jekt sowie mögliche Verhandlungsgegenstände zu sammeln. So ergeben sich aus den (ggf. technischen) Besonderheiten des Transaktionsobjektes möglicherweise Ansatzpunkte für Verhandlungsstrategien, Verhandlungstaktiken und die konkrete Verhandlungsführung. Ebenfalls ist es in Preisverhandlungen wichtig, sich über zusätzliche Verhandlungsgegen-stände neben dem Preis Gedanken zu machen. Gelingt es so etwa, weitere Verhandlungs-gegenstände in die Verhandlung zu integrieren und nicht ausschließlich über den Preis zu verhandeln, wird der Konfliktgrad der Verhandlung zumeist reduziert und die Chance einer für beide Verhandlungsseiten vorteilhaften Verhandlungslösung erhöht.

Des Weiteren sind im Vorfeld auch Informationen – soweit verfügbar – über die Verhand-lungsführer der Gegenseite zu generieren. Da das Verhandlungsverhalten von Verhan-delnden u.a. von deren fachlichem Hintergrund, deren kultureller Prägung oder deren In-centivierung abhängt, sollten diese Informationen bekannt sein, um das eigene Verhand-lungsteam und/oder Verhandlungsverhalten daran ausrichten zu können.

Schließlich ist auch der Verhandlungshistorie innerhalb der verhandlungsbezogenen Ana-lyse eine besondere Aufmerksamkeit zu widmen. Wurde mit dem Verhandlungspartner bereits in der Vergangenheit in ähnlichen Situationen verhandelt, so ist es für die anstehen-de Preisverhandlung wichtig, die Verhandlungsergebnisse (z.B. Einigungspreis, gewährte Zahlungsbedingungen), aber auch die Verhandlungsverläufe (z.B. Einstiegspreise, Argu-mentationslinien) zu kennen. Nur bei Vorliegen dieser Informationen lassen sich Über-raschungen innerhalb der Verhandlung und Irritationen beim Verhandlungspartner ver-meiden.

7.3.2   Organisation

Liegen alle relevanten Informationen in Bezug auf die bevorstehende Preisverhandlung vor, sind Entscheidungen über die Organisation der Verhandlung zu treffen. Häufig steht dabei die Frage nach den Verhandlungsparteien am Anfang. Gerade bei Preisverhandlungen kann es sich dabei als sinnvoll erweisen (sofern die Kunden dies nicht ausschließen), aus eigentlich multilateralen Verhandlungen eine Abfolge bilateraler Verhandlungen (Verhandlung mit jeweils nur einem Verhandlungspartner) zu machen, indem (zeitgleich) separate Preisgespräche mit jedem einzelnen Verhandlungspartner geführt werden.

Im Anschluss ist das eigene Verhandlungsteam („Negotiation Team") zu besetzen. Wesentlich ist dabei, dass die Frage, wer in eine anstehende Preisverhandlung geschickt wird, bewusst beantwortet wird. Vielfach wird diese Entscheidung in der Praxis noch immer mehr oder weniger dem Zufall überlassen. So wird die Verhandlung dem Mitarbeiter übertragen, der gerade zeitlich verfügbar ist. Ein solches Vorgehen ist aber risikoreich, da von der personellen Besetzung des Verhandlungsteams wesentlich der Verhandlungserfolg abhängt. Ein umfassender Management-Ansatz für Preisverhandlungen sollte daher fundierte Entscheidungen über

■ die Größe des Verhandlungsteams und

■ die Zusammensetzung des Teams

beinhalten.

Bei der Festlegung der Größe des Verhandlungsteams ist dabei zu beachten, dass die Performance eines Verhandlungsteams nicht unbedingt mit zunehmender Teamgröße ansteigt (Thompson/Peterson/Brodt 1996; Wood 2001). Daher ist die verhandlungsbezogen „richtige" Teamgröße zu ermitteln. Ansatzpunkte für die Ermittlung können die vermutete Teamgröße der Gegenseite sowie die im Negotiation Team benötigten Kompetenzen liefern.

Hinsichtlich der Team-Zusammensetzung ist zu beachten, dass nicht jeder Mitarbeiter in gleicher Weise geeignet ist, Preisverhandlungen durchzuführen. Die Verhandlungsforschung hat in diesem Zusammenhang gezeigt, dass soziodemografische, psychografische und organisationale Merkmale von Bedeutung sind (Levi 2001). In Bezug auf soziodemografische Merkmale (z.B. Alter, Bildung) kommen die Studien allerdings zu recht unterschiedlichen Ergebnissen. Allein beim Merkmal „Geschlecht" gleichen sich die Studienergebnisse weitgehend (Herbst 2007). So konnte in vielen Untersuchungen belegt werden, dass Männer in Verhandlungen, in denen es vor allem darum geht, die eigenen Interessen zulasten der Gegenseite durchzusetzen, zu besseren Ergebnissen gelangen als Frauen (Gilkey/Greenhalgh 1984; Pinkley 1990).

Im Bereich psychografischer Merkmale wurde in der Literatur neben Werten (z.B. Wrightsman 1966) und Persönlichkeitsmerkmalen (Neale/Northcraft 1986) vor allem die Bedeutung von Erfahrung untersucht. Zu differenzieren ist dabei zwischen Fach- und Verhandlungserfahrung. Beides kann sich in Verhandlungen positiv auf das Ergebnis auswirken. In der Literatur wird in diesem Zusammenhang davon ausgegangen, dass zu Beginn von

Verhandlungen eher Facherfahrung erforderlich ist, wohingegen gegen Ende eher Verhandlungserfahrung notwendig ist (Voeth/Herbst 2009, S. 63). Begründet wird dies mit der Überlegung, dass zu Beginn von Verhandlungen zunächst fachliche Aspekte geklärt werden müssen, bevor dann gegen Ende eine Einigung bei konträren Verhandlungsgegenständen herbeigeführt werden muss. Da es sich beim Preis in aller Regel um einen konträren Verhandlungsgegenstand handelt, sollte bei Preisverhandlungen beim Negotiation Team auf das Vorhandensein von Verhandlungserfahrung geachtet werden.

Im Mittelpunkt organisationaler Merkmale stehen schließlich Charakteristika wie hierarchische Position, Abteilungs- oder Rollenzugehörigkeit. Auch hierzu liegen verschiedene empirische Studien aus der Verhandlungsforschung vor (vgl. den Überblick bei Barisch/ Voeth 2008). Beispielsweise haben bereits Sherif und Sherif (1969) zeigen können, dass höhere Hierarchieebenen effizienter verhandeln können, da sie aufgrund ihrer größeren organisatorischen Verantwortung eher in der Lage sind, Zugeständnisse zu machen bzw. eigene Verhandlungspositionen durchzusetzen. Auch hierauf sollte daher bei der Besetzung von Verhandlungsteams geachtet werden. Zumindest sollte jedoch „Manndeckung" angestrebt werden, also dafür Sorge getragen werden, dass das gegnerische Team hierarchisch nicht „höher" besetzt ist.

Ist die Entscheidung über die Zusammensetzung des Verhandlungsteams getroffen, so gehört zur Organisationsaufgabe auch, die Teammitglieder zu einer teaminternen Aufgabenteilung zu bewegen. Zu unterscheiden ist dabei zwischen einer fachlichen, prozessualen und entscheidungsbezogenen Aufgabenteilung. Insbesondere der zuletzt angeführten Art der Aufgabenteilung kommt bei Preisverhandlungen eine besondere Bedeutung zu, da im Vorfeld geklärt sein sollte, welches Teammitglied die letzte Entscheidung über die Annahme eines vorliegenden Angebotes trifft. Nur so lassen sich Kompetenzstreitigkeiten im Negotiation Team, aber auch mit dem Verhandlungspartner, vermeiden.

7.3.3 Vorbereitung

Auch wenn natürlich jedem anderen Schritt des Managements von Preisverhandlungen ebenfalls Bedeutung beikommt, spielt die Phase der Verhandlungsvorbereitung – auch im Vergleich zur eigentlichen Verhandlungsführung – unzweifelhaft die größte Rolle im Verhandlungsmanagement. Thompson (2005) spricht sogar von der „80:20-Regel", wonach die Bedeutung der Verhandlungsvorbereitung im Verhältnis zur anschließenden Verhandlungsführung viermal größer ist und daher auch viel Zeit in Anspruch nehmen sollte. Im Einzelnen geht es bei der Verhandlungsvorbereitung um

■ die Analyse und Gestaltung der im ersten Schritt des Verhandlungsmanagements identifizierten Verhandlungsgegenstände,

■ die Festlegung von Verhandlungszielen, Verhandlungsstrategien und -taktiken (auch der Gegenseite) sowie

■ die Bestimmung von Verhandlungszeit und -ort.

7.3.3.1   Analyse und Gestaltung von Verhandlungsgegenständen

Im Hinblick auf die im Rahmen der Verhandlungsanalyse ermittelten Verhandlungsgegenstände sind innerhalb der Verhandlungsvorbereitung verschiedene Analyse- und Gestaltungsfragen zu beantworten. Auf der Analyseebene geht es – sofern in der Verhandlung neben dem Preis über weitere Nicht-Preiselemente verhandelt werden muss – zunächst um die Bedeutung und den Charakter der übrigen Verhandlungsgegenstände. Sind diese für die eigene Verhandlungsseite, vor allem aber den Verhandlungsgegner, wichtig? Liegen kompatible Präferenzen bei diesen Verhandlungsgegenständen vor (gleiche gewünschte Ausprägungen)? Handelt es sich bei nicht-kompatiblen Verhandlungsgegenständen um distributive (konstantes Win-Set) oder integrative Gegenstände (Win-Set hängt vom Verhandlungsergebnis und damit dem Verhandlungsgeschick der Parteien ab)? Die Beantwortung dieser Fragen ist wichtig, da hiervon die anschließenden Gestaltungsaufgaben beeinflusst werden. So wird das Verhandlungsergebnis bei einer reinen Preisverhandlung (d.h. es wird nur über den Preis verhandelt) überwiegend von der Machtkonstellation der Parteien sowie von deren Alternativen beeinflusst. Gerade für den Vertrieb, der sich gegenüber dem Einkauf (auf Käufermärkten) tendenziell in einer schwächeren Position befindet (oder sieht), bedeutet dies, dass auch im Falle reiner Preisverhandlungen über die Einführung zusätzlicher Verhandlungsgegenstände nachgedacht werden sollte. Durch die Integration weiterer Verhandlungsgegenstände wird dann zwar die anschließende Verhandlungssituation komplexer. Zugleich ergeben sich jedoch Spielräume, um den für Preisverhandlungen typischen distributiven Charakter abzuschwächen bzw. integrativer zu machen. Integrative Verhandlungen liegen dabei immer dann vor, wenn die Verhandlungsparteien bei verschiedenen Verhandlungsgegenständen unterschiedliche Präferenzen aufweisen und daher ein wechselseitiges Entgegenkommen bei verschiedenen Verhandlungsgegenständen beide Seiten besser stellt („jeder gibt bei dem für ihn unwichtigeren Verhandlungsgegenstand nach").

Auch wenn allerdings zunächst keine weiteren Verhandlungsgegenstände vorliegen und allein über den Preis verhandelt werden soll, kann es gelingen, eine integrativere Verhandlungssituation durch bewusste Einführung neuer Verhandlungsgegenstände herbeizuführen. Hierzu können Verhandelnde auf die Techniken des

- Splitting und des

- Side Dealing

zurückgreifen.

Beim Splitting wird aus einem einzelnen distributiven Verhandlungsgegenstand durch Aufspaltung eine Gruppe von integrativeren Verhandlungsgegenständen erzeugt. Beim Preis kann es z.B. durch das Angebot eines nicht-linearen Preises – hierbei handelt es sich um eine Kombination aus mengenunabhängigem Basispreis und einem mengenabhängigen Preis für die nachgefragten Mengeneinheiten (Diller 2008, S. 244) – gelingen, integratives Potenzial in einer Preisverhandlung zu entwickeln. Sofern der Kunde z.B. risikofreudig ist und der Anbieter über hohe Fixkosten, zugleich aber geringe variable Kosten verfügt, werden beide Seiten beim Angebot eines nicht-linearen Preises relativ leicht zu einer

Einigung gelangen, da der Anbieter dem Kunden beim variablen Preisbestandteil entgegenzukommen bereit ist, wohingegen für den Kunden Zugeständnisse beim Basispreis
denkbar sind.

Eine andere Möglichkeit zur Integration weiterer Verhandlungsgegenstände stellt das Side
Dealing dar. Hierunter ist der Versuch zu verstehen, das Ergebnis oder den Prozess einer
Verhandlung an das Ergebnis oder den Prozess einer anderen Verhandlung zu knüpfen
(Voeth/Herbst 2009, S. 91). Side Deals können dabei in Bezug auf die Faktoren „Zeit", „Ob-
jekt" und „Partner" geschlossen werden. Während beim zeitbezogenen Side Deal die Konditionen der augenblicklich anstehenden Verhandlung an Zusagen bei zukünftigen Verhandlungen über den gleichen oder ähnlichen Verhandlungsgegenstand geknüpft werden
(„wir können Ihnen im Preis noch weiter entgegenkommen, wenn wir auch den Zuschlag
für den Auftrag des nächsten Jahres bekommen"), geht es bei objektbezogenen Deals um
eine Verbindung zu anderen zeitgleich verhandelten Verhandlungsobjekten („wir können
Ihnen im Preis bei Produkt A noch weiter entgegenkommen, wenn Sie uns dafür beim
Produkt B entgegenkommen"). Schließlich liegen partnerbezogene Side Deals vor, wenn
Verhandlungspartner Zusagen vom Verhalten ihres Gegenübers in Verhandlungen mit
Dritten abhängig machen. Solche Deals sind in der Praxis durchaus üblich und stellen z.B.
eine typische Verhandlungsgepflogenheit des Einkaufs dar („wir können Ihnen im Preis
noch weiter entgegenkommen, wenn Sie sich im Gegenzug verpflichten, unseren Wettbewerb nicht zu beliefern").

7.3.3.2   Festlegung von Verhandlungszielen, Verhandlungsstrategien und Verhandlungstaktiken

Der nächste Schritt der Verhandlungsvorbereitung ist in der konkreten Benennung von
Verhandlungszielen, Verhandlungsstrategien und -taktiken zu sehen. Verhandlungsziele,
die durch grundlegende persönliche und organisationale Verhandlungsmotive und -inte-
ressen der Verhandelnden gesteuert werden (Schranner 2007), sind „gewünschte Ausprägungen bei zu verhandelnden Verhandlungsgegenständen einer bestimmten Verhandlung" (Voeth/Herbst 2009, S. 97). Um diese Ziele tatsächlich zu erreichen, bedarf es dabei
konkreter Verhandlungsstrategien und -taktiken. Während eine Verhandlungsstrategie
eher einer grundsätzlichen Stoßrichtung oder Leitlinie für Verhandlungsverhalten gleich-
kommt, stellt die Verhandlungstaktik die Planung des abgestimmten Einsatzes von Verhandlungsargumenten, -angeboten und sonstigen Verhaltensweisen in Bezug auf Verhandlungsablauf und -gegner dar (Bacharach/Lawler 1981) und entspricht demnach der
Umsetzung der zugrunde liegenden Strategie in konkretes Verhandlungsverhalten.

Verhandlungsziele

Ganz abgesehen davon, dass in Preisverhandlungen natürlich auch Prozessziele (z.B. mit
möglichst geringem Verhandlungsaufwand einen angemessenen Verhandlungsabschluss
zu erreichen) zu beachten sind, sollten in einer Preisverhandlung im Vorfeld vor allem die
Ergebnisziele benannt werden. Hierauf wird in der Verhandlungspraxis allerdings häufig
verzichtet, so dass eher ziellos nach dem Motto verhandelt wird: „Wir versuchen so viel

wie möglich rauszuholen". Ursächlich für den Verzicht der Konkretisierung von Verhandlungszielen ist dabei nicht selten die Befürchtung von Verhandlungsführern, ansonsten später an diesem Verhandlungsziel gemessen und damit im Hinblick auf die eigene Verhandlungsperformance beurteilt zu werden. Da genau dies aber das Ziel eines umfassenden Verhandlungsmanagement-Systems sein sollte, sind Verhandlungsteams dazu zu veranlassen, ihre Preisziele im Rahmen der Verhandlungsvorbereitung konkret zu benennen (die hieraus resultierenden positiven Wirkungen für das Verhandlungsergebnis wurden bereits im Abschnitt 7.2.1.2 dargestellt).

Eine solche Benennung hat dabei (aus Sicht des Verkäufers) in zweierlei Hinsicht zu erfolgen: Zum einen ist die Preisuntergrenze zu ermitteln, deren Unterschreiten zu einer Nicht-Einigung, also zum Abbruch der Verhandlungen führt. Diese Preisuntergrenze wird auch als Reservationspreis des Verkäufers bezeichnet (Walton/McKersie 1965). Zum anderen ist aber auch die Aspirationslösung näher zu spezifizieren, die der „Wunschlösung" beim jeweiligen Verhandlungsgegenstand (hier: Preis) entspricht (Pruitt 1981). Beim „Preis" ist die Aspirationslösung dabei in aller Regel vektoriell (aus Sicht des Verkäufers: „je höher desto besser"). Jedoch sollte ein Negotiation Team versuchen, durch Rückgriff auf Erfahrungen aus der Vergangenheit bei anderen Produkten oder Kunden, einen realistischen punktbezogenen Aspirationspreis zu ermitteln. Dieser wird dabei natürlich auch von den Reservations- und Aspirationslösungen des Verhandlungspartners bestimmt. Daher sollten sich Verhandelnde im Vorfeld von Preisverhandlungen vor allem auch über die Zielvorstellungen der Gegenseite Gedanken machen, da diese Vorstellungen die eigenen Verhandlungsziele beeinflussen. Eine Beschäftigung mit den Reservations- und Aspirationspreisen des Einkaufs ist auch deshalb für den Verkäufer erforderlich, da sich beim Vergleich mit den eigenen Preisvorstellungen zeigen kann, dass keine „Zone of Possible Agreement" (ZOPA) (Lewicki/Saunders/Minton 1999) zwischen den Verhandlungsparteien besteht. In den in **Abbildung 7.5** differenzierten Fällen besteht so nur in den ersten beiden Situationen eine Einigungschance, da der Reservationspreis des Verkäufers (RP_V) unterhalb des Reservationspreises des Käufers (RP_K) liegt. Den eigenen Aspirationspreis (AP_V) wird der Verkäufer dabei nur im ersten Fall erreichen können, da dieser nur hier unterhalb des Reservationspreises des Käufers liegt.

Naturgemäß ist die Ermittlung der Reservations- und Aspirationspreise des Einkaufs mit Schwierigkeiten verbunden, da diese Informationen dem Verkäufer in der Regel nicht vorliegen. Erste Ansatzpunkte für die Bestimmung dieser Preise kann allerdings die Analyse des BATNAs der Verhandlungsgegenseite liefern. Unter einem BATNA (Best Alternative To Negotiated Agreement) ist die beste Alternative zu verstehen, die dem Verhandlungsgegner zur Verfügung steht. Liegt der Gegenseite etwa im Beispiel von **Abbildung 7.5** das Angebot eines Konkurrenten zum Preis von 53 € vor, so liegt es nahe, dass der Reservationspreis des Käufers genau diesen 53 € entspricht, da der Käufer bei Preisen, die oberhalb von 53 € liegen, auf das günstigere Konkurrenzangebot übergehen würde. Die Analyse des eigenen BATNAs kann darüber hinaus auch helfen, die eigenen Reservationspreise zu ermitteln.

Abbildung 7.5 Exemplarische Verhandlungssituationen mit unterschiedlichen
Bargaining zones (Quelle: in Anlehnung an Voeth/Herbst 2009, S. 105f.)

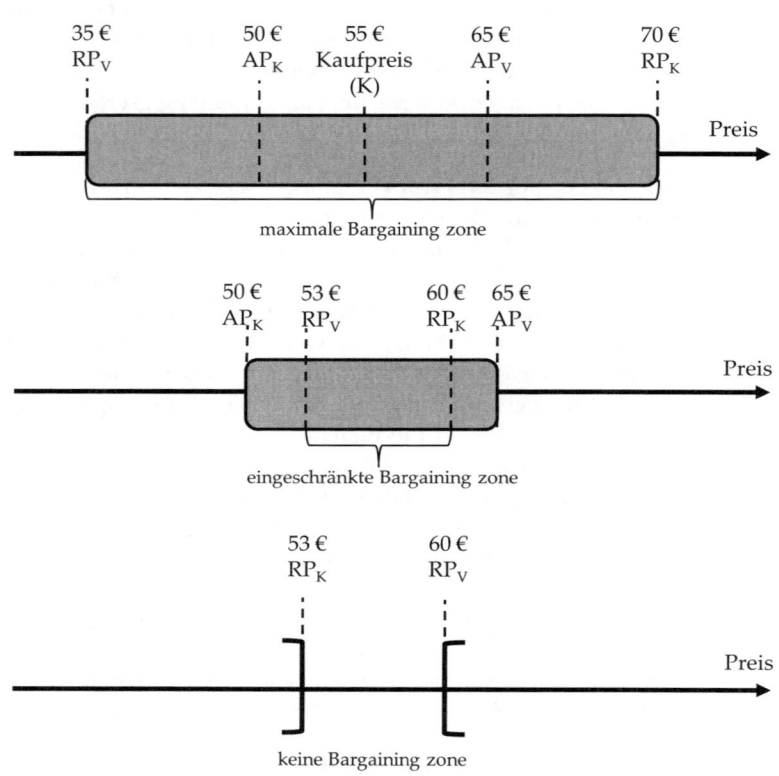

Verhandlungsstrategien

Im Hinblick auf das zuvor durch Reservations- und Aspirationslösungen eingegrenzte
Verhandlungsziel ist anschließend festzulegen, wie dieses erreicht werden kann. Hierzu ist
eine übergeordnete Leitlinie für das Verhandlungsverhalten zu entwickeln, an die sich die
Verhandelnden in der späteren Preisverhandlung halten wollen. In der Literatur werden
(ergebnisbezogene) Verhandlungsstrategien dahingehend differenziert, inwieweit innerhalb der Verhandlung eigene und gegnerische Interessen Beachtung finden sollen (z.B.
Lewicki/Saunders/Minton 1999). Wie in **Abbildung 7.6** dargestellt, können dabei fünf verschiedene Verhandlungsstrategien unterschieden werden.

Bei reinen Preisverhandlungen scheint dabei auf den ersten Blick eine Konkurrenzstrategie
nahe zu liegen. Da es sich bei Preisverhandlungen um distributive Verhandlungssituationen handelt, wird jede Seite versuchen, ihren Anteil am Win-Set zu maximieren, und dabei
in Kauf nehmen, dass diese Strategie den Anteil der Gegenseite am Win-Set automatisch

verkleinert. Allerdings muss bei der Wahl einer solchen Strategie beachtet werden, dass auch die Gegenseite – ggf. sogar erst als Folge der eigenen Konkurrenzstrategie – diese Strategie verfolgt und der Erfolg dieser Strategie damit von der eigenen Verhandlungsmacht abhängt. Ist diese nicht einseitig auf der eigenen Seite angesiedelt, so wird man auch bei anfänglichem Verfolgen einer Konkurrenzstrategie später gezwungen sein, auf eine Kompromissstrategie überzugehen. Bei dieser ist es Bestandteil der Strategie, dem Verhandlungspartner dann entgegenzukommen, wenn auch dieser zu Zugeständnissen bereit ist. Da Konzessionen Wesensmerkmal der Kompromissstrategie sind, ist bei dieser Strategie im Vorfeld auch festzulegen, in welcher Abfolge Konzessionen gemacht werden sollen (vgl. zu Modellen für Konzessionsabfolgen Pruitt/Drews 1969).

Abbildung 7.6　　Ergebnisbezogene Verhandlungsstrategien
　　　　　　　　　　　(Quelle: in Anlehnung an Lewicki/Hiam/Olander 1998, S. 64)

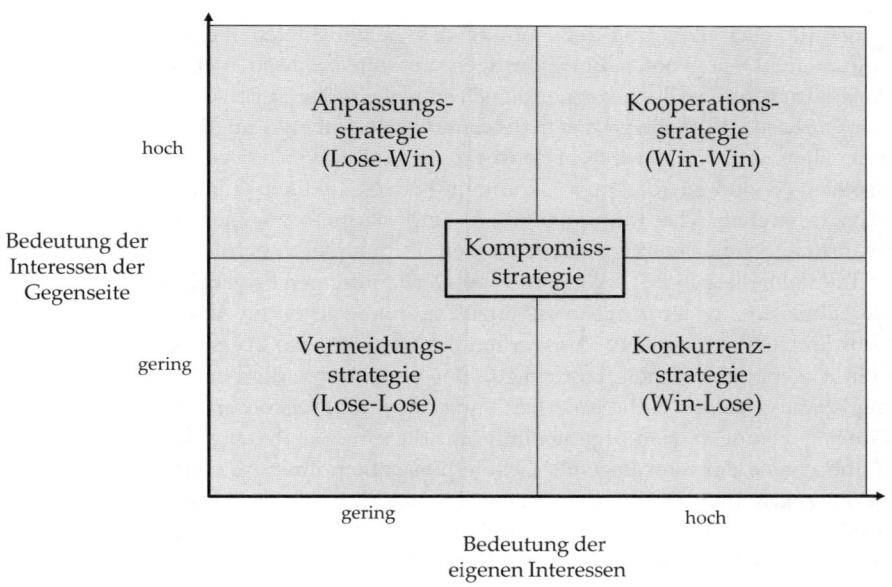

Anders stellt sich die Situation hingegen dar, wenn innerhalb von Preisverhandlungen in Folge von Splitting oder Side Dealing über verschiedene Verhandlungsgegenstände zu verhandeln ist (vgl. Abschnitt 7.3.3.1). In diesem Fall bietet es sich an, zunächst die Möglichkeiten einer Kooperationsstrategie auszuloten. Durch gezieltes Einsetzen von Paketofferten („Logrolling") lässt sich dabei ermitteln, ob integratives Potenzial besteht und ob der Verhandlungspartner Interesse hat, dieses durch entsprechendes Verhandlungsverhalten zu realisieren.

Schließlich kommen auch Anpassungs- und Vermeidungsstrategien in Preisverhandlungen in bestimmten Fällen in Frage. Erstere bieten sich etwa an, wenn der Aspirationspreis des Käufers oberhalb oder zumindest in der Nähe des Aspirationspreises des Verkäufers liegt und dieser daher die eigenen Interessen nicht explizit verfolgen muss, da diesen auch bei Erfüllung der Interessen der Gegenseite entsprochen wird. Ebenso kommt eine solche Strategie in Frage, wenn die Verkäufer-Seite durch Entgegenkommen in der anstehenden Verhandlung Wohlwollen beim Käufer aufbauen will, um dies bei zukünftigen oder parallel geführten Verhandlungen über andere Verhandlungsobjekte zu nutzen. Eine Vermeidungsstrategie, die darauf gerichtet ist, keine Einigung zu erzielen, sollte schließlich immer dann angewendet werden, wenn dem Verkäufer bekannt ist, dass keine Bargaining zone vorhanden ist (vgl. **Abbildung 7.5**), er aber davon ausgehen muss, dass dies dem Käufer bislang noch nicht bekannt ist. Die Verhandlung dient hier nur dazu, dem Käufer klar zu machen, dass es für beide Seiten besser ist, keinen Abschluss herbeizuführen.

Verhandlungstaktiken

An Verhandlungstaktiken, die der Planung des zielgerichteten Einsatzes von Verhandlungsargumenten, -angeboten und sonstigen Verhaltensweisen in Bezug auf Verhandlungsablauf und Verhandlungsgegner dienen sollen, werden in Forschung und Praxis sehr viele verschiedene Vorgehensweisen diskutiert. Zum einen sind dies prozessbezogene Taktiken. Hier ist zwischen interaktionsbezogenen Taktiken wie etwa Zeitspielen oder Rollenspielen („Good guy/bad guy"), kommunikativen Taktiken (z.B. Berufung auf höhere Instanzen, asymmetrische Kommunikation) und partnerbezogenen Taktiken (z.B. Gesichtswahrung, Schmeicheln) zu unterscheiden. Zum anderen existieren viele ergebnisbezogene Taktiken, die sich z.T. explizit auf Preisverhandlungen beziehen. An erster Stelle ist hier die Taktik des „ersten Angebotes" anzuführen, die schon im Abschnitt 7.2.1.2 dargestellt wurde. Hiernach ist es in Preisverhandlungen eine erfolgversprechende Taktik, als erster ein Angebot zu machen. Eröffnet z.B. der Verkäufer in dem im oberen Teil von **Abbildung 7.5** dargestellten Fall die Verhandlung mit einer Preisforderung von 70 €, dann ist der Käufer gezwungen, sich argumentativ mit diesem kognitiven Anker auseinanderzusetzen und eigene darunter liegende Gebote hinsichtlich ihrer Abweichung im Vergleich zu 70 € zu begründen. Wichtig ist darüber hinaus, eine angemessene Höhe für die Einstiegsforderung zu wählen. Einerseits hat die Verhandlungsforschung nachgewiesen, dass es eine Tendenz in Verhandlungen gibt, wonach sich die Verhandlungsparteien zumeist in der Mitte ihrer Ausgangsangebote einigen. Hieraus könnte geschlussfolgert werden, dass es besonders günstig ist, mit einem extrem hohen Einstiegspreis in eine Verhandlung zu gehen. Zu beachten ist hierbei allerdings, dass „Mondpreise" die Gefahr beinhalten, dass die Gegenseite als Folge falsche Vorstellungen in Bezug auf den Reservationspreis des Mondpreis-Gebers entwickelt, ggf. davon ausgeht, dass keine Bargaining zone vorhanden ist und daher die Verhandlung abbricht. Würde z.B. in dem im oberen Teil von **Abbildung 7.5** aufgeführten Beispiel der Verkäufer die Verhandlung mit einer Einstiegsforderung von 400 € eröffnen, dann müsste der Käufer vermuten, dass der Reservationspreis des Verkäufers oberhalb seines eigenen Reservationspreises (70 €) liegt. In diesem Fall würde er die Verhandlung wegen drohender Erfolglosigkeit abbrechen.

Da es Verkäufern – gerade im Anlagen- und Zuliefergeschäft, in denen keine standardisierten Leistungen vermarktet werden, für die Anbieter im Vorfeld Listenpreise als kogni-
tive Anker definieren können – allerdings nicht immer gelingt, „erste Angebote" zu platzieren, stellt sich die Frage, wie reagiert werden soll, wenn die Gegenseite das erste Angebot unterbreitet. Für diesen Fall hat die Verhandlungsforschung zeigen können, dass die
Wirkung eines ersten Angebotes zumindest deutlich abgeschwächt wird, wenn es gelingt,
unmittelbar ein entsprechendes Gegenangebot zu machen. Eröffnet also im obigen Fall der
Einkauf die Verhandlung mit einem Eröffnungsgebot von 40 €, so kann verhindert werden, ausschließlich über diese 40 € verhandeln zu müssen, wenn der Verkäufer unmittelbar mit einem Gegenangebot von 70 € reagiert („Ihr Angebot überrascht mich nun aber
doch! Wir waren von einem ganz anderen Betrag ausgegangen. Unsere Vorstellung lag bei
70 €.").

Schließlich ist für Preisverhandlungen auch die Taktik der Reziprozität wichtig. Diese Taktik besagt, dass Verhandlungen immer aus einem wechselseitigen Geben und Nehmen bestehen sollten (Homburg/Krohmer 2009, S. 864; Putnam/Jones 1982). Folglich sollten Verhandlungsparteien nie den Fehler machen, mehrmals nacheinander Zugeständnisse zu
machen, ohne dass die Gegenseite zwischenzeitlich nicht auch Zugeständnisse gemacht
hat.

7.3.3.3   Verhandlungszeit und -ort

Zu einer umfassenden Verhandlungsvorbereitung gehört auch, dass Verhandlungszeit
und -ort geplant werden. In Bezug auf diese beiden Aspekte der Verhandlungsvorbereitung bestehen in der Verhandlungspraxis viele unterschiedliche Rituale. So ist es etwa üblich, dass Preisverhandlungen in der Regel langwierig sind, da beide Verhandlungsseiten
durch Beharrung und intensives Verhandeln unter Beweis stellen wollen, dass sie alles
versucht haben und sich folglich kein besseres Ergebnis erreichen ließ. Ebenso ist es hinsichtlich des Verhandlungsortes üblich, dass Preisverhandlungen zumeist beim Käufer
stattfinden, da dieser durch die Ortswahl deutlich machen möchte, dass er über die bessere
Position und größere Verhandlungsmacht verfügt. Auch gehört es zum üblichen Proze-
dere bei Preisverhandlungen, dass diese in der Regel Face-to-Face durchgeführt werden,
da beide Seiten hierdurch die besondere Bedeutung hervorheben und sich aus dem direkten, persönlichen Kontakt größere Chancen versprechen, die eigenen Preisziele durchzusetzen.

Obwohl solche Rituale mitunter durchaus ihre Berechtigung haben, sollten auch die Rahmenbedingungen einer Verhandlung innerhalb eines umfassenden Verhandlungsmanagements, also z.B. auch Verhandlungsdauer und -ort, unter Kosten/Nutzen-Gesichtspunkten
systematisch geplant werden. So ist etwa unter Kostengesichtspunkten nicht vertretbar,
wenn Verhandlungen nur deshalb in die Länge gezogen werden, um die innerhalb der
Verhandlung erzielten Ergebnisse einfacher innerhalb der eigenen Organisation legitimie-
ren zu können. Ebenfalls sollten Verkäufer unter Kosten/Nutzen-Aspekten über den ver-
mehrten Einsatz von elektronischen Verhandlungen nachdenken, da nicht immer jeder
Verhandlungsschritt Face-to-Face abgewickelt werden muss.

7.3.3.4   Verhandlungsreporting

Am Ende der Verhandlungsvorbereitung sollte seitens des Negotiation Teams ein Vorbereitungsreport erstellt werden. Dieser Report sollte alle Teilbereiche der Verhandlungsvorbereitung umfassen und alle Einschätzungen und Festlegungen beinhalten, die innerhalb der Verhandlungsvorbereitung abgeleitet worden sind (Kuthe 2005). Einen solchen Report am Ende der Verhandlungsvorbereitung von Verhandlungsführern erstellen zu lassen, erscheint aus unterschiedlichen Gründen sinnvoll und erforderlich: Zum einen werden die Verhandlungsführer so gezwungen, sich innerhalb der Verhandlungsvorbereitung über alle im Vorbereitungsreport angeführten Teilaspekte im Vorfeld einer Verhandlung Gedanken zu machen. Zum anderen kann der Report den Verhandelnden innerhalb der Verhandlung als „Navigator" dienen (Voeth/Herbst 2009, S. 156), an dem sie sich auch in schwierigen Verhandlungssituationen orientieren können. Schließlich erfüllt der Report auch eine Schutzfunktion für die Verhandelnden. Insbesondere wenn die Verhandlungsziele und -strategien mit Hilfe des Reports im Vorfeld der Verhandlung vom entsendenden Unternehmen „abgesegnet" werden, lassen sich die erzielten Verhandlungsergebnisse anschließend leichter intern rechtfertigen – sofern sie zumindest ungefähr den ursprünglichen Verhandlungszielen entsprechen.

Um sicherzustellen, dass das Vorbereitungsreporting auch tatsächlich von den Verhandlungsführenden durchgeführt wird und damit die beschriebenen Vorteile realisiert werden, sollten Standardformblätter für das Reporting entwickelt und den Negotiation Teams zur Verfügung gestellt werden. Durch die Vereinheitlichung des Reportings lassen sich die Reports auch besser für die Zwecke des abschließenden Verhandlungscontrollings nutzen.

7.3.4   Führung

Auch in der Phase der eigentlichen Verhandlungsführung sollte ein systematisches Vorgehen erfolgen. Einigkeit besteht in der Literatur, dass innerhalb der eigentlichen Verhandlung im Zeitablauf wechselnde Aufgaben erfüllt werden müssen, so dass die Verhandlungsführung phasenspezifisch vorgenommen werden sollte. Aufbauend auf den Erkenntnissen der verhaltenswissenschaftlichen Verhandlungsforschung (vgl. Abschnitt 7.2.1.2) differenzieren Voeth/Herbst (2009, S. 170) zwischen der

■ Einstiegsphase,

■ Dialogphase,

■ Lösungsphase und

■ Abschlussphase.

Diesen Phasen weisen Voeth/Herbst (2009) die in **Abbildung 7.7** dargestellten Aufgaben zu. Die Einstiegsphase sollte demnach mit einer Vorstellung der Verhandlungspartner beginnen und anschließend der Vorstellung der verschiedenen Verhandlungspositionen dienen. Für Preisverhandlungen bedeutet dies, dass bereits in dieser Phase erste Angebote durch die beiden Marktseiten abgegeben werden sollten. Da diese Angebote – insbesonre wenn neben dem Preis über weitere Verhandlungsgegenstände Einigung erzielt werden muss – möglicherweise nicht selbsterklärend sind, sollte zu Beginn der Dialogphase zunächst überprüft werden, ob beide Verhandlungsseiten die Angebote und Positionen der Gegenseite richtig aufgefasst haben. Für den Fall komplexerer Verhandlungen (Verhandlungen über mehr als einen Verhandlungsgegenstand) ist es in dieser Phase zusätzlich zweckmäßig, dem Verhandlungspartner deutlich zu machen, welche Verhandlungsgegenstände eine besondere Wichtigkeit aufweisen. Den letzten Schritt dieser Phase stellt dann die gegenseitige Annäherung dar. Hier sollten beide Marktseiten ggf. Konzessionen machen, um die Einigungschance zu bewahren. Werden nämlich in dieser Phase keine Annäherungen vollzogen, entsteht der Eindruck, dass sich die Verhandlungsparteien bereits in der Nähe ihrer Reservationspreise befinden, so dass beide Seiten einen Verhandlungsabbruch in Erwägung ziehen.

Abbildung 7.7   Phasenspezifische Aufgaben im Verhandlungsprozess

Einstiegsphase	Dialogphase	Lösungsphase	Abschlussphase
• Kennenlernen der Verhandlungs-partner • Vorstellung der Verhandlungs-positionen	• Fakten klären • Präferenzen deutlich machen • gegenseitige Angebote machen	• neue Verhandelnde • neue Verhandlungs-gegenstände • neue Ausprägungen • neue Informationen • veränderte Rahmen-bedingungen	• Abschlusszeitpunkt ermitteln • letztes Angebot machen • Vertrag schließen • ggf. nachverhandeln

Zumeist kommt es am Ende der Dialogphase dabei zwar zu einer Annäherung, nicht immer jedoch bereits zu einer Einigung. Stattdessen sind die Parteien häufig zu weiteren Zugeständnissen nicht mehr bereit, weil sie sich nun erhoffen, durch Vermeidung weiterer Zugeständnisse bei der Gegenseite den Eindruck zu erzeugen, dass die eigene Reservationsgrenze erreicht sei und der Verhandlungspartner daher den „letzten" Schritt gehen müsse. Da jedoch auch die Gegenseite ähnlich taktiert, droht die Gefahr der Verschleppung der Verhandlung, da sich die Parteien blockieren. An dieser Stelle besteht häufig die einzige Chance, die Verhandlung noch zu einem erfolgreichen Abschluss zu bringen, darin, die Verhandlungssituation an entscheidender Stelle zu verändern. Dies kann z.B. in der Lösungsphase durch den Austausch der Verhandlungsführer (neue Verhandlungsführer müssen beim Abweichen von bisherigen Positionen keinen Gesichtsverlust befürchten), den Vorschlag von Side Deals (neue Verhandlungsgegenstände) oder die Entwicklung neuer Ausprägungen („ja, wenn wir die Ware direkt in ihrem tschechischen Auslieferungslager erhalten") erfolgen.

Auf diese Weise kann es gelingen, die Positionen der Parteien einander noch weiter anzunähern. Ab einem bestimmten Annäherungsgrad besteht dann auf beiden Seiten ein Einigungswunsch. Die Verhandlung ist in die Abschlussphase gelangt. Die erste Aufgabe in dieser Phase besteht nun darin, den Zeitpunkt des beidseitigen Einigungswunsches richtig einzuschätzen. Wird der Zeitpunkt falsch eingeschätzt und liegt ein Einigungswunsch nur auf der eigenen Seite vor, so würde ein finales eigenes Angebot nur dazu führen, dass man einseitig der anderen Seite entgegengekommen ist. Daher sollte vor der letzten Offerte (die dann auch wirklich ein „letztes" Angebot darstellen sollte) der gegnerische Einigungswunsch sehr genau geprüft werden. Ist der Einigungswunsch allerdings richtig eingeschätzt worden, so führt die Abgabe eines „letzten Angebotes" in der Regel dazu, dass dieses – sofern es sich in der Mitte zwischen den inzwischen erreichten unterschiedlichen Positionen befindet – gute Chancen hat, von der Gegenseite angenommen zu werden. Nach dem sich anschließenden Vertragsabschluss kann sich allerdings noch die Notwendigkeit zu Nachverhandlungen ergeben, sofern sich nachträgliche Änderungen der Verhandlungsprämissen ergeben oder sich die Machtkonstellation zwischen den Parteien noch verschiebt (Schoop et al. 2008).

7.3.5   Controlling

Den Abschluss des Management-Prozesses bei Preisverhandlungen sollte das Verhandlungscontrolling bilden. Wird unter Controlling dabei im Allgemeinen die „Beschaffung, Aufbereitung und Analyse von Daten zur Vorbereitung zielsetzungsgerechter Entscheidungen" (Berens/Rieper/Witte 1996, S. V) verstanden, so geht es bei diesem Führungssubsystem vor allem darum, aus den in einem Unternehmen vorhandenen oder beschaffbaren Informationen über vergangene Geschäftstätigkeiten Entscheidungsunterstützung für zukünftige Geschäftsaktivitäten zu generieren. Wird dieser Grundgedanke des Controllings auf den Bereich von Preisverhandlungen übertragen, so wird mit dem Controlling hier das Ziel verfolgt, aus Informationen über vergangene Preisverhandlungen Hilfestellung für die Gestaltung zukünftiger Verhandlungen abzuleiten.

Um dieser Aufgabenstellung gerecht zu werden,

- ist der Erreichungsgrad der im Vorfeld gesteckten Verhandlungsziele zu ermitteln (Soll/Ist-Abweichungen),

- sind Ursachen möglicherweise auftretender Soll/Ist-Abweichungen zu analysieren und

- sind Implikationen für zukünftige Preisverhandlungen abzuleiten.

Zur Ermittlung von Soll/Ist-Abweichungen kann auf den im Rahmen der Verhandlungsvorbereitung erstellten Verhandlungsreport zurückgegriffen werden. Indem das letztlich erzielte Verhandlungsergebnis zu dem ursprünglich angestrebten Verhandlungsziel ins Verhältnis gesetzt wird, lässt sich der Zielerreichungsgrad einer Preisverhandlung nachträglich ermitteln. Sofern in den Verhandlungen – wie im Anlagen- und Zuliefergeschäft üblich – nicht ausschließlich über den Preis verhandelt worden ist, können auch Verhandlungsgegenstand-spezifische Zielerreichungsgrade berechnet werden (vgl. das Beispiel in

Abbildung 7.8). Durch Vergleich dieser Zielerreichungsgrade lässt sich feststellen, bei welchen Verhandlungsgegenständen besser und bei welchen schlechter verhandelt worden ist.

Abbildung 7.8 Zielerreichungsgrade für verschiedene Verhandlungsgegenstände (Beispiel) (Quelle: Voeth/Herbst 2009, S. 191)

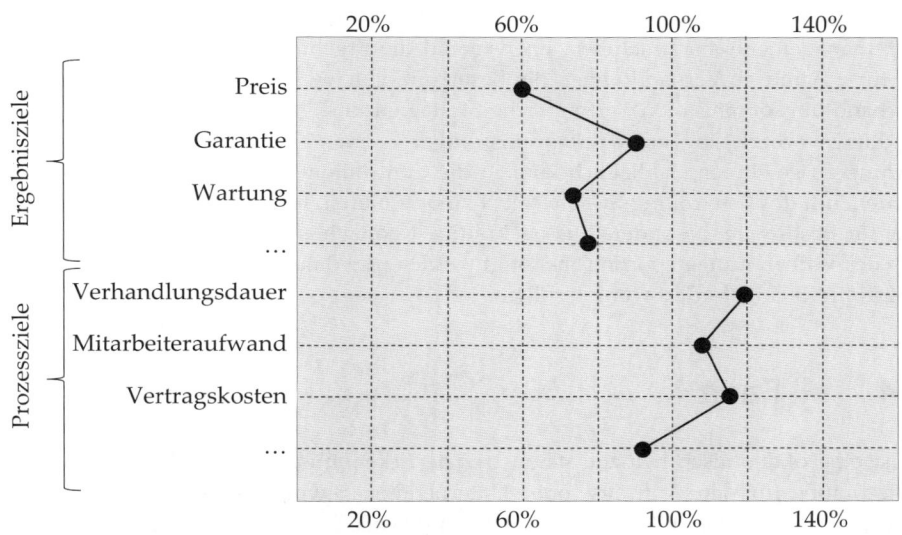

Sofern die Untersuchung von Zielerreichungsgraden Soll/Ist-Abweichungen aufgedeckt hat, sollte in einem zweiten Schritt der Frage nach den Ursachen nachgegangen werden. Bei der Ursachenanalyse ist allerdings zu beachten, dass Abweichungen, die verhandlungsübergreifend auftreten, anders einzustufen sind als Abweichungen, die sich nur in einzelnen Verhandlungen zeigen. Während erstere möglicherweise strukturelle Gründe haben und damit auch den einzelnen Verhandlungsführern nicht zuzuschreiben sind, ist bei verhandlungsspezifischen Abweichungen eine genaue, individuelle Ursachenanalyse durchzuführen. Eine mögliche Ursache für verhandlungsspezifisch negative Abweichungen kann dabei in geringerer Verhandlungsperformance der Verhandelnden bestehen.

Abschließend sollten im Verhandlungscontrolling aus den Analyseergebnissen Implikationen für zukünftige Preisverhandlungen gezogen werden. Im Einzelnen kann das Verhandlungscontrolling dabei Hilfestellung zur Optimierung von

■ Verhandlungsanalyse,

■ Verhandlungsorganisation,

■ Verhandlungsvorbereitung,

■ Verhandlungsführung und

■ (auch) Verhandlungscontrolling

liefern.

So kann sich etwa in Bezug auf die Analysephase klären, ob die Annahmen zu Bedeutung und Schwierigkeitsgrad der anstehenden Verhandlungen zutreffend gewesen sind. Hieraus lässt sich ableiten, ob der Einsatz des Verhandlungsmanagements erforderlich gewesen ist. Gegebenenfalls sind Anpassungen hinsichtlich des Einsatzfeldes des Verhandlungsmanagements vorzunehmen. Ebenso sind die Ergebnisse des Controllings hilfreich, um für zukünftige Verhandlungen die Besetzung von Verhandlungsteams zu verbessern (Verhandlungsorganisation), erfolgreiche Strategien und Taktiken zu identifizieren (Verhandlungsvorbereitung) oder Erkenntnisse über Formen einer effizienten Verhandlungsführung zu gewinnen. Schließlich können die Controlling-Ergebnisse auch herangezogen werden, um das Controlling-System selbst zu optimieren. Beispielsweise kann sich zeigen, dass für bestimmte, besonders aussagekräftige Kennzahlen weitere Informationen innerhalb des Vorbereitungsreportings benötigt werden und daher zukünftig von den Verhandlungsführern eingefordert werden sollten.

7.4   Fazit

Es ist eine ökonomisch beinahe schon triviale Erkenntnis, dass der Preis eine wichtige Stellschraube für den Auftrags- oder Unternehmensgewinn darstellt. Dies haben viele Unternehmen aus dem B2C- und B2B-Bereich inzwischen erkannt und erste Maßnahmen zur Professionalisierung ihres Pricings eingeleitet. Die Aufmerksamkeit des Managements darf sich aber nicht nur auf die Preisermittlung beziehen, sondern muss sich v.a. auf die Preisdurchsetzung richten. Die für B2B-Märkte typischen Preisverhandlungen müssen daher stärker in den Fokus des Marketing-Managements von Industriegüterherstellern gerückt werden.

Im vorliegenden Beitrag wurde ein umfassender Management-Ansatz für das Preisverhandlungsmanagement vorgestellt. Dieser ermöglicht es, Preisverhandlungen fundiert zu analysieren, zu planen und zu steuern. Allerdings werden Unternehmen bei der Einführung eines solchen Management-Systems für Preisverhandlungen Widerstände in den eigenen Reihen überwinden müssen. Gerade Mitarbeiter, die mit der Führung von Preisverhandlungen betraut sind, werden einem solchen System eher kritisch gegenüber stehen und als Argumente anführen (Voeth/Herbst 2009, S. 206), dass

■ sie Teile der zu einem Verhandlungsmanagement-System gehörigen Instrumente schon immer eingesetzt haben,

■ die übrigen, von ihnen bislang nicht eingesetzten Instrumente eigentlich überflüssig seien (sonst hätten sie diese ja auch bereits zuvor eingesetzt),

■ Vieles in Verhandlungen im Vorfeld nicht planbar sei und sich daher auch der Anwendung von Management-Techniken verschließen würde,

■ sie sich etwa durch die Benennung von Verhandlungszielen, -strategien und -taktiken im Vorfeld von Verhandlungen in einer flexiblen Verhandlungsführung beeinträchtigt sehen würden und dass es daher zu einer Verschlechterung von Verhandlungsprozessen und -ergebnissen kommen würde,

■ man aus Erfahrungen vergangener Verhandlungen wenig für die erfolgreiche Gestaltung zukünftiger Verhandlungen lernen könne und daher die Grundidee des Verhandlungsmanagements, nämlich eine sukzessive Verbesserung von Verhandlungsprozessen und -ergebnissen unsinnig sei, oder

■ Verhandlungsmanagement insgesamt eine weitere Form von „Überorganisation" sei.

Angesichts solcher, manchmal im Zusammenhang mit Verhandlungsmanagement-Systemen geäußerter Gegenstimmen kommt der Gestaltung des Implementierungsprozesses eine besondere Bedeutung zu. Dieser Prozess sollte dabei schrittweise, integrativ und nutzenkommunizierend erfolgen. Nur wenn dies beachtet wird, lassen sich Preisverhandlungen für das Management als Gestaltungsbereich erschließen, um auch hier eine Professionalisierung des Pricings herbeizuführen.

Literatur

Bacharach, S. B., Lawler, E. J. (1981), Power and Tactics in Bargaining, Industrial and Labor Relations Review, 34, 2, 219-233.

Backhaus, K. (1982), Investitionsgüter-Marketing, München.

Backhaus, K. (1992), Investitionsgüter-Marketing – Theorieloses Konzept mit Allgemeinheitsanspruch?, Zeitschrift für betriebswirtschaftliche Forschung, 44, 9, 771-791.

Backhaus, K., Voeth, M. (2007), Industriegütermarketing, 8. Aufl., München.

Backhaus, K., Aufderheide, D., Späth, G.-M. (1994), Marketing für Systemtechnologien, Stuttgart.

Backhaus, K., Wilken, R., van Doorn, J., Voeth, M., Herbst, U. (2005), Preisverhandlungen im B2B-Marketing, in: Diller, H. (Hrsg.), Pricing-Forschung in Deutschland, Nürnberg, 1-17.

Barisch, S., Voeth, M. (2008), Analysis of the Hierachical Structure of Negotiation Teams, Proceedings of the 3rd International Conference on Business Marketing Management, St. Gallen, March 12-14, 2008.

Bazerman, M. H. (2006), Judgment in Managerial Decision Making, New York.

Berens, W., Rieper, B., Witte, T. (Hrsg.) (1996), Betriebswirtschaftliches Controlling – Planung, Entscheidung, Organisation, Wiesbaden.

Capune, T., Crones, J. (2003), Preisverhandlungen, in: Diller, H., Herrmann, A. (Hrsg.), Handbuch Preispolitik, Wiesbaden, 643-665.

Detroy, E.-N. (2004), Sich Durchsetzen in Preisgesprächen und -verhandlungen, 13. Aufl., Landsberg/Lech.

Detroy, E.-N., Scheelen, F. M. (2008), Jeder Kunde hat seinen Preis: Wie Sie individuell verhandeln, besser verkaufen, und Ihr Kunde sich gut fühlt, Regensburg.

Diller, H. (2008), Preispolitik, 4. Aufl., Stuttgart.

Douglas, A. (1962), Industrial Peacemaking, New York.

Enke, M., Reimann, M., Geigenmüller, A. (2005), Commodity Marketing, in: Enke, M., Reimann, M. (Hrsg.), Commodity Marketing, Wiesbaden, 13-33.

Fisher, R., Ury, W., Patton, B. (2004), Das Harvard-Konzept – Der Klassiker der Verhandlungstechnik, 22. Aufl., Frankfurt/New York.

Fudenberg, D., Tirole, J. (1983), Sequential Bargaining with Incomplete Information, Review of Economic Studies, 50, 2, 221-247.

Fudenberg, D., Levine, D. K., Tirole, J. (1985), Infinite-Horizon Models of Bargaining with One-Sided Incomplete Information, in: Roth, A. E. (Hrsg.), Game-Theoretic Models of Bargaining, Cambridge, 73-89.

Gilkey, R. W., Greenhalgh, L. (1984), Developing Effective Negotiation Approaches among Professional Women in Organizations, Conference on Women and Organizations, Simmons College, Boston.

Gimpel, H. (2006), Possession, Obsession, and Concession – Preferences and Attachment in Negotiations, Karlsruhe.

Herbst, U. (2007), Präferenzmessung in industriellen Verhandlungen, Wiesbaden.

Homburg, Ch., Koschate, N. (2005a), Behavioral Pricing-Forschung im Überblick, Teil 1: Grundlagen, Preisinformationsaufnahme und Preisinformationsbeurteilung, Zeitschrift für Betriebswirtschaft, 75, 4, 383-423.

Homburg, Ch., Koschate, N. (2005b), Behavioral Pricing-Forschung im Überblick, Teil 2: Preisinformationsspeicherung, weitere Themenfelder und zukünftige Forschungsrichtungen, Zeitschrift für Betriebswirtschaft, 75, 5, 501-524.

Homburg, Ch., Krohmer, H. (2009), Marketingmanagement, 3. Aufl., Wiesbaden.

Huber, V. L., Neale, M. A. (1986), Effects of Cognitive Heuristics and Goals on Negotiator Performance and Subsequent Goal Setting, Organizational Behavior and Human Decision Processes, 38, 3, 342-365.

Keeney, R. L., Raiffa, H. (2001), Structuring and Analyzing Values for Multiple-Issue Negotiations, in: Young, H. P. (Hrsg.), Negotiation Analysis, Ann Arbor, 131-153.

Koch, F.-K. (1987), Verhandlungen bei der Vermarktung von Investitionsgütern – Eine Plausibilitäts- und Explorationsanalyse, Mainz.

Kuthe, B. (2005), Verhandeln als innovativer Problemlösungsprozess, Aachen.

Levi, D. (2001), Group Dynamics for Teams, Thousand Oaks.

Lewicki, R. J., Hiam, A., Olander, K. W. (1998), Verhandeln mit Strategie – Das große Handbuch der Verhandlungstechniken, St. Gallen/Zürich.

Lewicki, R. J., Saunders, D. M., Minton, J. W. (1999), Negotiation, 3. Aufl., Boston.

Macharzina, K., Wolff, J. (2008), Unternehmensführung, 6. Aufl., Wiesbaden.

Mussweiler, T., Strack, F., Pfeiffer, T. (2000), Overcoming the Inevitable Anchoring Effect: Considering the Opposite Compensates for Selective Accessibility, Personality and Social Psychology Bulletin, 26, 9, 1142-1150.

Nash, J. F. (1950), The Bargaining Problem, Econometrica, 18, 2, 155-162.

Neale, M. A., Northcraft, G. B. (1986), Experts, Amateurs, and Refrigerators: Comparing Expert and Amateur Negotiators in a Novel Task, Organizational Behavior and Human Decision Processes, 38, 3, 305-317.

Osborne, M. J., Rubinstein, A. (1994), A Course in Game Theory, London.

Pinkley, R. (1990), Dimensions of conflict frame: Disputant interpretations of conflict, Journal of Applied Psychology, 75, 2, 117-126.

Pruitt, D. G. (1981), Negotiation Behavior, New York et al.

Pruitt, D. G., Drews, J. L. (1969), The Effect of Time Pressure, Time Elapsed, and the Opponent's Concession Rate on Behavior in Negotiation, Journal of Experimental Social Psychology, 5, 1, 43-60.

Putnam, L. L., Jones, T. S. (1982), Reciprocity in Negotiations: An Analysis of Bargaining Interaction, Communication Monographs, 49, 3, 171-191.

Raiffa, H. (1982), The Art and Science of Negotiation, Cambridge.

Rubin, J. Z., Brown, B. R. (1975), The Social Psychology of Bargaining and Negotiation, New York.

Rubinstein, A. (1982), Perfect Equilibrium in a Bargaining Model, Econometrica, 50, 1, 97-109.

Sandstede, C., Voeth, M. (2008), Differences in Negotiation Preparation, Process and Outcome between OEM-Business and Product Business, Proceedings of the 3rd International Conference on Business Marketing Management, St. Gallen, March 12-14, 2008.

Schelling, T. C. (1960), The Strategy of Conflict, Harvard University Press.

Schoop, M., Köhne, F., Staskiewicz, D., Voeth, M., Herbst, U. (2008), The Antecedents of Renegotiations in Practice – An Exploratory Analysis, Journal of Group Decision and Negotiation (JoGDN), 17, 2, 127-139.

Schranner, M. (2007), Der Verhandlungsführer: Strategien und Taktiken, die zum Erfolg führen, 3. Aufl., München.

Sherif, M., Sherif, C. W. (1969), Social Psychology, New York.

Simon, H., Fassnacht, M. (2009), Preismanagement, 3. Aufl., Wiesbaden.

Thompson, L. (2005), The Mind and Heart of the Negotiator, 3. Aufl., Upper Saddle River.

Thompson, L., Peterson, E., Brodt, S. E. (1996), Team Negotiation: An Examination of Integrative and Distributive Bargaining, Journal of Personality and Social Psychology, 70, 1, 66-78.

Voeth, M. (2007), Empirische Forschung im Rahmen von Geschäftstypenansätzen, in: Büschken, J., Voeth, M., Weiber, R. (Hrsg.), Innovationen für das Industriegütermarketing, Stuttgart, 337-357.

Voeth, M., Herbst, U. (2005), Phase Specific Communication Patterns in Electronic Negotiations, Finanza Marketing e Produzione, 2005, 3, 25-32.

Voeth, M., Herbst, U. (2009), Verhandlungsmanagement – Planung, Steuerung, Analyse, Stuttgart.

Voeth, M., Rabe, C. (2004), Preisverhandlungen, in: Backhaus, K., Voeth, M. (Hrsg.), Handbuch Industriegütermarketing, Wiesbaden, 1015-1038.

Von Neumann, J., Morgenstern, O. (1944), Theory of Games and Economic Behavior, New York.

Walton, R. E., McKersie, R. B. (1965), A Behavioral Theory of Labor Relations, New York.

Wood, T. (2001), Team Negotiations Require a Team Approach, The American Salesman, November 22-26, 2001.

Wrightsman, L. S. (1966), Personality and Attitudinal Correlates of Trusting and Trustworthy Behaviors in a Two-Person Game, Journal of Personality and Social Psychology, 4, 3, 328-332.

Zarth, H. R. (1981), Effizienter verkaufen durch die richtige Strategie im Preisgespräch, Markenartikel, 43, 2, 111-113.

8 Durchsetzung von Zielpreisen in dezentralen Landesgesellschaften über Transferpreise

Martin Artz / Mark Schröder

Dr. Martin Artz ist Postdoktorand am Lehrstuhl für Accounting & Capital Markets an der Universität Mannheim.

Dipl.-Wi.-Ing. Mark Schröder ist Client Manager im Kompetenzzentrum Industrial Goods & Machinery bei Homburg & Partner, Mannheim, München und Boston, einer international tätigen Unternehmensberatung.

8.1   Einführung

Die zunehmende Verflechtung der internationalen Güter-, Kapital- und Arbeitsmärkte unter Stichworten wie „Internationalisierung" oder „Globalisierung" führten bereits in der Vergangenheit dazu, dass viele Unternehmen im B2B-Geschäft diese neuen Märkte über lokale, dezentrale Vertriebsgesellschaften versorgen, die i.d.R. in Form von Landesgesellschaften organisiert sind (Homburg/Jensen 2004). Derartige Landesgesellschaften werden oft als selbständige Profit Center geführt, d.h. die dezentrale Vertriebsleitung ist sowohl für die dort erzielten Umsätze als auch für die Kosten verantwortlich.

Eine Problematik dieser Selbständigkeit offenbart sich bei der Durchsetzung einer unternehmensweiten Preisstrategie. Die zunehmende Verbundenheit einzelner Ländermärkte mit besserer Vergleichsmöglichkeit bei Beschaffungspreisen sowie die Verbesserung in der Koordination der Einkaufsabteilungen multinationaler Kunden setzen einige dezentrale Landesgesellschaften unter Preisdruck. Diese reagieren darauf teilweise mit unerwünschten Preiszugeständnissen an Kunden, um über höhere Absatzvolumina die gesetzten Umsatzziele zu erreichen. Die Gefahr einer derartigen dezentralen Preispolitik ist eine langfristige Preiserosion und die Konfrontation ein und desselben Kunden mit unterschiedlichen Preisen, abhängig von der Preispolitik der Landesgesellschaft (Diller 2008). Die Durchsetzung von Zielpreisen gegenüber multinationalen Kunden wird somit zu einer besonderen Herausforderung in der internationalen Marktbearbeitung.

Um produktspezifische Zielpreise und Zielmargen durchzusetzen, bestehen aus Sicht der Zentrale zwei grundsätzliche Lösungsansätze:

■ *Zentralisierung der Preisentscheidung über Vorgabe von Zielpreisen*: Zum einen können Zielpreise pro Produkt bzw. Produktgruppe vorgegeben werden, z.B. über Listenpreise und kunden- sowie produktspezifische Rabatte. Deren Einhaltung wird dann im Rahmen der jährlichen Budgetkontrolle und Planungsrunde für das nächste Geschäftsjahr überprüft. Die Überprüfung erfolgt z.B. über einen regionalen Preismanager mit Berichtspflicht zur Zentrale oder über eine Umsetzung im ERP-System, die automatisch Abweichungen von Zielpreisen anzeigt.

■ *Dezentralisierung der Preisentscheidungen über die Gestaltung von Transferpreisen*: Möchte man die Preisentscheidung zumindest teilweise dezentralisieren, so bietet es sich an, ein gewisses Mindestpreisniveau über Transferpreise abzusichern. Dieses hat zum einen eine starke Signalfunktion, da der Verrechnungspreis aus Vertriebssicht die Produktkosten darstellt. Zum anderen beeinflusst er direkt das Vertriebsergebnis und übt somit einen starken Einfluss auf das operative Ergebnis der Landesgesellschaft aus. Der Vertrieb wird so gezwungen, bei gegebenen Gewinn- und Renditezielen ein gewisses Preisniveau im Markt durchzusetzen. Auf diesem Weg lässt sich eine Dezentralisierung der Preisentscheidung mit der Durchsetzung eines Mindestpreislevels verknüpfen.

Die Entscheidung zwischen diesen beiden Optionen ist eng mit den Vorteilen einer Dezentralisierung des Pricings in den Landesgesellschaften bzw. mit den Nachteilen einer

Zentralisierung der Preissetzung in der Muttergesellschaft verknüpft. Gerade bei der Preissetzung ist im B2B-Bereich häufig markt- und kundenspezifisches Wissen vonnöten, das im dezentralen Vertrieb liegt und nicht in der Zentrale vorhanden ist (Hansen/Krafft/ Joseph 2008 sowie der Beitrag von Hake/Krafft in diesem Band). So kann z.B. die regionale Wettbewerbsintensität für verschiedene Ersatzteile eines Maschinenbauherstellers sehr unterschiedlich ausfallen: Ein Wissensbeitrag, den nur die Landesgesellschaft leisten kann.

Darüber hinaus weist eine vollständige Zentralisierung der Preishoheit den Nachteil auf, dass es sehr aufwendig und oftmals sogar unmöglich ist, sämtliche Zielpreise in die persönlichen Zielvereinbarungen der Vertriebsmanager aufzunehmen. Aus Gründen der Praktikabilität muss mit Stichproben und Preisindizes gearbeitet werden, die die Idee einer Zentralisierung verwässern. Aus diesen Gründen stellt man fest, dass ein beträchtlicher Anteil an Unternehmen Preisentscheidungen dezentralisiert, d.h. dem dezentralen Vertrieb eine beträchtliche Preissetzungskompetenz einräumt (Frenzen et al. 2010).

Abbildung 8.1   Beziehung zwischen Produktionsstandort und dezentralen Vertriebsgesellschaften

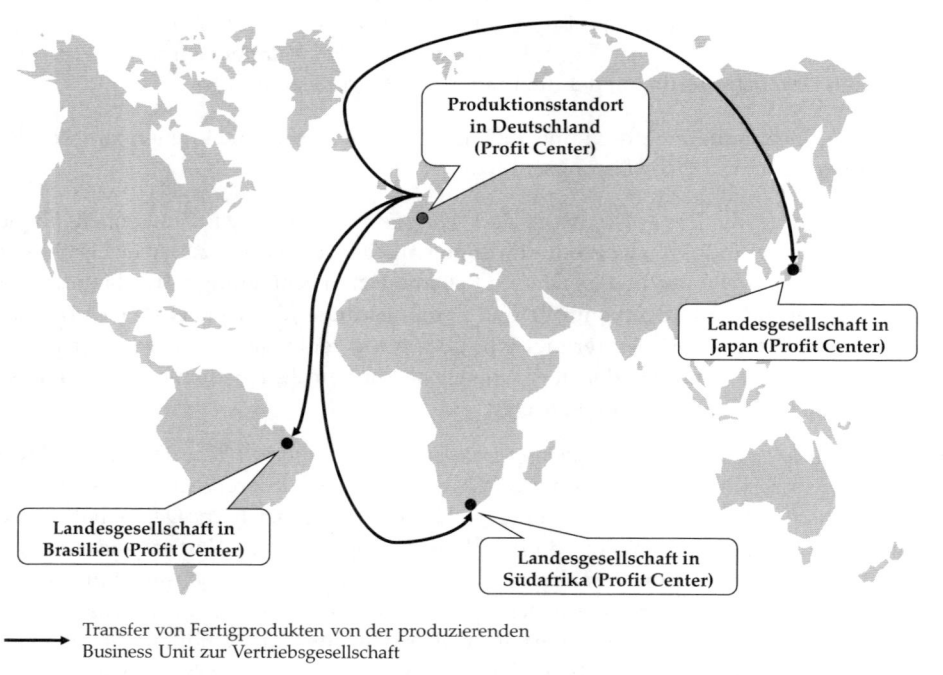

Daher beschäftigen wir uns in diesem Beitrag schwerpunktmäßig mit der Gestaltung von Transferpreisen zur Sicherung eines Mindestpreisniveaus bei der Preisdelegation an dezentrale Landesgesellschaften. Wir haben dabei in diesem Beitrag eine Situation vor Augen, bei der die Zentrale als Produktionseinheit fungiert und Fertigprodukte zu einem festgelegten Transferpreis an die rechtlich selbständigen Landesgesellschaften verkauft werden (vgl. **Abbildung 8.1**). Wir gehen in diesem Beitrag ferner davon aus, dass die Landesgesellschaften sich rational verhalten, d.h. grundsätzlich keine Produkte an den Endkunden zu einem Preis verkaufen, der unterhalb des internen Transferpreises liegt.

Im folgenden Abschnitt 8.2 werden Herausforderungen bei der Festlegung von Transferpreisen in der Praxis erörtert. Anschließend werden in Abschnitt 8.3 grundsätzliche Methoden der Transferpreissetzung aufgezeigt und deren Steuerungsimplikationen diskutiert. Aspekte der Steueroptimierung über Transferpreissysteme werden in diesem Beitrag nicht schwerpunktmäßig behandelt. Wir gehen allerdings in Abschnitt 8.3.4 kurz auf die fiskalischen Rahmenbedingungen der Transferpreissetzung ein. Darauf aufbauend befasst sich Abschnitt 8.4 mit Handlungsempfehlungen einer strategischen Transferpreissetzung zur Durchsetzung von Zielpreisen und -margen in dezentralen Vertriebsgesellschaften. Abschnitt 8.5 stellt diese Handlungsempfehlungen am Beispiel eines international tätigen Maschinenbauunternehmens dar. Hierbei wird auch die Rolle preisbezogener Anreizsysteme berücksichtigt. Der Beitrag schließt mit Abschnitt 8.6, in dem die zentralen Handlungsempfehlungen zusammenfassend dargestellt werden.

8.2 Herausforderungen bei der Durchsetzung von Zielpreisen über Transferpreise

In vielen Unternehmen stellt man fest, dass die Gestaltung von Transferpreisen eher ein fiskalisches Thema der Steueroptimierung und weniger ein Thema der Vertriebs- und Preissteuerung darstellt. So gaben in einer Umfrage von Ernst & Young (2003) lediglich 40% der befragten Unternehmen an, dass ihnen managementbezogene Aspekte bei der Gestaltung von Transferpreisen relevanter seien als fiskalische. Zum Beispiel kann die Steuerlast des Gesamtunternehmens systematisch minimiert werden, indem der Transferpreis im Rahmen legaler Spielräume systematisch niedrig angesetzt wird, wenn der Steuersatz der produzierenden Business Unit über dem der dezentralen Vertriebsgesellschaft liegt.

Weniger beachtet wird allerdings oftmals, dass diese Form der Transferpreissetzung zu beträchtlichen Fehlanreizen in der Vertriebssteuerung führen kann. So signalisiert der niedrige Transferpreis dem Vertrieb fälschlicherweise niedrige Produktionskosten und hohe Preisspielräume in Verhandlungen mit Kunden. Wissenschaftliche Studien bestätigen diese Problematik und zeigen, dass Transferpreise, die allein nach steuerlichen Überlegungen ausgestaltet werden, managementbezogene Aspekte vernachlässigen und demzufolge nicht optimal sind (Baldenius/Melumad/Reichelstein 2004; Hyde/Choe 2005).

Eine zweite Problematik ergibt sich bei historisch gewachsenen Transferpreisen, die trotz sich ändernder Rahmenbedingungen (z.B. Markt- und Wettbewerbsbedingungen) nicht hinterfragt und entsprechend angepasst werden. Beispielhaft wären hier Transferpreise zu nennen, die sich während verschiedener Phasen im Produktlebenszyklus nicht ändern, obwohl sich die produktbezogene Preisstrategie ändert (vgl. hierzu auch die Beiträge von Homburg/Totzek und Rese in diesem Band).

Schließlich besteht bei einer unsachgemäßen Kostenzuordnung die Gefahr einer schematischen Transferpreissetzung. Wird der Transferpreis über Vollkosten festgelegt, hat die produzierende Business Unit die Möglichkeit, *sämtliche* Fixkosten auf den Transferpreis „abzuwälzen". Die zugerechneten Fixkosten pro Stück sind umso höher, je geringer die Absatzmenge der Vertriebseinheiten ist. Steigt jedoch der interne Transferpreis, z.B. aufgrund nicht ausgelasteter Kapazitäten, so führt dies zu einem Margendruck beim dezentralen Vertrieb und geringeren Spielräumen beim Endpreis. Schlägt sich dieser Druck in geringeren Absatzmengen nieder, sinkt die produzierte Menge der Business Unit weiter, die Leerkapazität steigt und damit (erneut) auch wieder der Transferpreis. Diese Spirale birgt die Gefahr erneut steigender Transferpreise und geringerer abgesetzter Mengen (Bouwens/ Steens 2008).

Im Ergebnis kann ein derartiges „Mispricing" bei internen Produkttransfers dazu führen, dass Transferpreise systematisch zu niedrig oder zu hoch ausfallen. Bei *zu niedrigen Transferpreisen* werden dem Vertrieb niedrige Produktkosten signalisiert und eine vergleichsweise hohe Produktmarge auch bei niedriger Preisdurchsetzung gegenüber dem Endkunden gewährt. Beispielhafte Folgen sind in **Tabelle 8.1** dargestellt. So besteht die Gefahr, dass sich dezentrale Vertriebseinheiten mental von Kostenerhöhungen abkoppeln, die durch Produktionsumstellungen oder spezielle Produktvarianten induziert werden (Homburg/Jensen/Schuppar 2004; Merchant/Shields 1993). Erwünschte Produkteliminationen werden vom Vertrieb nicht umgesetzt, da die Produkte aus Vertriebssicht weiterhin hohe Deckungsbeiträge erwirtschaften. Darüber hinaus besteht die Gefahr eines Preisverfalls bis hin zu einem möglichen Preiskrieg, der ungewollten Schaffung niedriger Referenzpreise bei Kunden sowie einer Schädigung des Hochpreisimages einer Marke.

Fallen die Transferpreise *zu hoch* aus, entsteht ein gegenläufiger Effekt (vgl. **Tabelle 8.1**). Der Vertriebsgesellschaft werden hohe Produktkosten signalisiert mit der Folge, dass die Vertriebsmarge sinkt. Dies kann dazu führen, dass die Landesgesellschaft bezüglich dieses Produktes nicht mehr konkurrenzfähig ist und seine Vertriebsanstrengungen auf andere Produkte lenkt, für die ein deutlich günstigerer Transferpreis besteht. Alternativ könnte die Landesgesellschaft sogar versuchen, das Produkt kostengünstiger vor Ort fremd zu beziehen. Teilweise tritt sogar der Fall auf, dass das Produkt von einer *anderen* Landesgesellschaft *desselben* Unternehmens eingekauft wird, wenn dort geringere Transferpreise angesetzt werden! In all diesen geschilderten Fällen kommt es zu Fehlanreizen in der Wertschöpfungskette, die aus Gesamtunternehmenssicht unerwünscht sind und eine systematische Auseinandersetzung mit Transferpreisen erfordern.

Tabelle 8.1   Unerwünschte Effekte einer zu geringen oder zu hohen Transferpreissetzung

	Unternehmensinterne Folgen	Mögliche unerwünschte Effekte am Markt
Transferpreis zu niedrig	• Signal geringer Produktkosten an den dezentralen Vertrieb • Gewährung einer hohen Marge für die dezentrale Vertriebseinheit, auch bei Durchsetzung geringer Preise gegenüber dem Kunden	• Preisverfall im regionalen Markt durch ausgelöste Wettbewerbsreaktion • Schaffung niedriger Referenzpreise beim Kunden und von Präzedenzfällen für zukünftige Verhandlungen mit Kunden • Imageschädigung der Marke durch zu geringe Marktpreise • keine Ausschöpfung des Gewinnpotenzials • Blockierung notwendiger Produkteliminationen im Vertrieb
Transferpreis zu hoch	• Signal hoher Produktkosten an den dezentralen Vertrieb • Gewährung einer niedrigen Marge für die dezentrale Vertriebseinheit, die ggf. nicht einmal die dezentralen Kosten deckt	• Fremdbezug der regionalen Vertriebsgesellschaft • Imageschädigung der Marke durch zu hohe Marktpreise • kein (aktiver) Verkauf betroffener Produkte

8.3 Methoden der Transferpreissetzung und deren Implikationen

Grundsätzlich gibt es drei verschiedene Bezugspunkte zur Bestimmung von Transferpreisen – entweder auf Basis einer Kostenkalkulation („bottom-up"), nach Zielpreisen im dezentralen Markt („top-down") oder nach Marktpreisen im Produktionsland. In vielen Unternehmen werden neben diesen Informationen allerdings noch strategische Überlegungen in die Festlegung von Transferpreisen mit einbezogen. Zum Beispiel wird ein niedriger Transferpreis gewählt, um ein Produkt am Anfang des Produktlebenszyklus im Markt zu etablieren, während über einen höheren Transferpreis ein Produkt gegen Ende des Produktlebenszyklus bewusst „aus dem Markt" gepreist werden kann (vgl. hierzu auch die Beiträge von Homburg/Totzek und Jensen/Henrich in diesem Band).

8.3.1   Kostenbasierte Transferpreise

Kostenbasierte Transferpreise stellen für viele Unternehmen eine einfache und kostengünstige Art der Festlegung dar. Aufgrund der vielfältigen Möglichkeiten der Kostenzu-
rechnung können verschiedene Kostengrößen eingesetzt werden:

■ *Grenzkosten*: Grenzkosten sind die Kosten der „nächsten Einheit", die produziert wird.
Bei nicht ausgelasteter Kapazität führt jede weitere verkaufte Einheit zu zusätzlichen
Deckungsbeiträgen und damit zu einer Steigerung des Gewinns. Ähnlich theoretischer
Art sind *Opportunitätskosten*, die den entgangenen Deckungsbeitrag des besten ver-
drängten Produktes abbilden. Bei begrenzten Kapazitäten setzt sich der Transferpreis
aus den Grenzkosten und den Opportunitätskosten zusammen.

■ *Variable Produktkosten*: Variable Produktkosten berücksichtigen keinerlei fixe Kosten
und enthalten lediglich variable Komponenten. In diesem Fall trägt die liefernde Business Unit sämtliche Fixkosten und erwirtschaftet keinen Gewinn.

■ *Vollkosten*: Vollkostenansätze berücksichtigen variable und fixe Kosten, d.h. im Extremfall verrechnet die liefernde Business Unit sämtliche Kosten an die Vertriebseinheiten
weiter. Hierbei besteht grundsätzlich die Möglichkeit Plan-Kosten oder Ist-Kosten zu
verwenden. Plan-Kosten enthalten geplante variable und geplante Fixkosten, die anhand geplanter Mengen zugeschlüsselt werden. Ist-Kosten sind tatsächlich entstandene
Kosten. Der wesentliche Unterschied zwischen diesen beiden Ansätzen besteht also darin, dass die liefernde Business Unit bei Ist-Kosten sämtliche Kosten weiter verrechnet,
d.h. keine Verluste verbuchen kann. Die Vertriebseinheit trägt damit sämtliche Ineffi-
zienzen der produzierenden Business Unit. Bei Plan-Kosten hingegen besteht für den
Vertrieb Planungssicherheit, während die liefernde Business Unit Gewinne (Plan-Kosten > Ist-Kosten) oder Verluste (Plan-Kosten < Ist-Kosten) schreiben kann.

■ *Zweistufige Kostenansätze*: Zweistufige Kostenansätze bestehen darin, dass der Transferpreis den variablen Produktkosten entspricht und die Fixkosten der produzierenden
Business Unit über eine jährliche Gebühr abgerechnet werden. Diese kann z.B. auf Basis der vom Vertrieb geplanten Mengen ermittelt werden, der diese bestellten Kapazitäten dann auch verantworten muss (Kaplan/Atkinson 1998).

Hinsichtlich einer Bewertung lässt sich sagen, dass Grenzkosten und Opportunitätskosten
eher theoretische Konstrukte darstellen und in der Praxis eine untergeordnete Rolle spielen (Pfaff/Stefani 2006). Variable Produktkosten weisen den Nachteil auf, dass fixe Produktkosten, die mittlerweile einen erheblichen Teil der gesamten Produktkosten ausma-
chen, nicht berücksichtigt werden. Insbesondere im B2B-Geschäft mit kundenindividuellen
Produktanpassungen besteht die Gefahr, dass die Vertriebseinheit die Umsetzung kundenindividueller Wünsche in der Preiskalkulation nicht berücksichtigen kann, da sie deren
Kosten nicht mitgeteilt bekommt (Homburg/Daum 1997). Ähnliche Probleme bestehen bei
zweistufigen Kostenansätzen. Hier kann der Vertrieb die Grundgebühr nicht produkt-
oder kundenspezifisch zuordnen und in seiner Preiskalkulation nicht adäquat berücksichtigen. Zudem bestehen erhebliche Schwierigkeiten, diese Grundgebühr zu bestimmen, da

hier subjektive Schlüsselungen (z.B. Anzahl Produkte, Anzahl Kapazitätseinheiten) vorgenommen werden müssen, die nicht verursachungsgerecht sind.

Die Diskussion zeigt, dass insbesondere Vollkostenansätze für die Bestimmung von Transferpreisen praktikabel erscheinen, um so zu vermeiden, dass diese systematisch zu niedrig ausfallen. Aus diesem Grund dominieren derartige Vollkostenansätze mit einem Gewinnaufschlag (auch *Cost-Plus-Ansätze*) in der Praxis (Hummel/Pedell 2009). Die Schwierigkeit derartiger Ansätze besteht darin, eine verursachungsgerechte Kostenzuordnung durchzuführen, d.h. nur diejenigen Fixkostenanteile zu berücksichtigen, die produkt- oder kundenspezifisch zugeordnet werden können.

8.3.2   Zielpreisbasierte Transferpreise

Zielpreisbasierte Transferpreise gehen von der Zahlungsbereitschaft des Kunden aus und ermitteln durch eine retrograde Berechnung den optimalen Transferpreis. Hierbei wird die Zahlungsbereitschaft des Kunden ermittelt und um einen Sicherheitsabschlag adjustiert, um die unter normalen Umständen abschöpfbare Zahlungsbereitschaft zu berechnen. Anschließend werden die produktspezifischen Marketing-, Vertriebs- und Servicekosten, die in der dezentralen Vertriebsgesellschaft anfallen, sowie anteilige Fixkosten und die produktbezogene Zielmarge subtrahiert. Das Ergebnis ist der Transferpreis, der bei diesem Verfahren dementsprechend top-down ermittelt wurde.

Aufgrund der hohen Komplexität wird dieses Verfahren allerdings kaum eingesetzt. Zum einen benötigt man hier zwingend die Zahlungsbereitschaft des Kunden für jedes Produkt. Zweitens ist eine verursachungsgerechte Kostenzuordnung der produktspezifischen Marketing-, Vertriebs- und Servicekosten notwendig, um den Spielraum für den Transferpreis zu erhalten. Drittens ist man bei diesem Verfahren gezwungen, sich vorher auf eine Marge der Vertriebseinheit pro Produkt festzulegen, was zu einem hohen Grad an Bürokratie und einem hohen Verbrauch an Planungsressourcen führt und somit die Gefahr einer Fehlsteuerung hoch ist. Schon kleine Marktveränderungen können dazu führen, dass die Zahlungsbereitschaft des Kunden sinkt und somit die gesamte Transferpreissetzung hinfällig wird. In der Praxis zeigt sich, dass es sehr schwierig ist, diese Informationen laufend zu sammeln, über verschiedene Landesgesellschaften zu koordinieren und zu vereinheitlichen (Mühlmeyer/Belz 2001). Aus diesem Grund spielt die zielpreisbasierte Transferpreisfestlegung eine eher untergeordnete Rolle.

8.3.3   Marktpreisbasierte Transferpreise

Marktpreisbasierte Transferpreise orientieren sich an einem Marktpreis für das Fertigprodukt „ab Lager" im Produktionsland. Marktbasierte Transferpreise weisen den Vorteil auf, dass sie einen Marktmechanismus direkt auf unternehmensinterne Lieferantenbeziehungen übertragen. Dies bedeutet aus einer Steuerungssicht, dass der Vertrieb als unternehmensinterner Auftraggeber die volle Verantwortung für seine angeforderten Produkte übernimmt und die Produktion nicht von den Anforderungen des Absatzmarktes abgekoppelt wird. Zudem sind Marktpreise keinen subjektiven Festlegungen unterworfen, z.B. der Schlüsselung von Gemein- und Fixkosten, und werden von allen Teilnehmern als fair empfunden. Studien bestätigen, dass Marktpreise als Transferpreise aus Sicht des Gesamtunternehmens immer zu optimalen Entscheidungen führen (z.B. Ewert/Wagenhofer 2008; Wolff/Staubach/Lindstädt 2008). Eine gängige Empfehlung lautet daher: *„If the market price exists, use it"* (Anthony/Dearden/Govindarajan 1992, S. 233f.).

Praxisorientierte Sichtweisen im B2B-Geschäft sehen eine Implementierung marktorientierter Transferpreise allerdings mit erheblichen Schwierigkeiten verbunden. Erstens gibt es oftmals keinen objektiven, vergleichbaren Marktpreis, da Produkte im B2B-Kontext bewusst sehr differenziert und kundenspezifisch angepasst werden (Kreuter 1999 sowie der Beitrag von Homburg/Totzek in diesem Band). Zudem erfasst ein derartiger Marktpreis bereits die Wertschöpfung des dezentralen Vertriebs, z.B. die Kundenakquisition, die Spezifikation des Angebotes, die laufende Kundenbetreuung und die Pflege der Kundenbeziehung. Diese Leistungen werden von der produzierenden Business Unit nicht erbracht und müssten demnach herausgerechnet werden.

Zweitens sind Marktpreise – selbst im Falle vergleichbarer Wettbewerbsprodukte – oftmals nicht bekannt und werden zudem systematisch als zu hoch eingeschätzt. So zeigt die Studie von Homburg/Jensen/Schuppar (2004), dass sich ca. 80% der befragten Unternehmen aus dem B2B-Bereich teurer als der Wettbewerb einschätzen. Bestehen Listenpreise, die theoretisch als Vergleichsmaßstab herangezogen werden könnten, so weichen diese deutlich von tatsächlich gezahlten Preisen ab. Scholl/Totzek (2010) berichten in diesem Zusammenhang Beispiele mit Abweichungen von bis zu 95%.

Drittens weisen derartige Preise keine Stabilität über die Zeit auf. Durch schwankende Preise bei Rohstoffen und Vorprodukten ist auch der Preis des Fertigproduktes starken Schwankungen ausgesetzt. In diesen Fällen ist es sehr aufwendig, Marktpreise auf Ebene einzelner Produktvarianten zu erheben und laufend anzupassen. Zwar können auch Kostengrößen diesen starken Schwankungen ausgesetzt sein. Der zentrale Vorteil hierbei besteht aber darin, dass diese vom Controlling standardisiert erfasst werden und – im Gegensatz zu Marktpreisen – in ERP-Systemen vorliegen.

Aus diesem Grund ist ein Marktpreis als Transferpreis in der Praxis meist nicht implementierbar. Dennoch kann ein *geschätzter* Wettbewerbspreis eine gute Grundlage für eine Adjustierung des internen Transferpreises bilden. In einem Beispiel in **Abbildung 8.2** liegt der Zielpreis der Landesgesellschaft aufgrund von Differenzierungsvorteilen gegenüber der Konkurrenz über dem Wettbewerbspreis, der wiederum über den Vollkosten liegt. Der *maximale Transferpreis* (auf der rechten Seite) entspricht im Beispiel den Produkt-Vollkosten I zuzüglich des Gesamtdeckungsbeitrags. In diesem Fall würde die Vertriebsgesellschaft bei Durchsetzung des Zielpreises am Markt gerade den Transferpreis sowie die eigenen Vertriebskosten decken. Der *minimale Transferpreis* entspricht den Produkt-Vollkosten I, wobei die produzierende Business Unit in diesem Fall keinen Gewinn erzielt. Ein realistischer Transferpreis liegt demnach zwischen diesen beiden Extremfällen. In Abschnitt 8.4 werden daher nur noch die verschiedenen Vor- und Nachteile diskutiert, die mit einem niedrigen bzw. hohen Aufschlag auf die Produkt-Vollkosten I verbunden sind.

Abbildung 8.2   Gesamtdeckungsbeitrag als Spielraum bei der Bestimmung des Transferpreisaufschlags

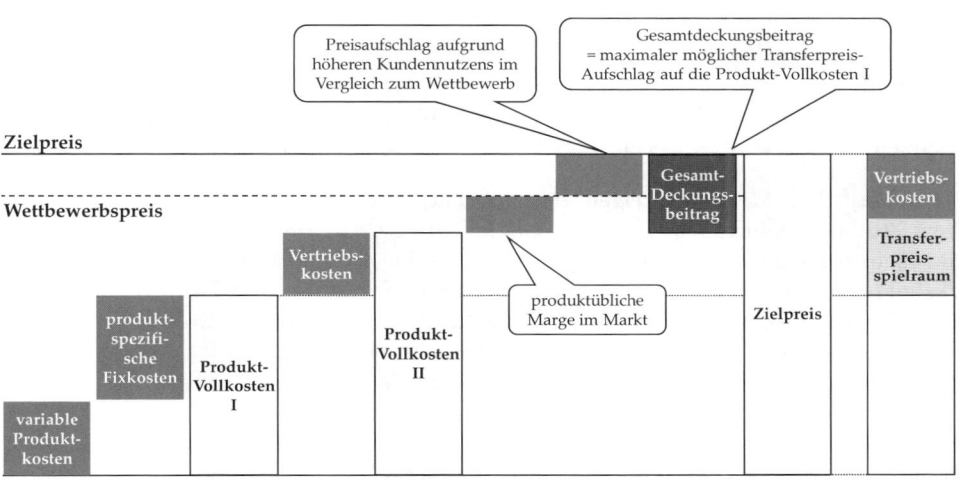

8.3.4   Steuerrechtliche Rahmenbedingungen von Transferpreisen

Zentral für die fiskalische Anerkennung des Transferpreissystems ist das sogenannte *Arm´s Length Principle* (Vögele/Borstell/Engler 2004). Kern dieses Ansatzes ist, dass der Transferpreis zu einer verbundenen Business Unit so ausgestaltet sein sollte, wie dies bei einem externen Geschäftspartner der Fall wäre. So muss die Lieferung oder Leistung im Interesse beider Geschäftspartner liegen, tatsächlich erbracht und betrieblich veranlasst sein und darf ihren Rechtsgrund nicht in der gesellschaftsrechtlichen Beziehung haben. Das *Arm´s Length Principle* lässt zwei grundsätzliche Ansätze zu: *transaktionsbezogene* und *nicht-transaktionsbezogene* Gewinnermittlungsmethoden.

Von einer *transaktionsbezogenen* Gewinnermittlungsmethode spricht man, wenn der Transferpreis für einzelne Transaktionen innerhalb der Wertschöpfungskette *unabhängig* aus der Sicht des erzielten Konzerngesamtergebnisses ermittelt wird. Unter die transaktionsbezogene Kategorie fallen die Preisvergleichs-, die Wiederverkaufspreis-, und die Kostenaufschlagsmethode. Bei der Preisvergleichsmethode werden geschätzte Verkaufspreise der Produktionsgesellschaft an Dritte (Innen-Vergleich) bzw. geschätzte Verkaufspreise des Wettbewerbs (Außen-Vergleich) herangezogen. Bei der *Wiederverkaufspreismethode* wird die Differenz zwischen einem marktüblichen Endpreis und einer marktüblichen Handelsspanne bzw. Vertriebsmarge gebildet, um den Transferpreis zu bestimmen. Die Kostenauf-schlagsmethode zeichnet sich dadurch aus, dass ein „üblicher" Gewinnaufschlag auf die zu bestimmenden Kosten aufgeschlagen wird.

Die *nicht-transaktionsbezogenen* Gewinnermittlungsmethoden, bei denen der Transferpreis über den Gewinn bestimmt wird, bilden die zweite Gruppe. Die Vorgehensweise besteht bei diesen Methoden darin, den gesamten Unternehmensgewinn auf einzelne Business Units oder Transaktionen herunterzubrechen und diesen disaggregierten Gewinn mit dem vergleichbarer Unternehmen (z.B. Wettbewerber) abzugleichen. Hierbei kann man sich am Gewinn (*Gewinnvergleichsmethode*), an einer Mindestrendite in Relation zum Geschäftsrisi-ko (*Gewinnaufteilungsmethode*) oder am Gewinn auf Produkt- oder Produktgruppenebene orientieren (*Nettomargenmethode*).

Die dargestellten Methoden zeigen, dass erhebliche Spielräume bei der Festlegung von Transferpreisen bestehen, die zur internen Steuerung und Durchsetzung von Zielpreisen und Zielmargen genutzt werden können. Werden die gewählten Transferpreise nicht an-erkannt, so besteht auch die Möglichkeit ein Transferpreissystem für fiskalische und eines für die Vertriebssteuerung einzusetzen (Zwei-Kreis-System) oder das Transferpreissystem durch Modifizierungen zu ergänzen (modifiziertes Ein-Kreis-System). Ausführliche Erläu-terungen hierzu finden sich in Weber/Stoffels/Kleindienst (2004).

8.4   Gestaltung von Transferpreisen zur Durchsetzung von Zielpreisen

Zur Durchsetzung von Zielpreisen über Transferpreise sind verschiedene Aspekte zu be-rücksichtigen. Zum einen muss der Transferpreis ausreichend hoch sein, um ein gewisses Zielpreisniveau im Vertrieb durchzusetzen. Zum anderen sollte er niedrig genug sein, um eine gewisse Wettbewerbsfähigkeit im dezentralen Markt gewährleisten zu können. Neben diesen Überlegungen sollte berücksichtigt werden, dass der Vertrieb die interne Marge der Produktionseinheit bei seinen Aktivitäten nicht berücksichtigt. **Abbildung 8.3** verdeutlicht diese Problematik grafisch. In der dargestellten Situation 1 erwirtschaftet die Vertriebsein-heit einen positiven Deckungsbeitrag und führt den Verkauf des Produktes durch. In Situ-ation 2 ist dies nicht der Fall. Obwohl der *konsolidierte Deckungsbeitrag* positiv ist, hat die Vertriebseinheit keinen Anreiz, den Verkauf durchzuführen, da der Deckungsbeitrag auf der eigenen Profit-Center-Ebene negativ ist. Wissenschaftliche Untersuchungen im Zu-sammenhang zu Transferpreissystemen bestätigen hierbei, dass der Vertriebsmanager im Sinne des eigenen Profit Centers handelt, auch wenn der Gewinn des Gesamtunternehmens möglicherweise darunter leidet (Kachelmeier/Towry 2002; Luft/Libby 1997).

Abbildung 8.3   Fehlanreize des dezentralen Vertriebs bei einer Profit-Center-Steuerung und einem Cost-Plus-Transferpreis

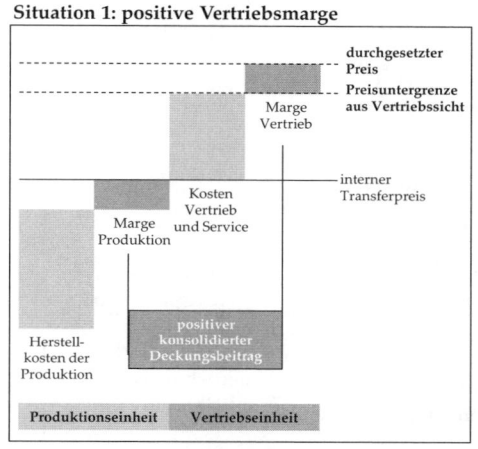

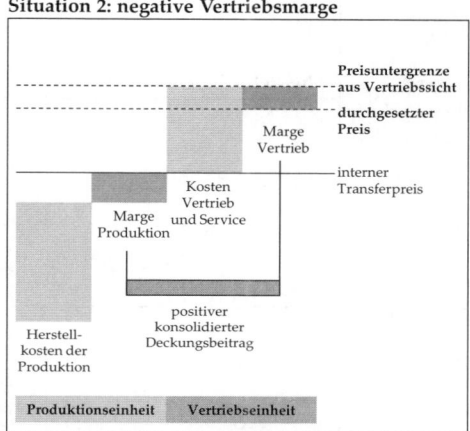

Wir diskutieren daher in diesem Abschnitt zunächst Aspekte der grundsätzlichen Gestaltung von Transferpreisen (Abschnitt 8.4.1) und gehen auch auf dynamische und strategische Aspekte der Transferpreissetzung ein (Abschnitt 8.4.2). In Abschnitt 8.4.3 behandeln wir schließlich den Zusammenhang zwischen Transferpreissystem und Anreiz- und Vergütungssystem der dezentralen Vertriebsgesellschaften.

8.4.1   Festlegung der Höhe von Transferpreisen

Bevor ein Transferpreis für ein Produkt bestimmt werden kann, ist idealtypisch zunächst der Zielpreis im Zielmarkt auf Basis der gemessenen oder abgeschätzten Zahlungsbereitschaft des Kunden zu bestimmen (vgl. hierzu ausführlich den Beitrag von Klarmann/Miller/Hofstetter in diesem Band). In einem nächsten Schritt ist der tatsächliche Preisspielraum unter Berücksichtigung rechtlicher Rahmenbedingungen, Wettbewerbseinflüssen sowie strategischer Überlegungen einzugrenzen (vgl. **Abbildung 8.4**). Hierbei ist die Wettbewerbsintensität nur einer von vielen Einflussfaktoren auf das Pricing. So könnte ein Unternehmen bei Produkten in frühen Phasen des Produktlebenszyklus eher gewillt sein, niedrige Preise zu setzen, um das Produkt am Markt zu etablieren (vgl. hierzu auch den Beitrag von Rese in diesem Band).

Abbildung 8.4   Theoretischer und tatsächlicher Preisspielraum
                     (Quelle: in Anlehnung an Monroe 2003, S. 12)

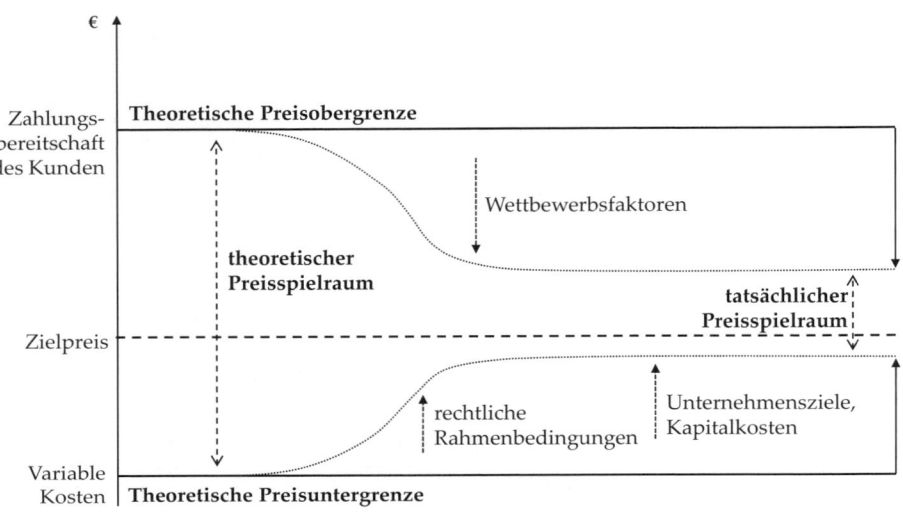

In einem zweiten Schritt ist dieser Zielpreis um typische Vertriebskosten, inklusive Marketing-, Finanzierungs- und Logistikkosten, zu bereinigen. Das Ergebnis ist der höchstmögliche Transferpreis, bei dem die Vertriebseinheit noch konkurrenzfähig am Markt ist (vgl. **Abbildung 8.5**). Diesem maximalen Transferpreis werden die Vollkosten der Produktion zuzüglich der Kosten für Fracht, Zoll, Verpackung usw. gegenübergestellt. Fixkostenanteile, die dem Produkt bzw. dem Kunden zugeordnet werden können, sollten annähernd verursachungsgerecht, z.B. auf Basis einer Prozesskostenrechnung, zugeschlüsselt werden (vgl. hierzu auch den Beitrag von Homburg/Totzek in diesem Band). Ein rein kostenbasierter Transferpreis entspricht dem geringstmöglichen Transferpreis, der von der produzierenden Business Unit in Rechnung gestellt werden kann (vgl. **Abbildung 8.5**).

Die Differenz aus diesen beiden theoretischen Transferpreisen ist der bereits in **Abbildung 8.2** beschriebene Gesamtdeckungsbeitrag aus Gesamtunternehmenssicht. Er besteht wiederum aus drei Blöcken: dem Betrag, der eingespart wird, weil die Vertriebseinheit *nicht* fremdbezieht (Marge I in **Abbildung 8.5**), dem Betrag, den die produzierende Business Unit realisieren könnte, wenn sie das Produkt direkt „ab Werk" vertreiben würde (Marge II), sowie einer zusätzlichen Marge, die theoretisch gesehen ein Exportunternehmen erhielte, das im Produktionsland kauft und im Zielland verkauft (Marge III). Da die Marge II oftmals nicht direkt ermittelt werden kann, lässt sich diese auch über einen Sollgewinn auf Basis der gewichteten Kapitalkosten bestimmen (Hummel/Kriegbaum-Kling/Schuhmann 2009).

Abbildung 8.5   Aufteilung unternehmensinterner Synergien bei der Festlegung von
Transferpreisen

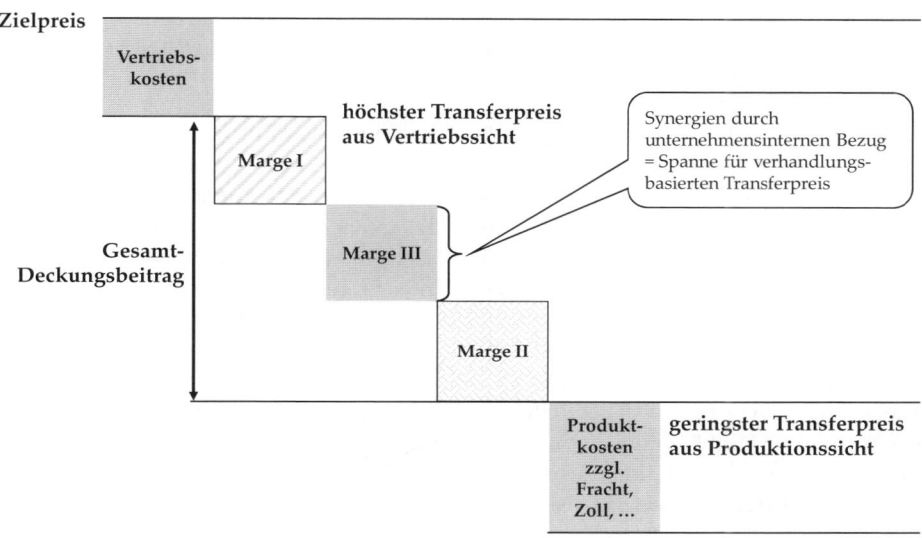

Der finale Transferpreis besteht damit in einem Aufschlag auf einen rein kostenbasierten Transferpreis, maximal den Gesamtdeckungsbeitrag. Die Höhe dieses Aufschlages hängt jedoch eng damit zusammen, ob einem oder beiden Bereichen ein Zugang zu einem externen Beschaffungsmarkt (Vertriebsgesellschaft) oder Absatzmarkt (produzierende Business Unit) gegeben ist und ob dieser Zugang auch gewährt wird. Ist dies nicht der Fall, so kann der Transferpreis abhängig von strategischen Überlegungen und in Einklang mit steuerrechtlichen Rahmenbedingungen frei gewählt werden. Seine Höhe richtet sich danach, wie der Gesamtdeckungsbeitrag auf beide Bereiche aufgeteilt wird, wobei die Produktkosten zzgl. Transferkosten wie Fracht und Zoll, wie in **Abbildung 8.5** dargestellt, die Transferpreis-Untergrenze bilden.

Besteht ein externer Marktzugang für eine der beiden Gesellschaften, so sollten beide Bereiche ein Interesse daran haben, den Transferpreis nicht zu hoch (Produktionssicht) bzw. nicht zu niedrig (Vertriebssicht) anzusetzen. In diesem Fall ist es sinnvoll, der Vertriebsgesellschaft die Marge I und der produzierenden Business Unit die Marge II zuzuschlagen. Beide Bereiche werden in diesem Fall nur noch fremdbeziehen, wenn interne Lieferengpässe auf Produktionsseite bzw. Absatzschwierigkeiten auf Vertriebsseite bestehen – eine Lösung, die aus Gesamtunternehmenssicht sinnvoll ist.

8.4.2 Laufende Anpassung von Transferpreisen an veränderte Marktbedingungen

Nach der Festlegung eines Transferpreisniveaus ist laufend zu prüfen, inwiefern der gewählte Transferpreis die internationale Marktbearbeitungsstrategie unterstützt. Hierbei gehen wir auf zwei ausgewählte Aspekte ein: *Veränderungen im Produktlebenszyklus* sowie *Veränderungen in der Marktbearbeitungsstrategie*.

Die Anpassung von Transferpreisen kann die Vermarktung von Produkten in verschiedenen Phasen des *Produktlebenszyklus* unterstützen (Bouwens/Steens 2008). Geht man davon aus, dass zu Beginn des Produktlebenszyklus die dezentrale Markteinführung durch vergleichsweise niedrige Endkundenpreise unterstützt werden kann, so sollte man einen besonders niedrigen, subventionierten Transferpreis wählen. Dieser niedrige Transferpreis setzt die produzierende Business Unit zugleich unter Produktivitätsdruck, mit zunehmender Produktionsmenge Kosteneinsparpotenziale zu realisieren. In der Wachstumsphase ist es dann möglich, den Transferpreis über den eigentlichen Kosten festzulegen, um höhere Zahlungsbereitschaften der Kunden abzuschöpfen und übermäßige Rabattvergabe auf Vertriebsseite zu vermeiden. Die Reife- und Sättigungsphase verlangen differenzierte Transferpreise im Hinblick auf die anvisierte Produktstrategie. Plant man den Produktlebenszyklus zu verlängern, kann es sinnvoll sein, das Preisniveau im Markt über einen weiterhin hohen Transferpreis „abzusichern", um so einer Preiserosion entgegenzutreten.

Möchte man hingegen das Produkt vom Markt nehmen, sollte man einen vergleichsweise sehr hohen Transferpreis wählen. Damit hat der Vertrieb ein Interesse, seinen Fokus auf andere Produkte zu legen und steht einer Produktelimination offener gegenüber (Homburg/Prigge 2008). Bei Produkten, deren Marktanteil nur über einen vergleichsweise niedrigen Preis gesichert werden kann, sollten zwar entsprechend vergleichsweise niedrige Transferpreise gesetzt werden, aber es sollte keine interne Subvention wie in der Einführungsphase erfolgen. **Abbildung 8.6** stellt diese Überlegungen grafisch dar.

Ähnliche Überlegungen ergeben sich hinsichtlich der *Marktbearbeitungsstrategie*. Verfolgt man hinsichtlich einzelner Produkte eine Kostenführerschaftsstrategie, so sollte die produzierende Business Unit Kostenabweichungen verantworten, um so einen Anreiz zu haben, Produktivitätspotenziale zu realisieren (Weber/Stoffels/Kleindienst 2004). In diesem Fall sollte der Transferpreis relativ niedrig ausfallen und auf Plan- bzw. Sollkostenbasis kalkuliert werden. Dies bedeutet, dass ex-post-Ineffizienzen, die nicht auf Mengen- oder Materialpreisveränderungen zurückzuführen sind, von der produzierenden Business Unit getragen werden müssen. Bei einer Differenzierungsstrategie hingegen sind grundsätzlich relativ hohe Transferpreise zu wählen. Dies stellt sicher, dass das Preispremium, das aufgrund der Differenzierung gerechtfertigt werden kann, vom Vertrieb auch am Markt durchgesetzt wird. Zum anderen spiegelt dieser höhere Transferpreis auch die höheren Produktionskosten kundenspezifischer Sonderwünsche und Differenzierungselemente wider.

Abbildung 8.6 Möglichkeiten der Preisdurchsetzung über Transferpreise entlang des Produktlebenszyklus

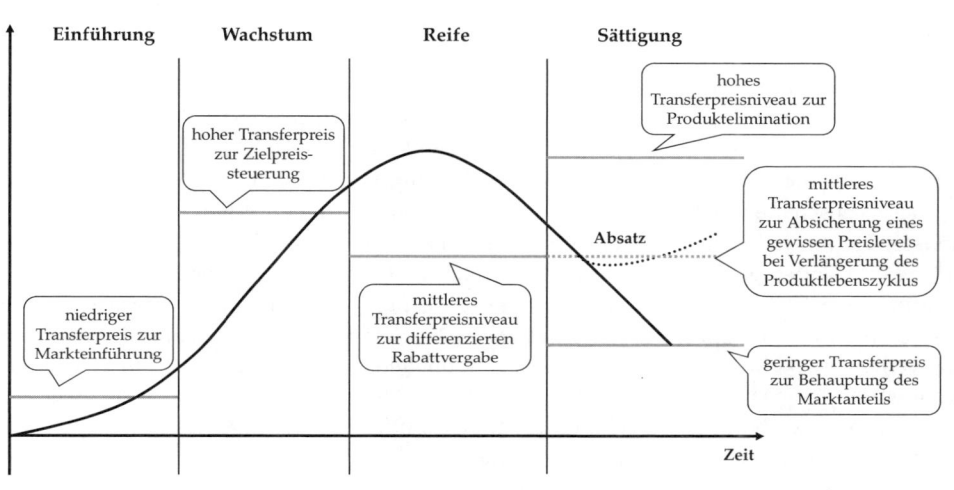

8.4.3 Organisatorische Aspekte der Transferpreissetzung

Die bisherigen Ausführungen gingen davon aus, dass der Transferpreis zentral festgelegt wird, d.h. die betroffenen Manager der produzierenden Business Unit und der Vertriebsgesellschaft haben keinen Einfluss auf die Höhe des Transferpreises. Alternativ kann der Verrechnungspreis allerdings auch über Verhandlungen zwischen den beteiligten Managern ermittelt werden. Für einen Einbezug des dezentralen Vertriebs in die Transferpreissetzung spricht die Erfahrung, dass die Vertriebsmanager oftmals besser ihren lokalen Markt und die Zahlungsbereitschaften einzelner Kunden kennen als die Zentrale. So kann der dezentrale Vertrieb z.B. auch einzelne Produktlebenszyklusphasen besser abschätzen. Zudem konnte in Studien gezeigt werden, dass verhandelte Verrechnungspreise von allen beteiligten Managern als deutlich fairer wahrgenommen werden als zentral festgelegte Verrechnungspreise (Ghosh 1994) und somit die Motivation des Vertriebs steigern. Gegen einen Einbezug des dezentralen Vertriebs spricht dessen Interesse, die Transferpreise möglichst niedrig ausfallen zu lassen, um Flexibilität bei der Endkundenpreissetzung zu haben und hohe Gewinne auszuweisen. Zudem werden Managementkapazitäten in Verhandlungen gebunden (Liao/Sawers 2005).

Studien zeigen hierzu, dass der Einbezug der beteiligten Vertriebsmanager insbesondere dann sinnvoll ist, wenn eine ungenaue Kostenkalkulation vorliegt, so dass anschließende Verhandlungsprozesse den Verrechnungspreis absatzmarktgerecht „geradebiegen" müssen (Dikolli/Vaysman 2006). Zudem sollten Verhandlungen dann ermöglicht werden, wenn die beteiligten Vertriebs- und Produktionsmanager davon ausgehen, dass sie auch noch in den nächsten Jahren zusammenarbeiten. Unter diesen Umständen haben alle Beteiligten einen Anreiz, sich kooperativ zu verhalten (Ravenscroft/Haka/Chalos 1993). Das Ziel der Durchsetzung von Zielpreisen kann über vom Top Management festgelegte und nicht verhandelbare Preisober- und Preisuntergrenzen in Form von Preisbändern erreicht werden.

Eine weitere Entscheidung, die im Zusammenhang mit Transferpreisen zu treffen ist, ist die zwischen *standardisierten* oder *differenzierten Transferpreisen*. Standardisierung bedeutet dabei, dass jede Landesgesellschaft für das gleiche Produkt auch denselben Transferpreis entrichtet. In diesem Fall müssen regionale Zahlungsbereitschaften vollständig von den Landesgesellschaften kalkuliert und abgeschöpft werden. Im Fall differenzierter Transferpreise wird ein individueller Transferpreis pro Landesgesellschaft oder Region ermittelt, der bereits landesspezifische Preisanpassungen enthält. Der Vorteil der Standardisierung liegt in seiner Einfachheit und einer größeren Akzeptanz auf Seiten des Vertriebs, da alle Landesgesellschaften gleich behandelt werden. Die Gefahr besteht allerdings darin, intern zu wenig Druck über den Transferpreis aufzubauen, unterschiedliche Zahlungsbereitschaften landesspezifischer Kunden abzuschöpfen. Da die Ausgestaltung differenzierter Transferpreise zu hoher unternehmensinterner Komplexität führt, kann ein Kompromiss darin bestehen, markt- bzw. landesspezifische Transferpreise festzulegen und kundenspezifisch unterschiedliche Zahlungsbereitschaften im Zielland im Transferpreis nicht weiter zu berücksichtigen.

Schließlich ist über die *Komplexität des Transferpreissystems* zu entscheiden. Hier ist auf einen angemessenen Detaillierungsgrad in der Transferpreissetzung zu achten. Je nach Größe und Differenziertheit des Produktportfolios kann es sinnvoll sein, Transferpreise auf Produkt-, Modul-, oder Produktgruppenebene festzulegen und einzelne Varianten ausgehend von einem Standardprodukt per Schlüsselung zu bepreisen. Zusätzlich kann es sinnvoll sein, Transferpreise für Produktbündel festzulegen, die in dieser Form häufig von Endkunden bezogen werden. Eine höhere Aktualität der Transferpreise wird erreicht, indem Gleitklauseln für die Änderung von Rohstoffpreisen oder Wechselkursschwankungen aufgenommen werden.

8.4.4 Verzahnung von Transferpreissystem und Vertriebssteuerung

Sobald der Transferpreis pro Produkt bzw. Produktvariante festgelegt ist, muss zudem sichergestellt sein, dass die Profit-Center-Steuerung nicht zu suboptimalen Entscheidungen für das gesamte Unternehmen führt. Dies kann erreicht werden, indem sowohl der produzierenden Business Unit als auch der Landesgesellschaft ein durchgerechnetes Ergebnis zur Verfügung gestellt wird. Dieses durchgerechnete Ergebnis spiegelt den konsolidierten Deckungsbeitrag pro Produkt aus Sicht des gesamten Unternehmens wider (vgl. **Abbildung 8.5**). Es entspricht den gesamten unternehmensinternen Synergien, die bei der Transferpreissetzung zwischen beiden Bereichen aufgeteilt wurden. Wird das Vertriebsmanagement in der Landesgesellschaft diesbezüglich informiert, so kann es bei jeder Preisverhandlung die Profit-Center-Marge *und* den konsolidierten Deckungsbeitrag pro Produkt berücksichtigen. Dieses Modell stellt sicher, dass Absatz- und Qualitätsprobleme der Produkte am Markt direkt für die produzierende Business Unit schmerzhaft spürbar werden und die Marge der lokalen Vertriebseinheiten direkt von Produktions- und Entwicklungskosten betroffen ist. Es macht zudem transparent, welche Transaktionen für das gesamte Unternehmen wertschaffend sind.

Damit dieses Modell nicht nur eine reine Informationsfunktion hat, besteht zudem die Möglichkeit, die Vertriebs- und Produktionsmanager auch nach diesem durchgerechneten Ergebnis zu steuern, z.B. indem die Vergütung der Vertriebsleiter teilweise vom Gewinn ihrer Landesgesellschaft und teilweise vom Gewinn des gesamten Unternehmens abhängt. Hierbei sollte man sich allerdings bewusst sein, dass die Vertriebsmanager nur einen begrenzten Einfluss auf den Gesamtunternehmensgewinn ausüben. Um das Prinzip der Ergebnisverantwortlichkeit nicht zu massiv zu verletzen, sollte der Einfluss des Unternehmensgewinns auf die variable Vergütung der Vertriebsmanager daher begrenzt sein.

Abbildung 8.7 verdeutlicht die Grundstruktur des klassischen Margenmodells und des Modells mit einem durchgerechneten, konsolidierten Ergebnis. Auf das Margenmodell kann nur dann verzichtet werden, wenn die Vertriebsgesellschaft keine rechtlich selbständige Einheit ist bzw. nicht als Profit Center geführt wird. Dies ist allerdings bei Landesgesellschaften normalerweise nicht der Fall.

Abbildung 8.7   Profit-Center-Modell versus durchgerechnetes Ergebnis
(Quelle: in Anlehnung an Homburg/Jensen 2004)

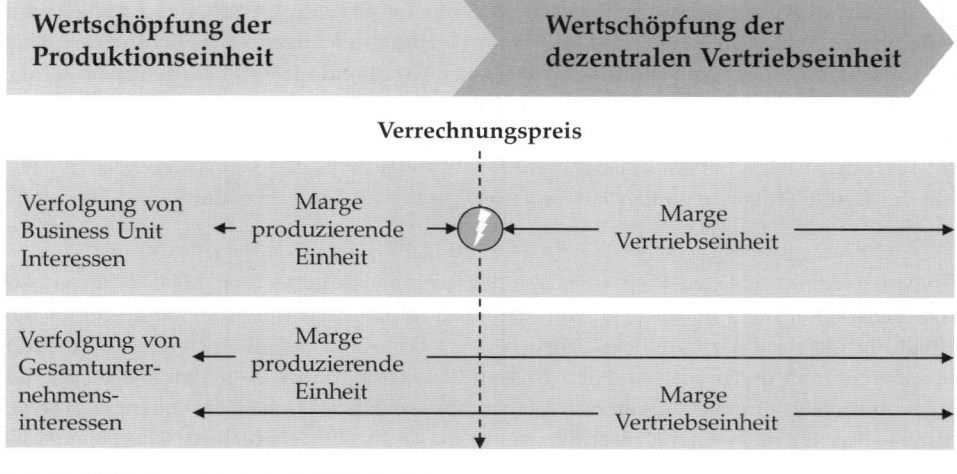

8.5   Durchsetzung von Zielpreisen in dezentralen Landesgesellschaften anhand eines Fallbeispiels aus dem Maschinenbau

Im nachfolgenden Abschnitt wird die Problematik einer historisch gewachsenen Preisarchitektur zwischen dem Headquarter (Produktion, Vertrieb) und einer Landesgesellschaft (nur Vertrieb) näher untersucht. Anschließend werden verschiedene Korrekturstufen diskutiert, um die Konstellation nachhaltig für das Unternehmen zu verbessern.

8.5.1   Ausgangssituation und Problemstellung

Das zugrunde liegende Maschinenbauunternehmen beschäftigt ca. 7.000 Mitarbeiter bei einem Jahresumsatz von ca. 1,5 Mrd. €. Der Großteil des internationalen Geschäfts wird über 20 Landesgesellschaften in Form von Profit Centern abgedeckt. Länder mit einer geringeren „Ausbaustufe" werden über eigenständige Vertriebsmittler (Distributoren, Vertreter) versorgt. Das Kundenportfolio erstreckt sich über mittelgroße Firmen mit regionalem bis nationalem Fokus bis hin zu Großkunden (Key Accounts), die global agieren und in den gleichen Märkten eigene Gesellschaften führen wie das vorgestellte Beispielunternehmen. Das zentrale Produkt wird zu Selbstkosten von 400 € durch das Headquarter in Deutschland hergestellt. Der interne Transferpreis zwischen Headquarter und der Niederlassung in Russland liegt bei 500 € und basiert auf einer Kostenkalkulation inklusive einem leichten Aufschlagsfaktor zur Deckung sonstiger Kosten.

Auf Basis dieser Konstellation sind in der Vergangenheit erhebliche Schwierigkeiten im Preismanagement, vor allem im Geschäft mit internationalen Key Accounts, aufgetreten, wie folgender Ablauf vereinfacht beschreibt: Ein Großkunde bestellt das Produkt über seine Niederlassung in Finnland direkt beim Headquarter unseres Beispielunternehmens in Deutschland (angebotener Preis: 1.000 €). Der Großkunde fragt außerdem parallel das identische Produkt in der russischen Landesgesellschaft unseres Unternehmens an. Er erhält ein Angebot über 750 €. Die daraus resultierende Inkonsistenz der beiden Angebote führt zu einer Eskalation auf Management-Ebene sowie einer deutlich gesteigerten Sensibilität des Großkunden gegenüber Headquarter-Preisen für übrige Produkte und Dienstleistungen.

Zuvor hat der Kunde den Preis über das deutsche Headquarter von 1.000 € anstandslos akzeptiert, da er nicht in der Lage war, das Produkt über einen Drittanbieter – unter Beibehaltung gleich hoher Qualitätsansprüche – zu beziehen. Die deutlich gesunkene Zahlungsbereitschaft der finnischen Niederlassung des Großkunden liegt also klar in der hinzugekommenen Vergleichbarkeit der Angebotspreise. Die logische Konsequenz aus dieser Historie liegt daher in einer Preiserhöhung für dieses Produkt in der russischen Niederlassung.

8.5.2   Fünfstufiger Lösungsvorschlag zur Durchsetzung von Zielpreisen

Nachfolgend werden fünf Stufen vorgestellt, um die historisch gewachsene Preiskonstellation zwischen dem Headquarter und – in diesem Beispiel – der russischen Niederlassung zu korrigieren. Dabei stellt jede weitere Stufe eine stärkere Zentralisierung des Preismanagements bei eingeschränkterem Entscheidungsspielraum der Landesgesellschaft dar. Den Ausgangspunkt bildet eine Adjustierung des Transferpreisniveaus. **Abbildung 8.8** stellt diesen fünfstufigen Ansatz im Überblick dar.

Abbildung 8.8   Fünfstufiger Ansatz zur Durchsetzung von Zielpreisen

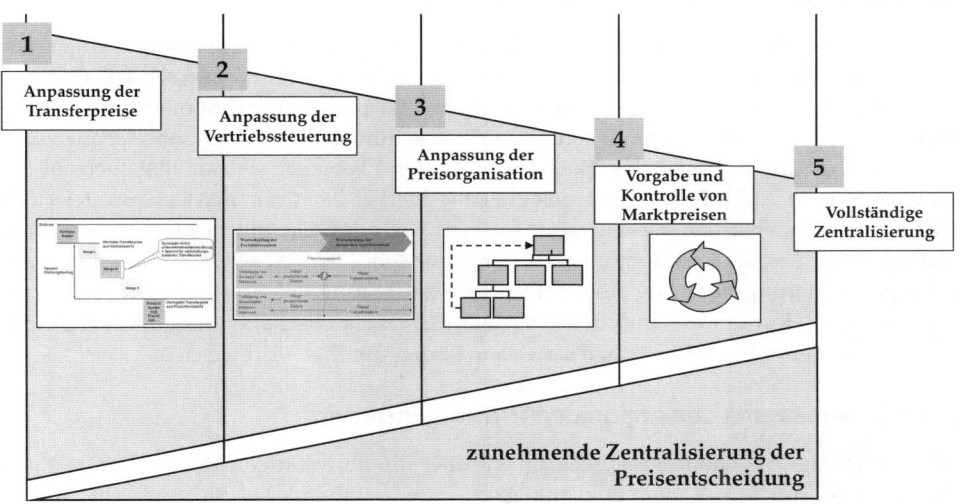

Stufe 1: Anpassung der Transferpreise

Unter der Annahme eines rationalen Verhaltens der Landesgesellschaft kann das Headquarter über den Transferpreis das Mindestniveau des Marktpreises beeinflussen bei gleichzeitiger Festlegung und Kontrolle der prozentualen Produktmarge. Die unterschiedlichen Transferpreisniveaus sollten dabei den individuellen Marktbedingungen gerecht werden. Innerhalb einer Region können zudem unterschiedliche Transferpreis-Staffeln angewendet werden, um eine feinere Preisdifferenzierung in den Märkten, z.B. entlang des Produktlebenszyklus, zu bewirken. Die Herausforderung der Transferpreisgestaltung liegt darin, die russische Tochtergesellschaft nicht „aus dem Markt zu preisen", einen Fremdbezug der Landesgesellschaft zu vermeiden und gleichzeitig ein Preisniveau gegenüber dem finnischen Kunden zu etablieren, das deutlich über 750 € liegt.

Die alleinige Anpassung der Transferpreise kann allerdings dazu führen, dass aus Gesamtunternehmenssicht profitable Geschäfte von der russischen Gesellschaft nicht mehr durchgeführt werden. Wenn das lokale Management an der Performance lokaler Zielgrößen gemessen und incentiviert wird, die eventuell sogar der Zielsetzung des Headquarters widersprechen, besteht eine grundsätzliche Hürde in der Durchsetzung sinnvoller Marktpreisniveaus. In unserem Beispiel lag die Zielsetzung für die Landesgesellschaft in der Umsatzoptimierung bei gleichzeitigem Abbau der Lagerbestände. Diese Vorgabe führte im vorgestellten Fall zu einer deutlich geringeren Bepreisung in der russischen Landesgesellschaft gegenüber dem Headquarter, das eine globale Gewinnoptimierung anstrebt. Zudem besteht weiterhin die in **Abbildung 8.3** dargestellte Möglichkeit, dass eine zu geringe Gewinnmarge (z.B. bei Anhebung des Transferpreises von 500 € auf 900 €) in der russischen Tochtergesellschaft dazu führt, dass das Produkt überhaupt nicht mehr verkauft wird.

Stufe 2: Anpassung der Vertriebssteuerung

Wie in Abschnitt 8.4.4 dargestellt, sollte die Gestaltung von Transferpreisen in enger Verzahnung mit der Vertriebssteuerung, d.h. den Anreiz- und Vergütungssystemen, erfolgen. In unserem Beispiel wäre es daher konsequent, die alleinige Umsatzoptimierung der russischen Tochtergesellschaft aufzuheben und teilweise durch eine Gewinnoptimierung zu ersetzen, d.h. die Zielvorgaben des lokalen Managements beziehen sich anteilig auch auf den Gewinn. Wie in **Abbildung 8.3** dargelegt, sollte hierbei nicht nur der Gewinn der russischen Tochtergesellschaft relevant sein, sondern auch der Gewinn des Gesamtunternehmens. Da sich Anreiz- und Vergütungssysteme nur sehr langsam anpassen lassen und Änderungen erklärungsbedürftig sind, sollte die Abstimmung von strategischen Zielsetzungen zwischen Headquarter und den einzelnen Landesgesellschaften möglichst früh, d.h. deutlich vor der eigentlichen Transferpreisanpassung durchgeführt werden.

Stufe 3: Anpassung der regionalen Preisorganisation

Oftmals verfügt die Landesgesellschaft nicht über die notwendigen Ressourcen im Preismanagement, um dem Thema aus strategischer und methodischer Sicht gerecht zu werden. Daher besteht ein weiterer Schritt darin, die Organisation der Landesgesellschaft um ausgewiesene Experten im Preismanagement zu erweitern. Aktuell sehen wir einige Anstrengungen von Unternehmen des exportstarken deutschen Maschinenbaus, ihre Gesellschaften hierbei zu unterstützen. Diese neuen Mitarbeiter kümmern sich in der Regel ausschließlich um das Thema Preismanagement und waren oft selbst an der Konzeption der Preissteuerung im Headquarter beteiligt. Sie berichten sowohl an das globale Pricing-Management im Headquarter als auch an das Management der Landesgesellschaft. Ein Zitat aus dem *Wall Street Journal* vom 27. März 2007 beschreibt dies für das Unternehmen Parker Hannifin Corp. sehr treffend: *„Each of Parker's 115 divisions now has at least one of its own pricing gurus - specialists who act as gatekeepers and enforcers of strategic pricing."*

Stufe 4: Vorgabe und Kontrolle von Marktpreisen

Führen die ersten drei Schritte nicht zum Erfolg, besteht die in der Einleitung angedeutete Möglichkeit, Marktpreise direkt vorzugeben. In diesem Fall berechnet das globale Pricing-

Team die Marktpreise entlang der entwickelten internationalen Systematik und gibt diese dem Management der Landesgesellschaft direkt vor. Entscheidend ist die Kontrolle der Preisdurchsetzung am Markt und die Aufstellung und Umsetzung notwendiger Maßnahmen bei Nichteinhaltung. Um den Aufwand der Preisvorgabe einzugrenzen, empfiehlt sich z.B. der Fokus auf die umsatzstärksten Teile („80:20-Regel"). Die Kontrolle der Preisdurchsetzung sollte über den Pricing-Mitarbeiter vor Ort abgedeckt werden. Diese Stufe kann auch sehr kurzfristig zum Tragen kommen. Es ist keine Anpassung des ERP-Systems notwendig, da letztlich immer noch die Landesgesellschaft die Preise in das dezentrale System eingibt.

Stufe 5: Vollständige Zentralisierung der Marktpreisgestaltung

In letzter Konsequenz zentralisiert das Headquarter das Preismanagement der Landesgesellschaft vollständig und gibt die Preise direkt in das System ein. Die Landesgesellschaft kann die Preise nun nur noch bedingt anpassen, z.B. im Falle einer Verhandlungssituation bei einem kundenindividuellen Angebot. In diesem Fall liegt dann aber eine Ausnahmesituation vor, die über einen festgelegten Prozess abgebildet und dokumentiert sein sollte. Der Schritt einer vollständigen Zentralisierung ist der drastischste und erlaubt dem dezentralen Management der Tochtergesellschaft keinerlei Spielräume in Preisverhandlungen mit Kunden mehr. Schon allein aus Gründen des Aufwands für das globale Preismanagement, die Marktpreise der Region(en) zu pflegen, sollte diese Konstellation keine Dauerlösung sein. Man beobachtet derzeit, dass Unternehmen, die diese Eskalationsstufe wählen, organisatorische oder strukturelle Anpassungen betreiben, um mittel- bis langfristig der Landesgesellschaft wieder mehr Möglichkeiten in der regionalen Preisgestaltung übertragen zu können.

8.6   Fazit und Handlungsempfehlungen

Ausgangspunkt des vorliegenden Beitrags war die Problematik der Durchsetzung von Zielpreisen in dezentralen Landesgesellschaften. Hierzu kann die adäquate Setzung von Transferpreisen einen Beitrag leisten, da der Transferpreis aus Sicht der Vertriebsgesellschaft die Produktkosten darstellt und somit direkte Wirkung auf die Preiskalkulation ausübt. Zur Absicherung von Zielpreisen über Verrechnungspreise lassen sich auf Basis der Literatur und auf Basis von Erfahrungen aus der Unternehmenspraxis folgende Empfehlungen aussprechen:

■ Transferpreise, die lediglich auf Basis von steuerlichen Überlegungen zustande kommen, vernachlässigen mögliche Einflüsse auf den Vertrieb. Es ließe sich leicht ein Beispiel konstruieren, bei dem der Gewinn aus Steueroptimierung durch suboptimales Vertriebsverhalten mehr als überkompensiert wird. Daher sind rein steueroptimierte Verrechnungspreise nicht optimal.

■ Sowohl systematisch zu niedrige als auch systematisch zu hohe Transferpreise gefährden den Vertriebserfolg. Dementsprechend sind eine laufende Überprüfung des Trans-

ferpreissystems und eine verursachungsgerechte Produktkostenzuordnung Voraussetzungen für eine professionelle Transferpreissetzung.

■ In B2B-Märkten sind kostenbasierte Verrechnungspreise mit einem Gewinnaufschlag
zielpreis- und marktpreisbasierten Ansätzen überlegen, da letztere in der Praxis schwer
implementierbar sind und hohe Anforderungen an preisbezogene Informationen stellen.

■ Ein sinnvoller Transferpreis berücksichtigt, dass beide innerbetrieblichen Vertragspart-
ner ihre Kosten decken können und somit einen Anreiz haben, im Sinne des Unternehmensgewinns zusammenzuarbeiten. Der Spielraum der Transferpreissetzung besteht
damit aus den Synergien dieser Zusammenarbeit. In den meisten Fällen ist es sinnvoll,
diese Synergien in gemeinsamen Verhandlungen aufzuteilen. Vorgegebene Preisbänder können das Verhandlungsergebnis auf einen gewissen Spielraum beschränken.

■ Beiden innerbetrieblichen Vertragspartnern sollte auch der durchgerechnete Gesamtdeckungsbeitrag auf Unternehmensebene zur Verfügung gestellt werden. Eine höhere
Anreizorientierung ergibt sich, wenn die variable Vergütung des Vertriebsmanagers
nicht nur von seinem Profit-Center-Ergebnis, sondern auch von der Gewinnentwick-
lung des Gesamtunternehmens abhängt.

■ Reicht die Setzung anspruchsvoller Transferpreisniveaus mit einer engen Verzahnung
von Anreiz- und Vergütungssystemen nicht aus, so müssen weitere Schritte einer Zentralisierung der Preisentscheidung in Betracht gezogen werden. Neben einem regionalen Preismanager mit Berichtspflicht zur Zentrale besteht die Möglichkeit, die Zielpreise dem lokalen Management vorzugeben und deren annähernde Einhaltung zu kontrollieren. Eine vollständige Zentralisierung ist dann erreicht, wenn die Zentrale nicht-
verhandelbare Preise vorgibt – ein Zustand, der aufgrund von besserer Marktkenntnis
des dezentralen Vertriebs langfristig nicht erstrebenswert ist.

Literatur

Anthony, R. N., Dearden, J., Govindarajan, V. (1992), Management Control Systems, 7. Aufl., Home-
wood.
Baldenius, T., Melumad, N. D., Reichelstein, S. (2004), Integrating Managerial and Tax Objectives in
Transfer Pricing, The Accounting Review, 79, 3, 591-615.
Bouwens, J., Steens, B. (2008), The Economics of Full Cost Transfer Pricing, Working Paper, beziehbar
unter http://papers.ssrn.com/sol3/papers.cfm?abstract_id=1329404.
Dikolli, S. S., Vaysman, I. (2006), Information Technology, Organizational Design and Transfer Pricing,
Journal of Accounting and Economics, 41, 1-2, 203-236.
Diller, H. (2008), Preispolitik, 4. Aufl., Stuttgart.
Ernst & Young (2003), Transfer Pricing 2003 Global Survey.
Ewert, R., Wagenhofer, A. (2008), Interne Unternehmensrechnung, 7. Aufl., Berlin.
Frenzen, H., Hansen, A.-K., Krafft, M., Mantrala, M. K., Schmidt, S. (2010), Delegation of Pricing Au-
thority to the Sales Force: An Agency-Theoretic Perspective of Its Determinants and Impact on
Performance, International Journal of Research in Marketing, 27, 1, 58-68.
Ghosh, D. (1994), Intra-firm Pricing: Experimental Evaluation of Alternative Mechanisms, Journal of
Management Accounting Research, 6, 78-92.

Hansen, A.-K., Krafft, M., Joseph, K. (2008), Price Delegation in Sales Organizations: An Empirical Investigation, Business Research, 1, 1, 94-104.

Homburg, Ch., Daum, D. (1997), Marktorientiertes Kostenmanagement, Frankfurt.

Homburg, Ch., Jensen, O. (2004), Internationale Marktbearbeitung und internationale Unternehmensführung: Zwölf Thesen, Arbeitspapier Nr. M91, Reihe Management Know-how, Institut für Marktorientierte Unternehmensführung, Universität Mannheim.

Homburg, Ch., Prigge, J. (2008), Product Elimination Excellence: Systematische Portfolio-Bereinigung im B2B-Bereich, Arbeitspapier Nr. M115, Reihe Management Know-how, Institut für Marktorientierte Unternehmensführung, Universität Mannheim.

Homburg, Ch., Jensen, O., Schuppar, B. (2004), Pricing Excellence: Wegweiser für ein professionelles Preismanagement, Arbeitspapier Nr. M90, Reihe Management Know-how, Institut für Marktorientierte Unternehmensführung, Universität Mannheim.

Hummel, K., Pedell, B. (2009), Verrechnungspreissysteme in der Unternehmenspraxis, Controlling, 21, 11, 578-584.

Hummel, K., Kriegbaum-Kling, C., Schuhmann, S. (2009), Verrechnungspreisgestaltung im internationalen Produktverbund – Darstellung am Beispiel der Firma Trumpf, Controlling, 21, 11, 598-603.

Hyde, C., Choe, C. (2005), Keeping Two Sets of Books: the Relationship between Tax and Incentive Transfer Prices, Journal of Economics and Management Strategy, 14, 1, 165-186.

Kachelmeier, S. J., Towry, K. L. (2002), Negotiated Transfer Pricing: Is Fairness Easier Said than Done?, The Accounting Review, 77, 3, 571-593.

Kaplan, R., Atkinson, A. A. (1998), Advanced Management Accounting, 3. Aufl., New Jersey.

Kreuter, A. (1999), Verrechnungspreise in Profit-Center Organisationen, 2. Aufl., München.

Liao, K. M., Sawers, W. M. (2005), An Experimental Comparison of Transfer Pricing Methods Under High and Low Private Information, Working Paper, beziehbar unter http://papers.ssrn.com/sol3/papers.cfm?abstract_id=773404.

Luft, J. L., Libby, R. (1997), Profit Comparisons, Market Prices and Managers' Judgments about Negotiated Transfer Prices, The Accounting Review, 72, 2, 217-229.

Merchant, K. A., Shields, M. D. (1993), When and Why to Measure Costs Less Accurately to Improve Decision Making, Accounting Horizons, 7, 2, 76-81.

Monroe, K. B. (2003), Pricing – Making Profitable Decisions, 3. Aufl., New York.

Mühlmeyer, J., Belz, Ch. (2001), Internationale Märkte: Wie sich die Preise harmonisieren lassen, Harvard Business Manager, 4/2001, 74-84.

Pfaff, D., Stefani, U. (2006), Verrechnungspreise in der Unternehmenspraxis, Controlling, 18, 10, 517-524.

Ravenscroft, S. P., Haka, S. F., Chalos, P. (1993), Bargaining Behavior in a Transfer Pricing Experiment, Organizational Behavior and Human Decision Processes, 55, 3, 414-443.

Scholl, M., Totzek, D. (2010), Die Preispolitik professionalisieren, Harvard Business Manager, 4/2010, 43-50.

Vögele, A., Borstell, T., Engler, G. (2004), Handbuch der Verrechnungspreise – Betriebswirtschaft, Steuerrecht, OECD- und US-Verrechnungspreisrichtlinien, 2. Aufl., München.

Weber, J., Stoffels, M., Kleindienst, I. (2004), Internationale Verrechnungspreise im Konzern, Reihe Advanced Controlling, Band 40, Weinheim.

Wolff, M., Staubach, S., Lindstädt, H. (2008), Einsatz und Wirksamkeit marktnaher Verrechnungspreise, Die Unternehmung, 62, 2, 146-166.

Dritter Teil

Erfahrungen aus ausgewählten Branchen

9 Systematisches Preismanagement im Maschinenbau

Rolf Kunold / Daniel Antolin

Rolf Kunold ist Partner und Leiter des Kompetenzzentrums Industrial Goods & Machinery bei Homburg & Partner, Mannheim, München und Boston, einer international tätigen Unternehmensberatung.

Daniel Antolin ist Project Manager im Kompetenzzentrum Industrial Goods & Machinery bei Homburg & Partner.

9.1 Hintergrund und Ausgangslage im Maschinenbau

Der Druck auf die Maschinenbauer, insbesondere die Komponentenhersteller, hat sich in den letzten Krisenjahren immer weiter verstärkt: Extremer Preis- und Qualitätsdruck, zunehmender Einsatz von Online-Verhandlungen und Forderungen nach „Quick Savings" von Seiten der Kunden sowie erhöhte Material- und Energiekosten sind nur einige Herausforderungen, denen Maschinenbauer in diesem Zusammenhang ausgesetzt sind. **Abbildung 9.1** zeigt diese und weitere Felder auf, aus denen sich ein zunehmender Preisdruck auf die Anbieter ergibt (Homburg/Beutin/Jensen 2005).

Abbildung 9.1   Zentrale Ursachen für den hohen wahrgenommenen Preisdruck im Maschinenbau

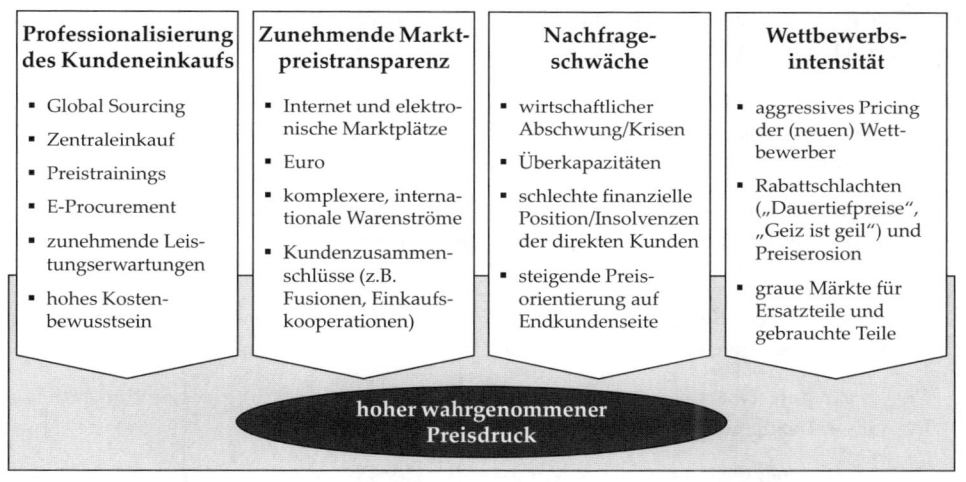

Professionalisierung des Kundeneinkaufs	Zunehmende Markt-preistransparenz	Nachfrage-schwäche	Wettbewerbs-intensität
• Global Sourcing • Zentraleinkauf • Preistrainings • E-Procurement • zunehmende Leistungserwartungen • hohes Kostenbewusstsein	• Internet und elektronische Marktplätze • Euro • komplexere, internationale Warenströme • Kundenzusammenschlüsse (z.B. Fusionen, Einkaufskooperationen)	• wirtschaftlicher Abschwung/Krisen • Überkapazitäten • schlechte finanzielle Position/Insolvenzen der direkten Kunden • steigende Preisorientierung auf Endkundenseite	• aggressives Pricing der (neuen) Wettbewerber • Rabattschlachten („Dauertiefpreise", „Geiz ist geil") und Preiserosion • graue Märkte für Ersatzteile und gebrauchte Teile

hoher wahrgenommener Preisdruck

Um sich auf dem Markt weiterhin behaupten zu können und den eigenen Unternehmensgewinn stabil zu halten bzw. zu erhöhen, waren bisher Kostenreduktionsprogramme sowie Absatzsteigerungsstrategien beliebte Ansätze. Nach Jahren der Rationalisierung und Konsolidierung ist jedoch der Spielraum für Kostensenkungen gering geworden. Absatzerhöhungsszenarien waren für die meisten deutschen Maschinen- und Anlagebauer in den vergangenen, harten Jahren sicherlich eher Wunschdenken als realistische Ansätze. Auch wenn sich die Lage inzwischen etwas entspannt hat, bleibt trotzdem die Frage, welche weiteren Möglichkeiten genutzt werden können, um positive Ergebnisbeiträge in Krisen und auch in Wachstumszeiten zu generieren.

Betrachtet man die wichtigsten Einflussgrößen auf den Unternehmensgewinn, so zeigt sich, dass neben Umsatz und Kosten der Preis eine entscheidende Rolle spielt. Vergleicht man jedoch die Höhe der Professionalität, mit der diese drei Einflussgrößen im Maschinenbau behandelt werden, lässt sich für das Management der Preise ein hohes Defizit feststellen (Homburg/Jensen/Schuppar 2004). Preise werden in den meisten Fällen reaktiv gestaltet und sind häufig allein eine Funktion aus den Produktkosten sowie den vom Verkaufspersonal subjektiv empfundenen Markt- bzw. Wettbewerbspreisen. Hierbei hat das Verkaufspersonal große Preisspielräume und große Eigenverantwortung. Dies ist zwar auf der einen Seite sinnvoll, da es wichtige Flexibilität gewährleistet. Es birgt auf der anderen Seite aber die Gefahr eines hohen Verlustpotenzials, wenn dieser Preisspielraum nicht systematisch angewendet und kontrolliert wird (Beutin/Schuppar 2002 sowie der Beitrag von Hake/Krafft in diesem Band). So hat der Konzern General Electric errechnet, dass aufgrund unzureichenden Preismanagements bis zu fünf Milliarden US-$ im Jahr verloren gehen könnten (Stewart 2006). Hierbei ist jedoch die genaue Summe nicht bestimmbar, da nicht bekannt ist, wie viel die Kunden wirklich zu zahlen bereit sind.

Werden die Herausforderungen, die sich somit für das Preismanagement ergeben, klassifiziert, so können in Anlehnung an Homburg/Jensen/Schuppar (2004, 2005) sechs Dimensionen für ein systematisches Preismanagement identifiziert werden (vgl. hierzu auch den Beitrag von Homburg/Totzek in diesem Band):

1. *Preisstrategie*: Positionierung des Unternehmens am Markt in Bezug auf Produkte, Wettbewerber und Kunden. Die Preisstrategie gibt das Rahmenwerk vor und ist somit die Grundlage für ein systematisches Preismanagement.

2. *Preis- und Konditionensystem*: Welche Preisstrukturen werden am Markt angeboten und wie kann die Attraktivität der Kunden anhand von Konditionen widergespiegelt werden?

3. *Methodische Preisfindung*: Ermittlung der optimalen Preise unter Berücksichtigung von Wettbewerb, Kosten, Kundennutzen und Zahlungsbereitschaften.

4. *Preiscontrolling*: Überwachung der Preis- und Kostenentwicklung sowie der erzielten Margen in Bezug auf Kunden und Produkte.

5. *Preisorganisation*: Organisatorische Verankerung der Preiskompetenzen sowie der Preisentscheidungsprozesse.

6. *Externe Preisdurchsetzung*: Unterstützung der Vertriebsmannschaft zur Durchsetzung der Preise am Markt. Dies beinhaltet Hilfsmittel zur Preiskommunikation sowie Methoden zur Quantifizierung des Kundennutzens.

Betrachtet man diese sechs Dimensionen und nimmt sie als Grundlage für eine Bewertung, ist es möglich zu bestimmen, wie gut ein Unternehmen es verstanden hat, ein systematisches Preismanagement zu etablieren. Ein solches Benchmarking wurde vom Institut für Marktorientierte Unternehmensführung (IMU) an der Universität Mannheim durchgeführt (Homburg/Jensen/Schuppar 2005). Es hat gezeigt, dass ein Großteil der Unternehmen im europäischen Markt noch weit von einem professionellen Preismanagement („Pricing Excellence") entfernt ist. **Abbildung 9.2** gibt die zentralen Ergebnisse dieser Untersuchung wieder. Hierbei wird deutlich, dass insbesondere die Preisstrategie in keinem ausreichenden Maße Beachtung findet. Hieraus kann man wiederum schließen, dass bei den meisten Unternehmen das Preismanagement trotz der Wichtigkeit aufgrund des hohen Einflusses auf die Profitabilität noch nicht im Top Management verankert ist (hierzu auch Lancioni/ Schau/Smith 2005).

Abbildung 9.2   Branchenübergreifende „Level of Excellence" in sechs zentralen Entscheidungsfeldern des Preismanagements

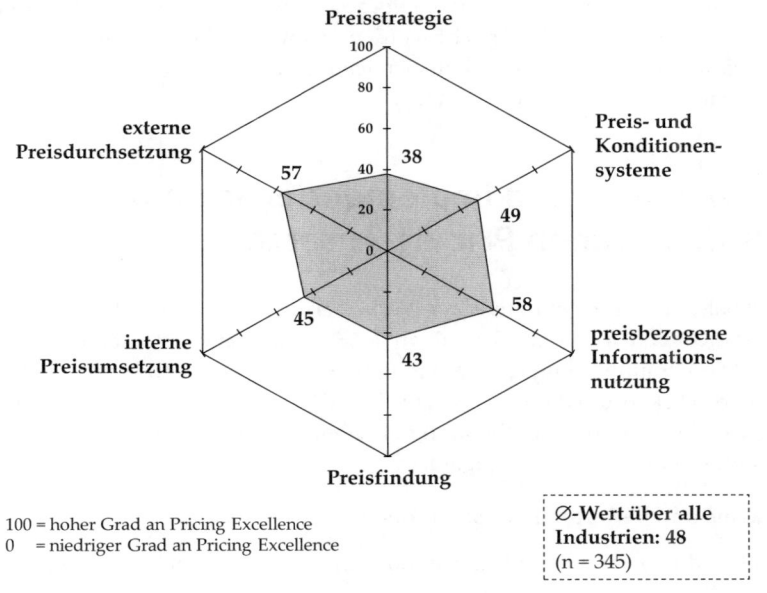

Preisstrategie

100 = hoher Grad an Pricing Excellence
0   = niedriger Grad an Pricing Excellence

Ø-Wert über alle
Industrien: 48
(n = 345)

Im Rahmen einer solchen Pricing-Excellence-Initiative wurde u.a. ein weltweit führender Hersteller von Antriebs- und Steuerungstechnik bewertet und bei der Ableitung und Umsetzung von Verbesserungsmaßnahmen unterstützt. Der vorliegende Beitrag soll exemplarisch anhand dieses Projektes Möglichkeiten und Wege zu einer systematischen Verbesserung des Preismanagements im Maschinenbau verdeutlichen.

Die durchgeführte Bewertung des Ist-Zustandes hatte für den Kunden z.T. ernüchternde Ergebnisse aufgezeigt. So wurde deutlich, dass in keiner der Dimensionen auch nur annähernd ein Wert von 70, was dem eigenen Anspruch und dem Level eines „Pricing Champions" entspricht, erreicht werden konnte. Insgesamt hatte der Kunde jedoch noch einen respektablen Gesamtwert von 51 erzielt und war so um zwei Punkte besser als der Durchschnitt im Maschinenbau.

Weiterhin zeigte sich während der Bewertung, dass sich über alle Geschäftsbereiche hinweg ein sehr heterogenes Preissystem ausgebildet hatte. Jeder Geschäftsbereich hatte seine eigenen, in Eigenregie entwickelten Methoden und Vorgehensweisen im Preismanagement. Hierbei wurde mehr oder weniger in Autonomie gearbeitet, übergreifende Ansätze waren entweder nicht vorhanden oder wurden nicht gelebt.

Der Vergleich und die Bewertung zeigten, dass in bestimmten Bereichen großer Handlungsbedarf für den Kunden bestand. Zugleich wurde aber auch erkannt, dass ein systematisches Preismanagement einen hohen Beitrag zur Steigerung der Profitabilität leisten kann. Aufgrund dieser beiden Tatsachen wurde beschlossen, eine Pricing-Initiative zu starten. Diese hatte im Grundsatz zwei Ziele. Zum einen sollten die Professionalität und die Systematik des Preismanagements wesentlich verbessert werden; wenn möglich sollte der Status eines „Pricing Champions" erreicht werden. Zum anderen sollte eine Vereinheitlichung der Preissysteme über die Geschäftsbereiche hinweg erfolgen, d.h. es wurde ein möglichst homogenes Preissystem angestrebt.

9.2 Entwicklung und Implementierung eines systematischen Pricing-Ansatzes

Im Zuge einer global angelegten Initiative zur Verbesserung der Profitabilität und des Wachstums bei dem Kunden wurde die Teilinitiative „Systematisches Preismanagement" ins Leben gerufen. Die Verantwortung für diese Initiative lag bei dem Kunden in der zentralen Abteilung Vertriebskoordination. Diese wurde bei der Analyse, Konzeption und Implementierung von der Unternehmensberatung Homburg & Partner beraten und unterstützt. Das Projekt wurde in drei Phasen umgesetzt:

1. Bestandsaufnahme und Bewertung des Status quo,

2. Ableitung von Handlungsfeldern und Konzeption von Pricing-Maßnahmen sowie

3. Implementierung der Pricing-Maßnahmen in allen Geschäftsbereichen des Kunden in Verbindung mit dem deutschen Vertrieb sowie den Landesgesellschaften weltweit.

Als zentrale Strukturierungsmethodik für das Preismanagement wurden die bereits dargestellten sechs Dimensionen des Preismanagements gewählt. Dieser „Pricing-Excellence-Ansatz" (Homburg/Jensen/Schuppar 2004) sollte somit als Grundlage für die Herangehensweise verwendet werden und einen roten Faden durch das gesamte Projekt ziehen.

9.2.1 Bestandsaufnahme und Bewertung des Status quo

Grundlage der Konzeption und Maßnahmenentwicklung war eine umfassende Bestandsaufnahme und Ist-Analyse. Um ein möglichst tiefgreifendes Verständnis zu erlangen, war es notwendig, verschiedene Methoden der Datenerhebung zu kombinieren. Hierbei können qualitative und quantitative Methoden unterschieden werden (vgl. hierzu auch den Beitrag von Klarmann/Miller/Hofstetter in diesem Band sowie Homburg/Krohmer 2009).

Zu den qualitativen Methoden gehörten die Dokumentensichtung und Experteninterviews, zu den quantitativen die Mitarbeiterbefragung, die Analyse von Controllingdaten, eine Kundenbefragung/Conjoint-Analyse sowie ein Wettbewerber-Benchmarking. **Abbildung 9.3** stellt diese Methoden zur Ermittlung des Status quo im Preismanagement im Zusammenhang mit den zu erreichenden Ergebnissen dar.

Abbildung 9.3   Qualitative und quantitative Methoden zur Analyse des Ist-Zustandes im Preismanagement

	Qualitative Phase		Quantitative Phase			
	Voranalyse/ Dokumentensichtung	Experteninterviews	Mitarbeiterbefragung	Analyse von Controllingdaten	Kundenbefragung/ Conjoint-Analyse	Wettbewerber-Benchmarking
Teilaufgaben	▪ Sichtung vorhandener Dokumente und Tools im Preismanagement	▪ persönliche, halbstrukturierte Fokusinterviews in den Geschäftsbereichen und Landesgesellschaften	▪ schriftliche Befragung von Mitarbeitern in den Geschäftsbereichen und Landesgesellschaften	▪ Analyse von Umsatz-, Absatz- und Preisinformationen	▪ Erstellung von Conjoint-Designs ▪ internetgestützte Befragung internationaler Kunden	▪ Pricing-Excellence-Benchmarking mit wichtigen Wettbewerbern (auf Basis einer H&P-Datenbank)
Erwartete Ergebnisse	▪ Verständnis für preisstrategische Ansätze und Pricing-Prozesse in den Geschäftsbereichen und Landesgesellschaften ▪ Ermittlung zentraler Handlungsfelder im Preismanagement ▪ Einschätzung von Preiselastizitäten	▪ detaillierter Status quo des Preismanagements	▪ Preissimulationen ▪ Analyse von Preisniveaus, Preisspreizung und Preisentwicklung differenziert nach Produkten, Regionen und Kunden ▪ Bestimmung von Preis-Absatz-Funktionen	▪ kaufentscheidende Faktoren der analysierten Produkte	▪ Stärken-Schwächenfelder im Preismanagement im Vergleich zu Wettbewerbern aus der Branche oder zu Unternehmen aus anderen Branchen

Als Ergebnis der Ist-Aufnahme wurden insgesamt 22 Schwerpunktthemen identifiziert. Werden diese Themenfelder betrachtet, zeigt sich, dass sie sich entlang der sechs Dimensionen des Pricing-Excellence-Ansatzes erstrecken. Für alle Dimensionen konnten somit wichtige Bereiche aufgedeckt werden, die zur Optimierung und Systematisierung des Preismanagements beitragen. Diese 22 Schwerpunktthemen bilden die zentralen Handlungsfelder für die Konzeption. In **Abbildung 9.4** werden diese in Verbindung mit dem Pricing-Excellence-Ansatz dargestellt.

Bevor diese Schwerpunktthemen in der Konzeptionsphase bearbeitet werden konnten, war es notwendig, sie zu bewerten und für die Bearbeitung zu priorisieren. Die Bewertung erfolgte anhand des Ertragssteigerungspotenzials sowie des Umsetzungsaufwandes der einzelnen Themen. Aus dieser Bewertung wurden drei Prioritätsebenen abgeleitet. Hierbei wurden elf Handlungsfelder mit Priorität 1 versehen. Dies sind diejenigen Handlungsfelder mit dem geringsten Umsetzungsaufwand, dafür aber mit dem höchsten Ertragssteigerungspotenzial. Sie können als „Quick Wins" angesehen werden und sollten somit direkt bearbeitet und schnellstmöglich umgesetzt werden. Weiterhin wurden acht Handlungsfelder als Priorität 2 eingestuft. Diese sollten zunächst konzeptionell erarbeitet und anschließend als Maßnahmenpool zur selektiven Umsetzung bereitgestellt werden. Zu guter Letzt wurden drei Handlungsfelder mit Priorität 3 versehen. Diese sollten lediglich beschrieben und für die mittelfristige Umsetzung vorbereitet werden.

Abbildung 9.4   Zuordnung der 22 identifizierten Handlungsfelder zu den sechs Dimensionen des Preismanagements

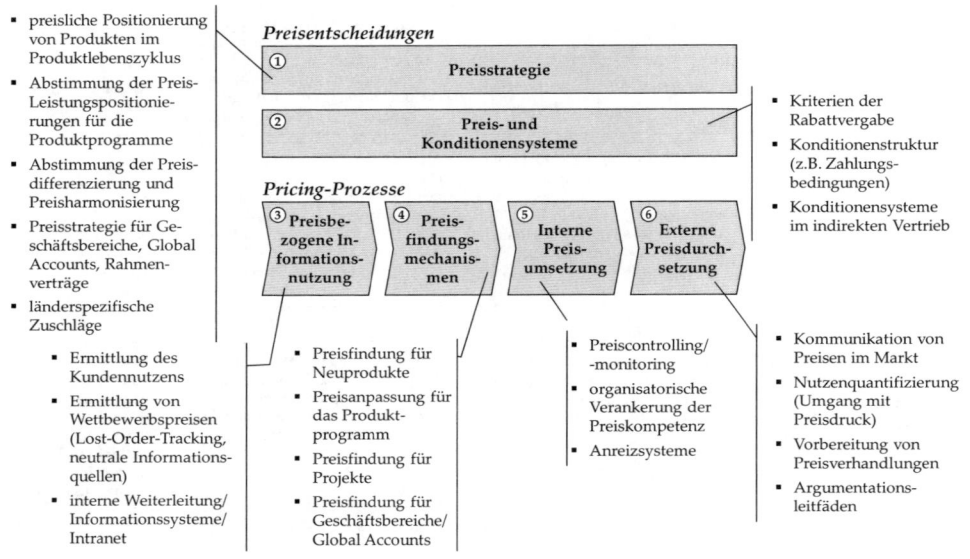

9.2.2   Ableitung von Pricing-Maßnahmen

Nach der Identifizierung der wichtigsten Handlungsfelder war es im nächsten Schritt notwendig, die entsprechenden Maßnahmen zu entwickeln. Um sicherzustellen, dass ein durchgängiger Pricing-Ansatz entstehen würde, wurde darauf geachtet, dass alle sechs Dimensionen des Pricing-Excellence-Ansatzes explizit enthalten sind. Alle Maßnahmen mussten auf der einen Seite in sich stimmig, auf der anderen Seite aber auch untereinander abgestimmt sein. Weiterhin war es das Ziel, dass alle Maßnahmen direkt operativ umsetzbar sein sollten. Es sollte somit verhindert werden, dass ein allzu abstrakter Pricing-Ansatz entsteht, der letztendlich für die Mitarbeiter, insbesondere im Vertrieb, nicht greifbar ist und somit nicht gelebt werden kann.

Die identifizierten Handlungsfelder wurden auf acht Arbeitspakete verteilt. In Zusammenarbeit mit den vier Geschäftsbereichen, dem deutschen Vertrieb sowie drei Pilotlandesgesellschaften wurden die folgenden Maßnahmen entwickelt (vgl. **Abbildung 9.5**):

Abbildung 9.5   Preismanagement-Ansatz eines global führenden Maschinenbauunternehmens im Überblick

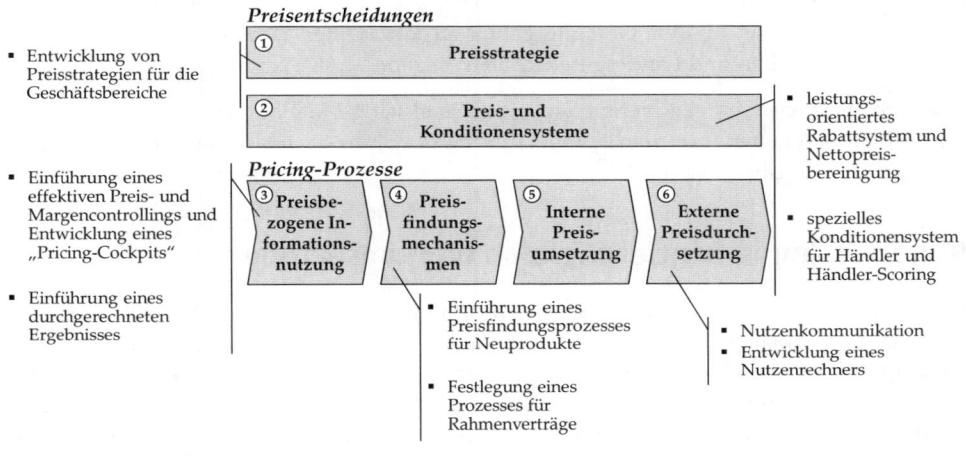

1. *Preisstrategie*: Entwicklung einer Preisstrategie bezogen auf Produkte, Wettbewerber und Kunden. Die Preisstrategie dient als Rahmenwerk und somit als Grundlage für alle weiteren preisbezogenen Maßnahmen und Aktivitäten.

2. *Preis- und Konditionensysteme*: Entwicklung eines leistungsorientierten Konditionen- und Rabattsystems durch die Schaffung transparenter Kriterien für die Rabatt- und Konditionenvergabe zur systematischen Bepreisung der Kunden. Hierbei geht es insbesondere um die Reduktion unnötiger Nettopreise zur Verringerung der Komplexität des Preissystems.

3. *Preisfindung für Neuprodukte*: Definition eines Preisfindungsprozesses für Neuprodukte und eine systematische Preisfindung schon während des Produktentwicklungsprozesses.

4. *Preiscontrolling*: Implementierung eines effektiven Preis- und Margencontrollings und Entwicklung eines „Pricing-Cockpits" als ein integriertes Preiscontrolling-Tool mit direktem Zugriff u.a. auf Umsatz- und Kostendaten aus dem SAP-System.

5. *Nutzenkommunikation*: Entwicklung einer Methodik zur Nutzenquantifizierung sowie von Argumentationsleitfäden und Entwicklung eines Konditionen- und Nutzenrechners bzw. -simulators für die Vertriebsmitarbeiter zur Unterstützung der Verhandlungsvorbereitung.

6. *Pricing im indirekten Vertrieb*: Entwicklung eines Konditionensystems bzw. -modells für Händler, Verbesserung der Konditionen strategischer Vertriebspartner im Vergleich zu sonstigen Händlern und Entwicklung eines Bewertungstools für Vertriebspartner, wobei die Bewertung als Grundlage für Preisverhandlungen dienen soll.

7. *Rahmenverträge*: Definition eines Preisfindungsprozesses für Rahmenverträge mit internationalen Kunden. Festlegung von Prozessschritten, beteiligten Personen, rechtlichen Aspekten und Marketingaspekten sowie der organisatorischen Verankerung.

8. *Durchgerechnetes Ergebnis*: Entwicklung einer transparenten Ergebnisberechnung. Hierbei soll der Fokus auf dem Gesamtergebnis anstatt auf den Einzelergebnissen von Produktionseinheiten und Landesgesellschaften liegen.

Alle Arbeitspakete und die hieraus entwickelten Pricing-Maßnahmen zusammengenommen bilden den neuen Preismanagement-Ansatz des Kunden. **Abbildung 9.5** stellt diesen exemplarisch im Überblick dar.

9.2.3 Implementierungsplan und Umsetzung

Die in den acht Arbeitspaketen gebündelten Maßnahmen wurden in der ersten Stufe in allen vier Geschäftsbereichen in Verbindung mit dem deutschen Vertrieb sowie in den drei wichtigsten europäischen Landesgesellschaften als Pilotlandesgesellschaften implementiert (vgl. Abschnitt 9.2.3.1). In der zweiten Stufe erfolgte die Umsetzung in den restlichen Landesgesellschaften weltweit. Da für die zweite Stufe ein abweichender Implementierungsansatz gewählt wurde, soll zunächst auf die Vorgehensweise in der ersten Stufe eingegangen werden. Der Ansatz der zweiten Stufe wird im Anschluss erläutert (vgl. Abschnitt 9.2.3.2).

Neben der Implementierung der Maßnahmen zur Schaffung eines nachhaltigen und systematischen Preismanagement-Systems war ein weiteres Ziel die Identifizierung von Profitpotenzialen. Es wurde festgelegt, dass durch die Pricing-Maßnahmen in den Vertriebsgesellschaften mittelfristig (innerhalb von drei Jahren) Potenziale in Höhe von mindestens 10 Mio. € realisiert werden sollen. Dieses Potenzial bildet jedoch nur die direkt messbaren Verbesserungen ab. Insgesamt konnte davon ausgegangen werden, dass sich eine wesentlich höhere Profitsteigerung durch die Systematisierung und Professionalisierung des Preismanagements ergibt, die sich aber nicht eindeutig auf die einzelnen Maßnahmen zurückführen lässt.

9.2.3.1 Umsetzung der ersten Stufe: Geschäftsbereiche und Pilotlandesgesellschaften

Alle acht Arbeitspakete wurden in der ersten Stufe der Implementierung umgesetzt. Hierbei wurden die einzelnen Arbeitspakete zwar im Grundsatz parallel abgearbeitet, insgesamt wurden sie aber zeitversetzt gestartet. Der Ablauf wurde wiederum anhand des Pricing-Excellence-Ansatzes gesteuert. So wurde zunächst mit der Entwicklung der Preisstrategien und erst im Folgemonat mit der Gestaltung der Preis- und Konditionensysteme begonnen. Abweichend vom Pricing-Excellence-Ansatz wurde allerdings mit den beiden Arbeitspaketen „Preiscontrolling" und „Preisfindung für Neuprodukte" zeitgleich mit der Preisstrategie gestartet, da hier von einer insgesamt längeren Umsetzungsdauer auszugehen war.

Das Implementierungskonzept beinhaltete vier Bausteine zur Umsetzung des Pricing-Excellence-Ansatzes:

1. Umsetzungsplan,

2. Training und Wissensaufbau bzw. -transfer,

3. Reviews und effektives Controlling und

4. organisatorische Verankerung der Maßnahmen.

Für jede der Maßnahmen wurde ein detaillierter *Umsetzungsplan* erstellt. Dieser beinhaltete die einzelnen Schritte der Umsetzung, den Zeitplan sowie den notwendigen Ressourceneinsatz. Der Umsetzungsplan diente als Rahmenwerk und war somit ein wichtiges Hilfsmittel, um den Erfolg der Implementierung zu garantieren.

Abbildung 9.6   Dreistufiger Ansatz für den Wissenstransfer im Rahmen der Umsetzung des Preismanagement-Ansatzes

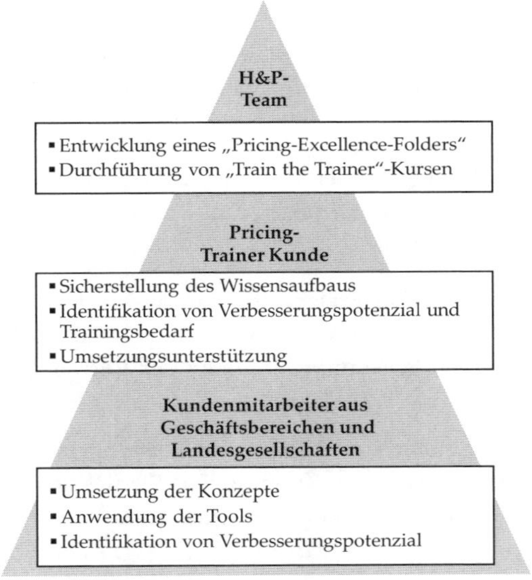

H&P-Team
- Entwicklung eines „Pricing-Excellence-Folders"
- Durchführung von „Train the Trainer"-Kursen

Pricing-Trainer Kunde
- Sicherstellung des Wissensaufbaus
- Identifikation von Verbesserungspotenzial und Trainingsbedarf
- Umsetzungsunterstützung

Kundenmitarbeiter aus Geschäftsbereichen und Landesgesellschaften
- Umsetzung der Konzepte
- Anwendung der Tools
- Identifikation von Verbesserungspotenzial

Wie in **Abbildung 9.6** dargestellt wird, war der Baustein *Training und Wissenstransfer* in drei Stufen unterteilt. In der ersten Stufe wurden die erforderlichen Tools und Unterlagen entwickelt sowie die notwendigen Schulungen erarbeitet. Dies geschah in erster Linie durch Homburg & Partner. Im Rahmen eines „Train the Trainer"-Konzeptes wurden in der zweiten Stufe die erarbeiteten Konzepte an ein Trainingsteam des Kunden übertragen. In der dritten Stufe wurde das aufgebaute Wissen vom Trainingsteam im Rahmen von Schulungen den Mitarbeitern vermittelt und so in der Organisation verbreitet.

Zentrale Grundlage für den Wissenstransfer war der sogenannte „Pricing-Excellence-Folder". In dieser, über 300 Folien umfassenden Unterlage werden alle zentralen Themen des Preismanagements in Zusammenhang mit den für den Kunden entwickelten Pricing-Maßnahmen ausführlich dargestellt und erklärt. Der „Pricing-Excellence-Folder" bildet somit die Grundlage für das Preismanagement beim Kunden. Er ist so konzipiert, dass auf der einen Seite Pricing-Schulungen aus ihm abgeleitet werden können, auf der anderen Seite kann er aber auch als Nachschlagewerk dienen, um Wissen über das Preismanagement aufzufrischen oder zu vertiefen.

Der Baustein *Reviews und effektives Controlling* sollte sicherstellen, dass die Maßnahmen auch wirklich in dem vom Kunden gewünschten Umfang implementiert und anschließend angewendet werden. Insgesamt umfasste dieser Controlling-Prozess drei Stufen:

1. Sicherstellung der Maßnahmenumsetzung (Verantwortlichkeit: Projektteam),

2. Sicherstellung des Wissensaufbaus (Verantwortlichkeit: Projektteam und Preismanager) und

3. Sicherstellung einer kontinuierlichen Verbesserung der Pricing Excellence (Verantwortlichkeit: Preismanager).

Für die systematische Kontrolle und Steuerung wurden Kennzahlen definiert. Anhand dieses Kennzahlensystems konnte die nachhaltige Implementierung sichergestellt und verfolgt werden.

Im Rahmen der *organisatorischen Verankerung* wurden die für das Preismanagement relevanten Rollen und Funktionen definiert. Insgesamt wurden fünf Rollen zur Wahrnehmung strategischer und operativer Aufgaben eingeführt:

1. *Strategischer Preisfinder*: Vorgabe strategischer Preispositionierungen für Produkte, Produktlinien und Kundensegmente; Berücksichtigung von Kundennutzen, Wettbewerbsposition und Kosten; Abstimmung der Preise mit Zielgrößen der Vertriebs- und Marketingplanung.

2. *Preisdurchsetzer*: Überzeugung der Kunden von Preisen und Leistungen; Nutzenkommunikation; Vereinbarung kundenspezifischer Konditionen; Berücksichtigung von Kundenbedürfnissen; Umsatzerzielungsdruck und Tendenz zum Preisnachlass auf Kosten der Marge.

3. *Preishüter*: Analyse der verschiedenen direkten und indirekten Konditionenarten (z.B. Rabatte, Boni, Naturalrabatte und Zahlungsbedingungen); Überwachung der im Markt erzielten Netto- und Wettbewerbspreise; Analyse von internationalen Preiskorridoren, Preisbändern, Abgabepreisen des Handels und Wettbewerbspreisen.

4. *Preistrainer*: Konzeption von Methoden und Instrumenten zur Findung, Steuerung und Durchsetzung von Preisen; Entwicklung von Tools und Checklisten; Durchführung interner oder Koordination externer Trainings und Schulungen.

5. *Preismanager*: Zentrale Koordination aller Preisaktivitäten, Sicherstellung der kontinuierlichen Verbesserung der Pricing Excellence beim Kunden.

Wie bereits angesprochen wurde, war ein wichtiger Aspekt der Implementierungsphase
die Identifikation kurzfristig realisierbarer Profitpotenziale. Diese Potenziale konnten anhand von drei Maßnahmen identifiziert und realisiert werden:

1. Differenzierte Preisanpassung, insbesondere überdurchschnittliche Preiserhöhung für
   Produkte, die aus dem Produktsortiment eliminiert werden sollten (vgl. hierzu auch
   den Beitrag von Jensen/Henrich in diesem Band),

2. Überprüfung, Anpassung und Reduktion der im System hinterlegten Nettopreise sowie

3. Verbesserung der Verhandlungsvorbereitung durch einen Preis- und Konditionen-
   simulator.

Es wurde davon ausgegangen, dass allein in der ersten Stufe, also der Implementierung in
Geschäftsbereichen und Pilotlandesgesellschaften, bereits 5 Mio. € innerhalb von drei Jahren aufgrund dieser Maßnahmen realisiert werden können. Neben dem Potenzial aus
diesen Maßnahmen ist allerdings davon auszugehen, dass sich noch weitere profitverbes-
sernde Effekte durch das systematische Preismanagement ergeben werden.

9.2.3.2   Umsetzung der zweiten Stufe: Landesgesellschaften weltweit

Im nächsten Schritt erfolgte in der zweiten Stufe des Implementierungsansatzes die Einführung des systematischen Preismanagements in den restlichen Landesgesellschaften des
Kunden. Diese weltweite Umsetzung erfolgte in drei Wellen. In der ersten Welle wurden
die europäischen Landesgesellschaften angegangen, in der zweiten die amerikanischen
(Nord- und Südamerika) und in der letzten Welle die asiatischen, wobei die Wellen nicht
nacheinander verliefen, sondern in weiten Teilen parallel.

Wie bereits zu Beginn von Abschnitt 9.2.3 angesprochen wurde, wurde in den Landesgesellschaften nicht exakt der gleiche Implementierungsansatz wie auf der ersten Umset-
zungsstufe verwendet. Der Grund hierfür lag darin, dass eine vollständige Umsetzung
aller Maßnahmen einen zu großen Aufwand in dem recht kurzen Zeitrahmen bedeutet
hätte. Somit wurde entschieden, in den Landesgesellschaften einen verminderten Umfang
an Maßnahmen zu implementieren. Dafür sollte aber verstärkt auf eine kontinuierliche
Verbesserung gesetzt werden, sodass über kurz oder lang eine vollständige Umsetzung
aller Maßnahmen erreicht werden könnte.

Insgesamt wurden in den Landesgesellschaften zehn Maßnahmen angegangen. Hierbei
wurde ein Schwerpunkt auf das Margencontrolling und die differenzierte Preisanpassung
gelegt, um möglichst umfangreiche Profitpotenziale identifizieren zu können. **Abbildung
9.7** stellt dar, welche Maßnahmen in den Landesgesellschaften implementiert wurden.

Abbildung 9.7   Zehn Maßnahmen zur Implementierung in den Landesgesellschaften

Preisstrategie	▶ Maßnahme 1: Überprüfung und Anpassung der Preisstrategie (einmalig und jährlich)
Preis- & Konditionensysteme	▶ Maßnahme 2: Überprüfung der Nettopreise und Reduzierung der Anzahl von Nettopreisen
Preisfindung	▶ Maßnahme 3: Beobachtung niedriger Margen ▶ Maßnahme 4: Differenzierte Preisanpassungen (CC-Pricing) ▶ Maßnahme 5: Service Pricing ▶ Maßnahme 6: Mindermengenzuschlag
Interne Preiskoordination	▶ Maßnahme 7: Implementierung von Preisverantwortlichkeiten und von Preisprozessen
Preiscontrolling	▶ Maßnahme 8: Implementierung des „Pricing Cockpits"
Externe Preisdurchsetzung	▶ Maßnahme 9: Implementierung des Preis- und Konditionensimulators
Distributoren-Pricing	▶ Maßnahme 10: Optimierung des Pricings für indirekte Vertriebskanäle

Die Umsetzung erfolgte in einer sehr kompakten Vorgehensweise. Die gesamte Implementierung konnte so weitgehend von der Zentrale aus vorbereitet und koordiniert werden. Insgesamt waren in den meisten Fällen nur zwei Besuche pro Landesgesellschaft notwendig, wodurch insbesondere der Reiseaufwand für das zentrale Implementierungsteam des Kunden gering gehalten werden konnte.

Zur Initiierung der zweiten Stufe wurde zunächst im Zuge eines zweitätigen, zentralen Treffens der Landeschefs ein Vorbereitungsworkshop abgehalten. Ziel des Workshops war es, eine gemeinsame Wissensbasis zu schaffen sowie die Landeschefs für das Thema Preismanagement zu sensibilisieren. Der Workshop kann somit als Grundstein der Implementierung gesehen werden. Im Anschluss an das Treffen wurden dem Implementierungsplan folgend die Landesgesellschaften sukzessive abgearbeitet. Hierbei wurden pro Landesgesellschaft vier Phasen durchlaufen:

1. Vorbereitung der Implementierung,

2. Datenanalyse,

3. erster Implementierungsworkshop und

4. zweiter Implementierungsworkshop.

Die ersten beiden Phasen, die Vorbereitung und die Datenanalyse, wurden vom Projektteam und von der Zentrale aus durchgeführt. Bei der Vorbereitung ging es insbesondere darum, die richtigen Daten für die folgende Datenanalyse aus den Landesgesellschaften zu erhalten. Dies hat sich nicht immer als einfach herausgestellt, da der Kunde zum einen unterschiedliche IT-Systeme in den einzelnen Ländern verwendet und zum anderen die Daten z.T. erst von verschiedenen „Verunreinigungen" gesäubert werden mussten.

Die Datenanalyse diente insbesondere als Grundlage für die Maßnahmen 3 und 4 (vgl. **Abbildung 9.7**). Anhand der Daten war es möglich, Fehler in der Bepreisung und daraus resultierende sehr niedrige oder sogar negative Margen aufzudecken sowie unsystematisches Vorgehen in der Bepreisung zu identifizieren. Als Resultat konnten nun Aktionspläne für den Vertrieb der Landesgesellschaften aufgestellt werden, anhand derer die identifizierten Kunden und auch Produkte bearbeitet werden sollten. Weiterhin konnten anhand der Daten Profitpotenziale abgeschätzt werden, die als Grundlage für die Identifikation der Profitpotenziale der Landesgesellschaften gedient haben.

Während des ersten Implementierungsworkshops wurde der Preismanagement-Ansatz dem Top Management der Landesgesellschaft vor Ort vorgestellt. Dies umfasste in besonderem Maße die Pricing-Maßnahmen sowie die Datenanalyse und die identifizierten Profitpotenziale. Daneben wurde aber auch auf theoretische Grundlagen des Preismanagements eingegangen. Ziel des Workshops war es, das Top Management ausreichend mit den Pricing-Maßnahmen vertraut zu machen, sodass es diese in einem nächsten Schritt in die Organisation tragen konnte. Außerdem wurden während des Workshops die nächsten Schritte für die Landesgesellschaft definiert sowie ein Zeitrahmen aufgesetzt, in dem die Maßnahmen umgesetzt sein sollten.

Der zweite Implementierungsworkshop folgte drei bis vier Monate nach dem ersten. Hierbei war es das Ziel, weitere Unterstützung für die Implementierung anzubieten sowie den Fortschritt der Maßnahmenumsetzung zu begutachten. Im Anschluss an diesen Workshop wurde von den Landesgesellschaften erwartet, dass sie die eigene, konkrete Vorgehensweise und den Zeitrahmen vorstellen, bis wann die Maßnahmen umgesetzt sein sollen. Weiterhin wurde eine realistische Schätzung erwartet, mit welchem Profitpotenzial sie rechnen würden. Für die Realisierung dieser Potenziale wurde von der Muttergesellschaft ein Zeitrahmen von bis zu drei Jahren gewährt.

9.2.4 Projektergebnisse

Insgesamt wurde das Projekt vom Kunden als äußerst erfolgreich angesehen. Gemeinsam mit dem Projektteam des Kunden wurde es bewerkstelligt, innerhalb einer für ein solches Projekt überschaubaren Zeit die gesamte Kundenorganisation fit für systematisches und professionelles Preismanagement zu machen.

Drei Projektergebnisse sind hierbei besonders hervorzuheben:

■ Das finanzielle Ziel, 10 Mio. € an Profitpotenzialen zu identifizieren, konnte nicht nur erreicht, sondern sogar übertroffen werden. Zusätzlich kann davon ausgegangen werden, dass diese Summe wesentlich geringer als der wahre Wert der Potenziale ist, da

sich die bestätigten Potenziale aus einer sehr konservativen Schätzung der Vertriebsgesellschaften ergeben. Würden alle Potenziale, die aufgrund der Projektanalysen abgeschätzt worden sind, eingerechnet werden, kann man ruhigen Gewissens auf ein Ergebnis kommen, das bis zu 50% höher ist. Weiterhin ist davon auszugehen, dass sich
künftig zusätzliche Potenziale aufgrund der Umsetzung der Maßnahmen ergeben werden, die aber nur sehr schwer zu quantifizieren sind. So zeigt z.B. eine Preisstrategie
die Rahmenbedingungen für die Preisgestaltung auf. Somit wird sich die Organisation
in Zukunft verstärkt auf die wesentlichen Aspekte des Preismanagements fokussieren,
was mit Sicherheit einen Einfluss auf die Profitabilität haben wird.

■ Über ein umfangreiches Schulungs- und Trainingskonzept wurde ein Großteil der relevanten Mitarbeiter in Bezug auf das Preismanagement erreicht. So konnte ein dauer-
haftes Verständnis für das Preismanagement in der Organisation verankert werden. In
Zukunft werden die Abläufe schneller, effektiver und v.a. systematischer vonstatten-
gehen. Fehlbepreisungen bzw. ungerechtfertigte Konditionen (wie zu hohe Rabatte)
können auf ein Mindestmaß reduziert werden.

■ Weiterhin wurden durch das Projekt zusätzliche Preismanagement-Initiativen veranlasst, die in der Folgezeit eine weitere Verbesserung des Preismanagements mit sich
bringen werden. Insbesondere ein „Pricing-Cockpit", als SAP-basierte Anwendung
zum Preis- bzw. Margencontrolling, kann einen besonderen Mehrwert für die Schaffung von Transparenz und einem erhöhten Pricing-Bewusstsein leisten.

Die vollständige Umsetzung der Maßnahmen nimmt sicherlich eine Menge Zeit in Anspruch, aber es konnte kurzfristig schon eine merkliche Verbesserung im Preismanagement beim Kunden verzeichnet werden.

9.3   Fazit

In der kommenden Zeit wird sich der Preisdruck im Maschinenbau aller Voraussicht nach
weiter verstärken. Die Anbieter aus China und Indien, aber auch aus Südostasien oder
Russland werden sich als starke Konkurrenten der deutschen Maschinen- und Anlagen-
bauer darstellen. Derzeit noch vorhandene Defizite, insbesondere in Qualität und Marke,
werden sich weiter verringern. Es ist somit essentiell, sich auf diese Marktumgebung in besonderem Maße vorzubereiten.

Das systematische und professionelle Preismanagement bietet hier einen wichtigen Grund-
baustein, um die Profitabilität nachhaltig zu sichern. Denn nur durch systematische Prozesse, unterstützende Tools und Methoden, hohe Transparenz, einen Fokus auf wertorientierten Verkauf und regelmäßiges Controlling kann verhindert werden, dass auf der einen
Seite Profit aufgrund zu niedriger Preise verschenkt wird, auf der anderen Seite aber Kunden aufgrund überzogener Forderungen verprellt werden.

Hierbei ist es wichtig, dass die gesamte Organisation das Preismanagement umsetzt und
es auch lebt. Die reine Konzeption möglicher Ansätze bzw. die einfache Darstellung von

Maßnahmen reicht dabei nicht aus. Die Vertriebsmitarbeiter und das Vertriebsmanagement müssen verstehen, worum es geht, und sie müssen v.a. sehen, welchen Vorteil das systematische Management von Preisen bringt.

Die Preise müssen dabei in Zukunft in ein anderes Licht gerückt werden. Derzeit werden Preise häufig als notwendiges Übel angesehen, um mit ihrer Hilfe Produkte und Dienstleistungen zu verkaufen. Bei einer solchen Sichtweise werden Preise schnell und teilweise übertrieben gesenkt, um so eventuell ein paar weitere Prozent an Menge zu verkaufen. Insgesamt verringert sich somit allerdings die Profitabilität, da die zusätzliche Menge die geringere Marge normalerweise nicht kompensieren kann. Werden Preise aber als Übersetzung für den eigentlichen Wert eines Produktes angesehen und wird dies dem Kunden auch so kommuniziert, ändert sich das Verhältnis zu den Preisen. Preise werden somit zu einem wichtigen Gut, das es zu bewahren gilt.

Literatur

Beutin, N., Schuppar, B. (2002), Maschinenbauer brauchen besseres Pricing, Acquisa, 9/2002, 86-87.

Homburg, Ch., Krohmer, H. (2009), Marketingmanagement. Strategie – Instrumente – Umsetzung – Unternehmensführung, 3. Aufl., Wiesbaden.

Homburg, Ch., Beutin, N., Jensen, O. (2005), Preismanagement für Industriegüterunternehmen, FAZ, 24.10.2005 (247), 22.

Homburg, Ch., Jensen, O., Schuppar, B. (2004), Pricing Excellence: Wegweiser für ein professionelles Preismanagement, Arbeitspapier Nr. M90, Reihe Management Know-how, Institut für Marktorientierte Unternehmensführung, Universität Mannheim.

Homburg, Ch., Jensen, O., Schuppar, B. (2005), Preismanagement im B2B-Bereich: Was Pricing Profis anders machen, Arbeitspapier Nr. M97, Reihe Management Know-how, Institut für Marktorientierte Unternehmensführung, Universität Mannheim.

Lancioni, R., Schau, H. J., Smith, M. F. (2005), Intraorganizational Influences on Business-to-Business Pricing Strategies: A Political Economy Perspective, Industrial Marketing Management, 34, 2, 123-131.

Stewart, T. (2006), Wer kleine Brötchen backt, gehört nicht hierher: Interview mit Jeffrey Immelt, Harvard Business Manager, 6/2006, 116.

10 Systematisches, wertorientiertes Ersatzteil-Pricing

Mark Schröder

Dipl.-Wi.-Ing. Mark Schröder ist Client Manager im Kompetenzzentrum Industrial Goods & Machinery bei Homburg & Partner, Mannheim, München und Boston, einer international tätigen Unternehmensberatung.

10.1   Einleitung und Motivation

Das Thema wertorientierte Preisfindung bei Ersatzteilen steht zunehmend im Fokus der Industrieunternehmen. Ausgelöst hat dieses Interesse v.a. die Erkenntnis, dass ein rein „Cost-Plus" getriebenes Pricing, wie es nach wie vor von vielen Unternehmen praktiziert wird, der Zahlungsbereitschaft des Kunden nicht gerecht werden kann (Homburg/Krohmer 2009, S. 717f.). Denn die Preisfindung über einzelne Aufschlagsfaktoren birgt die Gefahr in sich, dass man Preispotenziale teilweise nicht ausschöpft, ebenso aber bei anderen Produkten die sogenannte „Nutzenschwelle" des Kunden überschreitet und sich damit aus dem Markt preist. Beide Fälle führen zu einem deutlich geringeren Marktanteil im Aftersales-Geschäft („Share of Wallet") sowie zu einer geringeren Gesamtprofitabilität.

Die zunehmende *Globalisierung* stellt eine weitere Herausforderung für Industrieunternehmen dar, die im Preismanagement von Ersatzteilen berücksichtigt werden sollte. Auf der einen Seite steigt der externe Druck durch international aufgestellte Kunden, die eine konsistente, marktgerechte Einpreisung von Ersatzteilen nachfragen. Auf der anderen Seite führt die Globalisierung zu einer zunehmenden internen Komplexität durch unklare Schnittstellen, Prozesse und Verantwortlichkeiten zwischen Headquarter und Landesgesellschaften (Beutin/Kühlborn/Daniel 2003; Rullkötter 2008). Darüber hinaus stellt auch die Gestaltung von Transferpreisen und zielorientierten Anreizsystemen im Aftersales-Bereich (vgl. zu Transferpreisen auch den Beitrag von Artz/Schröder in diesem Band) für viele Unternehmen eine große Hürde im Preismanagement von Ersatzteilen dar.

Ein weiterer Aspekt, der die wertorientierte Bepreisung von Ersatzteilen unterstützt, ist die *Wirtschaftskrise*, die insbesondere den exportorientierten Industrieunternehmen seit dem Jahr 2008 zugesetzt hat. Durch sinkende Auftragseingänge und damit einhergehende Überkapazitäten haben sich viele Firmen auf Preiskämpfe im Neumaschinengeschäft eingelassen, die nicht nur zu sinkenden Umsätzen geführt haben, sondern auch die Gewinnsituation negativ beeinflusst haben. Diese Entwicklung hat dazu geführt, dass das ohnehin profitablere Servicegeschäft zunehmend an Bedeutung für die Unternehmen gewonnen hat. Die hohe installierte Maschinenbasis aus der Boom-Phase vor der Krise stellt durch das verhältnismäßig hohe Servicepotenzial zusätzlich eine gute Ausgangssituation dar, das Preismanagement bei Ersatzteilen zu optimieren. Ein weiterer Vorteil ist außerdem die deutlich geringere Anfälligkeit des Ersatzteilgeschäfts für konjunkturelle Schwankungen im Vergleich zum Neumaschinengeschäft.

Dass eine professionelle und aufwändige Herangehensweise im Ersatzteil-Pricing gerechtfertigt ist, zeigen die Ergebnisse einer Benchmark-Analyse, die Homburg & Partner im Jahr 2003 unter 156 Unternehmen im deutschen Maschinenbau durchgeführt hat (Beutin/Kühlborn/Daniel 2003). Insgesamt zeigt die Studie sehr deutlich, dass die größten Ertragshebel im Ersatzteil- und Neumaschinen-Pricing liegen. Die Ergebnisse der Studie lassen sich wie folgt zusammenfassen (vgl. **Abbildung 10.1**):

■ Im Aftersales-Geschäft werden knapp 25% des Umsatzes generiert, aber ca. 54% des Ertrags.

- ◼ Das Neumaschinengeschäft stellt mit 75% immer noch den Großteil des Umsatzes deutscher Maschinenbauer dar.

- ◼ Das Aftersales-Geschäft ist drei- bis fünfmal so profitabel wie das Neumaschinengeschäft.

- ◼ Amerikanische Maschinenbauunternehmen sind mit bis zu 70% Aftersales-Umsatzanteil teilweise deutlich profitabler.

Abbildung 10.1   Umsatz- und Ergebnisanteile zentraler Geschäftsfelder im deutschen Maschinenbau (Quelle: Beutin/Kühlborn/Daniel 2003)

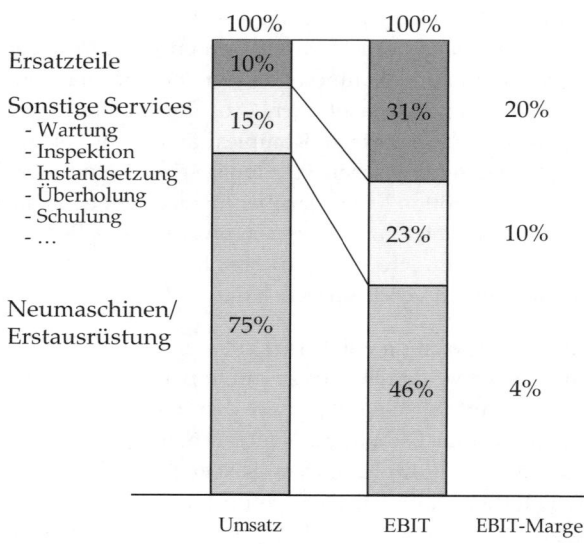

n = 156 Maschinenbauunternehmen

Dieser Beitrag widmet sich der möglichst effektiven und effizienten Bepreisung von Ersatzteilen. Da Komponenten und Baugruppen oft auch Teil des Ersatzteilportfolios sind und ähnliche Merkmale besitzen, kann das vorgestellte Preisfindungskonzept ebenfalls auf diese Bereiche der Wertschöpfungskette übertragen werden, wie in **Abbildung 10.2** veranschaulicht wird. Zur Vereinfachung werden im weiteren Verlauf unter dem Begriff „Ersatzteile" immer auch Komponenten und Baugruppen verstanden.

Zusammenfassend kann festgehalten werden, dass das Ersatzteil-Pricing eine der gewinnträchtigsten Herausforderungen eines Industrieunternehmens darstellt. Es ist daher nicht verwunderlich, dass der Profithebel Nr. 1 zunehmend im Fokus des Managements steht.

Abbildung 10.2   Gültigkeitsbereiche des in diesem Beitrag vorgestellten Preisfindungs-konzeptes

Wertschöpfungskette →						
	Rohstoff	Halbzeug	(Ersatz-) Teil	Komponente / Baugruppe	„Maschine"	Anlage / Investitionsgut
Beschreibung	▪ natürliche Ressource, die bis auf die Lösung aus ihrer natürlichen Quelle noch keine Bearbeitung erfahren hat ▪ wird als Ausgangsmaterial für weitere Verarbeitungsstufen in der Produktion verwendet	▪ geometrisch bestimmte, feste Körper ▪ Oberbegriff für vorgefertigte Rohmaterialformen ▪ Ausgangsmaterial für die Fertigung	▪ technisch beschriebener Gegenstand, der nach einem bestimmten Arbeitsplan gefertigt wird ▪ ein nicht mehr weiter zerlegbarer Bestandteil einer Maschinenkonstruktion (DIN 6789 Dokumentationssystematik)	▪ besteht aus mehreren Teilen, die durch verschiedene Fügeverfahren miteinander verbunden sind ▪ funktionsfähige Einheit ▪ Gruppe von Einzelteilen, die als Einheit in das Endprodukt eingeht	▪ besteht aus mehreren Baugruppen oder Komponenten ▪ Sammelbezeichnung für zweckorientierte technische Vorrichtungen verschiedenster Art und Größe	▪ langlebiges ökonomisches Gut, das von Unternehmen zur Erstellung und Weiterverarbeitung von Gütern angeschafft wird ▪ besteht aus mehreren Funktionseinheiten und Prozessschritten
Beispiel 1	Erz, Kohle, …	Stahlstange	Schraube	Elektromotor	Fräsmaschine	Fertigungsstraße
Beispiel 2	Erz, Kohle, …	Coil	Blech-Außenwand	Außenverkleidung	Schaltschrank, Server	Serverarchitektur
Beispiel 3	Kupfer, …	Kupferrohr	T-Stück	Kondensator	Wärmekraftmaschine	Kraftwerk
Besonderheit im Pricing	▪ Preise oft durch Börsen bestimmt ▪ Preisentwicklung bestimmt Preise nachgelagerter Wertschöpfungsschritte ▪ …		▪ große Vielfalt hinsichtlich Komplexität und Produktwert ▪ Herausforderung hinsichtlich systematischem, wertorientiertem Pricing	▪ oft auch Bestandteil des Ersatzteil-Portfolios in der Industrie ▪ Herausforderung hinsichtlich systematischem, wertorientiertem Pricing	▪ deutlich geringeres Spektrum als bei Teilen und Baugruppen ▪ Pricing oft projekt- und nicht produktbezogen	▪ Pricing ausschließlich projektbezogen, bezogen auf einzelne Produkte ▪ sehr aufwändiger Verkaufsprozess ▪ großer Einfluss von mehreren indirekten Parteien (z.B. Banken, Gutachter)

10.2   Anforderungen an das Preismanagement im Ersatzteilgeschäft

Der Charakter des Ersatzteilgeschäfts unterscheidet sich grundlegend von dem des Neumaschinengeschäfts. Um diesem Unterschied im Preismanagement gerecht zu werden, sind nachfolgend einige Aspekte aufgeführt, die die besonderen Anforderungen an das Ersatzteil-Pricing beschreiben.

10.2.1   Besonderheiten im Preismanagement von Ersatzteilen

Folgende Besonderheiten des Ersatzteilgeschäfts stellen die zentralen Herausforderungen für das Preismanagement dar:

■ *Viele Teile (-Nummern)*: Durch historisch gewachsene Strukturen und regelmäßige Produktinnovationen begegnet man im Ersatzteilgeschäft häufig Unternehmen, die mehrere Zehntausend Teilenummern im Portfolio zu managen haben. Ein beeindruckendes Beispiel hierfür liefert ein führendes Unternehmen der Baumaschinenindustrie, das derzeit Preise für 1,8 Mio. Ersatzteile bereithalten muss. Zwar werden nicht alle Ersatzteile jedes Jahr verkauft und der größte Umsatzanteil fällt auf einen mengenmäßig kleinen Anteil von Teilen (einer klassischen ABC-Kurve entsprechend; Homburg/Daum 1997), dennoch muss das Ersatzteilmanagement in der Lage sein, die gesamte Masse an Produkten sinnvoll zu bepreisen – vom Listenpreis, über den Transferpreis bis hin zu regionaler und ggf. kundenindividueller Preisdifferenzierung in Zusammenarbeit mit den Landesgesellschaften.

■ *Viele physisch gleiche Teile mit unterschiedlichen Teilenummern*: Obwohl bei einer Erweiterung des Teilespektrums einige Ersatzteile in physisch gleicher Form bereits existieren, werden aufgrund des hohen Aufwands für den notwendigen Abgleich häufig wieder neue Teilenummern angelegt. Dies kann durch unterschiedliche Kosteninformationen oder anwendungsspezifische Unterschiede („linke- vs. rechte-Hand-Bedienung") zu inkonsistenter Bepreisung führen, die jedoch vom Kunden selten akzeptiert wird.

■ *Unterschiedlichste Know-how-Level*: Ein wesentlicher Unterschied zum Neumaschinengeschäft ist die hohe Varianz hinsichtlich des Know-how-Levels der Ersatzteile (Intellectual Property). Von der Schraube und dem O-Ring bis hin zu High-Tech-Getrieben umfasst das Ersatzteil-Portfolio sämtliche Komplexitätsstufen, die im Pricing individuell berücksichtigt werden sollten.

■ *Unterschiedlichste Ersatzteilwerte*: Die großen Unterschiede in der Wertigkeit verschiedener Ersatzteile haben einen erheblichen Einfluss auf die Preissensitivität des Kunden (Homburg/Krohmer 2009). Bei einer Preiserhöhung von 5% bei einem 1 €-Teil wird der Kunde im Normalfall weniger sensibel reagieren als bei einer Preiserhöhung um 5% bei einem 100.000 €-Ersatzteil, selbst wenn er 100.000 dieser geringwertigen Produkte kaufen sollte. Mitunter sehen wir auch Produkte im Portfolio, die mehr als 500.000 € Kosten für den Kunden verursachen. Die enormen Wertunterschiede zwischen einzelnen Ersatzteilen wirken sich folglich stark auf die Zahlungsbereitschaft aus und sollten sich daher in der Preislogik widerspiegeln.

■ *Kontinuierlich hoher Anteil an neuen Teilen im Portfolio*: Durch Zukäufe, Fusionen, Neuprodukte, Produktmodifikationen usw. werden hohe Anforderungen an das Ersatzteilmanagement gestellt. Nicht selten kommen 10.000 neue Produkte Jahr für Jahr neu in das Portfolio. Daher ist die systematische, einheitliche und IT-gestützte Preisfindung eine wesentliche Anforderung an das Ersatzteil-Pricing (vgl. hierzu auch Kossmann 2008).

■ *Internationales Geschäft mit hohem Komplexitätsgrad*: Vor allem multinationale Industrieunternehmen haben mit der Herausforderung des internationalen Ersatzteil-Pricing zu kämpfen. Unterschiedliche Einkaufsregionen führen zu stark schwankenden Kosten und Transferpreisen für physisch gleiche Teile und damit (unter Annahme eines mechanischen Cost-Plus-Pricing) zu inkonsistenten Endkundenpreisen in den Regionen (vgl. hierzu auch Abschnitt 10.3.4 sowie Homburg/Jensen 2005). Historisch gewachsene Strukturen mit mehreren Zwischen-Vertriebsstufen hin zum Endkunden verstärken diesen Effekt auf den Endkundenpreis zusätzlich.

■ *Organisatorische Verankerung des Ersatzteilmanagements*: Oft ist das Ersatzteilmanagement noch organisatorisch an das Neugeschäft gekoppelt. Das hat für das Ersatzteilgeschäft den Nachteil, dass beim Verkauf von Neumaschinen die notwendige Erstausrüstung mit Ersatzteilen teilweise als Dreingabe oder zu einem deutlich geringeren Preis als später im Maschinenlebenszyklus angeboten wird. Dieses Vorgehen motiviert den Kunden, den deutlich geringeren Preis auch weiterhin einzufordern. Ein weiterer Nachteil der direkten Verbindung zum Neumaschinengeschäft liegt im Einkaufsverbund mit dem Zentraleinkauf für Neumaschinen, der den Ersatzteil-Einkauf oft weniger priorisiert. Das hat zur Folge, dass Einkaufspotenziale nicht ausgeschöpft werden und Kosteninformationen oft nicht auf dem aktuellsten Stand sind.

■ *Zunehmender Wettbewerbsdruck durch vielfältige Vertriebswege und steigende Produkt- und Preistransparenz*: Auch im Ersatzteilgeschäft sind klare Professionalisierungstendenzen und steigender Wettbewerbsdruck erkennbar. Zum einen wird ein großer Teil des Geschäfts durch große, international tätige Ersatzteil-Händler bestritten. Zum anderen gibt es auch viele kleine Händler und Werkstätten (Body Shops) direkt beim Kunden vor Ort, die Ersatzteile anbieten (z.B. im Mining-Geschäft). Des Weiteren führt der zunehmende Online-Handel (z.B. www.parts-and-more.de) zu einer hohen Informationsverfügbarkeit und Preistransparenz. Schließlich lässt sich zunehmend „qualitative" Produktpiraterie durch geringe Markteintrittsbarrieren bei Ersatzteilen mit geringer bis mittlerer Intellectual Property beobachten.

Diese Besonderheiten beschreiben implizit die Anforderungen an das Ersatzteil-Pricing, die in drei Punkten zusammengefasst werden können (vgl. **Tabelle 10.1**):

1. *Systematisch*: Es besteht die Notwendigkeit einer klaren Preislogik und klarer Prozesse entlang der internationalen Preisfindung über globale, regionale und kundenspezifische Preise.

2. *Wertorientiert*: Die Preisfindung sollte klar an der Zahlungsbereitschaft des Kunden ausgerichtet sein und relevante Einflussfaktoren berücksichtigen.

3. *Automatisiert*: Der Preisfindungs-Ansatz muss in der Lage sein, Zehntausende von Ersatzteilen möglichst individuell und wertorientiert zu bepreisen.

Wenn man sich mit dem Thema Preisfindung beschäftigt, begegnet man schnell den drei Herangehensweisen über *Kosten*, *Wettbewerb* und *Kundennutzen* (vgl. hierzu insbesondere die Beiträge von Homburg/Totzek und Rese in diesem Band sowie Homburg/Krohmer 2009). Überprüft man die oben genannten drei Anforderungen für jede dieser Herangehensweisen, kann eine rein kostenbasierte Preisfindung nicht zielführend für das Ersatzteilgeschäft sein, da zwar die Automatisierbarkeit und Systematik gegeben sind, die Wertorientierung aber nicht (ausreichend) berücksichtigt wird.

Die wettbewerbsbasierte Preisfindung ermöglicht zwar einen hohen Grad an Systematisierung, ist aber nur möglich, wenn man die Wettbewerbspreise auch tatsächlich ermitteln kann. Dies ist aufgrund der Menge der Teile und der weiterhin fehlenden Automatisierbarkeit und Wertorientierung nur eingeschränkt zu empfehlen.

Auf der anderen Seite ist die „Königsklasse", das rein nutzenbasierte Pricing auf Teileebene ebenfalls untauglich, da man unmöglich für die Menge an Produkten valide Nutzen-
aussagen treffen kann. Zudem ist es schwierig, die unterschiedlichen Nutzendimensionen
(z.B. rationale und emotionale Nutzenkomponenten) systematisch zu erfassen und automatisiert weiterzuverarbeiten.

Tabelle 10.1 bewertet zusammenfassend diese klassischen Einflussgrößen auf die Preisfindung hinsichtlich ihrer Erfüllung der oben genannten Anforderungen im Rahmen des Ersatzteil-Pricing. Diese Bewertung zeigt, dass man einen geschickten Mix der drei Preisbildungsmechanismen in Betracht ziehen sollte, der die Vorteile der einzelnen Mechanismen
vereint, statt sich für eine Herangehensweise zu entscheiden. Eine derart ausgerichtete
Preisfindung wird in den nachfolgenden Abschnitten vorgestellt.

Tabelle 10.1   Leistungsfähigkeit der grundlegenden Preisbildungsmechanismen im
                     Rahmen des Ersatzteil-Pricing

Preisbildungsmechanismus	Anforderung		
	Systematisch	Wertorientiert	Automatisiert
Rein kostenbasiertes Pricing	✓	–	✓
Rein wettbewerbsbasiertes Pricing	✓	–	–
Rein nutzenbasiertes Pricing	–	✓	–

Entscheidend ist hierbei, dass Unternehmen – wie bereits beschrieben – die *Zahlungsbereitschaft des Kunden als zentrales Element* in der Preisfindung verstehen, da sie sich *direkt auf
das Pricing auswirkt*. Wenn dem Kunden durch den Kauf eines Ersatzteils lediglich ein
höherer Nutzen entsteht als durch den Kauf einer Alternative, kann dies zwar die Zahlungsbereitschaft positiv beeinflussen, ist aber nicht zwingend der Fall. Dies muss je nach
Nutzendimension geprüft werden. Denn Kundennutzen muss auch kommunizierbar sein
und ermöglicht lediglich eine bessere Ausgangssituation in der wertorientierten Preisverhandlung mit dem Kunden (vgl. hierzu auch Homburg/Jensen/Schuppar 2004).

10.2.2   Einschätzung der Einflussfaktoren auf die Zahlungsbereitschaft des Kunden

Unter Berücksichtigung der genannten Anforderungen an ein effektives und effizientes
Ersatzteil-Pricing müssen zunächst die Einflussfaktoren auf die Zahlungsbereitschaft identifiziert werden. Sie sind das zentrale Element im vorgestellten Preisbestimmungskonzept.

Daher sollte dieser Schritt mit großer Sorgfalt und mit Unterstützung durch erfahrene Mitarbeiter erfolgen, die sowohl die Produkt- als auch die Marktsicht im Ersatzteilgeschäft vertreten.

Generell haben sechs wesentliche Dimensionen einen mehr oder weniger starken Einfluss auf die Zahlungsbereitschaft des Kunden im Ersatzteilgeschäft:

1. Mehrwert / Kundennutzen,

2. Beschaffungskosten,

3. Beschaffungsaufwand und -risiken,

4. Anlagenausfallrisiko,

5. Informationsverfügbarkeit (z.B. Wettbewerbsangebote, detailliertes Produkt Know-how, Wissen bzgl. der Herstellkosten des Lieferanten) und

6. sonstige unbekannte Aspekte (z.B. Budget, „Lieferantenquote", soziale Netzwerke).

Jeder potenzielle Einflussfaktor sollte einer dieser Dimensionen zugeordnet werden können. Um die Verwendung der Faktoren grafisch zu veranschaulichen, beschreibt **Abbildung 10.3** die Entwicklung von einem reinen Cost-Plus-Ansatz hin zum wertorientierten Pricing auf Basis der Zahlungsbereitschaft in drei Schritten. Die Zahlungsbereitschaft ist in **Abbildung 10.3** jeweils als Ellipse, die Einflussfaktoren auf die Zahlungsbereitschaft als Flächen dargestellt.

Schritt I

Beim Cost-Plus-Ansatz wird die Zahlungsbereitschaft für die Preisbestimmung kaum berücksichtigt. Meist werden nur ein oder sehr wenige Aufschlagsfaktoren auf die Kosten zur Bepreisung herangezogen (Homburg/Krohmer 2009). Anhaltspunkte für die Höhe der Faktoren beziehen sich auf teilweise vorhandene Informationen über gängige Marktpreise (oft nur verfügbar bei Commodities). Häufig sind diese jedoch schlicht historisch gewachsen, da sie vom Kunden bisher akzeptiert wurden. Diese Herangehensweise ist nach wie vor stark vertreten in der Praxis (Schuppar 2006), führt aber i.d.R. zu einer geringeren Ausschöpfung des Gewinnpotenzials.

Schritt II

Die weitere Entwicklung in Richtung eines professionellen Ersatzteil-Pricing bezieht vorhandene Informationen über die *Wettbewerbssituation* ein. Unternehmen unterscheiden hierbei oft zwischen Eigenfertigung und Fremdfertigung oder etwas differenzierter zwischen DIN-Teilen, Teilen mit Zeichnungsinformationen, Patentteilen usw. Diese Information ist ein wichtiger erster Schritt in Richtung einer wertorientierten Segmentierung. Doch diese *Intellectual Property* alleine reicht nicht aus, um die Zahlungsbereitschaft des Kunden zu beschreiben. Zudem reicht die Anzahl an Aufschlagsfaktoren (z.B. für jede Teilegruppe ein Aufschlagsfaktor) nicht aus, um der Vielfalt der Produkte und der unterschiedlichen Zahlungsbereitschaften auf Kundenseite gerecht zu werden.

Abbildung 10.3   Schrittweise Berücksichtigung von Einflussfaktoren auf die Zahlungsbereitschaft des Kunden

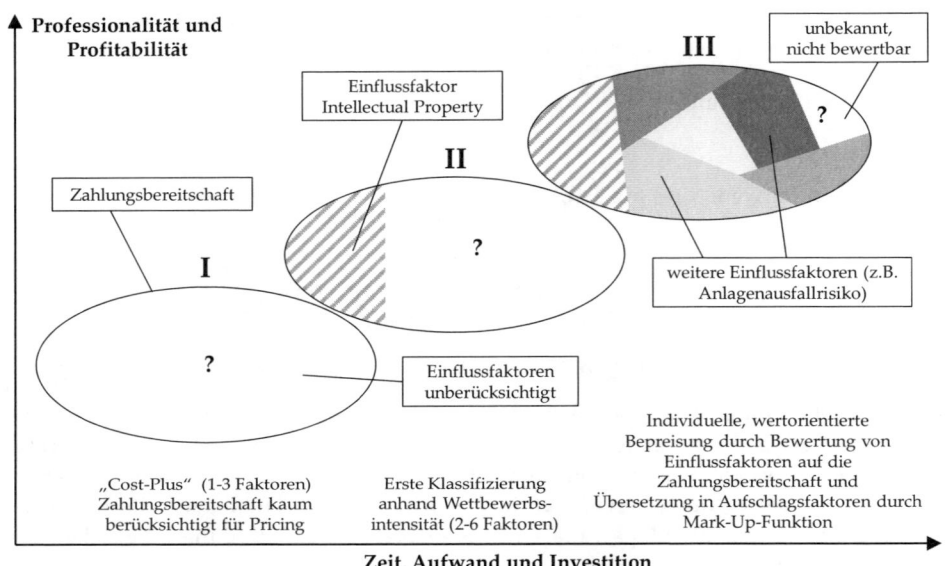

Schritt III

Die teileindividuelle Bewertung aller relevanten Einflussfaktoren als Basis für die *wertorientierte* Segmentierung stellt aus unserer Sicht die professionellste Herangehensweise im Ersatzteil-Pricing dar. Zwar ist diese Methode sicher komplexer und aufwändiger als die zuvor beschriebenen Ansätze, rechtfertigt sich aber aufgrund der zu erwartenden Erfolge in Bezug auf Umsatz und Profit. *Ziel dabei ist die maximale Ausschöpfung der Zahlungsbereitschaft*, nicht die marktorientierte Einpreisung. Dies kann auch eine Preisreduzierung bedeuten, falls der aktuelle Preis die Zahlungsbereitschaft des Kunden übersteigt. Die Antwort auf die zentrale Frage nach den *relevanten* Einflussfaktoren *kann nur individuell* für Unternehmen, bzw. deren Branche beantwortet werden. Das Wissen darüber gilt als Voraussetzung für die wertorientierte Teilesegmentierung und Preisfindung. **Abbildung 10.4** veranschaulicht unterschiedliche Szenarien der Ausschöpfung der Zahlungsbereitschaft für unterschiedliche Teile grafisch.

Im Fall von *Teil 1* werden zum aktuellen Preis keine Umsätze generiert, da die maximale Zahlungsbereitschaft des Kunden überschritten wurde. Durch eine entsprechende Preisreduktion und aktive Kommunikation kann der Umsatz für dieses Ersatzteil jedoch sprunghaft ansteigen. Insbesondere die unter starkem Wettbewerbsdruck stehenden Commodities sollten dahingehend systematisch untersucht werden.

Abbildung 10.4   Beispiele für Preisszenarien bei unterschiedlichen Ersatzteilen

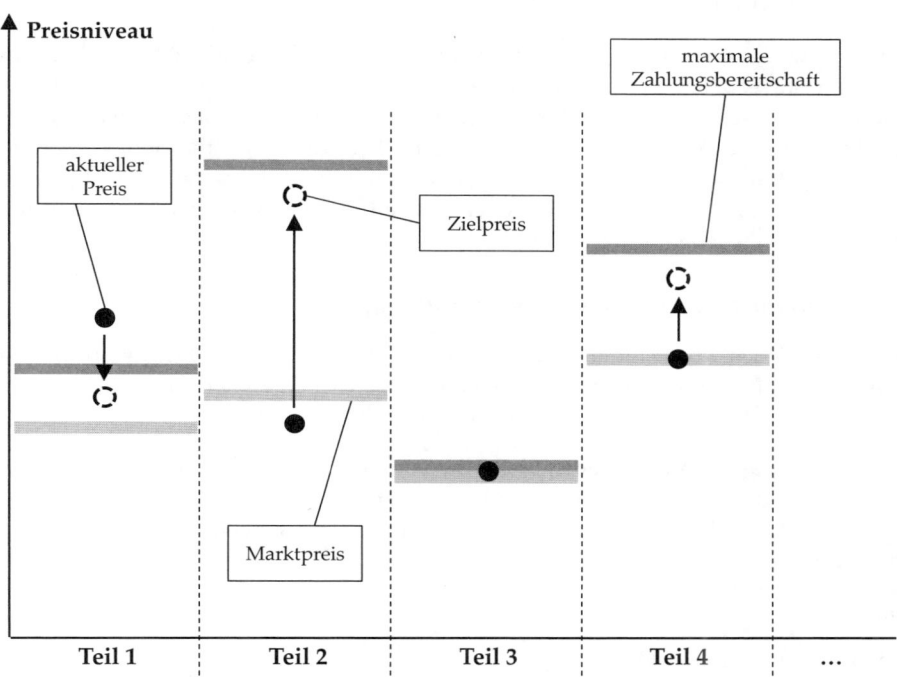

Teil 2 wird leicht unter dem Marktpreis angeboten. Die große Differenz zwischen Markt-preis und maximaler Zahlungsbereitschaft wird vom Anbieter derzeit nicht erkannt. Das Ersatzteil könnte eine mittlere Komplexität besitzen. Wenn der Defekt dieses Teils einen Anlagenausfall oder einen sehr hohen Instandhaltungsaufwand bedeutet, wäre dies eine mögliche Konstellation, die zu einer hohen Zahlungsbereitschaft des Kunden führt. Oft ist diese Konstellation Ergebnis eines Konstruktionsfehlers, wie das folgende Beispiel ver-deutlicht.

> In der Lok einer älteren ICE-Generation wurde ein Teil verbaut, dessen Defekt eine wo-chenlange Demontage der Lok zur Folge hatte, um das Teil austauschen zu können. Die Kosten des Ersatzteils lagen deutlich unter 100 € und standen in keinem Verhältnis zu den Kosten durch Reparatur und Stillstand. Entscheidend in der Preisverhandlung bei so einem Fall ist der wahrgenommene Kundenmehrwert (z.B. Zuverlässigkeit, Stand-zeit) gegenüber der nächstbesten Alternative, um das deutliche Preispremium zu errei-chen.

Für *Teil 3* fallen maximale Zahlungsbereitschaft, Marktpreis und aktueller Preis zusam-men. Daher wird die Preisposition des Ersatzteils nicht verändert. Dieses Szenario trifft insbesondere auf sehr einfache Massenprodukte zu, deren Preis sehr etabliert und bekannt ist. Auch sind sehr viele Anbieter und Bezugswege für das Teil anzunehmen, sodass der Beschaffungsaufwand für den Kunden über verschiedene Lieferanten sehr ähnlich ist. Diese Teile sind meist unkritisch für die Produktion.

Die Situation für *Teil 4* ist der für Teil 3 sehr ähnlich, allerdings ist der aktuelle Preis auf dem Marktpreisniveau. Durch Aspekte, die nicht direkt auf das Produkt bezogen sind (z.B. Markenposition, Image oder Service-Level) können Produkte, die ansonsten identisch mit den Wettbewerbsprodukten sind, im Preis erfolgreich etwas höher positioniert werden (Preispremium). Ein anderes mögliches Szenario besteht in Produkten, die zugunsten einer höheren Zahlungsbereitschaft modifiziert oder veredelt wurden, was aber im Preis bisher nicht berücksichtigt wurde.

10.2.2.1   Identifikation relevanter Einflussfaktoren

Nachdem beschrieben wurde, dass es für ein wertorientiertes Ersatzteil-Pricing notwendig ist, alle relevanten Einflussfaktoren auf die Zahlungsbereitschaft zu kennen, stellt sich nun die Frage, wie man diese in der Praxis systematisch ermitteln kann.

Zunächst geht es darum, alle an der Kaufentscheidung beteiligten Personen beim Kunden zu identifizieren und zu charakterisieren (Buying Center) (vgl. hierzu auch den Beitrag von Klarmann/Miller/Hofstetter in diesem Band). Im Ersatzteilgeschäft geht es dabei insbesondere um den

■ Instandhalter,

■ Disponent bzw. Planer und

■ Einkäufer.

Jede dieser Funktionen hat verschiedene Aufgaben und wird an verschiedenen Kriterien gemessen. Das Wissen darüber ist die Basis für die Ableitung der relevanten Einflussfaktoren auf die Zahlungsbereitschaft, wie **Abbildung 10.5** beispielhaft darstellt.

Wie **Abbildung 10.5** verdeutlicht, stellt die Zahlungsbereitschaft des Buying Centers also eine Kombination aus den einzelnen Einflussfaktoren der drei Funktionen dar. Allerdings müssen verschiedene Anforderungen erfüllt sein, um einen potenziellen Einflussfaktor auf die Zahlungsbereitschaft auch wirklich systematisch für die Bepreisung von Ersatzteilen nutzen zu können:

■ *Wirkungsweise*: Es muss ein klarer Zusammenhang zwischen Einflussfaktor und Zahlungsbereitschaft vorherrschen. D.h. „je höher der Einflussfaktor, desto höher die Zahlungsbereitschaft" (z.B. gültig für Intellectual Property) oder „je höher der Einflussfaktor, desto geringer die Zahlungsbereitschaft" (z.B. gültig für den möglichen Einflussfaktor Preisniveau, denn je höher das Preisniveau, desto sensibler reagiert der Kunde auf eine prozentuale Preiserhöhung und desto geringer ist die Bereitschaft, die Preiserhöhung zu bezahlen). Falls man diese eindeutigen Zusammenhänge nicht herstellen kann, eignet sich der Einflussfaktor nicht für die systematische Ersatzteilbewertung und Bepreisung. Ein Beispiel dafür ist die Lieferzeit. Sowohl sehr kurze Lieferzeiten

(Wahrnehmung als exzellenter Service) als auch sehr lange Lieferzeiten (Wahrnehmung als sehr stark nachgefragtes, rares Ersatzteil) können zu einer höheren Zahlungsbereitschaft führen.

■ *Datenverfügbarkeit auf Teileebene*: Ziel der Identifikation relevanter Einflussfaktoren auf die Zahlungsbereitschaft ist die spätere Bewertung aller relevanten Ersatzteile hinsichtlich aller Einflussfaktoren. Daher sollte die Möglichkeit bestehen, die notwendige Information aufzubereiten und zuzuordnen. Nicht möglich ist z.B. eine Bewertung des Einflussfaktors „Beziehung zum Verkäufer" auf Teileebene. Dieser Aspekt könnte aber durchaus bei einer anschließenden kundenindividuellen Bepreisung eine Rolle spielen (vgl. hierzu Abschnitt 10.3.5).

■ *Aufwand der Datenbeschaffung und Teilebewertung*: Ein wichtiger Aspekt, v.a. unter Berücksichtigung der Masse an Ersatzteilen, ist die Reduzierung der Anzahl der späteren Bewertungsparameter auf die wesentlichen Einflussfaktoren. Durch teilweise inhaltliche Überschneidung oder den hohen Aufwand der Datenbeschaffung sollten i.d.R. nicht mehr als sechs Einflussfaktoren für die anschließende Teilebewertung berücksichtigt werden.

Abbildung 10.5   Beispielhafte Einflussfaktoren auf die Zahlungsbereitschaft des Kunden

Wird gemessen an / hat Nutzen durch	Einflussfaktor auf Zahlungsbereitschaft	Wirkungsweise	Daten pro Teil verfügbar?	Aspekt geeignet?
Instandhalter				
Geringer Instandhaltungsaufwand	Instandhaltungsaufwand	↑ - ↑	nein	nein
Hohe Anlagenverfügbarkeit	Anlagenausfallrisiko bei Defekt	↑ - ↑	ja	ja
Geringer Bestellaufwand	Bestellaufwand	↑ - ↑	ja	ja
Schnelle Ersatzteilversorgung	Lieferzeit	↑ - ↑↓	ja	nein
Originalqualität / Zuverlässigkeit	Intellectual Property	↑ - ↑	ja	ja
...	...	...	...	...
Disponent/Planer				
Geringer Beschaffungsaufwand	Beschaffungsaufwand	↑ - ↑	ja	ja
Hohe Termintreue	Termintreue	↑ - ↑	nein	nein
Hohe Teileverfügbarkeit	Marktposition Hersteller	↑ - ↓	ja	ja
...	...	...	...	...
Einkäufer				
Minimale Kosten	Preisniveau	↑ - ↓	ja	ja
Genaue Kosteninformation	Verkaufshäufigkeit	↑ - ↓	ja	ja
Netzwerke / persönlicher Umgang	Beziehung zum Verkäufer	↑ - ↑	nein	nein
...	...	...	...	...

Um das obige Beispiel weiter zu entwickeln, beschränken wir uns an dieser Stelle auf fünf Einflussfaktoren, anhand derer nun beispielhaft die Ersatzteilsegmentierung und spätere Bepreisung erfolgt:

1. Intellectual Property

2. Preisniveau

3. Beschaffungsaufwand

4. Verkaufshäufigkeit

5. Anlagenausfallrisiko bei Teildefekt

Zur besseren Verständlichkeit wird für diese Einflussfaktoren nachfolgend der Begriff *Segmentierungsparameter* verwendet.

> Im Jahr 2007/2008 wurde ein wertorientiertes Ersatzteil-Pricing-Konzept für einen führenden Hersteller von Maschinen für den hochautomatisierten Steinkohleabbau konzipiert. Einer der entscheidenden Treiber für die Zahlungsbereitschaft war in diesem Fall das Anlagenausfallrisiko bei Teildefekt („Production Downtime Risk"). Aufgrund der damals sehr hohen Preise für Stahl (und damit auch Kohle) und der enormen Wirtschaftlichkeit der Minengesellschaften (z.T. wurden bis zu 50% EBITDA realisiert) war die Auswahl dieses Parameters absolut nachvollziehbar. In einem Jahr wie 2009 würden aufgrund der wirtschaftlichen Entwicklungen sicherlich andere Aspekte in den Vordergrund treten.

Das Beispiel verdeutlicht, dass die Auswahl der Parameter also stets *individuell* und durch konzeptionelle Vorarbeit zusammen mit dem Ersatzteilmanagement entlang des Buying Centers entwickelt werden sollte. Dabei sind branchenspezifische Aspekte, z.B. die wirtschaftliche Situation, Vertriebskanäle, verwendete Kalkulationsmethoden des Kunden oder vorhandene Denkmuster zu berücksichtigen.

10.2.2.2   Bewertung der Segmentierungsparameter auf Ersatzteilebene

Entlang der ausgewählten Segmentierungsparameter sollen nun alle relevanten Ersatzteile auf einer einheitlichen Skala bewertet werden. Nicht alle Parameter haben den gleichen Einfluss auf die Zahlungsbereitschaft (vgl. die unterschiedlich großen Flächen in **Abbildung 10.3**), sodass eine Gewichtung der Einflussfaktoren diskutiert werden sollte. Auch muss klar definiert werden, woher die Information für die Bewertung der Teile stammt. Während manche Parameter manuell bewertet werden müssen, sind andere durch Informationen aus dem Informationssystem (z.B. SAP) automatisch bewertbar. Zudem sollte festgelegt sein, welche qualitative Beschreibung welchem Wert auf der Skala entspricht, um auch international einen klaren Prozess für alle Beteiligten zu definieren.

Aus der Projektarbeit mit unseren Kunden hat sich für diesen Schritt eine sechsstufige Bewertungsskala bewährt. Sechs Stufen haben den Vorteil, dass man sich tendenziell für eine Seite entscheiden muss, da es keinen Wert genau in der Mitte gibt. Ein weiterer Vorteil ist der Detaillierungsgrad von sechs Stufen, der noch Unterschiede zwischen den Stufen erkennen lässt, aber dennoch genügend Raum für Differenzierung bietet (Devlin/Dong/Brown 1993). Zur weiteren Vereinfachung legen wir fest, dass eine Bewertung mit 6 stets den besten Fall aus Pricing-Sicht darstellt.

Tabelle 10.2 zeigt die ausgewählten Parameter mit allen notwendigen Informationen zur Durchführung der Ersatzteil-Segmentierung für unser Beispiel. Je nach Anzahl der zu bewertenden Teile oder Komponenten ist vorab eine ABC-Analyse nach dem Umsatz sinnvoll. Die Bewertung, beginnend mit den A-Teilen (ca. 80% Umsatzanteil, 20% Mengenanteil), reduziert den Aufwand im ersten Schritt enorm, ohne den eigentlichen Hebel durch die Preisoptimierung zu stark zu schwächen.

Tabelle 10.2 Beispiel für ein Bewertungsschema im Rahmen der Ersatzteil-Segmentierung

	Intellectual Property	Preis-niveau	Beschaffungs-aufwand	Verkaufs-häufigkeit	Anlagen-ausfallrisiko
Gewich-tung	30%	25%	15%	10%	20%
Logik	je höher die Intellectual Property, desto höher die Zahlungsbereitschaft	je höher das Preisniveau, desto geringer die Zahlungsbereitschaft	je höher der Beschaffungsaufwand, desto höher die Zahlungsbereitschaft	je höher die Verkaufshäufigkeit, desto geringer die Zahlungsbereitschaft	je höher das Ausfallrisiko bei Teildefekt, desto höher die Zahlungsbereitschaft
Bewertung	Qualitative und quantitative Definition der Parameterausprägungen auf Skala 1 bis 6				
1	• kein „Added Value" • Bezug des Teils über sehr viele Lieferanten weltweit möglich • z.B. DIN/ISO Teile	> 10.000 €	• sehr bekannter Lieferant • standardisierter Vorgang • Teil bekannt, vorrätig • Bestellung „auf Knopfdruck"	> 100 Bestellungen pro Jahr	• keine Beeinträchtigung der Anlagenperformance, kein Ausfallrisiko • Teildefekt bleibt teilweise sogar unbemerkt
2	• sehr geringer „Added Value" • Bezug des Teils über > 10 Lieferanten möglich • z.B. VDMA Normteile	1.000 – 10.000 €	• bekannter Lieferant, eindeutige Zuordnung • standardisierter Vorgang mit leichter Teile-Konfiguration	50 – 100 Bestellungen pro Jahr	• kein Anlagenstillstand trotz defektem Teil • Teildefekt wird bemerkt und behoben
3	• modifizierte Standardteile • Kopie recht leicht herstellbar • Beschaffung über < 10 Lieferanten möglich	100 – 1.000 €	• bekannter Lieferant • eindeutige Zuordnung zum Lieferant • individueller Bestellvorgang	20 – 50 Bestellungen pro Jahr	• Prozess beeinträchtigt, aber durch Ersatzmaßnahme überbrückbar

	Intellectual Property	Preis-niveau	Beschaffungs-aufwand	Verkaufs-häufigkeit	Anlagen-ausfallrisiko
4	• Beschaffung nur über ausgewählte Lieferanten • deutliche Lieferanten-Wechsel-barriere • z.B. Getriebe-motor, Pumpe	10 – 100 €	• unbekannter Lieferant • individueller Bestellvorgang • Teilespezifikation unvollständig	5 – 20 Bestellungen pro Jahr	• kurzer Anlagen-stillstand bei Teildefekt • geringer Instand-haltungsaufwand
5	• Möglichkeit eines weiteren Herstellers weltweit • Teile für exklusive Lieferung • z.B. Zeichnungs-teile	1 – 10 €	• unbekannter Lieferant • Einzelauslegung • komplexes Teil, Zeichnung not-wendig	1 – 5 Bestellungen pro Jahr	• längerer Anlagen-stillstand bei Teildefekt • hoher Instand-haltungsaufwand
6	• Unternehmen ist einziger Hersteller weltweit • keine Möglich-keit für Wettbe-werb, Teil zu kopieren (z.B. Patent)	< 1 €	• unbekannter Lieferant • Einzelauslegung • sehr komplexes Teil	< 1 Bestellung pro Jahr	• sehr langer Anla-genstillstand bei Teildefekt • sehr hoher Instandhaltungs-aufwand zur Her-stellung der An-lagenfunktionali-tät
Quelle	Ersatzteil-management	ERP-System	Ersatzteilvertrieb	ERP-System	Ersatzteil-management
Bewertung	manuell	automatisch	manuell	automatisch	manuell

Tabelle 10.3 zeigt die Segmentierungsparameter, die für jedes Teil auf einer Skala von 1 bis 6 bewertet werden. Durch die unterschiedliche Gewichtung der Einflussfaktoren ergibt sich für jedes Teil eine gewichtete Bewertung (in diesem Beispiel 2,70).

Um die spätere Übersetzung der Bewertungsergebnisse in Listenpreise an der strategischen Zielsetzung ausrichten zu können, benötigt man den Durchschnittswert über alle Ersatzteile. Hierzu bietet sich eine Gewichtung der einzelnen Teile über deren Umsatzanteil an. Somit haben umsatzstarke Ersatzteile mit ihrer Bewertung einen höheren Einfluss auf das Ergebnis. Dieser Wert spiegelt dann die Positionierung des gesamten Ersatzteilportfolios bezüglich der angenommenen Zahlungsbereitschaft des Kunden wider und dient dem „Finetuning" der später vorgestellten Mark-Up-Funktion (vgl. Abschnitt 10.3.2).

Tabelle 10.3   Beispiel für die Berechnung eines gewichteten Mittelwertes über die Segmentierungsparameter eines Ersatzteils

	Bewertung	Gewichtung	Gewichteter Wert
Intellectual Property	3	30%	0,90
Preisniveau	1	25%	0,25
Beschaffungsaufwand	3	15%	0,45
Verkaufshäufigkeit	5	10%	0,50
Anlagenausfallrisiko	3	20%	0,60
Gewichtete Bewertung		Σ	**2,70**

In diesem Abschnitt wurden die Besonderheiten des Ersatzteil-Pricing angesprochen und erläutert, weshalb es notwendig ist, die Einflussparameter auf die Zahlungsbereitschaft des Kunden zu kennen. In einem Beispiel wurden die relevanten Segmentierungsparameter identifiziert und bewertet. Nach dieser Logik sollten nun physisch gleiche Teile einen identischen gewichteten Wert besitzen. Zu diesem Zeitpunkt stellt sich also die Frage, wie die berechneten Werte pro Ersatzteil systematisch in Zielpreise übersetzt werden können und welche Informationen dafür notwendig sind.

10.3   Übersetzung der Segmentierungsergebnisse in Zielpreise

Im Folgenden wird erläutert, wie die auf Basis des im vorherigen Abschnitt vorgestellten Ansatzes gewonnenen Bewertungsergebnisse systematisch in Listenpreisempfehlungen übersetzt werden. Es geht also ausschließlich um die Bestimmung der Zielpreise der Teile.

Abbildung 10.6 beschreibt den Aufbau der übergeordneten Preislogik und hilft, die nachfolgenden Schritte inhaltlich klar voneinander abzugrenzen. Der Schwerpunkt der vorliegenden Ausarbeitung liegt auf der Ermittlung der globalen Zielpreise (Schritt I). In Abschnitt 10.3.4 und 10.3.5 werden zusätzlich Vorgehensweisen dargestellt, um die regionale und kundenindividuelle Preisdifferenzierung zu systematisieren (Schritt II und III).

Abbildung 10.6   Grundlegende Vorgehensweise zur Preisbestimmung

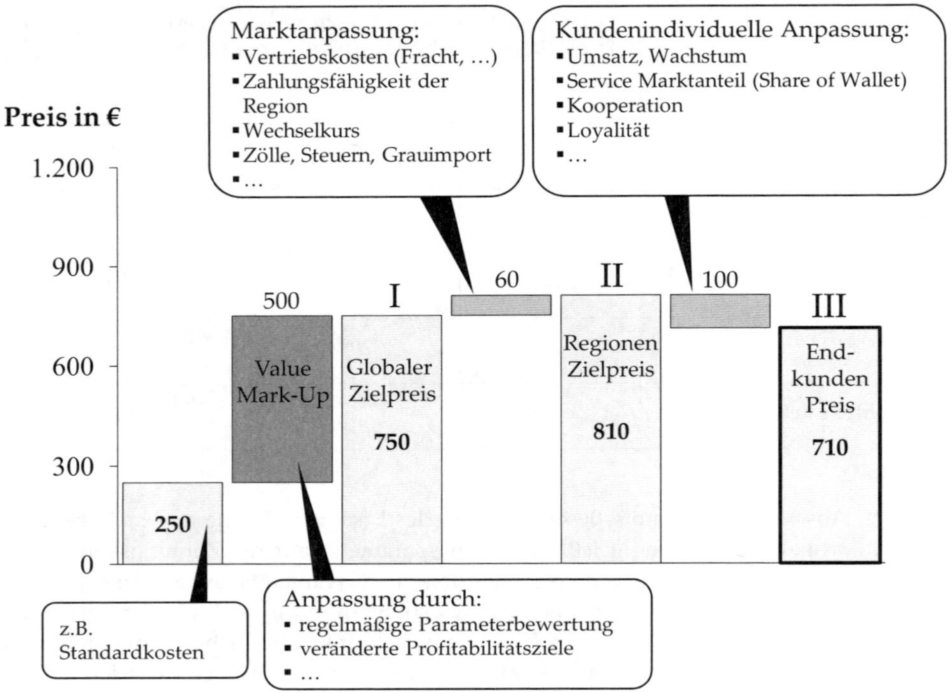

Wie in **Abbildung 10.6** zu sehen ist, bildet die Kosteninformation die Ausgangsbasis für die Kalkulation der globalen Zielpreise (Schritt I). Dabei ist zu entscheiden, ob z.B. gleitende Durchschnittskosten, Standardkosten oder aktuelle Kosten als Berechnungsgrundlage herangezogen werden. Eine allgemeingültige Empfehlung kann hier aufgrund mangelnder Kenntnis des Einzelfalls nicht gegeben werden. In Abschnitt 10.4 werden dann Strategien vorgestellt, um den aktuellen Preis möglichst effizient zum Zielpreis zu entwickeln und erfolgreich am Markt zu positionieren.

10.3.1   Merkmale und Interpretation der Ersatzteilsegmentierung

Die Verteilung der Bewertungsergebnisse über alle Ersatzteile zeigt oft eine typische Glockenkurve. Es gibt nur wenige Teile, die extrem gering oder extrem hoch bewertet werden. Auf einer Skala von 1 bis 6 sehen wir im Rahmen unserer Projekte die geringsten Bewertungen bei ungefähr 1,5 und die höchsten Bewertungen bei rund 5,5.

Dieses Ergebnis ist auch nachvollziehbar, wenn man, wie in unserem Anwendungsbeispiel gezeigt, sowohl Intellectual Property als auch das Preisniveau als Segmentierungsparameter ausgewählt hat und diese oft gegensätzlich zueinander stehen (vgl. hierzu auch **Tabelle 10.2**). Ein Teil mit einer gewichteten Bewertung von 1,0 hätte demnach unter anderem keinerlei Alleinstellungsmerkmale (Schraube), wäre aber teurer als 10.000 €. Ebenso müssten alle übrigen Parameter mit einer 1,0 bewertet werden.

Um die Übersetzung der Bewertungsergebnisse in empfohlene Listenpreise vorzubereiten, wird die Verteilung zuerst um Extreme bereinigt. Anschließend erfolgt die Verknüpfung der einzelnen Bewertungsstufen mit Zielprofitabilitäten, um die spätere Mark-Up-Funktion aufstellen zu können. Das spezielle Verfahren zur Bestimmung der Mark-Up-Funktion ist der entscheidende Schritt in der Konzeption (Homburg & Partner Mark-Up-Simulator) und wurde anhand vieler internationaler Projekte stets weiterentwickelt und verfeinert.

10.3.2 Übersetzung der Bewertungsergebnisse in Listenpreise

Die Herausforderung liegt nun in der möglichst optimalen Übersetzung der Bewertungsergebnisse in Aufschlagsfaktoren für alle Ersatzteile („Value Mark-Ups") (vgl. Schritt I in **Abbildung 10.6**). Nachfolgend werden drei verschiedene Typen von Mark-Up-Funktionen vorgestellt und deren Vor- und Nachteile für das Ersatzteil-Pricing erläutert.

Abbildung 10.7   Linearer Value Mark-Up auf die Bewertung der Ersatzteile

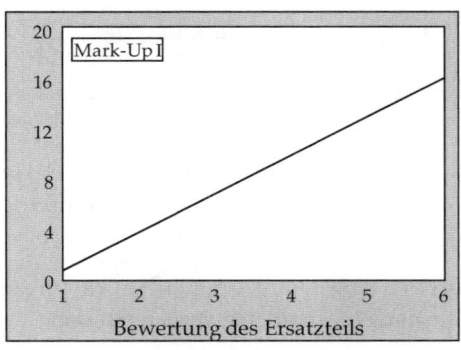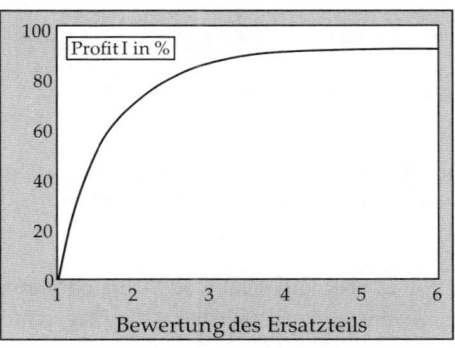

Die *lineare Mark-Up-Funktion* entspricht dem Prinzip: „Je höher die Bewertung des Ersatzteils, desto proportional höher der Mark-Up-Faktor auf die Kostenbasis" (vgl. **Abbildung 10.7**). Der lineare Mark-Up hat folgende Vorteile:

■ Er ist relativ einfach zu bestimmen, da Anhaltspunkte z.B. durch die geringsten und höchsten Aufschlagsfaktoren im derzeitigen Pricing vorhanden sind.

■ Eine kontinuierliche Erhöhung der Aufschlagsfaktoren bei höherer Bewertung bietet Konsistenz in der Preisargumentation.

■ Physisch gleiche Teile mit unterschiedlicher Handhabung beim Kunden (z.B. Linkshand-, Rechtshand-Bedienung) werden gleich oder nur marginal unterschiedlich bepreist.

■ Jede Bewertungsstufe wird individuell mit einem Aufschlagsfaktor verknüpft.

Jedoch hat die lineare Mark-Up-Funktion folgende Nachteile:

■ Durch die stark ansteigende Profitabilitätsfunktion besteht die Gefahr der Überpreisung im unteren Bewertungsbereich (dies gilt z.B. für Teile mit stärkerem Wettbewerbsdruck, geringerem Beschaffungsaufwand für den Kunden usw.).

■ Es besteht eine hohe Gefahr des Verlustes von Marktanteilen bei Produkten der unteren Bewertungsstufen durch Überschreitung der maximalen Zahlungsbereitschaft beim Kunden.

Abbildung 10.8 Stufenweiser Value Mark-Up auf die Bewertung der Ersatzteile

---

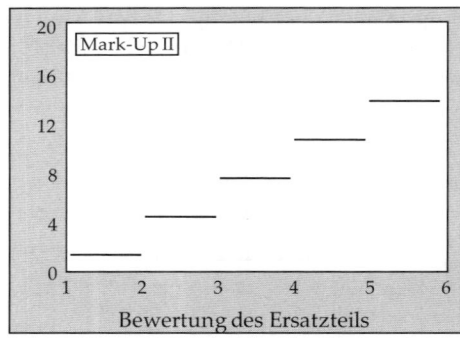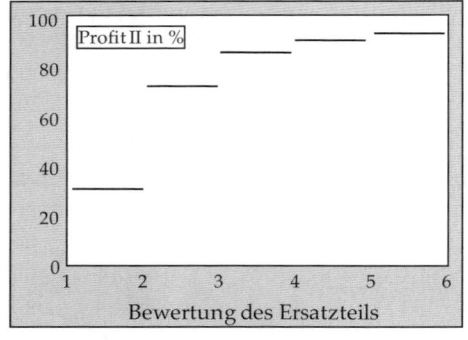

Die *stufenweise Mark-Up-Funktion* entspricht dem Prinzip: „Je höher die Bewertungsklasse des Ersatzteils, desto höher der Mark-Up-Faktor auf die Kostenbasis" (vgl. **Abbildung 10.8**). Diese Funktion hat einen Vorteil:

■ Sie ist ebenfalls relativ einfach zu bestimmen, da auch hier Anhaltspunkte z.B. durch die geringsten und höchsten Aufschlagsfaktoren im derzeitigen Pricing vorhanden sind.

Eine stufenweise Mark-Up-Funktion hat jedoch folgende wesentliche Nachteile:

■ Bereits vorhandene individuelle Bewertungsergebnisse pro Teil werden für das Pricing nicht genutzt, da eine erneute Klassifizierung auf höherer Ebene erfolgt.

■ Es können Inkonsistenzen in der Preisbildung durch erhebliche Preisunterschiede bei teilweise sehr ähnlichen Teilen entstehen (z.B. für Teile an den Sprungstellen benachbarter Klassen).

■ Es besteht eine hohe Gefahr des Verlustes von Marktanteilen bei Produkten der unteren Bewertungsstufen durch Überschreitung der maximalen Zahlungsbereitschaft der Kunden.

Abbildung 10.9   Progressiver Value Mark-Up auf die Bewertung der Ersatzteile

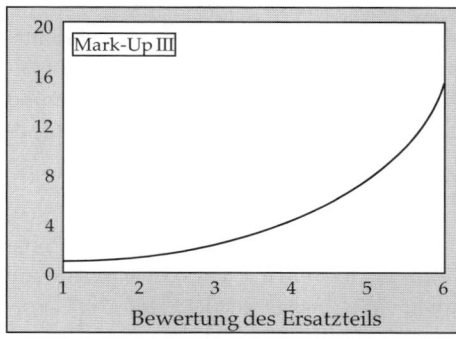
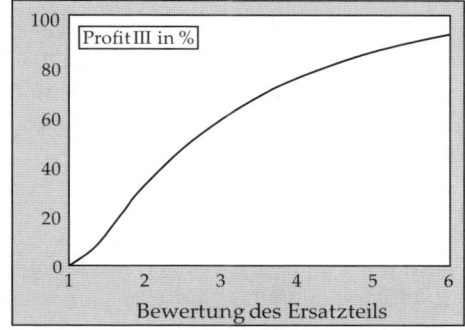

Die *progressive Mark-Up-Funktion* entspricht einem unterproportionalen Anstieg der Aufschlagsfaktoren in den unteren Bewertungen und einem überproportionalen Anstieg der Aufschlagsfaktoren in den hohen Bewertungen (vgl. **Abbildung 10.9**). Ein progressiver Zusammenhang zwischen Bewertung und Aufschlagsfaktor hat folgende Vorteile:

■ Der progressive Verlauf spiegelt die Marktverhältnisse wider. Es erfolgt ein moderater Anstieg des Aufschlagsatzes für wettbewerbsintensive Teile mit geringerer angenommener Zahlungsbereitschaft des Kunden. Für Teile mit hoher angenommener Zahlungsbereitschaft des Kunden (z.B. Patentteile) erfolgt ein überproportionaler Anstieg.

■ Marktanteilsverluste durch Überpreisung von Teilen mit geringerer Zahlungsbereitschaft des Kunden werden vermieden.

■ Eine Rückführung von aktuell überpreisten, nicht verkauften Produkten in einen realistischen Preiskorridor unterhalb der maximalen Zahlungsbereitschaft wird ermöglicht.

■ Eine kontinuierliche Erhöhung der Aufschlagsfaktoren bei höherer Bewertung bietet Konsistenz in der Preisargumentation.

■ Physisch gleiche Teile mit unterschiedlicher Handhabung beim Kunden (z.B. Linkshand-, Rechtshand-Bedienung) werden gleich oder nur marginal unterschiedlich bepreist.

■ Jede Bewertungsstufe wird individuell mit einem Aufschlagsfaktor verknüpft.

Folgender Nachteil ist mit einem progressiven Mark-Up verbunden:

■ Die Festlegung der Funktion und die Feinabstimmung der notwendigen Parameter sind aufwändiger und bedürfen einer gewissen Erfahrung sowie einer umfassenden Produkt- und Marktkenntnis.

Trotz des höheren Aufwands überzeugen unserer Erfahrung nach die Vorteile dieses Funktionstyps. Die Herausforderung hierbei liegt in der Bestimmung des bestmöglichen Kurvenverlaufes für den jeweiligen Fall. Erste Voraussetzungen zur Kalibrierung des Kurvenverlaufes liegen in den Zielprofitabilitäten für die einzelnen Bewertungsstufen.

10.3.3   Prüfung der Ergebnisse

Der im vorherigen Abschnitt beschriebene Kurvenverlauf sollte anhand von Plausibilitäts-Checks ständig weiter verfeinert und an die Zielsetzung angepasst werden. Solange die individuelle Bewertung der einzelnen Teile durch die richtigen Parameter erfolgt ist und korrekt durchgeführt wurde, liegt der Erfolg dieses Konzepts in der Aufstellung und Optimierung der Mark-Up-Funktion.

Zur Prüfung der Funktion können charakteristische Produktgruppen (z.B. Elektromotoren, Kolben, Schläuche, Zylinder) gebildet werden. Anhand dieser Gruppen erfolgt ein Preis-Review, das von den jeweiligen Marktexperten durchgeführt wird. Dies ist v.a. sinnvoll bei Produkten mit hoher Preistransparenz und hohem Wettbewerbsdruck. Der große Vorteil unseres Ansatzes liegt darin, nur fünf Parameter (Zielprofitabilitäten) verändern zu müssen, um das *gesamte* Preisgefüge graduell anzupassen.

10.3.4   Regionale Preisanpassung

Die regionale Preisdifferenzierung (vgl. Schritt II in **Abbildung 10.6**) ist für Unternehmen eine nicht zu unterschätzende Hürde. Wie in Abschnitt 10.2.1 diskutiert wurde, ist die zunehmende Globalisierung insbesondere für das Ersatzteilgeschäft eine zentrale Herausforderung, da Märkte ineinander übergehen, die Informationsverfügbarkeit durch das Internet grenzüberschreitend zunimmt und die Kunden sowohl globale Key Accounts sein können als auch nur regionale Player mit kaum internationalem Fokus (Homburg/Krohmer 2009). Zudem lässt der technologische Fortschritt in vielen Schwellenländern zu, dass Kunden auch direkt vor Ort beschaffen können, ohne große Risiken hinsichtlich Qualität und Lieferfähigkeit eingehen zu müssen. Insbesondere trifft dies auf das Geschäft mit Standardteilen zu.

Internationale Vertriebsstrukturen können bei einem mechanischen Cost-Plus-Ansatz schnell zu einer sehr inkonsistenten Preiswahrnehmung beim Kunden führen. Außerdem werden Preispotenziale nicht wahrgenommen, wie **Abbildung 10.10** verdeutlicht (vgl. hierzu ausführlich den Beitrag von Artz/Schröder in diesem Band).

In diesem Beispiel betrachten wir ein deutsches Unternehmen, das sowohl in den USA als auch in Indien eine Tochtergesellschaft besitzt, die vor Ort für das Ersatzteilgeschäft verantwortlich sind. Für dieses Beispiel nehmen wir einen Aufschlagsfaktor von 2,0 an für jeden Weiterverkauf. Dies können sowohl interne Transferpreise als auch der Preis für den Endkunden in der jeweiligen Region sein.

Abbildung 10.10 Problematik einer mechanischen Cost-Plus-Preissetzung in internationalen Vertriebsstrukturen

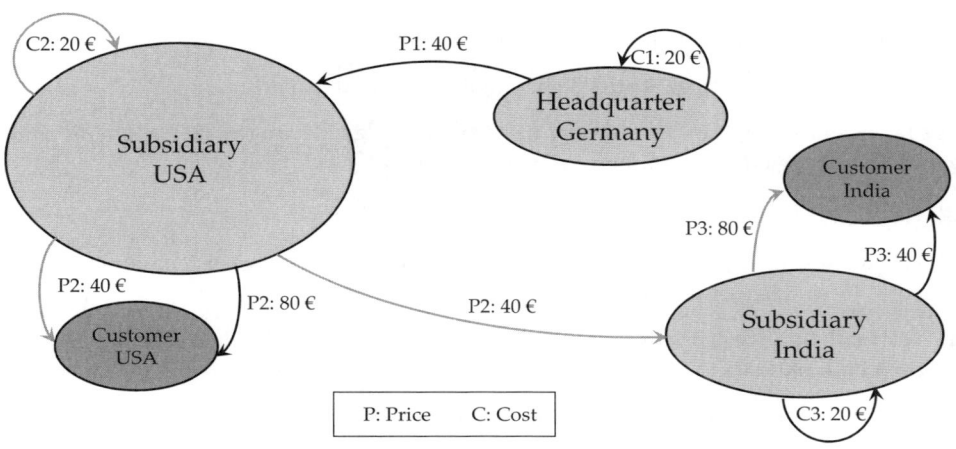

Um die Problematik des mechanischen Aufschlag-Pricing zu verdeutlichen, verfolgen wir das gleiche Ersatzteil über alle Regionen. Es wird in Deutschland für 20 € zugekauft oder hergestellt und für 40 € an die Tochtergesellschaft in den USA weiterverkauft. Diese wiederum vertreibt das Ersatzteil an den Endkunden in den USA für 80 € (Aufschlagsfaktor jeweils 2,0). Die Tochtergesellschaft in den USA kauft dieses Teil aber ebenfalls auf dem amerikanischen Markt ein, um die Lieferzeiten besser abschätzen zu können. Oft ist das Ersatzteil in den USA aber auch noch deutlich günstiger, als bei einer Beschaffung aus Deutschland. Gehen wir auch von 20 € Kosten aus, wird dem Endkunden in den USA das gleiche Teil einmal für 40 € und einmal für 80 € angeboten. Es ist leicht nachvollziehbar, dass diese Inkonsistenz schnell zu Verstimmungen auf Kundenseite führt. Auch ist es schwer vorstellbar, dass das höhere Preisniveau zu halten ist, nachdem dem Kunden einmal die 40 € als Preis für dieses Teil angeboten wurden (zu diesem „Referenzpreiseffekt" ausführlich Homburg/Krohmer 2009). Zudem ist mit einer deutlich zunehmenden Preissensibilität auf Kundenseite zu rechnen, da die Inkonsistenz auch bei der Bepreisung von anderen Teilen vermutet wird.

Eine gleiche Konstellation ist denkbar für die Kooperation zwischen den zwei Tochtergesellschaften USA und Indien. Ohne eine globale Logik in der Preisfindung werden Preispotenziale nicht wahrgenommen und die Kundenbeziehung unnötig strapaziert. Zu Beginn von Abschnitt 10.3 wurde eine mögliche Preislogik über die regionale Preisanpassung grafisch vorgestellt (vgl. **Abbildung 10.6**). Der Ansatz über die Vertriebskosten in die unterschiedlichen Regionen als Basis für die Preisdifferenzierung stellt einen sehr pragmatischen und leicht umsetzbaren Weg dar. Es gibt jedoch generell fünf Aspekte, die Unternehmen zu einer regionalen Preisanpassung veranlassen (Homburg/Krohmer 2009, S. 1066f.):

1. Deckung der Vertriebskosten

2. Konsistenz im Preismanagement gegenüber globalen Kunden

3. Unterschiedliche regionale Zahlungsbereitschaft („Willingness to Pay")

4. Unterschiedliche regionale Zahlungsmöglichkeit („Ability to Pay")

5. Steuerung der Arbitrage-Aktivitäten (Grauimporte und -exporte)

Das Preismanagement sollte sich daher insbesondere folgende Fragen stellen, um die Motivation für die regionale Preisdifferenzierung zu klären:

■ Welche Kostenbausteine bilden die internationalen Vertriebskosten?

■ Wie werden die Vertriebskosten (z.B. Zölle, Fracht, Verpackung) bislang im internationalen Pricing berücksichtigt?

■ Wie stark und weshalb unterscheiden sich die Preisniveaus für gleiche Teile beim gleichen Endkunden?

■ Gibt es regional unterschiedliche Zahlungsbereitschaften in der Branche (bzw. unterschiedliche Preisniveaus)?

■ Wie sehr unterscheiden sich die jeweiligen Preisniveaus in den Regionen und wie wird dies bislang bestimmt?

■ Besteht ein regionaler Unterschied in der Zahlungsmöglichkeit unserer Kunden?

■ Wie lässt sich die regionale Zahlungsmöglichkeit in unserer Branche ermitteln?

■ Welcher finanzielle Schaden entsteht durch Arbitrage-Geschäfte unserer Kunden?

Ein Projektbeispiel aus dem Mining-Geschäft für die regionale Preisanpassung auf Basis der internationalen Vertriebskosten wird in **Abbildung 10.11** vorgestellt. Die Kosteninformation kann mit Hilfe prozentualer Aufschläge in einer Matrix abgebildet und im Preissystem systematisch zugeordnet werden.

10.3.5   Kundenbezogene Preisdifferenzierung

Ebenso wie die regionale Preisdifferenzierung ist auch die kundenbezogene Preisdifferenzierung ein separates Modul zur weiteren Verfeinerung der internationalen Preislogik (vgl. Schritt III in **Abbildung 10.6**). Aus unserer Projekterfahrung ist bekannt, dass Unternehmen ihren Kunden oft Rabatte gewähren, um z.B.

■ unrealistische Listenpreise auf ein marktfähiges Preisniveau zurückzuführen,

■ angenommene Wettbewerbspreisniveaus zu erreichen,

■ den Kunden nicht zu verlieren (v.a. bei sehr mächtigen Key Accounts zu beobachten),

■ die Kundenbindung zu stärken.

Abbildung 10.11 Beispiel für die länderspezifische Zurechnung von Vertriebskosten im Rahmen der internationalen Preisanpassung

		To sales region						
		USA	GER	CHI	AUS	RUS	RSA	IND
From selling region	USA	---	N/A	19,0%	12,25%	27%	13,7%	36%
	GER	9,0%	---	20,0%	12,25%	25%	13%	32,4%
	CHI	12,5%	N/A	---	7,0%	20%	28,6%	30%
	AUS	10,4%	N/A	17,5%	---	30%	26,7%	35%

Landing costs consist of following aspects:
- Special packaging
- Outbound land freight
- Overseas freight
- Import duty
- Customs clearance
- Inbound land freight

Viele dieser Gründe für die Vergabe von Rabatten entstammen aus einer eher reaktiven Haltung gegenüber dem Kunden. Die eigentliche Idee einer Rabattvergabe sollte aber darin liegen (Homburg/Jensen/Schuppar 2004, 2005),

- die Kundenperformance zu belohnen (welcher Kunde ist uns wichtig?) und

- ein ganz bestimmtes zukünftiges Kundenverhalten zu motivieren.

Hier stellt sich also die Frage nach der *Wichtigkeit* von Kunden unter der Voraussetzung, dass wichtige Kunden einen besseren Preis (höheren Rabatt) erhalten als eher unwichtige. Es ist daher klar zu definieren, was einen Kunden zu einem wichtigen Kunden im Ersatzteilgeschäft macht. Dabei sind folgende Kriterien zur kundenindividuellen Bewertung denkbar (vgl. hierzu auch Homburg/Droll 2008):

- Umsatz

- Umsatzwachstum

- Retention Rate (Marktanteil im Ersatzteilgeschäft)

- Anteil der installierten Basis (Marktanteil im Neugeschäft)

- Nutzung von Servicedienstleistungen

- Inanspruchnahme von Reparatur- und Überholungsdienstleistungen

- Finanzielles Risiko

- Rückführung von Lebenszyklusdaten

- Nutzung von Lagermanagement-Dienstleistungen

- Loyalität

Der zentrale Grundsatz in der kundenindividuellen Preisdifferenzierung ist also mit drei Worten zu beschreiben: „Geben und Nehmen". Die **Abbildung 10.12** veranschaulicht ein recht praktikables Beispiel aus dem Mining-Geschäft für die kundenindividuelle Preisdifferenzierung.

Abbildung 10.12 Beispiel für kundenindividuelle Preisdifferenzierung im Mining-Geschäft anhand relevanter Kriterien

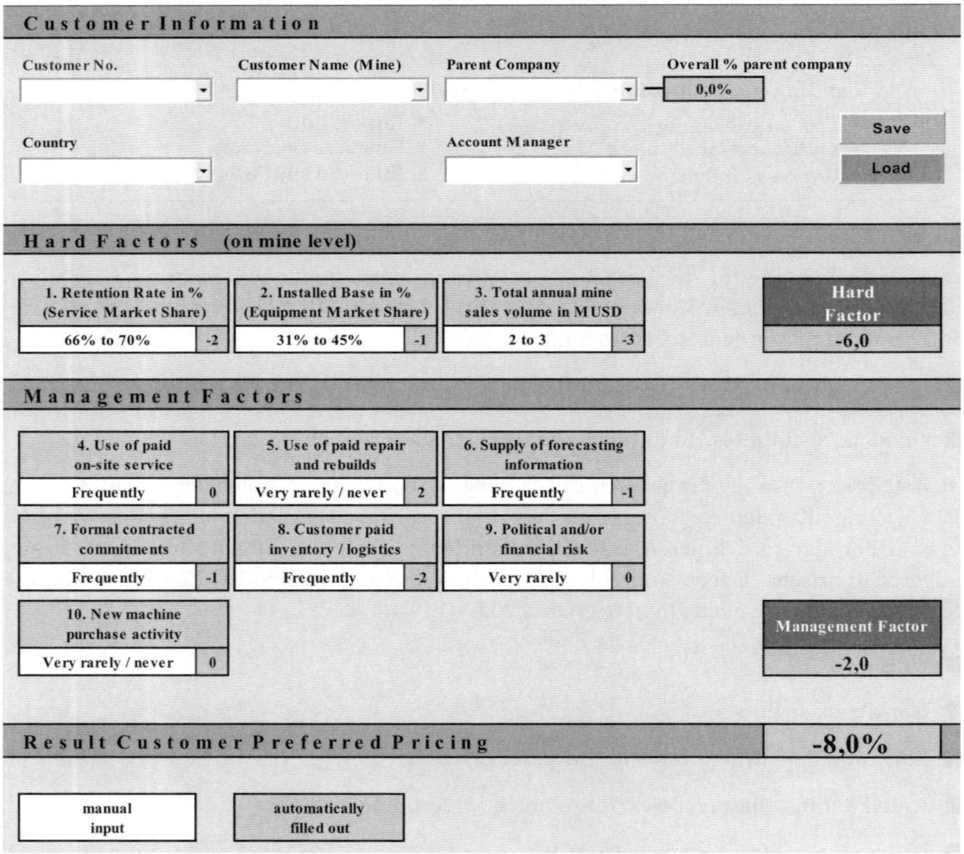

Die Bewertung findet in diesem Beispiel immer auf Minenebene statt, die Rabatthöhe für den Mutterkonzern berechnet sich aus dem Mittelwert aller Minenrabatte. Somit wird auch auf Kundenseite der Druck auf jede Mine erhöht, da sich die Performance jeder einzelnen Mine direkt auf die Rabatthöhe des Mutterkonzerns auswirkt. Das Ergebnis ist ein Prozentwert, der sich aus zwei Bereichen zusammensetzt, die den Kunden als mehr oder weniger wichtig beschreiben:

- *Hard Factors* (Retention Rate, Anteil installierte Basis, Umsatz)

- *Management Factors* (qualitative Bewertung der geschäftlichen Beziehung zum Kunden)

Bei einer besonders schlechten Bewertung ist es auch möglich, einen Zuschlag auf den Regionenpreis als Ergebnis zu erhalten. Auch wenn diese Konstellation eher die Ausnahme sein sollte, ist sie in der Logik hinterlegt und kommt bei sehr illoyalen, kleinen Kunden zum Tragen.

Das Bewertungsschema in **Abbildung 10.12** ist nur ein mögliches Beispiel. Natürlich ist an dieser Stelle auch ein komplexeres Preis- und Konditionensystem denkbar, das sich aus mehreren Bausteinen zusammensetzt und für Kunden sowohl durch segmentspezifische Rabatte als auch durch individuelle Parameter eine leistungsgerechte Preisvergabe ermöglicht, z.B. durch einen Wasserfall vom regionalen Listenpreis zum Kundenpreis. Je nach Anzahl der Kunden und verfügbaren Informationen sowie der internen Ressourcen zur Bearbeitung sollte zwischen den alternativen Vorgehensweisen entschieden werden.

10.4 Erfolgreiche Einführung ermittelter Zielpreise

Bis zu diesem Punkt wurde in diesem Beitrag beschrieben, wie man wertorientierte Ziel-Listenpreise für Ersatzteile systematisch ermitteln kann und wie diese anschließend regional und kundenindividuell differenziert werden können. Im Folgenden geht es darum, die *Lücke* zwischen dem aktuellen Listenpreis und dem Ziel-Listenpreis *sinnvoll zu schließen*. Dieser Schritt ist von den bisherigen Vorarbeiten komplett losgelöst und erfordert eine überlegte Vorgehensweise. Je nach Ersatzteil gib es generell drei Möglichkeiten in der Preisveränderung:

- Preiserhöhung

- Preisreduzierung

- keine Preisveränderung

Es ist zu beachten, dass teilweise große prozentuale Anpassungen von der Logik empfohlen werden – insbesondere bei Teilen, die aktuell eine negative Profitabilität besitzen (z.B. entstanden durch Schreibfehler im System, falsche Verpackungsgrößen, veraltete Kosteninformation) oder bei Teilen, die trotz Alleinstellungsmerkmalen und überdurchschnittlichem Kundennutzen deutlich unter dem Marktpreisniveau liegen.

10.4.1   Implementierungsstrategien

Um die Implementierungsstrategien definieren zu können, sind vorab fünf Fragen durch das Ersatzteilmanagement zu beantworten:

1. In welchem Turnus sollen Preisanpassungen zur Erreichung der Ziel-Listenpreise erfolgen?

2. Wie ist die Bestellkultur unserer Kunden (von wenigen Bestellungen mit jeweils hohem Wert bis hin zu vielen Bestellungen mit jeweils geringem Wert)?

3. Wie ist der typische Verlauf der Preis-Absatz-Funktion für unser Geschäft nach Produktgruppen, Divisionen usw.?

4. Wie sieht die Verteilung aus über alle prozentualen Preisanpassungen (z.B. 12% der Teile liegen zwischen -10% und 0% Preisreduzierung)?

5. Bis wann erwartet die Geschäftsführung die Erreichung aller Zielpreise, die von der Logik vorgeschlagen wurden?

Durch die Beantwortung dieser Fragen lässt sich eine sinnvolle Aussage bezüglich der prozentualen Schrittweite bei zukünftigen Preisanpassungen treffen. Im Folgenden gehen wir von einer Schrittweite von 10% aus – sowohl bei Preisreduzierungen als auch bei Preiserhöhungen. Falls in Sonderfällen eine negative Margensituation festgestellt wird oder die absolute Preisanpassung unter einem Schwellenwert bleibt, ist die Schließung der Lücke zum Ziel-Listenpreis auch in einem Schritt sinnvoll. Je nach Profitabilitätszielen und Wettbewerbssituation können die Preisreduzierungen auch limitiert werden, wie in **Abbildung 10.13** verdeutlicht ist.

Abbildung 10.13 Implementierungslogiken der ermittelten Ersatzteil-Zielpreise

Wenn	Dann
▪ die Marge negativ ist	▪ in einem Schritt zum Zielpreis
▪ die absolute Preiserhöhung < 20 €	▪ in einem Schritt zum Zielpreis
▪ die empfohlene Preiserhöhung ≤ 10%	▪ in einem Schritt zum Zielpreis
▪ die empfohlene Preiserhöhung > 10%	▪ Preiserhöhung um jeweils 10%
▪ die empfohlene Preisreduzierung ≥ -10%	▪ keine Preisveränderung am Ersatzteil vornehmen
▪ die empfohlene Preisreduzierung < -10% und die Teilbewertung ≥ 3,5	▪ keine Preisveränderung am Ersatzteil vornehmen
▪ die empfohlene Preisreduzierung < -10% und die Teilbewertung ≥ 2,5	▪ Preisreduzierung in Schritten von jeweils -5% vornehmen
▪ die empfohlene Preisreduzierung < -10% und die Teilbewertung < 2,5	▪ Preisreduzierung in Schritten von jeweils -10% vornehmen
▪ ...	▪ ...

Wichtig ist hierbei, dass mit den Implementierungslogiken alle empfohlenen Preisanpassungen abgedeckt und mit *Regeln* verknüpft sind (eine klare Wenn-Dann-Aussage). Zu empfehlen ist die Integration der Logiken in ein Pricing-Tool, um die Parameter gegebenenfalls schnell und pragmatisch verändern zu können.

10.4.2 Kommunikationsstrategien

Dieser Abschnitt dient der Hinterfragung der Vorgehensweise bei der externen Kommunikation von Preiserhöhungen im Ersatzteilgeschäft. Die Art und Weise, wie Ersatzteilpreise kommuniziert werden, ist in der Praxis sehr unterschiedlich. Teilweise gibt man Preise direkt über eine Online-Schnittstelle in das System des Kunden ein (häufig bei Geschäftsbeziehungen zu großen OEMs), oder man stellt die Daten dem Kunden auf dem eigenen Webserver zur Einsicht zur Verfügung. Es gibt auch einige Fälle, in denen Preise nur auf spezielle Anfrage an den Kunden übermittelt werden. Die Möglichkeiten sind also sehr vielseitig. In jedem Fall werden Ersatzteilpreise zu irgendeinem Zeitpunkt verhandelt.

Da die Preislisten normalerweise sehr umfangreich sind, wird der Kunde nicht den Aufwand betreiben, alle Teile explizit mit dem alten Preis zu vergleichen. Es ist daher notwendig zu wissen, wie der Einkäufer auf Kundenseite die neue Preisliste bewertet (bei langfristigen Geschäftsbeziehungen sollte dies bekannt sein). Je nachdem, ob sehr systematisch und IT-basiert ein Vergleich zur alten Preisliste hergestellt werden kann oder ob der Einkäufer auf einen manuellen Preisvergleich von Einzelteilen angewiesen ist, sollten Anbieter ihre Kommunikationsstrategie darauf ausrichten.

Bevor ein Unternehmen in die Diskussion mit dem Kunden einsteigt, sollte es sich vorab einige Fragen stellen (vgl. hierzu auch den Beitrag von Voeth/Herbst in diesem Band):

1. Welche Maßgabe und Ziele haben wir für die anstehende Verhandlung?

2. Welche Maßgabe und Ziele hat der Verhandlungsführer auf Kundenseite?

3. Wie berechnet der Kunde die Preisveränderung zu bisherigen Preislisten (z.B. Preisindex, Summenvergleich)?

4. Wie hoch ist die Preisanpassung in Prozent über das gesamte Teilespektrum im Gegensatz zum relevanten Teilespektrum des Kunden?

5. Sollte der Kunde alle existierenden Teile mit jeweiligen Preisinformationen erhalten oder nur die für ihn relevanten?

6. Wie viel Prozent der Teile werden im Preis reduziert?

7. Wie viel Prozent der Teile werden preislich nicht verändert?

8. Welche anderen Aspekte werden zusammen mit Ersatzteilen verhandelt (z.B. Technikerstunden, Kundenrabatt)?

9. Wie sensibel reagiert das rechnerische Planspiel auf die Veränderung der Technikerstundenpreise, Ersatzteilpreise, Kundenrabatte usw.?

10. Welcher mögliche Kompromiss führt zu den geringsten finanziellen Zugeständnissen?

11. Welche Argumente wird der Kunde vorbringen, um seine Ziele zu erreichen?

12. Welche Argumente in welcher Reihenfolge wollen wir platzieren, um unsere Ziele zu erreichen?

13. Welcher Verhandlungspuffer wird vorab eingeplant?

14. Wer ist an der Verhandlung beteiligt und welche Rolle spielen die Beteiligten?

Abbildung 10.14 zeigt beispielhaft die (quantitative) Vorbereitung der Verhandlung von Ersatzteilpreisen, Servicetechniker-Stunden und einem gegebenen Rabatt auf Ersatzteile. Anhand eines solchen Tools lassen sich vorab Preis- und Rabattszenarien durchspielen, die unterschiedliche Auswirkungen auf das Umsatz- und Gewinnergebnis haben.

Abbildung 10.14 Kalkulationstool zur Berechnung alternativer Preis- und Rabattszenarien im Vorfeld von Preisverhandlungen

	Stückpreis in EUR	Menge	Umsatz	Stückkosten in EUR	Kosten in EUR	Gewinn in EUR	Gewinn in %
Aktuelle Situation 2009							
Ersatzteilgeschäft	493	4.321	2.130.253	311	1.343.831	786.422	36,9%
Servicetechniker-Stunden	75	630	47.250	55	34.650	12.600	26,7%
Summe			2.177.503		1.378.481	799.022	36,7%
- 10,00% Summe inkl. Rabatt auf Ersatzteile			1.964.478		1.378.481	585.997	29,8%
Neu durch Preisanpassung 2010							
+ 3,50% Ersatzteilgeschäft	510	4.321	2.204.812	311	1.343.831	860.981	39,1%
+ 5,00% Servicetechniker-Stunden	79	630	49.613	55	34.650	14.963	30,2%
Summe			2.254.424		1.378.481	875.943	38,9%
- 8,00% Summe inkl. Rabatt auf Ersatzteile			2.078.039		1.378.481	699.558	33,7%
Differenz			113.562			113.562	
			5,8%			19,4%	

Je nach Beantwortung der oben vorgestellten Fragen sollte anschließend eine Verhandlungstaktik erarbeitet werden, um die Zielsetzung zu erreichen. Dazu gehören u.a. (vgl. hierzu ausführlich den Beitrag von Voeth/Herbst in diesem Band):

■ die Festlegung der Ziele nach Ihrer Wichtigkeit,

■ die Festlegung der Chronologie in der Argumentation (das wichtigste Argument zum Schluss) und

■ die Einplanung von Verhandlungspuffer.

Entscheidend ist hierbei, dass durch die vorgestellte systematische Preisfindung jedes Ersatzteil hinsichtlich der angenommenen Zahlungsbereitschaft des Kunden eingepreist wurde. Die Teilebewertung entlang der Segmentierungsparameter liefert daher die beste Ausgangsbasis für die erfolgreiche Preisverhandlung gegenüber dem Kunden.

10.5 Strategische Implikation aus der Ersatzteilsegmentierung und -bepreisung

Aufgrund der teileindividuellen Bewertung der Segmentierungsparameter in der vorgestellten Preislogik, bietet es sich an, die vorhandenen Daten auch für Bereiche zu interpretieren, die an das Preismanagement angrenzen.

10.5.1 Strategische Positionierung

Die Analyse der Verteilung der einzelnen Segmentierungsparameter verdeutlicht die strategische Positionierung des Ersatzteilportfolios. Insbesondere die Wettbewerbsfähigkeit lässt sich anhand des Parameters „Intellectual Property" sehr gut darstellen, wie **Abbildung 10.15** beispielhaft zeigt.

Abbildung 10.15 Beispiel für Beurteilung eines Ersatzteilportfolios anhand eines Segmentierungsparameters

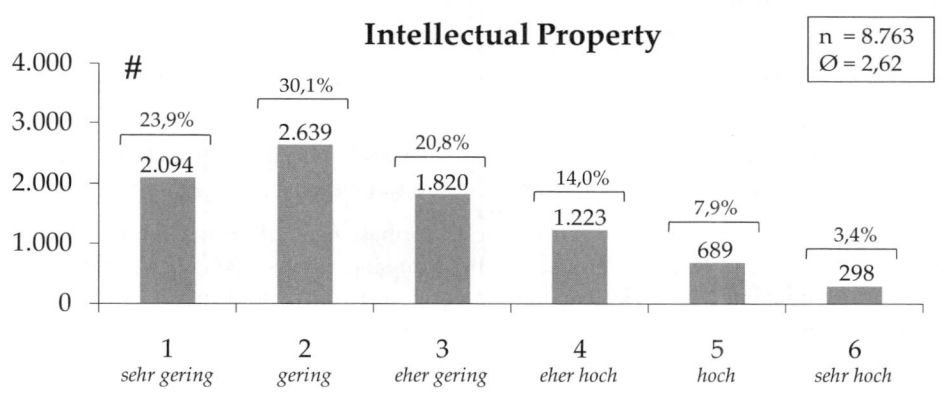

Diese beispielhafte rechtsschiefe Verteilung verdeutlicht ein sehr wettbewerbsintensives Ersatzteilportfolio mit lediglich 3,4% der Teile, die weltweit – nach festgelegter Definition – nur von diesem Unternehmen bezogen werden können. Auf der anderen Seite sind über 50% der Teile mit 1 oder 2 bewertet und stehen damit in starkem Wettbewerb, da es weltweit eine Vielzahl potenzieller Lieferanten für diese Teile gibt.

Auch mag es sinnvoll sein, die Umsatzverteilung dieser Klassen zu betrachten, um genaue Aussagen treffen zu können. Es ist jedoch ersichtlich, dass *größere Anstrengungen in Forschung und Entwicklung* nötig sind, um die Profitabilitätsziele zu erreichen und langfristig zu sichern.

Für die übrigen Segmentierungsparameter sind ähnliche Analysen denkbar. An dieser Stelle folgt eine Auflistung unterschiedlicher Auswertungen, die dem Ersatzteilmanagement einen Einblick in die aktuelle Positionierung ihres Produktportfolios ermöglicht, z.B.:

■ Häufigkeitsverteilung aller Parameter nach Bewertungsklassen 1, …, 6

■ Umsatzverteilung aller Parameter nach Bewertungsklassen 1, …, 6

■ Verteilung der gewichteten Werte nach Klassen $1 \leq 2, 2 \leq 3, …$

■ Umsatzverteilung der gewichteten Werte nach Klassen $1 \leq 2, 2 \leq 3, …$

■ Häufigkeitsverteilung der prozentualen Preisanpassung zur Zielpreiserreichung

■ Häufigkeitsverteilung der Implementierungsstrategien

■ Häufigkeitsverteilung der Implementierungsstrategien nach Klassen $1 \leq 2, …$

■ Umsatzverteilung der Implementierungsstrategien

■ Preisindex in % zur Schließung der gesamten Lücke zum Zielpreis

■ Preisindex in % für den ersten Preisanpassungsschritt

■ Häufigkeitsverteilung der Ersatzteilmargen ohne Preisanpassung, nach erstem Preisschritt und auf Zielpreisniveau

■ Deckungsbeitrag in % ohne Preisanpassung, nach erstem Preisschritt und auf Zielpreisniveau

■ Abschätzung der Dauer bis zum Erreichen aller Zielpreise unter Berücksichtigung der maximalen Schrittweite und Häufigkeit der Preisanpassung

Wenn zusätzlich zu den bereits beschriebenen Informationen auf Ersatzteilebene noch Lieferzeiten, Verbrauchsmengen usw. pro Teil bekannt sind, lässt sich das Lagermanagement ebenfalls optimieren. Die größte Herausforderung besteht dann darin, die Ausfallhäufigkeit von Teilen über den Maschinen- oder Anlagenlebenszyklus zu prognostizieren.

10.5.2   Sourcing

Unter der Annahme, dass die Bewertung der Zahlungsbereitschaft anhand der Segmentierungsparameter korrekt durchgeführt wurde, erhält man – über die Mark-Up-Funktion – für jedes physisch gleiche Ersatzteil mit den gleichen Kosteninformationen denselben globalen Ziel-Listenpreis (vgl. **Abbildung 10.6**). Dieser Ansatz macht umso mehr Sinn, wenn man für jedes Ersatzteil eine internationale Standardkostengröße bestimmen kann und den Einkauf darauf abstimmt. Denn für jedes Teil sollte es nur einen globalen Ziel-Listenpreis geben, der in Relation zur Zahlungsbereitschaft des Kunden steht. Wenn mit diesem Preis die angestrebte Profitabilität nicht zu erreichen ist, müssen die *Kosten optimiert werden*. Dies kommt insbesondere zum Tragen, wenn in den Regionen

a. sehr unterschiedliche Kostenniveaus für gleiche Teile existieren (vgl. Abschnitt 10.3.4),

b. der Produktmix in manchen Regionen aus Preissicht eher nachteilig ist (vgl. hierzu insbesondere **Abbildung 10.15**).

Bei Anpassung der internationalen Ersatzteilpreise bietet es sich daher an, mit der wichtigsten Region zu beginnen. Alle dort vorkommenden Ersatzteile werden anhand der vorgestellten Logik bepreist. Falls bereits bepreiste Teile auch in anderen Regionen vertrieben werden, stehen diese Listenpreise bereits fest. Somit wird der Umfang der zu bepreisenden Teile von Region zu Region geringer.

10.6   Zusammenfassung und Ausblick

Der hier vorgestellte Preisfindungsansatz für Ersatzteile stellt eine geschickte Kombination der Preis-Einflussgrößen Kosten und Wettbewerb dar. Erweitert um die Faktoren zur Bestimmung der Zahlungsbereitschaft wird die Preisfindungslogik komplettiert. Durch die Möglichkeit der individuellen Ausgestaltung von Parametern, Gewichtungen, Mark-Up-Funktionen und Implementierungslogiken lässt sich der Ansatz leicht auf die Bedürfnisse unterschiedlicher Unternehmen, Branchen und Regionen anpassen. Dass dies auch wirklich getan wird, ist ein wesentlicher Erfolgsfaktor.

Zusammenfassend sind folgende sieben Schritte nötig, um ein systematisches, an der Zahlungsbereitschaft des Kunden ausgerichtetes Ersatzteil-Pricing umzusetzen:

1. Identifikation der Einflussfaktoren auf die Zahlungsbereitschaft entlang der Funktionen des Buying Centers.

2. Bewertung der Einflussfaktoren auf die Zahlungsbereitschaft auf einer Skala z.B. von 1 bis 6.

3. Übersetzung der Bewertungsergebnisse in Zielpreise anhand einer progressiven Mark-Up-Funktion durch Definition von Zielmargen für verschiedene Bewertungsstufen.

4. Festlegung der internationalen Preislogik über alle relevanten Stufen (Global, Regionen, Kunden usw.).

5. Regionale Preisdifferenzierung der Zielpreise anhand z.B. internationaler Vertriebskosten oder regionaler Zahlungsbereitschaften.

6. Kundenspezifische Preisdifferenzierung anhand leistungsbezogener Bewertungskriterien.

7. Differenzierte Einführung der Zielpreise anhand effektiver Implementierungs- und Kommunikationsstrategien.

Zwar ist die teilweise manuelle Bewertung der Teile mit einer gewissen Anstrengung verbunden. Verglichen mit dem enormen Profitpotenzial im Rahmen des Ersatzteil-Pricing, wie in Abschnitt 10.1 dargestellt wurde und sich in allen bisher von uns durchgeführten Projekten bestätigt hat, scheint der Aufwand aber mehr als gerechtfertigt.

Durch die Verfügbarkeit der Daten auf Ersatzteilebene lassen sich außerdem Verbesserungspotenziale ermitteln, die an das Pricing angrenzen. Auf dieser Basis lassen sich strategische Entscheidungen hinsichtlich Wettbewerbspositionierung, Lagermanagement, Einkauf usw. ableiten.

Der hier vorgestellte Ansatz zur Bepreisung von Ersatzteilen wird ständig weiterentwickelt. Eine aktuelle Herausforderung besteht z.B. darin, über Lernalgorithmen die Zusammensetzung der Segmentierungsparameter und deren tatsächliche Beeinflussung auf die Zahlungsbereitschaft mittelfristig zu untersuchen.

Literatur

Beutin, N., Kühlborn, S., Daniel, M. (2003), Marketing und Vertrieb im deutschen Maschinenbau – Bestandsaufnahme und Empfehlungen, Arbeitspapier Nr. M87 der Reihe Management Know-how, Institut für Marktorientierte Unternehmensführung, Mannheim.

Devlin, S. J., Dong, H. K., Brown, M. (1993), Selecting a Scale for Measuring Quality, Marketing Research, 5, 3, 12-17.

Homburg, Ch., Daum, D. (1997), Marktorientiertes Kostenmanagement, Frankfurt am Main.

Homburg, Ch., Droll, M. (2008), Kundenpriorisierung in der Marktbearbeitung: Wegweiser für ein wertorientiertes Kundenbeziehungsmanagement, Arbeitspapier Nr. M111 der Reihe Management Know-how, Institut für Marktorientierte Unternehmensführung, Mannheim.

Homburg, Ch., Jensen, O. (2005), Internationale Marktbearbeitung und internationale Unternehmensführung: 12 Thesen, in: Brandt, W., Picot, A. (Hrsg.), Unternehmenserfolg im internationalen Wettbewerb: Strategien, Steuerung und Struktur, Stuttgart, 33-66.

Homburg, Ch., Krohmer, H. (2009), Marketingmanagement: Strategie – Instrumente – Umsetzung – Unternehmensführung, 3. Aufl., Wiesbaden.

Homburg, Ch., Jensen, O., Schuppar, B. (2004), Pricing Excellence: Wegweiser für ein professionelles Preismanagement, Arbeitspapier Nr. M90 der Reihe Management Know-how, Institut für Marktorientierte Unternehmensführung, Mannheim.

Homburg, Ch., Jensen, O., Schuppar, B. (2005), Preismanagement im B2B-Bereich: Was Pricing Profis anders machen, Arbeitspapier Nr. M97 der Reihe Management Know-how, Institut für Marktorientierte Unternehmensführung, Mannheim.

Kossmann, J. (2008), Die Implementierung der Preispolitik in Business-to-Business-Unternehmen, Nürnberg.

Rullkötter, L. (2008), Preismanagement – Ein Sorgenkind?, Zeitschrift für Controlling & Management, 52, 2, 92-98.

Schuppar, B. (2006), Preismanagement: Konzeption, Umsetzung und Erfolgsauswirkungen im Business-to-Business-Bereich, Wiesbaden.

11 Pricing Excellence in der chemischen Industrie

Sven Kühlborn / Alexander Lüring

Dr. Sven Kühlborn ist Geschäftsführer, Partner und Leiter des Kompetenzzentrums Chemicals bei Homburg & Partner, Mannheim, München und Boston, einer international tätigen Unternehmensberatung.

Dipl.-Volkswirt Alexander Lüring ist Principal im Kompetenzzentrum Chemicals bei Homburg & Partner.

11.1   Einleitung

Die chemische Industrie stellt einen der größten Wirtschaftszweige in Deutschland dar. Chemische Erzeugnisse finden sich praktisch in jedem Konsumgut, ob wir den Automobilmarkt oder Nahrungsmittel betrachten. Dabei lassen sich chemische Produkte grob in Commodities, also Produkte ohne produktseitigen wahrnehmbaren Vorteil, und Spezialitäten (Specialties) für entsprechende Spezialanwendungen unterscheiden. Grundsätzlich lässt sich jedes Chemieunternehmen daher einem oder mehreren Geschäftsmodellen zuordnen. Wir unterscheiden dabei vier wesentliche Geschäftsmodelle:

- Anbieter mit einem undifferenzierten Produktangebot in einem transparenten Markt, z.B. mit Indexpreisen („Basic Product Supplier"),

- Anbieter von Standardprodukten ohne signifikante Produktvorteile, aber mit differenziertem Serviceangebot („Service-oriented Product Supplier"),

- Anbieter mit innovativem Produktportfolio und substanzieller Wertschöpfung beim Kunden durch Produkte und Services („Superior Performance Provider") und

- Anbieter von individualisierten Produkt- und Servicelösungen für seine Kunden („Tailored Solutions Partner").

Der vorliegende Beitrag zeigt auf, dass für jedes der verschiedenen Geschäftsmodelle in der chemischen Industrie ein individueller und passender Preisansatz anzuwenden ist. Die Hintergründe dafür liegen auf der Hand: Wenn ein Chemieunternehmen ein Commodity-Anbieter ist, dann gibt es kaum produktseitige Differenzierungskriterien zum Wettbewerb. Wer in dieser Situation versucht, ein Preispremium durchzusetzen und dabei die Produkteigenschaften in den Vordergrund rückt, wird keinen Erfolg haben.

Der Beitrag gliedert sich im Folgenden in vier Abschnitte. Zunächst werden die Besonderheiten der chemischen Industrie skizziert (vgl. Abschnitt 11.2). Anschließend werden die verschiedenen Ansätze eines geschäftsmodellspezifischen Pricings in der chemischen Industrie vorgestellt (vgl. Abschnitt 11.3). In Abschnitt 11.4 wird die Methode des „Value Pricing" erläutert. Diese Methode bietet sich insbesondere für Unternehmen der Spezialchemie an, deren Produkte oder Services signifikante Wettbewerbsvorteile aufweisen. Mit einer Zusammenfassung der zentralen Implikationen sowie einer Diskussion aktueller Herausforderungen und Trends im Pricing in der chemischen Industrie endet der Beitrag (vgl. Abschnitt 11.5). Die abklingende globale Wirtschafts- und Finanzkrise fordert von den Unternehmen der chemischen Industrie insbesondere die Auswahl einer passenden Preisstrategie mit genauer Kenntnis von Kosten, Preisen, Wertvorteilen und schließlich der Wettbewerber.

11.2   Charakteristika der chemischen Industrie

Die Chemiebranche ist in Deutschland nach dem Fahrzeugbau, dem Maschinenbau, der Elektroindustrie und der Metallindustrie die fünftgrößte Branche im verarbeitenden Gewerbe und repräsentierte im Jahr 2008 mit einem Umsatz von 168,6 Mrd. € rund 10% des Gesamtumsatzes des verarbeitenden Gewerbes. Im internationalen Umfeld ist Deutschland einer der wichtigsten Chemiestandorte und darüber hinaus für rund ein Viertel der europäischen Chemieproduktion verantwortlich (IG BCE 2010).

Die chemische Industrie produziert ein breites Sortiment an Produkten, die in den verschiedensten Lebensbereichen zum Einsatz kommen. Einerseits stellt die Chemieindustrie Vorprodukte für andere Industriezweige her. Insgesamt werden rund 70% der Chemieproduktion an industrielle Weiterverarbeiter geliefert. Wichtige Abnehmer sind hierbei z.B. die Automobil-, die Verpackungs-, die Bau- und die Kosmetikbranche. Andererseits kommen chemische Erzeugnisse im Gesundheitsbereich, im Umweltschutz und in der Ernährungsindustrie zum Einsatz. Generell lassen sich chemische Erzeugnisse in folgende Produktgruppen unterteilen (VCI 2010):

- Anorganische Grundchemikalien (z.B. anorganische Grundstoffe, Düngemittel),

- Petrochemikalien und Derivate,

- Polymere (z.B. Kunststoffe, synthetischer Kautschuk),

- Fein- und Spezialchemikalien (z.B. Farbstoffe, Pflanzenschutzmittel, Farben, sonstige chemische Erzeugnisse),

- Wasch- und Körperpflegemittel (z.B. Seifen, Reinigungsmittel, Körperpflegemittel) und

- Pharmazeutika (z.B. pharmazeutische Grundstoffe, pharmazeutische Spezialitäten und sonstige pharmazeutische Erzeugnisse).

Die chemische Industrie ist in der öffentlichen Wahrnehmung stark durch internationale Konzerne geprägt (z.B. BASF, Dow, DuPont oder Evonik; **Tabelle 11.1**). Der überwiegende Teil der chemischen Industrie besteht jedoch aus mittelständischen Unternehmen. Berücksichtigt man auch die Chemieunternehmen mit mehr als 20 Beschäftigten, so sind allein in Deutschland über 430.000 Beschäftige direkt in der chemischen Industrie tätig (IG BCE 2010). Anders als in anderen Branchen ist der Mittelstand in der chemischen Industrie zumeist nicht Zulieferer, sondern Kunde der Großunternehmen.

Die chemische Industrie ist klassischer Weise eine sehr produktgetriebene Branche, die in ihren Unterbranchen in der Regel von Oligopolen beherrscht wird. Aufgrund ihrer Alleinstellung und ihrer Notwendigkeit für viele Abnehmerbranchen hat sie professionelles Marketing erst Anfang der 1990er Jahre für sich entdeckt. In den letzten Jahren sind ein deutliches Wachstum in Asien sowie eine Branchenkonsolidierung durch große und zum Teil spektakuläre Unternehmensübernahmen bzw. -zusammenschlüsse zu verzeichnen (z.B. BASF/Engelhard, Linde/BOC, Dow/Rohm & Haas; **Tabelle 11.2**). Die Optimierung von Marketing und Vertrieb und somit der marktseitigen Performance spielt nicht nur in diesem Zuge eine große Rolle. Im Rahmen dieser Anpassungen erhält die Optimierung des Pricings eine besondere Aufmerksamkeit, da Pricing den größten Ertragshebel für ein Unternehmen darstellt (Marn/Rosiello 1992).

Tabelle 11.1   Die zehn größten Chemieunternehmen[1] der Welt und in Deutschland im Jahr 2007 (Quellen: Fortune Global 500, VCI, elektronischer Bundesanzeiger, Geschäftsberichte der Unternehmen)

	Unternehmen	Umsatz in Mio. €	Netto-gewinn in Mio. €	EBIT in Mio. €	Mit-arbeiter	Sitz
	weltweit:					
1	BASF S.E.	57.951	4.065	7.316	95.000	Ludwigshafen, D
2	Dow Chemical	39.096	2.109	3.421	46.000	Midland, USA
3	Ineos	27.863	325	1.224	15.000	Lyndhurst, UK
4	Reliance Industries	26.239	3.541	-	49.000	Mumbai, Indien
5	Sabic	24.270	5.197	8.155	31.000	Riyadh, Saudi-Arabien
6	DuPont	22.395	2.183	2.735	60.000	Wilmington, USA
7	Mitsubishi Chemical Holdings	16.239	621	853	39.000	Tokyo, Japan
8	LyondellBasell Industries	12.508	483	682	15.000	Rotterdam, Niederlande
9	Linde AG	12.306	1.013	1.591	50.000	München, D
10	Evonik GmbH	10.931	514	1.125	34.000	Essen, D
	in Deutschland:					
1	BASF S.E.	57.951	4.065	7.316	95.000	Ludwigshafen
2	Linde AG	12.306	1.013	1.591	50.000	München
3	Evonik GmbH	10.931	514	1.125	34.000	Essen
4	Merck KGaA[2]	7.057	n/a	200	31.000	Darmstadt
5	Lanxess AG	6.608	112	215	15.000	Leverkusen
6	Wacker Chemie AG	3.781	422	650	15.000	München
7	Cognis GmbH	3.518	-120	185	8.000	Monheim
8	Altana AG	1.380	138	167	5.000	Wesel
9	SGL Carbon AG	1.373	131	255	6.000	Wiesbaden
10	Fuchs Petrolub AG	1.365	120	195	4.000	Mannheim

[1] Unternehmen ohne klaren Chemiefokus (z.B. Bayer, Henkel) sind nicht berücksichtigt

[2] nicht nur chemische Erzeugnisse

Tabelle 11.2   Unternehmensübernahmen und -zusammenschlüsse in der chemischen
Industrie (Quellen: ICIS, Unternehmensberichte)

Rang	Akquirierendes Unternehmen	Zielunternehmen	Transaktionswert in Mrd. US-$	Jahr
1	Lyondell	Basell	19,4	2007
2	Dow Chemical	Rohm & Haas	18,8	2008
3	Akzo Nobel	ICI	15,8	2008
4	Linde	BOC Group	15,5	2006
5	SABIC	GE Plastics	11,6	2007
6	Ineos	BP's Innovene Petro-Chemicals	9,0	2005
7	ICI	4 Units von Unilever (National Starch & Chemical Co., Quest International, Unichema International und Crosfield)	8,0	1997
8	Lyondell Chemical	Millennium Chemicals	6,5	2004
9	Nell Acquisition	Basell	5,5	2005
10	BASF	Engelhard	5,0	2006

Pricing-Ansätze in der chemischen Industrie sind in der Regel historisch gewachsen und beruhen auf jahrelangen Erfahrungen der Marketing- und Vertriebsleiter. Der Preis ist, unter anderem aufgrund der hohen Produktorientierung und Rohstoffabhängigkeit, stark kostengetrieben. Der tatsächliche Wert der Produkte für die Anwendungsgebiete der Kunden ist unbekannt. Dieser ist jedoch ein entscheidender Faktor, damit der optimale Ertrag für das Unternehmen erwirtschaftet werden kann. Oftmals weisen chemische Produkte aber weder produkt- noch serviceseitige Vorteile auf, wodurch dann alternative Preisansätze in den Vordergrund rücken (müssen).

Im Folgenden wird zunächst dargestellt, welcher Preisansatz am besten zu welchem Geschäftsmodell passt (vgl. Abschnitt 11.3). Im Anschluss daran wird die Methode des „Value Pricing" praxisnah erläutert (vgl. Abschnitt 11.4).

11.3   Geschäftsmodellspezifisches Pricing in der chemischen Industrie

Viele Unternehmen der chemischen Industrie arbeiten bereits an ihrer Pricing Excellence, d.h. der Art und Weise, wie sie ihr Preismanagement gestalten (hierzu z.B. Homburg/Jensen/Schuppar 2004). Leider werden Pricing-Projekte und -Initiativen aufgrund von Ergebnisdruck oft *ad hoc* aufgesetzt und nur unzureichend und ohne nachhaltigen Erfolg implementiert.

Hierfür können im Wesentlichen drei Gründe identifiziert werden:

1. Das Pricing setzt nicht am jeweiligen Geschäftsmodell an. Meist haben die einzelnen Einheiten eines Unternehmens verschiedene Geschäftsmodelle, die sie i.d.R. auf Specialty- oder Commodity-Märkte zuschneiden: Specialty-Märkte charakterisieren sich grundsätzlich durch eine geringe Austauschbarkeit der Produkte, die oft individuell für einen kleinen Kundenkreis entwickelt werden, wohingegen auf Commodity-Märkten völlige Substitute in meist großen Mengen vertrieben werden. Zum Beispiel tritt häufig das Phänomen auf, dass Unternehmen auf einem zunehmend commoditisierten Markt versuchen, wertbasiertes Pricing, das den Nutzen des eigenen Produktes massiv in den Vordergrund stellt, einzuführen. Dabei wird häufig gar nicht berücksichtigt, dass in einem Commodity-Markt Produkte i.d.R. völlig austauschbar sind und Nutzenvorteile daher rar gesät sind: Nutzenbasierten Argumenten wird der Nährboden somit a priori genommen (Homburg/Staritz/Bingemer 2008).

2. Es wird zu sehr auf Standardlösungen vertraut, d.h. altbewährte Preisfindungsmethoden wie das Cost-Plus-Pricing (Homburg/Jensen/Schuppar 2005). Diese werden häufig unternehmensweit ausgerollt und reflektieren jedoch nur unzureichend die individuellen Bedürfnisse einiger Unternehmensteile, verursacht z.B. durch unterschiedliche Wettbewerbssituationen oder Rohstoffkostenschwankungen. Dabei ist es unerlässlich, derartige Konzepte individuell zuzuschneiden. Wenn ein Unternehmen z.B. mit Preislisten arbeitet, kann es schwierig und kostspielig werden, von heute auf morgen einen anderen Preisansatz zu nutzen (z.B. Zbaracki et al. 2004). Zeitmangel und Ergebnisdruck sind die häufigsten Gründe für den Verzicht auf eine klassische Analysephase oder die Entwicklung passgenauer Methoden. Letztlich führt dies dazu, dass die nachhaltige Implementierung der Preisstrategie schwer fällt und diese von den eigenen Mitarbeitern abgelehnt wird.

3. Schließlich bleibt die Krux der Implementierung. Jedes perfekte Konzept und jeder ausgefeilte Prozess bleiben graue Theorie, wenn sie weder verstanden noch nachhaltig angewendet werden. Den Vertrieb systematisch in das Pricing-Projekt einzubinden und seine Erfahrung zu nutzen, ist der zentrale Hebel für eine nachhaltige Implementierung eines Pricing-Projekts. Zudem wird der Zeitaufwand für die solide Implementierung unterschätzt und bei der Planung der Preisoffensive vernachlässigt. Je nach Größe des Unternehmens sollte die Implementierung unserer Erfahrung nach mindestens zwei Drittel der Gesamtzeit beanspruchen.

Zusammenfassend führen diese Gründe zu einer entscheidenden Frage bei der Einführung von Pricing Excellence:

Wie kann Pricing Excellence in der chemischen Industrie basierend auf dem jeweiligen Geschäftsmodell und Standard-Pricing-Lösungen nachhaltig implementiert werden?

11.3.1 Berücksichtigung des Geschäftsmodells

Individuelle Besonderheiten des jeweiligen Unternehmens, d.h. das oder die jeweiligen Geschäftsmodelle, müssen berücksichtigt werden, damit die Funktionsfähigkeit der Konzepte und Methoden sichergestellt werden kann. Zunächst gilt es daher, das eigene Unternehmen in ein klassisches Geschäftsmodell für die chemische Industrie einzusortieren:

■ *Basic Product Supplier*: Ein Anbieter mit einem undifferenzierten Produktangebot in einem transparenten Markt, z.B. mit Indexpreisen.

■ *Service-oriented Product Supplier*: Ein Anbieter mit Standardprodukten ohne signifikante Produktvorteile, aber mit differenziertem Serviceangebot.

■ *Superior Performance Provider*: Ein Anbieter mit innovativem Produktportfolio und substanzieller Wertschöpfung beim Kunden durch Produkte und Services.

■ *Tailored Solutions Partner*: Ein Anbieter mit individualisierten Produkt- und Servicelösungen (insbesondere F&E) für seine Kunden.

11.3.2 Implementierung von Minimumstandards

Auf Basis langjähriger Erfahrung hat die Unternehmensberatung Homburg & Partner in den letzten Jahren vier grundsätzliche Preisansätze entwickelt, die für die verschiedensten Fragestellungen angewendet werden können. Die Preisansätze decken den gesamten Preisentscheidungsprozess, ausgehend von der Preisstrategie über die Preisanalyse, Preisfindung, Preisimplementierung bis hin zur Preiskontrolle ab (Homburg/Jensen/Schuppar 2004 sowie der Beitrag von Homburg/Totzek in diesem Band) und lassen sich zu den oben beschriebenen Geschäftsmodellen zuordnen (vgl. **Abbildung 11.1**).

■ *Commodity Pricing* für „Basic Product Supplier": Im Bereich der vollständigen Commodities ist kaum eine Differenzierung vom Wettbewerb möglich. Daher stehen Preisvorhersagen, Preisprozesse, Kapazitätsplanungen oder Formelpreise im Vordergrund, durch die Preise und eine bestimmte Marge gesichert werden können. Etwa 15% der Unternehmen lassen sich dem „Basic Product Supplier" zuordnen.

■ *Service Pricing* für „Service-oriented Product Supplier": Eine produktseitige Differenzierung ist noch nicht möglich, aber durch besondere Services können Wettbewerbsvorteile realisiert oder Wechselbarrieren aufgebaut werden. Hier muss versucht werden, Servicewert und Servicekosten zu quantifizieren. Dazu kann auf klassische Marktforschungsmethoden wie die Conjoint-Analyse zurückgegriffen werden, mittels derer

Kundenpräferenzen und Zahlungsbereitschaften für Produkt-Service-Kombinationen systematisch erhoben werden können (vgl. hierzu ausführlich den Beitrag von Klarmann/Miller/Hofstetter in diesem Band sowie z.B. Homburg/Krohmer 2009). Der „Service-oriented Product Supplier" kommt in etwa 30% der Fälle vor.

■ *Performance Pricing* für „Superior Performance Provider": Wie der Name des Geschäftsmodells schon sagt, ist hier eine rein produktseitige Differenzierung möglich. Daher lohnt es sich zu quantifizieren, welchen Vorteil das eigene Produkt im Produktionsprozess des Kunden stiftet. In der Regel bietet sich *Performance Pricing* für Specialty-Produkte an, da es sich mit der Frage beschäftigt, wie der Wertvorteil des Produktes für den Kunden in einem Preis abgebildet werden kann. Dies führt jedoch zu der Frage: Was sind echte Specialty-Produkte? Sie weisen i.d.R. mehrere Wettbewerbsvorteile auf: Zum einen sind die physischen Eigenschaften gegenüber dem Wettbewerbsprodukt überlegen, zum anderen werden auch höherwertige Services angeboten. Darüber hinaus weisen echte Specialty-Produkte i.d.R. sehr hohe Wechselkosten („Switching Costs") auf. Für echte Specialty-Produkte lohnt es sich zu versuchen, diese Wettbewerbsvorteile zu quantifizieren und diese mit einem Preispremium an die Kunden zu kommunizieren. Weitere 30% der chemischen Unternehmen können dem „Superior Performance Provider" zugeordnet werden (auch Scherer/Kühlborn 2008).

Abbildung 11.1   Relevante Preisansätze und relevante Preiselemente nach Geschäftsmodell

Minimum-standards	Element	„Basic Product Supplier"	„Service-oriented Product Supplier"	„Superior Performance Provider"	„Tailored Solutions Partner"
Preisstrategie	Richtlinien für die Preisstrategie	✓	✓	✓	✓
Preiscontrolling	Preiskontrolle	✓	✓	✓	✓
	Preis-Margen-Simulationen	✓	✓	✓	✓
Value Pricing	Preiswasserfall-Analysen			✓	✓
Performance Pricing	Werttreiber-Analysen		✓	✓	✓
Service Pricing	Servicewert-Analysen		✓	✓	✓
Commodity Pricing	Wettbewerbspreis-Datenbanken	✓	✓	(✓)	(✓)
	Preisvorhersagen	✓	(✓)		
	Preis-Mengen-Simulationen	✓			

■ *Value Pricing* für „Tailored Solutions Partner": Als Tailored Solutions Partner weist das eigene Angebot nicht nur ausschließlich produktseitige Wettbewerbsvorteile auf. *Value Pricing* geht noch einen Schritt über das Performance Pricing hinaus: Die Wechselbarrieren steigen für den Kunden, u.a. durch das Zusammenspiel von eigener Anwendungstechnik und Produktion des Kunden oder durch weiche Faktoren, wie das „Eingespieltsein" als Team. Auch diese Vorteile können systematisch quantifiziert werden und so in ein Preispremium überführt werden. Als „Tailored Solutions Partner" gelten ca. 25% der Chemieunternehmen.

Alle vier Preisansätze legen den Schwerpunkt auf verschiedene methodische Elemente (vgl. **Abbildung 11.1**). Die Implementierung von Minimumstandards ist ein wesentlicher Erfolgsfaktor für Pricing Excellence: Nur wer die gleiche Sprache spricht und das gleiche Pricing-Grundverständnis aufweist, kann erfolgreich unternehmensweit Pricing Excellence einführen. Ein gewisser Standardisierungsgrad ist daher unerlässlich.

Die Minimumstandards werden dann schließlich – und dies ist sehr wichtig – individuell zugeschnitten und angepasst. So bleibt ein hoher Standardisierungsgrad erhalten, der die einzelnen Bedürfnisse eines jeden Geschäftsbereichs trotzdem berücksichtigt. Damit erhöht sich schließlich auch die Akzeptanz des Pricing-Projekts und die Voraussetzungen für eine nachhaltige Implementierung sind geschaffen.

11.3.3   Nachhaltige Einführung von Pricing Excellence

Der nachhaltige Erfolg von Pricing Excellence beruht letztlich auf einer soliden Implementierung. Hier scheitern die meisten Unternehmen der chemischen Industrie, da für die erfolgreiche Durchsetzung einer Preisoffensive die Bedeutung des Vertriebs unterschätzt wird. Unsere Erfahrung aus zahlreichen Projekten zeigt: Je früher die Einbindung des Vertriebs erfolgt, desto höher ist die Wahrscheinlichkeit einer erfolgreichen Durchsetzung. Neben der Durchführung detaillierter Schulungen und Trainings in Zusammenarbeit mit dem Vertrieb muss dem Vertrieb v.a. auch ein Mitgestaltungsrecht am Pricing-Projekt eingeräumt werden. Anzumerken ist hier noch einmal: In allen Preisinitiativen erfordert die Implementierung die meiste Zeit. Daher muss in der Planung der zeitliche Fokus bewusst auf die Implementierung gelegt werden.

11.3.4   Zusammenfassung

Beim Aufsetzen eines Pricing-Projekts müssen drei zentrale Erfolgsfaktoren berücksichtigt werden, damit dessen Erfolg sichergestellt werden kann:

1. Berücksichtigung unterschiedlicher Geschäftsmodelle und die daraus resultierende Notwendigkeit, unterschiedliche Preisansätze einzusetzen.

2. Implementierung von Minimumstandards im gesamten Unternehmen und Berücksichtigung unternehmensindividueller Besonderheiten durch individuellen Zuschnitt dieser Minimumstandards.

3. Nachhaltiger Implementierungserfolg durch frühzeitiges Einbinden des Vertriebs und durch zeitlichen Fokus auf eine solide Implementierung.

11.4   Value Pricing in der chemischen Industrie

Der Preisansatz „Value Pricing" ist der interessanteste und zugleich aufwändigste Ansatz. Er eignet sich in besonderem Maße für Spezialchemieunternehmen, die produktseitig über entsprechende Alleinstellungsmerkmale verfügen und sich daher vom Wettbewerb differenzieren können. Für andere Produkte, die eher Commodity-Charakter aufweisen und keine signifikanten Alleinstellungsmerkmale besitzen, sind andere Pricing-Methoden maßgeblich, die die jeweilige Markt-, Wettbewerbs- und Kostensituation weiter in den Mittelpunkt rücken (vgl. Abschnitt 11.2).

Value Pricing wird zunächst von zwei Leitfragen getrieben:

■ Was ist der Wert des Produktes für den Kunden?

■ Wie lässt sich der Wert in einen Preis überführen?

Als Vorüberlegung spielt der Begriff der „Wertefamilie" eine große Rolle, denn im Wesentlichen setzt sich ein Produkt aus drei „Wertefamilien" zusammen (vgl. **Abbildung 11.2** sowie z.B. Homburg/Krohmer 2009). Erstens besteht ein Produkt aus physischen Eigenschaften, die für den Kunden einen besonderen Wert darstellen. Im Falle eines chemischen Spezialproduktes kann dies z.B. eine besonders günstige Fließfähigkeit oder ein sehr später Schmelzpunkt sein. Zweitens bieten Chemieunternehmen ihren Kunden Services an, wie gemeinsame Produktentwicklungen, technische Unterstützung oder maßgeschneiderte Logistiklösungen. Drittens besteht jedes Produkt aus sogenannten intransparenten Werten. Dies können z.B. hohe Wechselkosten („Switching Costs", d.h. Kosten, die beim Kunden im Falle eines Produktwechsels anfallen, z.B. Test-Kosten) oder persönliche Beziehungen zum Kunden sein. Oftmals sind persönliche Beziehungen zum Kunden, gerade bei Spezialprodukten, ein entscheidendes Kaufkriterium. Ein weiteres Differenzierungsmerkmal kann auch die Marke sein. Viele Unternehmen der chemischen Industrie verfügen über starke Markenwerte in ihren jeweiligen Produktsegmenten.

Obwohl die Voraussetzungen für erfolgreiches Value Pricing häufig gegeben sind, wird es unserer Erfahrung nach zu wenig angewendet. Oftmals ist die Preisfindung historisch gewachsen und beruht zu einem Großteil auf Erfahrungen der Vertriebsmitarbeiter, die ihr Wissen über Kunden in ihren Köpfen und Bäuchen gespeichert haben (Rullkötter 2008; Scholl/ Totzek 2010). Ein klassischer Prozess für eine Neuproduktentwicklung sieht abgekürzt und überspitzt oft wie folgt aus: Technik und F&E „erfinden" ein Produkt, das Controlling errechnet die Kosten und schlägt eine Marge von z.B. 20% darauf, das Marketing legt Strategie und Zielkunden fest, und schließlich läuft der Vertrieb los und verkauft.

In vielen unserer Pricing-Projekte konnten wir feststellen, dass mit diesem Cost-Plus-Ansatz häufig erhebliches Gewinnpotenzial unrealisiert bleibt, da den Marktbedürfnissen und dem tatsächlichen Wert des Produktes für den Kunden zu wenig Aufmerksamkeit beigemessen wird. Dieser kann oftmals weit über einer Cost-Plus-Kalkulation liegen (vgl. hierzu auch den Beitrag von Homburg/Totzek in diesem Band). Insbesondere bei Spezialchemieunternehmen taucht dieses Phänomen immer wieder auf. Dort liegt der Fokus hauptsächlich auf der technischen Beratung bzw. einer kreativen F&E-Abteilung – nachhaltiges Marketing oder wertbasiertes Pricing sind Ausnahmefälle. Durch ein systematisches Value Pricing und die Begleitung des Produktes schon von der Idee und Entwicklung an bietet sich jedoch die Möglichkeit, langfristig ein viel höheres Gewinnpotenzial abzuschöpfen.

Abbildung 11.2   Beispiel einer Wertefamilie für ein chemisches Produkt

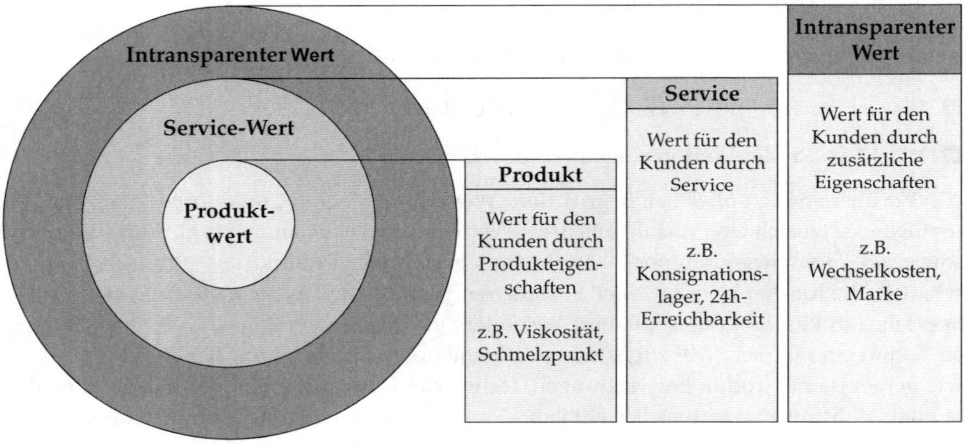

11.4.1   Praxis und Prozess des Value Pricing

Ein pragmatischer Value-Pricing-Ansatz und eine daraus resultierende konkrete operative Preisempfehlung besteht aus vier grundlegenden Schritten und ist relativ einfach durchzuführen.

1. Welcher Strategie soll gefolgt werden?

Schnell befindet man sich hier in einem Zielkonflikt: Ist EBIT-Maximierung das Ziel? Oder besteht der Wunsch nach Marktanteilswachstum? Beide Ziele sind nur schwer miteinander in Einklang zu bringen. Daher sollte eine generelle Richtung festgelegt werden, da diese im weiteren Verlauf Auswirkungen auf den Preisansatz hat. Grundsätzlich bieten sich drei Strategieoptionen an: Die Premium-Strategie (im Produktlebenszyklus durchgehend hoher Preis), die Skimmingstrategie (im Produktlebenszyklus sinkender Preis; diese Strategie findet sich z.B. sehr häufig in der Elektronikindustrie, u.a. bei Handys oder PCs) oder die Penetrationsstrategie (im Produktlebenszyklus durchgehend eher niedriger Preis kombiniert mit opportunistischem Marktverhalten) (vgl. hierzu den Beitrag von Rese in diesem Band). Bei Spezialprodukten sind i.d.R. die ersten beiden Optionen anzutreffen. Durch die Heterogenität dieser Produkte herrscht dort meist ein konstant hohes Preisniveau.

2. In welchem Wettbewerbsumfeld befindet sich das Produkt?

Dabei sind grundsätzlich verschiedene Situationen denkbar – von aggressivem Verdrängungswettbewerb bis hin zu „friedlicher Koexistenz". Entscheidend ist aber die Frage, inwieweit das Produkt austauschbar ist. Dabei treffen wir häufig auf unterschiedliche Sichtweisen. Für das Spezialchemieunternehmen selbst mag das eigene Produkt ein reines Spezialprodukt sein. Aus der Sicht des Kunden kann dies aber völlig anders sein. Der Kunde mag durchaus in der Lage sein, das Produkt nahezu vollständig zu substituieren, entweder durch ein äquivalentes Konkurrenzprodukt oder durch ein Konkurrenzsystem. Das Wettbewerbsumfeld muss daher sorgfältig analysiert werden, damit alle Substitutionsmöglichkeiten erfasst werden. Sodann ist der Preis zu ermitteln, zu dem der Kunde das Konkurrenzprodukt erwerben kann. Dieser bildet dann die Ausgangslage für die Wert-Quantifizierung (vgl. Schritt 4).

3. Welches sind die relevanten Werte für den speziellen Kunden?

Physische Werte, Service-Werte sowie intransparente Werte bestimmen den Gesamtproduktwert (vgl. **Abbildung 11.2**), der aber je nach Kunde und Anwendung unterschiedlich hoch ist – gerade bei Spezialchemieprodukten, da diese häufig in die verschiedensten Anwendungen gelangen. Für einen sauberen wertbasierten Preisansatz sind die für den Kunden relevanten Werte daher zu ermitteln. Wichtig ist dabei eine „gesunde Portion Pragmatismus". Wer 80% der „Hausaufgaben" erledigt hat, der sollte in den Markt gehen. Die letzten 20%, z.B. hinsichtlich der Wertermittlung, dauern genauso lange und führen schnell in eine Ineffizienz des gesamten Preisansatzes.

4. Welches Euro-Äquivalent kann den Werten beigemessen werden?

Nach Ermittlung der relevanten Werte müssen diese systematisch quantifiziert werden – entweder im Vergleich zum direkten Wettbewerb oder bei fehlender Konkurrenz im Vergleich zu einem Vorgängerprodukt (vgl. Schritt 2). Dieser systematische Quantifizierungsansatz folgt der Frage: Wo liegt der Unterschied zum Wettbewerb, wo ist man besser, wo ist man schlechter? In einem sogenannten Kunden-Nutzen-Wasserfall lässt sich dies grafisch veranschaulichen (vgl. **Abbildung 11.3**).

Abbildung 11.3   Beispiel für einen Kunden-Nutzen-Wasserfall eines chemischen Produktes im Vergleich zur nächstbesten Alternative

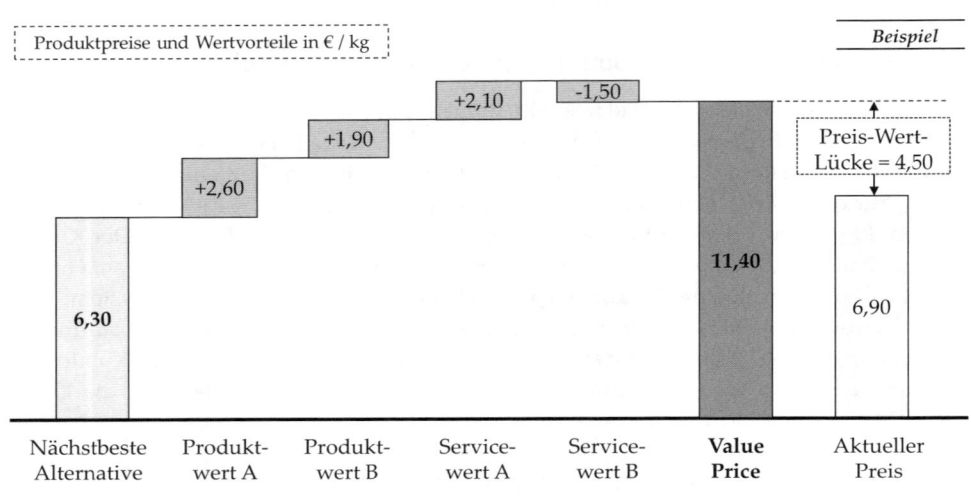

11.4.2   Ergebnis des Value Pricing

Ergebnis des Prozesses ist am Ende ein sogenannter Value Price. Dieser liefert einen An-
haltspunkt, was das Produkt dem Kunden am Ende wert sein müsste. In Kombination mit
der klassischen Cost-Plus-Methode und der Erfahrung der Vertriebsmannschaft ergibt sich
ein Zielpreis für das betrachtete Produkt. Die Value-Price-Bestimmung bietet dabei drei
entscheidende Vorteile:

1. Argumente für den Verkauf sind systematisch aufbereitet und quantifiziert – die Recht-
    fertigung des Value Price wird somit erleichtert.

2. Ein generischer Prozess ist geschaffen, der methodisch auf jede Art von Spezialproduk-
    ten angewendet, individuell aber auf jede Produkt-Kunden-Kombination angepasst
    werden kann.

3. Der Deckungsbeitrag wird optimiert, sofern die Durchsetzung höherer Preise gelingt.

Value Pricing ist – unter den entsprechenden Voraussetzungen – gut geeignet, um nachhaltig
Pricing Excellence einzuführen. Zudem kann Value Pricing einfach und effizient umgesetzt
werden, sodass die Realisierung bisher ungenutzter Gewinnpotenziale gelingen kann.

11.5   Zusammenfassung und Ausblick

Der vorliegende Beitrag hat aufgezeigt, dass Pricing Excellence in der chemischen Industrie abhängig vom jeweiligen Geschäftsmodell ist:

■ *Commodity Pricing* für „Basic Product Supplier", d.h. für Anbieter von vollständigen Commodities.

■ *Service Pricing* für „Service-oriented Product Supplier", bei denen durch besondere Services noch Wettbewerbsvorteile realisiert oder Wechselbarrieren aufgebaut werden können.

■ *Performance Pricing* für „Superior Performance Provider", denen eine produktseitige Differenzierung möglich ist (insbesondere bei Anbietern von Specialty-Produkten)

■ *Value Pricing* für „Tailored Solutions Partner", d.h. insbesondere für Anbieter der Spezialchemie.

Wer den falschen Preisansatz für sein Geschäftsmodell wählt, der wird dauerhaft Gewinnpotenziale ungenutzt lassen. Vor dem Hintergrund der aktuellen wirtschaftlichen Lage ist die entsprechende Passung umso wichtiger. Denn nach Jahren kräftigen Wachstums in den Jahren 2005-2007 folgte auf das Rekordjahr 2008 im Rahmen der weltweiten Finanz- und Wirtschaftskrise ein Absturz der Chemiewirtschaft im Jahr 2009. Ein Jahr wie 2009 war in der Chemiebranche beispiellos – für einige Zeit waren sämtliche bekannte Marktmechanismen außer Kraft gesetzt: Unternehmen mussten viel improvisieren, um ihre angestammten Marktpositionen zu halten.

Die chemische Industrie als wichtiger Zulieferer für zahlreiche gebeutelte Branchen wie die Automobil-, Maschinenbau- oder Baubranche wurde somit gleichermaßen getroffen. Zum Beispiel verzeichnete der weltgrößte Chemiekonzern BASF im Jahr 2009 einen Umsatzrückgang von 19% auf ca. 50 Mrd. € und einen EBIT-Rückgang um 29% auf 4,9 Mrd. € (BASF 2009). Die BASF reagierte bereits Ende 2008 auf den Nachfragerückgang ihrer Abnehmerbranchen und stellte rund 80 Anlagen ab und drosselte in weiteren 100 die Produktion (BASF 2008). Damit tat die BASF unter Preisgesichtspunkten das einzig Richtige: Sie verknappte die Kapazitäten im Markt und bewirkte damit zumindest eine gewisse Preisstabilität. Ein großer Fehler wäre es gewesen, die Anlagen trotz eines massiven Nachfragerückgangs voll auszulasten und dafür massive Preisnachlässe in Kauf zu nehmen. Die langfristigen Folgekosten für eine derartige strategische Fehlentscheidung wären immens gewesen und mühsam aufgebaute Preispositionen wären innerhalb eines Quartals zerstört worden.

Dennoch mussten natürlich auch in der chemischen Industrie preisliche Zugeständnisse gemacht werden, da viele Kunden der Abnehmerbranchen in besonderem Maße um ihr Überleben kämpften und z.T. immer noch kämpfen. Die Talsohle der Wirtschafts- und Finanzkrise scheint nun wohl durchschritten. Für das Jahr 2010 waren die Prognosen für die chemische Industrie durchaus positiv (Hagedorn 2010). Die abklingende Wirtschaftskrise zeigt, dass Unternehmen, die diversifiziert aufgestellt sind und bereits in der Krise strategischen Weitblick bewiesen haben, besser in den Startlöchern für den zu erwartenden Aufschwung stehen.

Neben der Gestaltung des richtigen Preisansatzes für das entsprechende Geschäftsmodell haben chemische Unternehmen insbesondere preisstrategische Themen auf ihrer Agenda. In diesem Zusammenhang sind folgende zentrale Fragestellungen relevant:

1. *Wie haben sich die Rohstoffpreise während der Krise entwickelt?* Lag der Rohölpreis im Rekordherbst 2008 noch bei seinem Allzeithoch von knapp über 145 US-$ pro Barrel (am 03.07.2008 erreichte der Rohölpreis pro Barrel einen Wert von 145,29 US-$), lag er im Frühjahr 2010 nur noch bei etwa der Hälfte (ca. 80 US-$ pro Barrel). Die genaue Kostenentwicklung während der Krise und auch die Antizipation der weiteren Kostenentwicklung spielt eine entscheidende Rolle für die Preisstrategie und beeinflusst außerdem die Budgetierung sowie die Festlegung der Zielmargen. Hier kommt es insbesondere auf einen effektiven Austausch zwischen Einkauf und Marketing an.

2. *Welchen Wert stiften die Produkte im jeweiligen Anwendungsgebiet?* Es sind genaue Wertkalkulationen für die entsprechenden Anwendungsgebiete der Produkte vorzunehmen. Je nach Anwendungsgebiet sind dabei auch unterschiedliche Wertargumente zu sammeln und bei den Kunden zu kommunizieren. Nur dann ist eine entspreche Durchsetzung der Preisstrategie im Markt auch zu erwarten. Eine systematische Einbindung des Vertriebs stellt bei der Produktwertkalkulation einen entscheidenden Erfolgsfaktor dar.

3. *Wie ist die derzeitige Preis-Leistungspositionierung im Vergleich zum Wettbewerb?* Während der weltweiten Krise haben sich Marktanteile und -gewichte verschoben, insbesondere auch in den Abnehmerbranchen der chemischen Industrie. Das bedeutet, dass die Produkt- und Servicewerte der Wettbewerber in der chemischen Industrie anders wahrgenommen werden. Zudem hat sich auch die Preislandschaft verändert. Mühsam aufgebaute Preispremia sind möglicherweise verloren gegangen und müssen zurückgeholt werden. Für eine strategische Neuausrichtung des Pricings und die Festlegung einer Preisstrategie ist daher eine gute Kenntnis der derzeitigen Preis-Leistungspositionierung im Vergleich zum Wettbewerb unerlässlich (Garda/Marn 1993; Scholl/Totzek 2010).

Aktuell lassen sich die Aktivitäten der chemischen Industrie sehr gut mit dem Stichwort „Rückkehr zur Normalität" zusammenfassen. Um am zu erwartenden Wachstum zu partizipieren, sind jedoch die entscheidenden Stellhebel in den Marketing- und Vertriebsabteilungen umzulegen. Pricing Excellence ist dabei der größte Ertragshebel und der Auswahl der richtigen Preisstrategie kann für zukünftigen Markterfolg die größte Bedeutung beigemessen werden.

Literatur

BASF (2008), BASF drosselt weltweit Produktion, Pressemitteilung vom 19.11.2008, http://www.basf.com/group/pressemitteilungen/P-08-506 [Zugriff am 17.12.2010].

BASF (2009), BASF Bericht 2009, http://bericht.basf.com/2009/de/serviceseiten/willkommen.html [Zugriff am 17.12.2010].

Garda, R., Marn, M. (1993), Price Wars, McKinsey Quarterly, 3/1993, 87-100.

Hagedorn, M. (2010), CheMonitor: Deutsche Chemiemanager setzen wieder auf Wachstum, CheManager 4/2010, S. 6.

Homburg, Ch., Krohmer, H. (2009), Marketingmanagement – Strategie, Instrumente, Umsetzung, Unternehmensführung, 3. Aufl., Wiesbaden.

Homburg, Ch., Jensen, O., Schuppar, B. (2004), Pricing Excellence: Wegweiser für ein professionelles Preismanagement, Arbeitspapier Nr. M90, Reihe Management Know-how, Institut für Marktorientierte Unternehmensführung, Universität Mannheim.

Homburg, Ch., Jensen, O., Schuppar, B. (2005), Preismanagement im B2B-Bereich: Was Pricing Profis anders machen, Arbeitspapier Nr. M97, Reihe Management Know-how, Institut für Marktorientierte Unternehmensführung, Universität Mannheim.

Homburg, Ch., Staritz, M., Bingemer, S. (2008), Was Produkte unverwechselbar macht, Harvard Business Manager, 12/2008, 34-48.

IG BCE (2010), Die chemische Industrie, http://www.igbce.de/portal/site/igbce/chemie/ [Zugriff am 17.12.2010].

Marn, V. M., Rosiello, R. L. (1992), Managing Price, Gaining Profit, Harvard Business Review, September-October 1992, 83-93.

Rullkötter, L. (2008), Preismanagement – Ein Sorgenkind? Die wichtigsten Problemfelder und Ursachen im Industriegüterbereich, Zeitschrift für Controlling Management, 52, 2, 92-98.

Scherer, J., Kühlborn, S. (2008), Management von Kundenzufriedenheit in der Spezialchemie: das Beispiel der Cognis Gruppe, in: Homburg, Ch. (Hrsg.), Kundenzufriedenheit: Konzepte – Methoden – Erfahrungen, 7. Aufl., Wiesbaden, 461-481.

Scholl, M., Totzek, D. (2010), Die Preispolitik professionalisieren, Harvard Business Manager, 4/2010, 43-50.

VCI (2010), Gliederung der Sparten der chemisch-pharmazeutischen Industrie für die VCI-Konjunkturberichterstattung, http://www.vci.de/Presse/default2~cmd~shd~docnr~77975~rub~735~tma~875~nd~,prse8,.htm [Zugriff am 17.12.2010].

Zbaracki, M., Ritson, M., Levy, D., Dutta, S., Bergen, M. (2004), Managerial and Customer Costs of Price Adjustment: Direct Evidence from Industrial Markets, The Review of Economics and Statistics, 86, 2, 514-533.

12   Allzweckwaffe Conjoint?

Limitationen und alternative Methoden zur Preisbestimmung im Pharmamarkt

Alexander Rupp / Michael Scholl

Alexander Rupp ist Partner und Leiter des Kompetenzzentrums Healthcare bei Homburg & Partner, Mannheim, München und Boston, einer international tätigen Unternehmensberatung.

Dr. Michael Scholl ist Geschäftsführer, Partner und Leiter des Kompetenzzentrums Healthcare bei Homburg & Partner.

12.1   Einleitung

Zur Bestimmung des optimalen Preises eines Arzneimittels kommen im Laufe des Produktentwicklungsprozesses in der pharmazeutischen Industrie zahlreiche Methoden zum Einsatz. In frühen Phasen finden insbesondere qualitative Verfahren (Marktdaten, Expertengespräche) oder direkte Preisabfragen (Van Westendorp-Methode) Anwendung, in mittleren und späteren Phasen fast ausschließlich die Conjoint-Analyse als indirektes Verfahren
zur Preisbestimmung. Zur Bestimmung des optimalen Preises eines Arzneimittels ist die
Conjoint-Analyse aber nur in bestimmten Phasen und für bestimmte Fragestellungen die
Methode der Wahl.

Dieser Beitrag hat zum Ziel, *alternative* Methoden zur Preisbestimmung in der pharmazeutischen Industrie vorzustellen. Wir zeigen, dass die Conjoint-Analyse zur Ermittlung von
Preisen von Arzneimitteln nicht die Allzweckwaffe ist, für die sie in der Praxis oft gehalten
wird. Kurz vor Markteinführung oder in frühen Phasen der Produktentwicklung stehen
mit der *Discrete Choice Comparison* und der *Pre-Conjoint-Analyse* (kurz: Pre-Conjoint) zwei
innovative und leistungsstarke Verfahren zur Verfügung, die speziell für diesen Einsatz
entwickelt wurden und den speziellen Limitationen der Conjoint-Analyse in diesen Phasen nicht unterliegen.

In der Phase kurz vor der Markteinführung schränkt eine zentrale Bedingung den Einsatz
der Conjoint-Analyse zur Preisbestimmung und Prognose von Umsatzentwicklungen von
Arzneimitteln ein. Zu diesem Zeitpunkt sind die Merkmale eines Arzneimittels und seiner
Wettbewerbspräparate nicht mehr beeinflussbar. Die einzige Variable, die sich noch verändern bzw. beeinflussen lässt, ist der Preis selbst. Da somit eine wichtige Voraussetzung
für den Einsatz einer Conjoint-Analyse nicht erfüllt wird, ist vom Einsatz zur Bestimmung
des Preises kurz vor der Markteinführung eher abzuraten. Die sogenannte *Discrete Choice
Comparison* umgeht durch eine szenariobasierte Präferenzabfrage insbesondere die dargestellte Limitation der Conjoint-Analyse und ermöglicht zudem die Abbildung der Therapieauswahlentscheidung für verschiedene Patiententypen. Im Ergebnis liefert das Verfahren eine eindeutige Preis-Absatz-Funktion und Preisempfehlung auf Grundlage der Verschreibungspräferenzen der Ärzte.

In den frühen Produktentwicklungsphasen ist der Einsatz einer Conjoint-Analyse ebenfalls
problematisch, da die Produktmerkmale sich noch nicht mit ausreichender Sicherheit festlegen lassen. Die *Pre-Conjoint* ermöglicht durch die Kombination qualitativer und quantitativer Ansätze bereits frühzeitig, Erkenntnisse zu Marktpotenzial, den wichtigsten Produktanforderungen und Zahlungsbereitschaften bzw. zu dem zu erwartenden Preiskorridor zu
gewinnen. Mit vergleichsweise geringem finanziellem Aufwand liefert das Verfahren eine
eindeutige Empfehlung bezüglich Einstellung, Modifikation oder Weiterführung des Entwicklungsprozesses.

Dieser Beitrag gliedert sich im Folgenden in drei Abschnitte. Zunächst werden die derzeit
gängigsten Methoden zur Preisbestimmung in der Pharmabranche vorgestellt und bewertet (vgl. Abschnitt 12.2). Anschließend werden mit der *Discrete Choice Comparison* und der

Pre-Conjoint zwei innovative Verfahren vorgestellt und jeweils an einem Anwendungsbeispiel aus der Pharmabranche verdeutlicht (vgl. Abschnitt 12.3). Der Beitrag schließt mit einem Fazit (vgl. Abschnitt 12.4).

12.2 Bewertung derzeitiger Methoden zur Preisbestimmung

Zur Ermittlung des optimalen Preises und der Preis-Absatz-Funktion kommen in der Pharma-Marktforschung derzeit verschiedene Methoden zur Anwendung. Jedoch sind sie nicht alle gleichermaßen gut geeignet, den optimalen Preis für ein Arzneimittel zu ermitteln. Nachfolgend werden die einzelnen Methoden im Überblick dargestellt und hinsichtlich ihrer Vor- und Nachteile kritisch beleuchtet. Zudem wird betrachtet, zu welchem Zeitpunkt im Produktlebenszyklus eines Arzneimittels ein Einsatz der verschiedenen Methoden sinnvoll ist.

12.2.1 Derzeitige Methoden

Im Wesentlichen lassen sich zwei verschiedene Arten von Methoden zur Bestimmung des optimalen Preises unterscheiden, die Marktbeobachtung durch *Marktdaten* oder *Preisexperimente* (z.B. Testmarkt) und die Marktbefragung durch *Expertenschätzungen* oder *direkte/indirekte Kundenbefragung*. In der Pharma-Marktforschung findet ein Großteil der genannten Verfahren ebenfalls Anwendung. Nur *Preisexperimente*, z.B. in Form eines Testmarktes, sind aufgrund rechtlicher Restriktionen und der Tatsache, dass verschreibungspflichtige Arzneimittel nur in der Arztpraxis verschrieben werden und nicht in einem Teststudio oder Panel „ausprobiert" werden können, nicht durchführbar. **Abbildung 12.1** stellt die in der Pharma-Marktforschung gängigsten Verfahren zur Bestimmung von Preisbereitschaften im Überblick dar (vgl. hierzu auch den Beitrag von Klarmann/Miller/Hofstetter in diesem Band).

12.2.1.1 Überblick

Bei der Bestimmung der Preis-Absatz-Funktion mit Hilfe von *Marktdaten* kann ein Unternehmen entweder auf firmeninterne oder externe Daten, z.B. von Marktforschungsinstituten, zurückgreifen, auf deren Grundlage dann durch einfache grafische Verfahren oder durch eine Regressionsanalyse Preis-Absatz-Beziehungen ermittelt werden können (Hilleke 1995; Homburg/Krohmer 2009). Auf Basis des generierten Datenmaterials ist ein Vergleich des eigenen Preises mit dem der Konkurrenzpräparate für einen bestimmten Zeitraum möglich, der näherungsweise einen Zusammenhang zwischen der Preisdifferenz zur Konkurrenz und der Absatzmenge herstellt. Hieraus lassen sich gleichermaßen Rückschlüsse auf das Verhalten der Nachfrage bei einer Änderung der eigenen Preise für ein Arzneimittel sowie bei einer Preisänderung der Konkurrenz und auf die Höhe des optimalen Preises ableiten (Simon 1982).

Abbildung 12.1   Methoden zur Preisfindung im Überblick

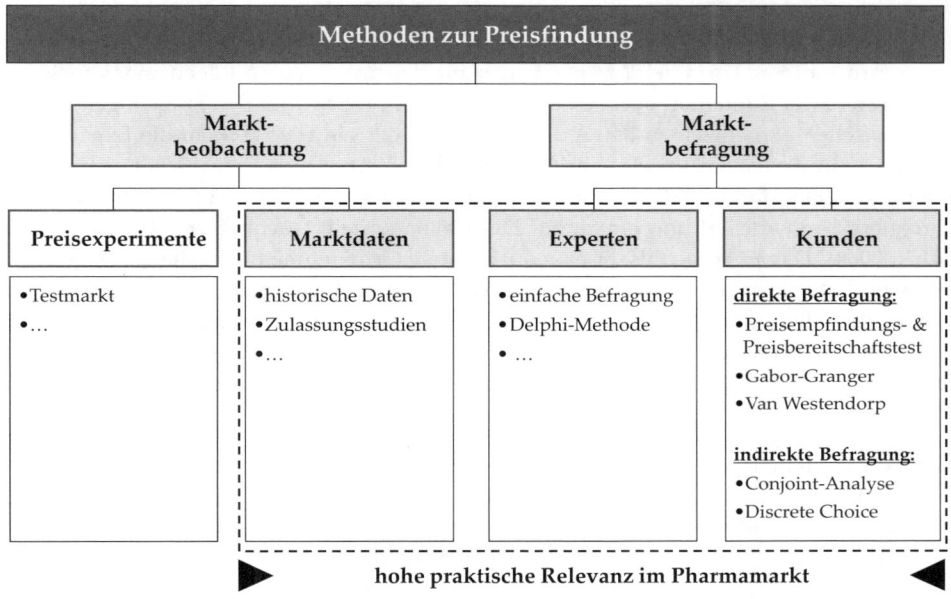

Eine Anwendung dieser Methode ist allerdings nur dann sinnvoll, wenn in dem zu betrachtenden Produktgebiet bereits über einen längeren Zeitraum Marktdaten gesammelt wurden, also bereits eine hinreichend große Zahl ähnlicher Produkte existiert und sich die Preise im Zeitverlauf auch signifikant verändert haben. Ein weiterer Nachteil besteht darin, dass die Schätzung auf Vergangenheitswerten basiert, die aufgrund eventuell eingetretener Veränderungen der Rahmenbedingungen oder des Marktes nicht unbedingt für Prognosen des zukünftigen Marktes geeignet sind (Homburg/Krohmer 2009, S. 666). Ihr Einsatz ist folglich für innovative Arzneimittel wenig geeignet und beschränkt sich somit auf bereits existierende Indikationsbereiche, also Me-too-Produkte und Generika, die in relativ enger Konkurrenz zu anderen Präparaten stehen.

Zur Ermittlung von Preis-Absatz-Funktionen für Innovationen wesentlich besser geeignet ist hingegen die *Expertenschätzung*. Ziel ist die Nutzung des Expertenwissens der eigenen Mitarbeiter oder von externen Fachleuten, um den optimalen Preis für ein Produkt zu ermitteln. Sie eignet sich dabei gleichermaßen für die Bewertung des Preis- und Marktpotenzials bei der Einführung eines neuen Arzneimittels oder die Einschätzung der Reaktion der Nachfrage auf eine Preisänderung bereits existierender Präparate (Elosge et al. 2003). Wesentlicher Vorteil ist die äußerst schnelle und kostengünstige Umsetzung, weshalb sich die Expertenbefragung auch als Ergänzung zu anderen Methoden zum Zweck der Validierung eignet. Nachteile bestehen im Risiko kollektiver interner Fehleinschätzungen und der

Überschätzung des eigenen Produktes durch Wunschdenken. Um eine ausreichende Validität zu erreichen, sollten mindestens fünf bis zehn Personen unterschiedlicher Hierarchieebenen interviewt werden (Pirk 2002).

Im Gegensatz zu dieser einstufigen Befragung ist die *Delphi-Methode* eine mehrstufige und somit aufwändigere Form der Expertenbefragung. Die Interviews erfolgen anonymisiert in mindestens zwei Runden in Form eines schriftlich zu beantwortenden Fragebogens. Dabei wird zwischen den einzelnen Befragungswellen jeweils ein Feedback an die Experten gegeben. Die in der ersten Runde schriftlich erhaltenen Antworten bzw. Schätzungen werden festgehalten und mit Hilfe spezieller Durchschnittswert- oder Perzentilberechnungen aggregiert, anonymisiert und erneut zur Diskussion gestellt (Aichholzer 2005; Okoli/Pawlowski 2004). Das Endergebnis ist eine aufbereitete Gruppenmeinung, die die Ergebnisse selbst und Angaben über die Bandbreite vorhandener Meinungen enthält. Durch den mehrstufigen Befragungsprozess ist diese Methode entsprechend zeitaufwändiger und ihr Zusatznutzen steht nicht immer im Verhältnis zu den Mehrkosten und dem höheren Zeitaufwand (Chan et al. 2001, S. 701).

Eine weitere Möglichkeit, eine Preis-Absatz-Funktion für ein neues oder bestehendes Produkt zu ermitteln, ist die *direkte Kundenbefragung*. Gängige Verfahren sind hierbei der Ansatz von *Gabor-Granger* als Kombination aus Preisempfindungs- und Preisbereitschaftstest oder die darauf aufbauende, in der Anwendung etwas komplexere Van Westendorp-Methode (Homburg/Krohmer 2009; Lyon 2002; Wedel/Leeflang 1998 sowie der Beitrag von Klarmann/Miller/Hofstetter in diesem Band). Zentrale Vorteile der direkten Kundenbefragung sind zweifelsohne ihre sehr einfache und kostengünstige Durchführung sowie der geringe Zeitaufwand. Allerdings ist die Validität der Ergebnisse durch die isolierte Betrachtung des Preises eingeschränkt (Homburg/Krohmer 2009, S. 669). Somit wird der Preis bei der Bewertung zu sehr in den Mittelpunkt gestellt, ohne den Nutzen eines Produktes mit einzubeziehen. Grundsätzlich bleibt festzuhalten, dass aufgrund der genannten Probleme von einer alleinigen Anwendung dieser Verfahren abzuraten ist und der Einsatz eher in Verbindung mit anderen Methoden erfolgen sollte.

Die derzeit in der Praxis am weitesten verbreitete Form der Preisbestimmung ist die *indirekte Kundenbefragung* durch Conjoint-Analysen oder Discrete-Choice-Verfahren, die in Abschnitt 12.2.2 und 12.3.2 detaillierter beschrieben werden.

12.2.1.2   Zeitlicher Einsatz

Die Entwicklung eines neuen Arzneimittels ist für die einzelnen Pharmaunternehmen ein ebenso langwieriger wie kostspieliger Prozess, in dem von der Synthese einer Substanz als Molekül bis zur Zulassung des Präparates verschiedene Entwicklungsstufen durchlaufen werden müssen. Bis zur endgültigen Marktreife beträgt die durchschnittliche Forschungs- und Entwicklungszeit eines Präparates zwölf Jahre (Berndt 2002; DiMasi 2002; Miller 2005). Auf oberster Ebene wird zwischen der Forschungs- und Entwicklungsphase einer Substanz unterschieden, welche sich wiederum in verschiedene Teilphasen aufgliedern (vgl. **Abbildung 12.2**).

Abbildung 12.2 Derzeitiger Einsatz von Preisfindungsmethoden im Entwicklungsprozess eines Arzneimittels

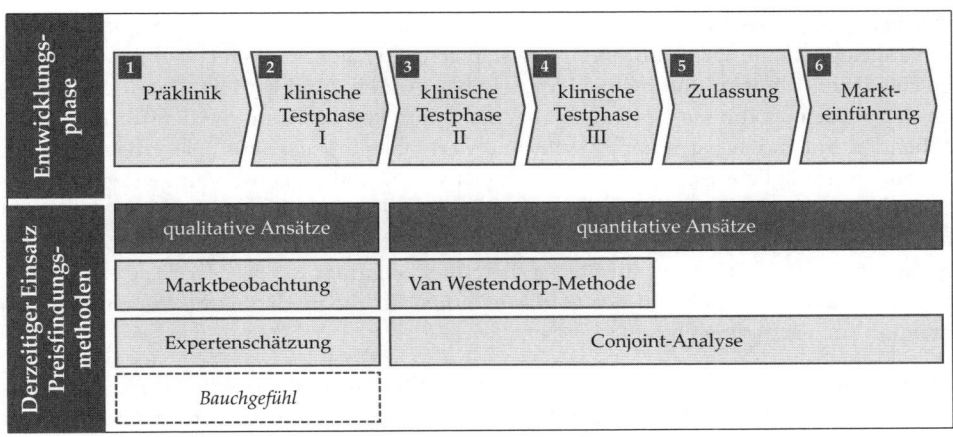

Innerhalb der Forschungsphase wird in der Vorphase nach potenziellen Substanzen zur Lösung bestimmter Krankheitsbilder gesucht. Anschließend werden die verschiedenen Substanzen im sogenannten Screening hinsichtlich ihrer Wirksamkeit und ihres Entwicklungspotenzials für die spätere Synthese eines Arzneimittels analysiert. Bei positivem Ergebnis wird die Substanz dann zur Patentierung angemeldet. Bis zur Patentierung eines Wirkstoffs kommen üblicherweise keine Methoden zur Preisbestimmung zur Anwendung. Es findet lediglich eine Einschätzung statt, ob es für ein Unternehmen lohnenswert ist, die Substanz aufgrund ihrer Wirksamkeit und des Entwicklungspotenzials bis zur Marktreife weiterzuentwickeln (Hanlon/Luery 2002).

Der Entwicklungsprozess eines Arzneimittels gliedert sich im Wesentlichen in sechs Phasen (vgl. **Abbildung 12.2**). Vor Aufnahme des Testverfahrens am Menschen wird in der *Präklinik* die patentierte Substanz anhand tierexperimenteller Versuche weiter geprüft. Ergebnis der Untersuchungen sind Erkenntnisse über die Verträglichkeit, die Toxizität, Haupt- und Nebenwirkungen sowie Dauer der Wirksamkeit einer Substanz. Im Rahmen der Präklinik soll sichergestellt werden, dass bei den folgenden Erprobungsphasen am menschlichen Organismus und bei der breiten therapeutischen Anwendung eines Arzneimittels kein Mensch zu Schaden kommt (Gorbauch/de la Haye 2002; Schülin 1995).

In der *klinischen Testphase I* wird die Wirksubstanz an einer kleinen Zahl gesunder Probanden getestet, um erste Erkenntnisse zur Verträglichkeit beim Menschen, zur Verteilung des Wirkstoffes im Körper, zur Dosierung und zur Wirkungsweise zu gewinnen. Treten keine unerwünschten schwerwiegenden Nebenwirkungen auf, wird die Substanz für die *klinische Testphase II* freigegeben (Bhandari et al. 1999). In meist stationärer Behandlung beginnt in dieser Phase über einen Zeitraum von vier bis sechs Wochen die kontrollierte Therapieverfolgung an etwa 100 bis 300 Patienten mit dem entsprechenden Krankheitsbild. Zielsetzung ist in erster Linie, die erwartete therapeutische Wirkung am Patienten zu testen und weitere Erfahrungen zur optimalen Dosierung und den möglichen Nebenwirkungen zu sammeln (Meinhardt 2002). Die aus der zweiten Testphase gewonnenen Behandlungsverfahren werden in der *klinischen Testphase III* nach einem festgelegten Therapieplan in einer breit angelegten klinischen Erprobung meist gleichzeitig an mehreren tausend Patienten in verschiedenen Kliniken und bei niedergelassenen Ärzten durchgeführt. Damit die Aussagen der Studienergebnisse eine hohe Allgemeingültigkeit besitzen, werden für die Studie Probanden mit möglichst unterschiedlichen Merkmalen ausgewählt. Die große Zahl der Probanden ermöglicht es, seltene Unverträglichkeiten und Nebenwirkungen oder Wechselwirkungen mit anderen Arzneimitteln aufzudecken (Dreger 2000; Fülgraff 1992). Sobald eine Substanz die Anforderungen der drei klinischen Testphasen erfüllt hat, kann im nächsten Schritt die *Zulassung* für das Arzneimittel beantragt werden. Ist diese erfolgreich, wird das Präparat im Rahmen der *Markteinführung* für die medizinische Versorgung von Patienten zur Verfügung gestellt.

In den frühen Phasen des Entwicklungsprozesses *Präklinik* und *klinische Testphase I* ist das Produktprofil eines Arzneimittels noch sehr unscharf. Pharmaunternehmen sind in dieser Phase meist nicht bereit, viel in die Marktforschung zu investieren, da weniger als 10% der Substanzen auch wirklich zur Marktreife gelangen. Zu diesem Zeitpunkt sind lediglich erste Erkenntnisse zur Verträglichkeit, zur Verteilung des Wirkstoffes im Körper, zur Dosierung und zur Wirkungsweise bekannt. Dementsprechend kommen – wenn überhaupt – nur vergleichsweise günstige, qualitative Verfahren zum Einsatz (Hanlon/Luery 2002). Die Einbeziehung des Marktes findet dabei im besten Fall anhand von *Expertenschätzungen* statt. Teilweise wird der Entwicklungsprozess jedoch auch alleine auf Basis eines „Bauchgefühls" vorangetrieben. Im Extremfall wird das Marktumfeld gänzlich ausgeblendet. Umfangreiche quantitative Verfahren, z.B. die Conjoint-Analyse, die Aussagen über mögliche absetzbare Mengen des Produktes und erzielbare Preise liefern, kommen in der Praxis insbesondere aus Budgetgründen und der Tatsache, dass viele der Substanzen nicht zur Marktreife gelangen, eher selten zum Einsatz (Scholl/Rupp 2005). Hier bietet die *Pre-Conjoint* (vgl. Abschnitt 12.3.1) als Kombination aus qualitativen und quantitativen Verfahren eine kostengünstige Alternative, um dieses Problem zu überwinden und bereits frühzeitig Fehlentwicklungen zu vermeiden.

Ein entscheidender Punkt in der Entwicklung eines Arzneimittels ist der Übergang von der *klinischen Testphase II* zur *klinischen Testphase III*. Hier muss ein Unternehmen die Entscheidung treffen, ob der hohe finanzielle Aufwand durch die breit angelegte klinische Erprobung an mehreren tausend Patienten zu rechtfertigen ist. Daher ist es sinnvoll, den möglichen Preisrahmen für ein Arzneimittel insbesondere bei Ärzten mit Hilfe etwas aufwändigerer qualitativer Verfahren der direkten Kundenbefragung, z.B. der Van Westendorp-Methode, oder mit Verfahren der indirekten Kundenbefragung genauer einzugrenzen. In der späten Entwicklungsphase eines Arzneimittels sollte zur exakten Bestimmung des Preises unter Berücksichtigung verschiedener Produktprofile und Preisvarianten dann in jedem Fall die indirekte Kundenbefragung, z.B. die Conjoint-Analyse, eingesetzt werden (Hanlon/Luery 2002; Scholl/Rupp 2005).

12.2.2   Conjoint-Analyse

Das in der Praxis am weitesten verbreitete Instrument zur Preisbestimmung ist die *indirekte Kundenbefragung*, die den Einfluss des Preises auf das Nachfrageverhalten nicht isoliert betrachtet und somit ein zentrales Problem der direkten Preisabfrage umgeht (vgl. hierzu den Beitrag von Klarmann/Miller/Hofstetter in diesem Band). Neben dem Preis werden die Produkteigenschaften und der sich daraus ergebende wahrgenommene Nutzen für den Kunden in die Untersuchung einbezogen. Neben verschiedenen Formen der *Conjoint-Analyse* steht hierfür die Analyse anhand von Discrete-Choice-Modellen zur Verfügung.

Die *Conjoint-Analyse* hat in der Praxis in den letzten 25 Jahren immer stärkere Bedeutung erlangt. Durch ihren Einsatz kann der Nutzen jeder einzelnen Merkmalsausprägung eines Produktes und dessen Wert für den Kunden in Form unterschiedlicher Preise ermittelt werden, weshalb sie gerade für die Produkt- und Preispolitik von großer Bedeutung ist. Homburg/Krohmer (2009, S. 396) schreiben in diesem Zusammenhang: „Ergebnisse aus Conjoint-Analysen sind auch für die Preispolitik von großer Bedeutung. Beispielsweise kann untersucht werden, wie viel die Kunden für eine bestimmte Mehrleistung (…) zu zahlen bereit sind. Auch spielt die Conjoint-Analyse im Zusammenhang mit der empirischen Ermittlung von Preis-Absatz-Funktionen eine wichtige Rolle." Weiterhin zählen zu den häufigsten Einsatzgebieten Neuprodukteinführungen, die Produktgestaltung, die Marktsegmentierung, Marktszenarien und die Repositionierung von Produkten (Teichert 1998; Wittink/Vriens/Burhenne 1994). Bei der Erhebung werden dem Befragten unterschiedliche Kombinationen von Merkmalsausprägungen in Form von Produktprofilen vorgelegt, die anhand von Paarvergleichen bewertet werden sollen.

12.2.2.1   Vorgehensweise

Die spezielle Anwendung der Conjoint-Analyse für die Preisfindung eines neuen Arzneimittels erfordert gegenüber der allgemeinen Methode zwar einige Modifikationen (Buchholz/Kucher 1997a, b), entsprechend der allgemeinen Anwendung ist aber auch für die Preisbestimmung von Arzneimitteln eine Unterteilung in fünf Phasen sinnvoll (hierzu auch Homburg/Krohmer 2009, S. 396ff.; Teichert/Sattler/Völckner 2008):

1. *Festlegung der Produktmerkmale*: In der ersten Phase müssen die für die Auswahlentscheidung des Kunden relevanten Merkmale festgelegt werden. Dabei wird davon ausgegangen, dass ein Medikament aus Kundensicht als eine Kombination relevanter Produktmerkmale wahrgenommen wird. Zur Festlegung der Merkmale empfiehlt es sich deshalb, diese z.B. in einer internen oder externen Expertenrunde vorab zu ermitteln und zu diskutieren. Entscheidend ist hierbei, dass die einzelnen Merkmale voneinander unabhängig, beeinflussbar und in ihrer Anzahl begrenzt sind (Hujer et al. 1996). Außerdem ist darauf zu achten, dass die einzelnen Merkmale nicht nur auf Grundlage des eigenen Präparates ausgewählt, sondern ebenfalls Leistungen von Konkurrenzprodukten abgedeckt werden. Nur wenn die Stärken und Schwächen aller Wettbewerber Berücksichtigung finden, ist eine objektive Analyse gewährleistet (Buchholz/Kucher 1997a). Für ein Arzneimittel kämen als Merkmale exemplarisch Wirkstoff, Nebenwir-

kungen, Wirkungsstärke, Darreichungsform, Dosierung, Einnahmehäufigkeit, Hersteller und Preis in Frage (Bowditch/Gurrieri/Henry 2003; Kucher 1985).

2. *Festlegung der Merkmalsausprägungen*: Nach der Definition der Merkmale werden im zweiten Schritt die Art und Anzahl der Ausprägungen bestimmt. Es sollte darauf geachtet werden, dass die Anzahl der einzelnen Merkmalsausprägungen möglichst ähnlich gewählt wird, da sich sonst die relative Wichtigkeit der einzelnen Attribute mit der Anzahl der Ausprägungen erhöht. Dies ist selbst dann der Fall, wenn der höchste und niedrigste Wert für ein Merkmal gleich bleiben und ist psychologisch damit zu erklären, dass der Befragte seine Aufmerksamkeit verstärkt auf die Eigenschaft richtet, bei der die Anzahl der Ausprägungen besonders hoch ist (Wittink/Krishnamurthi/Nutter 1982). Um den optimalen Preis für ein Arzneimittel zu bestimmen, ist es allerdings sinnvoll, mindestens fünf verschiedene Werte für das Attribut Preis festzulegen, um die Intervalle zwischen den einzelnen Preisen nicht zu groß werden zu lassen. Legt man nun für alle anderen Merkmale ebenfalls fünf Ausprägungen fest, würde die Komplexität der Studie unnötig erhöht und der Befragungsaufwand wäre aufgrund der Vielzahl der Paarvergleiche für den Befragten zu hoch. Dementsprechend sollte die Anzahl der nicht den Preis betreffenden Ausprägungen idealerweise nicht höher als drei sein (Balderjahn 1994; Buchholz/Kucher 1997a, b).

3. *Untersuchungsdesign und Datenerhebung*: Dem Befragten werden verschiedene Produktprofile mit unterschiedlichen Kombinationen von Merkmalsausprägungen vorgelegt, die anhand von Paarvergleichen bewertet werden. Um die Komplexität für den Befragten in Grenzen zu halten, kommen dabei hybride Verfahren zum Einsatz (für eine Übersicht Green/Krieger 1996). Die am weitesten verbreiten Formen sind die Adaptive Conjoint Analysis (ACA) und die Choice-Based Conjoint (CBC) (Hensel-Börner/Sattler 2000, S. 706). Beim Einsatz der ACA mit dem Ziel der Preisbestimmung ist zu berücksichtigen, dass die Wichtigkeit des Preises aufgrund der Vielzahl der abgefragten Faktoren oftmals unterrepräsentiert ist. Dagegen ist die CBC für die Preisermittlung aufgrund einer geringeren Anzahl abgefragter Faktoren besser geeignet (Bowditch/Gurrieri/ Henry 2003). Im Umkehrschluss besteht der Nachteil der CBC darin, dass einerseits nur wenige Ausprägungen abgefragt und andererseits die Teilnutzenwerte ausschließlich in aggregierter Form ermittelt werden können (Sapede/Girod 2002). Aufgrund der angesprochenen Schwächen beider Methoden ist zur Nutzen- und Preisbestimmung deren kombinierter Einsatz empfehlenswert, wobei die Vielzahl der Merkmale durch ACA abgedeckt und der Preis zuzüglich der wichtigsten Merkmale durch CBC genauer abgefragt werden können (Bowditch/Gurrieri/Henry 2003).

4. *Berechnung der Teilnutzenwerte*: Auf Grundlage der Antworten der Befragten kann die absolute und relative Bedeutung jeder Eigenschaft sowie der Teilnutzenwert der jeweiligen Merkmalsausprägung in Preiseinheiten berechnet werden (Homburg/Krohmer 2009, S. 403). Somit liefert die Conjoint-Analyse für den Preis und jedes andere Merkmal die Stärke des Einflusses auf die Auswahlentscheidung des Arztes oder Patienten. Der Gesamtnutzen eines Profils ergibt sich somit aus der Summe der gewichteten Teilnutzenwerte der Merkmalsausprägungen. Auf diese Weise kann also die Zahlungsbereitschaft des Kunden für ein den Eigenschaften des Arzneimittels entsprechendes Pro-

duktprofil genau bestimmt werden. Außerdem kann abgelesen werden, inwiefern sich durch eine Preissenkung Schwächen des Präparates ausgleichen lassen (Kucher 1985).

5. *Berechnung der Preis-Absatz-Funktion*: Auf Grundlage der ermittelten Gesamtnutzenwerte eines Produktprofils kann nun die individuelle Preis-Absatz-Funktion für einen Kunden ermittelt und für den Gesamtmarkt über alle Befragten aggregiert werden. Dabei ergibt sich der Marktanteil für das Arzneimittel als Quotient seines Nutzens und der Summe der Nutzen aller Produkte, die die Ärzte tatsächlich verordnen. Somit lässt sich für die abgefragten Preise eines Arzneimittels der jeweilige Marktanteil ausrechnen (Homburg/Krohmer 2009, S. 672). Für den Pharmamarkt reichen dabei erfahrungsgemäß zwischen 100 bis 150 individuelle Preis-Absatz-Beziehungen aus, um eine verlässliche Aussage für die Preisentscheidung abzuleiten. Bei Homogenität der Angaben kann die Aggregation durch Mittelwertbildung, bei zu starker Heterogenität der Nutzenwerte nur über eine Segmentierung der Befragten erfolgen.

12.2.2.2 Limitationen und zeitlicher Einsatz

Wichtige Voraussetzungen bei der Merkmalsauswahl für eine Conjoint-Analyse sind, dass die ausgewählten Merkmale auch Leistungen von Konkurrenzprodukten abdecken, in ihrer Anzahl begrenzt, beeinflussbar und weitgehend voneinander unabhängig sind (hierzu z.B. Homburg/Krohmer 2009, S. 397f.). Insbesondere die letzten beiden Punkte stellen dabei die zentralen Limitationen der Conjoint-Analyse im Rahmen der Preisbestimmung von Arzneimitteln, insbesondere kurz vor deren Markteinführung, dar. Befindet sich ein Medikament noch in der Entwicklungsphase, sind Nebenwirkungen, Schnelligkeit des Wirkeintritts, Häufigkeit der Einnahme oder die Darreichungsform z.T. noch beeinflussbar und vergleichsweise unabhängig. Hier eignet sich die Conjoint-Analyse, um Nutzentreiber für eine Verordnung des Arzneimittels im Wettbewerbsvergleich zu identifizieren. Ergebnis kann sein, dass die Wirkung eines Präparates aus Sicht der Ärzte zwar einen hohen Nutzen stiftet, aber Darreichungsform und die Häufigkeit der Einnahme der Wettbewerbspräparate einen noch höheren Nutzen stiften. In der Konsequenz kann in der Weiterentwicklung sowohl die Darreichungsform als auch die Häufigkeit der Einnahme ggf. noch modifiziert werden.

Kurz vor Markteinführung sind die Merkmale eines Arzneimittels und auch die der Wettbewerber nicht mehr beeinflussbar und darüber hinaus stark voneinander abhängig. Die wesentliche Variable, die sich noch verändern bzw. beeinflussen lässt, ist der Preis selbst. Dies schränkt jedoch den Nutzen und den Anwendungsbereich einer Conjoint-Analyse zur Bestimmung des Preises kurz vor Markteinführung von Arzneimitteln stark ein.

In den frühen Produktentwicklungsphasen ist der Einsatz einer Conjoint-Analyse ebenso problematisch, da die Produktmerkmale sich noch nicht mit ausreichender Sicherheit festlegen lassen und viele der Substanzen nicht zur Marktreife gelangen. Unter diesen Bedingungen stellt die Conjoint-Analyse ein relativ hohes Investment bei sehr hoher Unsicherheit dar.

12.3   Alternative Methoden zur Preisbestimmung

Da die in der Praxis gängigen Verfahren in frühen Phasen der Produktentwicklung und kurz vor der Markteinführung Limitationen aufweisen, wurden mit der *Pre-Conjoint* und der *Discrete Choice Comparison* zwei innovative Verfahren entwickelt, um diese Lücke zu schließen.

Die *Pre-Conjoint* liefert mit vergleichsweise geringem finanziellem Aufwand durch die Kombination qualitativer und quantitativer Ansätze bereits in frühen Entwicklungsphasen Erkenntnisse zu Marktpotenzial, den wichtigsten Produktanforderungen und Zahlungsbereitschaften bzw. hinsichtlich eines zu erwartenden Preiskorridors. Die *Discrete Choice Comparison* umgeht durch eine szenariobasierte Präferenzabfrage die dargestellten Limitationen der Conjoint-Analyse zur Preisbestimmung eines Arzneimittels kurz vor der Markteinführung und ermöglicht zudem die Abbildung der Therapieauswahlentscheidung für verschiedene Patiententypen.

12.3.1   Pre-Conjoint

Die optimale Ausrichtung und Gestaltung der Produktentwicklung ist ein wesentlicher Faktor für nachhaltigen Unternehmenserfolg. Der Pre-Conjoint-Ansatz stellt dabei ein alternatives Verfahren zur Bestimmung von Kundenanforderungen und Preis für ein neues Arzneimittel dar, das bereits in frühen Phasen der Entwicklung zum Einsatz kommen sollte. Darüber hinaus liefert der Ansatz gegenüber klassischen Conjoint-Analysen nicht nur frühzeitiger Informationen für die Weiterentwicklung des Medikamentes, sondern ist auch deutlich preisgünstiger und schneller in der Umsetzung.

Der Pre-Conjoint-Ansatz unterstützt somit die Effizienz des Entwicklungsprozesses in drei Bereichen:

1. *Entwicklung unter Berücksichtigung des Marktes,* da selbst das vermeintlich beste Präparat nicht profitabel vermarktet werden kann, wenn nicht ausreichend Interessenten am Markt vorhanden sind.

2. *Entwicklung des richtigen Produktes,* d.h. eines Präparates, das den Erwartungen und Bedürfnissen des Kunden entspricht, und nicht denen des entwickelnden Unternehmens.

3. *Entwicklung innerhalb eines festgelegten Kostenrahmens,* denn ein Produkt nach Kundenwunsch ist nicht marktfähig, wenn der Preis nicht stimmt. Deshalb muss schon in den frühen Phasen untersucht werden, wie viel das Präparat maximal kosten darf.

Als Ergebnis liefert der Pre-Conjoint-Ansatz neben einer Abschätzung des Marktpotenzials, der Produktanforderungen und einem Preisband eine eindeutige Empfehlung bezüglich Einstellung, Modifikation oder Weiterführung des Entwicklungsprozesses.

12.3.1.1 Vorgehensweise

Die Pre-Conjoint kombiniert in einem systematischen dreistufigen Ansatz die Abschätzung des Marktpotenzials (Stufe 1: „Potential"), die Bewertung der Produktanforderungen (Stufe 2: „Requirements") und die Ermittlung der am Markt vorhandenen Zahlungsbereitschaft (Stufe 3: „Estimation") für das neue Präparat (vgl. **Abbildung 12.3**).

Abbildung 12.3   Phasen der Pre-Conjoint-Analyse

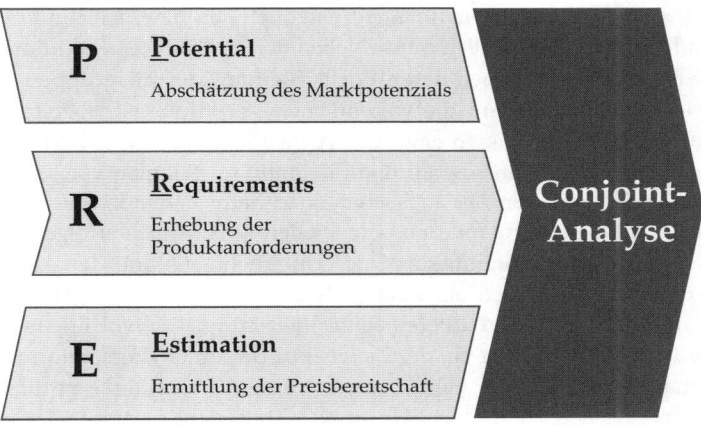

Stufe 1: Potential – Ist überhaupt ein ausreichend großer Markt vorhanden?

In der ersten Stufe „Potential" wird ermittelt, ob es überhaupt einen ausreichend großen Markt für das neue Produkt gibt, welche Präparate bislang am Markt vorhanden sind und welche Vor- und Nachteile sowie Preise diese Präparate haben. Die erste Grobabschätzung des Marktpotenzials wird dabei i.d.R. „top-down" vorgenommen. Input für diese Kalkulation liefern neben externen Marktdaten sowohl interne Experteninterviews beim entwickelnden Unternehmen als auch Experteninterviews mit unternehmensexternen Marktkennern, z.B. von Verbänden oder Universitäten.

In der Praxis ist festzustellen, dass bei einer ersten Abschätzung des vorhandenen Marktpotenzials für ein neues Präparat oft eine „systematische" Überschätzung erfolgt. Dies ist häufig darin begründet, dass die Kalkulation auf Basis *aller möglichen* zukünftigen Anwender erfolgt. Folglich sollte die Anzahl aller möglichen zukünftigen Anwender über verschiedene Ausschlusskriterien auf die Anzahl *aller potenziellen* Anwender für das neue Medikament reduziert werden. Auszuschließen sind z.B. Patienten, bei denen die Krankheit nicht oder falsch diagnostiziert wird, die bereits erfolgreich therapiert werden, generell der Einnahme von Medikamenten skeptisch gegenüber stehen oder die geplante Darreichungsform ablehnen. Dies kann zu einer enormen Diskrepanz zwischen dem „vermeintlichen" und „tatsächlich realistischen" Marktpotenzial führen. Oft stellt sich bereits in diesem Schritt heraus, dass die Umsatzerwartungen des Unternehmens und die zu erwartenden Erlöse unabhängig vom am Markt erzielbaren Preis nicht vereinbar sind. Somit lassen sich frühzeitig – wenn auch von Unternehmen oft nicht gerne gehört – übertriebene Erwartungen und damit verbunden hohe geplante Investitionen revidieren.

Stufe 2: Requirements – Welche Produktanforderungen existieren auf Kundenseite?

In der zweiten Stufe „Requirements" werden die Anforderungen an das neue Präparat aus Kundensicht erhoben. Dabei wird ermittelt, unter welchen Bedingungen die Patienten überhaupt bereit wären, das neue Medikament einzunehmen bzw. welche Erwartungen das Produkt erfüllen sollte oder erfüllen muss. Neben den eigentlichen Produktmerkmalen sollte im Rahmen der Befragung auch deren Wichtigkeit aus der Zielgruppenperspektive erhoben und priorisiert werden, um die wesentlichen Verordnungstreiber frühzeitig zu identifizieren und bei den Ergebnissen eine Anspruchsinflation nach dem Motto „alles ist wichtig" zu vermeiden. Dies kann sowohl rein qualitativ im Rahmen von Experteninterviews oder Gruppendiskussionen als auch eher quantitativ anhand telefonischer Interviews oder einer Online-Befragung mit den potenziellen Zielgruppen erfolgen. Dies hängt zum einen maßgeblich vom Erkenntnisstand des Unternehmens und der Anzahl vorher durchgeführter qualitativer Studien ab, zum anderen von der Neuartigkeit und Erklärungsbedürftigkeit des Präparates. Ist bereits eine Vielzahl qualitativer Erkenntnisse vorhanden oder handelt es sich um eine bei der Zielgruppe bekannte Therapieform, empfiehlt sich eine eher quantitative Abfrage. Sind bislang wenige Erkenntnisse vorhanden oder handelt es sich um eine neuartige, der Zielgruppe bisher nicht vertraute Therapie, sind eher persönliche, qualitative Interviews zu bevorzugen.

Stufe 3: Estimation – Welchen Preis ist der Kunde bereit zu zahlen?

In der dritten Stufe „Estimation" wird die Preisbereitschaft bzw. das Preisurteil der Kunden ermittelt, d.h. für welchen Preis ist der Arzt/Patient bereit, ein neues Medikament dieser Art zu verschreiben bzw. selbst zu bezahlen. Dabei kommt als Preisabfragemethode z.B. die bereits genannte Van Westendorp-Methode („Price-Sensitivity-Meter") zum Einsatz (Homburg/Krohmer 2009, S. 667f.; Wildner 2003). Vorteil dieser Methode ist, dass der Preis für ein Präparat nicht als direkte Größe abgefragt wird, sondern der Befragte angeben muss, ab welchem Preis er das neue Präparat als zu teuer, akzeptabel oder günstig empfindet und ab welchem Preis die Qualität für ihn zweifelhaft erscheint. Das ermittelte akzeptierte Preisband gibt an, zwischen welchen Grenzen (Preisobergrenze, Preisuntergrenze) der Preis liegen sollte: Während ein zu niedriger Preis Zweifel an der Qualität bzw. Wirksamkeit aufkommen lässt, schreckt ein zu hoher Preis mögliche Verwender ab. Man erhält darüber hinaus wertvolle Informationen über die Preisschwellen, d.h. jene Preisstufen, an denen sich die Akzeptanz deutlich verändert. Der Indifferenz-Preis zeigt auf, bei welchem Preis der Markt „kippt", d.h. das darüber liegende Preisniveau eher als teuer und das darunter liegende eher als günstig für das Medikament angesehen werden (Wildner 2003).

Durch Kombination des in Stufe 1 berechneten Marktpotenzials und der in Stufe 3 ermittelten Preisbereitschaft kann schließlich das Umsatzpotenzial des neuen Produktes geschätzt werden. Der optimale Preis aus Marktsicht befindet sich dort, wo das höchste Umsatzpotenzial realisiert werden kann.

12.3.1.2 Limitationen und zeitlicher Einsatz

In der Entwicklung eines Arzneimittels entscheidend ist der Übergang von der „klinischen Testphase I" zur „klinischen Testphase II und III" (vgl. Abschnitt 12.2.1.2). Hier muss ein Unternehmen die Entscheidung treffen, ob der hohe finanzielle Aufwand durch die breit angelegte klinische Erprobung an mehreren hundert bis tausend Patienten zu rechtfertigen ist. Daher empfiehlt sich, bereits frühzeitig das Marktpotenzial und den möglichen Preisrahmen für ein Arzneimittel genauer einzugrenzen. In der Unternehmenspraxis hängt die Auswahl der Methode dabei häufig vom verfügbaren Budget ab, das insbesondere in der „klinischen Testphase I" noch sehr gering ist. Somit sehen aktuell viele Unternehmen von einer Berechnung von Marktpotenzial und Preisrahmen für ein Arzneimittels mittels einer Conjoint-Analyse ab. Erst ab der „Klinischen Testphase II" und häufig auch erst während der „Klinischen Testphase III" werden quantitative Verfahren wie die Conjoint-Analyse eingesetzt, um Preisbereitschaften für das definierte Produkt zu ermitteln. Zentrales Problem dieser Vorgehensweise in der Praxis ist jedoch, dass die mögliche Erkenntnis, dass der geplante Preis häufig nicht zu realisieren ist oder nicht die gewünschte Absatzwirkung hat, damit erst sehr spät kommt – in manchen Fällen sogar erst kurz vor der geplanten Markteinführung (Hanlon/Luery 2002; Scholl/Rupp 2005).

Die *Pre-Conjoint* schließt diese Lücke und ermöglicht durch die Kombination aus qualitativen und quantitativen Ansätzen bereits in den frühen Entwicklungsphasen, dass Erkenntnisse hinsichtlich Marktpotenzial und -situation, der wichtigsten Produktanforderungen und Zahlungsbereitschaften bzw. eines zu erwartenden Preiskorridors gewonnen werden. Durch die systematische Sammlung und Aufbereitung qualitativer Informationen steht eine fundierte Informationsbasis über Kundenwünsche zur Verfügung, die nichts mehr mit einem diffusen „Bauchgefühl" gemein hat. Quantitative Erkenntnisse über den vorhandenen Markt und die Zahlungsbereitschaft können noch in die Entwicklungsphase und das Markteinführungskonzept einfließen oder sogar zu der Erkenntnis führen, dass der Entwicklungsprozess gestoppt werden sollte.

Zweifelsohne ist die *Pre-Conjoint* dahingehend limitiert, im Detail quantifizierbare Aussagen zu Verordnungstreibern in Form von Teilnutzenwerten für die einzelnen Merkmale oder eine genaue Abbildung von Preis-Absatz-Funktionen zu machen und sollte daher in späteren Entwicklungsphasen eher nicht mehr zum Einsatz kommen. Auch wenn vor der Markteinführung noch eine *Conjoint-Analyse* geplant und sinnvoll ist, ist das Vorschalten einer *Pre-Conjoint* empfehlenswert, um Erkenntnisse über die Auswahl der für den Kunden wesentlichen Merkmale und Attribute der Conjoint-Analyse zu erhalten. Die Erfahrung zeigt, dass Conjoint-Analysen bei falscher Auswahl der Merkmale und Attribute, insbesondere in Bezug auf den erzielbaren Preis, unrealistische und in der Praxis nicht verwertbare Ergebnisse liefern.

12.3.1.3   Anwendungsbeispiel aus der Pharmabranche

Um den Einsatz der Pre-Conjoint und deren Vorgehensweise greifbar zu machen, wird der dreistufige Ansatz im Folgenden anhand eines Anwendungsbeispiels erläutert (vgl. **Abbildung 12.4**). Fragestellung ist hierbei, ob sich die Einführung eines verschreibungspflichtigen, aber nicht erstattungsfähigen Präparates zur medikamentösen Therapie von Typ II-Diabetikern lohnt, die bisher lediglich verstärkt auf ihre Ernährung achten, um den Blutzuckerspiegel unter Kontrolle zu halten.

Am Beispiel der Marktpotenzialabschätzung eines Präparates für die Therapie von Typ II-Diabetikern in der Therapieform „Diät" bedeutet dies z.B., dass die Anzahl aller möglichen Anwender, also die Gesamtzahl aller Diabetiker in der Therapieform Diät in Deutschland, bei ca. 1,5 Mio. liegt. Hiervon sind exemplarisch nur die Patienten in das Potenzial für ein Präparat einzubeziehen, die erstens überhaupt zum Arzt gehen und dort richtig diagnostiziert werden und für die zweitens eine Medikamenteneinnahme grundsätzlich in Frage kommt und ggf. eine deutliche Verbesserung ihrer individuellen Situation darstellen würde. Berücksichtigt man derartige Nebenbedingungen, verbleiben in unserem Beispiel für das Präparat 0,4 Mio. potenzielle Patienten (vgl. **Abbildung 12.4**).

Abbildung 12.4   Anwendungsbeispiel der Pre-Conjoint-Analyse aus der Pharmabranche

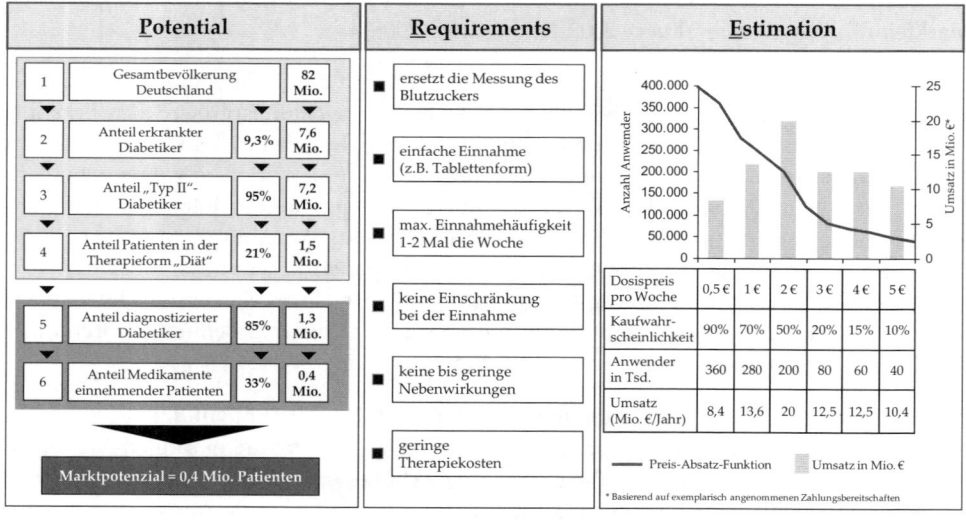

Für die „Diät"-Diabetiker, die bisher nicht medikamentös therapiert wurden, wäre in unserem Beispiel eine einfache Einnahme ohne Einschränkungen und Nebenwirkungen ausschlaggebend. Außerdem müsste die medikamentöse Therapie eine merkbare Verbesserung für den Patienten darstellen, was für einen Diät-Patienten z.B. den Wegfall der Blutzuckermessung durch eine bessere Einstellung des Blutzuckerwertes bedeuten könnte. Für den wahrscheinlichen Fall einer Nichterstattung durch die Krankenkasse sollten aus Arzt- und Patientensicht zudem nur geringe Kosten anfallen.

In dem Beispiel würden bei einem Wochendosispreis von 5 € aus Sicht des Arztes gerade noch 10% der potenziellen Diät-Patienten das Präparat kaufen bzw. einnehmen wollen, bei einem Wochendosispreis von 1 € dagegen 70%. Kombiniert man die Ergebnisse der Marktpotenzialabschätzung aus Phase 1 mit den abgefragten Preisbereitschaften, ergibt sich in unserem Fall ein umsatzmaximaler Wochendosispreis von 2 €. Das jährliche Umsatzpotenzial des neuen Präparates würde dann bei ca. 20 Mio. € liegen (vgl. **Abbildung 12.4**).

12.3.2 Discrete Choice Comparison

Da die gängigen Verfahren zur Bestimmung des optimalen Preises für ein Arzneimittel, insbesondere die direkte Preisabfrage nach Van Westendorp und die indirekte Preisabfrage durch eine Conjoint-Analyse, in der Phase vor der Markteinführung an ihre Grenzen stoßen, wurde ein neues Verfahren entwickelt. Die sogenannte *Discrete Choice Comparison* umgeht auf Basis einer szenariobasierten Präferenzabfrage die dargestellten Limitationen anderer Preisfindungsverfahren und ermöglicht zudem die Abbildung der Therapieentscheidung für verschiedene Patiententypen.

Drei zentrale Gründe sprechen dabei im Wesentlichen gegen den Einsatz einer Conjoint-Analyse:

1. Die Ermittlung des optimalen Preises des Arzneimittels steht im Vordergrund, Zusatzinformationen zu den einzelnen Merkmalen in Form von Teilnutzenwerten sind vor der Markteinführung nicht mehr relevant, da die Verordnungstreiber vor der Markteinführung meist schon bekannt sind.

2. Die Variation von Ausprägungen ist nicht sinnvoll, da es sich bei der Gegenüberstellung um bereits existierende Arzneimittel mit resultierenden Wirkungen, Nebenwirkungen und Preisen handelt. Die Abfrage von nicht-realen Produkten würde Ärzte daher stark verwirren und die Aussagekraft der Ergebnisse in Frage stellen.

3. Der Preis des neuen Arzneimittels ist die einzige beeinflussbare und damit zu variierende Variable.

Durch den Einsatz der *Discrete Choice Comparison* können dagegen auf Basis einer szenariobasierten Präferenzabfrage das neue Arzneimittel mit variierenden Preisen und die Wettbewerbspräparate mit fixen Preisen unter realen Marktbedingungen gegenübergestellt und zudem verschiedene Patiententypen berücksichtigt werden.

12.3.2.1 Vorgehensweise

Die Vorgehensweise bei der Ermittlung des optimalen Preises eines Arzneimittels mit Hilfe der *Discrete Choice Comparison* lässt sich in fünf Phasen unterteilen. Diese ähneln nur scheinbar der Conjoint-Analyse. Zentraler Unterschied ist die Abbildung verschiedener Patiententypen und Therapieoptionen und das zugrunde liegende Erhebungsverfahren:

1. *Auswahl der zentralen Produktmerkmale*: In der ersten Phase müssen analog zur Vorgehensweise bei der Conjoint-Analyse die für die Auswahlentscheidung des Kunden relevanten Merkmale identifiziert und ausgewählt werden. Dies erfolgt im ersten Schritt auf Basis externer und interner Studien und durch Diskussion in internen Expertenrunden mit dem Marketing, dem Vertrieb und der medizinischen Abteilung. Nach gemeinsamer Priorisierung der Merkmale sollte eine externe Validierung durch qualitative Expertengespräche mit Ärzten erfolgen um sicherzustellen, dass die für die Verordnungsentscheidung relevanten Merkmale auch Berücksichtigung finden (Green/Krieger 1992). Dabei ist darauf zu achten, dass die maximale Anzahl inklusive des Preises nicht mehr als fünf Merkmale betragen sollte, um die Befragten nicht zu überfordern. Art und Anzahl der Ausprägungen aller Produktmerkmale müssen dagegen nicht definiert werden, sondern ergeben sich anhand der Profile des eigenen und der am Markt vorhandenen Wettbewerbspräparate. Werden neben dem Preis z.B. Wirkstoff, Wirkung, Nebenwirkung und Häufigkeit der Einnahme als die zentralen Merkmale ausgewählt, ergeben sich die Merkmalsausprägungen aus den Wirkprofilen und Marktpreisen der zu berücksichtigenden Arzneimittel.

2. *Definition der Preispunkte*: Die einzige Variable, deren Ausprägungen im Untersuchungsdesign nicht durch die Profile und Marktgegebenheiten definiert ist, ist der Preis für das neue Arzneimittel. Die Definition der abzufragenden Preispunkte ist daher von entscheidender Bedeutung. Hierbei ist zu beachten, dass die berücksichtigten Preispunkte nicht in einem zu engen Korridor liegen, in etwa einen vergleichbaren Abstand zueinander haben und sich auf maximal fünf beschränken. Soll z.B. ein Korridor zwischen 1€ und 3€ abgebildet werden, würden sich weitere Preispunkte im Bereich um 1,50 €, 2,00 € und 2,50 € anbieten. Entscheidend ist, dass die Preise in der Einheit abgefragt werden, in der der Arzt im Arbeitsalltag denkt. So spielt z.B. bei manchen Indikationen der Packungspreis die entscheidende Rolle, bei anderen wiederum die Tagestherapiekosten. Gegebenenfalls kann es auch sinnvoll sein, den Arzt im Rahmen des Untersuchungsdesigns die von ihm präferierte Einheit selbst auswählen zu lassen.

3. *Abbildung von Patiententypen und Therapieoptionen*: Für Ärzte spielen bei der Auswahl von Therapieoptionen bzw. Präparaten oft individuelle Besonderheiten des Patienten eine Rolle. Hierzu zählen v.a. andere Erkrankungen oder Medikationen, das Alter, berufliche Anforderungen und private Wünsche des Patienten. Aufbauend darauf trifft der Arzt dann seine Wahl für die optimale Therapieoption. So wird der Arzt bei einem im beruflichen Alltag stark eingebundenen Patienten z.B. Präparate vermeiden, die als Nebenwirkung häufige Müdigkeit haben, diese bei älteren Patienten im Ruhestand mit eingeschränkter Mobilität hingegen als erste Therapieoption bevorzugen. Die Discrete Choice Comparison bietet die Möglichkeit, verschiedene Patiententypen in der Abfrage zu berücksichtigen. Hierbei sollte sich die Befragung natürlich auf die Patiententypen einer Indikation fokussieren, für die das neue Präparat als Therapieoption überhaupt in Frage kommt. Zudem müssen die Wettbewerbspräparate festgelegt werden, die in der Befragung berücksichtigt und dem neuen Präparat gegenübergestellt werden sollen. Auch denkbare Kombinationen von Präparaten können integriert werden. Da die Therapieoptionen zwischen den einzelnen Patiententypen häufig variieren, ist mit Hilfe ei-

ner Therapie-Ausschluss-Matrix festzulegen, welche Präparate bei den unterschiedlichen Patiententypen in Frage kommen und abgebildet werden sollen.

4. *Untersuchungsdesign und Datenerhebung*: Die zugrunde liegende Methodik der Abfrage ist eine szenariobasierte Präferenzabfrage der in der Realität in Frage kommenden Therapiealternativen. Dem Befragten werden dabei die in der Realität zur Auswahl stehenden Arzneimittel in Form von Produktprofilen mit den realen Merkmalen und Ausprägungen inkl. der aktuellen Marktpreise vorgelegt. Durch die Abbildung aller Merkmale in einem Profil wird verhindert, dass der Preis zu sehr in den Vordergrund der Aufmerksamkeit rückt. Das neue Arzneimittel wird im Rahmen der Gegenüberstellung als eine Therapiealternative angeboten. Wichtig ist, dass wirklich nur reale und keine fiktiven Produktprofile abgefragt werden, um den Arzt nicht unnötig zu verwirren und die Ergebnisse nicht zu verfälschen. Die einzige Variable, die während der Abfrage variiert, ist der potenzielle Preis des neuen Arzneimittels. Um einen Bias und Lerneffekt zu vermeiden, werden in der Abfrage sowohl die Therapieoptionen als auch die unterschiedlichen Preisausprägungen in ihrer Reihenfolge rotiert. Der Befragte hat nun die Möglichkeit, zwischen den Therapieoptionen zu entscheiden und seine Therapieentscheidung durch die Angabe von prozentualen Anteilen für die einzelnen Arzneimittel zu differenzieren. So wird sichergestellt, dass die in der Realität insbesondere bei Fachärzten zu beobachtende „Verschreibungsbreite", d.h. die Berücksichtigung mehrerer Präparate im Verschreibungsverhalten, abgebildet wird und der Befragte keine künstliche, allgemeine „ja oder nein"-Entscheidung treffen muss. Die Discrete Choice Comparison orientiert sich dabei an dem Prinzip von Verordnerpotenzialmodellen und kann dementsprechend neben der Verordnungsentscheidung zusätzlich die Menge der verschriebenen Arzneimittel bestimmen und somit eine Preis-Absatz-Funktion ermitteln (Hujer et al. 1996). Dies kann für verschiedene Patiententypen wiederholt werden. Zudem besteht die Möglichkeit, bei der Abfrage zwischen der Ersteinstellung und der Umstellung eines Patienten bei Therapieversagen auf ein neues Arzneimittel zu unterscheiden. Die Vorteile der Discrete-Choice-Abfrage in der Praxis liegen einerseits in der relativ kurzen Interviewdauer und in der realistischen Abbildung der Entscheidungssituation durch die Möglichkeit des Befragten, keine oder mehrere Alternativen auszuwählen (Elosge et al. 2003).

5. *Berechnung der Preis-Absatz-Funktion*: Auf Grundlage der ermittelten Präferenzangaben für jedes Produktprofil kann nun für jeden Befragten die individuelle Preis-Absatz-Funktion ermittelt und für den Gesamtmarkt über alle Befragten aggregiert werden. Dabei ergibt sich der Marktanteil für das neue Arzneimittel in Abhängigkeit vom Preis direkt aus den Präferenzangaben, die die Ärzte angegeben haben. Bei ausreichender Homogenität der Werte kann die Aggregation wiederum durch einfache Mittelwertbildung erfolgen. Liegt hingegen zu starke Heterogenität der Nutzenwerte vor, sollte eine Segmentierung der Befragten mittels einer Clusteranalyse erfolgen, da sonst die Gefahr besteht, durch Mittelwertbildung eine durchschnittliche Präferenzstruktur zu ermitteln, die in Wirklichkeit bei keinem der Befragten vorhanden ist (Homburg/Krohmer 2009, S. 401). Wurden im Untersuchungsdesign verschiedene Patiententypen berücksichtigt und zwischen Ersteinstellung und Therapieumstellung unterschieden, ergeben

sich dafür spezifische Preis-Absatz-Funktionen. Zur Bestimmung des optimalen Preises für ein Arzneimittel werden diese mit den Anteilen und Verteilungen im Markt hinterlegt und hochgerechnet. Wenn z.B. der abgefragte Patiententyp 1 im Markt zu 80% und der Patiententyp 2 zu 20% vorhanden sind sowie 50% der Verordnungen Neueinstellungen sind, 40% auf die derzeitige Therapie entfallen und nur 10% Therapieumstellungen sind, wird dies dementsprechend in der Modellierung berücksichtigt. Der Preispunkt mit der höchsten Umsatzerwartung für den Gesamtmarkt über alle spezifischen Preis-Absatz-Funktionen hinweg ist dann der optimale Preis.

12.3.2.2   Limitationen und zeitlicher Einsatz

In frühen Phasen der Produktentwicklung hat die *Discrete Choice Comparison* zweifelsohne die Schwäche, dass sie analog zur Conjoint-Analyse mit einem ähnlich hohen Budgetaufwand verbunden ist, den nicht jedes Unternehmen bereit ist zu investieren.

Steht in den mittleren Phasen der Entwicklung weniger die Ermittlung des optimalen Preises als vielmehr die Identifikation von Verordnungstreibern auf Basis von Teilnutzenwerten für die einzelnen Merkmale im Vordergrund, ist die Durchführung einer *Conjoint-Analyse* zu empfehlen, da eine Ermittlung von Teilnutzenwerten für einzelne Merkmalsausprägungen auf Basis der *Discrete Choice Comparison* nicht möglich ist.

In der Phase vor der Markteinführung stoßen die gängigen Verfahren zur Bestimmung des optimalen Preises für ein Arzneimittel, insbesondere die indirekte Preisabfrage durch eine Conjoint-Analyse, allerdings an ihre Grenzen. Mit der *Discrete Choice Comparison* wurde hierzu ein Verfahren entwickelt, das speziell die dargestellten Limitationen der Conjoint-Analyse umgeht und die Ermittlung des optimalen Preises für ein Arzneimittel unter realen Bedingungen ermöglicht. Durch die szenariobasierte Präferenzabfrage wird zudem die Abbildung der Therapieauswahlentscheidung für verschiedene Patiententypen und die Unterscheidung zwischen Therapieersteinstellung oder Therapieumstellung ermöglicht. Im Ergebnis liefert das Verfahren spezifische Preis-Absatz-Funktionen und eine eindeutige Preisempfehlung auf Grundlage der Verschreibungspräferenzen der Ärzte.

12.3.2.3   Anwendungsbeispiel aus der Pharmabranche

Um Vorgehensweise und Einsatz der *Discrete Choice Comparison* zu verdeutlichen, wird die Methode zur Bestimmung des optimalen Preises anhand eines Anwendungsbeispiels aus dem Bereich der Kardiologie erläutert. Zielsetzung ist hierbei, den optimalen Preis für ein neues Präparat zu ermitteln.

Da das Präparat nicht bei allen Patiententypen gleichermaßen gut als Therapie geeignet ist, wurden vor dem Design der Befragung die für das Präparat relevantesten Patiententypen identifiziert und die jeweiligen, am Markt befindlichen Therapieoptionen bzw. Wettbewerbspräparate ausgewählt. Auf Basis der ausgewählten drei Patiententypen wurde zudem ein einfaches Modell zur Abschätzung der Patientenzahlen nach Typen entwickelt, um später auf Grundlage des ermittelten Verordnungsverhaltens der Ärzte in Form der

Preis-Absatz-Funktionen für die einzelnen Patiententypen den optimalen Preis für den Gesamtmarkt bestimmen zu können.

Zudem wurden im Rahmen von Expertengesprächen mit Kardiologen im Vorfeld der Studie die ausgewählten drei Patiententypen anhand des Wirkungsprofils des neuen Präparates validiert und die für den Arzt und das Erhebungsdesign relevanten Merkmale bei der Therapieentscheidung identifiziert. In dem Beispiel wurden mit dem Wirkstoff, der Wirkung des Präparates, möglichen Nebenwirkungen und dem Preis vier Merkmale für das Erhebungsdesign ausgewählt (vgl. **Abbildung 12.5**).

Abbildung 12.5 Anwendungsbeispiel der Discrete Choice Comparison aus der Pharmabranche

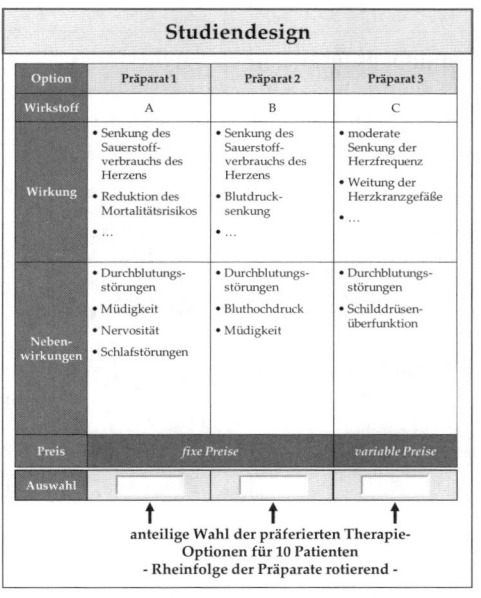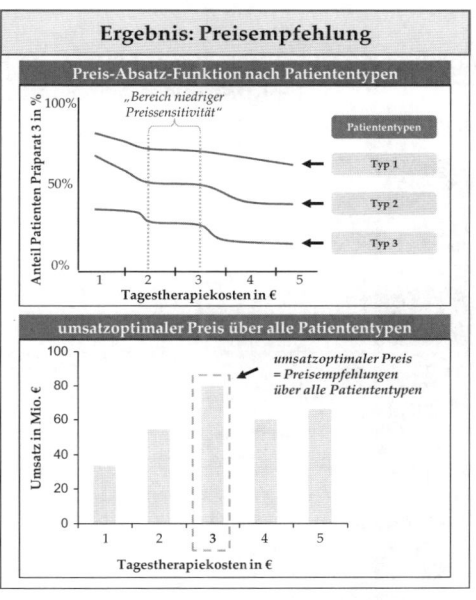

Im Rahmen der Befragung hatten die befragten Ärzte die Möglichkeit der Auswahl zwischen drei Therapiealternativen, die nacheinander für die einzelnen Patiententypen abgefragt wurden. Um einen Lerneffekt zu vermeiden, wurden sowohl die Therapieoptionen als auch die unterschiedlichen Preisausprägungen für das neue Arzneimittel in ihrer Reihenfolge rotiert. Durch die Angabe prozentualer Anteile für die einzelnen Arzneimittel hatte der Befragte zudem die Möglichkeit, seine Therapieentscheidung zu differenzieren (vgl. **Abbildung 12.5**). So wurde sichergestellt, dass die in der Realität zu beobachtende „Verschreibungsbreite", d.h. die Berücksichtigung mehrerer Präparate im Verschreibungsverhalten, abgebildet wird und keine künstliche, „ja oder nein"-Entscheidung für ein Präparat über alle Patienten getroffen werden musste.

In unserem Beispiel zeigen die ermittelten Preis-Absatz-Funktionen konsistent über alle Patiententypen zwischen 2 € und 3 € einen Bereich mit sehr niedriger Preissensitivität. Hinterlegt man nun die Anzahl der verschiedenen Patienten nach Typ, ergibt sich für den Gesamtmarkt beim umsatzoptimalen Preis von 3 € ein zu erwartender Umsatz von 80 Mio. € (vgl. **Abbildung 12.5**).

12.4   Fazit

Zweifelsohne stellt die Conjoint-Analyse ein leistungsstarkes Verfahren zur Abschätzung des optimalen Preises eines neuen Produktes oder Arzneimittels dar. Ihr Einsatz sollte sich aber stärker als bisher in der Praxis üblich an den Phasen der Produktentwicklung orientieren (vgl. **Abbildung 12.6**).

Abbildung 12.6   Empfohlener Einsatz von Preisfindungsmethoden im Entwicklungsprozess eines Arzneimittels

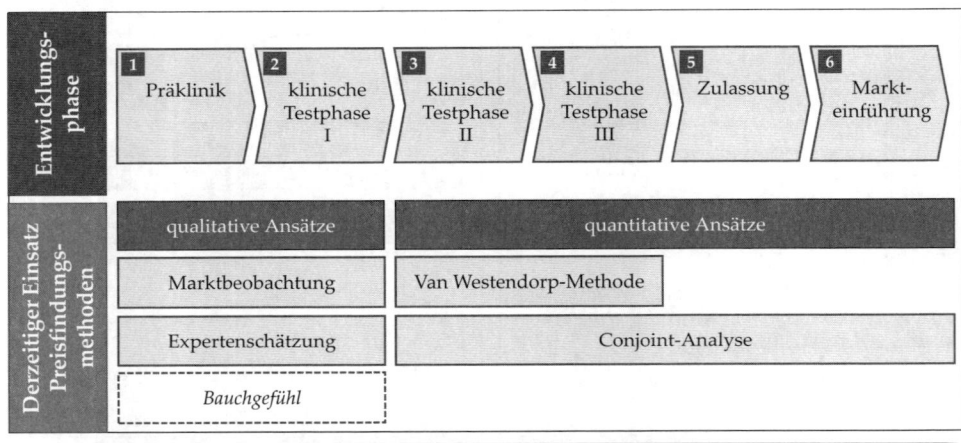
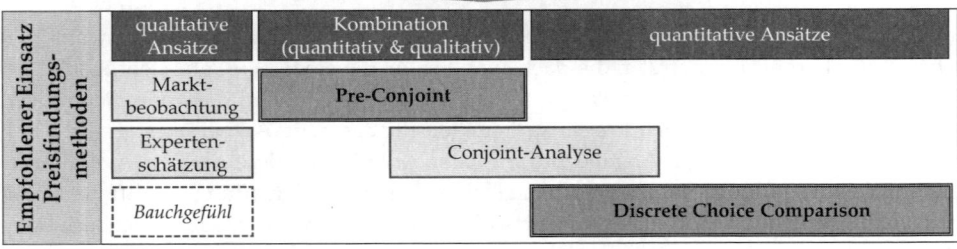

In frühen Produktentwicklungsphasen ermöglicht die *Pre-Conjoint* durch die Kombination qualitativer und quantitativer Ansätze mit vergleichsweise geringem finanziellem Aufwand frühzeitige Erkenntnisse zu Marktpotenzial, den wichtigsten Produktanforderungen und Zahlungsbereitschaften bzw. eines zu erwartenden Preiskorridors. Da sich die Produktmerkmale in dieser Phase meist noch nicht mit ausreichender Sicherheit festlegen lassen, ist von einem Einsatz der Conjoint-Analyse zu diesem Zeitpunkt abzuraten.

Die vorgestellten alternativen Methoden zur Preisbestimmung eines Arzneimittels veranschaulichen, dass die Conjoint-Analyse nicht die Allzweckwaffe zur Ermittlung des optimalen Preises eines Arzneimittels ist, für die sie in der Praxis oft gehalten wird. Mit der *Discrete Choice Comparison* und der *Pre-Conjoint* stehen zwei innovative, leistungsstarke und praxiserprobte Verfahren zur Verfügung, die kurz vor Markteinführung oder in frühen Phasen der Produktentwicklung einer *Conjoint-Analyse* vorzuziehen sind.

Literatur

Aichholzer, G. (2005), Das Expertinnen-Delphi: methodische Grundlagen und Anwendungsfeld Technology Foresight, in: Bogner, A., Littig, B., Menz, W. (Hrsg.), Das Experteninterview, 2. Aufl., Wiesbaden, 133-153.

Balderjahn, I. (1994), Der Einsatz der Conjoint-Analyse zur empirischen Bestimmung von Preisresponsefunktionen, Marketing – Zeitschrift für Forschung und Praxis, 16, 1, 12-20.

Berndt, E. R. (2002), Pharmaceuticals in U.S. Health Care: Determinants of Quantity and Price, Journal of Economic Perspectives, 16, 4, 45-66.

Bhandari, M., Garg, R., Glassman, R., Ma, P. C., Zemmel, R. W. (1999), A Genetic Revolution in Health Care, The McKinsey Quarterly, 4, 58-67.

Bowditch, A., Gurrieri, G., Henry, B. (2003), The Use of Combined Conjoint Approaches to Improve Market Share Predictions, International Journal of Market Research, 45, 3, 389-404.

Buchholz, T., Kucher, E. (1997a), Conjoint-Analysen zur Preisfindung pharmazeutischer Produkte: Ein Erfahrungsbericht: Teil 1, Die Pharmazeutische Industrie, 59, 7, 543-547.

Buchholz, T., Kucher, E. (1997b), Conjoint-Analysen zur Preisfindung pharmazeutischer Produkte: Ein Erfahrungsbericht Teil 2, Die Pharmazeutische Industrie, 59, 8, 641-645.

Chan, A. P. C., Yung, E. H. K., Lam, P. T. I., Tam, C. M., Cheung, S. O. (2001), Application of Delphi method in selection of procurement systems for construction projects, Construction Management and Economics, 19, 7, 699-718.

DiMasi, J. A. (2002), The Value of Improving the Productivity of the Drug Development Process, Pharmacoeconomics, 20, 3, 1-10.

Dreger, Ch. (2000), Strategisches Pharma-Management: Konsequente Wertoptimierung des Total-Life-Cycle, Wiesbaden.

Elosge, M., Hujer, R., Radic, D., Dietlein, G. (2003), Optimale Positionierung und Preisfindung von Neueinführungen: Marktstrategien mit Discrete Choice Modellen, Pharma-Marketing Journal, 3, 92-96.

Fülgraff, G. (1992), Prüfung und Bewertung von Arzneimitteln, in: Fülgraff, G., Palm, D. (Hrsg.), Pharmakotherapie – Klinische Pharmakologie: ein Lehrbuch für Studierende und ein Ratgeber für Ärzte, 8. Aufl., Stuttgart, 11-19.

Gorbauch, T., de la Haye, R. (2002), Die Entwicklung eines Arzneimittels, in: Schöffski, O., Fricke, F.-U., Guminski, W., Hartmann, W. (Hrsg.), Pharmabetriebslehre, Berlin/Heidelberg, 165-176.

Green, P. E., Krieger, A. M. (1992), An Application of a Product Positioning Model to Pharmaceutical Products, Marketing Science, 11, 2, 117-132.

Green, P. E., Krieger, A. M. (1996), Individualized Hybrid Models for Conjoint Analysis, Management Science, 42, 6, 850-867.

Hanlon, D. , Luery, D. (2002), The Role of Pricing Research in Assessing the Commercial Potential of New Drugs in Development, International Journal of Market Research, 44, 4, 423-447.

Hensel-Börner, S., Sattler, H. (2000), Ein empirischer Validitätsvergleich zwischen der Customized Computerized Conjoint Analysis (CCC), der Adaptive Conjoint Analysis (ACA) und Self-Explicated-Verfahren, Zeitschrift für Betriebswirtschaft, 70, 6, 705-727.

Hilleke, K. (1995), Decision-Support-Systeme bei der Preisbestimmung von Produkten, in: Lonsert, M., Preuß, K.-J., Kucher ,E. (Hrsg.), Handbuch Pharma-Management, Band 2, Wiesbaden, 648-666.

Homburg, Ch., Krohmer, H. (2009), Marketingmanagement: Strategie – Instrumente – Unternehmensführung, 3. Aufl., Wiesbaden.

Hujer, R., Grammig, J., Fryns, H., Herterich, R. (1996), Preisfindung und optimale Marketingstrategien für neue pharmazeutische Produkte: Eine neue Anwendung von Discrete Choice- und zensierten Regressions-Modellen, zfbf, 48, 3, 219-232.

Kucher, E. (1985), Conjoint-Measurement bei Pharmazeutica: Eine neue Technik zur Preissetzung und Produktbewertung, Pharma-Marketing Journal, 4, 112-117.

Lyon, D. W. (2002), The Price Is Right (or is it?), Marketing Research, 4, 9-13.

Meinhardt, Y. (2002), Veränderungen von Geschäftsmodellen in dynamischen Industrien: Fallstudien aud der Biotech-/Pharmaindustrie und bei Business-to-Consumer-Portalen, Wiesbaden.

Miller, P. (2005), Role of Pharmacoeconomic Analysis in R&D Decision Making, Pharmacoeconomics 23, 1, 1-12.

Okoli, C., Pawlowski, S. D. (2004), The Delphi method as a research tool: an example, design considerations and applications, Information & Management, 42, 1, 15-29.

Pirk, O. (2002), Preisbildung und Erstattung, in: Schöffski, O., Fricke, F.-U., Guminski, W., Hartmann, W. (Hrsg.), Pharmabetriebslehre, Berlin/Heidelberg, 195-209.

Sapede, C., Girod, I. (2002), Willingness of adults in Europe to pay for a new vaccine: the application of discrete choice-based conjoint analysis, International Journal of Market Research, 44, 4, 463-476.

Scholl, M., Rupp, A. (2005), Pricing Excellence von Pharmaunternehmen Bestandsaufnahme, Erklärungsansätze und Implikationen für die Praxis, unveröffentlichtes Arbeitspapier, Mannheim.

Schülin, P. (1995), Strategisches Innovationsmanagement – Ein konzeptioneller Ansatz zur strategischen Steuerung der betrieblichen Innovationstätigkeit – dargestellt am Beispiel pharmazeutischer Unternehmen, Hallstadt.

Simon, H. (1982), Preispolitik im Pharmamarkt – I: Die Struktur der Preisentscheidung, Pharma-Marketing Journal, 3, 90-94.

Teichert, T. (1998), Schätzgenauigkeit von Conjoint-Analysen, Zeitschrift für Betriebswirtschaft, 68, 10, 1245-1266.

Teichert, T., Sattler, H., Völckner, F. (2008), Traditionelle Verfahren der Conjoint-Analyse, in: Herrmann, A., Homburg, Ch., Klarmann, M. (Hrsg.), Handbuch Marktforschung, 3. Aufl., Wiesbaden, 651-685.

Wedel, M., Leeflang, P. S. H. (1998), A Model for the Effects of Psychological Pricing in Gabor-Granger Price Studies, Journal of Economic Psychology, 19, 237-260.

Wildner, R. (2003), Marktforschung für den Preis, Jahrbuch der Absatz- und Verbrauchsforschung, 49, 1, 4-26.

Wittink, D. R., Krishnamurthi, L., Nutter, J. B. (1982), Comparing Derived Importance Weights Across Attributes, Journal of Consumer Research, 8, 3, 471-474.

Wittink, D. R., Vriens, M., Burhenne (1994), Commercial Use of Conjoint Analysis in Europe: Results and Critical Reflections, International Journal of Research in Marketing, 11, 41-52.

13 Pricing für Commodities auf dem Energiemarkt

Thomas Lüers

Dr. Thomas Lüers ist Partner und Leiter des Kompetenzzentrums Energy & Utilities bei Homburg & Partner, Mannheim, München und Boston, einer international tätigen Unternehmensberatung.

13.1 Besonderheiten für das Pricing auf dem Energiemarkt

Strukturell verfügt die Energiewirtschaft über vier übergeordnete Wertschöpfungsstufen:

- die Erzeugungs- bzw. Importstufe,
- den Transport bzw. Netzbereich,
- die Beschaffung bzw. den Energiehandel sowie
- die Vertriebsstufe.

Die für die Energieversorgung benötigten Netze können als natürliches Monopol nicht sinnvoll dem Wettbewerb unterzogen werden. Der jeweilige Netzbetreiber hat in diesem Bereich weiterhin eine Monopolstellung. Entsprechend reglementiert ist die Preisbildung. Die Entgelte, die Strom- und Gasnetzbetreiber für die Netznutzung erheben können, sind nach festgelegten Verfahren kostenbasiert zu kalkulieren und der Bundesnetzagentur zur Prüfung und Genehmigung vorzulegen. Die drei anderen Wertschöpfungsstufen wurden mit den Gesetzesvorhaben der EU zur Schaffung eines europäischen Binnenmarktes und der Novellierung des Energiewirtschaftsgesetzes dem Wettbewerb ausgesetzt.

Wettbewerb findet einerseits auf dem sogenannten Wholesale-Markt zwischen Produzenten und Importeuren und den Energieversorgern statt und andererseits auf dem sogenannten Retail-Markt beim Energievertrieb an Letztverbraucher. Hier werden Energiemengen sowohl an Geschäfts- und Industriekunden als auch an Haushaltskunden verkauft. Auf den Wholesale-Märkten beschaffen Energieversorger die Energiemengen, die sie auf dem Retail-Markt an ihre Endkunden vertreiben. Die folgenden Ausführungen konzentrieren sich auf das Pricing im B2B-Retail-Markt.

Pricing-Programme sind in den vergangenen Jahren zunehmend in den Fokus betrieblicher Optimierungsprogramme gerückt (Homburg/Jensen/Schuppar 2004, 2005). Untersuchungen zeigen, dass im Vergleich zu anderen gängigen Ertragssteigerungsprogrammen wie Absatzsteigerungskampagnen, eine Gemeinkostenreduktion oder eine Beschaffungskostenoptimierung der Hebel Preis bis zu fünf Mal stärker wirken kann (Marn/Rosiello 1992). Eine nachhaltige Realisierung dieser Ertragspotenziale setzt jedoch eine intensive Auseinandersetzung mit den Besonderheiten der Preisbildung auf dem Energiemarkt voraus. Allgemeine Ansätze und Empfehlungen erzielen selten die gewünschten Ertragsverbesserungen – das zeigen die Erfahrungen.

Insbesondere drei Punkte charakterisieren das Pricing auf dem Energiemarkt:

- *Commodity-Charakter von Strom und Gas*: Strom und Gas sind weitgehend homogene Commodities, die sich in ihren Kerneigenschaften und in ihrer Funktionalität nicht oder nur unwesentlich unterscheiden. Insbesondere über den Markt gut informierte Businesskunden haben gegenüber den Commodity-Produkten Strom und Gas kaum sachliche oder persönliche Präferenzen: Für sie zählt in erster Linie der Preis. Daher müssen um den undifferenzierbaren Kern der Produkte herum ergänzende Differenzierungsfaktoren aufgebaut werden, durch die zusätzliche Präferenzen geschaffen werden können (Homburg/Staritz/Bingemer 2008). Gerade im Industriekundenbereich bieten die Integration von Strom- und Gasangeboten, die Abwicklungsqualität oder auch innovative Einkaufs- und Vertragsmodelle hierzu Möglichkeiten. Neben neuen Produktmodellen bietet die Zähler- und Kommunikationstechnologie Innovationspotenzial. Man denke dabei an Systeme zur Energieverbrauchsanalyse oder zur Laststeuerung.

■ *Niedrige Wertschöpfung und niedrige Margen*: Energievertriebe haben ähnlich wie Handelsunternehmen sehr hohe Einstands- bzw. Vorkosten. Je nach Marktsegment sind etwa 30% bis 50% der Kosten durch staatliche Abgaben und Netzentgelte vorbestimmt. Dazu kommen die Energiebezugskosten. Nur etwa 5% aller Kosten sind direkt durch den Vertrieb beeinflussbar. Margen von 0,1% bis 1% sind die Regel, aber auch negative Margen sind keine Seltenheit. Folglich haben effiziente Angebots- und Kalkulationsprozesse sowie ein ausgefeiltes Preiscontrolling eine hohe Bedeutung für das Preismanagement.

■ *Referenzpreis Börse*: Die Energiebezugskosten sind der größte Kostenblock für den Energievertrieb. Sie werden durch das Preisniveau und die Preisentwicklung auf den Wholesale-Märkten bestimmt. Für Strom, aber auch zunehmend für Gas, existieren liquide Börsenplätze, auf denen sich ein Marktpreis bildet. Zu diesem Marktpreis werden die vom Energieeinkauf beschafften Strom- und Gasmengen an den Energievertrieb weiterverrechnet. Damit ist der Marktpreis auf den Großhandelsmärkten grundsätzlich das Referenzpreisniveau für die Preisbildung gegenüber dem Endkunden. Genauso wenig, wie der Vertrieb günstig eingekaufte Mengen unter Marktpreis auf dem Retail-Markt „verschleudern" sollte – es ist ja alternativ ein Verkauf an der Börse zu Marktpreisniveau möglich – ist es ihm zuzumuten, zu teuer eingekaufte Energie über Marktniveau zu verkaufen. Die Möglichkeit, Strom- und Gasmengen jederzeit an der Börse zum Marktpreis zu verkaufen, unterscheidet das Pricing auf dem Energiemarkt deutlich von anderen Märkten. Ein Abverkauf verfügbarer Mengen zur Auslastungssteuerung und Fixkostendeckung ist – anders als im Logistik- oder Chemiemarkt – nicht sinnvoll. Einzige Ausnahme bilden derzeit vielleicht überschüssige Gasmengen aus sogenannten Take-or-Pay-Abnahmeverpflichtungen.

Die skizzierten Besonderheiten zeigen, welche hohe und besondere Bedeutung einem professionellen Preis- und Risikomanagement zukommt. Vielerorts wurde dies bereits erkannt. Auf der anderen Seite erleben wir im gegenwärtigen Marktumfeld auch immer wieder Wettbewerbsaktionen, bei Kunden über (zu) niedrige Preise gewonnen werden. Kurzfristig führt dies zu einer Absatzausweitung. Wer langfristig erfolgreich sein will, darf aber nicht nur über den Preis konkurrieren. Alleine eine Preiserhöhung um einen Prozentpunkt kann oftmals eine Gewinnsteigerung um 20% ermöglichen.

Im Folgenden sollen zunächst der grundsätzliche Pricing-Prozess sowie die besonderen Herausforderungen im Pricing auf dem Energiemarkt vorgestellt werden (hierzu auch Homburg/Jensen/Schuppar 2004 sowie der Beitrag von Homburg/Totzek in diesem Band). Anschließend werden markt- und segmentspezifische „Pricing-Hebel" vorgestellt, die auf der Basis langjähriger und branchenübergreifender Erfahrung im Themenfeld des strategischen Preismanagements sowie auf Basis einer umfassenden Untersuchung zum Stand der Pricing Excellence auf dem Energiemarkt aus dem Jahr 2007 identifiziert wurden. Unter „Pricing-Hebeln" sind Lösungskonzepte oder Best-Practice-Ansätze zu verstehen, mit denen sich Unternehmen im Preis- und Mengenwettkampf signifikant besser behaupten als ihre Wettbewerber.

13.2 Grundsätzlicher Pricing-Prozess auf dem Energiemarkt

Pricing auf dem Energiemarkt kann nach unserem Verständnis in vier Teilbereiche untergliedert werden, beginnend mit der Definition der Preismodelle, gefolgt von der Kalkulation und Preisfindung sowie der Preisdurchsetzung im Markt bis hin zum Preiscontrolling (vgl. hierzu auch den Beitrag von Homburg/Totzek in diesem Band).

13.2.1 Definition der Preismodelle

Basis für ein ganzheitliches und strategisches Preismanagement ist zunächst die Definition des Preismodells. Das Preismodell bestimmt, aus welchen Bestandteilen sich der Endkundenpreis zusammensetzt, wie er gebildet wird und wie er sich verändert.

Die tatsächlichen Beschaffungskosten für einen Kunden hängen von dessen individuellem Lastverlauf, vom Zeitpunkt des Vertragsabschlusses, von den Abweichungen des Ist-Verbrauchs vom prognostizierten Verbrauch und vom Lieferzeitpunkt ab. Dies hat zur Folge, dass eigentlich jeder Kunde einen individuellen Verkaufspreis haben müsste. In der Praxis werden jedoch nur größere Kunden auf der Basis individueller Lastverläufe kalkuliert. Um den Aufwand zu begrenzen oder weil teilweise keine individuellen Verbrauchsdaten vorliegen, werden Gewerbekunden und kleinere Geschäftskunden auf der Basis von Standardtarifen beliefert. Diese enthalten entweder nur einen Grund- und einen Arbeitspreis oder bei größeren Kunden zusätzlich einen von der Anzahl der Benutzungsstunden abhängigen Leistungspreis. Bei der Gestaltung des Preismodells ist dementsprechend festzulegen, welche Kunden wie (individuell) kalkuliert werden sollen.

Gleichzeitig bieten sich in der Preismodellgestaltung Ansatzpunkte für eine Differenzierung durch innovative Vertragsmodelle. So können Festpreismodelle gestaltet werden, oder aber flexible Modelle, bei denen der Endkundenpreis an die Entwicklung der Börsenpreise gekoppelt ist.

13.2.2 Kalkulation und Preisbestimmung

Das Preismodell gibt den Rahmen für die Preisbestimmung in der Angebotskalkulation vor. Diese sollte auf einer kundenindividuellen Deckungsbeitragsrechnung basieren (z.B.

Homburg/Daum 1997). Ausgehend von den vom Lastverhalten des Kunden abhängigen Beschaffungskosten, den Netzentgelten, den notwendigen Steuern und Abgaben sowie den Billing- und Vertriebskosten ist ein Mindestpreis für ein Angebot zu ermitteln.

Dieser Mindestpreis ist anschließend in einen Angebotspreis zu überführen. Dazu wird entweder ein passender Standardtarif gewählt, der eine ausreichende Vertriebsmarge zulässt, oder es wird bottom-up eine Vertriebsmarge addiert und ein individueller Preis gesetzt. Ein wesentlicher Erfolgsfaktor ist dabei, die Anzahl der Angebotspreise im Abrechnungssystem durch eine Vorauswahl möglicher Leistungspreise und zugehöriger Arbeitspreispaare zu reduzieren.

Kunden erwarten von ihrem Energielieferanten i.d.R. immer noch einen festen Preis für die abgenommene Energiemenge. Die Kosten für diese Energiemenge können bei der Angebotskalkulation aber nicht gesichert vorhergesagt werden. Sie hängen von den zukünftigen Marktpreisentwicklungen ab und basieren z.T. auf Schätzungen. So sind das künftige Abnahmeverhalten eines Kunden, dessen Abweichungen vom prognostizierten Verbrauch sowie die Entwicklung der Marktpreise zum Zeitpunkt der Angebotskalkulation unsicher. Durch diese Unsicherheit entstehen Risiken, die fortschrittliche Energievertriebe in Form von Risikozuschlägen berücksichtigen. Sie gehen hier i.d.R. so vor, dass die Risikozuschläge kundenindividuell aus dem Verhalten der Vergangenheit ermittelt werden.

Ein besonderes Problem besteht bei der Vorhersage der Strombezugspreise. Bei der Kalkulation des Energielieferpreises wird der Verbrauch eines Kunden stundengenau prognostiziert und für jede Stunde mit den erwarteten Strompreisen bewertet. Allerdings lassen sich nur Teile des Strombedarfs eines Kunden über an der Börse gehandelte Terminmarktprodukte, sogenannte Futures, bewerten. Die Kosten für den verbleibenden Bedarf müssen abgeschätzt werden. Hierzu bedient man sich i.d.R. einer *Hourly Price Forward Curve*. Die *Price Forward Curve* prognostiziert für jede Einzelstunde den Marktpreis, zu dem zu einem zukünftigen Zeitpunkt die erforderliche Energie gehandelt wird. Sie wird z.B. basierend auf den aktuellen Großhandelspreisen an der Strombörse EEX gebildet.

Die bisherigen Überlegungen zeigen die Komplexität individuell kalkulierter Angebote. Excellence im Pricing bedeutet in diesem Zusammenhang daher den Einsatz moderner Kalkulationswerkzeuge, die eine Berücksichtigung individueller Risikozuschläge, eine Überwachung der Deckungsbeiträge sowie eine ausreichende Anbindung an weitere Systeme (z.B. zur Vertragsanlage in der Systemwelt) ermöglichen und die notwendige Revisionssicherheit bieten.

13.2.3   Preisdurchsetzung im Markt

Aufgabe der Preisdurchsetzung ist, durch eine möglichst optimale Gestaltung der Entscheidungs- und Rabattkompetenzen eine hohe Preisdisziplin sicherzustellen. Hat der Vertriebsmitarbeiter im Zuge der Preisfindung und Angebotskalkulation den Angebotspreis und die Mindestmarge ermittelt, erfolgt im Rahmen der Preisdurchsetzung die eigentliche „Preisverteidigung" gegenüber dem Kunden in den Verkaufsverhandlungen (vgl. hierzu auch den Beitrag von Voeth/Herbst in diesem Band). Für den Vertriebsmitarbeiter ist es natürlich verlockend, möglichst hohe Rabatte zu vergeben, um seine Kunden zu halten. Deshalb sind klare Kompetenzen und Eskalationsmechanismen für die Freigabe von Angeboten zu definieren. Pricing-Profis integrieren diese Freigaberegeln in ihre Kalkulationstools. So können Angebote unterhalb einer definierten Mindestmarge von den Vertriebsmitarbeitern nicht fertiggestellt und ausgedruckt werden. Andere Versorger schaffen eine unabhängige Abteilung für die Angebotskalkulation. Neben der Gestaltung der Entscheidungs- und Rabattkompetenzen sind Anreizsysteme zu schaffen, die eine möglichst hohe Preisdurchsetzung im Markt honorieren (vgl. hierzu auch den Beitrag von Homburg/Totzek in diesem Band).

13.2.4   Preiscontrolling

Das Preiscontrolling ist der abschließende Prozess eines ganzheitlichen Preismanagements. Neben strukturellen Fragen geht es im Rahmen des Preiscontrollings darum, Informationen für eine fundierte Kontrolle der Preis- und Margenentwicklung zusammenzutragen und aufzubereiten (Homburg/Jensen/Schuppar 2004).

Rund zwei Drittel der Vertriebsmargen im Großkundenvertrieb sind nach unseren Einschätzungen mit einem Risiko behaftet, wobei das Risiko sehr stark von der Art und der Prognosegüte des Lastverhaltens eines Kunden abhängt. Die Risiken bestehen z.B.

■ in einer falschen Prognose, wenn der Kunde sein Abnahmeverhalten deutlich verändert, wie dies im Jahr 2009 im Zuge der Wirtschaftskrise häufig der Fall war,

■ in einer falschen Schätzung der Beschaffungskosten, wenn das Lastprofil nicht über Terminprodukte abgesichert werden kann, sondern Tagesgeschäfte notwendig sind, oder

■ in einer falschen Schätzung der Regel- und Ausgleichsenergiekosten.

Im Grunde genommen kann erst nach Ablauf des Liefervertrages – und damit nach Vorliegen der tatsächlichen Beschaffungs-, Regel- und Ausgleichsenergiekosten – bestimmt werden, wie profitabel ein Kunde wirklich war. Diese Nachkalkulation der wahren Vertragsprofitabilität ist zwar aufwendig, aber ein wesentlicher Erfolgsfaktor für den Großkundenvertrieb.

Darüber hinaus betrifft das Preiscontrolling ein *Order Tracking*. Die eigenen Preise und – sofern möglich – auch Wettbewerbspreise von gewonnenen und verlorenen Angeboten sollten regelmäßig analysiert werden. Die Analyse gibt Aufschlüsse über Fehler in der *Price Forward Curve* oder zeigt zusätzliche Preispotenziale in einzelnen Branchen und Kundensegmenten auf.

Schließlich ist es Aufgabe des Preiscontrollings, die Rabattvergabe laufend zu überprüfen. Zwischen Energievertrieb und -handel wird häufig ein Rabatttopf ausgehandelt, um in Einzelfällen auch unterhalb des Mindestpreises anbieten zu können. Ziel ist es, die im

Handel durch einen besonders günstigen Energieeinkauf generierten Margen an den Vertrieb und damit den Endkunden weitergeben zu können. Nicht selten fehlt hier aber die Transparenz, welcher Kunde in welcher Höhe und für welchen Zeitraum welche Rabatte erhalten hat. Hier Transparenz und Steuerbarkeit zu erhalten, ist nach unseren Erfahrungen eine der zentralen Herausforderungen im Preiscontrolling.

13.3   Segmentspezifische Pricing-Hebel im Energievertrieb

Innerhalb des skizzierten Pricing-Prozesses existieren nach unseren Erfahrungen eine Reihe von „Pricing-Hebeln", die darüber entscheiden, wie erfolgreich das Pricing ist. Die Erfahrung zeigt aber auch, dass es je nach betrachteter Kundengruppe auf sehr verschiedene Pricing-Hebel ankommt. Geschäftskunden sind ein heterogenes Segment. Es reicht von kleinen Handwerksbetrieben über den Mittelstand und Filialunternehmen bis hin zu großen internationalen Industriekonzernen. Entsprechend unterschiedlich sind auch die Pricing-Herausforderungen und Pricing-Hebel. In den beiden folgenden Abschnitten sollen die wesentlichen Marktsegmente dargestellt und anschließend auf die wichtigsten „Pricing-Hebel" in den zentralen Marktsegmenten eingegangen werden.

13.3.1   Marktsegmente und segmentspezifische Pricing-Hebel

Auf dem Energiemarkt unterscheidet man typischerweise drei Absatzsegmente: „Industriekunden", „Geschäftskunden" und „Gewerbekunden" (vgl. **Abbildung 13.1**). Die Abgrenzung der Segmente erfolgt mengenbezogen.

„Gewerbekunden" sind Kunden mit einem eher geringen Energieverbrauch. Im Strommarkt liegt die Grenze bei 100.000 kWh/Jahr, im Gasmarkt existiert keine feste Grenze. In der Regel werden Kunden mit einem Gasverbrauch von unter 200.000 kWh/Jahr zu den Gewerbekunden gezählt.

Gewerbekunden werden nicht nach ihrem individuellen Lastverlauf abgerechnet, sondern nach sogenannten Standardlastprofilen (SLP). Diese stellen eine Art Verbrauchsmuster dar und bilden den typischen Verbrauch eines Gewerbekunden ab. Daher erhalten Gewerbekunden auch kein individuell kalkuliertes Angebot. Die Belieferung erfolgt stattdessen über segmentspezifische Tarifangebote. Die Hauptaufgabe des Pricing ist damit die laufende Tarifkalkulation und -überwachung.

Abbildung 13.1   Marktsegmente auf dem Energiemarkt

Segment	Verbrauch	Lastprofil	Pricing-Modell	Beschaffung
Gewerbe-kunden	Strom • < 100.000 kWh/Jahr Gas • < 200.000 kWh/Jahr	Strom • SLP Gas • SLP	• keine individuelle Angebotslegung • Jahresabrechnung • Belieferung über Standardtarife mit Arbeits- und Grundpreis, teilweise leistungsabhängig • Strom: Fixpreise (12-Monate) • Gas: Fixpreise und HEL-Formelverträge	Strom • rollierende Beschaffung Gas • i.d.R. Ölpreis-verträge
Geschäfts-kunden	Strom • < 3 GWh/Jahr Gas • < 3 GWh/Jahr	Strom • rLM Gas • SLP & rLM	• standardisierte Angebotslegung • i.d.R. Monatsabrechnung • Belieferung i.d.R. über Standardprodukte mit HT- und NT-Arbeits-, Grund- und Leistungspreis • Strom: Fixpreise (Vollversorgung) • Gas: Fixpreise und HEL-Formelverträge	Strom • Portfolio-beschaffung Gas • i.d.R. Ölpreis-verträge
Industrie-kunden	Strom • > 3 GWh/Jahr Gas • > 3 GWh/Jahr	Strom • rLM Gas • rLM	• individuelle Angebotslegung • Monatsabrechnung • individuelle Preisstellung nach Lastprofil • Strom: Vollversorgung und Tranchenmodelle • Gas: Fixpreise, HEL-/HSL-Formelverträge und Kombimodelle	Strom • Portfolio & Back-to-Back Gas • Ölpreisverträge & 1:1-Beschaffung

In den Prozess der Tarifkalkulation sollten Informationen zu den eigenen Kosten, den Wettbewerbspreisen und auch der Zahlungsbereitschaft einfließen (vgl. hierzu auch den Beitrag von Homburg/Totzek in diesem Band). In der Praxis erfolgt die Preisfindung jedoch überwiegend kostenorientiert. Solange Gewerbekunden noch relativ zurückhaltend beim Wechsel ihres Versorgers sind und selten Wettbewerbsangebote vergleichen, ist eine primär kostenorientierte Kalkulation ausreichend. In den letzten zwei Jahren hat der Wettbewerb im Gewerbekundensegment aber spürbar zugenommen. Beleg dafür sind nicht zuletzt die auf das Segment spezialisierten neuen Anbieter. So konzentriert sich z.B. das Unternehmen *Meistro* explizit auf das Segment der Gewerbekunden. Ebenso ist das Angebot der *PCC Energie* klar auf den Gewerbekunden ausgerichtet. Für den lokalen Versorger wird es daher immer wichtiger, die aktuellen Wettbewerbspreise und auch die Preiselastizität seiner Kunden zu kennen. Gewerbekunden sind aufgrund ihrer regionalen Verbundenheit und dem Service vor Ort häufig bereit, ein Preispremium des lokalen Anbieters zu akzeptieren. In unseren Projekten stellen wir aber immer fest, dass verlässliche Informationen und Einschätzungen über die Höhe des akzeptierten Preispremiums fehlen. Hier bieten sich v.a. indirekte Befragungsmethoden wie die Conjoint-Analyse an (Bollheimer et al. 2006 sowie der Beitrag von Klarmann/Miller/Hofstetter in diesem Band).

Unter „Geschäftskunden" werden üblicherweise Kunden mit einem Jahresverbrauch von bis zu 3 GWh bei Strom und Gas zusammengefasst. Für diese Kundengruppe liegen, zumindest was den Stromverbrauch betrifft, individuelle Lastverläufe vor (rLM). Aus Gründen der Vereinfachung erfolgt die Belieferung jedoch häufig trotzdem über Standardprodukte.

Die erste wesentliche Pricing-Herausforderung im Segment der Geschäftskunden liegt somit in der Entwicklung wettbewerbsfähiger und innovativer Produkte. Besonders im Gasmarkt sind große Veränderungen zu beobachten. Die marktüblichen, an die Entwicklung des Heizölpreises gekoppelten Verträge werden zunehmend durch Festpreisverträge oder flexible, an den Börsenpreis gekoppelte Verträge abgelöst.

Die zweite Herausforderung liegt in einer möglichst effizienten Angebotskalkulation. Unsere Erfahrungen zeigen, dass häufig ein sehr hoher Anteil von Kunden mit geringen Abnahmemengen individuell kalkuliert wird. Dadurch ist der Zeitaufwand für die Angebotskalkulation im Vergleich zur Marge und zur Erfolgsquote unverhältnismäßig hoch. Dies führt oftmals zur Überlastung der Vertriebsmitarbeiter, die zu viel Zeit in die Angebotskalkulation stecken müssen. Hier können eine Analyse des Angebotsprozesses und eine Festlegung der Logik, welcher Kunde wie kalkuliert werden soll, Abhilfe schaffen.

Einige Energieversorger gewähren Rabatte auf die kalkulierten Standardprodukte. Eine dritte wesentliche Pricing-Herausforderung in diesem Segment ist daher die Steuerung der Rabattvergabe.

Das Marktsegment der „Industriekunden" umfasst Kunden mit einem Jahresverbrauch von über 3 GWh bei Strom und Gas. Industriekunden gelten als sehr preissensibel. Um ein marktfähiges Angebot zu haben und Risiken zu begrenzen, werden diese Kunden i.d.R. auf Basis des prognostizierten Lastverhaltens kalkuliert. Der Endkundenpreis orientiert sich dann stark an den Großhandelspreisen inkl. einer Vertriebsmarge zur Abdeckung der Billing- und Handlingkosten und zur Absicherung des Vertriebsrisikos. Pricing-Hebel liegen in diesem Segment v.a. in der Gestaltung innovativer Vertragsmodelle, in der Berücksichtigung individueller Risikozuschläge in der Angebotskalkulation sowie in einem ausgefeilten Preiscontrolling.

Den Marktsegmenten liegt typischerweise auch eine korrespondierende Beschaffungsstrategie zugrunde. Für Gewerbekunden ist eine langfristige, rollierende Beschaffung typisch, d.h. der erwartete Strombedarf wird über einen bestimmten Zeitraum in gleichen Teilmengen in mehreren Tranchen beschafft. Bei Geschäftskunden wird häufig eine aktive Portfoliostrategie gewählt. Auf Basis der vom Vertrieb prognostizierten Mengen zu einem Stichtag baut die Beschaffung zu unterschiedlichen Zeitpunkten ein Portfolio für die genannten Mengen auf. Die Beschaffung für die größten Kunden (Industriekunden) folgt dagegen häufig „Back-to-Back". In diesem Fall deckt sich der Lieferant exakt zum Zeitpunkt des Vertragsabschlusses mit den Liefermengen ein, die mit dem Kunden vereinbart sind. Das Preisrisiko auf den Großhandelsmärkten kann dadurch abgesichert werden.

Abbildung 13.2 fasst die segmentspezifischen „Pricing-Hebel" zusammen. Die Erfolgsfaktoren und Herausforderungen sind in den drei Segmenten ganz unterschiedlich. Optimierungsprogramme im Preismanagement müssen den Schwerpunkt daher auch auf verschiedene methodische Elemente legen.

Abbildung 13.2 Segmentspezifische „Pricing-Hebel"

	Gewerbe-kunden	Geschäfts-kunden	Industrie-kunden
Preismodelle			
• Produktbereinigung	✓	✓	
• innovative Preismodelle	✓	✓	✓
Preisfindung & Preiskalkulation			
• Ermittlung von Zahlungsbereitschaften	✓		
• Effizienz des Kalkulationsprozesses		✓	✓
• Einsatz von Kalkulationstools	(✓)	✓	✓
• kundenindividuelle Risikozuschläge			✓
• Pricing für Zusatzservices			✓
Preisdurchsetzung			
• Kommunikation von Preisanpassungen	✓		
• Entscheidungs-/Rabattkompetenzen		✓	✓
• margenorientierte Incentivierung		(✓)	
Preiscontrolling			
• Preis-/Margencontrolling	✓	✓	✓
• Konkurrenzanalyse	✓		✓
• Order Tracking		✓	✓
• Nachkalkulation von Verträgen			✓
• Steuerung & Controlling der Rabattvergabe		✓	✓

13.3.2 Ausgewählte Herausforderungen und Best-Practice-Ansätze

Die in **Abbildung 13.2** dargestellten Pricing-Stellhebel sollen in den nächsten Abschnitten anhand ausgewählter Beispiele und anhand von Projekterfahrungen genauer erläutert werden.

13.3.2.1 Innovative Preismodelle - Wege aus der Commodity-Falle

Aufgrund der steigenden Volatilität des Großhandelsmarktes entwickelt sich das Großkundengeschäft zunehmend zum Risikomanagementgeschäft. Verträge mit Großkunden waren bis vor ein paar Jahren fast ausschließlich Vollversorgungsverträge. Bei dieser Vertragsart erhält der Kunde die Energie zu dem am Tag des Vertragsabschlusses gültigen und fixierten Preis. Da der Preis von der Entwicklung der Großhandelsmärkte abhängt, besteht das Risiko, einen ungünstigen Zeitpunkt für den Vertragsabschluss gewählt zu haben. Großkunden wollen daher zunehmend flexible Produkte, die über das Jahr hinweg den besten Preis bieten und gleichzeitig das Risiko begrenzen. Moderne Energievertriebe werden diesem Anspruch mit einem breiten Angebot an innovativen Preis- und Vertragsmodellen gerecht.

Ein Beispiel sind die Energiefonds der *MVV Energie*. Die *MVV* Energiefonds bündeln den Strom- und Gasbedarf mehrerer Kunden in einem Portfolio. Der Gesamtbedarf wird dann langfristig über eine marktorientierte Beschaffungsstrategie zu verschiedenen Einkaufszeitpunkten beschafft. Auf Wunsch kann der Kunde selbst über den Einkaufszeitpunkt bestimmen oder den Kaufempfehlungen der *MVV Energie* folgen. Ein ähnliches Beispiel ist die Cost-Average-Produktlinie der *Pfalzwerke*.

Derartige innovative Vertragsmodelle bieten eine Differenzierung gegenüber dem Wettbewerb und reduzieren den Preisfokus. Der Kunde muss nicht mehr verschiedene Anbieter und Abschlusszeitpunkte vergleichen, um den besten Preis zu erhalten, sondern erhält einen attraktiven Preis, analog zu einer fairen Rendite bei einem Investmentfonds. Dieses Modell wird von Geschäfts- und Industriekunden zunehmend honoriert. Die Anzahl der Kunden, die über den *MVV Energiefonds* beliefert werden, ist seit dem Jahr 2007 von 80 auf 850 Kunden gestiegen.

Zusätzlich zu den Vertragsmodellen bieten Reporting- und Analysemöglichkeiten Wege aus der Commodity-Falle. So integriert die *MVV Energie* in die Energiefonds ein umfassendes Reporting- und Analysetool. Das Tool ermöglicht die Analyse von Verbrauchsdaten – von Lastganganalysen, Vergleichen verschiedener Standorte bis hin zu Zeitvergleichen.

13.3.2.2   Innovative Preismodelle - Produkt- und Preisbereinigung

Auch im Segment der Gewerbe- und Geschäftskunden bestehen Pricing-Potenziale bei der Definition der Preismodelle. Die Herausforderung ist hier aber vielfach eine ganz andere. Viele Versorger bieten bei Gewerbe- und Geschäftskunden ein sehr breites Portfolio an Strom- und Gasprodukten an. Zu den klassischen Standardprodukten für Gewerbekunden kommen mehr oder weniger individuelle Produkte für Geschäftskunden. Diese reichen von Standardprodukten mit individuellen Spielräumen für Preis und Vertragslaufzeiten bis hin zu komplexeren Vertragsmodellen und individuellen Kalkulationen. In der Produktwelt ist jedoch oftmals weniger mehr, sowohl aus Sicht des Kunden, um sich zu orientieren, als auch aus Sicht des Versorgers, der die Produkte und Preisanpassungen managen muss (Homburg/Prigge 2009). Bei vielen Energieversorgern lässt sich ein interessantes Phänomen beobachten: Bei einer Vielzahl von Produkten und häufigen Anpassungen der Preise und Konditionen entsteht schnell ein Wirrwarr aus Produktaltlasten und Produkten in vielfältiger Ausführung und diverser individueller Tarifschlüssel in den Systemen. Dieser Wirrwarr erschwert dann Auswertungen für Planung und Controlling oder für Vertriebskampagnen. Hier hilft i.d.R. eine systematische Verschlankung der Produktwelt.

Ein Beispiel für die Bereinigung und Neudefinition des Produktportfolios sind die *Stadtwerke Leipzig*. Im Strommarkt wird zukünftig nur noch das Produkt *Strom21.select* vermarktet. Der Kunde kann bei dem Produkt zwischen drei Varianten wählen: einem „All-Inclusive-Preis" inklusive der Netznutzungsentgelte, einem Preis, bei dem die Netznutzungsentgelte separat bepreist werden, und einem reinen Energiepreis. Über die Varianten ergibt sich einerseits eine gewisse Differenzierung, andererseits ist eine einfache und transparente Darstellung gegenüber dem Kunden möglich.

13.3.2.3 Informationsvorsprünge in der Angebotskalkulation

Das grundsätzliche Vorgehen und die notwendige Datenbasis bei Preisfindung und Angebotskalkulation wurden bereits beschrieben. In jüngster Zeit ist eine weitere Verfeinerung dieser Informationsbasis um kundenindividuelle Daten zu beobachten, die ein genaueres Abbild des Kundenwertes liefern. Im Bereich der Geschäfts- und Industriekunden sind dies u.a. das kundenspezifische Ausfallrisiko, die individuelle Loyalität oder die unternehmensspezifische Nachfrage nach ergänzenden Beratungs- und Serviceleistungen. In einer im Jahr 2007 durchgeführten Studie konnten wir feststellen, dass erfolgreiche Versorger gegenüber ihren Wettbewerbern einen deutlichen Informationsvorsprung haben. Kundenindividuelle Informationen werden bei erfolgreichen Energievertrieben konsequenter genutzt, um über Zuschläge Risiken verursachungsgerecht zu bepreisen. Anwendung finden hierbei v.a. Lastprofilzuschläge bei schwer kalkulierbaren Lastprofilschwankungen, Bindefristzuschläge bei der Angebotslegung sowie Zuschläge für ein Zahlungsausfallrisiko.

Die meisten Versorger arbeiten aber nach wie vor mit pauschalen Kostenpositionen und Risikozuschlägen. Es herrscht eine erstaunliche Resistenz gegenüber individuellen Betrachtungen. Vielfach kalkuliert der Kundenbetreuer das individuelle Angebot lediglich mit einer pauschalen Zielmarge und einem pauschalen Risikoaufschlag. Pauschale Zuschläge bergen jedoch zwei große Gefahren. Sie werden erstens von den Vertriebsmitarbeitern selten akzeptiert und dadurch häufig über Rabatte und Sonderpreisregelungen übergangen. Zum anderen besteht die Gefahr einer „adversen Selektion": Pauschale Zuschläge bevorzugen schlechte Kunden, für die eigentlich ein höherer Risikozuschlag zutreffend wäre, und benachteiligen gute Kunden bzw. machen deren Angebote zu teuer. Dies führt langfristig zu einer Verschlechterung des Kundenportfolios und damit wieder zu einer Erhöhung der Risikoaufschläge.

13.3.2.4 Wertorientierte Rabatt- und Konditionensysteme

Die Vergabe von Rabatten und Sonderkonditionen auf Standardprodukte ist im Segment der Geschäftskunden durchaus üblich. Solange die Rabattvergabe überwacht wird und der Kunde nach Abzug des Rabatts weiterhin den definierten Mindestdeckungsbeitrag erzielt, ist gegen diese Praxis nichts einzuwenden. Viele Energieversorger haben in der Vergangenheit jedoch keine klare Linie bei der Vergabe von Rabatten verfolgt. Klare Regeln, woran die Vergabe von Rabatten gekoppelt ist und welche Kunden in welcher Höhe Rabatte bekommen sollen, sind bis heute eher die Ausnahme als die Regel. Dies ist umso erstaunlicher, da jeder Rabatt eine direkte Schmälerung der ohnehin niedrigen Margen bedeutet.

Erst in jüngster Zeit ist zu beobachten, dass Energievertriebe auf ein leistungs- und verhaltensorientiertes Konditionensystem übergehen. „Leistungsorientiert" bedeutet dabei die systematische und nachvollziehbare Koppelung von Rabatten an „Gegenleistungen" des Kunden (vgl. hierzu auch den Beitrag von Miller/Krohmer in diesem Band). Gegenleistungen, die entsprechend im CRM- und Kalkulationssystem hinterlegt werden sollten, sind z.B. eine frühzeitige Vertragsverlängerung über einen längeren Zeitraum, der Abschluss eines Strom- und eines Gasvertrags oder die Bündelung mehrerer Abnahmestellen bei einem Lieferanten. Unserer Erfahrung nach besteht hier noch erheblicher Handlungsbedarf.

13.3.2.5   Anreizsysteme zur Preisdurchsetzung

Über den Erfolg des Preismanagements entscheidet letztendlich die Durchsetzung am Markt. Wir haben in unserer Untersuchung zum Stand der Pricing Excellence festgestellt, dass erfolgreiche Vertriebe ihren Geschäftskundenbetreuern wesentlich mehr Freiräume eingestehen und gleichzeitig deutlich stärker nach Margenzielen incentivieren (vgl. hierzu auch den Beitrag von Hake/Krafft in diesem Band). Dies hat zur Folge, dass ein Auftrag nicht so schnell abgelehnt und härter gekämpft wird.

Insgesamt steht die Energieversorgungsbranche bei Fragen der leistungsorientierten Vergütung von Vertriebsmitarbeitern noch relativ am Anfang. Viele Vertriebsmitarbeiter sind über die letzten Jahre hinweg aus anderen Positionen in den Vertrieb „hineingewachsen". Aus ihren alten Positionen haben sie Tarifverträge behalten, die eine leistungsabhängige Vergütung nur bedingt ermöglichen. Teilweise wurden leistungsabhängige Vergütungsbestandteile vereinbart, diese sind aber meistens relativ gering im Vergleich zum Fixgehalt, sodass die Motivationswirkung ausbleibt.

13.3.2.6   Preismonitoring - vernachlässigte Hausaufgaben

Zentrale Aufgabe des Preismonitorings ist die Überwachung der erzielten Deckungsbeiträge (vgl. hierzu ausführlich den Beitrag von Homburg/Totzek in diesem Band). Deckungsbeiträge sind für Energievertriebe in zweierlei Hinsicht noch immer ein rotes Tuch. Zunächst einmal tun sich viele Energieversorger schwer, Deckungsbeiträge über die reine Vertriebsmarge (Erlöse abzgl. Abgaben, Netz- und Energiekosten) hinaus zu berechnen. Die Einpreisung der Vertriebskosten oder gar der Overhead-Kosten in die Angebotskalkulation ist für viele Energieversorger noch nicht die Praxis.

Eine zweite Hürde hinsichtlich der Deckungsbeiträge besteht für viele Energievertriebe in der Nachkalkulation für individuell bepreiste Kunden. Der Vertrieb kalkuliert zunächst bottom-up auf Basis von Planmengen und historischen Abnahmeprofilen und aktuellen Beschaffungskosten die individuellen Preise für den Kunden. Die vermuteten Abnahmeschwankungen und Leistungsspitzen werden durch Risikoaufschläge berücksichtigt. Bei großen Kunden erfolgt die Meldung des Abnahmeverhaltens kontinuierlich per Datenfernübertragung, abgerechnet wird monatlich. Ob der Kunde im Rückblick aber durch sein Abnahmeprofil Mehrkosten verursacht hat, kann ohne individuelle Nachkalkulation nicht festgestellt werden. Dies bedeutet, dass der Energievertrieb ohne Nachkalkulation faktisch gar nicht weiß, wie viel er mit diesem Kunden verdient hat. Und ohne diese Information kann der Vertrieb „gute", d.h. prognostizierbare Kunden auch nicht belohnen und setzt Risikoaufschläge womöglich zu hoch an. Auf der anderen Seite kann er stark schwankendes Abnahmeverhalten auch nicht adäquat einpreisen und „belohnt" so schlechtes Verhalten. Auch die Vertriebssteuerung, die das Segmentergebnis ermittelt, kann am Ende der Rechnungsperiode ohne systematische Nachkalkulation bei den individuell kalkulierten Kunden nur pauschale Segmentbeschaffungskosten zugrunde legen. Im Strommarkt haben sich mittlerweile etliche Lösungen im Markt etabliert, im Gasmarkt hingegen erfolgt fast keine Nachkalkulation. Insgesamt zeigt sich aber noch erheblich Nachholbedarf, insbesondere Routineprozesse fehlen meist gänzlich.

13.4   Zusammenfassung und Ausblick

Unsere Erfahrungen und die dargestellten Beispiele zeigen, dass sich Erfolge im Preismanagement nicht auf zwei oder drei „richtige" Entscheidungen zurückführen lassen, sondern aus der Summe vieler konsistenter Managemententscheidungen entlang des Pricing-Prozesses resultieren. Entscheidend ist dabei, die für das relevante Segment richtigen Pricing-Hebel zu kennen und gezielt einzusetzen.

Die dargestellten Herausforderungen und Beispiele attestieren Handlungsbedarf entlang aller Facetten des Preismanagements, sowohl bei Fragen der Preismodellgestaltung als auch bei Preisfindung und Angebotskalkulation und dem Einsatz verbesserter Tools zum Preiscontrolling. Die Umsetzung in der Praxis erfordert häufig intensive Investitionen in moderne Kalkulationstools und Energiedatenmanagement-Systeme. Pricing-Initiativen dürfen damit aber nicht als reine IT-Aufgabe betrachtet werden. Unsere Erfahrung aus zahlreichen Projekten zeigt: Nachhaltig erfolgreich sind v.a. die Projekte, die im Vertrieb initiiert und gesteuert werden und in die die operativen Ebenen des Vertriebs frühzeitig eingebunden sind.

Literatur

Bollheimer, T., Lüers, T., Koberstein, J., Credo, F. (2006), Die Conjoint-Methodik zur Analyse von Präferenzen, Zahlungsbereitschaften und Wechselverhalten im Privatkundenmarkt, et – Energiewirtschaftliche Tagesfragen, 56, 1-2, 29-32.

Homburg, Ch., Daum, D. (1997), Marktorientiertes Kostenmanagement: Kosteneffizienz und Kundennähe verbinden, Frankfurt am Main.

Homburg, Ch., Prigge, J.-K. (2009), Product Elimination Excellence: Systematische Portfolio-Bereinigung im B2B-Bereich, Arbeitspapier Nr. M115, Reihe Management Know-how, Institut für Marktorientierte Unternehmensführung, Universität Mannheim.

Homburg, Ch., Jensen, O., Schuppar, B. (2004), Pricing Excellence: Wegweiser für ein professionelles Preismanagement, Arbeitspapier Nr. M90, Reihe Management Know-how, Institut für Marktorientierte Unternehmensführung, Universität Mannheim.

Homburg, Ch., Jensen, O., Schuppar, B. (2005), Preismanagement im B2B-Bereich: Was Pricing Profis anders machen, Arbeitspapier Nr. M97, Reihe Management Know-how, Institut für Marktorientierte Unternehmensführung, Universität Mannheim.

Homburg, Ch., Staritz, M., Bingemer, S. (2008), Was Produkte unverwechselbar macht, Harvard Business Manager, 12, 34-59.

Marn, M. V., Rosiello, R. L. (1992), Managing Price, Gaining Profit, Harvard Business Review, 70, 5, 84-94.

14 Ganzheitliches Preismanagement auf B2B-Märkten

Aktuelle Trends und Lösungen am Beispiel des Firmenkundengeschäfts von Banken

Peter Klenk / Peter F. Potthoff / Anne Göpfert

Dr. Peter Klenk ist Partner und Leiter des Kompetenzzentrums Financial Services bei Homburg & Partner, Mannheim, München und Boston, einer international tätigen Unternehmensberatung.

Dipl.-Kfm. Peter F. Potthoff ist Principal im Kompetenzzentrum Financial Services bei Homburg & Partner.

Dipl.-Kffr. Anne Göpfert ist freie Mitarbeiterin im Kompetenzzentrum Financial Services bei Homburg & Partner.

14.1 B2B-Geschäft im Bankenmarkt: eine Herausforderung

Das Thema „Pricing" ist sowohl in der Wissenschaft als auch in der Managementpraxis in den letzten Jahren zunehmend in den Fokus gerückt (Homburg/Jensen/Schuppar 2004). Untersuchungen zeigen, dass im Vergleich zu anderen gängigen Ertragssteigerungsprogrammen wie Absatzsteigerungskampagnen, Gemeinkostenreduktion oder Beschaffungskostenoptimierung der Hebel Preis bis zu fünf Mal stärker wirken kann (Marn/Rosiello 1992). Noch höhere Ertragssteigerungen durch Pricing sind im Firmenkundengeschäft (B2B-Geschäft) möglich (Homburg/Jensen/Schuppar 2005). Der Grund hierfür liegt hauptsächlich darin, dass im Vergleich zum Privatkunden- bzw. Retailgeschäft eine deutlich höhere Komplexität vorherrscht. Am Beispiel des deutschen Banken- und Sparkassenmarktes lässt sich dies besonders gut darstellen.

Im Banken- und Sparkassenmarkt hat die Zielgruppe der Firmenkunden spezielle Finanzierungs- und Beratungsbedürfnisse. Die Größe der Firmenkunden reicht hierbei von kleineren Gewerbekunden (bis 5 Mio. € Umsatz) über Unternehmenskunden mit mittleren bis großen Umsätzen (bis 750 Mio. € Umsatz) bis hin zu Großkunden oder institutionellen Kunden. Finanzprodukte wie Finanzierungskredite, Geschäftskonten für den In- und Auslandszahlungsverkehr, Einlagen- und Anlagegeschäft oder Auslandsgeschäft sind im Vergleich zu Retail-Produkten für den Massenmarkt wenig standardisiert und müssen i.d.R. den unterschiedlichen Branchen- und Geschäftssituationen der jeweiligen Firmenkunden individuell angepasst werden. Von Kundenberatern wird dabei eine besondere Fach- und Branchenkompetenz erwartet und sie benötigen regelmäßig Unterstützung von bankeigenen Experten wie Produktmanagern, Bilanzierungsfachleuten oder Länderspezialisten. Somit erfolgt die Firmenkundenbetreuung i.d.R. durch ein Team, das federführend durch den persönlichen Firmenkundenbetreuer gemäß der Maxime „one face to the customer" geleitet wird. Idealerweise wird dabei über zehn und mehr Jahre mit den auf Kundenseite für Finanzfragen Verantwortlichen, wie Geschäftsführer oder Finanzprokuristen, zusammengearbeitet.

Je nach Erfahrung oder Größe des Kunden stehen dabei der Bank oder Sparkasse in zunehmendem Maße professionell geschulte „Einkäufer" gegenüber, die z.B. durch bundesweite Ausschreibungen oder gesondert geschulte Einkaufstaktiken besonders den Druck auf Preise, Gebühren und sonstige Konditionen erhöhen. Die Banken und Sparkassen können sich dagegen nur „wehren", wenn die Firmenkundenbetreuer eine besonders starke „Preisverteidigungskultur" aufbauen (Klenk/Potthoff 2007). Unterstützt z.B. durch intelligente Preisfindung, systematische Preisprozesse, toolbasierte Ertragskalkulation oder zielgerichtete Verkaufs- und Wertargumentation schaffen es dabei lediglich die „Pricing-Profis", sich am Wettbewerb zu behaupten. Zu echten „Pricing-Profis" werden jedoch nur die Unternehmen, die wesentliche Erfolgsfaktoren des systematischen Preismanagements im B2B-Bereich berücksichtigen (Homburg/Totzek 2010; Scholl/Totzek 2010).

14.2   Pricing-Profis: die Landkarte ganzheitlichen Pricings

Auf Basis langjähriger Beratungserfahrung im Bereich des strategischen Preismanagements der Unternehmensberatung Homburg & Partner sowie in enger Zusammenarbeit mit dem Lehrstuhl von Prof. Dr. Dr. h.c. mult. Christian Homburg an der Universität Mannheim konnte hierzu ein konzeptionelles Rahmenwerk für ein ganzheitliches strategisches Preismanagement entwickelt werden. Eine illustrative Darstellung der vier wesentlichen Bausteine ganzheitlichen Pricings, beginnend mit der Preisstrategie gefolgt von Preisfindung, Preisdurchsetzung und Preiscontrolling zeigt **Abbildung 14.1** (Homburg/Jensen/Schuppar 2004, 2005 sowie ausführlich den Beitrag von Homburg/Totzek in diesem Band).

Entlang dieser „Pricing-Landkarte" konnten in Summe über 30 „Pricing-Hebel" identifiziert werden. Dies sind Lösungskonzepte und -instrumente, mit denen sich Unternehmen im Preis- und Mengenwettkampf signifikant besser behaupten als ihre Wettbewerber. Diese Pricing-Hebel stellen mittlerweile branchen- und geschäftsmodellspezifische Best Practices dar.

Die beiden folgenden Abschnitte zeigen, welche Herausforderungen aktuell aus Managersicht im B2B-Pricing für Firmenkunden in deutschen Banken und Sparkassen herrschen (vgl. Abschnitt 14.3) und wie schließlich ganzheitliches Preismanagement umsetzungsorientiert am Beispiel des Rabatt- und Sonderkonditionen-Managements aussehen kann (vgl. Abschnitt 14.4).

14.3   Aktuelle Herausforderungen für das B2B-Geschäft im Bankenmarkt

Aufbauend auf den vier konzeptionellen Blöcken des strategischen Pricings führte die Unternehmensberatung Homburg & Partner im November und Dezember 2007 eine deutschlandweite Studie im Banken- und Sparkassenmarkt mit besonderem Fokus auf Gewerbe- und Firmenkunden durch (Klenk/Göpfert 2008). In strukturierten Experteninterviews wurden 100 Bankmanager aus 70 Finanzdienstleistungsinstituten aller drei Sektoren (Privatbanken, Genossenschaftsbanken und Sparkassen) systematisch zu über 30 Pricing-Hebeln entlang des ganzheitlichen Preismanagement-Prozesses befragt. Dabei erfolgte zu jedem Stellhebel insbesondere eine Einschätzung von Handlungsbedarf („Gibt es bei diesem Pricing-Hebel Handlungsbedarf?") und Ertragswirkung („Wie hoch sehen Sie die Ertragswirkung dieses Pricing-Hebels für Ihr Institut?").

In ausgewählten Instituten wurde ergänzend mit Hilfe historischer Transaktionsdaten aus Kreditabschlüssen die Preis- und Konditionendurchsetzung betrachtet. Hierbei wurde gezielt nach Preis- und Mengenverlusten im Vergleich zu Soll-Konditionen oder Planwerten gesucht. Zusätzlich wurde überprüft, ob die Preisabweichungen bzw. die Vergabe von Sonderkonditionen nachvollziehbar und preisstrategisch sinnvoll waren.

Die Ergebnisse der Studie zeigen, dass die befragten Institute in jedem der vier Blöcke signifikante Ertragshebel identifizieren, jedoch weiterhin auch starker Handlungsbedarf besteht (vgl. **Abbildung 14.1**).

Abbildung 14.1   Ertragshebel und Handlungsbedarf bei den vier Bausteinen des Pricing-Prozesses

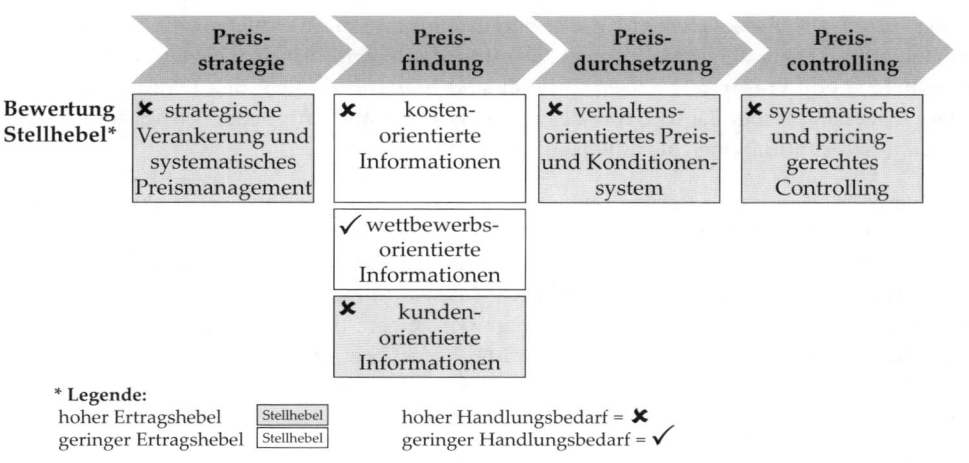

Im Rahmen der Preisstrategie sehen z.B. über 70% der befragten Bankmanager in der strategischen Verankerung eines systematischen Preismanagements einen hohen Ertragshebel. Dies beinhaltet z.B. „Pricing-Guidelines", die aus der Gesamtunternehmensstrategie abgeleitet werden und preisstrategische Vorgaben sowohl für bestimmte Produktgruppen wie Finanzierungs- oder Provisionsgeschäft als auch für Hauptzielgruppen wie Gewerbe-, Firmen- bzw. Großkunden oder für Markt- bzw. Organisationseinheiten (Regionalmärkte oder Firmenkundencenter) konkretisieren. Diese Vorgaben umfassen neben Richtlinien zu Wachstumszielen oder Profitabilitätsgrößen bereits Aussagen zur Preisdifferenzierung und/oder zur Produktbündelung (Klenk/Potthoff 2006).

Scheinbar aufgrund der als hoch eingeschätzten Ertragskraft und der damit erkannten Wichtigkeit geben nur ca. ein Drittel der befragten Manager hier besonderen Handlungsbedarf an. In etwa 60% der befragten Institute werden preisstrategische Instrumente bereits gut bis sehr gut umgesetzt, da hier nur geringfügiger Handlungsbedarf angegeben wird. Dieses Ergebnis deckt sich nur unzureichend mit der Beratungserfahrung von Homburg & Partner, da zwar größtenteils unternehmensweite strategische Vorgaben wie Wachstumsziele, Profitabilitätskennzahlen oder Zielgruppenziele entwickelt sind, eine detaillierte und damit auch umsetzbare preispolitische Diskussion in den meisten Fällen jedoch nicht oder nur unzureichend stattgefunden hat. Damit ist der Steuerungswert dieser Vorgaben in Frage zu stellen und bedarf in Pricing-Projekten regelmäßig einer Nachjustierung.

Hinsichtlich der Preisfindung zeigen die Befragungsergebnisse, dass die Erfassung und systematische Zusammenführung aller relevanten Informationen zu ertrags- und wertorientierten Preisen eine besondere Wichtigkeit besitzen. Dabei müssen für den Prozess der Preisfindung verschiedene Informationen aus den drei Quellen Kosten bzw. Controlling, Wettbewerb und Kunden bzw. Marktforschung berücksichtigt werden.

Etwa 50% der befragten Bankmanager geben an, bei kostenorientierten Informationen Handlungsbedarf zu sehen. Der Schwerpunkt liegt hier auf der Transparenz für Dienstleistungskosten wie Prozesskosten für die Bereitstellung beratungsintensiver Produkte (z.B. Finanzierungsgeschäft, Immobilienkredite) und der Frage, bis zu welcher Deckungsbeitragstiefe valide Preisuntergrenzen sinnvoll sind (vgl. hierzu auch den Beitrag von Homburg/Totzek in diesem Band). Trotz des relativ hohen Handlungsbedarfs wird der Ertragshebel dieser Informationen als mittelstark angegeben.

Wettbewerbsorientierte Informationen werden in Form recherchierter Konkurrenzpreise und -konditionen als Referenz berücksichtigt. 68% der Befragten erkennen kein weiteres Verbesserungs- bzw. Optimierungspotenzial bei der Berücksichtigung von Konditionen und Gebühren der Wettbewerber. Ein Ergebnis, das prinzipiell positiv zu werten ist, denn Untersuchungen zur Wettbewerbswahrnehmung zeigen, dass relevanten Wettbewerbern regelmäßig eine zu hohe Preisaggressivität und Preisführerschaft zugeschrieben wird (Totzek 2011). Dies führt regelmäßig zu Falsch- bzw. Überinterpretation von Wettbewerbsinformationen im Rahmen preisstrategischer Überlegungen.

Von den drei Informationsquellen wird schließlich der Handlungsbedarf bei kundenorientierten Informationen wie der Zahlungsbereitschaft von Firmenkunden hinsichtlich der Höhe von Gebühren und Zinsen bei Krediten am höchsten angegeben. In fast allen Interviews wurde diesem Aspekt sehr hoher Handlungsbedarf zugeordnet. Gleichzeitig hat aus Sicht der Befragten die Berücksichtigung kundenorientierter Informationen das höchste Ertragspotenzial bei der Preisfindung. Bei kundenorientierten Informationen wird gefragt, was der Kunde bereit ist, für eine bestimmte Leistung zu bezahlen, um z.B. über Preis-Absatz-Simulationen Aussagen zum Kaufverhalten nach Preis- bzw. Produktänderungen tätigen zu können. Die Nutzung der Produkte und Beratungsleistung aus Firmenkundensicht und die Zahlungsbereitschaften von B2B-Kunden lassen sich am validesten mit indirekten Befragungsmethoden wie der Conjoint-Analyse ermitteln (Teichert/Sattler/Völckner 2008 sowie ausführlich der Beitrag von Klarmann/Miller/Hofstetter in diesem Band). Dabei sind kundenorientierte Informationen von allen drei preisbezogenen Informationsquellen am aufwändigsten zu erheben. Ein Ressourcenbedarf, der nicht immer einkalkuliert wird.

Somit zeigt sich, dass im Rahmen der Preisfindung kundenorientierte Informationen wie Preisbereitschaften oder von Kundenseite präferierte Produkt- bzw. Leistungsbündel nur unzureichend erhoben werden. Obwohl hier ein starker Ertragshebel gesehen wird, besteht hier noch wesentlicher Handlungsbedarf im B2B-Pricing.

Im Block der Preisdurchsetzung wird die Sicherstellung der Preisdisziplin durch eine optimale Gestaltung von Preis- und Erstattungskompetenzen gewährleistet (vgl. hierzu auch den Beitrag von Hake/Krafft in diesem Band). Hat man im ganzheitlichen Pricing bis zu diesem Prozesspunkt den theoretisch optimalen Preisspielraum für Produkt, Markt und ggf. sogar Kunde entwickelt, erfolgt im Rahmen der Preisdurchsetzung die eigentliche „Preisverteidigung" in den Verkaufshandlungen des Firmenkundenbetreuers gegenüber dem Kunden (vgl. hierzu auch die Beiträge von Homburg/Totzek und Voeth/Herbst in diesem Band). Der Kunde erwartet dabei in manchen Fällen von der anbietenden Bank oder Sparkasse besondere Flexibilität in der Gewährung von Sonderkonditionen – also von Preisen, Gebühren oder Konditionen, die vom Preisverzeichnis, der Soll-Kondition oder Preisempfehlung abweichen. Damit kann der Firmenkundenberater sich zum einen an veränderte Marktbedingungen wie sinkende Wettbewerbspreise anpassen oder zum anderen Kunden halten oder neu gewinnen. Gerade die Intransparenz der Produkte und Leistungen sowie das hohe Maß an Individualität im B2B-Bereich bei Finanzdienstleistern erhöhen die Komplexität und die Freiheitsgrade im Management von Sonderkonditionen. Hier Transparenz und Steuerbarkeit zu erhalten, ist nach den Ergebnissen der Studie die höchste Herausforderung der befragten Manager.

Demnach halten über 59% der befragten Bankmanager die Einführung eines verhaltensorientierten Preis- und Konditionensystems für einen hohen bis sehr hohen Ertragshebel. Dabei bedeutet „verhaltensorientiert" die systematische und nachvollziehbare Verknüpfung von Sonderkonditionen mit „Gegenleistungen" des Kunden (vgl. hierzu auch den Beitrag von Miller/Krohmer in diesem Band). Gründe für Gegenleistungen, die entsprechend im EDV-System registriert werden sollten, sind z.B. „harte" Faktoren wie die Erhöhung des Kundendeckungsbeitrages, die Erhöhung der finanzierten Volumina oder die Cross-Selling-Nutzung, aber auch „weiche" Faktoren wie Kundenzufriedenheit, die Vermeidung von Abwanderung oder die Nutzung von Multiplikationseffekten (durch Signalwirkung des besonderen Kunden oder des Geschäfts). Aufgrund der Komplexität der preisoptimalen Gestaltung von Kompetenzregeln zur Gewährung von Sonderkonditionen sehen über 70% der befragten Bankmanager hier besonderen Handlungsbedarf. Zusätzlich durchgeführte Analysen der historischen Transaktionsdaten ausgewählter Institute bestätigen dies.

Betrachtet wurde in der Controlling-Daten-Analyse die Preisdurchsetzung bei der Vergabe von Darlehen im B2B-Geschäft. Dabei wurden jeweils die geplanten Nominalzinsen (= Soll-Konditionen) den tatsächlichen Nominalzinsen (= Ist-Konditionen) gegenübergestellt. Lagen die Ist-Konditionen unter den Soll-Konditionen, wurden Sonderkonditionen vergeben. Diese Sonderkonditionen können durchaus vergeben werden, sie setzen allerdings eine „Gegenleistung" des Kunden voraus, z.B. ein gutes Rating, hohe Volumina oder hohe Loyalität. Nicht gerechtfertigt sind Sonderkonditionen, wenn sie z.B. aus Gewohnheit oder wahllos vergeben werden.

Die Vergabe von Sonderkonditionen und deren „Rechtfertigung" wurde in zwei Schritten analysiert. In einem ersten Schritt wurde untersucht, wie hoch der Anteil der Sonderkonditionen an der Gesamtzahl der Abschlüsse lag. Insgesamt lagen bei 32% aller Abschlüsse die tatsächlichen Konditionen unter den angestrebten Konditionen. In einem zweiten Schritt wurde geprüft, ob diese Vergabe der Sonderkonditionen durch entsprechende „Gegenleistung" des Kunden gerechtfertigt war. Dabei wurde den Ratingklassen der Anteil der Abschlüsse mit Sonderkonditionen gegenübergestellt (vgl. **Abbildung 14.2**). Der höchste Anteil an Sonderkonditionen wurde dabei an Firmenkunden mit einem guten Rating vergeben und lag bei 37%. Bei Firmenkunden mit einem mittleren und Firmenkunden mit einem schlechten Rating lag der Anteil an Sonderkonditionen zwar etwas niedriger, dennoch konnte hier auch fast jeder dritte Kunde (29%) die Vergabe von Sonderkonditionen aushandeln. Demnach zeigen auch die tatsächlichen Verkaufstransaktionen einen besonderen Handlungsbedarf. Aufgrund der hohen Relevanz des Sonderkonditionen-Managements wird daher in Abschnitt 14.4 dieses Beitrags an einem Praxisbeispiel aufgezeigt, mit welchen Instrumenten und Ansätzen im ganzheitlichen Preismanagement gearbeitet werden muss, damit hier eine erfolgreiche Lösung geschaffen werden kann.

Abbildung 14.2   Vergabe von Sonderkonditionen in Abhängigkeit vom Rating des Kunden

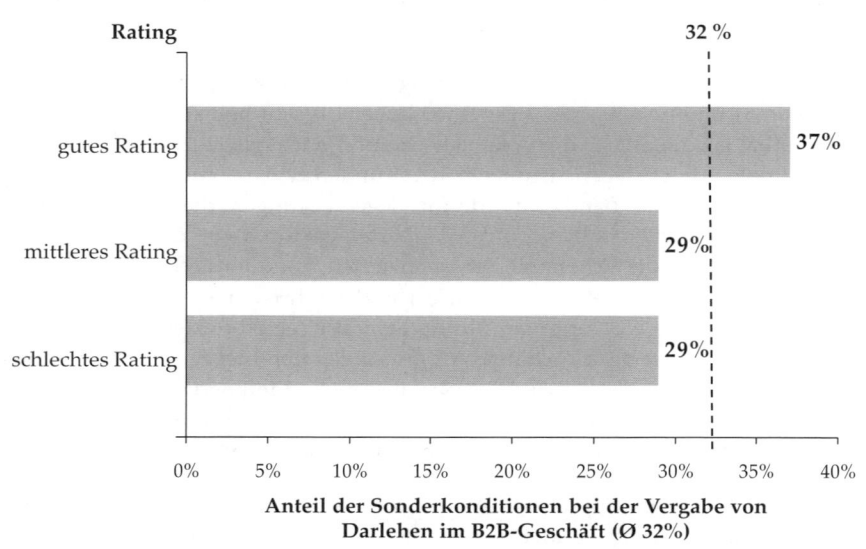

Das Preiscontrolling als abschließender Schritt eines ganzheitlichen Preismanagements, so zeigen die Studienergebnisse, wird aktuell eher stiefmütterlich behandelt. Zwar sehen über 57% der befragten Bankmanager in einem systematischen Controlling der Markt- und Preisdurchsetzung einen hohen bis sehr hohen Ertragshebel. Doch geben darüber hinaus 72% an, dass in ihrem Institut Handlungsbedarf bestünde. Dabei, so ergaben die Expertengespräche und die Prüfung der Controlling-Daten ausgewählter Institute, sind eigentlich alle notwendigen Produkt-, Konditionen- und Kundeninformationen in den CRM- und Datawarehouse-Systemen vorhanden. Was fehlt, ist das Design managementrelevanter preisbezogener Reports und deren Implementierung in die bestehenden Preisprozesse. Zielgruppen sind dabei z.B. Produktmanager oder Vertriebsverantwortliche, die aus Steuerungsgründen einen aggregierten Überblick über die Preisdurchsetzung und die „Preisverteidigungskultur" des Hauses insgesamt bzw. unterschiedlicher Betreuungsteams benötigen. Andererseits helfen „Pricing-Reports", die z.B. Verbunddeckungsbeiträge oder historische Durchschnittspreise bei Firmenkundengruppen in vergleichbaren Fällen auflisten, auch dem Firmenkundenbetreuer bei der gezielten und sinnvollen Ableitung von Preisentscheidungen.

Abschließend betrachtet zeigt die dargestellte Befragung der 70 Institute in den drei deutschen Banksektoren sehr gut, dass zwar die Wichtigkeit und Ertragsrelevanz eines ganzheitlichen Preismanagements erkannt wurde, dass jedoch in den einzelnen Facetten noch großer Handlungsbedarf besteht (Klenk/Göpfert 2008).

14.4 Projektbeispiel: Rabatt- und Sonderkonditionen-Management im Bankenmarkt

Wie eine gezielte Optimierung des ganzheitlichen Pricings zum Thema Sonderkonditionen- und Rabattmanagement aussehen kann, zeigt exemplarisch das folgende Beispiel.

Eine der größten deutschen Primärbanken ist mit einer hohen Zahl an Filialen und Niederlassungen sowie Geschäfts- und Beratungsstellen in allen Regionen der Bundesrepublik Deutschland präsent. Besondere Zielgruppe sind kleine bis mittelständische Unternehmen mit einem Jahresumsatz von bis zu 150 Mio. €. Hauptprodukt und Schwerpunkt des Projektes ist das Kreditgeschäft. In einem „Pricing-Fitness-Check" wird zunächst u.a. mit Hilfe von Experteninterviews, Produktportfolio-Analysen und Sonderkonditionen- bzw. Controlling-Analysen das Preismanagement des Hauses innerhalb von ca. vier Wochen gemäß aller Facetten eines ganzheitlichen Pricings bewertet.

Die Analyse zeigt insbesondere im Bereich der Vergabe von Sonderkonditionen Handlungsbedarf. Es existiert zwar eine zentrale Preisfindung in Form von Soll-Konditionen, die wöchentlich gemäß den Marktanforderungen per Intranet angepasst werden. Ebenso existieren produktbezogene Kompetenzregeln zur Vergabe von Rabatten bzw. Sonderkonditionen inkl. höhenabhängiger Eskalationsstufen, z.B. bis hin zum Regionalvorstand. Jedoch zeigt die zunächst „händisch" aus historischen Transaktionsdaten berechnete Sonderkonditionenanalyse, dass bei über 40% der Transaktionen Sonderkonditionen vergeben werden. Systembedingt kann die Ursachenforschung nur z.T. über Größen wie Finanzierungsvolumina oder Ratingklassen des Kunden erfolgen, zeigt aber ein uneinheitliches Bild. Dies führt den Vorstand zu der Entscheidung, das Thema Sonderkonditionen-Management ganzheitlich anzugehen.

Gemäß der bereits vorgestellten „Pricing-Landkarte" steht somit zunächst die Formulierung einer Preisstrategie im Vordergrund (vgl. **Abbildung 14.1**). Hier ist weniger das Ergebnis selbst wichtig als mehr der strukturierte Diskussionsprozess. Gemeinsam werden mit Hilfe strategischer Instrumente die Produkt-, Markt-, Wettbewerber- und Kundensicht sowohl von Vorstand, Vertriebsverantwortlichen, Produkt- und Zielgruppenmanagement,

aber v.a. auch von Vertriebsspezialisten und Firmenkundenbetreuern konstruktiv ausge-
tauscht – aufgrund der unterschiedlichen Perspektiven ein herausfordernder Prozess.

Um Sonderkonditionen-Management strategisch sinnvoll zu verankern, müssen Aussagen
abgegrenzt werden, wie „Profitabilität vor Wachstum", „Firmenkundenverbünde sollen
profitabel sein" oder „Sonderkonditionen nur bei Gegenleistung des Kunden". Die Preisstrategie muss schließlich in Prozesse, Instrumente und Regeln einfließen, die in der Organisation Gültigkeit erhalten (vgl. **Abbildung 14.3**).

Abbildung 14.3   Schwerpunkte im Rahmen des Projektbeispiels zum Sonderkonditionen-
                        Management

Schwerpunkte	Kompetenz-Tableau	Freigabe-Prozess	Transparenz
Aufgaben	• Festlegung der Kompetenz-Staffeln (z.B. DB-orientiert*) • Schichtenmodell (Margenarten**) • Sicherung von Mindestmargen (Controlling-Check) • Gewährung ausreichender FK-Kompetenz in Kundendialog	• organisatorische Regelung von: • Verantwortlichkeiten • Schnittstellen • Zeitpunkten • Kommunikations-wegen • Medien • …	• Lösung zur EDV-Erfassung der Sonderkonditionen im CRM-System • optimierte Erfassung der Begründung bei Produktanträgen • Bereitstellung adäquater Analyse-Reports für FK-Betreuung und Management
Ergebnis	• Kompetenz-Tableau	• Soll-Prozess-Handbuch • Flow-Prozess-Charts	• Fachkonzept zur CRM-Integration

* Berechnung des Deckungsbeitrags auf Firmenverbundebene, produktübergreifend
** Margenarten erfasst auf Produktgruppenbasis in Abstimmung mit dem Controlling

Im Rahmen der Preisfindung ist insbesondere darauf zu achten, dass kundenseitig Transparenz über die Zahlungsbereitschaften geschaffen wird. Um die Zielgruppen des Unternehmens repräsentativ abbilden zu können, wird in dem Projekt hierzu eine Marktforschung aus ca. 250 persönlichen Interviews durchgeführt, in deren Rahmen insbesondere
eine Conjoint-Analyse. Damit können neben dem Wissen, was die Firmenkunden an der
Bank und im Speziellen an den einzelnen Produktgruppen besonders schätzen, auch ziel-
gruppenspezifische Wahlanteile und Preisbereitschaften für Finanzierungsprodukte abgeleitet werden. Hiermit ergibt sich der marktseitige Spielraum, der bei der Festlegung von
Rabattgrenzen berücksichtigt werden muss.

Der wesentliche konzeptionelle Aufwand im Projekt ergibt sich im Block der Preisdurchsetzung, in dem gemeinsam mit den Marktverantwortlichen und Firmenkundenbetreuern

die zukünftige Logik der Sonderkonditionen-Richtlinien abgeleitet wird. Dabei wird ein für das Haus neuer Weg gegangen.

Wie **Abbildung 14.4** exemplarisch anhand des entwickelten „Kompetenz-Tableaus" zeigt, betrachtet die neue Logik nicht mehr einzelne Produktkonditionen im Speziellen, sondern die gesamte Deckungsbeitragssituation des Firmenkundenverbunds. Dabei erfolgt die Trennung in Verzicht auf Ertrags- und/oder Kostenmarge zum Zeitpunkt des mit dem Kunden zu verhandelnden Abschlusses. Der Verzicht auf Ertragsmarge bezeichnet dabei den Verzicht auf Deckungsbeiträge, die über der Deckung der anfallenden Kosten (abhängig vom gewählten Deckungsbeitragsniveau) liegen. Somit wird zwar auf Ertrag verzichtet, nicht jedoch werden Preisuntergrenzen unterschritten. Diese Kompetenz liegt bewusst größtenteils beim Firmenkundenbetreuer. Der Verzicht auf Kostenmarge, also der Abschluss eines nicht-kostendeckenden Produktgeschäfts (je nach Gesamtdeckungsbeitrag des Firmenkunden) ist durch Führungskräfte prüf- und ggf. zustimmungspflichtig. Besonders ist bei dieser Kompetenzregelung, dass abhängig vom Gesamtdeckungsbeitrag vereinzelt auch negative Produktabschlüsse pro Firmenkunde erlaubt sind. Dies ist natürlich nur möglich, wenn der Firmenkundenbetreuer in den EDV-Systemen (z.B. Vorkalkulation, Produktrechner) die entsprechenden Profitabilitätsbetrachtungen durchführen kann.

Abbildung 14.4 Entwicklung eines Kompetenz-Tableaus im Rahmen des Projektbeispiels zum Sonderkonditionen-Management

Margenarten**	Bemessungsgrundlage Deckungsbeitrag*	
	Verbund-DB ≤ 4.000 €	Verbund-DB > 4.000 €
Freigabe Gewinnmarge	Stufe 2	Stufe 1
Freigabe Kostenmarge (Preisunter- / -obergrenze)	Stufe 3	Stufe 2

Kompetenzstufen:

Stufe 1: Firmenkundenbetreuer

Stufe 2: Firmenkunden-Center-Leiter

Stufe 3: Bereichsleiter

* Berechnung des Deckungsbeitrags auf Firmenverbundebene, produktübergreifend
** Margenarten erfasst auf Produktgruppenbasis in Abstimmung mit dem Controlling

In dem Projekt erfolgt anschließend notwendigerweise eine zusätzliche Fachkonzeption für die konzeptionellen und EDV-technischen Anforderungen, um die Deckungsbeitragsbetrachtung sowohl in der Vorkalkulation als auch in den Prüfungsrechnungen und der

Nachkalkulation berücksichtigen zu können. Dies hat auch nachhaltige Auswirkungen auf die zu konzipierenden Reports im abschließenden Preiscontrolling.

Die Umsetzung geeigneter Pricing-Reports profitiert hierbei von hohen Synergien durch die – aufgrund der neuen Kompetenzregeln zur Sonderkonditionenvergabe – zu erfolgende Umstrukturierung der hauseigenen Datenbanken.

Die Einführung der neuen Kompetenzrichtlinien erfolgt ca. fünf Monate nach Gesamtprojektstart im Rahmen einer Pilotierung. Aufgrund der positiven Erfolge wird wenig später der vollständige Roll-Out beschlossen. Ca. acht Monate nach dem Projektstart ist die EDV-technische Umsetzung abgeschlossen, die Firmenkundenbetreuer mit Hilfe des „Train-the-Trainer"-Prinzips geschult und erste Controllingergebnisse liegen vor.

Mit Hilfe des neuen Systems sind gezielte Analysen der Sonderkonditionen inklusive der Vergabegründe möglich. Waren vor Projektbeginn noch über 40% der verhandelten Preise, Gebühren und Konditionen von den Sollwerten abweichend, zeigt sich in Kontrollrechnungen sechs Monate nach Einführung ein Sonderkonditionenanteil von noch knapp 15%. Dieser Anteil entspricht den technisch erfassten und sachlich sinnvollen Vergabegründen, was in Stichproben bestätigt werden kann. Da sich die Quoten insbesondere in der Kernproduktgruppe des Hauses, dem „Kreditgeschäft" verbessern, ergeben sich projektbedingte Deckungsbeitragsverbesserungen in zweistelliger Millionenhöhe. Ein gutes Beispiel, um die Ertragswirkung ganzheitlicher Pricing-Maßnahmen im Firmenkundenbereich zu zeigen.

14.5   Zusammenfassung

Ganzheitliches Preismanagement bleibt eines der Top-Management-Themen im Firmenkundenbereich. Die hohe Ertragsrelevanz und der vergleichsweise geringe Professionalisierungsgrad im Bankenbereich gegenüber Branchen, in denen tatsächliche „Pricing-Profis" agieren, unterstreicht das hohe Potenzial des Themas. Dabei zeigt der durch die verantwortlichen Manager gemäß der dargestellten Untersuchung attestierte Handlungsbedarf entlang aller Facetten des Preismanagements den besonders hohen Optimierungsbedarf sowohl in strategischen Pricing-Themen als auch in einer systematischen Zusammenführung der Kosten-, Wettbewerbs- und Kundenperspektive zur ganzheitlichen Preisfindung oder in einem verbesserten tool-gestützten Preiscontrolling zur Analyse von Sonderkonditionen. Die Umsetzung in der Praxis erfordert neben EDV-technischen Anpassungen auch immer einen bereichsübergreifenden Veränderungsprozess sowohl für zentrale als auch für marktseitige Bereiche. Ein gut investierter Aufwand, der – wie das dargestellte Praxisbeispiel zum Rabatt- und Sonderkonditionen-Management zeigt – gezielt den gewünschten Ertragseffekt nachhaltig sichert.

Literatur

Homburg, Ch., Totzek, D. (2010), Erfolgreiches Verhalten im Preiswettbewerb, unveröffentlichtes Arbeitspapier, Universität Mannheim.

Homburg, Ch., Jensen, O., Schuppar, B. (2004), Pricing Excellence: Wegweiser für ein professionelles Preismanagement, Arbeitspapier Nr. M90, Reihe Management Know-how, Institut für Marktorientierte Unternehmensführung, Universität Mannheim.

Homburg, Ch., Jensen, O., Schuppar, B. (2005), Preismanagement im B2B-Bereich: Was Pricing Profis anders machen, Arbeitspapier Nr. M97, Reihe Management Know-how, Institut für Marktorientierte Unternehmensführung, Universität Mannheim.

Klenk, P., Göpfert, A. (2008), Mehr Ertrag durch professionelle Pricing Prozesse, Bankmagazin, 05/2008, 20-22.

Klenk, P., Potthoff, P. F. (2006), Vertriebsoptimierung durch verbesserte Pricing-Prozesse, BIT, 4/2006, 21-28.

Klenk, P., Potthoff, P. F. (2007), Auf dem Weg zum Pricing Profi, Bankmagazin 01/2007, 42-43.

Marn, V. M., Rosiello, R. L. (1992), Managing Price, Gaining Profit, Harvard Business Review, September-October 1992, 83-93.

Scholl, M., Totzek, D. (2010), Die Preispolitik professionalisieren, Harvard Business Manager, 4/2010, 43-50.

Teichert, T., Sattler, H., Völckner F. (2008), Traditionelle Verfahren der Conjoint-Analyse, in: Herrmann, A., Homburg, Ch., Klarmann, M. (Hrsg.), Handbuch Marktforschung: Methoden – Anwendungen – Praxisbeispiele, Wiesbaden, 651-685.

Totzek, D. (2011), Preisverhalten im Wettbewerb: Eine empirische Untersuchung von Einflussfaktoren und Auswirkungen im Business-to-Business-Kontext, Wiesbaden.

15 Software-Pricing

Matthias Staritz / Martin Klarmann / Tobias Schäfer

Dr. Matthias Staritz ist Client Manager im Kompetenzzentrum Information & Communication Technology bei Homburg & Partner, Mannheim, München und Boston, einer international tätigen Unternehmensberatung.

Prof. Dr. Martin Klarmann ist Inhaber des Lehrstuhls für Betriebswirtschaftslehre mit Schwerpunkt Marketing und Innovation an der Universität Passau.

Dipl.-Kfm. Tobias Schäfer ist Absolvent der Universität Mannheim und arbeitet heute bei den Deutschen Amphibolin Werken in Ober-Ramstadt.

15.1   Einführung

Das Pricing in der Softwarebranche ist in der Vergangenheit im Vergleich zu anderen Branchen recht unsystematisch und „aus dem Bauch heraus" erfolgt. Aktuell befindet sich die Softwarebranche in einer sehr dynamischen Phase, die zahlreiche Schwächen im „alten Preismanagement" sowie Herausforderungen für ein „neues Preismanagement" deutlich macht. Hierbei zeigt sich deutlich ein großer Bedarf an einem systematischeren Preismanagement. Im Rahmen dieses Beitrags werden Besonderheiten des Software-Pricings herausgearbeitet und auf Basis empirischer Studien einige Aspekte für ein erfolgreiches Preismanagement vorgestellt.

Der vorliegende Beitrag gliedert sich in fünf Abschnitte. Zunächst werden dem Leser einige Grundlagen der Softwarebranche, aktuelle Trends und Herausforderungen in der Branche und der Status quo im Preismanagement vorgestellt (vgl. Abschnitt 15.2). Darauf aufbauend werden dann in Abschnitt 15.3 einige Besonderheiten des Pricings in der Softwarebranche herausgearbeitet. Schließlich werden in Abschnitt 15.4 ausgewählte Aspekte eines erfolgreichen Software-Pricings anhand von Ergebnissen aus empirischen Studien vorgestellt. Der Beitrag schließt mit einem Fazit und Ausblick in Abschnitt 15.5.

15.2   Die Softwarebranche

Bevor in Abschnitt 15.3 die Spezifika des Software-Pricings herausgearbeitet werden, wird hier zunächst der weite Bereich der Softwareindustrie auf einen Teilbereich eingegrenzt, auf den sich die weiteren Ausführungen beziehen (vgl. Abschnitt 15.2.1). Außerdem werden einige aktuelle Trends und Herausforderungen im relevanten Bereich des Softwaremarktes vorgestellt, die die Relevanz der folgenden Ausführungen verdeutlichen (vgl. die Abschnitte 15.2.2 und 15.2.3).

15.2.1   Abgrenzung der Softwarebranche

„Software ist ein Sammelbegriff für die Gesamtheit der Programme, die zugehörigen Daten und die notwendigen Dokumentationen, die es erlauben, mit Hilfe eines Computers Aufgaben zu erledigen" (Lassmann 2006, S. 127). Je nach Untersuchungszweck finden sich sehr unterschiedliche Abgrenzungen des Softwaremarktes, z.B. nach Nähe zur Hardware (Systemsoftware und Anwendungssoftware), nach Absatzmarkt (B2C vs. B2B) oder nach dem Standardisierungsgrad (hierzu ausführlich Buxmann/Diefenbach/Hess 2008). Für die weiteren Ausführungen besonders relevant ist die dritte Unterscheidung. Hiernach ergibt sich eine Unterteilung in die beiden Extremformen Individual- und Standardsoftware.

Standardsoftware ist ein standardisiertes Softwareprodukt, das auf Allgemeingültigkeit und mehrfache Nutzung ausgelegt ist und dementsprechend bei verschiedenen Anwendern zum Einsatz kommt. Typische Beispiele für solche Standardsoftware sind Softwaresysteme

für Büroanwendungen, z.B. Textverarbeitung, Tabellenkalkulation und Präsentations-
erstellung, aber auch CRM- und ERP-Systeme oder BI-Software.

Individualsoftware wird dahingegen auf spezielle Wünsche und Anforderungen eines An-
wenders hin entwickelt. Dies kann dabei entweder als Eigenentwicklung im Unternehmen
selbst oder aber durch ein Software- oder Systemhaus geschehen (Buxmann/Diefenbach/
Hess 2008; Stahlknecht/Hasenkamp 2005). Individualsoftware kommt i.d.R. dann zum Ein-
satz, wenn keine Standardsoftware den gestellten Anforderungen gerecht wird. In vielen
Fällen sind die Grenzen zwischen Individual- und Standardsoftware jedoch fließend, da
Standardsoftware oft in recht umfangreichem Ausmaß an die Bedürfnisse der jeweiligen
Nutzer angepasst werden muss.

Die weiteren Ausführungen in diesem Beitrag beziehen sich auf den Bereich der B2B-Stan-
dardsoftware. Aus diesem Bereich rekrutieren sich auch die Teilnehmer unserer empirischen Studie, auf die wir im Rahmen der Diskussion ausgewählter Aspekte erfolgreichen
Software-Pricings in Abschnitt 15.4 näher eingehen.

15.2.2 Aktuelle Trends und Herausforderungen in der Softwarebranche

Anfang des Jahres 2009 wurden Marketing- und Vertriebsentscheider der ITK-Branche
durch die Unternehmensberatung Homburg & Partner in Kooperation mit dem Verband
BITKOM, der CeBit und der Zeitschrift *Computerwoche* zu aktuellen Trends befragt.

Die ITK- und insbesondere die Softwarebranche ist gekennzeichnet durch zahlreiche *pro-
dukt- und technologiebezogene Trends* (vgl. **Abbildung 15.1**). Mit Abstand der bedeutendste
Trend ist die allgemeine Entwicklung hin zu Lösungsorientierung, der in Zusammenhang
mit der Konvergenz von Technologien, Produkten und Märkten als Megatrend bezeichnet
werden kann. Daneben bestimmen zahlreiche technologische Trends wie Green IT, die zunehmende Verbreitung von Software-as-a-Service- (SaaS-) oder Service-oriented Architec-
ture- (SOA-) Lösungen das Bild.

Neben diesen produktseitigen Trends haben v.a. *kundenbezogene Trends* Relevanz für das
Preismanagement (vgl. **Abbildung 15.2**). Hier dominieren der steigende Anspruch der
Kunden nach „Return on IT" und eine insgesamt steigende Preissensitivität der Kunden:
Kunden „schauen genauer hin" und wollen zunehmend verstehen, wofür sie bezahlen.
Dritter zentraler Trend ist hier v.a. der Wunsch der Kunden nach einfachen und verständ-
lichen Produkten.

Im Bereich der *marktbezogenen Trends* zeichnen sich neben dem Megatrend der ITK-Branche „Erschließung Mittelstand" insbesondere der allgemein steigende Preis- und Wettbewerbsdruck, getrieben durch zunehmende Commoditisierung und steigende Markttransparenz, als zentrale Herausforderungen ab (vgl. **Abbildung 15.3**).

Abbildung 15.1   Produkt-und technologiebezogene Trends in der Softwarebranche

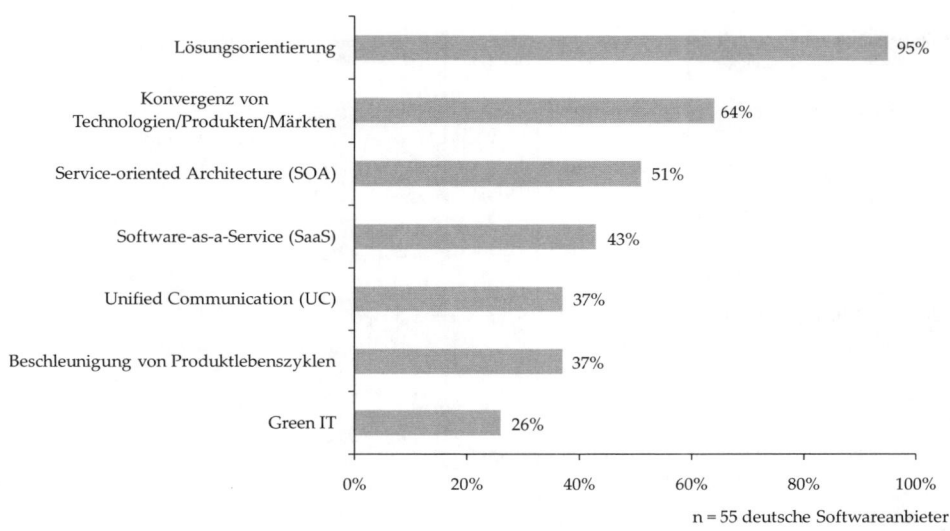

Abbildung 15.2   Kundenbezogene Trends in der Softwarebranche

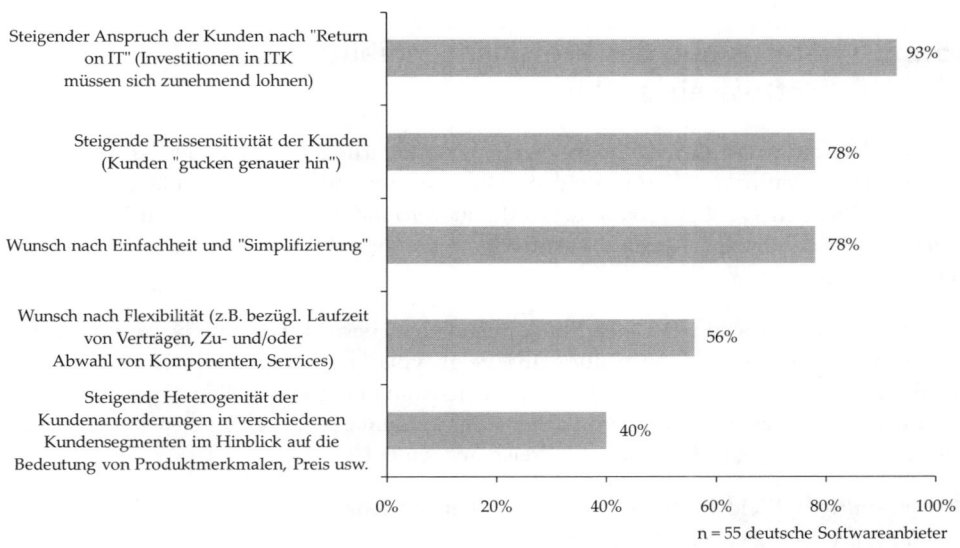

Abbildung 15.3   Marktbezogene Trends in der Softwarebranche

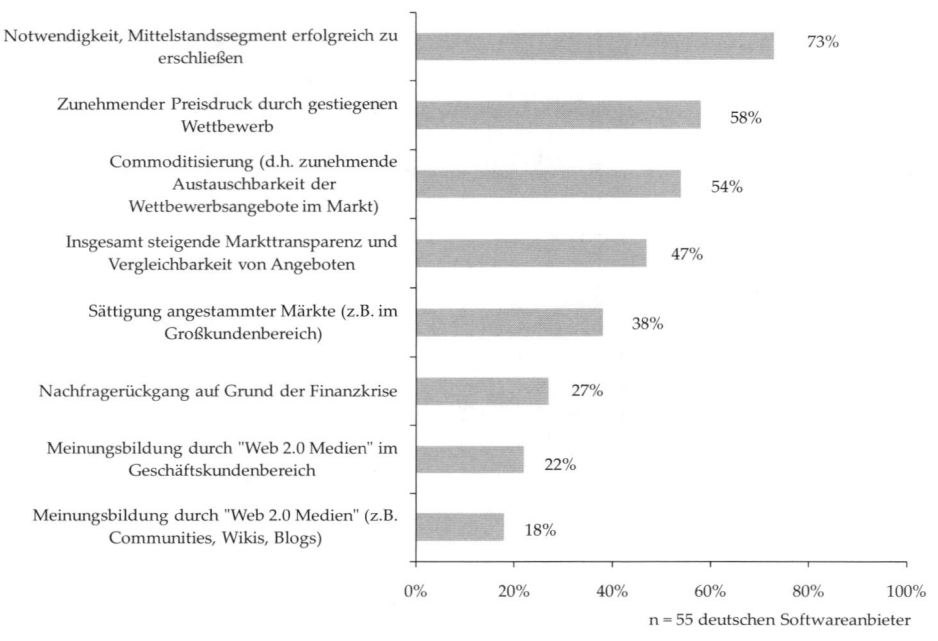

n = 55 deutschen Softwareanbieter

15.2.3   Status quo des Preismanagements in der Softwarebranche

Insbesondere aufgrund der kundenbezogenen Veränderungen (steigender Anspruch der Kunden nach „Return on IT" und steigende Preissensitivität), aber auch aufgrund des insgesamt steigenden Wettbewerbs und des damit verbundenen zunehmenden Preisdrucks haben sich in den letzten Jahren die Anforderungen an die Systematik des Preismanagements verschärft.

Dementsprechend treten bei vielen Softwareanbietern vermehrt Schwächen im aktuellen Preismanagement zu Tage. **Abbildung 15.4** zeigt typische Aussagen von Herstellern, die den Status quo des Preismanagements charakterisieren und die aktuellen Herausforderungen im Preismanagement deutlich machen. Zusammenfassend zeigen sich konkret Herausforderungen in sechs Bereichen des Preismanagements:

■ *Preisstrategie*: Welche strategischen Optionen bestehen, um in einem dynamischen Markt preisseitig erfolgreich zu agieren?

■ *Preissetzung*: Auf Basis welcher Informationen sollen Preise gesetzt werden?

■ *Preis- und Konditionensystem*: Wie können (Listen-)Preise im härter werdenden Wettbewerb erfolgreich durchgesetzt werden?

■ *Interne Preisdurchsetzung*: Welche internen Voraussetzungen müssen geschaffen werden, um in einem schwieriger werdenden Wettbewerbsumfeld erfolgreich zu sein?

■ *Externe Preisdurchsetzung*: Wie kann angesichts zunehmend anspruchsvoller und kostenbewusster Kunden ein auskömmliches Preisniveau im Markt durchgesetzt werden?

■ *Preiscontrolling*: Wie kann die Entwicklung der Preise im Zeitablauf überprüft und gesteuert werden?

Abbildung 15.4 Exemplarische Aussagen von Marketing- und Vertriebsentscheidern in der Softwarebranche

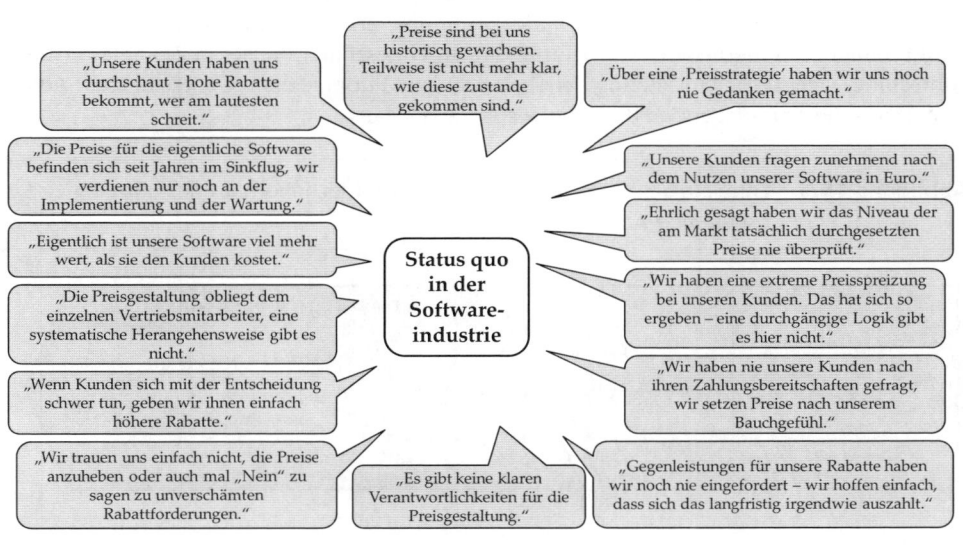

15.3 Besonderheiten des Gutes Software und Implikationen für das Preismanagement

Die Besonderheiten des Software-Pricings ergeben sich aus den charakteristischen Merkmalen des Gutes Software (vgl. Abschnitt 15.3.2). Im Folgenden sollen nun einige dieser Besonderheiten des Software-Pricings herausgearbeitet werden. Als Rahmen dient hierbei der Pricing-Excellence-Ansatz, den wir vorab in seinen Grundzügen vorstellen (vgl. Abschnitt 15.3.1). Aufbauend auf einer Zusammenstellung einiger zentraler Charakteristika des Gutes Software werden dann Besonderheiten des Software-Pricings detaillierter diskutiert (vgl. Abschnitt 15.3.3).

15.3.1   Der Pricing-Excellence-Ansatz als Rahmen für ein systematisches Preismanagement

Zur Darstellung der Besonderheiten im Software-Pricing eignet sich z.B. ein dreistufiger Ansatz, der sich als Bezugsrahmen für die Entwicklung und Implementierung von Preisstrategien bewährt hat. Dieser branchenübergreifende Ansatz, der auch als „Pricing-Excellence-Ansatz" (Homburg/Jensen/Schuppar 2004) bezeichnet wird, umfasst sämtliche im Rahmen des Preismanagements relevanten Aspekte (vgl. hierzu auch den Beitrag von Homburg/Totzek in diesem Band).

Zunächst erfolgt die Definition der Preisstrategie. Hieran schließt sich die Preissetzung an. Die dritte Stufe, die Implementierung der Preisstrategie, beinhaltet verschiedene Aufgabenfelder: Nach der Übersetzung der Preisstrategie in ein Preis- und Konditionensystem müssen die notwendigen internen Voraussetzungen geschaffen werden (interne Preisdurchsetzung) sowie die Preise am Markt kommuniziert werden (externe Preisdurchsetzung). Eine kontinuierliche Überwachung der durchgesetzten Preise im Zeitablauf (Preiscontrolling) sichert die Umsetzung der Preisstrategie. Für eine erste Übersicht stellt **Abbildung 15.5** die grundlegenden Bereiche des Ansatzes dar.

Abbildung 15.5   Zentrale Schritte und Entscheidungsfelder innerhalb des „Pricing-Excellence-Ansatzes"

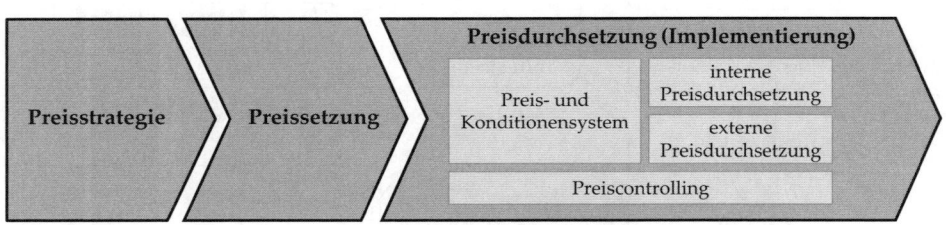

Diese sechs Bereiche bzw. Entscheidungsfelder können kurz wie folgt umrissen werden:

- Im Rahmen der *Preisstrategie* geht es zunächst um grundlegende Fragen wie die Festlegung der angestrebten Preis-Leistungspositionierung, um Themen wie Preisdifferenzierung, die Entwicklung von Preisen über den Lebenszyklus des Produktes oder das Verhalten im Preiswettbewerb.

- Im Bereich der *Preissetzung*, d.h. der methodischen Preisfindung, geht es um die Bestimmung der Höhe der Preise und um die Mechanismen der Preissetzung. Zentral ist z.B. die Fragestellung, ob Preise auf Basis von Kosten, Wettbewerbsaspekten oder auf Basis des Kundennutzens gesetzt werden.

■ Bei der anschließenden *Ausgestaltung des Preis- und Konditionensystems* geht es um Aspekte wie die leistungs- und damit fairnessorientierte Ausgestaltung von Preisstrukturen sowie um die Abstimmung der Konditionenhöhe mit der Kundenattraktivität.

■ Der Bereich der *internen Preisdurchsetzung* beinhaltet die organisatorische Verankerung der Preiskompetenz, interne Abstimmungsmechanismen sowie Möglichkeiten der Schaffung von Anreizen für Mitarbeiter.

■ Die *externe Preisdurchsetzung* beschäftigt sich mit der Begründung und Durchsetzung von Preisen in der Kundeninteraktion. Dies beinhaltet z.B. Methoden zur Quantifizierung von Kundennutzen, Hilfsmittel zur Preiskommunikation oder Empfehlungen für Preisverhandlungen mit Kunden.

■ Beim *Preiscontrolling* geht es schließlich insbesondere um die Implementierung von Kennzahlen und Reporting-Tools zur systematischen Kontrolle und Steuerung der erzielten Nettopreise.

15.3.2 Charakteristika des Gutes Software

Die Besonderheiten des Software-Pricings ergeben sich aus den Besonderheiten des Gutes Software. Einige zentrale Merkmale von Softwareprodukten mit besonderer Bedeutung für das Pricing werden im Folgenden kurz vorgestellt:

■ *Hohe Fixkosten und geringe variable Kosten.* Charakteristisch für den Bereich der Standardsoftware ist eine Kostenstruktur, die gekennzeichnet ist durch sehr hohe Fixkosten und sehr geringe variable Kosten. Die hohen Fixkosten fallen an für Forschung und Entwicklung im Rahmen der Softwareerstellung. Die spätere Vervielfältigung der Software verursacht dagegen vergleichsweise geringe variable Kosten. Sobald die Fixkosten einmal gedeckt sind, generiert jeder Zusatzumsatz in fast gleichem Ausmaß zusätzlichen Gewinn. Dies gilt natürlich nicht für die Dienstleistungen, wie Beratung, Implementierung, Wartung und Service/Support, die ja sehr häufig in Kombination mit der Software im engeren Sinn angeboten werden.

■ *Hohe Bedeutung von Netzeffekten.* Eine weitere Besonderheit im Softwarebereich ist die hohe Bedeutung von Netzeffekten. Netzeffekte liegen vor, wenn sich der Nutzen eines Gutes für einen Anwender dadurch erhöht, dass andere Anwender das Gut ebenfalls nutzen (Katz/Shapiro 1985). Je größer das Netzwerk dabei ist, umso besser ist dies i.d.R. für die Anwender. Diese Netzeffekte zeigen sich im Fall von Software zum einen dadurch, dass die gemeinsame Nutzung eines Softwarestandards z.B. einen problemlosen Datenaustausch ermöglicht und damit zu geringeren Transaktionskosten für den Anwender führt. Andererseits führt eine starke Verbreitung einer Software zu einem breiteren Angebot an kompatiblen Angeboten (Güter oder Dienstleistungen), was ebenfalls den Kundennutzen der Software steigert. In Märkten, die von Netzeffekten geprägt sind, kommt es daher häufig zu Monopolbildung. Um in dieser Wettbewerbssituation eine Chance zu haben, ist es für Anbieter daher sehr wichtig, möglichst schnell einen großen Marktanteil aufzubauen.

■ *Intangibilität/Immaterialität und hoher Anteil an Erfahrungsguteigenschaften.* Intangibilität ist eine weitere typische Eigenschaft von Software, die v.a. auch charakteristisch für Dienstleistungen ist. Dieser Aspekt bezieht sich darauf, dass das Produkt Software nicht greifbar (also intangibel) ist. Dementsprechend schwierig ist eine Beurteilung der Software vor dem Kauf bzw. vor deren Implementierung. Eng damit verbunden ist der hohe Anteil an Erfahrungsguteigenschaften am Gut Software. Als Erfahrungsguteigenschaften bezeichnet man Eigenschaften, die erst nach dem Kauf bzw. der Nutzung eines Gutes oder einer Leistung beurteilt werden können (Darby/Karni 1973; Nelson 1970). Bezogen auf den Softwaremarkt bedeutet dies für den Kunden, dass die Qualität der Software vor dem Kauf nur schlecht abgeschätzt werden kann. Beide Eigenschaften, Intangibilität bzw. Immaterialität sowie der hohe Anteil an Erfahrungsguteigenschaften, führen im Rahmen einer Kaufentscheidungssituation zu einem hohen wahrgenommen Risiko für den Kunden.

■ *Integration des externen Faktors.* Das Merkmal „Integration des externen Faktors" ist ebenfalls charakteristisch für Dienstleistungen und bedeutet, dass der Kunde einen externen Faktor in den Erstellungsprozess einer Dienstleistung einbringen muss. Externer Faktor kann dabei ein Lebewesen (also z.B. der Kunde selbst), ein materielles Gut oder eine Information sein (Homburg/Krohmer 2009). Im Falle der Software ist der externe Faktor z.B. das Unternehmen mit seinen Prozessen/Abläufen und übrigen Systemen. Software entfaltet ihren Nutzen also erst durch erfolgreiche Implementierung im Zusammenspiel mit anderen Systemen, bzw. durch eine angemessene und fachkundige Anwendung beim Kunden.

■ *Hohe Erklärungsbedürftigkeit.* Softwareprodukte sind für den Anwender komplexe Produkte, die erklärt werden müssen. Schon vor dem Kauf ist daher meist eine ausführliche Beratung nötig. Nach dem Kauf sind Services wie Implementierung, Schulung und später Wartung nötig, um dem Kunden die Nutzung der Software zu ermöglichen. Dies eröffnet einerseits Chancen für Zusatzgeschäft für den Anbieter, macht durch die Abstimmung der Preise für Software und komplementäre Services das Pricing jedoch auch deutlich komplexer.

■ *Dauerhaftigkeit der Nutzung.* Schließlich handelt es sich insbesondere im Bereich der Software im Geschäftskundenbereich im Regelfall um eine Nutzung, die auf Dauerhaftigkeit ausgelegt ist (z.B. bei ERP-, CRM-, BI-Anwendungen).

15.3.3   Implikationen für das Software-Pricing

Die im vorherigen Abschnitt beschriebenen Charakteristika des Gutes Software haben Implikationen in verschiedenen Bereichen des Preismanagements.

Implikationen für die Preisstrategie

Hohe Fixkosten und geringe variable Kosten sowie die hohe Bedeutung von Netzeffekten implizieren für die Preisstrategien einer Vielzahl von Softwareanbietern Preismodelle, die sie dabei unterstützen, schnell große Absatzvolumina zu erzielen und damit von Fixkostendegression und Netzeffekten zu profitieren. Intangibilität, Integration des externen Faktors und Erfahrungsguteigenschaften implizieren Risiko für den Kunden und erfordern Strategien des Anbieters, die dieses wahrgenommene Risiko minimieren. Geringe variable Kosten und die Dauerhaftigkeit der Nutzung der Software ermöglichen eine Gestaltung kreativer Preismodelle, die z.B. darauf abzielen, in einem ersten Schritt die Software möglichst weit zu verbreiten und dann in einem zweiten Schritt von einem eventuellen Servicegeschäft zu profitieren. Sie bergen jedoch auch die Gefahr, durch zu geringe Preise dem Preisniveau und damit der eigenen Profitabilität nachhaltig zu schaden.

Implikationen für die Preissetzung

Die beschriebene Kostenstruktur aus hohen Anfangsinvestitionen für die Produktentwicklung und sehr geringen variablen Kosten macht eine rein kostenbezogene Preissetzung ungeeignet und erfordert Methoden, die eine Preissetzung anhand der tatsächlichen Zahlungsbereitschaft der Kunden ermöglichen (vgl. hierzu auch die Beiträge von Klarmann/ Miller/Hofstetter und Rese in diesem Band).

Implikationen für das Preis- und Konditionensystem

Geringe variable Kosten verführen im Vertrieb zur leichtfertigen Vergabe von Rabatten. Preisnachlässe von bis zu 80 Prozent sind hier – gerade im Großkundenbereich – keine Seltenheit (Buxmann et al. 2008; Cusumano 2007 sowie Totzek 2011, S. 109). Dementsprechend sind Preis- und Konditionensysteme zu konzipieren und durchzusetzen, die hier wirkungsvoll gegensteuern.

Implikationen für die interne Preisdurchsetzung

Die Transparenz der generellen Kostenstruktur (hohe Fixkosten, geringe variable Kosten) bei gleichzeitigem Ziel des zügigen Aufbaus einer kritischen Masse zur optimalen Nutzung von Skalen- und Netzeffekten macht es notwendig, intern dem Ziel der Preisstabilität Nachdruck zu verleihen und insbesondere Vertriebsmitarbeiter auch im Tagesgeschäft hiervon zu überzeugen.

Implikationen für die externe Preisdurchsetzung

Die Intangibilität der Software und die hohe Erklärungsbedürftigkeit bedingen die Notwendigkeit einer nutzenorientierten Argumentation („Benefit Selling") im Verkaufsprozess. Die spezielle Kostensituation bei der Softwarebereitstellung (vernachlässigbare variable Kosten) ist auch kundenseitig bekannt. Dementsprechend besteht marktseitig ständig der Druck zu hohen Preisnachlässen.

Implikationen für das Preiscontrolling

Die geringen variablen Kosten machen eine kontinuierliche Überwachung der Preisdurchsetzung am Markt unverzichtbar, um die Preise auf dem strategisch gewünschten Niveau zu halten. Wenn diese Transparenz nicht besteht, ist die Gefahr groß, dass Preisniveaus und Margen durch mangelnde Disziplin und Kontrolle leicht über die Jahre sinken können.

15.4   Erfolgreiches Preismanagement in der Softwarebranche

Im Folgenden werden ausgewählte Aspekte im Rahmen des Software-Pricings dargestellt. Wir stützen uns dabei auf die Ergebnisse zweier empirischer Benchmarking-Studien.

Ein branchenübergreifendes, d.h. *externes Benchmarking* vergleicht die Softwarebranche mit anderen Branchen. Dieser „Blick über den Tellerrand" zeigt, wie andere Branchen bestimmte Herausforderungen im Pricing meistern, und ermöglicht gleichzeitig eine Aussage darüber, auf welchem Niveau das Preismanagement in der Softwarebranche stattfindet. Die Datengrundlage hierzu liefert eine branchenübergreifende Untersuchung unter 346 Unternehmen (hierzu ausführlich Homburg/Jensen/Schuppar 2005).

Ein *brancheninternes Benchmarking* stellt einen Vergleich verschiedener Unternehmen innerhalb der Softwarebranche her. Datengrundlage hierfür bildet eine Befragung unter 40 deutschen Softwareunternehmen, überwiegend aus dem Bereich der B2B-Standardsoftware (ausführlich Klarmann/Schäfer/Staritz 2009, S. 6ff.). Im Rahmen dieser Betrachtung werden jeweils im Hinblick auf das Preismanagement besonders erfolgreiche Unternehmen, sogenannte Pricing-Profis, und weniger erfolgreiche Unternehmen gegenübergestellt. Als Pricing-Profis bezeichnen wir dabei Unternehmen, die im Hinblick auf gleichzeitige Preis- und Mengensteigerungen in der Vergangenheit besonders erfolgreich waren und damit insgesamt im Hinblick auf ihre Umsatzrendite erfolgreicher waren als der Branchendurchschnitt (zu dieser Methodik ausführlich Homburg/Jensen/Schuppar 2005; Klarmann/Schäfer/Staritz 2009). Dieses interne Benchmarking zeigt also auf, in welchen Bereichen in der Softwarebranche Optimierungspotenzial besteht.

15.4.1   Preisstrategie

Wie Unternehmen in allen anderen Branchen müssen sich auch Softwareanbieter im Rahmen ihrer Preisstrategie selbstverständlich mit Themen wie der generellen Preis-Leistungspositionierung oder dem grundsätzlichen Verhalten im Preiswettbewerb beschäftigen (vgl. hierzu auch den Beitrag von Homburg/Totzek in diesem Band). Vor dem Hintergrund der Besonderheiten des Gutes Software erscheinen jedoch einige spezielle Aspekte zentral. Wie in Abschnitt 15.3.3 bereits ausgeführt wurde, sollten Preisstrategien einer Vielzahl von Softwareanbietern insbesondere darauf abzielen, zügig eine kritische Masse an Nutzern aufzubauen (Netzwerkeffekte und Kostenstruktur) und zu binden (Dauerhaftigkeit der Nutzung) sowie das wahrgenommene Risiko der Nutzer zu minimieren (Integration des externen Faktors, Erfahrungsguteigenschaften, Intangibilität). Vor diesem Hintergrund werden im Folgenden einige Themen bzw. Ansätze ausführlicher diskutiert:

- Produktlebenszyklusorientierte Preisplanung

- Festpreisangebote und Preisgarantien

- Preisdifferenzierung

Produktlebenszyklusorientierte Preisplanung

Eine produktlebenszyklusorientierte Preisstrategie ist bei Software besonders wichtig (vgl. hierzu auch den Beitrag von Rese in diesem Band). Hierbei geht es insbesondere um die Preissetzung zum Zeitpunkt der Markteinführung, die Abstimmung von Erst- und Folgegeschäft sowie die Preisentscheidungen gegen Ende des Lebenszyklus.

Im Rahmen der Markteinführung kommen für Softwareprodukte grundsätzlich drei verschiedene Optionen in Betracht: die Skimming-, die Penetrations- und die Follow-the-Free-Strategie.

Bei der *Skimmingstrategie* wird bei der Markteinführung zunächst ein relativ hoher Preis gesetzt (Homburg/Krohmer 2009). Ziel ist die Abschöpfung der Zahlungsbereitschaft besonders preisbereiter Kunden. Über die Zeit wird der Preis dann sukzessive gesenkt, um auch niedrigere Zahlungsbereitschaften abzuschöpfen. Mit dieser Vorgehensweise sollen die hohen Forschungs- und Entwicklungskosten von Softwareprodukten zügig amortisiert werden.

Bei der *Penetrationsstrategie* wird dagegen bereits bei der Markteinführung der Preis vergleichsweise niedrig gesetzt (Homburg/Krohmer 2009). Ziel ist es hier, innerhalb kürzester Zeit eine möglichst weite Verbreitung der Software im Markt zu erreichen. Diese Strategie wird insbesondere deshalb genutzt, um das Produkt als Standard im Markt zu etablieren und so von Netzeffekten zu profitieren. Sofern durch die starke Verbreitung der Nutzung bei den Anwendern erfolgreich Abhängigkeiten aufgebaut wurden, kann es später unter Umständen sogar möglich sein, den Preis zu erhöhen.

Die *Follow-the-Free-Strategie* macht sich den Umstand der geringen variablen Kosten der Softwarebereitstellung zu Nutze. Ziel ist es auch hier, schnell einen Standard im Markt zu etablieren und hierdurch Netzeffekte zu realisieren. Hierzu wird die Software kostenlos abgegeben. Sobald eine breite Basis installiert ist, werden die Umsätze über den Verkauf von kostenpflichtigen Komplementärprodukten, Premiumversionen oder komplementären Dienstleistungen erzielt (Buxmann et al. 2008; Zerdick et al. 1999).

Unabhängig von der gewählten Variante sollte die Preisentwicklung von Beginn an über den gesamten Produktlebenszyklus geplant werden. Hierzu zählt insbesondere auch die Abstimmung der Preise für das Lizenz- und das Service-Geschäft. Die Ergebnisse der branchenübergreifenden Studie zeigen, dass Automobilzulieferer dies ausgesprochen stark einsetzen. Die Softwarebranche findet sich im Vergleich hierzu nur im Mittelfeld wieder (vgl. **Abbildung 15.6**). Innerhalb der Softwarebranche sind die Software-Pricing-Profis den übrigen Unternehmen bei der Planung der Preisentwicklung über den gesamten Lebenszyklus von Produkten jedoch deutlich voraus (vgl. **Abbildung 15.7**).

Diese Pricing-Profis erwirtschaften auch einen größeren Teil ihres Umsatzes mit Services, die zu einem großen Teil Folgegeschäfte des Softwareumsatzes sind. Bei den Software-Pricing-Profis beträgt der Anteil am Gesamtumsatz, der durch Services erwirtschaftet wird, im Durchschnitt 43%. Bei den übrigen Unternehmen sind es im Durchschnitt nur 38%.

Abbildung 15.6 Ausmaß der produktlebenszyklusorientierten Preisplanung in der Softwarebranche

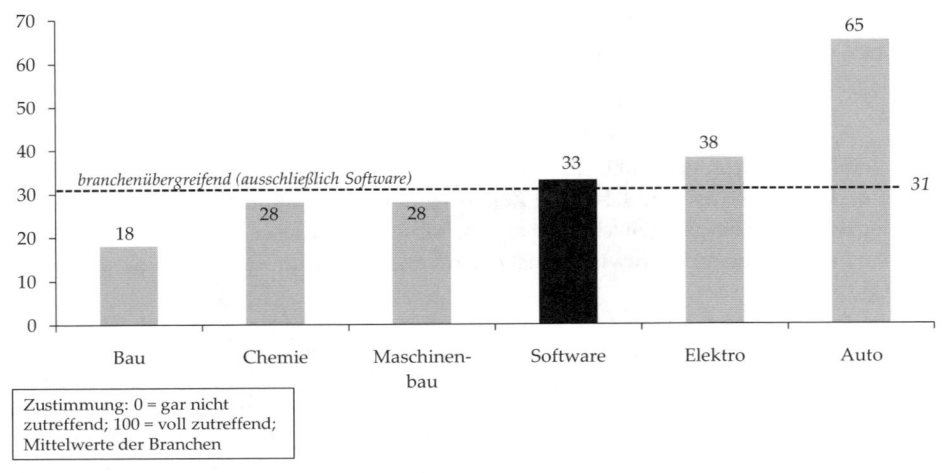

**„Wir planen Preisentwicklungen über den gesamten Lebenszyklus
von Produkten."**

Zustimmung: 0 = gar nicht
zutreffend; 100 = voll zutreffend;
Mittelwerte der Branchen

Abbildung 15.7 Ausmaß der Preisplanung in der Softwarebranche und Innovativität von
Software-Pricing-Profis

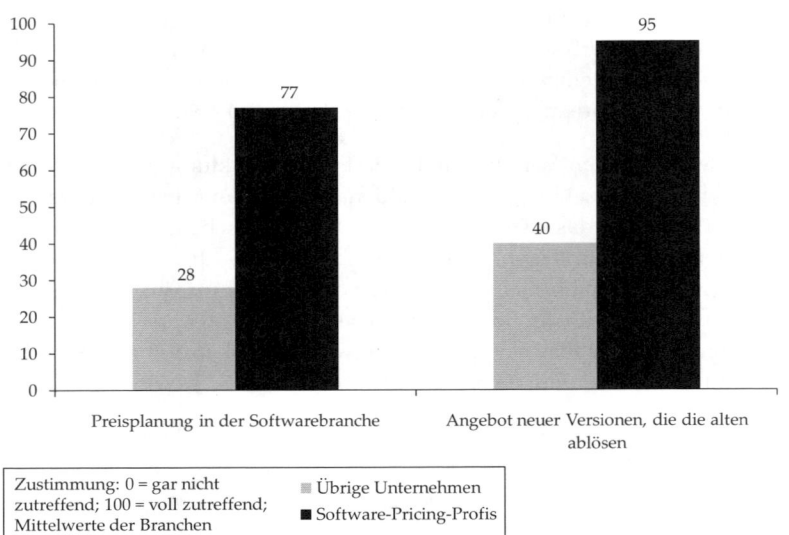

Zustimmung: 0 = gar nicht
zutreffend; 100 = voll zutreffend;
Mittelwerte der Branchen

▪ Übrige Unternehmen
■ Software-Pricing-Profis

Solche Services sind z.B. Wartung, Beratung, Schulung und Implementierung. Die Vorteile eines solchen Vorgehens liegen in der Glättung der Umsätze über den Zeitablauf. Während sich Lizenzgebühren nur in größeren Abständen erzielen lassen, fallen Service-Umsätze kontinuierlich an und sorgen für einen gleichmäßigen und planbaren Mittelzufluss. Somit steigt die Planbarkeit für die Anbieter und Zeiträume mit wenigen neuen Lizenzabschlüssen können überbrückt werden. Solche zweistufigen Einzahlungsströme sind auch in anderen Branchen zu finden. Autohändler bieten neben Neuwagen z.B. auch Reparatur und Wartung für die verkauften Fahrzeuge an. Abgesehen davon, dass diese Services vom Kunden erwartet werden und dem Händler die Möglichkeit der Kundenbindung bis zum nächsten Autokauf ermöglichen, erzeugen die Einnahmen aus diesem Werkstattgeschäft planbare, gleichmäßig Umsätze.

Ist ein Produkt am Ende seines Lebenszyklus angelangt, stehen zwei grundsätzliche preisstrategische Optionen zur Verfügung: Die Preise können angehoben oder gesenkt werden. Sofern ein neues Produkt das alte ablösen soll, können Kunden durch eine Erhöhung des Preises für das Altprodukt zum Wechsel motiviert werden. Alternativ kann durch eine Preissenkung für das Altprodukt eine Vergrößerung des Preisunterschieds zum neuen Produkt hergestellt werden. Das damit verbundene Preissignal soll zu einer Verbesserung der Qualitätswahrnehmung des neuen Produktes gegenüber dem alten Produkt führen.

In diesem Zusammenhang ist auch eine andere Erkenntnis unserer Studie relevant, die über die Preisstrategie im engeren Sinn hinausgeht: Erfolgreiche Unternehmen bieten häufiger neue Versionen ihrer Software an, anstatt alte Versionen durch Updates kontinuierlich zu pflegen (vgl. **Abbildung 15.7**). Auf diese Weise erzielen diese Unternehmen höhere Einnahmen durch neue Lizenzabschlüsse, die bei einer reinen Versionenpflege nicht anfallen würden.

Festpreisangebote und Preisgarantien

Intangibilität, Erfahrungsguteigenschaften und die Notwendigkeit der Integration des externen Faktors implizieren ein relativ hohes wahrgenommenes Risiko für die Anwender/ Kunden. Insbesondere bei der Neueinführung oder dem Wechsel bzw. Austausch schnittstellenintensiver Anwendungssoftware (z.B. ERP- oder CRM-Systeme) ergibt sich so für die Kunden ein hohes Risiko (Kostenaufwand für Implementierung und Anpassung von Software und Prozessen), das im Gegensatz zu den eigentlichen Kosten für die Software schwer abzuschätzen ist. Dieses Risiko führt zu einer nicht zu unterschätzenden Scheu vor einer Softwareeinführung oder auch einem Anbieterwechsel.

Dieser Scheu sollte mit einer geeigneten Preisstrategie entgegengewirkt werden. Anbieter können hier durch das Angebot von Festpreisen oder durch Preisgarantien für den kompletten Wechsel zur ihrer Software das Risiko für den Kunden reduzieren. Software-Pricing-Profis verfolgen solche Strategien deutlich häufiger als die übrigen Unternehmen (vgl. **Abbildung 15.8**).

Abbildung 15.8   Angebot von Festpreisen oder Preisgarantien

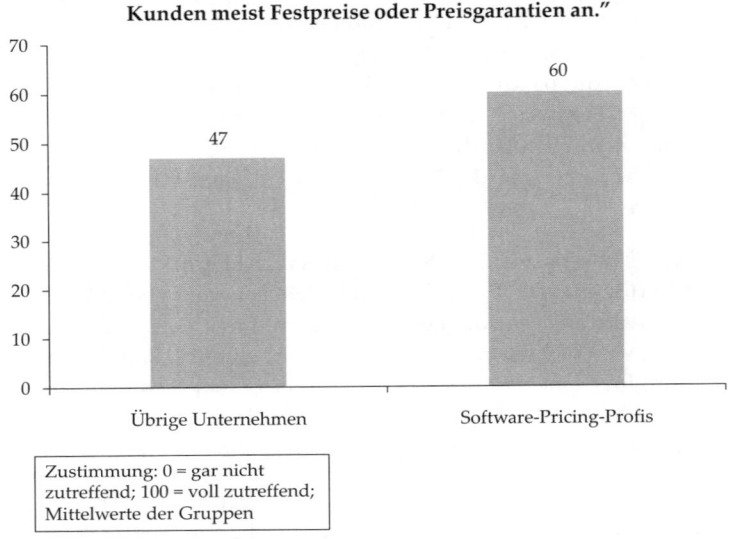

„Für produktbegleitende Services bieten wir unseren
Kunden meist Festpreise oder Preisgarantien an."

Zustimmung: 0 = gar nicht
zutreffend; 100 = voll zutreffend;
Mittelwerte der Gruppen

Ein Beispiel für den Einsatz einer solchen Strategie in der Praxis bietet SAP mit ihrem „Safe Passage Program". Hierbei wird Kunden im ERP-Bereich für den Wechsel von einem anderen Anbieter zu SAP eine kostenneutrale Lösung angeboten. SAP übernimmt in diesen Fällen die bei Kunden anfallenden Kosten und übernimmt somit vollständig deren Preisrisiko (Buxmann/Diefenbach/Hess 2008, S. 31).

Preisdifferenzierung

Preisdifferenzierung bedeutet, dass das prinzipiell gleiche Produkt oder die gleiche Leistung verschiedenen Kunden zu unterschiedlichen Preisen angeboten wird (Homburg/ Krohmer 2009). Produkte und Leistungen sind hierbei z.B. Softwarelizenzen oder Wartungsverträge. Die Höhe der Preise wird dann anhand verschiedener Kriterien festgelegt. In der Softwareindustrie kommt grundsätzlich eine Preisdifferenzierung nach folgenden Kriterien in Frage: einzelne Kunden oder Kundensegmente, Abnahmemengen (d.h. Anzahl Lizenzen oder Wartungsverträge), Kaufzeitpunkte, Absatzkanäle, Vertriebsregionen. **Abbildung 15.9** gibt einen Überblick über die Anwendung der Preisdifferenzierung anhand dieser Kriterien in der Softwareindustrie.

Innerhalb der Softwarebranche zeigt sich, dass Software-Pricing-Profis ihre Preise stärker differenzieren als ihre Wettbewerber. Insbesondere Preisdifferenzierung nach Vertriebsregionen wird von den Pricing-Profis intensiv eingesetzt (vgl. **Abbildung 15.9**). Hier können z.B. regionale Preis- und Wettbewerbsunterschiede berücksichtigt werden. Für Softwareprodukte lässt sich die Nutzung über Lizenzverträge auf bestimmte Regionen einschränken. Sofern die Software nur in der jeweiligen Landessprache oder in Kombination mit Wartungsverträgen angeboten wird, kann dies außerdem helfen, unerwünschte Reimporte zu verhindern (hierzu auch Homburg/Krohmer 2009, S. 1066f.).

Abbildung 15.9 Ausprägungen der Preisdifferenzierung

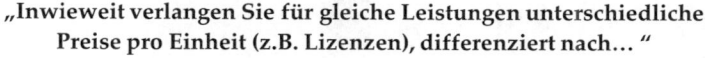
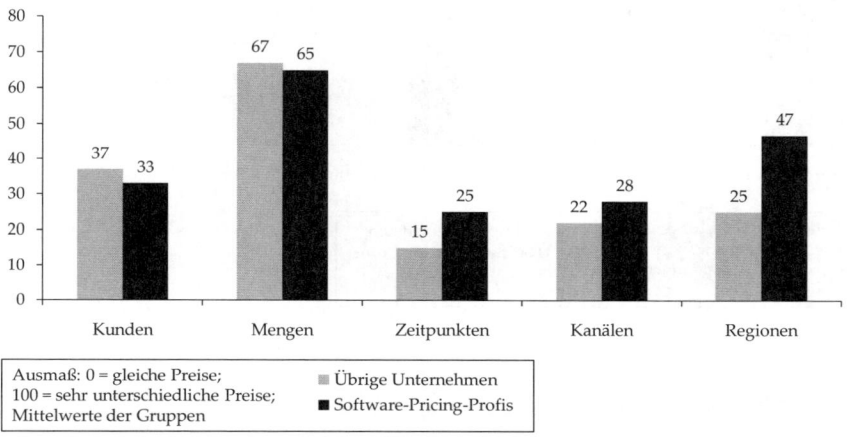

Neben diesen Formen der Preisdifferenzierung bietet sich auch eine Preisdifferenzierung nach verschiedenen Formen von *Service Levels* an. Die Bedürfnisse in Bezug auf komplementäre Dienstleistungen unterscheiden sich von Kunde zu Kunde stark. Während manche Kunden im eigenen Unternehmen über fundiertes IT-Know-how verfügen, haben andere Kunden deutlich weniger Expertise und benötigen im Hinblick auf Betreuung oder Implementierung dementsprechend stärkere Unterstützung durch den Anbieter. Durch das Angebot der Serviceleistungen in verschiedenem Umfang bzw. zu verschiedenen Service Levels kann diesen Bedürfnissen der Kunden besser entsprochen werden. Die Kunden wählen je nach ihrem individuellen Bedürfnis und je nach Zahlungsbereitschaft selbst das für sie jeweils passende Service Level aus. Über diese Selbstselektion lassen sich automatisch niedrige wie auch sehr hohe Zahlungsbereitschaften abschöpfen. Pricing-Profis haben dies erkannt und bieten daher ihre Dienstleistungen in einem hohen Maß zu verschiedenen Service Levels und entsprechenden Preisniveaus an (vgl. **Abbildung 15.10**).

Zur Ausgestaltung dieser Service Levels gibt es eine Vielzahl verschiedener Möglichkeiten. Bei der Wartung kann z.B. nach Dauer (begrenzt oder über die gesamte Lizenzlaufzeit), Interaktionsart (persönlich, telefonisch, Email) oder Erreichbarkeit (5 x 9.00h – 18.00h oder 7 x 24h) unterschieden werden. Bei der Beratung, Schulung und Implementierung kann z.B. nach der Erfahrung der eingesetzten Berater differenziert werden.

Abbildung 15.10 Service Levels der Dienstleistungen

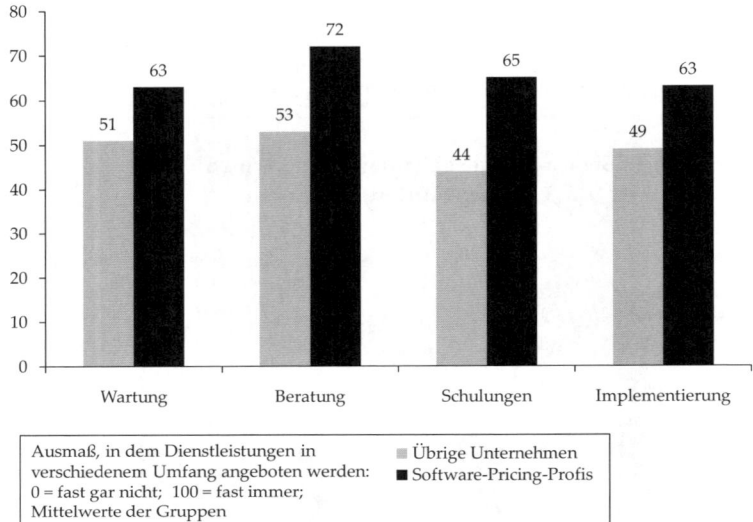

15.4.2   Preissetzung

Zur Preissetzung stehen prinzipiell drei verschiedene Ansätze zur Verfügung (vgl. hierzu ausführlich den Beitrag von Homburg/Totzek in diesem Band sowie z.B. Homburg/Krohmer 2009). Dies sind eine kosten-, eine wettbewerbs- und eine nutzenorientierte Vorgehensweise.

Aufgrund der Besonderheiten des Gutes Software (geringe variable Kosten) erscheint insbesondere eine rein kostenorientierte Vorgehensweise ungeeignet zur Preissetzung. In der Praxis sollten daher optimalerweise alle drei Methoden kombiniert zum Einsatz kommen: Eine *kostenorientierte Kalkulation* definiert zunächst eine klare Preisuntergrenze. Eine sorgfältige *Analyse der Wettbewerbspreise* gibt ein Gefühl für das Preisgefüge im Markt und definiert gleichzeitig faktisch die Preisobergrenze. Es ist zu raten, sich hier nicht einfach auf das bereits bestehende „Bauchgefühl" zu verlassen. Es ist regelmäßig festzustellen, dass Unternehmen ihre Produkte teurer einschätzen als sie es tatsächlich sind (Homburg/Jensen/Schuppar 2005; Scholl/Totzek 2010). Die naheliegende Befragung der eigenen Vertriebsmitarbeiter gibt nur ein verzerrtes Bild der Realität wieder, da diese aus taktischen Gründen geneigt sind, die Preise als „über Wettbewerbsniveau" darzustellen. Daher sollten zur Ermittlung der tatsächlichen Preise vorzugsweise unabhängige Marktforschungsinstitute eingesetzt werden, die mit Hilfe verschiedener Befragungsinstrumente für ein objektives Bild sorgen können. Je nach Standardisierungsgrad der Software kann hier z.B. das aus dem B2C-Bereich bekannte „Mystery Shopping" (Testkäufe) ein ausgesprochen erkenntnisreiches Instrument sein. Im Rahmen der *nutzenorientierten Preisbestimmung* kommen zwei grundsätzliche Varianten in Betracht. Zum einen kann der *objektive* Nutzen bestimmt werden. Dies bietet sich insbesondere im Projektgeschäft und bei sehr stark individualisierter Software an. Hier kann im Vorfeld berechnet werden, welchen Einfluss die neue Software auf die Kosten- und Erlössituation des Kunden hat. Der Preis der Software richtet sich dann z.B. nach der erwarteten Kostensenkung, Umsatzsteigerung oder dem ROI der Softwareimplementierung bzw. -nutzung. Der zweite nutzenorientierte Ansatz ist die Preissetzung nach *subjektiven* Zahlungsbereitschaften. Hier kommen z.B. Marktforschungsmethoden wie die Conjoint-Analyse, die iterative Preisschwellenermittlung oder die Van Westendorp-Methode („Price-Sensitivity-Meter") in Betracht (vgl. hierzu ausführlich den Beitrag von Klarmann/Miller/Hofstetter in diesem Band sowie Herrmann/Homburg/Klarmann 2008; Homburg/Krohmer 2009). Die verschiedenen Methoden unterscheiden sich sehr stark in ihrem Aufwand. Welche dieser Methoden im konkreten Fall zu verwenden ist, hängt von einer Vielzahl von Faktoren ab.

Da jede Methode mit gewissen Vor- und Nachteilen verbunden ist, sollten möglichst verschiedene Methoden in Kombination eingesetzt werden. Insgesamt zeigt sich (vgl. **Abbildung 15.11**), dass die Softwareindustrie im Branchenvergleich noch vergleichsweise wenig Marktforschung zur Preissetzung nutzt. Gleichzeitig zeigt sich allerdings, dass die erfolgreicheren Softwareanbieter in deutlich stärkerem Ausmaß insbesondere auf das Instrument der Kundenbefragungen vertrauen (vgl. **Abbildung 15.12**).

Abbildung 15.11 Einsatz moderner Marktforschungsmethoden im Branchenvergleich

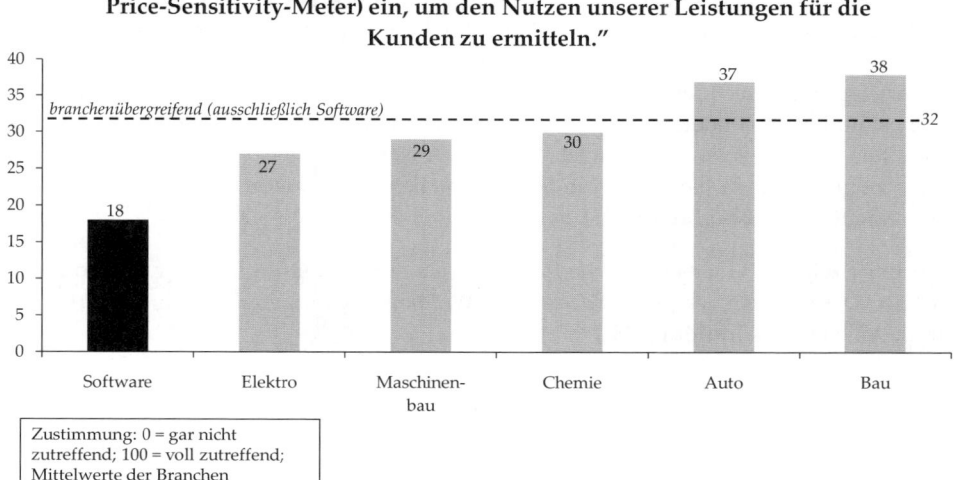

Abbildung 15.12 Einsatz von Marktforschungsmethoden in der Softwarebranche

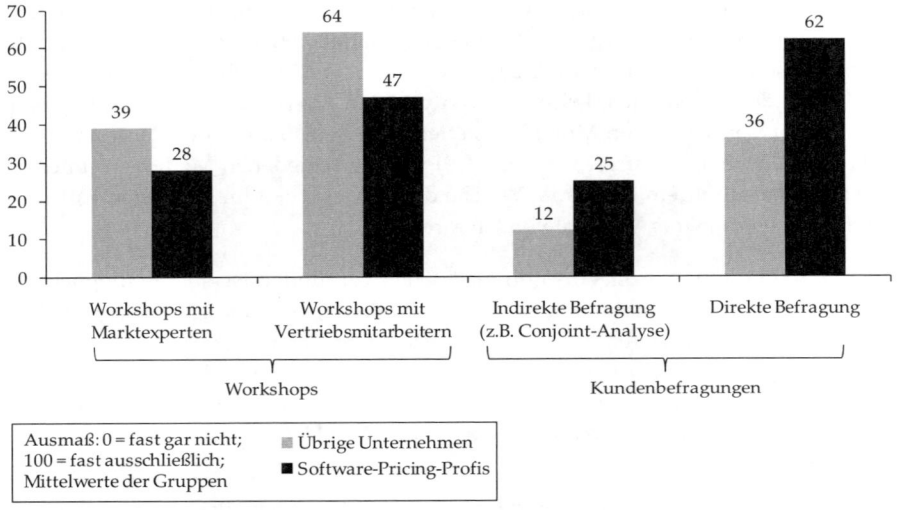

„In welchem Ausmaß verwenden Sie folgende Methoden, um die Preisbereitschaft Ihrer Kunden zu ermitteln?"

Der letzte Schritt im Rahmen der Preissetzung ist die Festlegung des optimalen Preises. Sämtliche Methoden geben nur Hilfestellung im Hinblick auf diese Frage. Je nachdem, welche Ziele (z.B. Gewinn-, Umsatz-, Absatz-/Marktanteilsziele) im konkreten Fall priorisiert werden, können unterschiedliche Preise optimal sein. Oft werden daher die Auswirkungen verschiedener Preise auf diese Ziele vor dem Hintergrund unterschiedlicher Szenarien simuliert. Besonders relevant ist eine solche Simulation, wenn gleichzeitig verschiedene Preis- und Lizenzmodelle angeboten werden sollen. In der branchenübergreifenden Studie zeigt sich auch hier, dass die Softwarebranche noch kaum auf dieses Instrument zurückgreift (vgl. **Abbildung 15.13**).

Allerdings zeigt sich hier wieder die Vorreiterrolle der Pricing-Profis unter den Softwarehäusern. Diese setzen, verglichen mit ihren Wettbewerbern, bereits deutlich stärker auf Simulationen (vgl. **Abbildung 15.14**).

Abbildung 15.13 Einsatz von Modellen zur Simulation von Preisen im Branchenvergleich

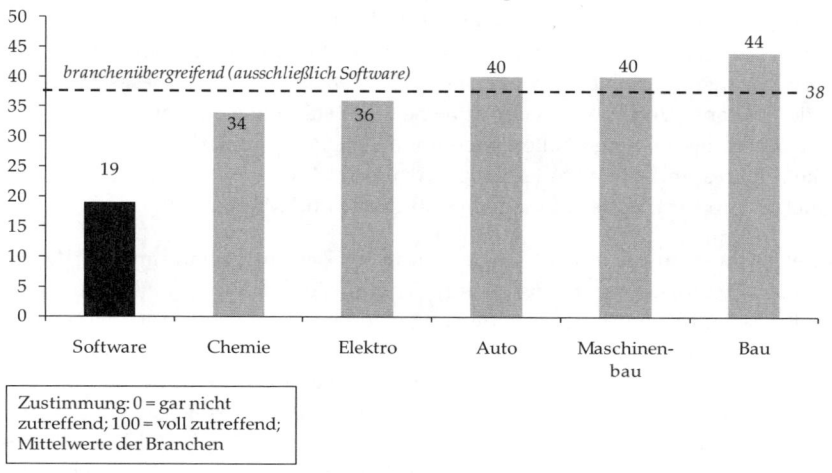

„Wir verwenden Modelle zur Simulation von Preisen und deren Auswirkungen."

Zustimmung: 0 = gar nicht zutreffend; 100 = voll zutreffend; Mittelwerte der Branchen

Abbildung 15.14 Einsatz von Marktforschungsmethoden und Simulationen in der Softwarebranche

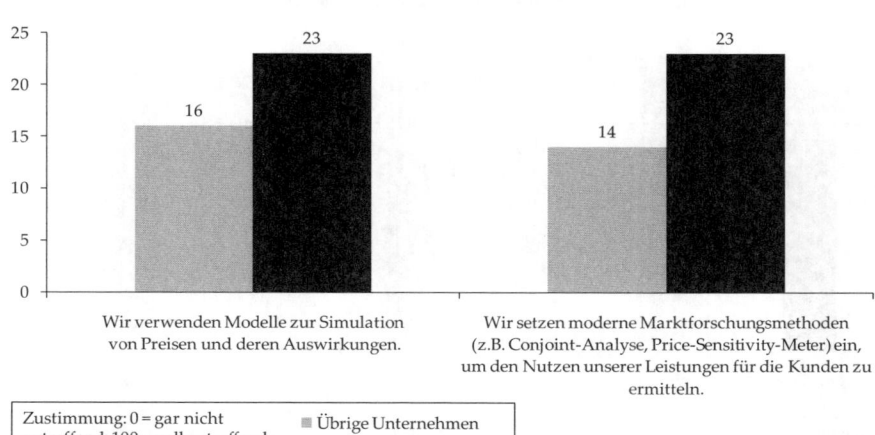

„In welchem Ausmaß verwenden Sie folgende Methoden, um die Preisbereitschaft Ihrer Kunden zu ermitteln?"

Zustimmung: 0 = gar nicht zutreffend; 100 = voll zutreffend; Mittelwerte der Gruppen

■ Übrige Unternehmen
■ Software-Pricing-Profis

15.4.3   Preis- und Konditionensystem

Damit die Preisstrategie auch im Tagesgeschäft konsequent umgesetzt wird, ist die Konzeption und Nutzung eines Preis- und Konditionensystems von zentraler Bedeutung (vgl. hierzu auch den Beitrag von Miller/Krohmer in diesem Band). Dies ist insbesondere bedeutsam vor dem Hintergrund der Besonderheiten des Gutes Software. Zentrale Eigenschaften von Software sind die hohen fixen Kosten in der Entwicklungsphase und die anschließend sehr geringen variablen Kosten der Softwarebereitstellung. Dieses Muster ist auch bei Kunden bekannt und führt dementsprechend zu ständigen Forderungen nach extrem hohen Rabatten, die in vielen Fällen auch ohne jegliche Gegenleistung gewährt werden. Gibt es kein klares und v.a. auch leistungsorientiertes Preis- und Konditionensystem, ist ein „Einknicken" im Vertrieb leicht möglich und Preise und Margen schwinden.

Im Rahmen der Diskussion der Preisstrategie wurde im Zusammenhang mit der Durchsetzung von Preisdifferenzierung bereits ausführlich auf die Bedeutung der Leistungsorientierung des Preis- und Konditionensystems hingewiesen (Homburg/Daum 1997). Damit ist gemeint, dass ein Kunde dann „bessere" Preise oder Konditionen erhält, wenn er eine Gegenleistung für den Anbieter erbringt. Das Paradigma heißt also „Quid pro quo – Leistung für Gegenleistung". Solche Gegenleistungen der Kunden für Preisnachlässe können zum Beispiel die Abnahme großer Mengen (z.B. mehr Lizenzen), frühere Zahlungstermine oder sogar Vorauszahlungen sein. Hieraus ergeben sich für den Anbieter Kostenersparnisse, die die Preisnachlässe teilweise kompensieren.

Abbildung 15.15 Einsatz leistungsbezogener Konditionensysteme im Branchenvergleich

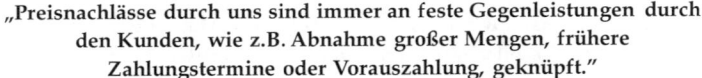

„Preisnachlässe durch uns sind immer an feste Gegenleistungen durch den Kunden, wie z.B. Abnahme großer Mengen, frühere Zahlungstermine oder Vorauszahlung, geknüpft."

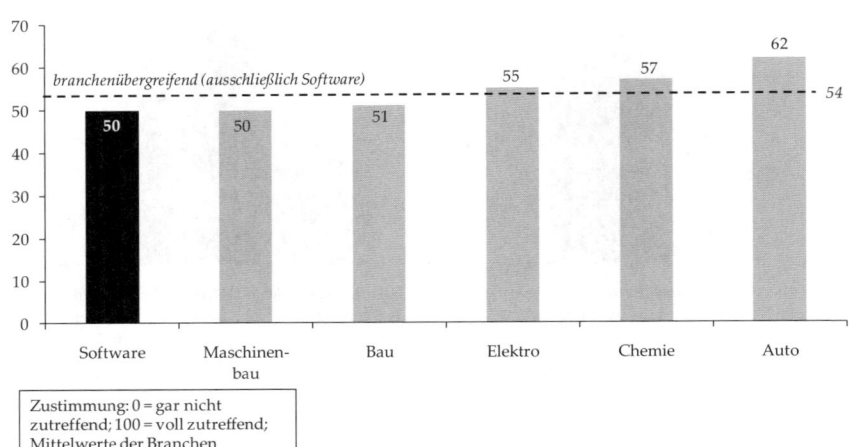

Im Rahmen der Konzeption des Preis- und Konditionensystems sollte man sich auch mit der Fragestellung auseinandersetzen, wann, in welchem Ausmaß und v.a. auch von wem indirekte Konditionen, Sonderboni oder Naturalrabatte (z.B. die kostenlose Überlassung von Probelizenzen oder Services) gewährt werden dürfen. In diesem Zusammenhang muss der Anbieter sich selbstverständlich zunächst darüber klar werden, welches Kundenverhalten er fördern will. Hieran orientieren sich dann die Konditionen. Angestrebtes Kundenverhalten kann z.B. die Ausweitung von Abnahmemengen, Cross Buying, Loyalität oder eine frühe Zahlung sein.

Unsere empirischen Ergebnisse zeigen, dass die Softwareindustrie im Branchenvergleich noch Schlusslicht bei der Anwendung leistungsorientierter Preis- und Konditionensysteme ist (vgl. **Abbildung 15.15**). Die Pricing-Profis in der Softwarebranche sind hingegen diesbezüglich Vorreiter und nutzen mehrheitlich solche Systeme (vgl. **Abbildung 15.16**).

Abbildung 15.16 Einsatz leistungsbezogener Konditionensysteme in der Software-branche

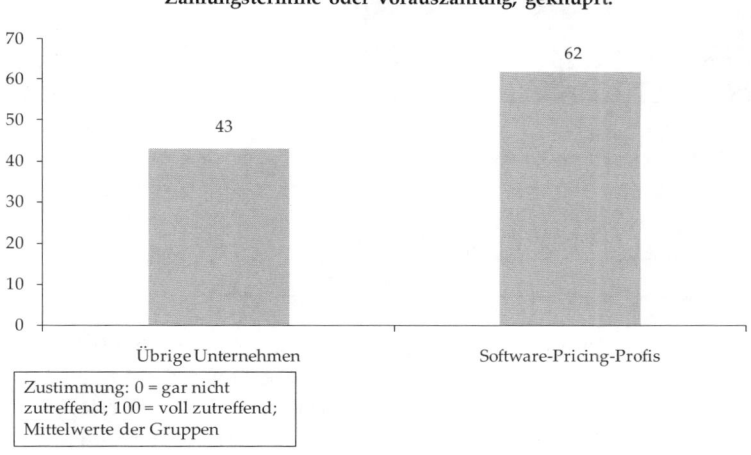

„Preisnachlässe durch uns sind immer an feste Gegenleistungen durch den Kunden, wie z.B. Abnahme großer Mengen, frühere Zahlungstermine oder Vorauszahlung, geknüpft."

Zustimmung: 0 = gar nicht zutreffend; 100 = voll zutreffend; Mittelwerte der Gruppen

15.4.4 Interne Preisdurchsetzung

Preise sind im Verhandlungsprozess zwischen Vertriebsmitarbeitern und Kunden kontinuierlichem Druck ausgesetzt. Dies ist insbesondere dann der Fall, wenn bekannt ist, dass die variablen Kosten nahe null sind. Selbst das bestkonzipierte Preis- und Konditionensystem ist deshalb ständig gefährdet, unterlaufen zu werden. Damit dies nicht geschieht, sollten unternehmensseitig „Gegengewichte" geschaffen werden.

An der Preisfindung und an der späteren Preisdurchsetzung sind viele verschiedene Abteilungen beteiligt. Im Allgemeinen sind dies: Marketing/Produktmanagement, Vertrieb, Finanzen/Controlling, die Geschäftsführung sowie in vielen Unternehmen eine eigene Preisabteilung, die sich schwerpunktmäßig mit der Preisfindung und Überwachung der Preisdurchsetzung beschäftigt. Im Rahmen unserer Erhebung fällt auf, dass erfolgreiche Unternehmen insbesondere auf eine relativ stärkere Beteiligung von Finanzen/Controlling sowie auf eine eigene Preisabteilung setzen (vgl. hierzu **Abbildung 15.17**).

Abbildung 15.17 Beteiligung verschiedener Abteilungen an der Preisfindung

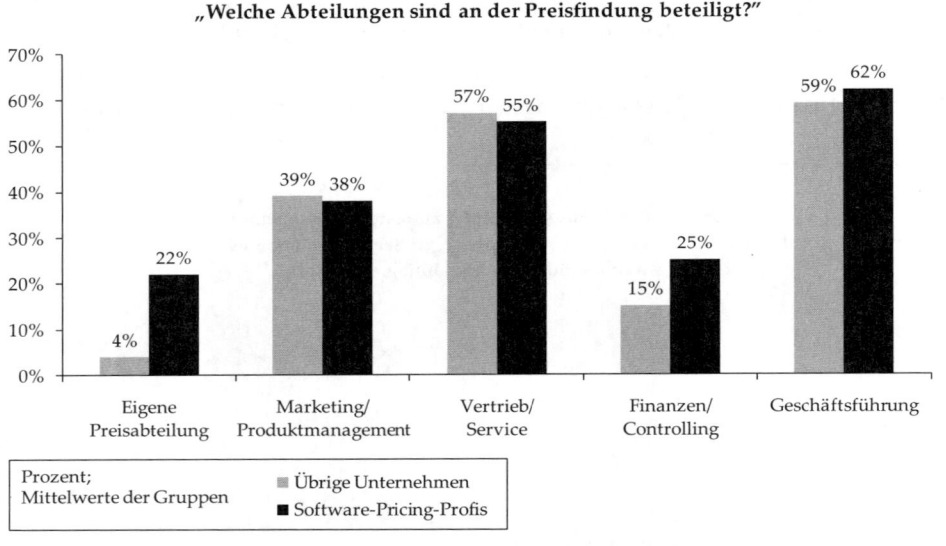

Unabhängig von der organisatorischen Verankerung der mit dem Pricing befassten Personen im Unternehmen fällt im Rahmen unserer branchenübergreifenden Studie auf, dass in vielen Branchen ausgewählte Personen einen Großteil ihrer Arbeitszeit mit der Analyse, Planung und Kontrolle von Preisentscheidungen verbringen. Dies ist bei den Softwareherstellern bisher erst wenig verbreitet (vgl. **Abbildung 15.18**).

Es zeigt sich jedoch, dass insbesondere die Pricing-Profis auch hier schon deutlich stärker engagiert sind als das Gros der Wettbewerber in der Branche (vgl. **Abbildung 15.19**). Wenn auch noch auf geringerem Niveau, so sind die Pricing-Profis hier dabei, Anschluss zu gewinnen. Dies steht im Einklang mit dem Trend zur Installation einer eigenen Preisabteilung (vgl. **Abbildung 15.17**).

Abbildung 15.18 Einsatz von Pricing-Experten im Branchenvergleich

„In unserer Geschäftseinheit gibt es ausgewählte Personen, die den Großteil ihrer Arbeitszeit mit Analyse, Planung und Kontrolle von Preisentscheidungen verbringen."

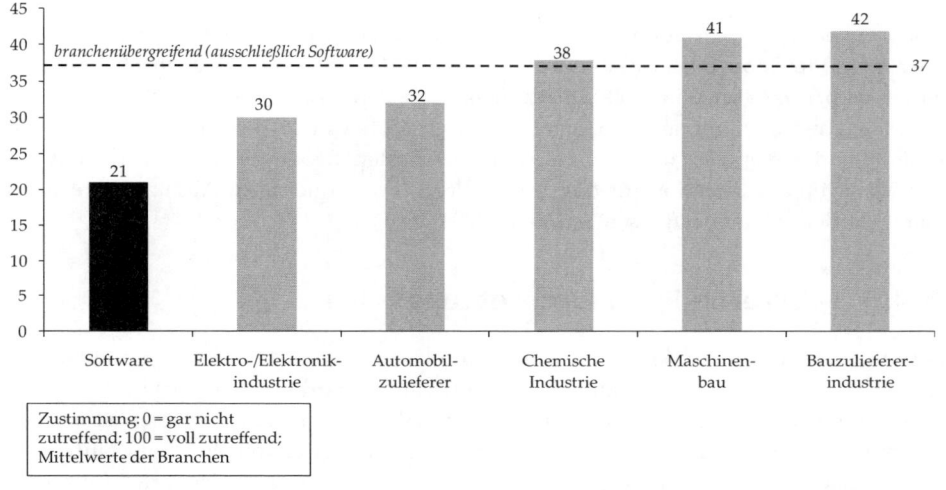

Zustimmung: 0 = gar nicht zutreffend; 100 = voll zutreffend; Mittelwerte der Branchen

Abbildung 15.19 Einsatz von Pricing-Experten in der Softwarebranche

„In unserer Geschäftseinheit gibt es ausgewählte Personen, die den Großteil ihrer Arbeitszeit mit Analyse, Planung und Kontrolle von Preisentscheidungen verbringen."

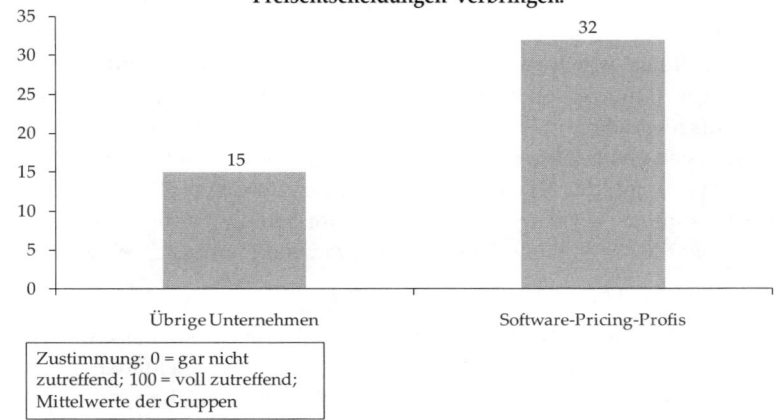

Zustimmung: 0 = gar nicht zutreffend; 100 = voll zutreffend; Mittelwerte der Gruppen

So gut in der Theorie die Aufgaben auch verteilt sind, im Tagesgeschäft muss oft zügig ge-handelt werden. Daher muss der Außendienst immer gewisse Spielräume bei der Preisver-handlung haben; Allerdings sollten diese auf bestimmte Bandbreiten beschränkt bleiben. Die Festlegung dieser Bandbreiten sollte durch die Preisabteilung oder die Geschäftsfüh-rung geschehen und die Möglichkeit einer Abweichung von diesen Vorgaben sollte durch Eskalationsroutinen klar definiert werden.

Außerdem hat die Praxis gezeigt, dass entsprechende monetäre Anreize die Durchsetzung hoher Preise fördern: Eine variable Vergütung auf der Basis von Deckungsbeiträgen ist hier ein verbreitetes und sinnvolles Instrument. Daneben dürfen aber auch die motivieren-de Rolle nicht-monetärer, also z.B. symbolischer Incentives wie „Pricing Awards" für den Verkäufer oder das Verkaufsteam mit den niedrigsten Rabatten, sowie insgesamt eine hohe Management-Attention für das Thema Preis (im Vergleich zu Absatz), nicht unter-schätzt werden (Homburg/Jensen/Schuppar 2004, 2005).

15.4.5   Externe Preisdurchsetzung

Preise müssen gegenüber dem Kunden kommuniziert werden. Dies ist insbesondere eine Herausforderung, wenn das Produkt oder die Leistung abstrakt, intangibel und durch Er-fahrungsguteigenschaften ausgezeichnet ist (vgl. Abschnitt 15.3.2) – all dies ist bei Soft-ware der Fall. Der Kunde muss also von der Qualität und v.a. von Wert und Nutzen der Software überzeugt werden. Entscheidend ist hierbei eine „nutzenorientierte" Kommuni-kation (hierzu ausführlich Homburg/Schäfer/Schneider 2010 sowie der Beitrag von Hom-burg/Totzek in diesem Band). Dabei ist das Ziel, dem Kunden vor Augen zu führen, wie die neue Software seine Prozesse unterstützt und ihm damit nutzt. Dazu ist es nötig, den Nutzen zu quantifizieren. Konkret sollte dem Kunden gezeigt werden, wie sich das Pro-dukt auf die Kosten- und Ertragssituation auswirkt. Vergleiche mit der Vorgängerversion oder Wettbewerbsprodukten sind hierbei hilfreich.

In der Praxis müssen dafür klare Argumentationsleitfäden entwickelt werden, die den Außendienstmitarbeiter im Tagesgeschäft bei dieser Aufgabe unterstützen. Als besonders hilfreich und wirkungsvoll haben sich auch Excel-Tools erwiesen, die aufgrund bestimm-ter Angaben schnell solche „Nutzen" quantifizieren oder sogar einfache Simulationen zu-lassen. So ist im Verkaufsgespräch problemlos eine Adaption auf die jeweilige Verkaufssi-tuation möglich. Im Rahmen einer solchen sogenannten „Total Benefit of Ownership"-Be-trachtung lässt sich auch sehr gut der Nutzen von eventuell im Produkt enthaltenen Servi-ces bzw. Zusatzdienstleistungen vor Augen führen, die vom Kunden gerne als selbstver-ständlich angenommen werden (vgl. hierzu auch den Beitrag von Homburg/Totzek in die-sem Band).

Auch hier zeigt sich, dass Pricing-Profis dies erkannt haben. Diese setzen stark auf regel-mäßige Schulungen ihrer Mitarbeiter und entwickeln Argumentationsleitfäden zur Be-handlung typischer Einwände im Verkaufsgespräch (vgl. **Abbildung 15.20**).

Abbildung 15.20 Qualifizierung der Vertriebsmitarbeiter für Preisverhandlungen in der Softwarebranche

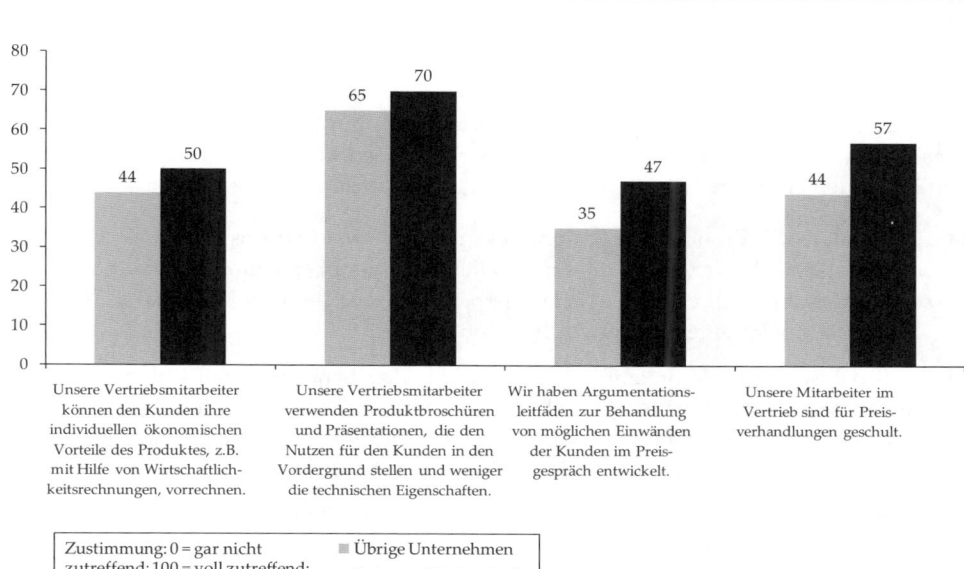

15.4.6   Preiscontrolling

Der Kreis schließt sich durch ein systematisches Preiscontrolling, das die Entwicklung der Preise im Zeitablauf überwacht. Diese Überwachung ist insbesondere deshalb nötig, da gerade bei einem Gut wie Software, das sich wie bereits mehrfach betont durch sehr geringe variable Kosten auszeichnet, Preisniveaus und Margen durch mangelnde Disziplin und Kontrolle sehr leicht über die Jahre sinken können.

Bei einer systematischen Kontrolle der Preisentwicklung sollten drei *Analyseziele* im Vordergrund stehen (vgl. hierzu auch den Beitrag von Homburg/Totzek in diesem Band):

■ das tatsächlich durchgesetzte Preisniveau,

■ die Preisspreizung und

■ die Preisentwicklung im Zeitablauf.

Daneben sollten vier zentrale *Analyseobjekte* berücksichtigt werden:

■ Leistungen (d.h. Produkte und Services),

■ Vertriebseinheiten (z.B. Regionen, Teams, Verkäufer),

■ Kunden (z.B. Segmente und Klassen) und

■ Aufträge.

Die Darstellung des kompletten Preiscontrollings sprengt den Rahmen dieses Beitrags. Daher wollen wir hier für eine detaillierte Diskussion der einzelnen Instrumente auf Homburg/Jensen/Schuppar (2004) und den Beitrag von Homburg/Totzek in diesem Band verweisen. Wir wollen an dieser Stelle allerdings einen Überblick geben, welche Instrumente und Methoden zur Klärung bestimmter Fragen grundsätzlich geeignet sind:

■ Zur Analyse der Profitabilität bestimmter Produkte oder Services sollten „Pocket Preise" (d.h. tatsächlich erzielte Preise nach allen Abzügen) berechnet werden. Außerdem sollte anhand der „Preistreppe" analysiert werden, welche Konditionenarten für welche Erlösschmälerungen verantwortlich sind.

■ Zur Analyse der Preisspreizung eignet sich das Preisband. Hier wird untersucht, wie viel Prozent des Umsatzes mit welchen Nettopreisen erzielt wurden. Diese Analyse lässt sich auch für bestimmte Kundensegmente oder Regionen durchführen. Eine weitergehende Analyse beschäftigt sich mit Breite und Art des Verlaufs des Preisbandes.

■ Für eine Analyse der Preisentwicklung im Zeitablauf bietet sich die Betrachtung von Preis- und Mengenindizes an.

■ Für einen Vergleich verschiedener Vertriebseinheiten, z.B. Länder, Regionen, Branchen oder Verkäufer(-teams), sollten darüber hinaus Preiskorridore und Preisniveaus betrachtet werden.

■ Zur Analyse der einzelnen Kundenbeziehung können neben Kundendeckungsbeitragsrechnungen Portfolios erstellt werden, die die gewährten Rabatte in Bezug zum getätigten Umsatz setzen.

Schließlich ermöglicht eine Analyse durchschnittlicher Auftragswerte Rückschlüsse auf die verhaltenssteuernde Funktion des Preis- und Konditionensystems. Unsere branchenübergreifende Studie zeigt, dass die Softwarebranche hier insgesamt noch Nachholbedarf hat. Es werden weder die zeitliche Entwicklung der Nettoverkaufspreise (z.B. über Preisindizes; vgl. **Abbildung 15.21**) noch die Preisdurchsetzung auf Ebene der Verkäufer gemessen (vgl. **Abbildung 15.22**).

Allerdings sind auch in diesem Bereich die Pricing-Profis bereits weiter und kennen die zeitliche Entwicklung ihrer Nettoverkaufspreise besser als ihre Mitbewerber (vgl. **Abbildung 15.23**). Das regelmäßige Preismonitoring schafft Transparenz bzgl. des im Zeitverlauf tatsächlich im Markt durchgesetzten Preisniveaus. Sobald sich ein (ungeplantes) Absinken der Preise zeigt, können hier schnell Maßnahmen für ein Gegensteuern eingeleitet werden.

Abbildung 15.21 Einsatz von Monitoringsystemen (zeitliche Entwicklung der Preise) im Branchenvergleich

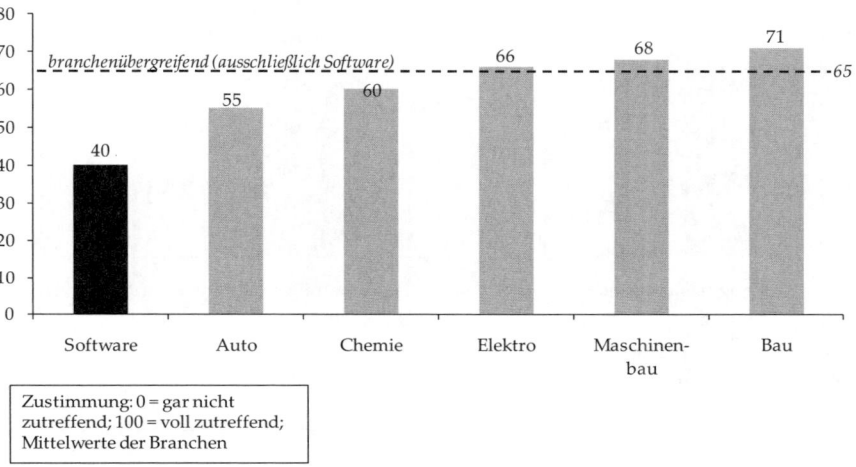

„Wir kennen die zeitliche Entwicklung unserer Nettoverkaufspreise (z.B. über Preisindizes)."

Zustimmung: 0 = gar nicht zutreffend; 100 = voll zutreffend; Mittelwerte der Branchen

Abbildung 15.22 Einsatz von Monitoringsystemen (Preisdurchsetzung) im Branchenvergleich

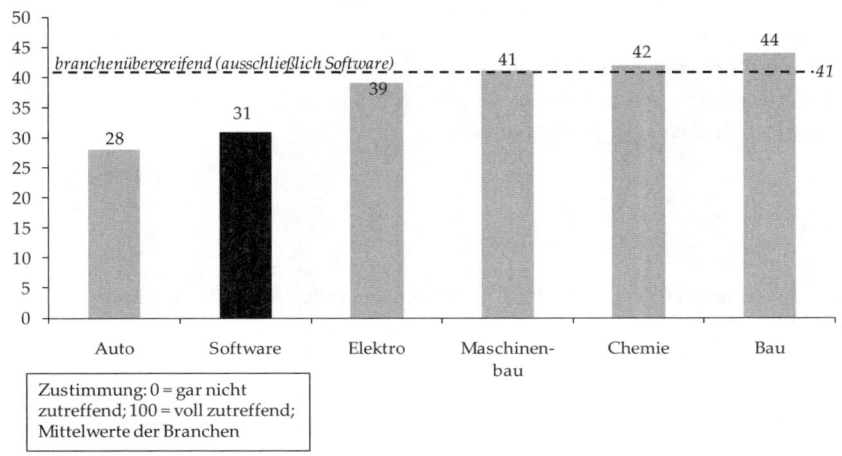

„Unser Monitoringsystem zeigt den Erfolg der Preisdurchsetzung pro Verkäufer an."

Zustimmung: 0 = gar nicht zutreffend; 100 = voll zutreffend; Mittelwerte der Branchen

---

Abbildung 15.23 Einsatz von Monitoringsystemen in der Softwarebranche

---

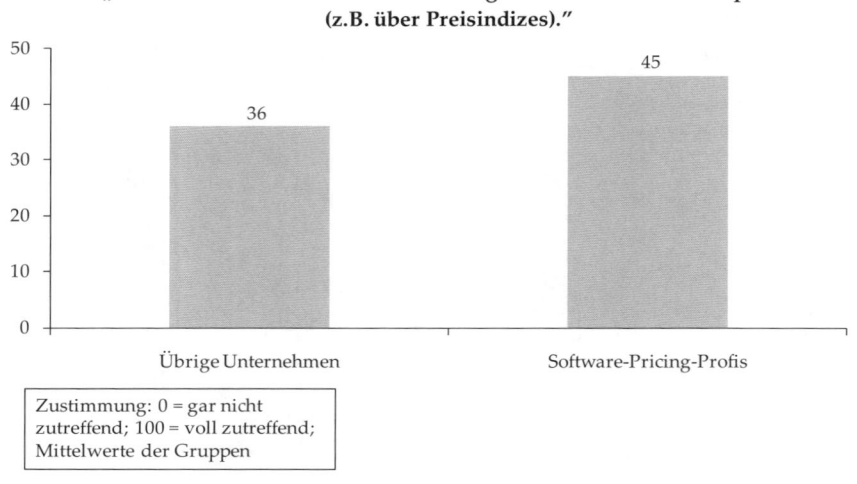

„Wir kennen die zeitliche Entwicklung unserer Nettoverkaufspreise
(z.B. über Preisindizes)."

Zustimmung: 0 = gar nicht
zutreffend; 100 = voll zutreffend;
Mittelwerte der Gruppen

15.5   Fazit und Ausblick

Die Softwarebranche befindet sich aktuell in einer Phase starken Umbruchs. Unsere branchenübergreifende Analyse zeigt, dass die Softwarebranche im Preismanagement bisher noch vergleichsweise unsystematisch agiert. Der Vergleich innerhalb der Branche zeigt jedoch deutlich, dass es hier signifikante Unterschiede zwischen einzelnen Unternehmen gibt und dass eine systematischere Vorgehensweise offensichtlich zu mehr Erfolg führt. Vor dem Hintergrund dieses vorhandenen, aber bisher noch weitgehend ungenutzten Potenzials im Hinblick auf eine Optimierung des Pricings ist zu erwarten, dass sich die Branche auch auf breiterer Front zu einem systematischeren Preismanagement hinbewegt und somit den Top-Branchen insgesamt annähert.

Literatur

Buxmann, P., Diefenbach, H., Hess, T. (2008), Die Software-Industrie – Ökonomische Prinzipien, Strategien, Perspektiven, Berlin.

Buxmann, P., Lehmann, S., Hess, T., Staritz, M. (2008), Entwicklung und Implementierung von Preisstrategien für die Softwareindustrie, in: Gronau, N., Eggert, S. (Hrsg.), Beratung, Service und Vertrieb für ERP-Anbieter, Berlin, 71-94.

Cusumano, M. (2007), The Changing Labyrinth of Software Pricing, Communications of the ACM, 50, 7, 19-22.

Darby, M., Karni, E. (1973), Free Competition and the Optimal Amount of Fraud, Journal of Law and Economics, 16, 1, 67-88.

Herrmann, A., Homburg, Ch., Klarmann, M. (Hrsg.) (2008), Handbuch Marktforschung: Methoden – Anwendungen – Praxisbeispiele, 3. Aufl., Wiesbaden.

Homburg, Ch., Daum, D. (1997), Marktorientiertes Kostenmanagement, Frankfurt am Main.

Homburg, Ch., Krohmer, H. (2009), Marketingmanagement – Strategie, Instrumente, Umsetzung, Unternehmensführung, 3. Aufl., Wiesbaden.

Homburg, Ch., Jensen, O., Schuppar, B. (2004), Pricing Excellence: Wegweiser für ein professionelles Preismanagement, Arbeitspapier Nr. M90, Reihe Management Know-how, Institut für Marktorientierte Unternehmensführung, Universität Mannheim.

Homburg, Ch., Jensen, O., Schuppar, B. (2005), Preismanagement im B2B-Bereich: Was Pricing-Profis anders machen, Arbeitspapier Nr. M97, Reihe Management Know-how, Institut für Marktorientierte Unternehmensführung, Universität Mannheim.

Homburg, Ch., Schäfer, H., Schneider, J. (2010), Sales Excellence, Vertriebsmanagement mit System, 6. Aufl., Wiesbaden.

Katz, M. L., Shapiro, C. (1985), Network Externalities, Competition, and Compatibility, American Economic Review, 75, 3, 424-440.

Klarmann, M., Schäfer, T., Staritz, M. (2009), Erfolgsfaktoren des Softwarepricing – eine Benchmarkingstudie unter deutschen Softwareherstellern, Arbeitspapier Nr. M119, Reihe Management Know-how, Institut für Marktorientierte Unternehmensführung, Universität Mannheim.

Lassmann, W. (2006), Wirtschaftsinformatik, Wiesbaden.

Nelson, P. (1970), Information and Consumer Behavior, Journal of Political Economy, 78, 2, 311-329.

Scholl, M., Totzek, D. (2010), Die Preispolitik professionalisieren, Harvard Business Manager, 4/2010, 43-50.

Stahlknecht, P., Hasenkamp, U. (2005), Einführung in die Wirtschaftsinformatik. 11. Aufl., Berlin.

Totzek, D. (2011), Preisverhalten im Wettbewerb: Eine empirische Untersuchung von Einflussfaktoren und Auswirkungen im Business-to-Business-Kontext, Wiesbaden.

Zerdick, A., Picot, A., Schrape, K., Artopé, A., Goldhammer, K., Lange, U. T., Vierkant, E., López-Escobar, E., Silverstone, R. (1999), Die Internet-Ökonomie: Strategien für die digitale Wirtschaft, Berlin.

Stichwortverzeichnis

Mehr wissen – weiter kommen

↗

Christian Homburg / Harley Krohmer
Marketingmanagement
Strategie – Instrumente – Umsetzung –
Unternehmensführung
3., überarb. u. erw. Aufl. 2009.
XXIV, 1301 S. Geb. EUR 39,90
ISBN 978-3-8349-1656-3

Christian Homburg / Harley Krohmer
**Grundlagen des Marketing-
managements**
Einführung in Strategie, Instrumente,
Umsetzung und Unternehmensführung
2., vollst. überarb. Aufl. 2009. XVI, 325 S.
Br. EUR 19,90
ISBN 978-3-8349-1497-2

Christian Homburg
Übungsbuch Marketingmanagement
Aufgaben, Fallstudien und Lösungen
2010. XX, 332 S. Br.
EUR 22,00
ISBN 978-3-8349-2161-1

Christian Homburg (Hrsg.)
Kundenzufriedenheit
Konzepte – Methoden – Erfahrungen
7., überarb. Aufl. 2008.
634 S. Geb.
EUR 84,90
ISBN 978-3-8349-0808-7

Homburg, Christian / Totzek, Dirk (Hrsg.)
**Preismanagement auf Business-to-
Business-Märkten**
Preisstrategie, Preisinstrumente,
Preisfindung
2011. 423 S.
Geb. EUR 69,95
ISBN 978-3-8349-1559-7

Manfred Bruhn / Christian Homburg (Hrsg.)
Handbuch Kundenbindungsmanagement
Strategien und Instrumente für ein erfolg-
reiches CRM
7., vollst. überarb. u.erw. Aufl. 2010.
XVIII, 925 S. mit 184 Abb. und 29 Tab.
Geb. EUR 149,95
ISBN 978-3-8349-1413-2

Andreas Herrmann / Christian Homburg /
Martin Klarmann (Hrsg.)
Handbuch Marktforschung
Methoden – Anwendungen – Praxis-
beispiele
3., vollst. überarb. u. erw. Aufl. 2007.
XVIII, 1206 S. Geb. mit SU, EUR 99,00
ISBN 978-3-8349-0342-6

Christian Homburg
Quantitative Betriebswirtschaftslehre
Entscheidungsunterstützung durch
Modelle. Mit Beispielen, Übungsauf-
gaben und Lösungen
3., überarb. Aufl. 2000. XXVI, 649 S.
Mit 68 Abb. u. 17 Tab.
Geb. EUR 58,00
ISBN 978-3-409-33417-4

Christian Homburg / Heiko Schäfer /
Janna Schneider
Sales Excellence
Vertriebsmanagement mit System
6., überarb. u. erw. Aufl. 2010.
XVIII, 366 S.
Geb. EUR 54,95
ISBN 978-3-8349-2279-3

Änderungen vorbehalten. Stand: Februar 2011.
Erhältlich im Buchhandel oder beim Verlag

Gabler Verlag . Abraham-Lincoln-Str. 46 . 65189 Wiesbaden . www.gabler.de

GABLER

Mehr wissen – weiter kommen

↗

Umfassender Überblick für Marketing-Studierende und Praktiker. Zum tiefergehenden Verständnis trägt die ausgeprägte theoretische Fundierung bei. Eine kritische quantitative Orientierung fördert das strukturierte Durchdenken der aufgezeigten Fragestellungen, wobei auch die Grenzen der Unterstützung von Marketingentscheidungen durch quantitative Modelle aufgezeigt werden. Neben den neuesten Erkenntnissen der Marketingforschung werden die umsetzungsbezogenen Aspekte des Marketing dargestellt. Die Autoren haben in der 3. Auflage alle Kapitel vollständig überarbeitet und neue Entwicklungen integriert.

Der Inhalt
– Theoretische Perspektive
– Strategische Perspektive
– Instrumentelle Perspektive
– Umsetzungsbezogene Perspektive
– Informationsbezogene Perspektive
– Institutionelle Perspektive
– Führungsbezogene Perspektive

„Das Buch besticht mit Stringenz, sinnvollen Querverweisen und leicht verständlichen Grafiken. Und es ist – trotz des wissenschaftlichen Tiefgangs – gut lesbar. Ausdrücklich steht die Praxistauglichkeit der Marketingkonzepte im Vordergrund. Damit bringt das Buch auch den Marketingprofis in den Unternehmen echten Nutzen."

Wirtschaftswoche

Christian Homburg / Harley Krohmer
Marketingmanagement
Strategie – Instrumente –
Umsetzung – Unternehmensführung
3., überarbeitete u. erweiterte
Auflage 2009
XXIV, 1301 Seiten
Geb. EUR 39,90
ISBN 978-3-8349-1656-3

Änderungen vorbehalten. Stand: Februar 2011
Erhältlich im Buchhandel oder beim Verlag

Gabler Verlag . Abraham-Lincoln-Str. 46 . 65189 Wiesbaden . www.gabler.de

GABLER

Excellence in Marketing, Sales & Pricing

Homburg & Partner ist eine 1997 gegründete internationale Managementberatung mit Büros in Mannheim, München, Zürich und Boston. Unser Ziel ist es, Ihren Erfolg im Markt messbar zu erhöhen. Der Schwerpunkt der Beratung liegt auf den Themenfeldern:

- Marketing
- Sales
- Pricing
- Market Research

Die Kernkompetenzen basieren auf der weltweiten Beschaffung von Informationen über Märkte, Kunden und Wettbewerber sowie auf der Entwicklung und Implementierung innovativer Markt- und Vertriebskonzepte zur Steigerung von Wachstum und Profitabilität.

Mit unserer klaren Positionierung und spezifischen Expertise in zehn Branchenkompetenzzentren sowie einem eigenen, weltweit agierenden Research-Team hat sich Homburg & Partner seit der Gründung kontinuierlich weiterentwickelt und ein jährliches Wachstum von durchschnittlich 20 Prozent erzielt. Beleg ist der Titel der besten Marketing- und Vertriebsberatung der aktuellen unabhängigen Studie „Hidden Champions im Beratungsmarkt" des Wirtschaftsmagazins Capital.

Kontakt:

Homburg & Partner	Tel.: +49-621-1582-0
Willy-Brandt-Platz 5-7	Fax: +49-621-1582-102
68161 Mannheim	www.homburg-partner.com
Deutschland	contact@homburg-partner.com